Ludwig-Wilhelm Schleiter

Meine drei Leben

GHV

Ludwig-Wilhelm Schleiter

Meine drei Leben

@

über das große Wunder der Evolution
von Materie, Leben und Kultur

Gerhard Hess Verlag

Ludwig-Wilhelm Schleiter

Meine drei Leben

@

über das große Wunder der Evolution von Materie, Leben und Kultur

1. Auflage 2024

www.gerhard-hess-verlag.de
Printed in EU

ISBN 978-3-87336-746-3

Mit Dank an meine Frau Silvia für ihre unendliche Geduld.
Zum Nutzen unserer Kinder und Kindeskinder
sowie der „Heiligen Weisheit"

Im Dienste essenzieller Erkenntnisfindung
und in Verantwortung vor der Aufklärung:
„Verschwiegene Wahrheit bringt Unheil."

Friedrich Nietzsche; 1844–1900

Ein jeder von uns befindet sich in drei Leben:

1. Im Eingebundensein in den großen Strom der Evolution von Materie, Leben und Kultur
2. Im Eingebundensein in seine familiäre und gesellschaftliche Umgebung.
3. In seiner persönlichen Entfaltung.*)

*) Der Philosoph Prof. Dr. Sir Karl R. Popper und der Hirnforscher Prof. Dr. Sir John C. Eccles unterscheiden in ihrem Jahrhundert-Werk: The Brain and its Self – deutsche Erstausgabe: Popper, Karl R.; Eccles, John C.: Das Ich und sein Gehirn, (Piper) München Zürich 1994 – zwischen der stofflich-physischen Welt 1 (Materie und Leben inkl. Menschwerdung) sowie der geistig-ätherischen Welt 2 (der Person, welche sich in Interaktion zwischen der stofflich-physischen und der geistig-ätherischen Sphäre im Welt 1-Gehirn eines Menschen bildet und fortformt) mitsamt der geistig-ätherischen Welt 3 (des Gemeinschaftsgeistes samt der Kultur, welche sich in Interaktion zwischen den Welt 2-Individuen und mit diesen bildet und fortformt) – im weiteren Text auch unter den Begriff „Mem" gefasst.

Eine deskriptive Fallstudie darüber,
wie wir wurden, was wir sind,
als Manifest eines ganz normalen Lebens:
Eine Politologie-Studie „par excellence“ ...
frei nach Professor Dr. Gottfried August Bürger.

Die Schatzgräber

Ein Winzer, der am Tode lag,
rief seine Kinder an und sprach:
In unserm Weinberg liegt ein Schatz;
grabt nur danach! – An welchem Platz?
Schrie alles laut den Vater an. –
Grabt nur ! – O weh ! Da starb der Mann.

Kaum war der Alte beigeschafft,
da grub man nach aus Leibeskraft.
Mit Hacke, Karst und Spaten ward
der Weinberg um und um gescharrt.
Da war kein Kloß, der ruhig blieb;
Man warf die Erde gar durchs Sieb
und zog die Harken kreuz und quer
nach jedem Steinchen hin und her.
Allein, da ward kein Schatz verspürt,
und jeder fühlt sich angeführt.

Doch kaum erschien das nächste Jahr,
so nahm man mit Erstaunen wahr,
dass jede Rebe dreifach trug.
Da wurden erst die Söhne klug
und gruben nun jahrein, jahraus
des Schatzes immer mehr heraus.

Prof. Dr. Gottfried August Bürger; 31.12.1747–8.6.1794

Der Weinberg unserer Kultur, er möge fruchtbar sein!

Inhaltsverzeichnis

Teil I

Vom Eingebundensein im großen Evolutions-Strom: Die „Schöpfung“ und der Kulturwerde-Gang darin

Teil II

Vom Eingebundensein in der familiären und gesellschaftlichen Umgebung

Teil III

Mein persönlicher Kulturwerde-Gang

Meine eigenen drei Leben der Persönlichkeits-Entfaltung
– ein kleines Lebensmuseum –

I. Teil

Vom Eingebundensein im großen Evolutions-Strom: Die „Schöpfung“ und der Kulturwerde-Gang darin

Zum Zauber der Selbst-Schöpfung von Materie, Leben und Kultur

Wenn man von einem Verlag die Aufforderung erhält, *„wir möchten Ihre Lebensgeschichte bei uns veröffentlichen, denn mit Ihren Erfahrungen und Ihrem Wissen könnten Sie einen wichtigen Beitrag leisten"*, dann ist das eine große Ehre und eine Verpflichtung zugleich. Mein Dank dem Gerhard Hess Verlag und Herrn Horst Wörner dafür! ... Vorurteilsfreie Offenheit und warmherzige Zuneigung sind mir vom Elternhaus her mitgegeben und waren mir lebenslang willkommene Begleiter. So will ich auch hier gerne alles frei von Tabusetzung für wahren Erkenntnisgewinn zur Sprache bringen, damit es sich der Menschheit zu deren Segen und Vorteil in „Heiliger Weisheit" erschließe. Alle Rücksichtnahme auf jedwede Zeitgeistabirrung, auf jede Idolatrie der Trugbildvergötzung und jede Ideologie-Diktatur sowie deren Blend- und Schanzwerk samt all dem hohlen Idealismus- wie Moralismus-Narzissmus sei mir fern. Alle Verketzerung, Inquisition und mediale Verbannung wie auch alle Hetze und Verdammung in Agitpropkampagnen darf mich nicht anfechten. Machiavellis Zynismus-Spruch *„Der Wille zur Macht muss unter dem Mantel der Moral daherkommen"* sei uns aufgestellt als Warntafel vor Moralismus-Scharlatanerie und -Niedertracht. Steht er doch als Menetekel für das *„Gut gemeint ist schlecht gemacht"* aller in Angst&Affekt plus Macht&Gewalt geknebelten Kulturgenom-Verkrüppelungen dieser Welt, etwa im Islam, Absolutismus, Jakobinertum oder „ideologischen Jahrhundert". Alle Auf- und Entdeckungen dienen dem Erkenntnis- und Durchblick-Gewinn und dürfen keinesfalls als Aufruf für Hetze und Hass missverstanden und missbraucht werden. Muss ich auch mal einsam eigene Wege gehen: Ich vertraue auf die „spread effects", dass

Gedanken von Kopf zu Kopf und so auch in die Allgemeinheit finden. Realitätsbezogenheit, Sachlichkeit und Wahrhaftigkeit seien die oberste Devise. [Für die an Vertiefung Interessierten enthalten die Exkurse bzw. Fußnoten ergänzende Hinweise. Man muss sie nicht unbedingt lesen, die Vorgänge und Zusammenhänge erschließen sich auch so. Aber da und dort mag der geneigte Leser dann doch Mal die Lust verspüren, etwas nachzugraben.]
Das vorliegende Buch, das nebenbei auch meine persönliche Lebensgeschichte mit einschließt, soll vorrangig der wissenschaftlichen Analyse dienen, insbesondere

a) der Entschlüsselung der Gestaltungs-, Plastizitäts-, Funktions-, Verhaltens- und Umgangs-Codes im Kulturgut „Mem" für den Segen der Entfaltung von Freiheit&Kooperation in Familien-, Gruppen-, Firmen-, Dorf-, Stadt-, Volks-, Staaten- und Global-Gemeinschaftsbildungen,
b) des Aufdeckens der Ursachen-Wirkungs-Zusammenhänge im Systemwettbewerb mit Kulturglückentfaltung für nachhaltige Anthroposymbiosen-Surplus-Generierung.

Beherzigen wir:

1. „In der Vergangenheit liegen Schätze. Wenn wir sie heben und bewahren, geben sie uns Kraft und weisen uns die Zukunft."[1]
2. Ohne Bezug zu Vergangenem ist das Gegenwärtige nicht wirklich einordnen- und begreifbar, auch eine persönliche Lebensgeschichte nicht.
3. Wissenschaftlich-sachliches Vorgehen ist angesagt, denn ohne ein zutreffendes Theoriegebäude ist es, wie wenn man auf einem Ball erscheint mit Lumpen am Leibe, statt eines stattlich akkuraten Festgewands. ... Also zuerst zur Theorie.

---

1 Prof. Dr. Otte, Max: Auf der Suche nach dem verlorenen Deutschland, (FinanzBuch Verlag) München 2021, S. 14.

Vom schöpferischen Miteinander-Streben unter dem urgesetzlichen Freiheits&Kooperations-„Axiom“

Wenn ein Mensch zur Welt kommt, dann geschieht das ja nicht in ein Nichts hinein, sondern in eine Umgebung mit möglichst intakter Familie und in den großen Zauber der „Schöpfung“ hinein.[2] Wozu der Abschnitt „Johannes 1.1“ jener Schrift, deren *Neues Testament* die Gründungsurkunde das Abendlands ist, einleitet: *„Im Anfang war das Wort, und das Wort war bei Gott, und Gott war das Wort.“* Im Originaltext auf Altgriechisch steht indes *„Logos“*, was mit *„Wort“* nur unzulängliche Übersetzung fand. Vom Inhalt her meint *„Logos“* nämlich, was wir heute möglicherweise „Ur-Gesetzmäßigkeit“ bzw. „Logik“ nennen würden. Für uns heutige Menschen wäre also ***„Im Anfang war das Gesetz, und das Gesetz war bei Gott und Gott war das Gesetz“*** die treffendere Übersetzung. So formulierte es der Heidelberger Astrophysiker Professor Dr. Christof Wetterich in seiner Mainzer Stiftungslehrstuhl-Vorlesung am 8. Juli 2014. ... Und tatsächlich findet *alle* Evolution zweifelsfrei nach vorgegebenen „Ur-Gesetzmäßigkeiten“ statt, deren Haupt-*„Logos“*-Merkmal ein autonomes Miteinander-Streben ist, sozusagen in „Freiheit&Kooperation“.

I. Evolution von Materie – So findet die Evolution von Materie nach den Ur-Gesetzmäßigkeiten der Atomphysik, Physik, Chemie, Gravitation und Astrophysik statt. Da entstehen in urgesetzlichem Miteinander-Streben von Elektronen, Protonen und Neutronen über 100 Atome.

---

2 Prof. Dr. Dawkins, Richard: The greatest Show on Earth – The Evidence for Evolution, (Black Swan Transworld Publishers) London 2010.

Deren autonom-freiheitliches Kooperieren bringt wiederum Myriaden von Molekülen hervor, anorganische und organische. Jedes Mal entsteht eine völlig neue Qualität; stets ist's ein Mehr als die Summe seiner Teile. Und all der Atome wie Moleküle autonom-freiheitliches Kooperieren schafft die Materieagglomeration des Weltalls samt ~100 Milliarden Galaxien mit je ca. 100 Milliarden Sonnen. ... Darunter unsere Milchstraße mit unserer Sonne als einer von deren rd. 100 Milliarden Sonnen und unserer Erde samt Mondtrabant als eines von womöglich 100.000 Milliarden Sonnentrabanden im gesamt-galaktischen Selbstorganisieren gemäß Ur-Gesetzmäßigkeit in unfassbarer zeitlicher wie räumlicher Ewig- und Unendlichkeit eines 14-Milliarden-Lichtjahre Zeit/Raum-Perpetuums seit dem „Urknall". Wo im „Augenblick" der „Gegenwart des Daseins", wie bei den flüchtigen Quanten-Teilchen, nur ein sofort wieder verschwindetes Aufflackern ist, sozusagen ein „Nichts" in endloser Zeit/Raum-Ausdehnung. ... Und überall im autonomen Miteinander-Streben das „Mehr" höherer Qualitäten gemäß dem schöpferischen Ur-*„Logos"* physikalisch wie chemikalisch und astrophysikal-gravitationsmäßig regelgeführter Freiheit und Kooperation! Freiheit allein führt ins Chaos, Kooperation allein endet in Erzwingung und Erstarrung; doch das autonome Miteinanderstreben im ewigen Zeit/Raum-Kontinuum der „Schöpfung" hat diese beiden an sich gegenläufigen Funktions-„Elemente" der „Zwillings-Idee" aller Evolution verschmolzen zu regelgeführter Freiheit&Kooperation (F&K) mit dem signifikanten Qualitäts-„Mehr" eines „Generalevolutions-Moleküls": **Geniestreich der Evolution, Heilige Weisheit!**

So bildet die regelgeführte „Freiheit&Kooperation" das Generalevolutions-Molekül F&K schlechthin. In diesem wirkmächtigen ätherischen (!) Ur-„*Logos*" von F&K gründet alle Evolution von Materie, Leben und Kultur!

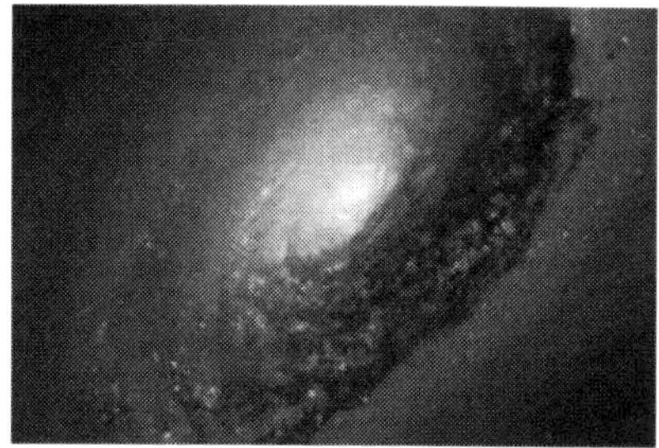

Black Eye Galaxy
© NASA und das Hubble Heritage Team

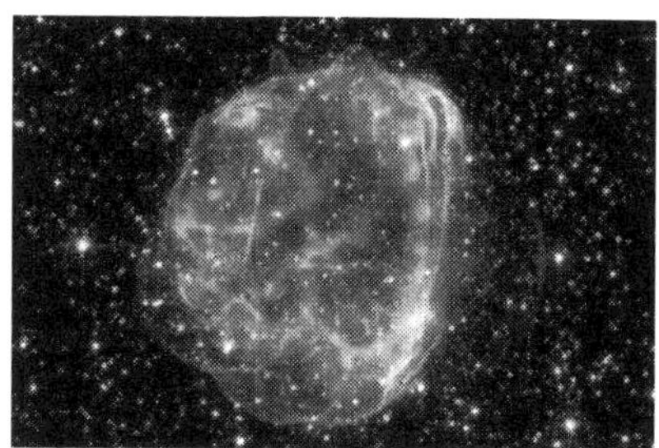

Die Materieevolution
und das Weltall
© NASA/ESA: NASA Hubble-Material

Das wirkmächtige Ur-„*Logos*" des ätherischen F&K-Prinzips der Schöpfung von ständig Neuem mit schier unfassbarem Qualitätshervorbringungszauber manifestiert sich auch im Stofflich-Physischen der Lebensevolution. Am Anfang steht hier die autonom stattfindende Verbindung von stofflich-physischen Sauerstoff-Atomen „O" mit stofflich-physischen Wasserstoff-Atomen „H" zu stofflichphysischen Wasser-Molekülen, also zum „Lebens-Elixier Wasser": Autonomes Miteinander-Streben von **a)** „H" mit „O" zeugt „H_2O", „*die Flüssigkeit*", **b)** von „C" mit „O" zeugt „CO_2", „*das Gas*" und **c)** von „C" mit „H" zeugt mithilfe der Energie des F&K-Reaktors Sonne per Photosynthese „*die Kohlen-Wasserstoff-Grundlegung*" aller Lebens-Evolution. – Da erweist sich nach galaktischen Maßstäben im Allerkleinsten die essentielle Bedeutung des ***Quantitätsanhebungs- und Qualitätsemergenz-Naturgrundgesetzes*** aller Evolution im Ur-„*Logos*" des *Generalevolutions-Moleküls* regelgeführter Freiheit&Kooperation.

Zwischenanmerkung: Die „Bestimmer" der **Materieevolution** sind die „Naturgesetze" der *Physik, Chemie* und *Astrogravitation.* Sie sind die regelführenden „Kontoinhaber" mit Bestimmungsvollmacht der F&K-Programmierung für Quantitätsanhebung&Qualitätsemergenz, und sie sind auf ewig unveränderlich, also statisch. ... Das ändert sich mit der **Lebensevolution**. Da werden die *Gene* die regelführenden „Kontoinhaber" mit Bestimmungsvollmacht der F&K-Programmierung für Quantitätsanhebung&Qualitätsemergenz der *Bau-, Plastizitäts-, Funktions- und Verhaltens-Codes* für die jeweilige Organismus-Bildung, etwa als Pilze, Pflanzen oder Tiere. Und die dabei real hervorgebrachten Lebewesen sind sozusagen Experimentier- und Testfeld der *Genom*-Bewährung oder -Verwerfung. So geschieht die regelgebende *Bau-, Plastizitäts-, Funktions- und Verhaltens-Programmierung* der *Gene* eigenevolutiv auf ewig fortentwickelnd in den *„interbreeding populations"* (Prof. Dr. Ernst Mayr) der jeweiligen *Gen*-Spezies, die zudem in „koevolutiv competitiver Komplexitätsakzeptanz" (Prof. Dr. Erich Hoppmann) untereinander sowie mit den anderen Spezies stehen. Die *Gene* sind folglich eigenevolutiv-dynamisch. Doch sobald eine Spezies-Ausprägung zu sehr abweicht, ist das *„genetic* interbreeding" ausgeschlossen. Die *Gen*-Evolution ist dann unwiderruflich verzweigt; weitere *„genetic* compatibility" zwischen den Zweigen ist ausgeschlossen (Beispiel: Pferd/ Esel). ... Mit dem Menschen kommt die **Kulturevolution** zum Durchbruch. Da werden die Kultur-*Meme* die F&K-regelgebenden „Kontoinhaber" mit Bestimmungsvollmacht für Quantitätsanhebung&Qualitätsemergenz von *Bau-, Plastizitäts-, Funktions- und Verhaltens-Codes* des jeweiligen „Sozio-Organismus" bzw. „Anthroposymbionten" real hervorgebrachter *Mem*-Programmierung für Menschengemeinschaften in Gestalt etwa von Familie, Sippe, Volk, Nation, Staat, Kulturraum oder Kooperations- wie Arbeitsgemeinschaft, Lerngruppe etc. Diese sind dann sozusagen das Experimentier- und Testfeld für *Mem*-Bewährung oder Verwerfung. So geschieht auch die *Bau, Plastizitäts-,*

Funktions- und Verhaltens-Programmierung der *Meme* eigenevolutiv auf ewig fortentwickelnd. Nunmehr freilich in den *„**mental** interbreeding populations"* der *Mem*-Spezies, die wiederum in „koevolutiv competitiver Komplexitätsakzeptanz" untereinander sowie mit den anderen *Mem*-Spezies stehen. – Doch sobald die *Mem*-Spezies zu sehr auseinanderdriften, ist das *„memetic* interbreeding" ausgeschlossen: Die *Mem*-Evolution ist unwiderruflich verzweigt, es herrscht „mentale Inkompatibilität". Solche Zustände werden immer wieder durch idolatrische Trugbildvergötzungen und ideologische Indoktrinationen hervorgerufen, wie etwa beim Islam oder im „ideologischen Jahrhundert"! ... Von Leben zu Kultur wird die Evolution sozusagen vom Stofflich-Physischen ins Geistig-Ätherische erhoben. (Prof. Dr. John Eccles, Prof. Dr. Karl Popper) ... Und es drängt sich die Frage auf, inwieweit es der jeweiligen Kultur-*Mem*-Ausprägung gelingt, konstruktiv kulturfähig zur Heiligen Weisheit des „Generalevolutions-Moleküls" Freiheit&Kooperation zu finden, und das archaisch tierische vorzivilisatorische niedriginstinktive Angstbeißer- bzw. niederträchtige Beutegreifer-Syndrom loszuwerden. – Zu all dem hier jetzt, wie in diesem Buch überhaupt, mehr.

II. Evolution von Leben findet statt auf einem 100.000 milliardsten Teilgeschehen des Universums. Und es geschieht seit rd. 4 Milliarden Jahren nach *Freiheits&Kooperations-Ur-Gesetzmäßigkeiten* von Physik, Chemie, Austrophysik und organischer Chemie plus Miteinander-Symbiontik zu Einzellern und Mehrzellern mit dem Ergebnis, dass stets ein Mehr entsteht, als eine pure Anhäufung des Zusammengekommen. So zeugt die „Schöpfung" stetig komplexer werdende Organismen der Pilze-, Pflanzen- und Tierevolution.

Mit dem Schritt zur Tierevolution kommt's begleitet von der nötigen Neuronal-Ausstattung tierischen Lebens zu ansteigender Befreiung von *räumlicher Immobilität* hin zu Evolutions-Optionen eigendynamischer *räumlicher Mobilität* ... und sodann unter Herausbildung des neuronalen Zentralorgans „Gehirn“ zu Evolutions-Optionen der Befreiung von *geistiger Immobilität.* – Ständig werden höhere Plateaus autonom freiheitlichen Kooperierens erreicht. – Ständig ergeben sich komplexere und umfassendere Möglichkeiten von Symbiosen-Bildung nach dem Qualitätsemergenz-Naturgrundgesetz. Deren Anforderungskompetenz und Symbiose-Gewinnerzeugung ist ihre Daseinsberechtigung. Auch Tierhorden, Jagdrudel, Bienenstöcke, Ameisenstaaten und Termitenkolonien sind Beweise dafür.

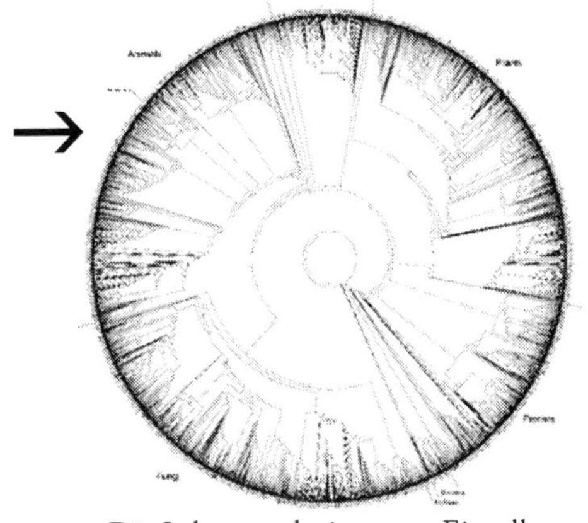

Die Lebensevolution vom Einzeller
bis zum Menschen (Pfeil)

© David M. Hillis, Derrick Zwickl&Robin Gutell, University of Texas

Auf den Ebenen der Flora und Fauna sind die *Gene* die Kontoinhaber dessen, was evolviert. Evolution geschieht gemäß dem *Generalevolutions-Molekül Freiheit&Kooperation* in *„genetic interbreeding populations“*[3], so dass sich Pflanzen und Tiere, denen das

3 Prof. Dr. Mayr, Ernst: What Evolution Is, (Basic Books a Member of Perseus Books Group) New York 2001.

„interbreeding" z. B. durch das Abbrechend der Landverbindung unmöglich wird, sich unterschiedlich weiterentwickeln (Beweis: die Pflanzen und Tiere Australiens u. Südamerikas).

Die *Gene* enthalten den Bau-, Plastizitäts-, Funktions- und Verhaltens-Code des jeweiligen Lebewesens inklusive der *Freiheits&Kooperations-Ur-Gesetzmäßigkeiten* autonomer Selbstorganisation im Miteinander von Zellen zum jeweiligen Organismus-Symbiont samt sich im „interbreeding" evolvierend selbstfortschreibender *Gen*-Programmierung.

Insofern wird die Stringenz der Gesetzmäßigkeiten von Physik, Chemie und Zeit/Raum-Gravitation der Materieevolution überschritten: Die *genetischen* Regeln der biologischen Evolution sind eigenevolutiv! – Das ist ein enormer Freiheits&Kooperations-Gewinn für alle Lebensevolution! ... So kommen mit der biologischen Evolution gemäß *Generalevolutions Molekül* Freiheit&Kooperation

a) das Freiheitsfortschritts-Gesetz der *Variation* sowie

b) das Kooperationsfortschritts-Prinzip der *Selektion* zum Tragen mit

c) dem Ergebnis, dass im evolutionären Freiheits&Kooperations-Fortschrittsprozess unentwegt aussortiert wird: ganz im Sinne des Quantitätsanhebungs- und Qualitätsemergenz-Naturgrundgesetz stetiger *Genom*-Entwicklung! ... Und indem die tierische Evolution zur Horden-, Rudel- wie Staatenbildung führt, wird das Quantitätsanhebungs- und Qualitätsemergenz-Naturgrundgesetz aller Evolution (zum „Mehr" als purer Zusammenhäufung) im Miteinander eine völlig neue funktionale Qualität von konformen Individual-Organismen hervorbringen: für Kollektivorganismen, worin das Individuum nur in dessen *Gen*-Regeln systeminterner F&K lebensfähig ist!

Das wiederum weist den Weg zur Kulturevolution des Menschen mit seinem enormen neuronalen Zentralorgan „Gehirn" der ca. 100

Milliarden Nervenzellen, über 1 Billion Synapsen und 10 Billiarden Neuronalaktivierungen pro Sekunde (auch im Schlaf).

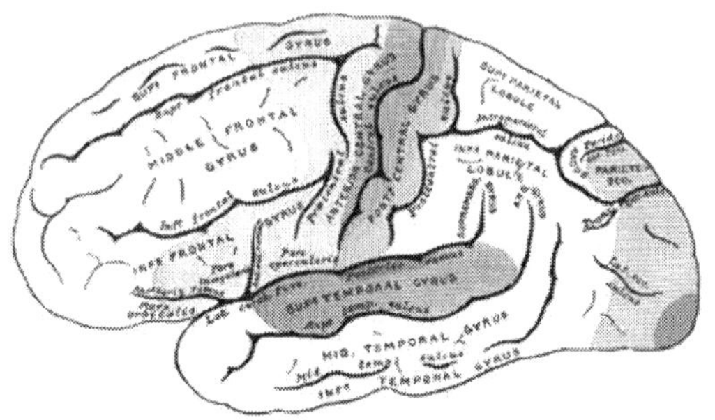

Stofflich-physischer Neuronalsymbiont
mit Imagination-Begabung

© Henry Gray (1918): Anatomy
of the Human Body

Des Menschen Neuronal-Symbiont der stofflich-physischen *Welt 1* (Popper, Eccles) hat kein zentrales Steuerungsorgan, sondern funktioniert in sich selbst wie alle Evolution gemäß dem wirkmächtigen Ur-„*Logos*" des *Generalevolutions-Moleküls „Freiheit&Kooperation*".

Exkurs I:

Wir rekurrieren hier

1. auf des Philosophen Prof. Dr. Sir Karl R. **Popper** und des Hirnforschers Prof. Dr. Sir John C. **Eccles** unter dem Titel: „The Brain and its Self" erstveröffentlicht, deutsche Ausgabe: Popper, Karl R.; Eccles, John C.: Das Ich und sein Gehirn, (Piper) München Zürich 1994, sowie

2. auf Prof. Dr. **Singer**, Wolf: Ein neues Menschenbild? (suhrkamp) Frankfurt am Main 2003, S. 57. Das Gehirn des Menschen unterscheidet sich von dem der nächsten Verwandten und der Vorgänger auf dem **phylogenetischen Ast** der biologischen Evolution hauptsächlich durch eine deutliche Vermehrung der **Großhirnrinde** (Cerebrum). Dieser **Quantitätssprung** bewirkte den **Qualitätssprung** zur ansteigenden geistigen Mobilität und zur Herausbildung der geistig-ätherischen *Welt 2*-Persönlichkeit seines Individuums. Prof. Dr. Wolf Singer erläutert hierzu: „Vergrößert hat sich auf dem Weg vom niederen Wirbeltier zum Menschen nur das Volumen einiger Strukturen, allen voran das der Großhirnrinde. Dadurch hat sich die Verarbeitungskapazität dramatisch vermehrt. Die im Lauf der Evolution neu hinzugekommenen Hirnrindenareale sind in zunehmendem Maße nicht mehr direkt an die Sinnesorgane gekoppelt, sondern beziehen ihre Informationen hauptsächlich aus den vorhandenen Hirnarealen. Sie verarbeiten vorwiegend die Ergebnisse, welche die mit den Sinnesorganen verbundenen Bereiche bereits erzielt haben. Weil die Daten aus den verschiedenen Sinnessystemen das gleiche Format besitzen, haben die neu hinzugekommenen Areale keine Schwierigkeiten, die an verschiedenen Orten erarbeiteten Teilerkenntnisse zu vergleichen und zu ständig abstrakteren *Meta*beschreibungen zusammenzubinden."

3. auf Prof. Dr. **Roth**, Gerhard: Aus Sicht des Gehirns (Suhrkamp) Frankfurt am Main, 2003, S. 24-25. Der Bremer Gehirnforscher Prof. Dr. Gerhard Roth hebt ergänzend zur Sonderrolle des menschlichen Großhirns hervor: „Die Zahl der corticalen Ein- und Ausgänge ist aber sehr gering verglichen mit der Zahl der Verbindungen der corticalen Zellen untereinander. Man schätzt dieses Verhältnis ganz grob auf rund Eins zu Hunderttausend, d. h. die Beschäftigung des Cortex mit sich selber ist hunderttausendmal stärker als die Kommunikation mit dem, was außerhalb der Großhirnrinde sonst noch passiert. Angesichts dieser Tatsache dürfte es uns nicht mehr wundern, dass in diesem Teil des Gehirns besonders merkwürdige Dinge ablaufen, z. B. das Entstehen von

Bewusstsein.“ Dieser Imaginationsgabe ist ein starker Freiheits&Kooperations-Effekt inne aber auch ein höchst gefährlicher Hang zu realitätsferner Phantasmagorie.

Beide, Singer und Roth, beschreiben so aus ihrer Sicht das, was wir hier in Anlehnung an Popper und Eccles als *Welt 2*-Geist-Persönlichkeit definiert haben. Singer führt überleitend zur Gemeinschaftsgeist-*Welt 3* fort: „Durch die Vermehrung der Großhirnrinde wird es offenbar möglich, hirninterne Prozesse erneut den gleichen kognitiven Prozessen zu unterziehen, welche von primären Hirnrindenarealen vorgenommen werden, um Signale zu verarbeiten. Auf diese Weise entstehen Beschreibungen von Beschreibungen, also *Meta*repräsentationen. Über diesen reflexiven Akt wird es dann offenbar möglich, sich der eigenen Empfindungen gewahr zu werden. Dies wiederum ist Voraussetzung für die spezifisch menschliche Fähigkeit, sich vorstellen zu können, was ein anderer empfindet, der sich in einer ganz bestimmten Situation befindet. Wir sind fähig zu denken ‚Ich weiß, dass du weißt, was ich weiß‘. Diese reflexiven Vorgänge ermöglichen ferner die Erzeugung symbolischer Beschreibungen von Inhalten, was wiederum Voraussetzung von rationaler Sprache ist. Die dann möglichen kommunikativen Prozesse befähigen schließlich dazu, sich im Spiegel der anderen seiner selbst gewahr zu werden, Ich-Identität zu erlangen. Damit wird der Mensch zu einem kulturfähigen Wesen und unterscheidet sich nachhaltig von den Tieren.“ – Singer schreibt zu recht: „kulturfähig“. Denn es ist nur eine Option des Menschen. Immer wieder müssen wir leidvoll erfahren, dass Menschen sich hemmungslos kulturwidrig verhalten, das aber dann als Kultur ausgeben, so etwa im Sozialismus/Kommunismus und im Islam. ... Unser Gehirn ist ein selbstaktives, offenes, hochdynamisch komplexes System. Gruppen von Nervenzellen synchronisieren sich in wechselnden Ensembles von Neuronal-Symbionten, je nachdem, welche der Inhalte, auf die sie codiert sind, mit Aufmerksamkeit belegt werden. Das Gehirn ist ununterbrochen damit beschäftigt, Inhalte zu ordnen, Bezüge herzustellen, Imaginationen hervorzubringen, Modelle bzw. Hypothesen zu erstellen und Lösungen zu finden, selbst dann, wenn es scheinbar nichts tut und sogar im Schlaf. Das Programm der Gehirne ist in den Grundzügen genetisch vorgegeben. Es residiert praktisch in einer Architektur von Verbindungen und in deren Gewichtung. Gespeichert sind während der phylogenetischen Entwicklung gewonnene Erfahrungen über „diese unsere Welt". Denn unsere „Gehirnarchitektur" hat sich in Jahrmillionen entwickelt und nach dem Prinzip von Versuch&Irrtum bzw. Variation&Selektion laufend optimierend umgestaltet. Mit diesem „Vorwissen" kommen wir auf die Welt. Vgl. u. Zit. Singer, Wolf: Ein neues Menschenild? (Suhrkamp) Frankfurt am Main 2003, S. 48.

... Das mit dem *Freiheits&Kooperations-Generalevolutions-Molekül* arbeitende Gehirn gibt dem Menschen schier unendliche Optionen für „Heilige Weisheit" mitsamt kultureller Evolution

1. von „anthroposymbiotischen Flächenorganismen" in Gestalt von selbstregelnd übersichtlichen Dorfgemeinschaften sowie von Demokratien oder
2. von „anthroposymbiotischen Funktionsorganismen" etwa in Gestalt des *„schöpferischen Wettbewerbs in freien Gesellschaften und Märkten"* (Prof. Dr. Ludwig Wilhelm Erhard, erster Wirtschaftsminister der Bundesrepublik Deutschland, welcher das Weltmeisterstück des „Deutschen Wirtschaftswunders" zustande brachte, von dem Staat und Nation noch heute zehren) oder
3. von Wissenschafts-„communities" ständiger *Welt 2*-Individualgeist wie *Welt 3*-Gemeinschaftgeist-Bereicherung.

Das gilt speziell im Geistig-Ätherischen der *Welt 2*-Individualgeistpersönlichkeit wie des *Welt 3*-Gemeinschaftsgeistes einer *„interbreeding population"*, wo das Mehr sich in Sozioorganismus-Bildungen samt

Genom- bzw. *Mem-*Ausformung manifestiert. Als Präsident der Deutschen Forschungsgesellschaft forderte Professor Dr. Wolfgang **Frühwald** in seiner Millennium-Rede zur „Globalisierung in der Wissenschaft“[4] im ausgehenden 2. Jahrtausend *„eine konsistente Theorie der Evolution, hin orientiert auf* ***Organismen****, also komplexe Gebilde, bei denen das Ganze stets mehr ist als die Summe seiner Teile. ... Wir sehen uns in allen natürlichen, sozialen und kulturellen Systemen der komplexen Welt gegenüber, die stets mehr ist, als die Summe ihrer Teile und daher als Ganzes erforscht werden muss. Das aber meint Globalisierung in der Wissenschaft, ein Ansatz der vorbildlich auch für ökonomische Zusammenhänge werden könnte. – Wer dieses Spiel nicht mitspielt, wird schon in naher Zukunft auch von den anderen Spielfeldern, etwa dem der wirtschaftlichen Wettbewerbsfähigkeit, gefegt werden.“* Im Sinne perfekter Freiheit&Kooperation in der „Heiligen Weisheit“ der „Goldenen Regel“ forderte der Freiburger Nationalökonom Professor Dr. Erich Hoppmann eine wahrhafte Kulturevolution Richtung *Memetik* höchster koevolutiv-competitiver Komplexitätsakzeptanz[5] fürs Schaffen von größter intercerebraler Informations-Dichte zur Freiheits&Kooperations-Entfaltung für ausgeprägte Metaintelligenz im *Welt 3*-Gemein-

---

4 Schleiter, Ludwig-Wilhelm: Historische, gesellschaftliche und ökonomische Grundlagen der Immobilien-Projektentwicklung, (ebs-Immobilienforum, Immobilien Informationsverlag) Köln 2000, S. III. Zit. aus dem Geleitwort des Herausgebers Prof. Dr. Karl-Werner Schulte HonRICS., Hervorh. – d. V.

5 Prof. Dr. Hoppmann, Erich: Eine universelle Ordnung entsteht ohne bewusste Steuerung aus der gesellschaftlichen Koordination / Was man nicht wissen kann, kann man nicht planen / Evolution und Effizienz, in: FAZ, 12.12.1998, S. 15. Hoppman bringt es wie folgt auf den Punkt: *„Das wettbewerbliche Marktsystem ist ein umfassendes Verfahren für den Wissenstransfer zwischen unbekannten Personen über unbekannte Wissensstücke. Es bewirkt nicht nur eine Nutzung von Wissen, das in seiner Gesamtheit niemand kennt, sondern auch in einem Ausmaß, das von keinem anderen Verfahren erreicht wird. So ist das wettbewerbliche Marktsystem auch ein Prozess der Wissensbildung. Diese Eigenschaft ist wohl der entscheidende Grund für seine vergleichsweise hohe Effizienz.“*

schaftshirn à la Popper! ... Im Geistig-Ätherischen von *Welt 2*-Individual- und *Welt 3*-Gemeinschaftsgeist bildet sich das *Mem* der Kultur.[6] Das enthält wiederum wie das *Gen* für den stofflich-physischen Organismus das Bau-, Plastizität-, Funktions- und Verhaltens-Programm für Menschen-**Gemeinschaften**, Sozio-**Organismen** bzw. Anthropo-**Symbiosen** im kohärent gestaffelten Gesamt von der Familie bis hinauf zum Staat und globalen Miteinander. Die Ur-Gesetzmäßigkeiten autonomer Miteinander-Selbstorganisation der Gemeinschaften von Familien bis hin zum Staats- und Welt-Anthroposymbiont evolvieren in selbstfortschreibender *Mem*-Programmierung in „*mental* interbreeding populations" ständiger geistig-ätherischer Interaktion zwischen *Welt 2*-Individual- und *Welt 3*-Gemeinschafts-*Mem*. Sprich auch die *Memetik* der kulturellen Evolution ist eigenevolutiv. Des Menschen geistige Mobilität bringt ihm zusätzlich zur tierischen räumlichen Mobilität einen nochmals wesentlichen Freiheits- und Kooperations-Gewinn fürs Nutzen des wirkmächtigen Ur-„*Logos*" des *Generalevolutions-Moleküls* „Freiheit&Kooperation" (F&K)!

Ende Exkurs I

Zwischen-Resümee zur Lebens-Evolution: Vom einfachen Zellsymbionten bis hin zu den Zellsymbiosen in Gestalt der Organismen von Pflanzen und Tieren sowie den spezialisierten Sozio-Organismen von Tierstaaten: Ihre Berechtigung erweist sich im Symbiose-Gewinn. ... Im „Freiheits&Kooperations"-*Variations-* und *-Selektions*prozess werden diejenigen *Genom*-Ausformungen (*Genotypen*) ausscheiden, deren Hervorbringungen (*Phänotypen*) in

6 Siehe „Drei-Welten-Hypothese" der stofflich-physischen *Welt 1* aus Materie und Lebewesen sowie der geistig-ätherischen *Welt 2*-Individualgeist-„Persönlichkeit" wie *Welt 3*-Gemeinschaftsgeistperson „Kultur", entwickelt von dem Philosophen Prof. Dr. Sir Karl R. Popper und dem Hirnforscher Prof. Dr. Sir John C. Eccles, veröffentlich in: „The Brain and its Self", deutsche Ausgabe: Popper, Karl R.; Eccles, John C.: Das Ich und sein Gehirn, (Piper) München Zürich 1994.

Symbiose-Gewinn-Erzeugung wie Anforderungskompetenz unzureichend bzw. unterlegen sind. Nicht selten liegt dem ein *genomisches* Konformitätsdefizit zugrunde.

III. Kulturevolution – Die beim Menschen zur räumlichen hinzugekommene geistige Mobilität ermöglicht die nächsthöhere Evolutions-Plattform, nämlich nach der Materie- und Lebens- die der-Kulturevolution. Nun geschieht die Miteinander-Selbstorganisation gemäß wirkmächtigen Ur-*„Logos"* des *Generalevolutions-Moleküls Freiheit&Kooperation* im Geistig-Ätherischen mit dem Ergebnis, dass das deutliches Mehr als die Summe seiner Teile die völlig neue Qualität der *Welt 2*- plus *Welt 3*-Individual- wie Gemeinschaftsgeist-Organismus-Bildung hervorbringt. ... Die Kulturevolution i. e. S. folgte der Phase der umherziehenden Jäger&Sammler-Horden. Sie nahm etwa 10.000 v. Chr. mit der *„Agrarevolution und handwerklichen Arbeitsteilung"* als **Kulturevolutionsstufe 1** Fahrt auf. Das geschah, wie sich an den Wortspuren nach Süd, Südost und West feststellen lässt, von den Südhängen des Kaukasus aus und ermöglichte im agrarkulturell arbeitsteiligen Sesshaftsein das Fünffache an Bevölkerungsdichte. Es entstanden *„selbstregelnd übersichtliche"* Menschengemeinschaften des wirkmächtigen Ur-*„Logos"* für gedeihlich fruchtbringende Freiheit&Kooperation. ... Mit Übernahme der Erfolgstechnologien des Ackerbaues wie des arbeitsteiligen Handwerks in den Schwemmlandebenen des „fruchtbaren Halbmonds" von Euphrat und Tigris bis zum Nil entstanden jedoch Menschen-Zusammenballungen, die *„nicht mehr selbstregelnd übersichtlich"* waren. Es bedurfte machtstrategisch-unfreiheitlicher Systemgestaltungsformen. Von Ur und Babylon bis Ägyptenland übernahmen Priester- bzw. Gottkönige die Herrscherrolle. Überall kam es zum typischen „machtstrategischen Kick" (!) Aufwärts. Aber das Eigenevolutionär-Dynamische gemäß wirkmächtigem Ur-*„Logos"* des *Generalevolutions-Moleküls* Freiheit&Kooperation konnte sich zunehmend weniger entfalten, so dass diese Staatsgebilde immer mehr zu Freiheits-Kümmerlingen degenerierten. ...

Da brachten die Griechen in ihren Stadtstaaten auf der Peloponnes und an den Küsten Kleinasiens mit der **Kulturevolutionsstufe 2** der *„Rationalitäts-, Markt- und Demokratie-Evolution"* für „nicht mehr selbstregelnd übersichtliche" Menschengemeinschaften das *Freiheits&Kooperations-Generalevolutions-Molekül* als wirkmächtiges Ur-*„Logos"* wieder ins Rollen. Sie hatten

a) das Infrastruktur-Medium ihrer einheitlichen Sprache und schufen sich

b) zur Überbrückung der großen Entfernungen untereinander sowie zur Absicherung fehlerfreier Sprachübermittlung ihre alphabetischen Schrift dazu, die sie zugleich mit bis heute vorbildlicher Historiographie, Dichtkunst und Theaterstücken bereicherten. Um das Jahr 800 v. Chr. führten sie

c) unter ihren Stadtstaaten ein, was sozusagen ein Geld&Preis-Sprache-Infrastruktursystem für den Handel untereinander und auch für ganze Schiffsladungen und Marktwirtschaften ermöglichte. Den Ting-Gedanken, den sie bei ihrer Einwanderung aus Nord mitgebracht hatten, hatten sie

d) mit der Agora als Universalabstimmungs- und Versammlungs-Stätte bereits eingeführt und dann in Athen

e) zur Stadt-Demokratie ausgebaut. ... Rom (753 v. Chr. bis 476 n. Chr. / als Byzanz bis1453 n. Chr.) übernahm all diese Errungenschaften der allgemeinen griechischen *„Rationalitäts-Evolution"* und ergänzte sie

f) um das Staatsrecht für den Flächenstaat. Dem „senatus populusque" galt die Devise hoher Freiheit&Kooperation. Entsprechend war auch die Dynamik, die dieses Staatsgebilde entfaltete. ... Darauf gelang es dann dem jüdischen Befreiungs-Philosophen Jesus, dem Ganzen den Veredelungs-Zweig der Freiheits&Kooperations-

Dynamisierung per „Ethik-Evolution“ als **Kulturevolutionsstufe 3** aufzupfropfen. Jesus erfand sozusagen das Hochleistungs-Öl für das Freiheits&Kooperations-Getriebe der Menschen. Er lebte in dem Volk, das wie die Griechen ebenfalls einen anderen Weg gegangen war, als die Priester- und Gottkönigreiche drum-herum. Sein Volk hatte sich eine „Staats-Philosophie der Befreiung“ geschaffen, und zwar

a) für die Befreiung von Fremdherrschaft sowie

b) für die Befreiung von Zwistigkeit und Sündhaftigkeit der Juden untereinander. Letzteres war allerdings unter die Drohung eines aus dem Jenseits zürnenden Jahwe gesetzt.

Und im Diesseits galt zudem ein rigoroses Angstregime mit Strafmandat für alle Verstöße gegen den inneren „Befreiungs-Kanon“. Wozu über 600 stringente Reglementierungsmaßregelungen fürs alltägliche wie feiertägliche Leben griffen. ... Das erschien dem Freiheits-Philosophen Jesus offenbar zu kontraproduktiv für eine „Philosophie der Befreiung“. Da war eindeutig zu viel der Knebelung, als dass es noch als Befreiung durchgehen konnte. Freiheit und Kooperation schienen ihm wie auf einem Prokrustesbett fest angenagelt: Sie konnten nicht zur generalevolutionär schöpferischen Verbindung autonom-freiheitlich sich findenden gedeihlichen fruchtbringenden Miteinanders zusammenkommen; die volle Dynamikentfaltung der Wirkmächtigkeit des Ur-„*Logos*“ Freiheit&Kooperation war beeinträchtigt! ... Jesus wollte der Juden „goldene Regel“ des „*Was du nicht willst, dass man's dir tu, das füg auch keinem andern zu*“ und die dazu als Kommentar erlassenen „Zehn Gebote“ auf eine diesen hervorragenden Grundlegungen angemessene freiheitliche Weise umzusetzen. Anstelle von Jahwe den Gerechten setzte er die Befreiungs-Philosophie der Liebe und der Lehre, die den Menschen ein Gewissen vermittelte, das bei Verfehlungen pochen würde. Damit der Mensch dabei nicht an sich selbst verzweifelte, bot Jesus die

Reue und die Vergebung, um so aus dem Teufelskreis ins normale Miteinander zurückfinden können. „Resozialisierung“ heißt man das heute. Und das begleitete nun ein liebender Gott, den Jesus in seiner aramäischen Muttersprache „Allaha“ (!) nannte[7] – ihn selbst nannten seine aramäischen Zeitgenossen „Muhammadun“ (der zu Preisende!). Seine zwölf Schüler nannten ihn in der für alle Provinzen Roms allgemein gültigen lateinischen Reichssprache „Christus“ (der Gesalbte). ... Und um die Menschen etwas nachdrücklicher bei der Gewissenstange zu halten, fügte Jesus sicherheitshalber das „Jüngste Gericht“ hinzu. Außerdem verfolgte er eine ultimative Befreiung der Menschen aus ihrer Angst vor dem Tode, in dem er den Anhängern seiner Befreiungs-Philosophie Wiedererwachen im Jenseits und das ewige Leben zusicherte. (Wer so von allen Zwängen, Befürchtungen, Ängsten und Sorgen befreit war, hatte ja schon im Diesseits sowas wie das ewige Leben.) Sogar der Befreiung von Krankheit, Kummer und Tod hatte sich Jesus angenommen, wie man aus den unmittelbar nach Jesu Kreuzigung erstellten Auferstehungs-Berichten seiner Schüler im Neuen Testament entnehmen kann. ...

Kurz: Jesus *ergänzte* die äußere und sachliche Befreiungsmission des Judentums um die *innere* mentale und seelische, ans Gewissen pochende und Zuversicht gewährende Befreiung eines „liebenden Gottes“ *Vater*, *Sohn* und *Heilige Weisheit* ... und *erweiterte* all dies ins „katholische“ als Option für die gesamte Menschheit samt Öffnung von Exodus 2,4 zwecks Aufklärung und Befreiung von idolatrischen Trugbildern ideologischen Irreführungen: Du sollst dir kein *falsch* Bildnis machen!

Evolution baut aufeinander auf: Jesus wollte die im Judentum angelegte Befreiungs-Idee über deren Grundlegung hinaus entwickeln

7 Als abstrakte Denkfigur einer Wache aus dem Jenseits hat Allaha bei uns Namen vom liebend-fürsorglichen Theos, Deus, Dieu, Lord, God, Gott; im Islam wird sie zum übel drohenden und rächenden Allah.

und das Ergebnis sodann für alle Menschheit wirksam werden lassen. Seine Anweisung war: *„Gehet hin und lehret die Weisheit alle Welt"*, nicht mehr und nicht weniger ... eine Kirche stand ihm nicht im Sinn!

Indes sollte sich seine Selbst&Gemeinschafts-Befreiungs-Philosophie für die *Welt 2*-Individualgeist- und *Welt 3*-Gemeinschaftsgeist-*Mem*-Persönlichkeits-Bildung als so enorm attraktiv für die damaligen Menschen erweisen, dass seine Schüler (gen. Apostel) sie im Neuen Testament niederschrieben und der jüdischen Bibel hinzufügten und der Apostel Paulus 20 Jahre nach Jesu Tod, also im Jahr 50 n. Chr., in Ephesus die „katholische" (sprich die für alle Welt gültige) Kirche gründete sowie sein anderer Schüler Petrus das Pontifikat in Rom, wo er dann freilich als Märtyrer starb. ... Doch dreihundert Jahre Christenverfolgung und Leben im Untergrund konnten Jesu Befreiungs-Philosophie nicht auslöschen. Ihr Freiheits&Kooperations-Impuls blieb vielmehr so ungeheuer attraktiv, dass Kaiser Konstantin der Große, der das offenbar spürte, sie für gesamte damalige Weltreich der Römer „katholisch" erklärte und 337 nach Chr. auf dem Totenbett selbst zum Christentum konvertierte. Vom Hadrianswall in Britannias Norden bis zum mediterranen Afrika; von Hispania über Gallia, Germanias Westen und Süden bis zu Schwarzen Meer; in Nah Ost, Kleinasien und Ägypten: Überall um Rom herum in seinen Provinzen herrschte die „pax romana"! Auch darüber hinaus hatte sich die neue Befreiungs-Lehre eigendynamisch-rasant verbreitete. Sie galt auf der gesamten Halbinsel Arabien von Euphrat und Tigris bis an die Gestade des Indischen Ozeans, hatte Anhänger in Persien und über die Seidenstraße Verbreitung bis nach China und Tibet gefunden. Im Süden der arabischen Halbinsel und Äthiopien hatte sich die christlichen Königreiche der Axum und Himyar gebildet, die ihre Könige Kaleb nannten.

Exkurs II:

Wie allerneueste Forschungen verdeutlichen, kommt da noch eine dritte Größe ins Spiel: Von Äthiopien über Süd-Ägypten und Sudan hatte sich das christlich-monophysitische Großreich Aksum auf den arabischen Subkontinents ausgedehnt, mit ‚client states' bis auf die Höhe von Mekka und Medina im Norden. Am Südrand befand sich auf dem Gebiet des heutigen Jemen der äthiopische aksumisch-christliche Ableger „Himyar". Professor Dr. Martin Tamcke, an der Marburger Philipps-Universität und sodann an der Göttinger Georg-August-Universität mit Schwerpunkt „**Geschichte der Ostkirche**" tätig, untermauert die früheren Berichte, wonach in der Spätantike – also um 500/600 n. Chr. die „ostsyrische Kirche in Mesopotamien die größte Kirche der Welt war": im Norden bis an den Kaukasus, im Westen bis nach Zypern, im Süden auf der arabischen Halbinsel, in Ägypten, am Horn von Afrika und in diesen Kontinent hinein, im Osten nach Persien, Indien, China und Japan. *„Damals gibt es gar einen Metropoliten von Peking. Ja, im geographischen Raum des heutigen China entstanden ganze Königreiche, die christlich waren. Selbst die Mongolenkhane waren zum Teil christlich sozialisiert. ... **Die Ostchristen, nicht wir Europäer, sind historisch gesehen, die ‚eigentlichen' Christen**. Und dort im Morgenland waren über Jahrhunderte die großen Zentren der Christenheit. ... Etwa wurden hier grundlegende Glaubenslehren des Christentums definiert, die unsere europäische Kultur bis heute bestimmen. ... Sie sehen, im Orient sind die Christen also keineswegs Gäste (wie wir heute meinen könnten – d. V.), ... sie sind sogar die eigentlichen (weil ursprünglichen – d. V.) Hausherren."* Tamcke, Martin: Das christliche Morgenland (Interview), in: Junge Freiheit, 09.09.2014, S. 3. Siehe auch Tamcke, Martin: Christen in der islamischen Welt: Von Mohammed bis zur Gegenwart, (Beck) München 2008. Hervorh. – d. V.

Dazu hat der Heidelberger Semitist und Archäologe Professor Dr. Paul Yule in über eine Dekade andauernden Ausgrabungen zutage gefördert, dass dieses aksumisch-christliche Reich bis ins 7. Jahrhundert n. Chr. bestanden hat. Von seiner Hauptstadt Zafar, welche ca. 130 Kilometer südöstlich von Saana in 2800 Metern Höhe gelegen war, beherrschte es große Gebiete der arabischen Halbinsel. Ab 563 n. Chr. sei von dort die Missionierung ihres christlichen ‚Ein-Gott'-Glaubens bis nach Mekka vorgedrungen, und der Stamm der Quraisch, der lt. Koran auch der des ‚Propheten' gewesen sein soll, habe sich zumindest zu Teilen zum Christentum bekannt. Das Reich von „Himyar" sei untergegangen infolge einer lang anhaltenden Trockenperiode sowie aufgrund der Spätfolgen der Justinianischen Pest-Pandemie, die den gesamten Orient in Chaos und Zerrüttung gestürzt hatte. Zum Lebensstil der Könige von „Himyar" übermittelt Yule in seinem 2013er Forschungsbericht: *„One of Justinian's ambassadors relates an eye-witness account of an Aksumite King, Kaleb Ella Asbeha. His words are recorded by John Malalas (for the sources Munro-Hay 1991: 153) which is embellished but shows the kind of pomp and elaborate garments surrounding these ancient rulers. Reportedly Kaleb arrives with a carriage decorated by golden wreaths and drawn regally by four elephants. The procession is accompanied by music, pomp and circumstance to confirm his power and status. He wears a linen garment embellished with gold work, evidently some kind of tunic or kilt decorated with appliques sewn with pearls as well as much jewellery. His headgear is decorated with gold, four streamers or pendants hung down from each side. Such elaborate rich textiles bring to mind royal garments most visibly of contemporary Sasanien and Byzantine rulers."* Und natürlich trägt der *Kaleb* Zeichen seines christlichen Gottesbezugs. (Die Wortnähe zu *Kalif* lässt die Adaption im Islam erkennen.) Vgl. http://www.yule.privat.t-online.de (Forschungsbericht: Zafar, Capital of Himyar) u. Yule, Paul: Himyar, Spätantike im Jemen/Late Antique Jemen, (Aichwald) 2007. Zit.: Manuskript des Forschungsberichtes 2013, S. 5.

Ende Exkurs II

Jesu Befreiungs-Philosophie sollte von der Beschränkung im Judentum auf das „auserwählte Volk“ befreit für alle Welt gelten, also „katholisch“, sprich „für alle Welt“ gültig sein. Des Befreiungs-Philosophen **Jesus** Kernsatz für das gedeihliche fruchtbringende Miteinander aller Welt lautete mit aller Erlösungs- und Befreiungskonsequenz: *„Liebe deinen Nächsten wie dich selbst“*, in unseren heutigen Worten *„Achte deine Mitmenschen und hab auch Achtung vor dir selbst!“* Das klappt natürlich nur, wenn alle sich daran halten und legte so die Spur bis zur Erkenntnis des Siegels der abendländischen Aufklärung Professor Dr. Immanuel **Kant** in der Deutschordensgründung Königsberg in Preußen zusammengefasst in der Konformitäts-Regel des **„Kategorischen Imperativs“**: (I.) *„Handle nur nach derjenigen Maxime, durch die du zugleich wollen kannst, dass sie ein allgemeines Gesetz werde“*. (II.) Alle Rechte und Pflichten gehören untrennbar miteinander verbunden. (III.) Alles Ansinnen und Handeln muss vom Ethos hoher Achtung **und** Liebe getragen sein. (IV.) Die *„reine Vernunft“* hat *„der letzte Probierstein der **Wahrheit** zu sein, ... was sie zum **höchsten Gut auf Erden** macht“*![8]

„Sapere aude!“ Wage, selbst zu denken; gib dem Denken die Freiheit und Verantwortung, war sein Leitspruch. Das war die Vollendung von Christi Befreiungs-Philosophie. Die „Heilige Weisheit“ im Hallesch/Kant'schen Lehr- und Aufklärungs-Gebäude, stimmt die Menschen positivemotional, machte sie konstruktiv und befähigte sie fürs wirkmächtige Ur-„Logos“-*Generalevolutions-Molekül* Freiheit&Kooperation. Kurz: Es schärft das *Mem* kulturfähig, wie es seinem Wesen nach ja auch sein sollte, nämlich kompetent zur *Befreiung per Seelen-Aufklärung plus Verstandes-Aufklärung* in einem. Professor Dr. Peter Sieferle sieht darin einen „Europäischen Sonderweg“. Mir scheint es indes für die gesamte Kulturrevolution in

---

8 Kant, Immanuel: Critik der reinen Vernunft, (Verlag Johann Friedrich Hartknoch) Riga 1781.

Richtung Globalisierung richtungsweisend zu sein: F&K-Geniestreich der Evolution!

Das großartige Kaiserzeitaufblühen 1871–1914 und das rasche Überholen der Siegermächte ab 1948 im Deutschen Wirtschaftswunder trotz Reduktion gegen 1/3 der Kaiserzeitausgangsgröße sind deutliche Zeichen neuester Zeit der enormen Wirkmacht des einmalig-singulären Freiheits&Kooperations-Kodex von Christi Befreiungs-Philosophie in hallesch-pietistischer protestantisch-calvinistischer Verantwortlichkeit und Aufgeklärtheit unter Einführung der allgemeinen Schulpflicht bereits 1717 und dann nochmals per Anordnung verschärft in 1763.[9] (Der „angelsächsische Kapitalismus" konnte sich mit dem calvinisch-pietistisch Kantisch grundierten Kaiserzeit- wie Erhard-Wirtschaftswunder-Befreiungssignal der Seelen- plus Verstandesaufklärung in keiner Weise messen.)

Im hallesch-pietistischen protestantisch-calvinistischen Kantschen Kulturkosmos griff das Befreiungssignal des „sapere&agere aude", „Wage, selbst zu denken und selbst zu handeln" und „Befreie dich gemeinschaftsintelligent kalibriert (!) aus mentaler wie materieller Abhängigkeit sowie allen idolatrischen wie ideologischen Denkgefängnissen". ... Dazu herrschte in Preußen seit 1717, seit 1763 nochmals verschärft die allgemeine Schulpflicht und ab 1810 mit der modernen Universität in Berlin die Freiheit&Kooperation in Forschung und Lehre. Die Selbstverwaltung der Gemeinden und

9 Kant wie das gesamte preußische Verantwortungs- und Pflichtbewusstseinswesen sind Kultur-Prägungen i. S. der Halleschen Schule: Professoren Dr. Christian **Thomasius** (1655–1728), Dr. August Hermann **Francke** (1663–1727), Dr. Christian **Wolff** (1679–1754). Eigenständigkeit, Pflichterfüllung, Pünktlichkeit, Nächstenliebe, Wahrhaftigkeit, Bescheidenheit. Stifter und erster Rektor ist Preußens **Friedrich III.**, der die seit 1690 unter universitären Bedingungen arbeitende Einrichtung in 1694 offiziell gründete und Fridericianum nannte. Das Privileg hatte Kaiser Leopold nach langwierigen Verhandlung erteilt, wobei Sachsen und Württemberg versucht hatten, die Privilegierung zu hintertreiben.

Städte und die Gewerbefreiheit konnten unter dem Hallesch/Kantschen Kodex zu segensreicher Eigendynamik finden. Dem Geistig-Ätherischen von *Welt 2*-Individual- wie *Welt 3*-Gemeinschaftsgeist-Entwicklung wurden damit ständig mehr „Infrastruktur-Medien" kognitiver wie emotionaler Intelligenz anhand gegeben!

Das mit ideologischer Niedertracht so schlecht geredete Preußen und Kaiserreich hatte die niedrigste Analphabeten-Quote, die meisten Nobelpreisträger und den höchsten Bevölkerungs- wie Wirtschafts-Boom aufzuweisen, und das bei zugleich niedrigster Kinds-Sterblichkeit, bester medizinischer Versorgung und sozialer Umsorgung sowie höchster Demokratisierung: In allem war es weit vor den anderen westlichen Nationen. Es hatte in der kulturellen *Mem*-Entfaltung von Gesellschaft, Wirtschaft und Wissenschaft den damaligen Zenit im wirkmächtigen Ur-„Logos" des *Generalevolutions-Moleküls* Freiheit&Kooperation inne ... woran dann das „Deutsche Wirtschaftswunder" weiterentwickelnd anschloss.

Algorithmen werden uns eines Tages möglicherweise helfen, die doppelstöckige *genetische* plus *memetische* Programmierung des Menschen zu entschlüsseln. Unsere *Gen*- wie *Mem*-Programmsätze sind ja in ihrer Komplexität so riesig, dass jeweils nur ein Teil operativ angeschaltet ist, woran *epigenetische* wie *epimemetische* „influencer" manipulieren:

1. die einen positiv-emotional konstruktiv kulturfähig zu Freiheit&Kooperation aufbauend (s. z. B. die autonome Konformitäts-Kompetenz nach Jesus, Halle, Kant, Erhard),
2. die anderen aber leider destruktiv kulturwidrig negativemotionalisierend in den Angst&Affekt- plus Macht&Gewalt-Clinch nehmend (so z. B. der revolutionäre Konformitätserzwingungs&Eigendynamikerdrosselungs-Druck bei Jakobinern, Marx, Lenin, Stalin, Mao, Pol Pot wie überhaupt im fortwirkenden

„idolatrischen&ideologischen Jahrhundert" – Prof. Dr. Elisabeth Noelle-Neumann). ...

Das heißt aber: Um einen Menschen und seinen Lebensweg zu analysieren, muss man immer seine *epigenetische* wie *epimemetische* Einbettung mit heranziehen. Das gehört sozusagen zur Anamnese; sprich: erst das Begreifen der Kulturevolution über den vertiefenden Blick in die Geschichte wird die richtige Diagnose und Selbsteinordnung ermöglichen.[10]

Schluss-Resümee zur Evolution: Dies ist der große Zauber. Alle Evolution strebt autonom nach Zu- und Miteinander gemäß dem wirkmächtigen Ur-„Logos" des *Generalevolutions-Moleküls* „Freiheit&Kooperation", und das in Verbindung mit dem *Quantitätsanhebungs&Qualitätsemergenz-Naturgrundgesetz*: so die Evolution von Materie, so die Evolution von Leben im Streben zu den *stofflich-physichen Organismus-Symbionten* von Pilzen, Pflanzen und Tieren ... und so strebt's nach Zu- und Miteinander der Menschheits-Symbionten gesellschaftlicher, wissenschaftlicher, wirtschaftlicher und *memetischer* Entfaltung samt zunehmendem Schreiten ins *Geistig-Ätherische.* Bis zur **Lebens- wie ihrer Gen-Evolution** findet Evolutionin in *stofflich-physischer Selbstorganisation* statt und ist gekennzeichnet vom Fortschreiten aus örtlicher Gebundenheit in zunehmende räumliche Beweglichkeit und Offenheit. Mit der **Kultur- sowie ihrer Mem-Evolution** kommt die *geistig-ätherische Selbstorganisation* der Organismus-Bildung in Gestalt von *Welt 2*-Individual- und *Welt 3*-Gemeinschafts-Geist samt *Mem* hinzu sowie das Fortschreiten von räumlicher zu geistiger Beweglichkeit und Offenheit. ... Und weiter wirkt das Quantitätsanhebungs&-Qualitätsemergenz-Naturgrundgesetz.

---

10 Siehe auch Plomin, Robert: Blueprint. How DNA Makes Us Who We Are. (MIT Press) Cambridge/Massechusetts 2019.

Das geistig-ätherische Freiheits&Kooperations-*Mem* aus

1. prähistorischer Agrar- und Arbeitsteilungs-Evolution und
2. griechischer Rationalitäts-, Markt- wie Demokratie-Evolution fand
3. seine funktionsperfektionierende Vollendung im Ethos von Jesu Befreiungs-Philosophie. Sie lässt die geistig-ätherischen Infratrukturen nochmal besser funktionieren und bringt dem anthropogenen *Mem*-Satz die Veredelung zu voller Entfaltung im wirkmächtigen UR-„Logos“ des *Generalevolutions-Moleküls* Freiheit&Kooperation, fürs Erklimmen ständig höherer Zivilitstionsplateaus gemäß dem Quantitätsanhebungs&Qualitätsemergenz-Naturgrundgesetz!

Vom einfachen Familiensymbiont über die Anthroposymbiosen in Gestalt der arbeitsteilig-spezialisiert das Sozialprodukt erzeugenden Unternehmens- wie Marktorganismen bis hin zu den komplexen Staatsgebilden: Ihre Berechtigung erweist sich im Symbiose-Surplus. ... Und im „Freiheits&Kooperations“-*Variations-* plus *-Selektions*prozess werden diejenigen *Mem*-Ausformungen (*Memotypen*) ausscheiden, deren Hervorbringungen (*Phämotypen*) in Symbiose-Gewinnerzeugung wie Anforderungskompetenz unzureichend bzw. unterlegen sind.

Nicht selten liegt dem ein autonom-*memetisches* Konformitätsdefizit der Dynamik-Subpression zugrunde. ... Jesu grundlegende Leistung im Sinne der vorliegenden Betrachtungen ist eine geistig-philosophische mit hohem F&K-Dynamisierungs-Impetus.

Mein „Abendland“ auf der Neue Mühle, in das ich 1938 das Glück hatte, hinein geboren zu werden, hatte das Konformitäts- wie Motivationsstreben zu gedeihlichem fruchtbringendem Miteinander zur unverbrüchlichen Leitvorgabe. Es galt das wirkmächtige Ur-„Logos“ des Quantitätsanhebungs&Qualitätsemergenz-Naturgrundgesetzes

im schöpferischen Zu- und Miteinander-Streben gemäß general-evolutionärem Freiheits&Kooperations-„Axiom“ (als richtig erkannter Grundsatz absolut gültiger Wahrheit, die keines Beweises bedarf)!

Doch das „idolatrische&ideologische Jahrhundert“ (nach Prof. Dr. Elisabeth Noelle-Neumann) meinte es damals in seinem Angstbeißer- und Beutegreifer-Taumel völlig anders. ... Das war indes nicht neu. Denn schon in der christlichen Antike, und dann immer wieder, war es zu Brüchen im großen Zauber der Kultur- bzw. *Mem*-Evolution gekommen. Stets war‘s ein übles Kontra zu Jesu Selbst&Gemeinschafts-Befreiungs-Philosophie, stets kam‘s zur Niedertracht von Angst&Affekt-Schürerei für Macht&Gewalt-Tyrannei mitsamt Arroganz, Ignoranz, Intoleranz, Borniertheit und Totalitarismus von Beutegreifern, Unterjochern und Ausbeutern.[11]

>> 324–570: Kaiser Konstantins d. Gr. Griff nach Jesu Befreiungs-Philosophie, das große Kirchenschisma der Konzilien von Nicäa bis Chalcedon und die „Justinianische Pest“<<

Kaiser Konstantin der Große (270–337, ab 324 alleinherrschender Kaiser aller Römer) hatte den Reichsinneren Kampf um die Macht für sich entschieden und gliederte dem goldenen Rom wegen der riesigen Ausdehnung des Reiches zwei Verwaltungszentren bei: Trier und Konstantinopel; und in der Stadt, der er seinen Namen gab, bezog er Residenz. Somit war das eigentliche Machtzentrum dort.

11 Prof. Dr. Richard **Dawkins** These von der Blindheit der Evolution kann ich dennoch nicht folgen. Denn im Endeffekt führt das Freiheits&Kooperations-Axiom über die Freiheit zu Variation und die Freiheit zum Wettbewerb à la longue zur Fortentwicklung von *Mem*-Anforderungs-Kometenz. Dem Chaos/Ordnung-Widerspiel, wie es die Professoren Dres. Carl **Brinkmann**, Franz **Oppenheimer** und Alexander **Rüstow** sehen, kommt im evolutionären Fortschrittsprozess eher auxiliäre Funktion zu.

Es gab eine Zeit lang auch in Rom noch Kaiser. Deren Bedeutung schwand indes immer mehr. Und für Konstantin, der in Konstantinopel das christliche Hofzeremoniell samt Kaiser/Ecclesia-Union einführte, war der Papst in Rom eher subsidiär, nämlich ein Bischof unter vielen. (Das sollte auf Dauer zu zwei Zentren der Christenheit führen: das katholische Rom der für alle gültigen Befreiungs-Philosophie und das orthodoxe Byzanz des „wahren Glaubens". Bereits 395 war's zur administrativen Teilung des Römerreiches in eine lateinisch geprägte Westhälfte und eine griechisch geprägte Osthälfte gekommen. De facto waren's zwei getrennte und auf sich gestellte Staatsgebilde gleicher *Memetik*. 1054 folgte sodann das Große Kirchenschisma mit zwei verfeindeten Brüdern, die bis heute nicht mehr zusammenfinden konnten.)

Nach seiner Thronbesteigung in 306 n. Chr. kümmerte sich Kaiser Konstantin d. Gr. in seinem Imperator-Selbstverständnis um **seine** Kirche, die ihm unterstand. So rief er 325 n. Chr. alle Bischöfe des Reichs, also auch den von Rom, zum Konzil nach Nicäa (auch Nikäa), um einen unerquicklichen innerkirchlichen Disput zu beenden. Zentraler Streitpunkt war die christologische Frage nach der Natur Jesu und seiner Stellung gegenüber Gott Vater und Heilige Weisheit. Im unversöhnlichen Gegeneinander standen die Arianer, Nestorianer und Miaphysiten. Es ging darum, ob Jesus gottgleich, oder zwiegespalten Mensch und Gott zugleich sei, oder doch eher nur Mensch mit Messias-Funktion. Die Lehre des Bischof Arius, dass Jesus als Sohn Gottes „geschaffen" und Gott untergeordnet, sprich „subordiniert" sei, wurde einmütig als Irrlehre verurteilt und der Häretiker Arius von seinem Bischofsitz Alexandria verbannt. Es folgten mehrere Konzile unter Kaiserleitung. Das letzte fand 451 n. Chr. in Chalcedon auf der kleinasiatischen Seite des Bosporus statt. Es entschied den lange und erbittert geführten Streit um das Verhältnis von göttlicher und menschlicher Natur in Jesus

Christus zugunsten der Zwei-Naturen-Lehre: Mensch und Gott zugleich. ... In der Folge spalteten sich die orientalischen Ost-Kirchen mit ihrer riesigen Ausdehnung bis nach China und Tibet, über ganz Nah- und Mittelost sowie den Subkontinent Arabia bis tief hinein nach Afrika, ab, inklusive der vielen arianischen Bischofssitzen in Ägypten, Nordafrika, Andalusien und Ravenna auf dem Hoheitsgebiet des Imperium Romanorum. Das war m. E. das **erste Kirchenschisma**, und zugleich eines mit ganz entsetzlicher Spätfolge, wo es in Nah- und Mittelost über das ostchristliche Damaszenerreich im 10. Jh. zum Terror der Beutegreifer- und Kriegswirtschaft des Islam führte. Nicht von ungefähr heißt Islam auf Deutsch schlichtweg nur „Unterwerfung".

Bei genauerem Hinsehen werden wir nämlich eine ausgebuffte Ideologie, gebildet um die Idolatrie eines Allah/Mohammed-Komplotts, entdecken, die in orwellianischer Verdrehungs-Propaganda behauptet, immer schon gewesen und überhaupt die einzige Religion zu sein: Ihr „Offenbarungs"-Narrativ in Koran und Hadith enthalte die Wahrheit über das, was Thora und Evangelium verfälscht hätten! (s. S. 55 ff.) ... Des Islam Angst&Affekt- plus Macht&Gewalt-Stategie ist total niederträchtig ans Niedriginstinktive im Menschen appallierend derart Iham-verschlagen und Taqiyya-arglistig angelegt, dass sie wie ein über die gesamte Schaftlänge mit Widerhaken versehener Speer wirkt: Einmal eingestochen, bohrt er sich mit jeder Gegenwehr des Opfers ständig tiefer ein; gnadenlos-hakk!

So wurden die jüdisch-christlichen Länder in Nah- und Mittelost sowie in Nordafrika und Kleinasien Opfer der „Unterwerfung". Das gleiche Schicksal ereilte viele buddhistische wie hinduistische Länder bis hin zu den Philippinen. Neuerdings bohrt's sich ins Subsahara-Afrika und sogar nach Europa hinein. Und jedes noch so kleine Aufbegehren wird iham-listig bis gnadenlos-hakk niedergestreckt. ... Doch am Anfang stand die „Justinianische Pest".

Beutegreifer- und Angstbeißer-Strategien gegen das Abendland aus den Tiefen Asiens

Zunächst erschütterte in den Jahren 541/544 und dann noch einmal 557 und 570 eine verheerende Pest-Epidemie die gesamte Region.[12] Und die rüttelte ganz besonders an der Glaubwürdigkeit Kaiser/Ecclesia-Union von Konstantinopel, wo die Leichenmassen unbeerdigt auf den Straßen herumlagen und verwesten. Man war nicht mehr Herr der Lage. Sprich: Diese „Justinianische Pest" beeinträchtigte ganz massiv die Glaubwürdigkeit der christologischen Staatsphilosophie des Reichs von Konstantinopel und Byzanz und brachte letztendlich die Antike ins Kippen. ... So wie der „Schwarze Tod" 1347–1351 das Mittelalter ins Wanken brachte und 1618–1648 zur Auflösung des Heiligen Römischen Reichs Deutscher Nation mit betrug.

---

12 544 hatte Kaiser Justinian, der wie der Perserkönig Chosrau I. selbst erkrankt war und überlebt hatte, das Ende der Pestepidemie verkündet, doch 557 brach sie erneut aus, kehrte 570 nochmals wieder und trat bis zur Mitte des 8. Jahrhunderts in etwa zwölfjährigem Rhythmus immer wieder auf, bevor sie nach 770 endgültig verschwand. Häufig grassierte die Pest in einem bestimmten Gebiet zwei bis drei Jahre und schwächte sich dann ab. Voraussetzung für ihre rasche Ausbreitung und hohe Sterberate war neben der Tatsache, dass der Pest-Erreger wohl erstmals im Mittelmeerraum und Nah/Mittelost auftrat, eine allgemein vorangehende Schwächung durch Erdbeben, Missernten und Kriege. In der Folge der Seuchenzüge seit 541 reduzierte sich die Bevölkerung des oströmischen Reiches von Byzanz um ca. 1/4. – Die mit der Pandemie einhergehende Nahrungsmittelknappheit, das Absinken der Steuereinnahmen und die zunehmende Unfähigkeit, genügend Söldner aufzustellen, um die langen Grenzen des Reiches zu schützen, trugen mit dazu bei, dass dann im Jahre 700 n. Chr. die östlichen und südlichen Küsten des Mittelmeers unter die ostchristlich-arabische Vorherrschaft des Damaszenerreichs geraten waren und das römische Großreich von Byzanz auf Konstantinopel, Kleinasien und einen Teil des Balkan schrumpfte.

>> 610–750: Das erneute persische Großmachtstreben als Geburtshelfer des ostchristlichen Damaszenerreichs der Omayyaden <<

Zu Beginn des 7. Jahrhunderts drohte dann dem Kaiser Heraclius (griechisch-byzantinisch Basileios Herakleios (575–641), ab 610 Kaiser des Oströmischen Reichs von Byzanz) großes Ungemach. Des persischen Sassanidenreichs (226–642) Chosrau II (570–628, Schah-in-Schah, König der Könige) ließ in Nordmesopotamien systematisch Festung um Festung des oströmischen Reichs einnehmen. Er plante offenbar, dauerhaft zu annektieren. Und seit Herakleios' Thronbesteigung im Oktober 610 eilten des Chosrau II. Truppen von Sieg zu Sieg. Im Frühjahr 611 hatten sie den Euphrat überschritten. Das Oströmische Reich lag da noch in Thronfolge-Zwistigkeiten. Herakleios fand erst 613 zum Gegenangriff. Der scheiterte jedoch. Des Basileios von Byzanz Heer wurde in der Reichsprovinz Syria vernichtend geschlagen. 614 hatten die Truppen des Sassaniden-Herrschers Chosrau II. Syrien völlig und zudem das Heilige Land erobert. Die byzantinische Reichsinsignie, das Heilige Kreuz, ward von Jerusalem in des Chosrau II. Residenz Ktesiphon verbracht. In Kleinasien plünderten und brandschatzten seine Armeen bis vor die Tore der Kaiserstadt Konstantinopel. Es schien so, als sei Ostroms Ende gekommen und das alte Achämenidenreich wieder erwacht.

Dieses hatte vom späten 6. Jahrhundert v. Chr. bis ins späte 4. Jahrhundert v. Chr. bestanden und erstreckte sich in seiner größten Ausdehnung um die legendären Hauptstädte Persepolis und Babylon von Persien (Iran) über Irak, Afghanistan, Usbekistan, Tadschikistan, Turkmenistan, Syrien, Libanon, Israel, Palästina Ägypten und Kleinasien inklusive der Insel Zypern. Der Achämeniden Griff nach Griechenland brachte damals jedoch ihr Ende samt Rettung dessen, was dann zum Abendland führte.[13]

13 Die Armeen des Perserkönigs Xerxes I. war nach zeitgenössischen Berichten mit einem erdrückenden Übermacht erschienen: Flotte 517.610;

Im neupersischen Großmachtstreben war Chosrau II. nun 619 drauf und dran, Ägypten dauerhaft in sein Reich einzugliedern und somit Konstantinopel, das Endziel Chosrau'scher Beutegreifer- und Angstbeißer-Strategie, der lebenswichtigen Kornkammer zu berauben und in die Knie zu zwingen. So belagerten Perser und Alliierte 626 den „Golden Apfel" am Bosporus. Der konnte sich indes trotz Kriegs-Einsatz des Kaisers im fernen Heiligen Land dank seiner starken Flotte halten. Doch zu diesem Zeitpunkt war der Höhepunkt des neuen Perserkriegs bereits überschritten. Denn Basileios Herakleios hatte den „Heiligen Krieg" ausgerufen und dazu die ostchristlichen Araber von Al-Hira trotz deren Häresie als „Alliierte unter dem Kreuz" gewinnen können. So zogen die ostchristlichen Lachmiden von Al-Hira unter den Fahnen von Jesus-Muhammadun in die Schlacht, während die katholischen Westchristen dies unter den Fahnen von Jesus-Christus taten. In dieser Militär-Allianz sollten sie ab 622 gegen die persische Herrschaft vordringen. [Da geschah laut der rd. 300 Jahre später (!) erstellten Koran-„Offenbarung" eines Muhammad/Mohammed Hidschra von Mekka nach Medina, über deren damalige Existenz es aus den 620ern freilich keinerlei Zeitzeugenbericht gibt!]

Wieder gelang es, wie rund ein Jahrtausend zuvor, die zahlenmäßig weit überlegene persische Heeresmacht auf dem Schlachtfeld mehrfach auszumanövrieren und einzelne Verbände total zu zerschlagen.

Infanterie 1.700.000; Kavallerie 80.000; Araber und Libyer 20.000; griechische Alliierte 324.000. In der Schlacht bei Plataia in Böotien fügten im Sommer 479 v. Chr. die verbündeten Griechen dem persischen Landheer in Nutzung der topographischen Gegebenheiten einer verheerende Niederlage zu. Nachdem es ihnen im Vorjahr gelungen war, die Flotte des persischen Großkönigs in der Enge des Istmus bei Salamis aufzureiben, brachte der Sieg bei Plataia in Böotien das Ende der persischen Versuche, Griechenland zu erobern und so das Abendland gleich im Stadium seiner Entstehung zu ersticken. Alexander d. Gr. streckte den Beutegreifer aus dem Osten 333 v. Chr. ff. dann völlig nieder.

Die militärische Bedeutung dieser Gefechte war jedoch eher begrenzt, da man niemals auf die sassanidische Hauptstreitmacht traf und diese wie damals in Griechenland ausradierte. – Aber es strapazierte die Geduld der persischen Heeresführer und untergrub die Autorität von Chosrau II. Insgesamt erwies sich Herakleios als ein geschickt agierender Führer seiner Militär-Allianz, während Chosrau II. an den Planungen seiner Militär-Allianz kaum aktiv beteiligt war.[14]

Zudem erwies sich auch die Bekämpfung des ostchristlich Pufferstaates der Lachmiden von Al-Hira durch Chosrau II. zu Beginn des 7. Jahrhunderts, die bis dahin die Rolle der Grenzsicherung in diesem Raum für Persien übernommen hatten, rückblickend als ein schwerer strategischer Fehler. Dadurch waren die von dem

---

14 Das Ende für Chosrau II. kam im Dezember 627 mit der Niederlage der Perser in der Rückzugsschlacht bei Ninive. Nun widerfuhr den Persern genau das, was sie immer vermeiden wollten: im Norden tat sich eine zweite Front durch die Türken auf (die sich indes mit Raubzügen und einzelnen Vorstößen zufrieden gaben). Chosrau II. floh nach Ktesiphon, wo jedoch Chosraus ältester Sohn Siroe mit mehreren Adligen und Offizieren konspirierte, darunter auch ein Sohn Yazdins, welcher einige Zeit vorher im Rahmen einer Christenverfolgung auf Veranlassung von Chosrau II. hingerichtet worden war. Diese Adligen fürchteten um ihre von den Türken bedrohten Ländereien und wollten den endlosen Krieg mit den Römern abbrechen. Wie bedeutsam die türkischen Überfälle in der allgemeinen Wahrnehmung vorkamen, ergibt sich aus chinesischen Quellen. Sie sprachen davon, dass die Perser von den Türken besiegt worden seien, ohne Herakleios überhaupt zu erwähnen. Februar 628 ward Chosrau ins Gefängnis geworfen, wo er nach vier Tagen ermordet wurde. Sofort führte Siroe unter seinen Geschwistern ein Blutbad durch, um seine Macht zu festigen. Den Thron bestieg er als Kavadh II. Nach seinem frühen Tod im September 628 versank Persien in Chaos und Bürgerkrieg und konnte sich erst unter dem neuen Sassaniden-Herrscher Yazdegerd III. wieder etwas stabilisieren. Doch im Friedensvertrag von 640 verloren sie alle zeitweilig eroberten Gebiete an Byzanz, und aufgrund der fortwährender inneren Wirren waren sie derart geschwächt, dass die „Al-Hira"-Araber der Lachmiden bei ihren bald einsetzende Rache- und Eroberungsfeldzügen gegen Persien ein überaus leichtes Spiel hatten.

katholischen Kaiserreich unter Bann und Acht der Häresie gestellten Lachmiden von Al-Hira förmlich in die Militär-Allianz mit Herakleios getrieben worden. Ab 623 fielen sie im Namen ihres Jesu Muhammadun wie dessen Gottes Allaha in das Reich der Feueranbeter und des Zarathustra ein, einten alle dort siedelnden Ostchristen wie die übrigen Perser vom Indus bis an den Kaukasus und an die Grenzen von Byzanz sowie hinab zum Persischen Golf unter ihrem ostchristlichen Staatsdach, dazu ihr Al-Hira-Staatsgebiet am unteren Euphrat und Tigris sowie die vom Kaiser überlassene Reichprovinz Syria samt der römischen Statthalter-Hauptstadt Damaskus. In diese Reichsmetropole verlegte man später dann auch die Hauptstadt, so dass wir heute von der Epoche des „Damaszenerreichs" sprechen, in welcher die ostchristliche Omayyaden-Dynastie herrschte. ... 632 war das Werk vollendet. [Wenn dann in dem rund 300 Jahre später aufgestellten Koran 632 als Datum der Arabereinigung mit Siegesrede eines Muhammad/Mohammed auf dem Berg Arafat erscheint, und das Damaszener-Reich der Omayyaden als Dunkelzeit der Islam vor-kommt, dann sind die realhistorischen Bezüge klar ... und zugleich auch die Vertuschungs-Intentionen der Koran-Abfasser offenbar.]

Denn das Damaszenerreich nahm seine christologische Allaha-Mission mit großem Nachdruck wahr. Es schuf für die Mission und Administration in seinem Riesenreich, aufbauend auf des Jesu Muhammadun syro-aramäischer Schriftsprache in Verbindung mit arabischen Idiomen, das, was uns heute als Arabisch vorliegt. [Der Koran machte es 300 Jahre später indes als immer schon bei Allah gewesenes reines Arabisch sakrosankt.]

Und die Omayyaden prägten ihre Münzen mit Jesus Muhammadun als Umschrift samt Jesus Abbild mit Langkreuz darauf. Sie bauten die Johannesbasilika von Damaskus zum Zentralgotteshaus ihres Damaszenerreichs aus und versahen es mit ihren neugeschaffenen arabsich-christologischen Schrift-Zügen samt dem Kreuz-Zeichen dabei. Ebenso taten sie, als sie den Felsendom mit der weit strahlender Goldkuppel hoch über Jerusalem errichteten.

Später kamen in Kairuan und Cordoba die Vielsäulenbasiliken in ihrem neuentwickelten Baustil hinzu. Denn als in 641 n. Chr. der Kaiser Herakleios verstarb, sahen sie ihre Waffenbrüderschaft mit Byzanz beendet und sich in der Pflicht zur Christentums-Einigung unter ihrem einen Gott Allaha und dessen Messias Jesus Muhammadun. Nun ziehen sie das Reich von Byzanz der Häresie, dem notfalls nahezubringen sei, wie und was das Christentum des wahren einen Gottes Allaha und des Messias Muhammadun ist. Genau so, wie sie es nach dem Konzil von Chalcedon um 450 n. Chr. in ihrem ostchristlichen Protestmanifest im Erzbistum Merw in der persischen Provinz Corasan schriftlich niedergelegt hatten. Die Römer nannten die ost-christlichen Araberstämme im Reichsgebiet und darüber hinaus daher ‚Qurays', sprich ostchristliche Anhänger des Corasan-Manifestes. [Die Wortnähe von Corasan im 5. Jh. mit der Kompilierung eines Koran im 10. Jh. macht uns aufmerksam: Der Koran schöpfte aus alten Geschehnissen. Dabei wurde aus der Geschichte sowie aus innerostchristlichen Erörterungen und Auseinandersetzungen vieles aufgegriffen und über eine lange Entstehungszeit von sprachanalytisch nachgewiesen an die 100 Mitwirkenden absichtsvoll mächtig umgeschrieben.]

Exkurs III:

In des Corasan-Manifestes ummanipulierender Fortschreibung war dann rund ein halbes Jahrtausend später unter Beachtung der Machtambitionen des Kalifats von Bagdad der Koran entstanden. Sprachforscherische Untersuchungen am „Institut zur Erforschung der frühen Islamgeschichte und des Koran" an der Universität Saarbrücken hatten 100 Mitwirkende bei der Koran-Abfassung ausgemacht. Das Inârah (Institut zur Erforschung der frühen Islamgeschichte und des Koran/Inârah Institute for Research on Early Islamic History and the Koran) ist 2007 als gemeinnütziger Verein gegründet worden. In der arabischen Sprache kann inârah „Aufklärung" bedeuten, dieses Verständnis ist hier gemeint; daneben gibt es noch die Bedeutung „Erleuchtung". – Siehe Early Islamic History and the Koran, Homepage www.inarah.de.

Zur Christologie des Reichs von Damaskus und dessen christliche Reichsinsignien vgl. Goetze, Andreas: Religion fällt nicht vom Himmel – Die Jahrhunderte auf den Weg zum Islam, (Wissenschaftliche Buchgesellschaft) Darmstadt, 2011, 381 f.

In dem in 2000 aus Sicherheitsgründen unter dem Pseudonym Christoph Luxenberg erschienenen Buch „Die syro-aramäische Lesart des Koran" berichtet der Verfasser aus den linguistischen Saarbrücker Forschungsergebnissen: *„... dass die Heilige Schrift der Muslime nicht auf einer mündlichen arabischen Überlieferung basiert; ebenso kam es zu keiner Erstverschriftung des Koran zur Zeit des dritten Kaleb Utman (also zwischen 650 und 656). Stattdessen muss man von einem Ur-Koran (man beachte die Klangnähe zu Corasan! – d. V.) in einer aramäisch-früharabischen Mischsprache, festgehalten mit syrisch-aramäischen Schriftzeichen, ausgehen. Desgleichen kann die Region, in der dieser Ausgangstext entstand, auch keinesfalls die arabische Wüste sein. Zum ersten war diese durch ein weitgehend analphabetisches und auf jeden Fall ‚bildungsfernes' nomadisches Milieu geprägt. Zum zweiten finden Mekka und Medina, die vermeintlichen zentralen Stätten der Geschichte des frühen Islam, im Koran selbst nur ganze vier Mal Erwähnung – und das auch noch in einem äußerst mehrdeutigen Kontext, der offen lässt, ob es sich hier tatsächlich um arabische Siedlungen handelt. Zum dritten deutet die sprachliche Prägung des Koran eindeutig auf eine Herkunft aus der Stadt Merw in Corasan (heute Südturkmenistan/Usbekistan– d. V.) hin. Der Ur-Koran war keine religiöse Gründungsurkunde, sondern das Credo einer peripheren christlichen Bewegung. Eine Vermischung ostsyrischer Theologie mit* *neuplatonischen Ideen, zoroastrischen, manichäischen und buddhistischen Gedankensplittern. (Das erahnte auch Luther, als er den späteren Koran als ‚ein Flickwerk aus dem Glauben der Juden, Christen und Heiden' deutete – d. V.). In diesem multikulturellen Schmelztiegel an der Seidenstraße lebten damals neben Arabern und Angehörigen anderer Völker auch zahlreiche aramäisch sprechende ostsyrische Christen, welche sich gegen eine Entwicklung auflehnten, die heute als Hellenisierung des nahöstlichen Christentums bezeichnet wird. Ausdruck derselben war die Aberkennung der Beschlüsse des Konzils von Nizäa sowie weiterer griechischer Konzilien durch die syrische Großkirche, beginnend 410 mit der Synode von Seleukia-Ktesiphon. Diese Beschlüsse liefen auf eine Abkehr vom bisher verfochtenen unitarischen Monotheismus und auf die Übernahme der Lehre von der Zweieinigkeit von Gott und dessen Sohn beziehungsweise von der Dreifaltigkeit hinaus. Und genau in diesem Punkt verweigerten sich die Christen von Merw: Sie sahen in Jesus weiterhin nichts anderes als einen Gottesknecht oder Gesandten Gottes (so erscheint Jesus der ‚Machmed' /der zu Preisende bzw. ‚Muhammadun' / der Erwählte dann später auch als ‚Gesandter' im Koran; und die IS-Terroristen strecken noch heute den rechten Zeigefinger in die Luft, nicht wissend, dass das ursprünglich das Zeichen der Ostchristen war dafür, dass es nur den einen Gott Allaha gibt und Jesus Muhammadun keine Gottgleichheit zukommt – d. V.). Zugleich hielten sie es für notwendig, ihr nunmehr dissidentes Glaubensbekenntnis niederzuschreiben. Dies geschah vermutlich ab 553 n. Chr. In diesem Jahr nämlich wurde in Merw ein Bistum der syrischen Großkirche gegründet, was zur Folge hatte, dass die anti-hellenistischen Lehren nun auch hier – weit im Osten – an Boden gewannen. So entstand also zur Mitte des 6. Jahrhunderts ein dezidiert monotheistischer Textkorpus ... antinizäischer Machart, der zunächst keinen Namen trug, aber später als Koran bekannt werden sollte (wohl nach seinem Entstehungsort im Corasan – d. V.). Der Ur-Koran war somit keine Gründungsurkunde einer neuen Religion, sondern das religiöse Credo einer peripheren christlichen Bewegung mit abweichender Gottesauffassung und Christologie ... . Andererseits blieb die koranische Bewegung nicht sonderlich lange christlicher Natur. Hierfür war der Einfluss arabischer Herrscher verantwortlich, welche das Vakuum füllten, das nach dem Kollaps des sassanidischen Königtums ab 650 entstand – an erster Stelle zu nennen ist Abd al-Malik, dessen Siegeszug nach Westen übrigens genau im besagten Merw begann. Unter diesem und anderen arabischen Potentaten kam es* ***um das Jahr 800 herum*** *zu einer* ***Loslösung der koranischen Bewegung vom altsyrischen Christentum****. Dabei wurde der gemischtsprachige Text des Ur-Koran komplett ins Arabische transkribiert, was dazu führte, dass massenhaft ‚dunkle Stellen' entstanden, welche sich dem nur Arabisch Sprechenden seitdem nicht mehr zweifelsfrei erschließen. Dies liegt zum einen daran, dass die zahllosen aramäischen Worte einfach nur mittels anderer Schriftzeichen festgehalten, aber nicht übersetzt wurden. Zum anderen war die zunächst verwendete arabische Schrift im höchsten Maß defektiv, das heißt, sie kannte weder Vokalzeichen noch diakritische Zeichen zur unmissverständlichen Darstellung der vielen uneindeutigen Konsonanten. Deshalb kamen die ersten Koranfassungen in arabischer Schrift als äußerst rudimentäre Textskelette daher, welche allerlei differierende Lesungen erlaubten. Ansonsten erhielt die angeblich neue und autochthone Religion der Araber nun die Bezeichnung ‚Islam' ... . Damit war es allerdings nicht getan, denn es mangelte ja ... noch an einem ureigenen islamischen Gründungsmythos, zu dem der Koran aufgrund seiner Herkunft keinerlei belastbare Belege beisteuern konnte. Diesem Desiderat wurde durch folgenden raffinierten Kunstgriff abgeholfen: Im Nahen Osten war es seinerzeit Usus, das syrisch-aramäische Gerundivum ‚Mahmet' (‚Der zu Preisende') als Epitheton für Jesus zu verwenden – das taten auch die arabischen Herrscher des 7. und 8. Jahrhunderts, wobei die arabisierte Form von ‚Mahmet' ‚Muhammad' lautete. Frühester, aber beileibe nicht einziger Beleg hierfür ist eine Münze aus dem Jahre 687, auf der Jesus ganz explizit als*

‚muhammadun rasul allah' (‚Der zu preisende Gesandte Gottes') bezeichnet wird. ... Mohammed hat also niemals gelebt, und alle später konstruierten Viten des Propheten wie natürlich auch die Hadithen, in denen die vermeintlichen Aussprüche des Religionsstifters überliefert sind, dienen zu allererst dem Zweck, seine fehlende Historizität und die christliche Herkunft des Islam zu verschleiern." – Zit. Kaufmann, Wolfgang: Alternative Islamgeschichte. Beim Kreuz des Propheten, in: Junge Freiheit 10.06.2011, S. 18.

Vgl. Kuhlmann, Karl-Heinz: Gott schreibt keine Bücher, in: Junge Freiheit 13.04.2012, S. 21.

Vgl. Luxenberg, Christoph: Die syro-aramäische Lesart des Koran, (Schiler) 2011. Dazu der Rezensent Wolfgang Herrmann bei Amazon: „... *fabelhafte Geschichten jüdischer und christlicher Religion, Amplifikationen aller Art, grenzenlose Tautologien und Wiederholungen bilden den Körper dieses heiligen Buches, das uns, sooft wir auch darangehen, immer von neuem anwidert, dann aber anzieht, in Erstaunen setzt und am Ende Verehrung abnötigt. Goethes beachtenswert ehrliche Bemerkungen zum Koran (in den Noten und Abhandlungen zum West-Östlichen Diwan) zeigen deutlich die Ambivalenz, die jeden unbefangenen Leser «dieses heiligen Buches» beschleicht. Das soll unmittelbar Gottes Wort sein, überbracht durch den Engel Gabriel? Christoph Luxenberg, der mit seinen Forschungen nach eigenen Worten «die Würde des Koran» wiederherstellen will, gibt sich damit nicht zufrieden. Der wissenschaftliche Spürsinn des Linguisten führt ihn zu den Wurzeln der Unklarheiten und Verzerrungen: Die Sprache des Koran ist keine ursprüngliche, sondern eine mit syro-aramäischen Elementen versetzte, daher muss es eine tiefere, reinere Schicht unterhalb der Oberfläche des «arabischen» Koran geben. Und diese verweist auf das verschwundene orientalische Christentum, dessen Erbe der Islam angetreten hat, um es zu vernichten. ... Der Rezensent, der mit Übersetzungen mystischer Texte aus dem Islam befasst ist und dort auf Schritt und Tritt christlich-esoterischen Ideen begegnet, kann erst jetzt sein eigenes tieferes Interesse für diese Texte wirklich begreifen. Aufatmend darf er seine Scheuklappen ablegen und auch im Koran den christlichen Kern unbefangen anschauen. Und dabei ist bisher nur ein Teil von Luxenbergs Erkenntnissen veröffentlicht. ... Seine Forschungsergebnisse sind in ihrer Plausibilität derart beeindruckend und spannend, dass man mit ihm «die Hände über dem Kopf zusammenschlägt», wenn man die grotesken koranischen Fehllesungen (etwa zu den sogenannten Huris) mit der geklärten Version (nach syro-aramäischer Lesart) vergleicht.*" – Und der Rezensent Ibn Chaldun: „*Bleibt im Wesentlichen nur die Zusammenfassung übrig. Aber was für eine Aussage! Nämlich dass es für die islamische Welt keinen anderen Ausweg gibt als den Koran völlig neu zu ÜBERSETZEN. Denn dieser ist keineswegs ursprünglich in Arabisch verfasst, wie es die fromme Legende von Muhamad will, sondern in aramäisch, entstanden weit vor Muhamads Zeit. Und die vorliegenden Übersetzungen weisen unglaubliche Fehler auf, mindestens 50 % des jetzigen Koran seien unbrauchbar, weil fehlübersetzt. Die islamische Welt wird dies als erneute Beleidigung des Propheten und seines heiligen Buches auffassen und Satisfaktion verlangen, aber auch diese Kreise werden sich letztlich der Wirklichkeit=Wahrheit nicht verschließen können. Fragt sich nur in welchem Jahrhundert.*" ... Der Wahrheit die Freiheit!

Ende Exkurs III

>> 800–1500: Die arabische Beduinenseele bekam im ostchristlichen Damaszenerreich der Omayyaden immer mehr Oberhand, um 750 geriet das Ganze vollends unter die Beutegreifer- und Angstbeißer-Knute von mörderischen Reiterkrieger-Horden aus den asiatischen Steppen – und es folgten ganze Serien von Beutegreiferwellen „out of deep Asia“ gegen das Abendland <<

Die Unterwerfungszüge der Omayyaden gegen Byzanz zwecks Einigung des Christentums unter ihre syro-aramäischen Lesart ward vielerorts von den arianischen Glaubensbrüdern in den ägyptischen, tunesischen und andalusischen Bistümern als Befreiung von Byzantinischer Bevormundung und Unterdrückung empfunden. So nimmt es kein Wunder, dass sie für ihre „gerechte Sache“ bereits 711 die Meerenge von Gibraltar überschritten hatten. Und immer mehr brach die Beduinen-Seele der araboethnischen Unterwerfer durch. Lebten sie doch seit Menschengedenken in ihrem Heldentum, dass sie die Sesshaften überfielen, beraubten, töteten und Frauen wie Kinder mitnahmen, sich diese wie Vieh zu Nutze oder auf den Sklavenmärkten zu barer Münze machten. Auf dem europäischen Kontinent plünderten, raubten und mordeten sie nun über die iberische Halbinsel hinweg bis tief nach Gallien hinein. –

Erst 732 gelang es dem Merowinger Hausmeier und Frankenherzog Karl Martell wenige Kilometer vor Paris auf den Schlachtfeldern bei Tours und Poitiers und dann 737 nochmal im Süden bei Narbonne die arabo-ethnisch-berberische Barbarei des großen Beutemachens so massiv zu stoppen, dass die Sarazenen sich gen Andalusien zurückzogen, und es bei ihren Angstbeißer-Attacken gegen benachbarte Katholische bewenden beließen. – Die Erobererwelle „Out of Arabia“ schien gestoppt!

Doch zuhause, in Nah/Mittel-Ost wurden sie selbst von wilden Jagden asiatischer Steppenkrieger drangsaliert. Die fielen von Nord über Persien ein und verbreiteten Angst und Schrecken mit ihren verwegenen Bogenschützen auf flinkwendigen Pferden, wogegen die Omayyaden-Strategie hoffnungslos unterlegen war. In immer neuen Wellen brandeten sie niedermetzelnd, mordend, brandschatzend und plündernd aus den asiatischen Steppen an. Das einst mächtige corasan-ostchristliche Damaszenerreich geriet unter ihren ständigen Blitzattacken ständig mehr in die Defensive, ward mürbe und eroberungsreif. Den grauenhaften Abschluss fand das Mitte des 8. Jh.s, indem der letzte *Omayyade* in einen Teppich eingerollt und unter den Hufen der darüber reitenden Sieger zu Tode getrampelt wurde. ... Es waren von Mongolen-Reiterheeren aus Fernost gejagte Turkstämme, die nun ihrerseits in asiatischer Angstbeißer- und Beutegreifer-Ideologie den phänomenalen araboethnisch corasanischen Einigungserfolgen der Omayyaden-Kalebs unter Gott Allaha und dessen Messias Jesus-Muhammadun ein jähes Ende bereiteten und sich als Eroberer draufsattelten auf das Riesenreich, gegründet auf's Neue Testament mit erhaltenen aramäischen Texten von vor 70 n. Chr. aus der 7. Höhle von Qumran. Mit dieser christlichen Grundlegung des Damaszenerreichs konnten sie in ihrer asiatischen Steppenkriegermanie des Attackereitens, Plünderns, Raubens, Vergewaltigens und Mordens indes nichts anfangen. Als erstes ließen sie Damaskus mit dessen ostchristlichem Symbol der Johannesbasilika als Reichshauptstadt fallen und gründeten am 30. Juli 762 unter dem Schwert al-Mansurs Bagdad: Hauptstadt seines „Kalifats" mit Welt-Unterwerfungs-Ambition unter dem *Taqiyya*&Bornierheits-Namen „Madinat as-Salam" (Stadt des Friedens: Der Wille zur Macht muss nach Niccolò Machiavelli ja stets 'nem Mantel von Moral daherkommen)! – Bezeichnenderweise geschah dies nur wenige Kilometer östlich von Ktesiphon, der ehemaligen Hauptstadt des persischen Angstbeißer- und Beutegreiferreichs der Sassaniden. Denn dessen Staatsideologie passte geradezu perfekt in ihr asiatisches Migrationskrieger-Weltbild.

Und so mussten sie das ostchristliche Corasan/Quray-Manifest umschreiben lassen. Das geschah freilich für die Quray-Christen des eroberten Reichs *Taqiyya-* und *Iham*-listig getarnt, indem man Worte wie Allah und Muhammad beibehielt. Am Ende stand ihr Herrschafts-Narrativ im Koran/Quran: als Allahs Wort für Wort ureigene Offenbarung samt auf ewig gültigem Gesetz aus Allahs Mund und des Mohammed persönlichem Hadith-Kommentar dazu!

Das war im 10./11. Jh. dann fertig gelungen, und zwar mit Suren wie **(I.)** der Bestemenschen-Hybris der ***Siya-dat*-Narzissmus-Sure** 3/111: >> *Ihr seid das beste Volk, das je unter Menschen entstand. Ihr nur gebietet das Rechte und verbietet das Unrecht und glaubt an Allah. Hätten die Schriftbesitzer (von Thora und Bibel) geglaubt, es stünde besser um sie* << samt dem Befehl zu Al-Walaa wa al-Baraa (Heilige Liebe und Heiliger Hass, sprich „Liebe alles, was Allah liebt, hasse alles, was Allah hasst"); **(II.)** der Faust-Deal-, Angstbeißer- und Kains-Kult-***Qutil*-Tötungs-Sure** 9/111: >> *Allah hat seinen Gläubigen ihre Person und ihr Vermögen dafür abgekauft, dass sie das Paradies haben sollen. Nun müssen sie für die Religion Allahs kämpfen, mögen sie nun dabei töten oder getötet werden* <<; oder **(III.)** der ***Hidschra*-Migrationswaffe-** und ***Ghazi*-Beutegreifer-Sure** 8 mit dem Obertitel *Al-Anfal* „von der Beute" samt all der orientalischen *Ghazi*-Beutegreifer-Belobigungen und Paradies-„Fata Morganen" sowie **(IV.)** all der *Giaur-* wie *Kuffar*-Verdammung in den **Nicht-Muslime/ „ärgste Vieh"-Verfluchungs- und Hass-Suren** quer durch Koran und Hadith: gnadelos-*hakk*, total Friedensavers, diese Unterwerfungs- und Aggressionsideologie!

Exkurs IV: Kurzübersicht Sure/Vers

2/90: Allahs Fluch daher auf diese Ungläubigen; **8/56**: Die Ungläubigen, welche durchaus nicht glauben wollen, werden von Allah als das **ärgste Vieh** betrachtet; **2/163**: ... und nimmer werden sie aus dem Höllenfeuer entkommen; **2/192**: Tötet sie, wo ihr sie trefft; **4/105:** Und seid nicht säumig in Suche und Verfolgung eines ungläubigen Volkes, mögt ihr auch Unbequemlichkeiten dabei zu ertragen haben; **8/13**: ... haut ihnen die Köpfe ab und zuvor alle Enden ihrer Finger; **8/40**: Bekämpft sie, bis ... die Religion Allahs allgemein verbreitet ist; **19/87**: An jenem Tag (des Jüngsten Gerichts) wollen wir die Frevler in die Hölle treiben, wie eine Herde Vieh zum Wasser getrieben wird; **22/10 u. 20**: Für die Ungläubigen sind Kleider aus Feuer bereitet, und siedendes Wasser soll über ihre Häupter gegossen werden, wodurch sich ihre Eingeweide und Haut auflösen. Geschlagen sollen sie werden mit glühenden eisernen Keulen; **33/65**: Die Ungläubigen hat Allah verflucht und für sie das Höllenfeuer bereitet; **33/67**: An dem Tage, an welchem ihre Angesichter im Feuer umhergewälzt werden ...; **35/37**: Für die Ungläubigen ist das Höllenfeuer bestimmt; **36/64**: Hier ist nun die Hölle, die euch angedroht worden ist, in welcher ihr dafür brennen sollt, weil ihr Ungläubige gewesen seid; **37/67**: Die Verdammten sollen siedend heißes Wasser zu trinken erhalten, und dann werden sie wieder zur Hölle verstoße; **40/7**: Die Ungläubigen sollen Gefährten des Höllenfeuers sein; **40/11**: Und den Ungläubigen wird zugerufen: „Der Hass Allahs gegen euch ist noch schwerer als der Hass, in welchem ihr euch untereinander hasstet, weil ihr vordem, obwohl eingeladen zum wahren Glauben, dennoch ungläubig bliebt (sprich **nicht** nach General-Sure 9/111 in Allahs Hidschra&Dschihad-Krieg immerwährenden Feindzugs&Qutil-Tötens gezogen seid)"; **40/34**: ... den Tag, an welchem ihr rücklings in die Hölle geworfen werdet und euch wider Allah niemand schützen kann; **40/51**: Darauf sagen dann die Höllenwächter: „Nun so ruft selbst Allah an!" Doch das Rufen der Ungläubigen ist vergeblich; **40/72 u. 73**: Die Ungläubigen werden ihre Torheit einsehen, wenn ihnen Ketten um die Hälse gelegt und sie an diesen in siedendes Wasser hinabgezogen werden und dann im Feuer brennen; **41/20**: An jenem Tag werden die Feinde Allahs (also jene, die nicht Seinen „Glaubensbekenntnis"-Geheim-Code nennen und nicht der General-Sure 9/111 immerwährenden Feindzugs&Qutil-Tötens in Allahs Hidschra&Dschihad-Krieg Folge leisten) zum Höllenfeuer versammelt und mit Berserker-Gewalt in dasselbe geworfen; **44/48 u. 49**: Und zu den Peinigern der Hölle wird gesagt: „Ergreift und schleppt ihn in die Mitte der Hölle und gießt über sein Haupt die Qual des siedenden Wassers; **45/29 u. 30**: Dann (am jüngsten Tag, am Tag des Gerichts) wirst du sehen, wie jedes Volk auf den Knien liegt, und ein jedes Volk wird zu Seinem Buch (der „Heiligen Suren") gerufen. Dieses Buch spricht nur die Wahrheit von euch; **45/35**: Den Ungläubigen soll die Hölle mit ihrer Feuerglut die ewige Stätte sein, und niemand wird ihnen helfen können; **46/35**: An jenem Tage werden die Ungläubigen vor das Höllenfeuer gestellt; **47/5 u. 7**: Wenn ihr im Krieg (sprich auf Hidschra&Dschihad) mit den Ungläubigen zusammentrefft, dann schlagt ihnen die Köpfe ab. – Die für Allahs Religion kämpfen (und sterben, s. Sure 9/111), deren Werke werden nicht verloren sein. Sie werden in das Paradies geführt werden, welches Er ihnen angekündigt hat; **47/12**: Für die Ungläubigen ist das Höllenfeuer, denen wird Allah nie vergeben; **47/36**: Seid daher nicht mild gegen eure Feinde ...: Ihr sollt siegen und die Mächtigen sein; denn Allah ist mit euch, und er entzieht euch nicht den Lohn eures (Hidschra&Dschihad-)Tuns; **48/17 u. 18**: Ihr sollt das Volk bekämpfen, oder es bekennt sich zum Islam. Den Ungläubigen haben wir das Höllenfeuer bestimmt; **48/30:** Mohammed ist der Gesandte Allahs, und die es mit ihm halten, sind streng gegen die Ungläubigen, aber voll (Trutzburg-) Güte untereinander; **52/14 u. 46**: Die Ungläubigen werden untergehen; **54/49**: An jenem Tage sollen sich auf ihren Angesichtern in das Höllenfeuer geschleift werden; (dto. 55/44; 56/54 u. 95; 57/16; 57/20; 58/6; 49/4 u. 18); **60/140**: O Gläubige, geht keine Freundschaft ein mit einen Volke, dem Allah (wegen dessen Ungläubigkeit) zürnt; **73/13 u. 14**: ... denn wir haben ja schwere Fesseln und das Höllenfeuer und würgende Speisen und peinvolle Strafe für sie; **76/5 u. 32**: Wahrlich, für die Ungläubigen haben wir bereitet: Ketten, Halsschlingen und das Höllenfeuer; **77/16:** Wehe an diesem Tage denen, die unsere Zeichen des Betrugs beschuldigen! Haben wir nicht auch die früheren Ungläubigen vertilgt?; **88/5, 6, 7 u. 8**: ... und sie werden um zu verbrennen, in glühendes Feuer geworfen, zu trinken bekommen sie aus siedend heißer Quelle, und nichts anderes erhalten sie zur Speise als Dornen und Disteln, welche keine Kraft geben und den Hunger nicht befriedigen; **92/15, 16 u. 17**: Darum warne ich euch vor dem gewaltig lodernden Feuer, in welchem nur der Elendste brennen soll, der nicht geglaubt und den Rücken gewendet hat; **96/14, 15, 16, 17, 18 u. 19**: Was hältst du wohl davon, wenn er unsere Verse des Betrugs beschuldigt und denselben den Rücken kehrt? Weiß er denn nicht, dass Allah alles sieht (auch das Heimliche)? Wahrlich, wenn er nicht ablässt, so wollen wir ihn bei seinen Haaren ergreifen, bei den lügnerischen und sündhaften Haaren. Mag er dann seine Freude und Gönner rufen; aber wir wollen die furchtbaren Höllenwächter rufen; **98/14**: (Insbesondere gilt:) Die Ungläubigen aber unter den Schriftbesitzern (also die **Juden** und Ein-Gott-**Christen**, welche ja eingeladen sind, doch die v. g. Suren ablehnen) und die Götzendiener (also die Katholiken, Orthodoxen, Protestanten und wer sonst noch dem Trinitäts-Dogma von Gott Vater, Sohn und Heilige Weisheit frönt) kommen in das Höllenfeuer und bleiben ewig darin; denn **diese sind die schlechtesten Geschöpfe** (halte dich fern von ihnen, verweigere jede Integration, sonst bist du ein Frevler und die Hölle ist auch dein Lohn, und du wirst in alle Ewigkeit deren Verdammten Gefährte sein. – Gnadenlos-*hakk* friedloser Unterwerfungs- und Konformitätsdruck: Bleibt fern von aller Kultur-Evolution, **Boko Haram!**

Ende Exkurs IV

Doch es gab großes Aufbegehren. Am Ende waren's der große *ibn Sina* (gen. Avicenna) (980–1037) aus Buchara sowie der berühmte *ibn Ruschd* (gen. Averroes) (1126–1198) im andalusischen Cordoba, die als letzte noch ein vorsichtig reformatorisches Aufbegehren mit Rückbesinnung zu den jüdisch-christlichen wie antiken Quellen zeigten. Alle Aufklärungs- und Reformationsversuche wurden seit dem Auftreten des Muhammad al-Ghazali (1058–1111), dem *„Erzfeind des freien Gedankens"*, ihrem definitiven Ende zugetrieben. ... Mit al-Ghazali hatte sich die Pervertierung des Ostchristentums zur allgegenwärtigen und allumfassenden Subpression im *Hidschra&Dschiahd* endgültig *Islam-hakk* durchgesetzt: **Dagegen sowie gegen ihre ständigen Angstbeißer- plus Beutegreifer-Überfälle auf die christlichen Lande rief der Papst in Rom in großer Not zu den Kreuzzügen**! ...

Aufs beduinische „Out of Arabia" war nun das nomadische „Out of Asia" zum furiosen Eroberer- und Beutegreifer-„Ritt infernale" draufgesprungen! – Und sie nannten das Ganze Islam, sprich „Unterwerfung" und tarnten den Narzissmus- und Barbarei-Kult dieser Angstbeißer und Beutegreifer-Idolatrie&Ideologie *Taqiyya&Iham*-listig als Religion. Mit al-Ghazalis Triumph war die Kaperung des Damaszenerreichs dafür vollzogen. Das Damaszenerreich war endgültig islamisiert. ... Und der Dünkel sowie das skrupellose Plündern-, Rauben- und Töten-Können waren immer schon der Wesenskern aller asiatischer Steppenreiterkrieger wie ihres Angstbeißer- und Beutegreifer-*Mems*. Das traf nun auf's ähnlich gelagerte Beduinen-*Mem* ostchristlicher Allaha- und Jesus-Muhammadun-Krieger. Und tatsächlich beinhalten Koran und Hadith nichts anderes als eine um die virtuellen Figuren Allah und Mohammed gesponnene Idolatrie und Ideologie für bagdrischen Herrschafts- und Unterwerfungsanmaßung. Es geht um das große *„Din"* (von uns irrigerweise als Religion übersetzt), dem alle Untertanen (listig mit dem *Taqiyya&Iham*-Titel „Gläubige" versehen) unterworfen sind, mit der unbedingten (!) Pflicht, alle Welt in den Islam zu zwingen. Nichts anders als *Unterwerfung* heißt das Wort *Islam* ja auf Deutsch! ... Und diese bedingungslose Kapitulation vor der *Din*-Pflicht für die bagdrische Welt-Suprematie ist zudem ja höchst selbstverräterisch mit allerlei *Qutil*-Tötungsplus *Gehanam*-Höllen-Angst-Traumatisierung sowie *Siyadat*-Besseremenschen-, *Hidschra*-Migrationsplus *Ghazi*-Beutegreifer- und *Huri*-Paradies-Affekt-Ermunterung versehen! Ihre *Moscheen* dienen daher nicht der Andacht, sondern sind Garnisonsstätten des Gefechts, Kampfes und Krieges. (s. S. 619 „Bottom-up"-Dreizack des Idolarie&Ideologie-Narrentanzes)

Exkurs V:

Die *Moscheen* sind Garnisons-Stätten des Gefechts, Kampfes und Krieges sowie Forts auf Allahs Vormarsch der Unterwerfung. So wie's der Ayatollah Khomeini (1902–1989) 1981 in seiner *Chutba* zur Feier des Geburtstags des Propheten aller Welt nochmal deutlicher machte:*„Der Koran sagt: Tötet! Sperrt ein! Die Mihrab (Moschee – d. V.) ist ein Ort des Kampfes und Krieges. Aus der Mihrab heraus sollten Kriege begonnen werden, wie alle Kriege des Islam aus den Mihrabs heraus begannen. Der Prophet hatte ein Schwert, um Menschen zu töten. Unsere Imame waren Militärs. Sie alle waren Krieger. Sie führten das Schwert. Sie töteten Menschen. Wir brauchen einen Kalifen, der Hände abhackt, Kehlen durchschneidet, Menschen steinigt. Genau wie der Gesandte Allahs Hände abzuhacken, Kehlen durchzuschneiden und Menschen zu steinigen pflegte. Genau wie er die Juden der Bani Quraiyza massakrierte, weil sie ein Haufen Unzufriedener waren. Wenn der Prophet befahl, ein Haus niederzubrennen oder einen Stamm auszurotten, war das Gerechtigkeit."* – Wir haben für solche *Chutba*-Agitprops die einfältige Bezeichnung „Freitags-Predigt". Man vergleiche Khomeinis Kriegshetze einmal mit den Friedensfesten der Christen zu Jesu Geburtstag am Heilig Abend! ... Im *Dar al-Kufr* (Land der Ungläubigen) bilden sie Parallelgesellschafts-*Gecendu* islamischer Segregation von der Mehrheitsgesellschaft: isolierte migrantische Communities auf *Hidschra&Dschihad*-Tour. Das sind Wagenburgen bzw. Landnahme- und Unterwerfungs-Forts. Die *Moschee* ist das Exerzier- und Agitationszentrum. Der *Imam* ist der Befehlshaber von *Allah/Mohammed-Gnaden*. Wo sie sich festsetzen, räumen die einheimischen Bewohner aufgrund des sozialen wie verhaltensmäßigen Disparitäten-Drucks nach und nach die betreffenden Stadtteile. Und rasch siedelt sich die *Hidschra&Dschihad*-Infrastruktur der stofflich-physischen *Welt 1* wie der geistig-ätherischen Individual-*Welt 2* und Gemeinschafts-*Welt 3* samt Clanstrukturen an: *Moscheen*-Garnisonsstätten mitsamt *Medresa*-Kadettenanstalten als Koran-Indoktrienationsschulen und Imam-Kaderschmieden, täglich fünfmaliger *Muezzin*-Appell (neuerdings per Smartphone) fürs Exerzieren in jährlich über 40.000 Einzelindoktrinationen und 63.875 *Salat*-Niederwerfungen zu Kampf und Sieg sowie zur Freitags-Generalmobilmachungs-*Chutba*, inklusive Infrastruktur für Imam- und *Halal*-Geschäftemacherei, *Halal*-Kleider-Shops, „islamic banking", *Hamam*- Bäder, türkischen Friseuren und Männercafés, orientalischen Restaurants und Imbiss-Stuben sowie als Kulturvereine getarnten Agitprop-Stätten für Infiltration, Partisanen-Mobilmachung und Terror.

Ende Exkurs V

Die *Muezzin-Azan* sind auch keine Rufe zum Gebet, sondern Appelle zu den Fahnen des Propheten.

Exkurs VI:

Die *Muezzin*-Rufe sind keineswegs Gebetsaufrufe, sondern Einberufungs-Appelle zu allen Listen und Waffen des koranischen Allah/Mohammeds-Komplotts der Unterwerfung, was sie Islam nennen. Fünfmal Tag für Tag ertönt des *Muezzin Adan* mit Aufruf zum Gelöbnis auf die Fahnen des Propheten in Allahs

Welteroberungs-*Hidschra&Dschihad* samt Appell zum Antreten in der *Moschee*->Garnisonsstätte< zum >ich gehöre Dir / ich diene Dir<-Unterwerfungs-Ritual und zur freitäglichen Entgegennahme des jeweiligen *Chutba*-Tagesbefehls. Der **Muezzin-Aufruf** ist *Siyadat*-Überlegenheits- und -Machtanspruch in einem: „*Wo dieses Bekenntnis öffentlich proklamiert wird, da herrscht nach islamischer Lehre der Islam*“ – und sei es als Minderheit über eine Mehrheit. Der *Adan* (türkisch: Azan oder Ezan) muss auf Arabisch erfolgen. Er erfolgt

1. im Morgengrauen vor Sonnenaufgang,
2. zu Mittag,
3. im Nachmittag,
4. zum Sonnenuntergang und (damit man auch bloß nicht zur Ruhe findet)
5. zur Mitternacht,

und er lautet wie eine militärische Eidesformel samt massivem Appell: 4× erschallt **Allahu akbar** [Allah ist der größte – der *Siyadat*- und Siegerruf der Muslime]; 2× **Ashadu alla ilaha illa-llah** [Ich bezeuge, dass es keinen Gott gibt außer Allah – Intoleranzaufruf und erster Teil islamischen Glaubensbekenntnisses der Muslime]; 2× **Ashadu anna Muhammada-r-rasullu-llah** [ich bezeuge, dass Mohammed der Gesandte Allahs ist – zweiter Teil des islamischen Glaubensbekenntnisses samt impliziter Feststellung: >Er und wir Imame, seine Nachfolger, sind eure Heerführer<!]; 2× **Hayy 'Ala-s-Salah** [kommt her zur totalen Unterwerfung, sprich zum islamischen Fahneneid]; 2× **Hayy 'Ala-l-falah** [kommt her zum Sieg]; 2× **Allahu akbarilaha illa-llah** [Es gibt keinen Gott außer Allah – abschließende Wiederholung des Intoleranzaufrufs der Muslime]. – D. h. 6× (also täglich 30×) wird betont, dass Allah der größte und somit Siegesgarant sei; 3× (also täglich 15×), dass es keinen Gott außer ihm gibt; 2× (also täglich 10×) dass Mohammed Allahs Gesandter und in dessen Nachfolge

die Imame Allahs Heerführer sind; 2× (also täglich 10×) erschallt der Ruf, herbeizukommen zur Niederwerfung und zum Gelöbnis auf die Fahnen Mohammeds; 2× (also täglich 10×) erschallt der Ruf zum Sieg, sprich Allahs Siegeszusicherung! – So ertönt täglich fünf Mal mit insgesamt 75 Einzelbestandteilen (jährlich sind es 27.375!) ihr **Einberufungs- und ständiger Mobilmachungsbefehl zum »heiligen Kampf«**: Im Morgengrauen, zu Mittag, am Nachmittag, zum Sonnenuntergang, zur Mitternacht. ... Unter diesen täglich fünfmaligen *Muezzin*-Appellen mit je 15 Einzelaufrufen wird's zusätzlich per fortgesetzter Wiederholung im Drill des Be- und Einschwörungs-*Salat* in tagtäglich fünfunddreißig Niederwerfungen samt jeweiliger Handlungs- und Rezitationssabfolgen festgezurrt. So wird's zur Gehirnwäsche in Permanenz. Und die klappt umso radikaler, als die »Gläubigen« sich unter *Allahs* höllisch *hakk*-erbarmungsloser Zornes-Knute wähnen und zudem unter ständiger diesseitiger *Fitna-*, *Takfir-*, *Fatwa-*, *Gasel-*, *Keks*-Inquisition stehen. ... Es ist wie bei allen Ideologien: Wer nicht mitmacht, bringt sich in Gefahr, wird verfolgt, drangsaliert, erstochen, guillotiniert, füsiliert oder kommt rasch auf 'nen Scheiterhaufen und sei's wie heute auf den der medialen Persönlichkeits-Vernichtung.

Ende Exkurs VI

Der *Salat* dient keinem Gebet, sondern nur der Ein- und Beschwörung auf „Ungläubigen"-Verachtung, -Hass und -Vernichtung.

Exkurs VII:

Das fünfmal tägliche Exerzieren der Pflichtunterwerfungen im *Salat* hat nach exakt bestimmten Handlungsabfolgen und mit exakt festgelegten Worten zu geschehen. Sie müssen zu den festgesetzten Zeiten der *Adan*-Aufrufe stattfinden (Sure 4, Vers 104) und jedes Mal in allen Details absolut fehlerfrei abgespult werden. Unzählige Male mahnt der Koran: ›Verrichtet die Niederwerfung.‹ Sie ist auf den sieben knochigen Körperteilen zu vollziehen: Stirn, Hände, Knie und Füße. So soll sich der „Gläubige“ 35 Mal täglich Richtung des schwarzen Steines im Ur-Heiligtum der Kaaba vor seinem *Hidschra&Dschihad*-Kriegsgott Allah zur Erde niederwerfen. In Moscheen geschieht das in militärischer Reihung wie auf einen Kasernenhof. Dabei hat er zur Aufrechterhaltung seiner *Welt 2*-Individualgeist-Indoktrination die vorgeschriebene Beschwörungsformel zu sprechen: „*Preis sei dir Allah, und Lob sei dir! [...] Es gibt kein Gott außer Dir. Lob sei Allah, dem Herrn der Welten, dem Erbarmer, dem Barmherzigen, der Gewalt besitzt über den Tag des Gerichtes! Dir dienen wir, und dich bitten wir um Hilfe.*“ So wiederholen sie ständig ihre Selbstverpflichtung zu ihrer gemäß Sure 9, Vers 111 auf ewig festgeschriebenen *Din*-Schuldpflichtigkeit zum Kampf gegen den »Unglauben« und beschwören dazu Allahs Unterstützung. So geschieht tagtäglich ein 35 Mal wiederholtes, aus Milliarden Mohammedanerkehlen ertönendes frenetisches Gelöbnis zum »Heiligen Krieg«. Das hämmert ein, 12.775 Mal jährlich! – Und jedes Mal, wenn auch nur der kleinste Lapsus unterläuft, ist das jeweilige *Salat* ungültig und in voller Gänze zu wiederholen! Hinzu kommt dann ja noch das freitägliche Generalmobilmachungs-Politagitprop, genannt *Chutba*. ... Das heißt, die *Medresen* und *Moscheen* sind die Indoktrinations-Werkstätten und Kaderschmieden der „Unterwerfung“. Sie sind Orte der Agitation sowie zur Einschwörung auf *Hidschra&Dschihad*, ja sogar regelrechte Munitions-Anstalten in der ständigen psychologischen Kriegsführung für den »Weg der Wahrheit«, damit alle Welt dem Ideologie-Mem des Islam unterworfen wird. So halten sie die Knebelung des *Welt 2*-Individual- wie den *Welt 3*-Gemeinschaftsgeistes der „Unterwerfung“ fest im Griff. Die islamische Kern-Dogmatik manifestiert sich im koranisch wie hadithisch festgeschriebenen »Denkmodulprogrammpakete«-Blendwerk islamischen *Welt 2*-Individual- wie *Welt 3*-Gemeinschaftsüberlegenheitskults, nämlich der Idolatrie&Ideologie, dass alles Allahs und seiner *Umma* ist, sie die besten Menschen sind, die anderen aber die niedersten Tiere, ihres Lebens wie Besitzes unwert, und der Sieg der „Unterwerfung" sicher ist! In der Summe ergibt sich daraus ein gehirnwäscheartiges Indoktrinationssystem von einer Permanenz und Penetranz, wie sie noch nicht einmal von den Schergen kommunistischer bzw. inter- oder national-sozialistischer Macht&Gewalthabe-Usurpatoren erreicht wurden. Aber höchst ähnlich ist es dem sozialistisch-kommunistischen Bessermenschen- und Andere-Enteignungs-Wahn durchaus schon. – Der Islam kommt einem vor wie ein riesiges orwellianisches Mentalmanipulations-, Feindbildindoktrinations- und Propaganda-Imperium. Seine *Fitna-*, *Takfir-*, *Fatwa-*, *Gasel-*, *Keks-*Tötungsautomatik findet in Antifa-Hetze und Denunzianten-Hatz der kommunistisch-einheitssozialistischen DDR ihre Entsprechung sowie in deren Grenzschutz-Selbstschuss-Anlagen am „antikapitalistischen Schutzwall". – Im Islam ist's „Ehrenmord" für Allahs Ehre! Der Koran (das Grundgesetz des Islam!) fordert rd. 200 x das Töten. (s. o. Exkurs IV)

Ende Exkurs VII

... Und dann noch diese Untermenschenkategorien: Frauen, Dhimmi, Kafir, Giaur, Sklaven. Dem Moslem sind die Muslima untergeordnet. Vier kann er per *Udschur*-Ehekontrakt halten und auch schon mal verstoßen und gegen eine Frische austauschen. Darüberhinaus kann er beliebig viele Konkubinen und Sklavinnen haben. Alle haben ihm zu Gefallen zu sein, wenn ihm danach ist, insbesondre auch alle Beutefrauen. Von ihm (ggfs. auch per Vergewaltigung) gezeugte Kinder sind **seine** Kinder und daher automatischen Mohammedaner, sprich Blutpumpe der *Umma.*

Und falls männlich, sind's gemäß des Moslem oberster *Din*-Pflicht *Hidschra*-Migrations-Krieger und *Al-Anfal-* wie *Ghazi*-Beutegreifer zur Vollendung Allahs Weltreich. Den am Leben gelassenen Juden und Christen wird gnädiger Weise eine ähnliche Untermenschenrolle eingeräumt wie den Frauen: die *Dhimmitude*-Knechtschaft, eine Art Schutzgelderpressung zwecks Mehrung des Wohlstands der Islam-*Umma* über Kopf-, Grundstück-, Vermögens und sonstige Sonderbesteuerung. Die übrigen verfallen alle direkt der Islamwohlstand schaffenden Sklaverei. **Kurz:** Islam ist *Hidschra&Dschihad*-Kriegs- und *Dhimmitude*- sowie Sklavenwirtschaft zwecks Bevorteilungen der Mohammed-*Umma*! Seine *geno*- wie *memo*zitären Auswirkungen auf *Giaur*- bzw. *Kuffar*-Opfer-Populationen ... [etwa im ***Dar al-Harb*** „Haus des Krieges" gegen *Kuffar*-Land (wo der „Weg der Wahrheit" des Islam mit allen Mitteln, besonders auch kriegerischen, vorangetrieben werden soll) bzw. ***Dar al-Ahd*** „Haus des Vertrages" (tatsächlich eine *Taqiyya*-listige Umschreibung für permanente islamische Generalmobilmachung, daher auch „Haus der Windstille", gemäß seit ‚Migration Compact'-Unterzeichnung durch Frau Merkel in Marrakesch im Dezember 2018 tatsächlich vorliegendem Vertrag mit *Kuffar*-Land, wo den Einheimischen nach islamischer *Siyadat*-Auffassung die Gnade der Islamisierung gewährt wird, und das samt Tötungsdrohung für den Fall der Verweigerung!)] ... sind Gegenstand der Forschungen zur „soziobiologischen Theorie" sowie der „Spieltheorie und ums „Schmarotzerdilemma".[15] ... Mit dem Freiheits&Kooperations-Axiom und kulturfähiger kostruktive Zivilisierheit verträgt sich gar nicht! ... In Nahost kam so alles unter die Angst&Affekt- plus Macht&Gewalt-Knute des Islam. Dann kam die Pest wieder ins Spiel. Seit 1347 tobte der„Schwarze Tod" vom Goldenen Horn und begann sich als „europäische Seuche" bis nach Island hinauf einzunisten. Der gefährlichste Pestherd war jedoch Konstantinopel. Mit seinen vielen verschachtelten Fachwerkbauten

15 Schleiter, Ludwig-Wilhelm: Von der Vitalität der Nationen – Über die Grundlagen einer erfolgreichen Kultur-Evolution und ihre natürlichen Feinde, (LP-Verlag) Berlin 2004; insb. S. 35 ff.: *Die soziobiologische Theorie und die Freiheits-&Kooperations-Hypothese*; S. 45 ff.: *Die Spieltheorie und das Schmarotzerdilemma*;

und katastrophalen hygienischen Verhältnissen wurde es als das „Königreich der Ratten“ bezeichnet. 1453 erlosch diese einstige Kaiser- und Reichshauptstadt der Christen. Konstantinopel erlag der erwürgenden islamischen Einkesselung von der See- und Landseite her. ... [Und ihre *Hidschra&Dschihad*-Heerzüge gingen weiter: 1529 sowie 1683 standen die turko-islamischen Beutegreifer- und Angstbeißer-Armeen der Osmanen Islm-*hakk* vor Wien; heute geschieht's als Migrations-Kriegsführung subtil glandestin *Taqiyya&Iham*-getarnt unter dem hehren Moralismus-Schutzschild des „Global Compact for Migration“ der UN und EU, den Bundeskanzlerin Merkel Ende 2018 rasch im Alleingang in Marrakesch unterzeichnete und im Komplott mit Neo-Sultan Erdogan ordnete.] ...Im Norden befand sich Russland von 1240 bis 1480 unter dem Tartarenjoch asiatischer Angstbeißer- und Beutegreifer-Strategie. 1241 hatten die Mongolen es sogar bis nach Schlesien geschafft. 1380 besiegte Dimitrij Donskoi sie in der Schlacht auf dem Schnepfenfeld, und 1480 erzwang Iwan III das finale Ende der Tartarenfremdherrschaft. ... Doch zuvor war Moskau, sozusagen in Konstantinopels Todeskampf, zum Hort der Orthodoxie und als das „neue Ostrom“ Exponent des Christentums in Osteuropa geworden, was sich sodann unter Adaption des ehemaligen Tartaren-Riesenreichs bis nach Wladiwostok am pazifischen Ozean ausdehnte!

Auf dem Weg zur westlichen Zivilisation

Im Westen gelang es Christi Befreiungs-Philosophie, neue Wege zu gehen.

Gegen Europa hatten die Mongolen wie Tartaren zunächst die Goten, dann die Hunnen und schließlich die Ungarn getrieben. Westrom war 476 unter den Goten- und Hunnen-Anstürmen untergegangen. Zuvor hatte 451 zwischen den Römern unter Flavius Aetius sowie den Westgoten unter Theoderich I. einerseits und den Hunnen unter Attila andererseits die Schlacht auf Galliens katalaunischen Feldern in Nordostfrankreich stattgefunden. Das römisch-westgotische Heer besiegte die Hunnen unter hohen Verlusten und zwang sie zum Rückzug aus Gallien. Aber Roms sang- und klangloser Untergang war da bereits besiegelt.

Zu der Zeit hatten sich die ebenfalls aus dem kriegerischen Osten auf Völkerwanderung getrieben Franken an Main und Rhein niedergelassen und waren nach Gallien vorgedrungen, wo aus der Römerzeit die ihnen fremde Befreiungs-Philosophie Jesu galt und mehrere Bischofssitze waren. Pragmatisch schloss der Franken-Heerführer Chlodwig I. mit den katholischen Bischöfen Galliens ein Bündnis. Er hatte sich 498 n. Chr. taufen lassen und war samt seiner heidnischen Krieger zum katholischen Glauben übergetreten. Auf dieser Grundlage gelang es Chlodwig und seinen Nachfolgern, das Fränkische Reich im Einvernehmen mit der Kirche über ganz Gallien auszudehnen. 732 und dann noch einmal 737 besiegte der Frankenherzog Karl Martells (688–741) auf den Schlachtfeldern bei Tours und Poitiers sowie Narbonne die Sarazenen. ... Zeitlich parallel erfolgte ab dem 6. Jahrhundert aus Nord die „iroschottische Mission“ zur Christianisierung Mitteleuropas durch Wandermönche wie dem Heiligen Bonifacius, dessen Grabstätte im Dom von Fulda zu bewundern ist. Im Süden kam ab dem 7. Jahrhundert die „italienische Mission“ über die Alpen nach Radolfzell, Reichenau und St. Gallen am Bodensee. Karl Martells Enkel Karl d. Gr. (747–814) gelang es, die Gallier und Germanenstämme zu einen. An Weihnachten 800 wurde er vom Papst in Rom zum neuen Kaiser der Heiligen Römischen Reichs gekrönt, das somit zur Schutzmacht zur katholischen Christenheit erkoren worden war.

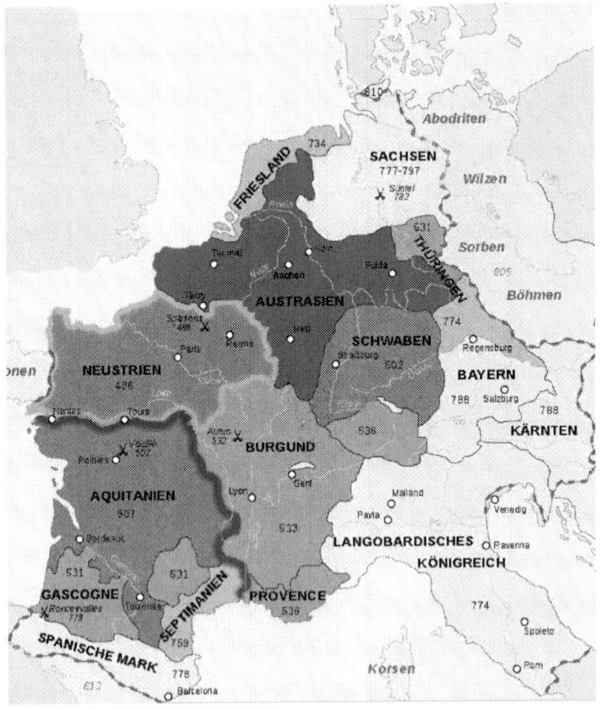

Karte des Fränkischen Reichs 481 bis 814

© Sémhur/Wikipedia

Diese Schutzmachtposition ging jedoch wieder verloren. Denn bald nach Karls d. Gr. Tod an seinem Thronsitz Aachen am 28. Januar 814 n. Chr. wurde das Reich im Jahr 834 dreigeteilt in Gallien,

Lotharingien und Germanien. Man hatte sich offenbar unter Karls Abkömmlingen nicht auf einen Thronanwärter fürs gesamte Reich einigen können: Ein schlimmes Versagen mit fatalen Folgen bis ins 20. Jh. mit zwei verheerenden Weltkriegen!

Fränkische Reichsteilung nach dem Vertrag von Verdun 843
© Furfur/Wikipedia

... Und wenn die EU es heute nicht schafft, ihre Menschen und Völker per Freiheits&Kooperations-*Mem* i. S. v. Jesu Befreiungs-Philosophie zu einer wirkmächtigen Anthroposymbose gem. **Quantitätsanhebungs&Qualitätsemergenz-Naturgrundgesetz** aller Evolution zusammen zu führen, wäre es ein schlimmes, Geschichts-blindes Total-Versagen.

Das Heiliger Römische Reich Deutscher Nation sowie der „Schwarze Tod“, die Renaissance und die Reformation

Im östlichen Reichsteil der Sachsen, Ostfranken und Bayern erkannte der Frankenherrscher Conrad I. (reg. 911–918) auf seinem Totenbett, dass es zur Bändigung der schrecklichen Ungarnüberfälle nötig sei, dem Sachsen-Herzog Heinrich I. (reg. 919–936) die Königswürde anzutragen. Das tat Conrads Bruder, der Heinrich am „Vogelherd“ in Quedlinburg am Harz die Botschaft überbrachte. Heinrich ließ einen Wall von Sicherungs-Burgen an der Ostgrenze errichten und auf dem Reichstag von Worms beschließen, gegen die Pfeilehagel der Steppenreiterkriegs-Taktik ein Panzerreiter-Heer aufzustellen. So konnte er in 933 die Ungarn an der Unstrut zurückschlagen. Und es gelang seinem Sohn Otto I. (reg. 936–973), die erneut tief nach Deutschland eingedrungenen Ungarn 955 in der Schlacht auf dem Lechfeld endgültig zu besiegen. Seit 936 war er Herzog von Sachsen und König des Ostfrankenreiches. Seine Krönung zum König des gesamten Ostreichs erfolgte sogleich 936 in Aachen. 951 wurde er König von Italien. 962 krönte ihn der Papst in Rom zum römisch-deutschen Kaiser, dem nun auch Lotharingien unterstand. Magdeburg war zum Bischofssitz erhoben und die Gebiete bis an die Oder zum Reich hinzugewonnen.

Ottos d. Gr. Heiliges Römischen Reich Deutscher Nation bot Zentraleuropa die Friedensordnung für das gesamte Mittelalter. 1000 n. Chr. wurde Stefan I. der erste christliche König von Ungarn und machte auch sein Land zum integrierten Mitglied des Abendlands, welches unter des Papstes *memetischer* Oberhoheit und des Kaisers weltlichen Schutz gestellt war. Jesu Befreiungs-Philosophie konnte in *Welt 2*-Individual- wie *Welt 3*-Gemeinschaftsgeist einfließen und mit ihrer segensreichen *Mem*-Wirkung das mittelalterliche

Aufblühen der karolingischen Renaissance, der Romanik sowie der Früh-, Hoch- und Spätgotik dynamisieren.

Die von ~950 bis ~1200 n. Chr. andauernde Wärmephase tat ihr Übriges, um das klösterliche Agrar- und Handwerks-Wissen im Land zu verbreiten, die Lebensmittelversorgung zu verbessern und ein signifikantes Bevölkerungswachstum auszulösen. Die aufkommende Wassermühlen-Technik trug wesentlich mit dazu bei. Nicht zuletzt auch, um die Versorgung der in zünftiger Gewerbefreiheit aufblühenden Städte sicherzustellen. Es kam zur einer regelrechten Städtegründungswelle in Freiheit&Kooperation, dem ***General-evolutions-Molekül***.

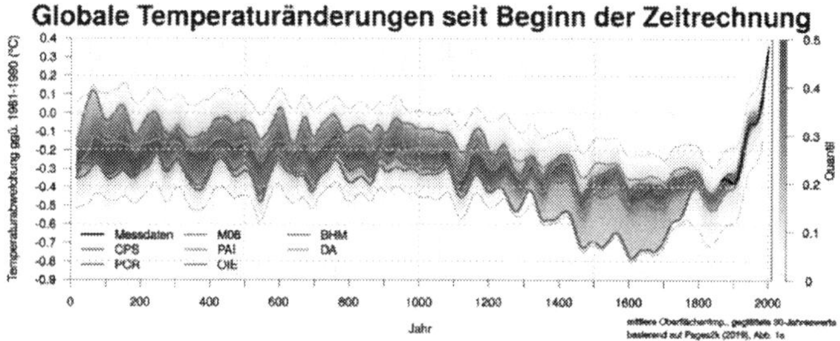

Geschichte der globalen mittleren Oberflächentemperaturen
über die Ära ab Christi Geburt

© DeWikiMan/Wikipedia

Wärmephase 950–1200 mit „Nachglühen" bis ~1410; **Kältephasen** um 1600 („Dreißigjähriger Krieg", anschließend Frankreichs Absolutismus Beutegreifer- und Angstbeißer-Strategie gegen den Kaiser und das Heilige Römische Reich Deutscher Nation) und um 1800 (Napoleons Beutegreifer- und Angstbeißer-Strategie gegen Europa)

Otto I., Kaiser des Heiligen Römischen Reiches Deutscher Nation, Schutzpatron der Christenheit des Pontifex von Rom

© Sémhur/Wikipedia: Karte des Heiligen Römischen Reiches um das Jahr 1000

Überall im Reich entstanden demokratisch verfasste Bürger-Städte mit Kirchen, Kathedralen, Klöstern und Domen für Jesu Befreiungs-Philosophie in gelebter Freiheit&Kooperation. So auch die„freien Reichsstädte“, die frei von jeder Adelssupprematie nur Kaiser und Reich unterstanden.

Darunter **Frankfurt am Main**, wo die engagierte Bürgerschaft den Kaiserwahl-Dom für das gesamte Heilige Römische Reich Deutscher Nation errichtete. ... In meiner näheren Heimatregion entstand **Marburg** a. d. Lahn. Die erste urkundliche Erwähnung datiert auf das Jahr 1138/39. Die Stadtrechte wurden ihm 1222 gewährt.

Zu großer Bedeutung empor stieg es, nachdem die verwitwete Landgräfin **Elisabeth** von Thüringen, im Jahr 1228 von der Thüringerresidenz auf der Wartburg dorthin zog. Denn sie war nichts Geringeres als die Tochter des Ungarnkönigs Andreas II. mit Ehefrau Gertrud von Andechs-Meran, deren Familien-Besitzungen von Ostfranken bis an die nördliche Adria reichten. Ein Onkel war Erzbischof von Bamberg, eine Tante Äbtissin in Schlesien und ihr Bruder sollte dem Vater als König von Ungarn folgen. Und als eingeschworene Anhängerin der Armutsbewegung ließ sie in Marburg ein Hospital errichten, in dem sie sich bei der Pflege von Kranken und Gebrechlichen aufopferte und im Jahr 1231 im Alter von 24 Jahren verstarb. 1235 wurde sie heiliggesprochen, wozu Kaiser Friedrich II. aus Süditalien und über eine Million abendländische Notable nach Marburg kamen. Noch im selben Jahr begann der Deutsche Orden, über ihrem Grab die **„Elisabethkirche“** zu errichten: Deutschlands erster gotischen Kirchenbau in reinster Frühgotik, zweitürmig wie eine Kathedrale mit europäischer Symbolwirkung! – Die Finanzierung geschah aus der Reichsschatulle. So war sie bereits 1286 fertiggestellt und geweiht und neben Rom sowie Santiago di Compostela **eine der wichtigsten Pilgerstätten des Abendlands**. Aus ganz Europa strömten die Pilger zum Grab der „Heiligen Elisabeth“. ... Zudem wurde Marburg an der Lahn **Deutschordenszentum** und erlebte einen riesigen Aufschwung.

Reinste Frühgothik:
Elisabethkirche Marburg
© Freie Kunst, A. Savin

Elisabeths Tochter Sophie von Brabant ließ in 1247 auf der Mader-Heide bei Fritzlar ihren Sohn Heinrich zum Landgrafen ausrufen und die Marburger Bürger in 1248 ihr und ihrem Sohn Heinrich huldigen, indem sie das Kind am Marktplatz über den Brunnen erhob und den Jubelnden als der Landgraf ihres eigenständigen (!) Chatten-Landes präsentierte, sowie Marburgs Burg zur Schloss-Residenz der Landgrafen von Hessen erklärte. – So hatte der Umzug von Heinrichs Oma Hl. Elisabeth auf das nach Insistieren ihrer mächtigen Andechs/Meranlinie zugestandene Erbteil Marburg zur Gründung von Hessen geführt.

Etwas näher zu meinem späteren Geburtsort Rosenthal war im Jahr 1233/1234 vom Schwager der verstorbenen Elisabeth, dem Landgraf Conrad von Thüringen, **Frankenberg**, gegründet worden. Conrad hatte dies als Thüringens Statthalter für die hessischen Gebiete getan, um an der oberen Eder ein Gegengewicht zum kurmainzischen Battenberg zu schaffen. Bei der Stadtgründung waren zwei Brüder eingesetzt, der eine als Ritter (also für den äußeren Schutz der Stadt), der andere als Schöffe (also für die innere Ordnung in der Stadt); ihre Namen sind überliefert aus einer Stiftung, die sie Frankenbergs Kloster Georgenborn für ihr Seelenheil machten. Es handelte sich um Güter flussabwärts an der Eder. Das ist die älteste Überlieferung des Namens **Clusio/Sledere/Schleiter** und der Beginn der erweiterten Familiengeschichte. Frankenberg wuchs, gestützt auf einen gesunden Kaufmanns- und Handwerkerstand, schnell heran.

Und es war ein Zeichen des wachsenden Wohlstandes, dass bereits 1286 auf Veranlassung von Landgraf Heinrich I., also vom Enkel der Heiligen Elisabeth, auf Frankenbergs Burgberg mit weiten Blick über das Edertal der Bau der „Liebfraukirche" in Angriff genommen wurde.

Das Vorbild der Frankenberger Liebfraukirche war die soeben fertiggestellte und geweihte Elisabethkirche in Marburg. Die

Finanzierung dieser in Tradition der Marburger Grundlegung stehenden Symbolmaßnahme Heinrichs geschah nun aus des hessischen Landgrafen Heinrich I. Landesschatulle. Der Kirchenbau war in 1353 vollendet und wurde von 1370 bis 1380 um die Marienkapelle ergänzt. Sie ist des Tyle von Frankenberg Meisterwerk. … Frankenbergs Kaufleute pflegten weiträumige Handelsbeziehungen, wovon neben den Wochenmärkten vier Jahrmärkte Zeugnis geben. Der wirtschaftliche Aufschwung förderte auch eine schnelle kulturelle Aufwärtsentwicklung. Bereits im 13. Jahrhundert hatte Frankenberg eine Lateinschule, die um 1500 ihre größte Blütezeit erlebte. Aus ihr ging unter anderem der Dichter Helius Eobanus Hessus hervor. – Freiheit&Kooperation bringt Evolution; „Stadtluft macht frei“ war das Losungswort!

Liebfraukirche Frankenberg an der Eder

© Dawohajo

Mein Geburtsort **Rosenthal** ist die 1327er Gegengründung zu den v. g. landgräflichen Erfolgen durch den Reichskanzler Kurfürst und Erzbischof von Mainz auf dem einzigen „Heiligen Stuhl“ der Welt neben dem des Papstes in Rom. Seine „geostrategische“ Wahl fiel auf das Zentrum des Burgwalds, in dessen Nordrand der Christenberg aufragt. Wo der Heilige Bonifacius um 700 n. Chr. als Missionserzbischof mit päpstlichem Legat für Germanien (dann auch Bischof von Mainz, zuletzt Bischof von Utrecht, Gründer mehrerer Klöster, darunter Fulda) in irisch-christlicher Mission auf Areal eines keltischen Oppidums aus ~600 v. Chr. eine Donar-Eiche fällte

... und den Vorgängerbau der bis heute erhaltenen altehrwürdigen Dekanatskirche fürs obere Lahn/Dill-Gebiet errichten ließ.

Martinskirche auf dem Christenberg

Wie gesagt wurde Rosenthal im Jahr 1327 als mainzisches Vorposten-Implantat zwischen Marburg und Frankenberg gegründet. Veranlasst hatte es der Mainzer Erzbischof Matthias von Buchegg. Bezweckt war das Schaffen eines städtischen Mittelpunktes für Zent und Amt „Bentreff". Rosenthal erhielt daher von Beginn an eine kurfürstliche Lateinschule und war bewehrt mit Burg, Stadtgraben und drei Stadttoren. Das Gericht „Bentreff" ward nach Rosenthal verlegt.

Ihren Anlockname „Rosenthal" verdankt die Neustadtgründung einer Mainzer Werbestrategie. Musste doch aus dem Nichts heraus ein städtisches Komplettgebilde geschaffen und alles dazu benötigten Gewerbe angesiedelt werden, wie z. B. Zimmer- und Baumeister, Tischler, Schreiner, Bäcker, Brauer, Müller, Metzger,

Schmid, Schlosser, Fassbinder, Stellmacher, Wagenbauer, Strumpfweber etc. – Pfarrer und Lehrer stellte der Bischofstuhl.

Von der unter bischöflichen Baumeistern errichteten Schutz-Burg für Rosenthals Bürgerschaft ist noch in der Amtsrechnung aus dem Jahr 1695 diese anerkennende Beschreibung enthalten: *„Eine fürstliche steinerne Burg, daran ein hoher Turm mit einer umgehenden Ringmauer umfangen."* Ein Ackerbauerring in den Tälern drum herum war schon da, etwa mit der **Deutschordens**-Eremitage Meinhartishusin und der Eichmühle, heute Merzhausen und Eichhof,[16)] oder den im Dreißigjährigen Krieg untergegangenen, heute nur noch in Flurnamen wie Feldmarken übermittelten Bendorf, Weidenhausen, Rommertehausen, Herzhausen, Thalhausen, Siegertenhausen und Forste, sowie die nur noch urkundlich übermittelten Altenbracht, Hergoshausen, Allendorf und Leichheim bzw. das immer noch bestehende Willershausen. Bis 1343, d. h. rund 100 Jahre nach Marburg (1222) und Frankenberg (1244), wird das 1327 gegründete Rosenthal erstmals als „Oppidum", sprich als Stadt erwähnt. Einer seiner Lateinschüler soll Bischof von Trient geworden sein.

Nach dem Ende der hessisch-mainzischen Auseinandersetzungen in 1427 kam Rosenthal 1464 zunächst als Pfand zur Landgrafschaft Hessen und 1583 schließlich vollständig ans inzwischen

---

16 Dazu aus Himmelmann, Fritz: Heimatbuch der Stadt Rosenthal, (Univ.-Buchdruckerei Dr. E. Hitzeroth) Marburg-Lahn 1939, S. 130 u. 143: „Erich Anhalt bringt in seinem Werk ‚Die Entstehung des Kreises Frankenberg' einige ältere Geschichten über den Eichhof. 1260 wird der Müller zur Eichen dem Ordenshof Merzhausen geschenkt." Dieser wurde von einem Ordensbruder „mit Hilfe von Leibeigenen bewirtschaftet ..." „Landgraf Ludwig IV. (1200–1227) sah die Niederlassungen des Ordens in seinem Lande als besondere Gnade Gottes an. ... Landgraf Conrad (1206–1240) berief 1233 den Orden nach Marburg, er selbst trat 1234 in den Orden ein und wurde 1239 zum Hochmeister gewählt.

protestantisch-lutherische(!) Hessen-Marburg.[17] Am 16. März 1595 brannte Rosenthal vollständig nieder, was ihm gegen Schluss des 30jährigen Krieges in Jahr 1641 durch Tillys kaiserlich-katholischen Söldnertruppen noch einmal widerfahren sollte. (... Nach dem Aussterben der hessischen Landgrafen zu Marburg gelangte Rosenthal im Jahr 1604 in den Besitz von Hessen-Kassel, worüber es 1866 zum Königreich Preußen kam. – Über all die Jahrhunderte blieb es durchgängig der Verwaltungssitz des „Kantons Rosenthal". Das „Amtsgericht Rosenthal" bestand bis 1932.) Und 1661 war **Johannes Schläutter** (auch Schlauten geschrieben, später Schleiter) von Grüsen nach Rosenthal zugezogen, sozusagen als dringend benötigter Neubürger, weil die dortige Bevölkerung durch Soldateska-Marodieren im Dreißigjährigen Krieg samt Pest, Flecktyphus, bittere Verarmung und Hunger auf 20 % geschrumpft war! Eben zu dieser Zeit errichtete die Stadt zwecks Verbesserung der Ernährungslage vier Kilometer talwärts weit vor den Toren die ab 1663 in Rosenthals

17 Lutherisch war Hessen durch **Philipp I.**, genannt ***der Großmütige*** aus dem Haus Hessen (*13. November 1504 in Marburg; †31. März 1567 in Kassel) geworden. Er war mit, 13½ Jahren von Kaiser Maximilian I. für mündig erklärt, von 1518 bis 1567 Landgraf der Landgrafschaft Hessen. Ward 1524 durch die wirtschaftlich-religiösen Bauerkriegen geläutert einer der bedeutendsten Landesfürsten und politischen Meinungs-Führer im Zeitalter der und Reformation. 1526 schloss er im „Torgauer Bund" ein Bündnis mit Johann von Sachsen und anderen protestantischen Fürsten. Diese Stärkung der Fürsten führte noch im selben Jahr zur Einführung der Reformation. In Philipps Herrschaftsgebiet geschah das durch die Homberger Synode, welche nicht nur die Neugestaltung des Gottesdienstes zur Folge hatte, sondern auch die Aufhebung der Klöster. Die eingezogenen Klostervermögen flossen nicht nur in die Armen- und Krankenfürsorge wie etwa der Umwidmung des Klosters Haina in ein Hospital für die Landbevölkerung, sondern auch in die Gründung der Universität Marburg am 1. Juli 1527 im großen hochgotischen Marburger Stadtkloster und in das gleichzeitig gegründete Gymnasium Philippinum. Die Philipps-Universität in Marburg war die erste des Hessenlandes und die zweitälteste protestantische Universität überhaupt (die älteste bestand von 1526 bis 1530 im schlesischen Liegnitz).

Ratsbüchern nachgewiesene Neue Mühle, ... wo ich dann 1938 im von meinem Großvater Conrad Schleiter zu Ende der Kaiserzeit neu errichtete Mühlen- und -Landwirtschaftsbetrieb das Licht der Welt erblickte. Da war man dort freilich schon etwas aus des Burgwalds Inselisoliertheit und Dornröschenschlaf erwacht: Seit 1850 gab es viermal Wöchentlich eine Pferdekutschen-Postverbindung zum Bahnhof in Kirchhain an der neu errichteten Main-Weser Bahn von Frankfurt a. M. nach Bremen. An den übrigen drei Tagen verteilte Botenpost die Briefe und Pakete. 1890 war eine Fahrpostverbindung nach Ernsthausen an der neuen Bahnlinie von der Main-Weser Bahn ab Cölbe nach Frankenberg hinzugekommen und 1914 von Kirchhain aus die Wohratal- und Kellerwald-Strecke mit der Bahnstation Wohra, die, nur sechs Kilometer entfernt, sich von der Neue Mühle zu Fuß und mit Pferdegespannen gut erreichen ließ und wesentlich dazu beitrug, die moderne oft Tonnenschwere gusseiserne oder stählerne Mühlentechnik des völligen Neue Mühlen-Neubaus zu Beginn des 20. Jahrhunderts herbeizuschaffen. Ab 1925 und 1926 von der „Reichpost" übernommen, nach 1948 aber wieder privatisiert, gab's die wichtige Busdirektverbindung zu Marburgs Arbeitsplätzen, Gymnasium und Universität, die später auch meiner Ausbildung zu gute kommen sollte.[18)] (s. Burgwaldkarte S. 86) Bei der Gebietsreform Anfang der 70er Jahre des 20. Jahrhunderts kamen die Burgwald-Gemeinden Roda und Willershausen zu Rosenthal, welches heute mit etwas über 2000 Einwohnern die kleinste selbstständige Stadt Hessens ist!

Wappen von Rosenthal
mit Mainzer Rad

© Wikipedia

18 Vgl. u. Zit. generell des Rosenthaler Lehrers Himmelmann, Fritz: Heimatbuch der Stadt Rosenthal, (Univ.-Buchdruckerei Dr. E. Hitzeroth) Marburg-Lahn 1939, hier und zuvor speziell S. 4-12 u. 13-18.

Gerichtseiche auf dem Galgenberg

Die Kirche von Rosenthal

Die Kirche stammt aus der Zeit der Stadtgründung; wieder hergestellt unter dem Pfarrer Hilgermann (s. S. 154 ff. 244-252) – im Bild bergwärts hinter der Kirche die alte Apotheke, darüber ist der Burgberg, wo sich bis ~1960 Volksschule und Oberförterei befanden.

Ev. Gemeindehaus von 1914

Rathaus in Rosenthal mit „Stadtwaage“

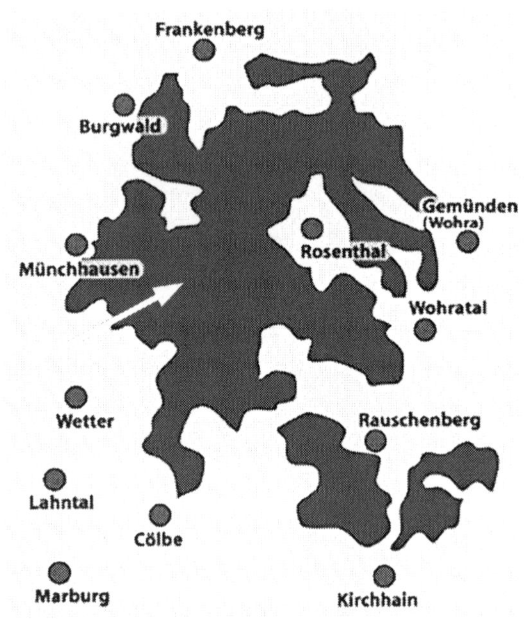

Christenberg (Pfeil)
© Gemeinde Burgwald

Die „ europäische Pest“

Kaum war Rosenthal in seiner Burgwald-Lichtung 1343 ganz klein als Stadt auf der großen Weltbühne erschienen, da drohte aus der Ferne, das gesamte Abendland und damit auch Jesu Befreiungs-Philosophie betreffend, große Ungemach, die samt ihrer Folgen auch das Bischofpflänzchen mit sich reißen sollte: Die „europäische Pest“, genannt der „schwarze Tod“.

Wie bereits das christologische Aufblühen der Spätantike in Jesu Befreiungs-Philosophie ab 450 unter der Pest litt, und parallel dazu immer mehr in den Würgegriff von Beutegreifern und Angstbeißern ex Arabia und aus der asiatischen Steppe geriet, bis im Jahr 1453 des „goldenen Apfels“ Konstantinopel letztes Glimmen erlosch, so sollte auch die mittelalterliche Hochzivilisation von Jesu Befreiungs-Philosphie Opfer von Pest und Beutegreifer- wie Angstbeißer-Archaik werden.

In Stichworten nach Wikipedia: Ab 1347 verbreitet sich der „Schwarze Tod" und ward bald zur europäischen Seuche. Ihre Epidemie-Ausbrüche suchten über Jahrhunderte in nahezu regelmäßigen Abständen alle Gebiete Europas heim. Anfänglich war das ständig mehr von des Islams Schergen bedrängte Konstantinopel mit seinen verschachtelten Fachwerkbauten und unsäglichen hygienischen Zuständen der gefährlichste Pestherd schlechthin und wurde als das „Königreich der Ratten" geschmäht. ... Im Jahr 1771 gab's den letzten Pestausbruch in Europa.

Man hatte keine Ahnung über die wirklichen Zusammenhänge, und so waren auch die Gegenmaßnahmen. Aus dem Jahr 1445 ist eine Anordnung des Bischofs und Domkapitels von Bergen in Norwegen überliefert. Es ging um Messen, Almosen, Prozessionen, Fasten und Altargang über fünf Tage. Solche Maßnahmen zur Pestbekämpfung waren europaweit üblich. Besonders die Messen und Prozessionen trugen indes zur Verbreitung der Pest bei.

Erst 1498 untersagte man in Venedig beim Auftreten der Pest alle Gottesdienste, Prozessionen, Märkte und Versammlungen.

Um diese Zeit entdeckte Columbus Amerika und erfand Gutenberg in Mainz den Druck mit beweglichen Lettern. Von 1452 bis 1454 entstand die Gutenberg-Bibel in deutscher Sprache und bald sollten in Frankfurt und Amsterdam auch die ersten Zeitungen erscheinen. Das war eine enorme Informations-Evolution, in ihrer Wirkung damals so ähnlich bedeutsam wie heute die IT-Evolution.

Doch die Pest wütete weiter. In England lag der pestverursachte Bevölkerungsrückgang bis 1520 bei 60 %. Die Mittelalter-Bevölkerungszahl sollte erst 1750 wieder erreicht werden. Von 1640 bis 1631 wütete die Pest in Norditalien erneut. In nur einem Jahr, zwischen 1630 und 1631, starben ungefähr ein Drittel der Einwohner von Venedig (46.000 von 140.000). In Sachsen wurden die Stadt und Umgebung Dresdens im Dreißigjährigen Krieg gleich mehrfach von der Pestepidemie heimgesucht (1626, 1632/33, 1637 und 1640). Und 1680 kam es zu einem noch verheerenderen Ausbruch. 1656 war Rom wieder dran. 1665/66 tobte in England die große Pest von London mit etwa 100.000 Toten allein in dieser Stadt. In Wien grassierte die Pest 1678/79, also zu der Zeit, als dort der Gesang vom „lieben Augustin, alles ist hin" anhob.

Eine letzte große Pest wütete1708 bis 1714 in Siebenbürgen, Polen, Litauen, Ostpreußen, Kurland, Livland, Estland, Pskow und Nowgorod in Russland, Finnland, Schweden, Hinterpommern und Schwedisch-Pommern, Dänemark, Schleswig-Holstein, Hamburg und Bremen-Verden, Ungarn, Böhmen und Mähren, Österreich und der Oberpfalz. Es kamen insgesamt mehr als eine Million Europäer ums Leben. Im Mai 1720 trat in Marseille und der Provence die Pest erneut auf und verschwand erst 1722 wieder. Zu ihrer Bekämpfung wurde die Pestmauer errichtet.

Die vermutlich erste medizinische Dissertation über die Pest stammt vom Arzt Johann Pistorius der Jüngere aus Nidda bei Frankfurt a. M.: *De vera curandae pestis ratione* (Über die rechte Art, die Pest zu behandeln), Frankfurt 1568. 1666 veröffentlicht Christoph Schorer aus Memmingen im Allgäu eines der ersten deutschsprachigen Handbücher zur Pestverhütung. Aus Sorge vor einem Ausbruch in Berlin ließ König Friedrich I.[19] ein Pesthaus errichten, aus dem später die Charité hervorging. 1771 kam's in Moskau im Zusammenhang mit einem Pestausbruch zu Moskauer Pestrevolte. Danach blieben weitere Pestepidemien in Europa aus.

---

19 *11. Juli 1657 in Königsberg; †25. Februar 1713 in Berlin – aus dem Haus Hohenzollern war seit 1688 bis 1701 als *Friedrich* III. Kurfürst von Brandenburg und ab 1701 als Friedrich I. König in Preußen.

Ab sofort erschien die Pest nur noch wie fernes Donnergrollen: Die nächste Pest-Pandemie begann in der zweiten Hälfte des 19. Jahrhunderts in Zentralasien und kostete während der nächsten 50 Jahre weltweit rund 12 Millionen Menschen das Leben. Während dieser Pestepidemie konnte der Erreger 1894 von dem französischen Arzt Alexandre Yersin identifiziert und der Übertragungsweg erklärt werden.

Die beiden größten Lungenpestepidemien traten Anfang des 20. Jahrhunderts in der chinesischen Grenzregion Mandschurei auf. Sie griffen im Winter 1910/1911 von September bis April um sich und verbreiteten sich dann entlang der Hauptverkehrswege in sieben Monaten über 2700 Kilometer mit einer Totenspur von 60.000 Menschen.

Im Jahr 1905 starben in Indien Hunderttausende am dortigen Pestausbruch. 2017 kam es auf Madagaskar noch einmal zu einen Pestaufflackern. Anfang 2018 konnte die Seuche jedoch mit Hilfe von Pestbehandlungszentren und Gesundheitsagenten, die Kontaktpersonen von Patienten mittels Schnelltests auf die Pesterreger kontrollierten, eingedämmt werden.

***

Seit 2019/2020 ist es die Corona-Geißel, die mit ständig teuflischeren Covid-„Mutanten" die Menschheit vor sich her treibt.

Und auf das Real-Virus „Corona" hat sich das Mental-Virus einer säkularen Heilslehre zur Welt-Klima-Rettung draufgesattelt. Dabei reicht völlig das Sachargument der Schaffung von Energie-Autarkie. Die Angst&Affekt-Schürerei einer Weltuntergangs-Phantasmagorie ist gar nicht nötig. – Alle Ideologie entlarvt sich, sobald sie Idolatrie-besessen aggressiv zur Angst&Affekt-Waffe greift, um ihr Macht&Gewalt-Potenzial absolut Freiheits&Kooperations-avers mit ansteigendem Konformitäts- und Unterwerfungsdruck aufzubauen.

Das Konzil von Konstanz, die Renaissance und die „Il Principe"-Päpste

Unser geistig-ätherisches Kultur-*Mem* für „nicht selbstregelnd-übersichtliche Menschengemeinschaften" aus

- Arbeitsteilung-Evolution plus
- Rationalitäts- wie Markt- und Demokratie-Evolution plus
- Ethos-Evolution in Jesu Befreiungs-Philosophie für die volle Entfaltung im *Generalevolutions-Molekül* „Freiheit&Kooperation"

hat gemäß *Quantitätsanhebungs- und Qualitätsemergenz-Naturgrundgesetz* im Mittelalter der „Stadtrechte" eine hohe Dynamisierung hervorgerufen:

Von Süd über Rothenburg ob der Tauber bis Lübeck und Hanse im Norden erprobte und bewährte sich städtische Eigenevolution in Freiheits&Kooperations-Optimierung. Ein in Handwerk, Gewerbe, Handel und Künsten allgegenwärtiger schöpferischer Wettbewerb zeugte im *Welt 2*-Individual- wie *Welt 3*-Gemeinschaftsgeist der Gotik ein hohes Maß an koevolutiv-competitiver Komplexitätsakzeptanz.

Überall:

1. selbstorganisierendes zünftiges Handwerks-, Handels- und Gewerbewesen,
2. selbstorganisierendes städtisches Münzrecht und Marktwesen sowie
3. städtisch-demokratische Selbstorganisation von Bürger-Anthroposymbiosen mit
4. ihren himmelstürmenden Bewunderungs- und Vermittlungs-Bauwerken für Jesu Befreiungs-Philosophie-Verkündung.

Die Menschen hatten es begriffen: **Stadtluft macht frei!** Es war ein großer Zauber der Kulturevolution. ... Dem enormen kommerziellen wie kulturellen Prosperieren können wir nach bald einem dreiviertel Jahrtausend in all diesen Städten heute immer noch nachspüren.

Zu Brüchen im großen Zauber dieser Kulturevolution kam's ausgerechnete dort, wo ihr Hort sein sollte, nämlich in der Kirche. Dort massierte sich das Anti zur Christi Befreiungs-Philosophie. Die niedriginstinktive Angst&Affekt-Strategie samt der niederträchtigen Angstbeißer- und Beutegreifer-Manie der Macht&Gewalt-Habe bei Klerus und Aristokratie hatte wie eine *Mem*-Erkrankung zunehmend auch die Kirche infiziert!

Nicht mehr Jesu Befreiungs-Philosophie der „Heiligen Weisheit" für Freiheit&Kooperation galt die Devise, sondern nur noch der Angst&Affekt-Ingriffnahme für autoritäre Macht&Gewalt-Habe. (Wen erinnert das nicht an die Polit- und Agitprop-Strategien des idolatrischen&ideologischen Jahrhunderts, neuerdings unter dem Tarngewand eines Klimarettungs-Moralismus?!) ... Und genau in diesem Zusammenhang fand vom 5. November 1414 bis 22. April 1418 in Konstanz der größte Kongress des Mittelalters statt. Er war das 16. ökumenische Konzil zur Wahl eines Papstes und zugleich die einzige Papstwahl auf deutschem Boden sowie bis heute das einzige Konzil nördlich der Alpen überhaupt.

Auf Konstanz fiel die Wahl, weil es Bischofssitz war, weil es ausreichend Herbergen gab und die Speisen „nicht allzu teuer seien". Zudem verfügte Konstanz über die entsprechenden Gebäude und Räume, wie das von 1388 bis 1391 für den Handel errichtete „Kaufhaus", das bis heute den Namen „Konzil" trägt.

Auf Ruf des Königs Sigismund[20] kamen in die Stadt mit ihren 6000 Einwohnern 72000 Gäste aus aller Welt. Der Chronist Ulrich von Richental zählte darunter 600 Kleriker und 700 Dirnen. Für die Gäste wurden 73 Geldwechsler (darunter der Bankier Cosimo Medici), 230 Bäcker, 70 Wirte, 225 Schneider und 310 Barbiere nach Konstanz geholt.

Es ging um das „Abendländische Schisma", also um nicht weniger als das Auseinanderbrechen der allumfassenden katholischen Kirche. Was freilich nur möglich war, weil diese Kirche Jesu Befreiungs-Philosophie im Heiligen Geist der Freiheit&Kooperation verlassen hatte ... und in ihren eigenen Reihen die Rückbesinnung darauf wuchs.

Exkurs VIII:

Das sog. „Abendländisches Schisma" sah sich herausgefordert durch die Lehren von ***I.* John Wyclif** (*spätestens 1330 in Hipswell, Yorkshire; † 31. Dezember 1384 in Lutterworth, Leicestershire), ***II.* Jan Hus** (*um 1370; †6. Juli 1415 in Konstanz) und ***III.* Hieronymus von Prag** (*um 1379 in Prag; †30. Mai 1416 in Konstanz). Wegen seiner die Ursachen des Abendlandverfalls aufdeckend Bedeutung hier dazu im Telegrammstil angelehnt an Wikipedia.

I. John Wyclif (*spätestens 1330 in Hipswell, Yorkshire; † 31. Dezember 1384 in Lutterworth, Leicestershire)

Wyclif war englischer Philosoph, Theologe und Kirchenreformer. Er war 1363 zum Studium der Theologie zugelassen worden,

20 Sigismund von Luxemburg (*15. Februar 1368 in Nürnberg; †9. Dezember 1437 in Znaim) aus dem Hause der Luxemburger. Er war Kurfürst von Brandenburg von 1378 bis 1388 und von 1411 bis 1415, König von Ungarn und Kroatien seit 1387, römisch-deutscher König seit 1411, König von Böhmen seit 1419 und römisch-deutscher Kaiser von 1433 bis zu seinem Tod im Dezember 1437.

wirkte als Vorstand des Balliol College in Oxford und 1365/67 Vorsteher des neuen College Canterbury-Hall. Nach seiner Absetzung kam es zum inneren Bruch mit der Kirche, und Wyclif wandte sich der Politik in London zu. Während er als Doktor der Theologie das Recht hatte, theologische Vorlesungen zu halten, war er zugleich Pfarrer in Stellen, die von weltlichen Fürsten vergeben wurden. Auf die Pfarrei Fillingham folgten 1368–1374 Ludgershall (Buckinghamshire) und schließlich 1374–1384 die reiche Gemeinde in Lutterworth (Leicestershire), welche er als Dank für seine Dienste für die Krone vom späteren englischen Regenten Johann von Gent erhalten hatte. Wyclif proklamierte die **Lehre von der „Macht allein durch Gnade"**, der zufolge Gott selbst jede Autorität direkt verleiht. Er bestritt den politischen Machtanspruch des Papstes und propagierte ein frühes „König-Gottes-Gnadentum". In seinen Werken von 1372 bis 1380 (*Von der Kirche*, *Von der bürgerlichen Herrschaft* und *Vom Amt des Königs*) forderte er die völlige Unterordnung der Kirche unter den Staat. In mehreren Prozessen gegen den Papst unterstützte er den Machtwillen der weltlichen Herrscher (Investiturstreit) und forderte für Kirchenmitarbeiter ein Leben in urchristlicher Bescheidenheit, obgleich er selbst bis zu seinem Tod von seiner reichen Pfarre Lutterworthgut lebte. ... Im Jahr 1373 hatte ihn König Eduard III. mit anderen Geistlichen nach Brügge entsandt, um dem päpstlichen Nuntius Beschwerden gegen den päpstlichen Stuhl vorzutragen, insbesondere wurde der Kurie der Verkauf von Kirchenämtern vorgeworfen. Seine „Beschwerden" dienten indes dazu, die seit 33 Jahren ausstehenden vertraglich vereinbarten jährlichen Zahlungen an Rom weiter aussetzen zu können. Wyclifs Anliegen drang 1375 durch. Als offizieller Ankläger im Namen des Königs gab sich Wyclif selbst nun den Titel „Pecularius regis clericus" (Königlicher Kaplan). Sein juristisch-theologischer und politischer Einfluss auf die Zusammenstellung königlicher Beschwerden gegen den Papst, die 1376 das „Gute Parlament" vortrug, war groß. Ein Prozess gegen den Papst, den Wyclif 1370 begann, wurde 1373–1375 fortgesetzt und mit Erfolg gekrönt. Dies führte 1377 zu einem Prozess des Papstes gegen Sentenzen aus Wyclifs Werken. Der verlief dank des großen Ansehens von Wyclif an der Universität und im Volk 1378 jedoch im Sande. Dadurch ermutigt, wandte sich Wyclif nun offen gegen den politischen Einfluss des Klerus überhaupt und bekämpfte das päpstliche „Antichristentum". In seinem Hauptwerk, dem *Trialogus,* lehrte Wyclif pantheistischen Realismus, Determinismus und die doppelte Prädestination (*determinatio gemina*). Er lehrte: „Alles ist Gott; jedes Wesen ist überall, da jedes Wesen Gott ist." und „Alles, was geschieht, geschieht mit absoluter Notwendigkeit, auch das Böse geschieht mit Notwendigkeit, und Gottes Freiheit besteht darin, dass er das Notwendige will." Er missbilligte folglich Bilder-, Heiligen-, Reliquienverehrung und den Priesterzölibat, verwarf aufgrund seines Realismus die Transsubstantiationslehre und die Ohrenbeichte. Von ihm ausgebildete rötlich gekleidete Reiseprediger („arme Priester" genannt) verbreiteten Grundsätze im Volk, die an protestantische Lehren 150 Jahre später erinnern. Seine Lehren fanden in großen Teilen der Bevölkerung Zustimmung und beeinflussten maßgeblich den Aufstand der englischen Bauern von 1381. ... Bettelmönche im Verein mit der klerikalen Hierarchie setzten 1381 unterdessen die Verwerfung seiner Lehre durch die Universität sowie durch die 1382 in London tagende Synode durch. Seine Schriften wurden von der Synode in Oxford als ketzerisch verurteilt. Am Königs-Hof verlor er seine Ämter in Bezug auf die Kirchenangelegenheiten. Aus Furcht vor einem Volksaufstand wurde Wyclif aber nie offiziell angeklagt. Er führte in aller Ruhe sein Pfarramt fort und **vollendete 1383 eine früher begonnene Sammlung früher englischer Bibelübersetzungen aus der Vulgata in die Landessprache**. Diese Bibelübersetzung ist nicht die erste Übersetzung ins Englische, sondern stellt eine Zusammenstellung und Überarbeitung früherer Übersetzungen dar. 1384 starb Wyclif an den Folgen eines Schlaganfalls während der hl. Messe in Lutterworth (heute Harborough District, Leicestershire).

II. Jan Hus (*um 1370; †6. Juli 1415 in Konstanz)

Hus ist böhmischer Theologe, Prediger und Reformator. Er war zeitweise Rektor der Karls-Universität Prag. Nachdem Jan Hus während des Konzils von Konstanz seine Lehre nicht widerrufen wollte, wurde er dort als Ketzer auf dem Scheiterhaufen verbrannt und gilt in Tschechien seitdem als ein Nationalheiliger. Im Rahmen seines Studiums an der Prager Karls-Universität erlangte er 1396 den akademischen Grad eines Magister Artium, wurde Hochschullehrer und Verfasser des anonymen Traktats *Orthographia Bohemica*. Darin wird erstmals das diakritische System der tschechischen Rechtschreibung vorgeschlagen (mit dem Akut für lange Vokale und dem Punkt für weiche Konsonanten). 1398 begann Jan Hus das Studium der Theologie, 1400 wurde er zum Priester geweiht, 1401 zum Dekan der philosophischen Fakultät ernannt und 1402 zum Professor berufen. Das Amt des Rektors der Prager Universität, an der er Theologie und Philosophie lehrte, bekleidete er in den Jahren 1409 und 1410. ... Ab 1402 hatte Hus seine Predigten in tschechischer Sprache in der Bethlehemskapelle in der Prager Altstadt gehalten und das gemeinsame Singen während des Gottesdienstes in der tschechischen Landessprache eingeführt. Er hielt dort jährlich rund 200 Predigten auf Tschechisch und förderte so auch das tschechische Nationalbewusstsein. Unter Erzbischof Zbynko Zajíc von Hasenburg genoss Hus so großes Ansehen, dass er von diesem mehrfach zum Synodalprediger bestimmt wurde. Er wurde Beichtvater der Königin Sophie von Bayern. Er predigte eine strenge, tugendhafte Lebensweise und eiferte gegen Zeitgeist und Mode, so dass er gelegentlich die Zünfte der Schuster, Hutmacher, Goldschmiede, Weinhändler und Wirte gegen sich aufbrachte. ...

Hus‘ Kollege **Hieronymus von Prag** machte Hus 1398 mit den Lehren des Oxforder Theologen John Wyclif vertraut: Tschechische Adelige, die seit der Vermählung der Schwester König Wenzels, Anne von Böhmen, mit Richard II. von England (1382) an der Universität Oxford studierten, hatten von dort Wyclifs Schriften nach Prag gebracht – zuerst die philosophischen, später auch die theologischen und kirchenpolitischen. Aufgrund der sittlichen Verfallserscheinungen des Klerus in England und in Böhmen forderte Hus wie vor ihm Wyclif die Abkehr der Kirche von Besitz und weltlicher Macht. Er kritisierte den weltlichen Besitz der Kirche, die Habsucht des Klerus und dessen Lasterleben und kämpfte leidenschaftlich für eine Reform der verweltlichten Kirche, trat für die Gewissensfreiheit ein und sah in der Bibel die einzige Autorität in Glaubensfragen. Damit widersprach er massiv der Doktrin der Amtskirche, nach der in Glaubensfragen der Papst die letzte Instanz sei. Von John Wyclif übernahm Hus zudem die Lehre der Prädestination und setzte sich dafür ein, im Gottesdienst die Landessprachen zu verwenden. ... Als der Prager Erzbischof 1408 von Hus’ Predigten erfuhr, enthob er ihn seiner Stellung als Synodalprediger, und ihm wurde das Lesen der hl. Messe sowie das Predigen generell verboten. Doch er hielt sich nicht an diese Verbote, predigte weiterhin gegen Papsttum und Bischöfe und brachte in kurzer Zeit große Teile Böhmens auf seine Seite. ... Um der Reformbestrebungen Herr zu werden, unterwarf sich der Prager Erzbischof Alexander V., einem der damaligen drei Päpste (!) und erwirkte von ihm eine Bulle, welche die Auslieferung der Schriften Wyclifs und den Widerruf seiner Lehren forderte. Außerdem sollte das Predigen außerhalb der Kirchen verboten werden. Nachdem diese Bulle am 9. März 1410 veröffentlicht worden war, ließ der Erzbischof über 200 Handschriften Wyclifs öffentlich verbrennen und verklagte Jan Hus in Rom. Hus, der sich dort erfolglos durch Abgesandte vertreten ließ, wurde daraufhin im Juli 1410 mit einem Kirchenbann belegt. Gegenpapst Johannes XXIII. bannte ihn im Februar 1411. Hus wurde exkommuniziert und der Stadt Prag verwiesen, was in Prag indes zu Unruhen führte und in Volksdemonstrationen gipfelte. Aufgrund dieser Beliebtheit konnte Hus unter dem Schutz des Königs zunächst noch ein Jahr weiter lehren. Er verurteilte nun die Kreuzzugs- und Ablassbullen von Johannes XXIII. 1412 musste Hus jedoch fliehen. ... Böhmen war Königreich im Heiligen Römischen Reich und dessen Hauptstadt Prag war zu Hus' Zeit die kaiserliche Residenzstadt! Neben dem Deutschen König und/oder „Römischen" Kaiser gab es also den böhmischen König, deren „Würden" nicht selten in Personalunion zusammenfielen. ... Als die Prager Karls-Universität zum „Abendländischen Schisma" Stellung nehmen sollte, war Hus Wortführer der Tschechen. Die Universität war nach den vier „Nationalitäten" (Landsmannschaften) Bayern, Sachsen, Polen und Böhmen gegliedert. König Wenzel hatte sich 1408 bereit erklärt, das Konzil von Pisa, das das päpstliche Schisma zu überwinden suchte, zu unterstützen, ebenso wie die böhmische „Nation" der Universität. Die deutschen „Nationen" sowie Erzbischof Zbyněk hingegen hielten an ihrer römischen Obedienz fest. Die Fronten verhärteten sich, als sich die Magister der böhmischen „Nation" zum Wyclifschen Realismus bekannten, der die philosophische Grundlage für Huss' theologische Kritik und anderer böhmischer Theologen bildete. Diese Oppositionsbildung führte schließlich zum Kuttenberger Dekret von 1409, das die Stimmenverteilung an der Universität grundlegend änderte. Mit einer Stimmenmehrheit der deutschen „Nationen" wäre eine neutrale Position gegenüber den beiden Päpsten in Avignon und Rom nicht durchzusetzen gewesen. Wenzel erteilte daher den Böhmen drei Stimmen, den Bayern, Polen und Sachsen zusammen dagegen nur eine. Die Tschechen erklärten sich zusammen mit König Wenzel für neutral, während die Deutschen zusammen mit Erzbischof Zbyněk an Gregor XII. festhielten. Neben **Jan Hus** hatte

Hieronymus von Prag (der 10 Monate nach Hus auf dem Konzil von Konstanz als Häretiker verbrannt wurde), wesentlichen Einfluss auf die Durchsetzung des Dekrets. Zum ersten Mal spielten bei einem Aufbegehren des tschechischen Volkes nationalistische Motive eine Rolle, die maßgeblich für die Ausbildung des hussitischen Engagements waren. Infolge des Kuttenberger Dekrets verließen wenigstens 1000 deutsche Studenten mit ihren Professoren die 1348 als erste deutsche Universität von Kaiser Karl IV. gegründete „alma mater" und veranlassten die Gründung der Universität Leipzig. ... Als der Gegenpapst Johannes XXIII. einen neuen Kreuzzug gegen den König von Neapel verkündete und jedem „Kreuzträger" vollkommenen Ablass versprach, verurteilte Hus öffentlich diese Praxis, woraufhin er großen Zulauf erfuhr. Jedoch zerbrach dadurch endgültig das Verhältnis zum König. Der hatte nämlich selbst finanzielle Interessen am geplanten Ablasshandel. Als am 14. Juli 1412 drei junge Männer, die sich öffentlich gegen den Ablasshandel gewandt hatten, hingerichtet wurden, brachen in Prag heftige Unruhen aus. Die Gehängten werden in der Kirchen-Reformbewegung sofort als Märtyrer verehrt. Hus flieht aufgrund der größer werdenden Spannungen aus Prag und lebt bis 1414 auf der Ziegenburg in Südböhmen sowie auf der Burg Krakovec in Mittelböhmen. Dort verfasste er mehrere seiner Werke und damit einen wesentlichen Beitrag zur Weiterentwicklung der tschechischen Schriftsprache. In dieser Zeit setzte er seine Mitwirkung an der Bibelübersetzung in die Landessprache fort (eine neue vollständige Übersetzung des Alten Testaments und Überarbeitung von älteren Übersetzungen des Neuen Testaments entstand in seiner Umgebung). Die Erstveröffentlichung der neuen Textteile erfolgte in seinem Werk *Postila* (1413). Daraufhin begab sich Hus nach Husinec, an seinen Geburtsort, wo er zahlreiche Schriften und Pamphlete verfasste. Er erreichte, dass der mit der Kirche in Widerspruch liegende Teil des böhmischen Adels ihn und seine Anhänger schützte.

Einige hatten sich dabei für den Fall, seine Ideen seien erfolgreich, vermutlich auch Hoffnungen auf die Kirchenbesitztümer gemacht, weil der Klerus nach Wyclifs Lehren wegen Unwürdigkeit zu enteignen sei. Hus durchzog nun das Land als Wanderprediger und vermehrte seine Anhängerschar immer mehr. 1413 schrieb Hus *De ecclesia* (*Über die Kirche*) und vertrat darin die Ansicht, dass die Kirche eine hierarchiefreie Gemeinschaft sei, in der nur Christus das Oberhaupt sein könne. Ausgehend vom augustinischen Kirchenbegriff definierte er die Kirche als Gemeinschaft der Prädestinierten, also aller von Gott erwählten Menschen. In der sichtbaren Kirche gebe es jedoch zudem auch die nicht erwählten Menschen. Die bildeten das *corpus diaboli*. Viele Häupter der Kirche seien in Wahrheit Glieder des Teufels. ... Die Unruhen und theologischen Streitigkeiten in Böhmen beschäftigten nun ab 1414 auch das Konzil von Konstanz. Kaiser und Kurie galt es, den Ruf ihres Heiligen Römischen Reiches wieder herzustellen und sich vom Vorwurf, Häresie zu dulden, zu befreien. Der deutsche König Sigismund sicherte Hus freies Geleit (einen *salvus conductus* für Hin- und Rückreise und die Zeit des Aufenthalts) zu und stellte ihm einen Geleitbrief in Aussicht.

[Sigismund von Luxemburg (*15. Februar 1368 in Nürnberg; †9. Dezember 1437 in Znaim) aus dem Hause der Luxemburger. Er war Kurfürst von Brandenburg von 1378 bis 1388 und von 1411 bis 1415, König von Ungarn und Kroatien seit 1387, römisch-deutscher König seit 1411, König von Böhmen seit 1419 und römisch-deutscher Kaiser von 1433 bis zu seinem Tod im Dezember 1437.] Hus machte sich früh auf den Weg, um seine Ansichten rechtzeitig vor dem Konzil darzustellen. Trotz seiner Exkommunizierung und dem gegen ihn ausgesprochenen Großen Kirchenbann wurde er überall auf seinem Weg nach Konstanz freundlich empfangen. Am 3. November 1414 traf er in Konstanz ein, am 4. November hob der Papst die Kirchenstrafen gegen ihn auf und zunächst predigte er die folgenden drei Wochen in einer Herberge in der St.-Pauls-Gasse – heute Hussenstraße. Am 28. November wurde er jedoch verhaftet, zur Bischofspfalz beim Konstanzer Münster verbracht und über eine Woche im Haus des Domkantors gefangen gesetzt. Am 6. Dezember kam er in einen halbrunden Anbau des Dominikanerklosters auf der Dominikanerinsel ins Verlies. Hier durchlebte er qualvolle Monate: Bei Tage wurde er gefesselt und nachts in einen Verschlag gesperrt, war dem Gestank einer Kloake ausgesetzt, von Krankheit gepeinigt und wurde zudem schlecht ernährt. Da Hus' Gegnern mit dessen Tode nicht gedient war – er sollte vorher (!) seine Lehren widerrufen – wurde Hus am 24. März 1415 in ein etwas erträglicheres Quartier im Barfüßerturm an der späteren Stefansschule verlegt. Als Sigismund am 24. Dezember 1414 eintraf, gab er sich über den Bruch seines Geleitbriefs zornig, tat aber rein gar nichts, um Hus zu helfen. Er wollte die böhmische Krone seines Bruders Wenzel erben und ihm war mehr daran gelegen, den Ruf Böhmens vor Kurie und Reich zu rehabilitieren. Also wurde Sigismunds Geleitzusage für nichtig erklärt: da Hus seine Ansichten nicht zurücknehmen wolle und deshalb nicht mehr die weltliche Ordnung für ihn zuständig sei, sondern die kirchliche. Nach damaliger Auslegung war die Zusage ohnehin nichtig, da es gegenüber einem Häretiker keine verpflichtende Zusage geben konnte. ... Im März 1415 floh Papst Johannes XXIII., als dessen Gefangener Hus damals galt, aus Konstanz. Daraufhin kam Hus am 24. März in den Gewahrsam des Bischofs von Konstanz, der ihn flugs im Gefängnisturm des Schlosses Gottlieben, einer Wasserburg am Seerhein, einkerkern ließ. Johannes XXIII. wurde bald gefangen genommen, nach Konstanz zurückgebracht und ebenfalls im Schloss Gottlieben eingekerkert. ... Am 4. Mai 1415 verdammte das Konzil John Wyclif und seine Lehre. Da Wyclif zum Zeitpunkt der Verurteilung bereits 30 Jahre tot war, konnte das Urteil natürlich nicht mehr vollstreckt werden. Dafür wurde die Verbrennung seiner Gebeine angeordnet (und 1428 tatsächlich ausgeführt). Hus selbst wurde am 5. Juni 1415 für die letzten Wochen seines Lebens in ein Franziskanerkloster verlegt und vom 5. bis 8. Juni im Refektorium des Klosters hochnotpeinlich verhört. Ihn unterstützende böhmische und mährische Adlige erreichten, dass er auf dem Konzil sich und seine Lehren in aller Öffentlichkeit zumindest ansatzweise verteidigen durfte. Schlussendlich verlangte das Konzil von ihm den öffentlichen Widerruf und die Abschwörung seiner Lehren. Hus lehnte dies strikt ab und blieb bis Ende Juni standhaft. Daraufhin wurde Hus in feierlicher Vollversammlung des Konzils im Dom, dem späteren Konstanzer Münster, am Vormittag des 6. Juli 1415 auf Grund seiner Lehre von der „Kirche als der unsichtbaren Gemeinde der Prädestinierten" wegen Häresie zum Feuertod verurteilt. Beteiligt am Konzil im Dom waren als Repräsentanten der weltlichen Mächte, König Sigismund, Friedrich von Brandenburg, Ludwig III. von der Pfalz und ein ungarischer Magnat. Die Beteiligten am kirchlichen Schuldspruch waren der Kardinalbischof von Ostia, der Bischof von Lodi, der Bischof von Concordia und der Erzbischof von Mailand. Da Papst Gregor XII. zuvor abgedankt hatte und vom Gegenpapst Johannes XXIII. kurz zuvor abgesetzt und gefangen genommen worden war, erfolgte die Verurteilung ohne päpstliche Beteiligung. ...

In seinem Abschiedsbrief hatte Hus an seine Freunde zuvor geschrieben: „Das aber erfüllt mich mit Freude, dass sie meine Bücher doch haben lesen müssen, worin ihre Bosheit geoffenbart wird. Ich weiß auch, dass sie meine Schriften fleißiger gelesen haben als die Heilige Schrift, weil sie in ihnen Irrlehren zu finden wünschten." – Jan Hus wurde nun der weltlichen Gewalt übergeben. Der Weg führte vom Münster über die heutige Wessenbergstraße (damals noch Plattengasse), den Obermarkt und das Paradieser Stadttor ein kurzes Stück Richtung Gottlieben zum Brühl auf den Schindanger. Kurz vor der Hinrichtung kam Reichsmarschall Haupt II. von Pappenheim angeritten und forderte Hus im Namen von König Sigismund zum letzten Mal zum Widerruf auf. Hus weigerte sich. „Der Reichsmarschall schlug zum Zeichen der Exekution in die Hände. Im Auftrag des Königs vollstreckte Pfalzgraf Ludwig das als Reichsgesetz geltende Urteil. Die Fackel wurde an den Holzstoß gelegt.“ Jan Hus wurde am Nachmittag des 6. Juli 1415 auf dem Brühl, zwischen Stadtmauer und Graben, zusammen mit seinen Schriften verbrannt.

Jan Hus auf dem Scheiterhaufen (Spiezer Chronik, 1485)

Zuvor war ihm, damit es besser abfackelte, eine Schandkrone aus Papier aufs Haupt gesetzt worden. Es waren „drei schauerliche Teufel darauf gemalt, wie sie gerade die Seele mit all ihren Krallen zerren und festhalten wollen. Und auf dieser Krone war der Titel seiner Prozesssache angeschrieben: „Dieser ist ein Erzketzer". Seine Asche streuten die Henker in den Rhein. Seit 1863 erinnert ein Gedenkstein am mittelalterlichen Richtplatz an der Mündung der danach benannten Straße *Zum Hussenstein* in die Straße *Am Anger,* daran.

III. Hieronymus von Prag (*um 1379 in Prag; †30. Mai 1416 in Konstanz) Hieronymus von Prag war böhmischer Gelehrter, Mitstreiter von Jan Hus und Mitbegründer der hussitischen Bewegung. Er war Philosoph und nicht Theologe, erwarb 1398 an der Karls-Universität Prag den Baccalaureus-Grad und reiste im Jahr 1399 nach Oxford, um sich mit der Wyclifschen Lehre vertraut zu machen. In Oxford schrieb er dessen Bücher ab und verbreitete sie sodann in Böhmen. 1403 reiste er bis nach Jerusalem. In den Jahren 1404 bis 1405 studierte er in Paris und erwarb den Grad *magister in artibus* und war fortan als *magister regens* tätig. Im Jahr 1406 war er *magister artium* an der Kölner und Heidelberger Universität, danach Magister an der Prager Universität. Er war Anhänger von John Wyclif und involviert ins Kuttenberger Dekret von 1409, das den Böhmen über Verdreifachung ihres Stimmrechts Stimmen-Mehrheit bei Entscheidungen der Prager Universität verschaffte, woraufhin Ausländische Gelehrte und deutsche Studenten die Universität verließen. Im Jahr 1410 reiste er nach Buda und Wien. In Wien wurde er wegen der Verbreitung der Ideen von John Wyclif angeklagt, weil er sich gegen den Reichtum der Kirche und die Hierarchien ausgesprochen hatte. Er versprach, Wien nicht vor Beendigung des Verfahrens zu verlassen, sonst würde er exkommuniziert und des Meineides für schuldig gesprochen. Heimlich floh er. Nach Aufforderung am 20. September 1410 an der Kirchentür von Wiens St. Stephan persönlich zum Prozess zu erscheinen, wurde er am 22. Oktober 1410 wegen Nichterscheinens des Meineides für schuldig gesprochen und exkommuniziert. Am 31. August 1412 wurde er erneut vorgeladen, erschien wieder nicht und wurde daraufhin als Ketzer verurteilt. Es war ihm ein wesentliches Anliegen, eine mögliche Kirchenreform auf Grundlage der ursprünglichen Überlieferung in den Evangelien durchzuführen. Deshalb wurde er am 30. Mai 1416 während des Konzils von Konstanz auf dem Scheiterhaufen verbrannt.

Ende Exkurs VIII

Dass während des Konstanzer Konzils in einem Totalbefall von geistiger Umnachtung und borniertem Autismus mit Johannes Hus und Hyronimus von Prag zwei bedeutende Männer aufrichtiger früher Reformationsbestrebung lebendig verbrannt wurden, ist ein Großversagen der Kirche vor Jesu Befreiungs-Philosophie sowie der Freiheits&Kooperations-Lehre der „Hagia Sophia“ (Heilige Weisheit). Diese Barbarei sollte indes nicht helfen: 100 Jahre danach traten Luther, Calvin und Zwingli vor die Kirchenoberen und den Reichsadel und noch einmal rund 100 später verbrannte des Heiligen Römischen Reichs Deutscher Nation Kernland im 30jährigen Krieg!

Das Konstanzer Konzil war nämlich nur das Wetterleuchten eines gewaltigen über Europa aufziehenden *Mem*-Unwetters. Denn in Reaktion auf die Pest-Verunsicherung kam's zur großen „Libertinage“ der Renaissance mit Totalzusammenbruch jenes Freiheits&Kooperations-Kultur-*Mems*, dem das große Städteaufblühen zu verdanken war. Nun wandte man sich in allem dem Blendwerk und Tand des äußerlich Schönen, des verführerisch Nackten und des scheinbar Beglückenden aller Prunksucht zu.

Und 1532 erschien dazu die von Niccolò Machiavelli (1469–1527) 1521 verfasste Staatslehre „Il Principe“ (Der Fürst). Darin werden Skrupellosigkeit, Täuschung, Überlistung, Betrug, Hinterhältigkeit und Überwältigung als empirische Beobachtetes in Politik und Gesellschaft offengelegt. „Il Principe“ verbreitete sozusagen die Anti-These zur Verinnerlichung und Befriedung in Jesu Befreiungs-Philosophie. Die war aus Sicht von Machiavelli und seiner Zeitgenossen vor der Pest ja so gründlich gescheitert, dass deren Freiheits&Kooperations-Axiomatik all den „Principe“ rein gar nichts mehr galt. Komplexe Sozioorganismus-Effekte eigenrevolutionärer Schöpferkraft sind ihrem unter Moralismus-Tarnung daherkommenden schlicht monokausallinearen Macht&Gewalt-Denken völlig fern.

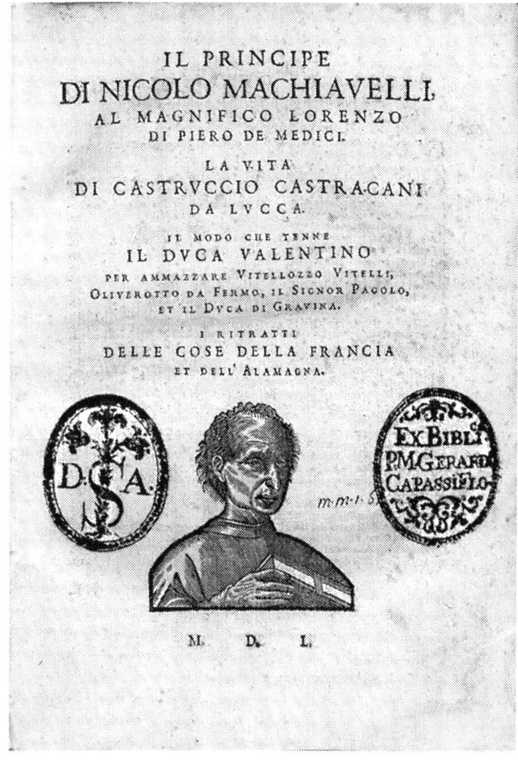

IL PRINCIPE
DI NICOLO MACHIAVELLI
AL MAGNIFICO LORENZO
DI PIERO DE MEDICI.
LA VITA
DI CASTRVCCIO CASTRACANI
DA LVCCA.
IL MODO CHE TENNE
IL DVCA VALENTINO
PER AMMAZZARE VITELLOZZO VITELLI,
OLIVEROTTO DA FERMO, IL SIGNOR PAGOLO,
ET IL DVCA DI GRAVINA.
I RITRATTI
DELLE COSE DELLA FRANCIA
ET DELL' ALAMAGNA.
M. D. L.

Il Principe (1550)

Allgegenwärtige Unaufrichtigkeit samt *Mem-* und Sittenverwahrlosung war angesagt. Ein schlichter Herrscherkult ausgewachsener Macht&Gewalt-Ideologie für Angstbeißer- und Beutegreifer-Wohllebe musste her.

Niccolò Machiavellis Kernlehrsätze haben daher etwas sarkastisches an sich (... was uns zugleich die ganze *Mem*-Devastions-Infamie etwa von Islam, Absolutismus und ideologischem Jahrhundert offenbart):

1. **„Der Wille zur Macht muss unter dem Mantel (der Tarnung) von Moral daherkommen."**
2. **„Wenn der Teufel die Menschheit in die Irre führen will, dann schickt er ihr einen Idealismus."**

Sie wurden die Leitsätze zur Menschen-Täuschung durch die Fürsten seiner Zeit, auch durch solche auf den Bischofsthronen ... mitsamt genereller Allgemeingültigkeit bis in unsere heutige Zeit für alle Polit-Profiteure. So spottete Johann Wolfgang von Goethe (1749–1832) 200 Jahre nach Machiavellis Abschaffung der Christen-Tugenden über das niederträchtige Scharlatanerie-Treiben aller Weltverbesserer, Trugbildvergötzer und Ideologieanbeter: **„Den Teufel spürt das Völkchen nie, und wenn er sie beim Kragen hätte."**

Italienische „Il Principe"-Herrscherfamilien wie die Sforza und die Medici sollten bald dem französischen Absolutismus Vorbild geben. Aber auch der gehobene Klerus sah sich gerne in der Rolle von„Il Principe". Seine Prunkpaläste wurden ständig üppiger. Nicht zuletzt musste für Rom ein neuer Petersdom sein. Dazu bot der päpstliche Ablasshandel die perfekte Einnahmequelle für ein absolut unüberbietbares „Il Principe"-Imponierbauwerk des „Heiligen Stuhls". Überall im Reich zogen Provisionsgierige Ablassbrief-Verkäufer umher, die dem mit Höllenängsten gestriezten Volk aufschwätzten, ihre mehr oder weniger sündigen Seele flöge garantiert sofort in den

Himmel, sobald man einen päpstlichen Sündenerlass-Brief kaufe. Das war ja nichts grundsätzlich Neues. Den ultimativen Sündenfreikauf durch Stiftungen an Klöster und Kirche hatte es ja bereits für die Sledere/Schleiter-Brüder in der Zeit von Frankenbergs Stadtgründung gegeben. Nun ging es aber sarkastisch in die Masse an die Geldbörsen der Minderbemittelten und Armen. Und im kurfürstlich Sachsens Wittenberg fluchte das „Mönchlein" Dr. Martin Luther (1483–1546) aufs „pompa diaboli": alles teuflischer Tand! Statt sich von den Sünden mit Geld freizukaufen, predigte er die aufrichtige Buße und den „richtigen Glauben". 1517 schlug er seine 95 Thesen an die Tür der Wittenberger Schlosskirche und prangerte die miese Geschäftemacherei der Kirche an, ganz speziell den päpstlichen Ablasshandel!

***

Hatte das erste Großexperiment zur Umsetzung von Jesu Befreiungs-Philosophie im Jahr 1453 schmählich im islamisch-osmanischen Plündern, Rauben und Morden des Auslöschens von Konstantinopel geendet, so sah Luther nun das zweite Großexperiment von Jesu Befreiungs-Philosophie durch die Renaissance sowie den Machiavellismus ausgehöhlt und in existenzieller Gefahr.

Das Gesellschafts-System atmete total Freiheits&Kooperationsavers den friedlosen ideokratischen Konformitäts- und Unterwerfungsdruck idolatrischer Besessenheit.

Und das bis heute. Denn egal, ob es um die Trugbildvergötzung einer Adels- und Klerushierarchie geht oder um den besseren sozialistischen bzw. arischen bzw. Allahisch-islamischen Menschen. Mangels Freiheits&Kooperations-Kompatibilität sind sie gnadenlos verdammt zu Friedlosigkeit mit Angst&Affekt-Schürerei und Macht&Gewalt-Umsetzung!

Martin Luther, Kaiser Karl V. und die Reformation – die mittelalterliche Friedensordnung kippt –

Zu Luthers Zeit stellten im Heiligen Römischen Reich Deutscher Nation die Habsburger den Kaiser. 1520 war der 20 Jahre junge Karl V. (1500–1558)[21] dran: Im Juni 1519 im Frankfurter Kaiserdom von Kurfürsten des Reichs zum römisch-deutschen König gewählt, wurde ihm am 23. Oktober 1520 in Aachen auf Karls d. Gr. Thron dessen Krone (!) von 800 n. Chr. aufgesetzt ... Der Habsburger Karl V. war nicht irgendwer. Am 24. Februar 1500 in Gents Prinzenhof als Spross der Ehe zwischen Philipp I. von Kastilien[22] aus dem Haus Österreich (Habsburg) mit Johanna von Kastilien in den Burgundischen Niederlanden geboren, war er bereits vor seinem Karrieresprung am 23. Oktober 1520 Erzherzog von Österreich, Herzog von Burgund und König von Spanien. So herrschte er von Geburt her, also „ex natu“ über ein Reich, in dem die Sonne nie unter ging, und dessen Karavellen das Inka-Gold nur so in seine Staatsschatulle scheffelten. – Dass Karl V. erst 1530 vom Papst in Rom die römische Kaiserkrone des Heiligen Römischen Reiches erhalten sollte, ist ein deutliches Zeichen: Eine Epoche ging zu Ende; Karl V. ist der letzte in Rom gekrönte Schutzpatron fürs christliche Abendland!

Frankreichs Könige hatten seine Herrschaft als schlimme Umklammerung empfunden. Dort fühlte man sich durch die 843er Teilung

---

21 *24. Februar 1500 im Prinzenhof, Gent, Burgundische Niederlande; †21. September 1558 im Kloster Cuacos de Yuste, Spanien); von 1520 bis 1556 Kaiser des Heiligen Römischen Reiches Deutscher Nation.

22 *22. Juli 1478 in Brügge; †25. September 1506 in Burgos. – Philipp I. von Kastilien, genannt der Schöne, war seit 1482 Herzog von Burgund. Von 1504 bis zu seinem Tod war er als Gemahl Johannas von Kastilien König von Kastilien und León. Über seine Söhne Karl und Ferdinand ist er der Stammvater der spanischen Könige sowie der folgenden römisch-deutschen und österreichischen Kaiser.

des Reichs von Karls d. Gr. im Vertrag von Verdun und die spätere Zusammenführung von Lotharingien mit dem Ostteil unter Otto I. sowie die Übergang Kaiser-Schutzpatroni an dieses Heilige Römische Reich Deutscher Nation ohnehin schlecht behandelt.

Das war ihnen Lektion. Und so sollte später dann auch ihre machiavellistische Politik gegen das mit Neid und Missgunst bedachte Staatsgebilde in Europas Mitte sowie gegen dessen Nachfolger sein, nämlich Umklammerungsstrategie in unterschiedlicher von Frankreich angestifteter Kollaboration, etwa mit den Osmanen, oder auf Seiten der Protestanten und mit Schweden, bzw. später mit den Russen oder Polen. ...

Dem 1520 im 20. Lebensjahr inthronisierten Kaiser Karl V. erging es indes in vielem so ähnlich wie über tausend Jahre zuvor Konstantin d. Gr., dem Begründer des ersten Reichs in Jesu „Heiliger Weisheit“ und Ausrichter des Konzils von Nicäa. Auch Karl V. wollte keinen Streit in der Religion, sondern Ruhe im Reich und suchte die Applanation mit Luther. Doch im Ergebnis sollte es wiederum nur zur Spaltung führen und in einer schrecklichen Macht&Gewalt-Apokalypse enden.

Bereits im August 1518 hatte auf dem Reichstag in Augsburg ein hochnotpeinliches Verhör Luthers durch Kardinal Thomas Cajetan stattgefunden. Im Juni 1520 folgte des Papstes Leo X Androhung des Kirchenbanns. Daraufhin verbrannte Luther erzürnt dessen Bulle zusammen mit von ihm sowie Wittensberger Kollegen-Doktores abgelehnten scholastischen wie kanonischen Schriften.

Also lud der junge Kaiser Karl V. sozusagen als erste Amtshandlung zum Reichstag nach Worms, den er am 27. Januar 1521 persönlich eröffnete. Luther wurde vor über 200 Fürsten und Klerikern in den Clinch genommen und zum Widerruf seiner 95 Thesen aufgefordert. Am folgenden Tag schloss Luther seine Entgegnung mit den Worten: „Daher kann und will ich nichts widerrufen, weil gegen das

Gewissen etwas zu tun, weder sicher noch heilsam ist. ... Hier stehe ich. Gott helfe mir. Ich kann nicht anders. Amen."

Der Kaiser und die Kirchenoberen waren ob Luthers unbeugsamer Klarlinigkeit fassungslos. Der Papst erklärte Luther zum Ketzer. Die Lektüre und Verbreitung seiner ketzerischen Schriften wurden streng verboten. Zudem wurde die Reichsacht gegen ihn verhängt, und er somit für vogelfrei erklärt: Luther sollte von jedermann, der seiner habhaft werden konnte, an Rom ausgeliefert werden; es war streng untersagt, ihn zu beherbergen; von Stund an durfte ihn jedermann im Reich ggfs. straffrei töten.

So war aufgrund ideologischer Befangenheit von Kaiser, Reichsfürsten und Klerus die dargebotene Chance zur Selbstreinigung Richtung Jesu Befreiungs-Philosophie vertan. Das war, wie sich bald herausstellen sollte, ein schrecklicher Fehler. Denn er sollte in der Folge das Heilige Römische Reich Deutscher Nation seiner Existenz-Berechtigung (als Schutzmacht des Heiligen Stuhls in Rom und des Abendlands) berauben und nach rund hundert Jahren von 1618 bis 1648 in des Reichs „de facto"-Zerschlagung enden.

Luther entkam indes den Reichs- und Kirchen-Schergen. Sein Landesvater Kurfürst Friedrich der Weise von Sachsen hatte den arg bedrohten Kirchen-Reformator nämlich in geheim arrangierter Flucht von Worms auf die Wartburg entführen lassen und dort nach dem Inkrafttreten des gegen Luther erlassenen „Wormser Edikts" am 25. Mai 1521 als „Junker Jörg" versteckt gehalten. Der beschäftigte sich dort derweil mit dem Übersetzen der bis dahin dem Volk unzugänglichen lateinischen Bibel in eine „einheitliche deutscher Sprache", als deren Schöpfer Luther zweifelsfrei gilt. Und von nun an konnten alle Deutschen, die das Lesen gelernt hatten, selbst erkunden, welchen Geist der Freiheit&Kooperation des Jesus Befreiungs-Philosophie atmete, und dass, was Kaiser, Papst und Klerus damals verbreiteten, damit nicht vereinbar war. Die benötigte Drucktechnik fürs Verbreiten von Luthers „Deutscher Bibel“ stand ja dank Gutenberg seit gut einem halben Jahrhundert zur Verfügung. – Doch die Kirche blieb unbeeindruckt davon. Sie war zum machiavellistischen Angst&Affekt-Schürer und Macht&Gewalt-Missbraucher verkommen ... und bald tobte allenthalben ihrer Schergen Inquisition und loderten landauf landab die Scheiterhaufen der Gegenreformation!

Die Türken hatten sehr früh die Religionszwist-Lunte im Heiligen Römischen Reich auf deutschem Boden gerochen und standen, von Frankreichs Agenten flugs noch dazu angeregt, 1529 schon mal vor Wien! – Frei nach Kurt *Tucholsky* (*9. Januar 1890 in Berlin; †21. Dezember 1935 in Göteborg): „Fremder Hunger langweilt, fremdes Glück reizt.“ Da gab's für türkisch/französische „Il Principe“–Angstbeißer- und Beutegtreifer-Kollaboration was zu holen, zumal sich's dort zunehmend selbst paralysierte! ...

Und Karl V. gelangt es nicht, die Katastrophe aufzuhalten. Er war zwar angetreten als Bewahrer der mittelalterlichen Friedensordung in Jesu Befreiungs-Philosophie und Beschützer des Abendlands. Denn da war Jesu Befreiungs-Philosophie längst in der Renaissance- wie Machiavellismus-Dystopie untergegangen, und im Kernland des Heiligen Römischen Reichs jeder Versuch zur Rückkehr zum Scheitern verurteilt.

Karls V. Regentschaft gestaltete sich zu einem regelrechten Sisyphos-Dasein; und es ist zu verstehen, dass er sich nach seiner Abdankung als klösterlicher Eremit zurückzog, um wenigsten persönlich noch seinen Frieden zu finden.

Exkurs IX:

Wegen der Tragik hier dazu im Telegramm-Stil, angelehnt an Wikipedia. – Auf dem Reichstag von Speyer im Jahr 1526 kam Bewegung in die Lösung des Religionskonfliktes. Die dort angedachten Ansätze zu einer Kirchenreform auf nationaler Grundlage scheiterten jedoch am Widerspruch des in Spanien weilenden Kaisers, der als Schutzpatron des Abendlandes nationale Lösungen ablehnte. Daraufhin drängten die Reichsstände auf ein Konzil und beschlossen, dass die Umsetzung des Wormser Edikts in die Verantwortung der einzelnen Stände fallen sollte. Damit wurde die Grundlage für die Konfessionswahl der Reichsstände wie auch für den Aufbau eines reformatorischen Kirchenwesens gelegt. Und Landgraf Philipp von Hessen ward zum Motor einer protestantischen und zugleich antihabsburgischen Politik. Doch auf dem 1529er Reichstag in Speyer verschärfte Ferdinand gegen den Willen seines Bruders Karl V. die Gangart gegenüber den Evangelischen. Dagegen legten diese die Protestation zu Speyer ein, was ihnen die Bezeichnung Protestanten einbrachte. Die evangelischen Stände versuchten vergeblich, Karl V. zu einer Aussetzung des Wormser Edikts zu bewegen, was die Protestanten zu Vorbereitungen für ein Defensivbündnis veranlasste. Im Befürchten, dass Karl gewaltsam vorgehen könnte, gründeten im Februar 1531 einige von ihnen den Schmalkaldischen Bund, ein Zusammenschluss, der freilich auch auf den Schutz vor einem übermächtigen Habsburg abzielte. Daher stand das katholische Bayern zeitweise dem Bund nahe. Und da der Bund auch für äußere Mächte wie Frankreich ein möglicher Bündnispartner war, sah sich der Kaiser zu Zurückhaltung veranlasst. Vor dem Hintergrund der Türkengefahr, sie hatten schließlich 1529 vor Wien gestanden, sah sich Karl, auch auf Drängen Ferdinands, gezwungen, mit den protestantischen Reichsständen 1532 den Nürnberger Religionsfrieden bzw. Nürnberger Anstand zu schließen. Der war eine Art Waffenstillstand zwischen den Konfessionen bis zur Klärung der Religionsfrage durch ein allgemeines Konzil. Bei allen Vorbehalten bedeutete es, dass Karl den seit 1521 beschrittenen antireformatorischen Weg erstmals verlassen hatte. Luther hat es sogar als göttliche Bestätigung der Reformation gesehen und war überzeugt, dass über kurz oder lang eine Versöhnung des Reiches mit der Reformation möglich sei. Nach

Wiens erfolgreichem Feldzug gegen die Türken verließ Karl 1532 für fast zehn Jahre das Reich. In diesen Jahren hatte sein Bruder Ferdinand die Verantwortung für Deutschland. Karls Abwesenheit wirkte sich auf die habsburgische Herrschaft im Reich rasch nachteilig aus. Bereits 1531 hatten sich Kursachsen, Hessen und Bayern unter dem Vorwand der Nichtanerkennung der Königswahl Ferdinands über konfessionelle Grenzen hinweg zum Saalfelder Bund zusammengeschlossen; dabei betrieben sie eine mehr oder weniger offene Anti-Habsburg-Politik. Im Gegenzug führten die Wiederherstellung der Herrschaft des Herzogs Ulrich von Württemberg und dessen Übergang zum Protestantismus 1538 zur Gründung des Nürnberger Bundes der Altgläubigen, woran auch Karl und Ferdinand beteiligt waren. Auf der anderen Seite hatte der Schmalkaldische Bund seine Bündnisverhandlungen mit Dänemark und Frankreich verstärkt. Zeitweise drohte die Situation in gewalttätige Auseinandersetzungen zu münden. Der Frankfurter Anstand von 1539 sicherte den Protestanten einen zeitlich begrenzten Religionsfrieden. Er erwies sich jedoch als wenig wirksam, da beide Seiten sich nicht an die Bedingungen hielten. Der Kaiser versuchte indes, den Weg des Ausgleichs fortzusetzen. Er ließ ein Religionsgespräch organisieren. Im Juni 1540 kam es in Hagenau (Elsass) unter Vorsitz König Ferdinands jedoch zu keinem greifbaren Ergebnis. Ein weiteres Gespräch sollte in Worms stattfinden. Zudem bat man um die Anwesenheit des Kaisers bei einem der nächsten Reichstage, um mit seiner Autorität die Verhandlungen voranzubringen. Das Wormser Religionsgespräch war erfolgreich. Beide Seiten einigten sich in wichtigen theologischen Streitfragen auf Kompromissformeln. Die Weiterführung der Gespräche sollte auf dem Reichstag erfolgen. Inzwischen förderte die Zusammenarbeit der Franzosen mit den Osmanen die Annäherung des Papstes an die Seite Karls. Im Jahr 1538 ward eine gegen die Türken gerichtete Liga zwischen Karl, seinem Bruder Ferdinand, Venedig und dem Papst abgeschlossen. Und Papst Paul III. vermittelte den auf zehn Jahre angelegten Waffenstillstand von Nizza zwischen Karl V. und dem Franzosen-König Franz I (*12. September 1494 auf Schloss Cognac; †31. März 1547 auf Schloss Rambouillet). Im Frieden von Crépy in 1544 verzichtete der vertragsbrüchige Franz I., der in spanische Gefangenschaft geraten war, dort vom Tod bedroht war und entlassen werden wollte, sodann vertraglich auf zukünftige Bündnisversuche mit den protestantischen Ständen im Reich und verpflichtete sich, Teilnehmer zu einem Konzil auf Reichsboden zu entsenden. Woran er sich jedoch ebenfalls nicht halten sollte. [... Inzwischen hatte sich im Jahr 1543 höchst Folgenschwangeres zugetragen: *1.* Der Frauenburger Domherr des Fürstbistums Ermland in Preußen, Astronom, Arzt, Mathematiker und Kartograph Nikolaus Kopernikus veröffentlich seine Schrift „De revolutionibus orbium coelestium", in der er nachweist, dass die Erde um die Sonne kreist, worauf ihm die Inquisition bedrohte. *2.* Der Kölner Erzbischof Hermann von Wied wird protestantisch und gerät deshalb ebenfalls in Verfolgung. *3.* Gründung des Vizekönigtums Peru, sprich Spanien sieht seine Interessen immer mehr außerhalb Europas. ...] Auf dem Reichstag von Speyer im Jahr 1544 trat Karl nun in einer deutlich gestärkten Position gegenüber den Reichsständen auf. Diese bewilligten ihm nicht nur Unterstützung für den Krieg gegen Frankreich, sondern zum ersten und einzigen Mal finanzielle Hilfe für einen neuen Krieg gegen die Osmanen unter Sultan Süleyman I. Ihm war somit gelungen, die gefährlichsten Gegner seiner Politik voneinander zu trennen. Die protestantischen Stände forderten aber einen hohen Preis: Die Religionsprozesse vor dem Reichskammergericht sollten endgültig eingestellt werden, und die Augsburger Konfession sollte reichsrechtlich anerkannt werden. Sein Selbstverständnis als Schirmherr der Kirche stellte Karl zu Gunsten des Kampfes gegen Frankreich zurück. Er stimmte den Forderungen bis zu einer Konzilsentscheidung oder der eines Reichstages zu. Der Papst reagierte jedoch mit scharfer Kritik, woraufhin Luther und Calvin ihrerseits Karl V.

ersuchten, die drohende konfessionelle Spaltung des Reiches durch die Einberufung des Konzils von Trient (1545 bis 1563) zu verhindern. Das Konzil von Trient war auf Betreiben des Kaisers in 1545 eröffnet worden. Der Papst war der Forderung der Protestanten gefolgt, das Konzil auf Reichsboden abzuhalten. Für den Fall des Scheiterns seiner Vermittlungspolitik war Karl entschlossen, gewaltsam gegen den Protestantismus vorzugehen. Dazu wurden noch einmal erhebliche finanzielle Anstrengungen unternommen. Der Papst versprach dem Kaiser eine Armee von 12.500 Mann sowie hohe Geldsummen. Auch durfte Karl spanische Kirchengüter zur Finanzierung des Krieges verkaufen. Doch der Kriegsbeginn verzögerte sich aus verschiedenen Gründen. Nicht zuletzt spielte dabei der Übergang der Kurpfalz zur Reformation eine wichtige Rolle. Das Religionsgespräch von Regensburg von 1546 brachte keinerlei Fortschritte. Die Entscheidung zum Krieg fiel auf dem Reichstag von Regensburg 1546, der erneut vom Kaiser geleitet wurde. Dort gelang es, den Papst, Bayern, Herzog Moritz von Sachsen und weitere Verbündete zu gewinnen.

Gegen die protestantischen Städte Frankfurt am Main, Straßburg, Augsburg und Ulm wurde ein Wirtschaftskrieg geführt. Handelswaren wurden beschlagnahmt und dadurch die Wirtschaft der Städte getroffen. Im Jahr 1546 eröffnete der Kaiser den Krieg gegen den Schmalkaldischen Bund. Die Armee der Protestanten war mit 57.000 Mann den Armeen des Kaisers und seiner Verbündeten überlegen. Der Bund konnte seine Überlegenheit allerdings nicht ausspielen, da man sich nicht auf ein koordiniertes Vorgehen einigen konnte. Die numerischen Vorteile wurden durch die päpstlichen Truppen und Einheiten aus den Niederlanden weitgehend ausgeglichen. Nach ersten Erfolgen der Kaiserlichen begann die Front der Gegner zu bröckeln. Der Kaiser beherrschte schließlich Oberdeutschland weitgehend. Danach konnte er gegen Mittel- und Norddeutschland vorstoßen. Im März 1547 marschierte der Kaiser in Richtung Sachsen, um dort die Entscheidung zu suchen. Problematisch war in dieser Zeit, dass das Konzil von Trient die protestantische Rechtfertigungslehre als ketzerisch verdammte. Damit war die Hoffnung der Anerkennung des Konzils durch die Protestanten endgültig beendet. Aus Sorge vor einer kaiserlichen Vorherrschaft begann der Papst sich politisch wieder in Richtung Frankreich zu orientieren. Das Bündnis mit dem Kaiser wurde gekündigt. Durch die Verlegung des Konzils nach Bologna wurde es dem kaiserlichen Einfluss weitgehend entzogen. ... Im Krieg selbst drang der Kaiser in Kursachsen ein. Karl V. besiegte Johann Friedrich von Sachsen am 24. April 1547 in der Schlacht bei Mühlberg. Dieser und später auch Philipp von Hessen wurden gefangen genommen. Der Kurfürst von Sachsen wurde später sogar zum Tode verurteilt. Das Urteil wurde zwar nicht vollstreckt, aber die Kurwürde vergab Karl an Moritz von Sachsen. Beide Gefangene hat der Kaiser über Jahre inhaftiert. Seinen Aufenthalt in Wittenberg nutzte der Kaiser, um das Grab von Martin Luther zu besichtigen. Im Jahr 1549 ließ sich der Kaiser von Tizian als Triumphator porträtieren. Wegen ihrer Beteiligung am Schmalkaldischen Krieg hat Karl V. an Stelle der von Zünften dominierten eine patrizische Verfassung auch in den Reichsstädten in Oberdeutschland erzwungen und 1548 zudem versucht, den Reichsständen mit dem Augsburger Interim eine Lösung des Religionskonflikts zu diktieren. Durch den daraufhin ausbrechenden Fürstenaufstand und einer damit verbundenen französische Invasion war er gezwungen, eine Koexistenz der Konfessionen im Passauer Vertrag (1552) anzuerkennen, die der Augsburger Religionsfrieden (1555) regulierte. Der Augsburger Religionsfriede ward 25. September 1555 geschlossen. Er erkannte die lutherische Variante des Protestantismus an. Den Reichsständen, mit Ausnahme der geistlichen Territorien, wurde das Recht der freien Religionswahl („cuius regio, eius religio") zugestanden. Daneben wurden auch eine Reform der Kammergerichtsordnung und eine Exekutionsordnung für den Landfrieden beschlossen. Mit Karls V. Tod am 21. September 1558 hatte sich das Blatt freilich erneut gewendet. Die wesentlichen Entscheidungen fielen nun in klerikal-machiavellistischem Selbstverständnis ohne Beteiligung der Protestanten. Der Abschluss des Konzils von Trient 1545–1563 nach etwa zwanzig Jahren markiert den Beginn der von bornierter Uneinsichtigkeit in Jesu Befreiungs-Philosophie geplagten Gegenreformation.

Ende Exkurs IX

Gegen Karls V. Reich züngelten von Beginn an vier Lunten zugleich:

1. die innerabendländische des Kirchen-Machiavellismus,
2. die des französischen Angstbeißer- und Beutegreifer-Machiavellismus,
3. die Angstbeißer- und Beutegreifer-Züge der islamischen Korsaren, jener „weiße Gold"-Menschenräuber für die Sklavenmärkte von Tunis, Algier und Tripolis,
4. die der turko-osmanischen Angstbeißer- und Beutegreifer von der Hohen Pforte in Istanbul.

1529 standen die Türken vor Wien. Französische Agenten hatten die Hohe Pforte dazu angestiftet. Doch sie konnten von Karls Bruder Ferdinand zurückgeschlagen werden, während Karl V. den tunesischen Menschenräubern des „weißen Goldes" von den nordischen Mittelmeer-Gestaden für die Sklavenmarkt-Wirtschaft des Islam in die Parade fiel. Aber im Mittelmeer bleib es dennoch bei der Türken- plus Korsarenseeräuber-Übermacht.

Erst im Jahr 1656 gelang es Jan de Valette, der türkischen Seestreitmacht bei ihrem Angstbeißer- und Beutegreifer-Zug vor Malta Einhalt zu gebieten. Als Jan de Valette drei Jahre nach der Schlacht starb zierte man seinen Grabstein mit der Inschrift „Schild Europas".

Schließlich fügte Karls V. unehelicher Sohn „Don Juan de Austria" aus einer Liaison mit Regensburgs hübscher Bürgertochter Barbara

Bloomberg am 7. Oktober 1571 der maritimen türkischen Vormacht im Mittelmeer in der Seeschlacht von Lepanto den final vernichtenden Schlag zu.

Exkurs X:

Die Meerenge von Lepanto befindet sich im Ionischen Meer vor dem Eingang zum Golf von Patras. Hier errangen die unter Papst Pius V. mit Spanien an der Spitze organisierten christlichen Mittelmeermächte, überraschend den Sieg gegen die maritimen Übermacht des Osmanen-Reichs. Oberbefehlshaber auf der Seite der Heiligen Liga von 1571 war auf Wunsch seines Halbbruders Philipp II. auf dem spanischen Thron jener Don Juan de Austria, der in Spanien eine standesgemäße Ausbildung genossen hatte und nun als „Admiral Christi" darauf brannte, sich zu beweisen und so den Makel seiner unehelichen Geburt loszuwerden. Es wurde die Seeschlacht mit den meisten Gefallenen in nur vier Stunden an einem Tag (auf der türkischen Seite waren es rd. 30.000 Tote, 110 versenkte Schiffe, davon 30 selbst auf Grund gesetzt, und 150 Schiffe von der Liga erbeutet; auf der Seite der Liga waren es 8.000 Tote und der Verlust von 13 Schiffen). – Die Vorgeschichte lag wieder einmal im islamischen Angstbeißer- und Beutegreifer-Unwesen. 1570 war die von der Republik Venedig kontrollierte Insel Zypern durch die Osmanen erobert worden, die letzte venezianische Garnison von Famagusta nach viermonatiger Belagerung am 1. August 1571 gefallen, und ihre Kommandanten bestialisch hinrichteten. Von Juli bis Mitte September 1571 versammelte sich die Flotte der christlichen Liga unter dem Oberbefehl von Don Juan d'Austria im Hafen von Messina. Von insgesamt 213 Schiffen, stellten die Venezianer mit 105 Galeeren und 6 Galeassen das größte Kontingent. Am Morgen des 16. September lief die christliche Flotte aus und umrundete am 24. September den Stiefelabsatz von Apulien. Damals umfasste die osmanische Kriegsflotte 500 bis 600 Galeeren mit mehr als 150.000 Mann Besatzung.

Nach Bekanntwerden des Anrückens der christlichen Flotte zog sich die osmanische Flotte mit 255 Galeeren und rund 80.000 Mann Besatzung (davon 34.000 Soldaten) an Bord in den Golf von Patras zurück. Am westlichen Eingang des Golfs von Patras segelte die Flotte der Liga zwischen der Insel Oxia und Kap Skropha durch und wurde dort von der osmanischen Flotte, die in der Nacht des 6. Oktober Lepanto (Naupaktos) verlassen hatte, zum Kampf gestellt. Sofort spielt Don Juan de Austria die Stärke seiner Flotte aus: die volle Feuerkraft seiner Geschütze. Schon bevor die Schlachtschiffe des Orients und Okzidents ineinander krachten, war gut ein Drittel der Türken-Galeeren bereits schwer beschädigt. Die Schiffe verkeilten sich darauf entlang einer sechs Kilometer langen Kampflinie ineinander und auf den Decks entbrannte ein berserkerhaft-mörderischer Nachkampf. Wer nicht massakriert wurde, ertrank im Meer, das dick und rot war vor Blut. Als die beiden Flaggschiffe aneinandergerieten, wurde der Türken-Admiral Ali Pascha von einer Kugel getroffen. Don Juan de Austria ließ ihn ins Meer werfen.

Ende Exkurs X

... Als auf dem türkischen Flaggschiff „Sultana“ die Fahne des Papstes gehisst wurde, ließ das die Moslem-Krieger in typischer Angstbeißer-Manier entsetzt die Flucht ergreifen. Don Juan de Austria wurde im gesamten Abendland gefeiert, und des getöteten Türken-Admirals Ali Pascha mit den 99 Namen und Eigenschaften Allahs besticktes grünes Kriegs-Banner des Propheten in Madrid als Trophäe ausgestellt.

Und im Reich war's im Jahr 1555 zum Konfessionsfrieden von Augsburg gekommen: „cuius regio, eius religio“, der Landesherr bestimmte die Konfession seiner Untertanen. Das Gesetz wurde am 25. September 1555 auf dem Reichstag zu Augsburg zwischen Ferdinand I., der seinen Bruder Kaiser Karl V. vertrat, und den Reichsständen geschlossen. ... Die Dinge schienen also wohl geordnet.

Wie doppelt irrig und einfältig, denn:

1. Zu Wasser war des Sultans *Ghazi*-Beutegreiferarm 1571 zwar gekappt worden, doch auf dem Balkan kroch der andere wieder unaufhaltsam voran: Richtung des noch nicht eroberten weiteren „goldenen Apfels", nämlich des abendländisch heilig-römischen Kaisers Hauptstadt Wien vorm Donau-Durchbruch zwischen den Karpaten und den Alpen, am strategisch höchst bedeutsamen Tor nach Mitteleuropa, dem Kern des Abendlands! ... Und Frankreichs Könige Franz I. Heinrich II., Heinrich III. schmiedeten zunehmend machiavellisch-skrupellos mit dem Antichristen am Bosporus ihre Zweifronten-Kriegsallianz gegen das Heilige Römischer Reich Deutscher Nation!
2. Genau am „cuius regio eius religio" kam's am 23. Mai 1618 zum „Prager Fenstersturz" und damit Ausbruch des „Dreißigjährigen Kriegs". Die Habsburger wollten das protestantische Böhmen rekatholisieren, nachdem sie dessen König stellten. Der Fenstersturz wirkte wie ein Fanal. Die protestantischen Stände warfen ihrem katholischen Landesherrn, Kaiser Matthias und dem 1617 zum Nachfolger gewählten böhmischen König Ferdinand von Steiermark (Kaiser ab 1619) vor, gegen die von Kaiser Rudolf II. im Majestätsbrief von 1609 nochmals zugesagte Religionsfreiheit zu verstoßen. Verschärft wurde die Empörung durch den Abriss der evangelischen Kirche in Klostergrab und die Schließung der St.-Wenzels-Kirche in Braunau. Nach Auflösung der Ständeversammlung zogen knapp 200 Vertreter der protestantischen Stände unter der Führung von Heinrich Matthias von Thurn zur Prager Burg und warfen nach einem improvisierten Schauprozess die in der dortigen böhmischen Hofkanzlei anwesenden drei königlichen Statthalter aus einem Fenster 17 Meter tief in den Burggraben, wobei alle drei überlebten.

Und Frankreichs Könige Ludwig XIII. und Ludwig XIV. sannen in Kollaboration mit dem Antichristen am Bosporus auf die ganz große Beutegreifer-Ernte.

Von des Machiavellismus‘ Abendland-Mem-Beschädigung zur generellen Kultur-Retrovolution

oder

>> 1529–1699 Frankreichs und der „Hohen Pforte“ Beutegreifer- und Angstbeißer-Kesseltreiben gegen das Heilige Römische Reich Deutscher Nation <<

Zum Beginn der Reformations-Wirren hatten Franz I. (*12. September 1494 auf Schloss Cognac; †31. März 1547 auf Schloss Rambouillet) Emissäre für Frankreichs Umklammerungs-Strategie im Jahr 1529 das Osmanen-Heer schon einmal vor die Toren Wiens gebracht. Nun arbeitete der neue französische König von 1547-1559 Heinrich II. (*31. März 1519 auf Schloss Saint-Germain-en-Laye; †10. Juli 1559 im Hôtel des Tournelles, Paris) seit 1550 in Franz‘ I. würdiger Nachfolge intensiv an einem beidseitigen Offensivbündnis mit den Osmanen gegen das Heilige Römische Reich Deutscher Nation. Er wollte den Sultan zum Bruch des 1547 mit Ferdinand geschlossenen Waffenstillstands bewegen. Karl V. hatte zudem mit seinem Vorgehen gegen die Menschen-Raub-Piraten im Mittelmeer, welche zugleich türkische Satrapen waren, die Hohe Pforte verstimmt. Folglich scheiterten Ferdinands[23] Verhandlungen mit den Türken.

Dem Heiligen Römischen Reich Deutscher Nation und seinem Kaiser drohte der Zweifrontenkrieg. Und parallel schloss Heinrich

23 *Ferdinand* I. (*10. März 1503 in Alcalá de Henares bei Madrid; †25. Juli 1564 in Wien) aus dem Geschlecht der Habsburger, von 1558 bis 1564 Kaiser.

II. ein Bündnis mit der protestantischen Opposition in Ferdinands Reich.

Eben dieser Heinrich II. war seit 1547 verheiratet mit **Caterina Maria Romula de' Medici**, Prinzessin von Urbino aus der einflussreichen florentinischen Machiavellismus-Familie der Medici (*13. April 1519 in Florenz; †5. Januar 1589 in Blois). Mit Heirat wurde sie Königin von Frankreich und nach Heinrich II. Tod in 1559 zu dem Regentin für ihre minderjährigen Söhne. So kam's zu Machiavellisierung des französischen Königshauses für „Il Principe"-Skrupellosigkeit. Als zweite Medici kam **Maria de' Medici** (*26. April 1575 im Palazzo Pitti, Florenz; †3. Juli 1642 in Köln) zu französischen Königin-Ehren. Mit ihrem riesigen Vermögen konnte sie das französische Königshaus entschulden, die Gattin des 20 Jahre älteren Heinrich IV. werden ... sowie die Vollenderin der „Il Principe"-*Mem*-Implementierung.

Jesu Befreiungs-Philosophie samt „Hagia Sophia"-*Mem* mit Selbstregelungskompetenz für nicht mehr selbstregeln übersichtliche Menschengemeinschaften wurde absolut obsolet. Auch Kirche und Religion deformierten ständig mehr zum puren Angst&Affekt- plus Macht&Gewalt-Brimborium.

Endgültig vorbei war's mit der Freiheits&Kooperations-Entfaltung im mittelalterlichen Städtische-Aufblühen gedeihlichen fruchtbringenden Miteinanders. Rasch sah man nunmehr im andern den Feind. Allenthalben lauerte das „homo homini lupus est" (Der Mensch ist dem Menschen ein Wolf)!

Total enthemmte Skrupellosigkeit, List, Unaufrichtigkeit und Verschlagenheit gehörten von nun an zum politischen Alltagsgeschäft. Maria de' Medicis für Europa so ungeheuer ausschlaggebender Lebensweg darin sei hier folgend aufgezeigt.

Exkurs XI:

Wegen all der Kultur-Vernichtungs-Tragik hier dazu im Telegramm-Stil, angelehnt an Wikipedia. ... Maria de' Medici (*26. April 1575 im Palazzo Pitti, Florenz; †3. Juli 1642 in Köln) entstammte der mächtigen und reichen Florentiner Familie der Medici und war als zweite Frau des französischen Königs Heinrich IV. seit 1600 Königin von Frankreich. 1601 wurde sie Mutter des späteren Ludwig XIII. Ihr Vater war der Großherzog der Toskana Francesco I. de' Medici, ihre Mutter die Erzherzogin Johanna von Österreich. ... Der 20 Jahre ältere Heinrich IV. hatte mit den französischen Protestanten (Calvinisten), genannt Hugenotten, sympathisiert und war eine Zeit lang auch zu ihnen übergetreten. Als erster Prinz von Geblüt und Anführer der hugenottischen Partei kam ihm eine zentrale Rolle in den Hugenottenkriegen zu. Nach dem Aussterben des Hauses Valois erbte er indes die französische Krone und wurde der erste König aus dem Haus Bourbon. Für vier Jahre blieb Heinrich IV. der einzige protestantische König in der Geschichte Frankreichs, konnte sich aber erst nach seinem Übertritt zum Katholizismus 1593 endgültig auf Frankreichs Thron durchsetzen. Als König baute Heinrich IV. dann das von den Bürgerkriegen zerrüttete Land wieder auf und formte dabei die Grundlagen für den französischen Einheitsstaat. Das Edikt von Nantes, das den französischen Protestanten freie Religionsausübung zusicherte, war einer der maßgeblichen Erlasse seiner Regierungszeit. Außenpolitisch positionierte er das Land wieder als ernstzunehmende Großmacht und nahm den Kampf Frankreichs gegen das Haus Habsburg wieder auf. ...Obgleich Maria eine der reichsten Erbinnen Europas war, scheiterten mehrere Versuche, sie zu verheiraten. Ihr Onkel Ferdinando I. de' Medici bemühte sich, den bestmöglichen Gemahl für sie zu finden. Einige Angebote stießen nicht auf ihre Zustimmung. Sie wollte sich angeblich nur mit einem König vermählen, da ihr eine Nonne eine solche Krone prophezeit habe. Die entscheidenden Gespräche bezüglich ihrer Eheschließung fanden mit dem 1593 zum Katholizismus konvertierten französischen König Heinrich IV. statt. Ein wesentlicher Grund für diese Verbindung waren die hohen Schulden, die der König bei den Medicis aufgenommen hatte. Eine zu erwartende reiche Mitgift Marias würde für Frankreich eine große Entschuldung bedeuten. Heinrich IV. war zwar schon mit Margarete von Valois verheiratet, doch war die Ehe kinderlos geblieben. Daher stand Annullierung wegen Margaretes Unfruchtbarkeit im Raum. Der König zog aber offenbar ernsthaft eine Heirat mit seiner Mätresse Gabrielle d'Estrées in Erwägung, in welchem Fall seine Gemahlin einer Auflösung ihrer Ehe nicht zustimmen wollte. Die Verhandlungen über seine Vermählung mit der Medici-Erbin zogen sich infolgedessen lange dahin. Der plötzliche Tod von Gabrielle d'Estrées (10. April 1599) und die Auflösung von Heinrichs Ehe durch Papst Clemens VIII. nach Margaretes Einwilligung zu diesem Schritt ebneten schließlich den Weg für die Realisierung des lange angestrebten Eheprojekts. Am 25. April 1600 wurde schließlich der Heiratsvertrag zwischen Maria und Heinrich IV. unterzeichnet. Mit 17 Galeeren, einem großen Gefolge von 2000 Personen, ihrem Schmuck und ihrer Mitgift segelte Maria am 17. Oktober 1600 von Livorno ab und landete am 9. November in Marseille und wurden mit großem Pomp empfangen. Maria reiste weiter nach Lyon, wo sie auf ihren mehr als 20 Jahre älteren Bräutigam warten musste, da der sich noch auf einem siegreichen Feldzug gegen das Herzogtum Savoyen befand. Der Monarch wollte indes seine Frau rasch kennenlernen und kam am 9. Dezember knapp vor Mitternacht vor der Stadt an, fand die Stadttore jedoch verschlossen. Nach einstündiger Wartezeit bekam er Einlass und betrat dann formlos in seiner Reisekleidung das Zimmer Marias, die sich ihm zu Füßen warf. Er küsste sie und bat, sogleich die Nacht mit ihr verbringen zu dürfen, ohne erst die Hochzeit abzuwarten. Außerdem verlieh er seinem Wunsch Ausdruck, möglichst bald einen Thronerben zu erhalten. Die persönliche Heirat des Paars fand am 17. Dezember 1600 in Lyon statt. ... In Bezug auf den erwarteten Nachwuchs hatte Heinrich IV. nicht zu klagen. Bereits am 27. September 1601 brachte Maria zur großen Freude des Königs im Schloss Fontainebleau den lang ersehnten Thronfolger zur Welt, den späteren Ludwig XIII. Fünf weitere Kinder sollten folgen: *1.* Isabella (frz. Élisabeth genannt) (*22. November 1602; †6. Oktober 1644), 1615 **verh. mit Philipp IV., König von Spanien**; *2.* Christine (*10. Februar 1606; †27. Dezember 1663), 1619 **verh. mit Herzog Viktor Amadeus I. von Savoyen**; *3.* Nicolas Henri (*16. April 1607; †17. November 1611); *4.* Gaston (*25. April 1608; †2. Februar 1660), Herzog von Orléans; *5.* Henriette Marie (*15. November 1609; †10. September 1669), 1625 **verh. mit Karl I., König von England**. ... Auf die Politik suchte die ein luxuriöses Leben führende, teure Kleider und Edelsteine schätzende Königin, insofern Einfluss zu nehmen, als sie sich bemühte, zur Rekatholisierung Frankreichs beizutragen, wie ihr von Papst Clemens VIII. aufgetragen. Es gelang ihr durchzusetzen, dass den Jesuiten 1604 die Rückkehr ins Land erlaubt wurde. Darüber hinaus war die mütterlicherseits von den Habsburgern abstammende Königin bestrebt, eine Annäherung zwischen Frankreich und habsburgisch Spanien zu erreichen. Sie alle sprachen ja eine romanische Sprache, nämlich, Italienisch, Französisch, Spanisch, und das trennte von den Wiener Habsburgern. Heinrich IV. stand ihren religiös-politischen Projekten allerdings eher ablehnend gegenüber. Ferner wollte Maria auch – in Anlehnung an die „Kultur"-Politik ihrer Medici-Verwandtschaft – verstärkte Beziehungen des Hauses Bourbon mit bedeutenden Künstlern fördern und größeren florentinischen Einfluss auf die Kultur und das Kultur-Mem am Hof. ... 1610 hatte Maria nach langem Drängen erreicht, dass ihr Gatte, als er persönlich in einen neuen Krieg ziehen und in die Spanischen

Niederlande einmarschieren wollte, seine Vorbehalte gegen ihre Krönung zur Königin von Frankreich aufgab. Die Krönung erfolgte am 13. Mai 1610 durch den Kardinal François de Joyeuse unter großer Prachtentfaltung in der Kathedrale von Saint-Denis. Im Falle von Heinrichs Abwesenheit oder Tod konnte Maria nun die Regentschaft für den unmündigen Dauphin Ludwig XIII übernehmen. Bereits am folgenden Tag wurde Heinrich IV., bei dem insgesamt 18. Attentat auf ihn, von dem katholischen Fanatiker François Ravaillac erdolcht. ... Im Gegensatz zu ihrem kinderliebenden Gemahl hatte Maria sich als recht distanzierte Mutter verhalten und nur zu ihrem Sohn Gaston eine herzlichere Beziehung entwickelt. Den sich ebenso eigensinnig wie sie selbst gebärdenden Dauphin ließ sie häufig körperlich züchtigen, wogegen sich Ludwig zur Wehr setzte. Er selbst sollte mit der spanischen Infantin Anna vermählt werden und seine Schwester Élisabeth mit dem spanischen Thronfolger, dem späteren Philipp IV. Diese katholische Allianz verunsicherte die französischen Protestanten und bewirkte eine etwa zehnjährige außenpolitische Abstinenz Frankreichs. Derweil konnte der deutsche Kaiser ungestört seine Macht vermehren. ... Nach der Ermordung Heinrichs IV. in 1610 hatte Maria für mehrere Jahre die Regentschaft für ihren ältesten Sohn Ludwig (*27. September 1601 in Fontainebleau; †14. Mai 1643 in Saint-Germain-en-Laye) inne. Anlässlich dessen Volljährigkeitserklärung am 2. Oktober 1614 ließ Maria für ihn als Ludwig XIII., König von Frankreich und Navarra, prunkvolle Feste ausrichten und berief für den 27. Oktober 1614 die Generalstände ein, die bis zum 23. Februar 1615 tagten. Es war das vorletzte Mal in der Geschichte Frankreichs, dass die Generalstände zusammentraten (letztmals geschah das 1789 vor dem Ausbruch der Französischen Revolution). Die gegensätzlichen Vorstellungen des Adels, Klerus und Dritten Standes traten offen zutage, es blieb jedoch bei rein verbalen Auseinandersetzungen. Bei wesentlichen Themen wie etwa der Abschaffung der Ämterkäuflichkeit verliefen die Beratungen zwar im Sande, allerdings stärkten die Generalstände die Position Marias gegenüber dem Adel und genehmigten auch die von ihr vorgesehene spanische Doppelhochzeit ihrer Kinder. Doch obwohl Ludwig XIII. nun volljährig und gekrönt und damit regierungsfähig war, wollte Maria ihre bisherige Machtstellung nicht aufgeben. Ihre Regentschaft war zwar vorbei, sie erreichte jedoch, dass sie de facto alle Befugnisse behielt. Ludwig war indes von seinem liebevollen Vater ein Bewusstsein für die ihm bestimmte Rolle des Kronprinzen und künftigen Königs vermittelt worden. Seine herrschsüchtige Mutter zeigte sich ihrem schwierigen und aufsässigen Sohn gegenüber freilich bevormundend kühl, behandelte ihn streng, zollte ihm wenig Anerkennung und hielt ihn von den Regierungsgeschäften fern. Darunter litt sein emotionales Gleichgewicht. Also zog Maria, beraten von den Herzögen von Épernon und Guise, mit ihren beiden zur Verheiratung vorgesehenen Kindern unter dem Schutz einer kleinen Armee auf Reise nach Bordeaux. Hier erfolgten nun am 18. Oktober 1615 die Ferntrauung Élisabeths mit dem spanischen Thronfolger, dem späteren Philipp IV., und am 21. November 1615 die Hochzeit Ludwigs XIII. mit der Infantin Anna. [**Anna Maria Mauricia von Österreich** – spanisch *Ana de Austria*, französisch *Anne d'Autriche* – (*22. September 1601 in Valladolid; †20. Januar 1666 in Paris) war eine spanisch-portugiesische Infantin und Erzherzogin von Österreich aus dem Hause Habsburg. Durch ihre Ehe war sie vom 24. November 1615 bis 14. Mai 1643 Königin von Frankreich und Navarra sowie vom 14. Mai 1643 bis 7. September 1651 als Mutter des noch minderjährigen Königs Ludwig XIV. Regentin des Königreiches]. Und Maria zwang ihren (damals 14jährigen!) Sohn zum sofortigen Vollzug der Ehe. Von Jesuiten erzogen, hatte der allerdings asketische Neigungen entwickelt und eine religiös begründete Furcht vor Sexualität. Er sollte erst vier Jahre später wieder das Bett seiner Gemahlin teilen. Die Angstbeißerin Maria wollte, der nach Etikette im Rang über ihr stehenden Schwiegertochter möglichst wenig Einfluss auf ihren Sohn einräumen und bemühte sich zu diesem Zweck erfolgreich, dass die jungen Eheleute einander nicht verstanden. So konnte sie Ludwig XIII. besser unter Kontrolle halten. ... Eine von Marias bedeutendsten politischen Leistungen war die Förderung des jungen Bischofs von Luçon Armand Jean du Plessis, später bekannt als Kardinal Richelieu. Auf ihn war sie während der Generalständeversammlung aufmerksam gemacht worden. Am 25. November 1616 wurde er zum Staatssekretär für Krieg und Außenpolitik ernannt. Inzwischen litt der junge König immer mehr darunter, dass der einflussreichste Günstling seiner Mutter, Concini, ihn rücksichtslos behandelte und ihm jegliche Ausübung von Regierungsgewalt verwehrte. Im April 1617, im Alter von noch 15 Jahren, befreite sich Ludwig XIII. schließlich mit Unterstützung seines Favoriten Charles d'Albert, duc de Luynes von der Bevormundung seiner Mutter und ihres unpopulären Beraters Concini. Dieser wurde erschossen, seine Frau Leonora Galigaï im Juli 1617 wegen angeblicher Hexerei hingerichtet. Maria wurde in ihren Räumen wie eine Gefangene behandelt. Trotz ihrer mehrfachen Bitten wollte ihr Sohn sie nicht sehen. Als sie im Mai 1617 in das Schloss Blois verbannt wurde, war der junge König nur zu einem kühlen Abschiedsgruß bereit. Richelieu folgte Maria ins Exil. Doch es kam immer wieder zu Versöhnungen. Dank ihrer Fürsprache wurde Richelieu am 5. September 1622 zum Kardinal erhoben und stieg 1624 zum führenden Minister des Königs auf. Und 1625 ließ sich Maria im Palais du Luxembourg nieder, dessen Ostgalerie sie durch eine von Peter Paul Rubens geschaffene, Episoden ihres Lebens nach ihrer eigenen Deutung illustrierende Gemäldefolge, den so genannten Medici-Zyklus, verschönerte. In der Folgezeit verschlechterten sich sodann die Beziehungen zwischen Maria und Richelieu. Die Königinwitwe musste feststellen, dass ihr einstiger

Günstling und Wegbegleiter sich nun weniger ihr gegenüber verpflichtet fühlte, sondern am weiteren Ausbau seiner eigenen Macht arbeitete und sich dem König unentbehrlich zu machen suchte. So verfolgte der Kardinal von ihren Vorstellungen abweichende politische Ziele und schmälerte ihren Einfluss auf ihren Sohn Ludwig XIII. Als überzeugte Anhängerin der römisch-katholischen Kirche und Blutsverwandte der Habsburger lehnte Maria eine außenpolitische Konfrontation Frankreichs mit Spanien und Österreich ab und stand dabei der vom Kardinal Pierre de Bérulle und dem Kanzler Michel de Marillac geführten sog. „Partei der Devoten" nahe. Aus Richelieus „Il Principe"-Sicht standen hingegen die nationalen Interessen Frankreichs im Vordergrund, die er durch die Habsburger gefährdet sah. Daher trat er für deren offensivere Bekämpfung ein, wobei er auch Bündnisse mit protestantischen Fürsten einzugehen bereit war, wenn diese einer Schwächung habsburgischen Einflusses dienten. Seit 1630 wurden die latenten Spannungen zwischen Maria und Richelieu deutlich sichtbar. Als der König im September 1630 schwer krank in Lyon weilte, forderte sie von ihm die Entlassung seines ersten Ministers Richelieu. Nach Ludwigs XIII. Genesung dauerten die Auseinandersetzungen fort und bald kam es zur direkten Konfrontation, als die Königinmutter nach einer am 10. November 1630 in ihrem Palais du Luxembourg abgehaltenen Ratssitzung Richelieu aller Ämter enthob, die er an ihrem Hof innehatte. Daraufhin forderte sie ihren Sohn auf, Richelieu auch als Minister zu entlassen. Der Monarch verschob die Entscheidung um einen Tag und suchte vereinbarungsgemäß seine Mutter am nächsten Morgen in ihrem Palais auf, zur Besprechung der weiteren Vorgangsweise. Während dieser Unterredung konnte der ebenfalls erschienene, aber nicht eingelassene Richelieu heimlich über eine Nebentreppe in Marias Privatkapelle gelangen und von dort zum Mutter/Sohn-Gespräch in ihr Schlafzimmer. Maria beschimpfte den Kardinal, der sich hatte rechtfertigen wollen, nun um Vergebung bat und sich auf Befehl des Königs wieder entfernte. Maria stellte ihren Sohn nun mehr oder minder vor die Wahl zwischen ihr und seinem Minister. Ludwig XIII. begab sich nach Versailles. Die „Partei der Devoten" und deren Unterstützerin schienen gewonnen zu haben. Doch noch am Abend des 11. November 1630, dem sogenannten Journée des dupes („Tag der Betrogenen"), traf sich der König mit Richelieu und versicherte ihn seines Vertrauens. Marillac von der „Partei der Devoten" wurde inhaftiert und Richelieu am 12. November öffentlich in seinen Ämtern bestätigt. Damit hatte Maria ihren Machtkampf mit dem Kardinal verloren. Seit 1631 lebte sie im Exil. Der König hatte ihr die Flucht erleichtert, indem er die zu ihrer Bewachung in Compiègne abgestellten Personen hatte zurückrufen lassen. Am 19. Juli 1631 floh Maria in die Spanischen Niederlande unter den Schutz der Infantin Isabella Clara Eugenia, einer Enkelin der Katharina von Medici. Sie wurde in Avesnes mit allen Ehren aufgenommen und begab sich nach einer Zwischenstation nach Brüssel. Nun konnte Ludwig XIII. seiner Mutter im August 1631 Hochverrat vorwerfen, da sie bei den spanisch-flandrischen Feinden Frankreichs Zuflucht gesucht hatte. Nach Verkündung des Urteils, das sie für schuldig erklärte, wurde sie geächtet und ihr Besitz beschlagnahmt, so dass sie keine eigenen Mittel zu ihrem Unterhalt hatte. Als Folge hiervon wollte kein Fürst sie auf Dauer in seinem Land aufnehmen. Einige Zeit nach Marias Flucht in die spanischen Niederlande fand sich auch ihr Sohn Gaston bei ihr ein, doch die exilierte Königinmutter schlug das überbrachte Angebot des Großherzogs Ferdinando II. der Toskana, nach Florenz zu übersiedeln, aus. Und als Richelieu ihr, da sie in Gent an einer Krankheit laborierte, im Juni 1633 einen freundlichen Brief schrieb antwortete sie nur schroff. Doch im nächsten Jahr hatte sie so viel Sehnsucht nach Frankreich, dass sie den Kardinal brieflich um eine Aussöhnung bat. Der riet ihr aber zu der von ihr bisher abgelehnten Reise in die

Toskana. Als ihr Sohn Gaston im Oktober 1634 einem Angebot Richelieus zur Rückkehr nach Paris Folge leistete, beschwor sie Ludwig XIII. in vielen Schreiben, ihr ebenfalls die Heimkehr zu gewähren, erhielt jedoch nur hinhaltende Repliken. Im August 1638 verließ Maria sodann heimlich ihr bisheriges Exilland und begab sich in die Vereinigten Niederlande, und da ihr Besuch dieser neuen Republik den Anschein einer offiziellen Anerkennung verlieh und als diplomatischer Erfolg betrachtet werden konnte, durfte sie einen feierlichen, von prächtigen Spielen begleiteten Einzug in Amsterdam halten. Die Holländer wollten sich aber weder wegen ihres Aufenthalts mit Frankreich zerstreiten noch für ihre Kosten aufkommen. So begab sich Maria nach einigen Monaten nach England, wo König Karl I. mit ihrer Tochter Henriette verheiratet war. Der sprach seiner Schwiegermutter zwar eine Pension von 100 Pfund Sterling pro Tag zu, gab ihr aber zu verstehen, dass sie ein unbequemer Gast sei. In erneuten Briefen bat Maria Richelieu demutsvoll um Vergebung und Unterstützung ihrer Rückkehrwünsche nach Frankreich, erreichte aber erneut rein gar nichts. Der englische König Karl I. hatte zunehmend mit sich teilweise auch gegen Maria richtenden Feindseligkeiten zu kämpfen. Am 22. August 1641 verließ Maria London, wurde aber von Philipp IV. abgewiesen, sich wieder in den Spanischen Niederlanden niederzulassen. Auch die niederländischen Generalstaaten wollten sie nicht mehr aufnehmen. An Gesichtsrose erkrankt, fand sie schließlich im Oktober 1641 in der Kölner Sterngasse 10 bescheidene Bleibe. Dort verlosch ihr Lebenslicht am 3. Juli 1642. ...Obwohl sie eine der reichten Partien ihrer Zeit und Mutter des Königs von Frankreich und der Königinnen von Spanien und England war, verstarb Maria von Medici im Alter von 67 Jahren am 3. Juli 1642 einsam und verarmt in Köln in Rubens' Haus in der Sternengasse 10. Ihre einbalsamierten Eingeweide wurden in einem Ziegelschacht unter der Achskapelle des Kölner Doms bestattet, während ihre Gebeine auf

Befehl Ludwigs XIII. nach Paris überführt und am 4. März 1643 in der Grablege der französischen Könige, der Kathedrale von Saint-Denis, beigesetzt wurden. Bei der Plünderung der Königsgräber von Saint-Denis während der Französischen Revolution wurde Marias Grab am 15. Oktober 1793 geöffnet und geplündert. Ihre Überreste wurden in einem Massengrab außerhalb der Kirche beerdigt. Im Zuge der bourbonischen Restauration nach 1815 wurden die Massengräber geöffnet und die darin enthaltenen Gebeine, die keinem Individuum mehr zuzuordnen waren, in einem gemeinschaftlichen Ossuarium in der wiederhergestellten Grablege des Hauses Bourbon in der Krypta der Kathedrale von Saint-Denis beigesetzt.

Ende Exkurs XI

Zwischen-Regent war Ludwig XIII. (*27. September 1601 in Fontainebleau; †14. Mai 1643 in Saint-Germain-en-Laye), von 1610 bis 1643 König von Frankreich und Navarra. – Er herrschte also fast über die gesamte Zeit des Dreißigjährigen Kriegs, worin das katholische Frankreich auf der Seite der Protestanten gegen den katholischen Kaiser stand! – Seltsamerweise trug er dennoch den Beinamen *Louis le Juste* (deutsch: Ludwig der Gerechte).

In den letzten zwölf Jahren seines Lebens erlebte Ludwig XIII., wie unter der gemeinsamen Herrschaft mit Kardinal (!) Richelieu (*9. September 1585 in Paris; †4. Dezember 1642 ebenda) die Macht Frankreichs sowie die Machtstruktur des Königshauses in Frankreich immer weiter gestärkt wurden. Unter der kleinlichen Eifersucht des Monarchen hatte nicht zuletzt auch sein Minister Richelieu zu leiden, der stets in dem Bewusstsein regierte, dass er seine Position allein dem Wohlwollen des Königs zu verdanken habe. Ludwig behielt sich die Entscheidung in allen wichtigen Angelegenheiten stets vor. Von Richelieu stammt der berühmte Satz: *„Ganz Europa bereitet mir nicht so viel Kopfzerbrechen wie die vier Quadratmeter des königlichen Kabinetts.“*

Seinen Triumph über den Kaiser und spanischen König aber bezahlte der tiefreligiöse König mit schweren Gewissensbissen. Die Knebelung des aufrührerischen Adels wurde mit dem Blut seiner Verwandten, seine Autorität durch die Hinrichtung seines letzten Favoriten, Henri Coiffier de Ruzé, Marquis de Cinq-Mars, erkauft.

Die späte Geburt zweier Söhne (1638 und 1640) sicherte den dynastischen Fortbestand des Königshauses. Seine Ehe (1615–1643) blieb unglücklich, und er hegte Zweifel, ob diese Kinder von ihm abstammten. Ludwig XIII. starb am 14. Mai 1643 in Saint-Germain-en-Laye. Er wurde in der Grablege der französischen Könige, der Kathedrale von Saint-Denis, beigesetzt. Wo diese in der Französischen Revolution dasselbe Schicksal ereilten wie die Gebeine seiner ehrgeizigen Mutter.

Der Dreißigjährige Krieg

Die deutschen Kernlande des Heiligen Römischen Reich waren aufgrund des „cuius regio, eius religio"-Diktum im Augsburger Religionsfrieden von 1555 seit dem Fenstersturz von Prag im Jahr 1618 in den „Dreißigjährigen Krieg" geschlittert. Parallel-Kriegsgeschehnisse waren:

- der Achtzigjährige Krieg (1568–1648) zwischen den Niederlanden und Spanien,
- der Oberösterreichische Bauernkrieg (1626)
- der Mantuanische Erbfolgekrieg (1628–1631) zwischen Frankreich und Habsburg,
- der Französisch-Spanische Krieg (1635–1659)
- der Krieg um die Vorherrschaft im Ostseeraum (Torstenssonkrieg) (1643–1645) zwischen Schweden und Dänemark.

Der „Dreißigjährigen Krieg" auf deutschen Boden gebärdete sich stetig mehr als schreckliche Kriegsfurie, die wie eine Pest immer wieder durch die Lande zog. Von 1618–1635 ging es im Böhmisch-Pfälzischen Krieg (1618–1623), im Dänisch-Niedersächsischen Krieg (1623–1640) und im Schwedische Krieg (1630–1635) noch um Frontbildungen zwischen Kaiserlichen und Protestantischen, worauf sich freilich dänische und schwedische Eigeninteressen draufgesattelt hatten. In der zweiten Phase von 1635–1648 spielten Konfessionsgrenzen keine Rolle mehr. Denn im September 1634 war es einem spanischen Heer unter dem Kardinalinfanten gelungen, zum kaiserlichen Heer hinzuzustoßen, um in Heeresallianz den bei Nördlingen aufmarschierten protestantischen wie schwedischen Truppen unter Horn und Bernhard von Sachsen-Weimar eine so verheerende Niederlage zuzufügen, dass die protestantische Sache verloren schien. Daraufhin brachen die protestantischen Reichsstände unter Führung von Kursachsen in 1635 das Bündnis mit Schweden. Eine Ausnahme bildete die calvinistisch geprägte Landgrafschaft Hessen-Kassel. Mit Kaiser Ferdinand II. schloss man den Prager Frieden, worin der Kaiser den Protestanten die Aussetzung des Restitutionsedikts von 1629 für vierzig Jahre zugestehen musste. Gemeinsames Ziel mit den Reichsfürsten war es, mit der Reichsarmee und Unterstützung von Spanien gegen die Feinde des Heiligen Römischen Reiches Frankreich und Schweden vorzugehen. Damit war der Dreißigjährige Krieg nicht mehr ein Krieg der Konfessionen.

Es war die prompte Antwort auf den Prager Frieden, dass sich sofort noch in 1635 die protestantischen Schweden mit den katholischen Franzosen im Vertrag von Compiègne zusammentaten, um gegen die spanisch-kaiserliche Macht der Habsburger vorzugehen. Und trotz aller Blutsbande zu Habsburg und Spanien kannte man am französischen „Il Principe“-Königshof unter Ludwig XIII. keinerlei Skrupel. ...

[Wir erinnern uns, z. B. war seine Frau die Anna Maria Mauricia von Österreich – spanisch *Ana de Austria*, französisch *Anne d'Autriche* – (*22. September 1601 in Valladolid; †20. Januar 1666 in Paris) eine spanisch-portugiesische Infantin und Erzherzogin von Österreich aus dem Hause Habsburg. Durch ihre Ehe war sie vom 24. November 1615 bis 14. Mai 1643 Königin von Frankreich und Navarra sowie vom 14. Mai 1643 bis 7. September 1651 als Mutter des noch minderjährigen Königs Ludwig XIV. Regentin des Königreiches. Und Sohn Ludwig XIV. (1638–1715), König von Frankreich, ward von ihr 1660 mit Maria Teresa von Spanien verheiratet.]

Des Kaisers Hoffnung, mit dem Prager Friedensvertrag die Basis zur Beendigung des Konflikts mit Schweden gelegt zu haben, erwies sich rasch als Illusion. Denn nun musste Frankreich, das die schwedische Kriegsführung bisher finanziell unterstützt hatte, fürchten, der Krieg könnte zum Vorteil des Habsburger Kaisers sowie von Spanien enden. Schweden war geschlagen! Also musste Ludwig XIII. Frankreichs Truppen einsetzen, um all das Geld wieder hereinzuholen. Sein Stellvertreterkrieg über die schwedische Karte war zu Ende. Von nun an fegte die Furie des Dreißigjährigen Kriegs unter seinem „Il Principe"-Absolutismus-Dogma durch die deutschen Lande.

Exkurs XII:

Für den Interessierten hier ein Kurzabriss des ganzen Wahns in Anlehnung an Wikipedia. ...Als erstes erfolgte am 19. Mai 1635 Frankreichs Kriegserklärung an Spanien. Denn spanische Truppen hatten im März 1635 die seit 1632 von französischen Truppen besetzte Stadt Trier im Handstreich eingenommen und den Kurfürsten von Sötern gefangen genommen. Die von Frankreich geforderte Freilassung des verbündeten Kurfürsten wurde verweigert, der Kurfürst blieb bis April 1645 in Haft. Frankreichs Kriegserklärung an den Habsburger Kaiser in Wien folgte am 18. September 1635. Sie kam einem geplanten Präventivschlag des Kaisers nur kurz zuvor. Die Kriegserklärung hatte für den Kaiser schwerwiegende Folgen. Bisher hatten sich französische finanzielle Zuwendungen an die Schweden und spanische Zuwendungen an den Kaiser ungefähr ausgeglichen. Nun aber war Spanien als offizieller Kriegsteilnehmer selbst direkt involviert. Das musste sich auf die finanziellen Zuwendungen von Spanien an den Kaiser zwangsläufig negativ auswirken, während Frankreich nicht zusätzlich finanziell gefordert war. Vor Frankreichs Kriegseintritt verfügte die französische Armee über 72 Infanterieregimenter. Nun erhöhte sich ihre Zahl bis 1636 auf 174 und gipfelte 1647 in der Zahl von 202 Regimentern. Im Jahr 1635 hatte die der französischen Infanterie ca. 130.000 Mann, im Jahr 1636 waren es ca. 155.000 Soldaten, die gegenüber den im Krieg kampferprobten kaiserlichen und schwedischen Soldaten freilich unerfahren waren. Das Zusammenwirken von Frankreich und Schweden auf dem Kriegsschauplatz des Heiligen Römischen Reiches erforderte Operationsgebietsabgrenzungen. Frankreich übernahm die von Schweden aufgegebene Operationszone Süddeutschland, darunter auch die von den Schweden befestigten Orte und Schanzen am Oberrhein. Die Schweden zogen sich nach Norddeutschland an die Küste der Ostsee sowie nach Mecklenburg, Pommern und ins Elbegebiet zurück. So war der Nachschub von Schweden per Schiff über die Ostsee gesichert. Von dort aus konnten Sachsen und Böhmen bedroht werden, Brandenburg galt als schwacher Gegner. Bernhard von Sachsen-Weimar nahm für die Südarmee mit einer Stärke von 18.000 Mann Bündnisverhandlungen mit Richelieu auf, was im Oktober 1635 zu einem Bündnis- und Kooperationsvertrag führte, worin die ehemalige schwedische Südarmee unter dem Kommandeur Bernhard von Sachsen-Weimar dem französischen Oberkommando zugeordnet wurde und dem Kommandeur im Elsass ein Territorium zugesichert wurde. Außerdem wurden ihm jährlich vier Millionen französische Pfund als Verfügungsetat gewährt, um Offiziere und Mannschaften zu besolden und Ausrüstung, Quartiere, Pferde, Munition und Verpflegung zu bezahlen. Schwedens Führung ordnete unter Axel

Oxenstierna Rückzug nach Magdeburg an, wohin auch das letzte auf deutschem Boden befindliche schwedische Heer kam. Vertragliche Grundlage dafür war der im März 1636 auf Grundlage des Vertrags von Compiègne geschlossene Vertrag von Wismar. Danach sollte Schweden den Krieg über Brandenburg und Sachsen in die habsburgischen Erblande in Böhmen und Mähren tragen und Frankreich sollte sich der Gebiete der österreichischen Habsburger am Rhein bemächtigen. ... Als französische Truppen im Mai 1635 versuchten, die Spanische Niederlande und im September 1635 das südliche Rheinland zu erobern, scheiterte das Vorhaben in den Niederlanden durch den Entsatz der Stadt Löwen durch das kaiserliche Hilfskorps und am Rhein durch das kaiserliche Hauptheer. Dabei gelang es, die verbündeten Heere von Frankreich und von Bernhard von Sachsen-Weimar nach Metz abzudrängen, letzterer konnte aber die Stellungen am Oberrhein halten. Im Oktober 1635 eröffnete die Sächsische Armee den Krieg gegen den einstigen Verbündeten Schweden und blockierte ab November 1635 Magdeburg. Schwedischen Soldaten, wie auch ihrer Generäle argwöhnten Friedensverhandlungen über ihre Köpfe hinweg. Bereits nach der schweren Niederlage der Schweden bei Nördlingen hatte eine Meuterei im schwedischen Heer gedroht und noch im August 1635 wurde der schwedische Reichskanzler Oxenstierna von meuternden Gruppen festgehalten worden. Doch im Oktober 1635 hatten Erfolge der Schweden gegen ein brandenburgisches Heer bei Dömitz und Kyritz die Gefahr eines schwedischen Zusammenbruchs gebannt. ... Die Schweden setzten nun alles daran, ihre auf Pommern und Mecklenburg zusammengeschrumpfte Machtbasis zu erweitern. Dazu gab es gute Chancen, weil sich die Kaiserlichen auf Frankreich konzentrierten und die Vertreibung der Schweden aus dem Reichsgebiet Kursachsen überließen. Kaiserliche und bayerische Truppen unterstützen 1636 zudem die spanischen Truppen in den südlichen Niederlanden. Sie drangen Anfang Juli gemeinsam von Mons aus in Nordfrankreich ein, eroberten

La Capelle und stießen entlang der Oise Richtung Paris vor. Dann drehten sie Richtung der erwarteten französischen Armee nach Westen ab, eroberten Le Catelet und überschritten Anfang August von Norden her die Somme. Als sie Mitte August die nur 100 km nördlich von Paris französische Grenzfestung Corbie erobert hatten, kam es in Paris zu Aufständen. Doch Richelieu und König Ludwig XIII. gelang es indes, ein Volksheer zu auszuheben, das die Bedrohung abwendete. ... Im Süden wollten die Kaiserlichen mit einem weiteren Heer nach Frankreich vorstoßen, wozu sie im nördlichen Elsass Truppen sammelte. Zuerst mussten man jedoch Reiterverbände in die spanische Franche-Comté senden, deren Hauptstadt Dole von einem französischen Heer belagert wurde. Der Entsatz gelang. Die kaiserlich-lothringischen Reiter verheerten in der Folge das Gebiet bis Dijon. Als Angriffsrichtung für den neuen Heeresverband kam Burgund in Frage, zumal die kaiserliche Kavallerie schon vor Ort war. Einem Vordringen von dort in Richtung Paris verlegte indes Bernhards von Sachsen-Weimar Heer den Weg bei Langres. Im Norden wurde die französische Grenzfestung Corbie im November 1636 wieder durch das französische Volksheer zurückerobert. Die Spanier hatten ihre Operationen als abgeschlossen betrachtet und sich zu spät für einen Entsatz entschieden. Man wollte sich letztlich mit dem Erwerb einiger französischer Grenzfestungen zufriedengeben, was freilich eine vergebene Chance mit sich brachte. ... Gleichzeitig gelang den Schweden in der Schlacht bei Wittstock ein Sieg gegen ein kaiserlich-kursächsisches Heer. Und der stellte sich als so gravierend heraus, dass die kaiserlichen Truppen im folgenden Jahr als Verstärkung im Nordosten des Reiches benötigt wurden. ... Zuvor betrieb man noch eine letzte Offensive ins Innere Frankreichs, um Winterquartiere im Feindesland zu gewinnen und schwächer verteidigte Gebiete zu verheeren. Das scheiterte indes Anfang November an schlechter Witterung und der erbitterten Verteidigung der Grenzstadt Saint-Jean-de-Losne. Die Franche-Comté wollte den Kaiserlichen zudem keine

Winterquartiere einräumen. Schließlich blieb knapp die Hälfte des Heeres zur Sicherung der Freigrafschaft doch noch dort. Der Rest musste gegen die ursprünglichen Pläne der kaiserlichen Militärführung den langen Marsch zum Rhein zurück antreten, wo er von dem langen Rückzug ausgezehrt eintraf. ... Nach dem Sieg bei Wittstock hatte sich die Lage für die Schweden deutlich gebessert. Kurbrandenburg war wieder unter schwedischer Kontrolle, und Brandenburgs Kurfürst nach Königsberg in Preußen geflohen. Im Frühjahr 1637 drangen die Schweden daraufhin auch nach Kursachsen ein. Die Belagerung Leipzigs misslang jedoch. Und nachdem die sächsischen Truppen, verstärkt die aus Burgund eintreffende kaiserliche Hauptarmee, die Schweden zum Rückzug nach Pommern gezwungen hatten, fanden diese sich wieder in ihrer Küstenbasis eingeschlossen. ... Der Krieg trat wieder auf der Stelle und die Zahl der Operationen verringerte sich. Der Grad der Verwüstungen aber war stark angestiegen, ganze Regionen im Reich waren bereits menschenleer. ... Mit ebensolchen Verwüstungen folgte z. B. anfangs 1638 des Franzosen-Kollaborateurs Bernhards von Weimar Verwüstungs-Feldzug am Oberrhein. ... Der direkte Kriegseingriff der Franzosen, ihr an französischer Staatsfinanzspritze hängender Vasall Bernhard von Sachsen-Weimar sowie ihre Subsidienzahlungen an die Schweden hatten indes dazu geführt, dass die schwedische Schwächephase von 1634 überwunden worden war. – Im Jahr 1637 verstarb zudem der Kaiser Ferdinand II. -.-.- [Ferdinand II. (*9. Juli 1578 in Graz; †15. Februar 1637 in Wien) war von 1619 bis zu seinem Tode Kaiser des Heiligen Römischen Reiches. Seit 1590 Erzherzog von Innerösterreich, vereinte nach und nach die Territorien der Habsburgermonarchie unter seiner Herrschaft. 1617 wurde er König von Böhmen, jedoch zeitweise 1619/20 durch den Ständeaufstand in Böhmen (1618) abgesetzt. 1618 wurde er König von Ungarn und Kroatien und 1619 Erzherzog von Österreich. Bereits als Landesherr von Innerösterreich ab 1596 vertrat er einen katholisch-absolutistischen Kurs der Gegenreformation. So auch als König von Ungarn und Böhmen. Dagegen hatten sich die böhmischen Stände erhoben, was der Auslöser des Dreißigjährigen Krieges war. Nach dem Sieg über die Aufständischen setzte er vor allem in Böhmen und im unmittelbaren Machtbereich der Habsburger mit drakonischen Maßnahmen den Vorrang der königlichen Macht samt Katholizismus als einzige erlaubte Konfession durch. In der folgenden Phase des Dreißigjährigen Krieges (Dänisch-Niedersächsischer Krieg) war der Feldherr des Kaisers, Wallenstein, siegreich. Ferdinand versuchte in der Folge, auch im Reich Gegenreformation und kaiserliche Macht durchzusetzen, scheiterte jedoch am Widerstand der Kurfürsten. Im Prager Frieden von 1635 suchte er den Ausgleich mit den Reichsständen, konnte aber damit den Krieg nicht beenden, da es nicht gelang, die ausländischen Mächte des Richelieu/Ludwig III./Ludwig XIV.-„Il Principe"-Absolutismus daran zu hindern, ihre eigenen Interessen auf dem deutschen Kriegsschauplatz weiterzuverfolgen.] Sein Nachfolger ward Ferdinand III.

[Ferdinand III. (*13. Juli 1608 in Graz; †2. April 1657 in Wien), geboren als Ferdinand Ernst, Erzherzog von Österreich aus dem Hause Habsburg, war vom 15. Februar 1637 bis zu seinem Tode 1657 römisch-deutscher Kaiser, bereits seit 1625 bzw. 1627 König von Ungarn, Kroatien und Böhmen und zudem der erste Herrscher aus dem Hause Habsburg, der sich als Komponist hervortrat. Seine Ahnentafel enthält über die beiden Annas von Österreich Einbindung in die Medici-französischen sowie die Habsburger-spanischen Herrscher-Strukturen. Ur-Ur-Ur-Ahn Ferdinand I. war Bruder von Karl V. (*24. Februar 1500; †21. September 1558). Als Söhne der von den Cortes der spanischen Herrschaftsbereiche im Jahr 1498 zur Thronfolger der Königreiche Aragón&Kastilien bestimmten Johanna von Aragón&Kastilien und ihres Ehemanns Philipp von Habsburg hatten beide Brüder ohnehin spanisch-deutsche Wurzeln. Philipp wiederum war Spross der Ehe Maximilians von Österreich mit Maria von Burgund, mit deren Vermählung im Jahr 1477 der Aufstieg des

Hauses Habsburg zur europäischen Großmacht begonnen hatte. Als Erbin des Herzogtums Burgund war Maria die reichste Braut ihrer Zeit. Sie erhofften sich durch die Verbindung mit dem Kaiserhaus Unterstützung im Konflikt mit Frankreich (Burgundischer Erbfolgekrieg).

In **erster Ehe** heiratete Ferdinand 1631 in Wien Maria Anna von Spanien, Tochter des Königs Philipp III. von Spanien. Sie hatten folgende Kinder:

- Ferdinand IV. Franz (1633–1654), römisch-deutscher König, König von Böhmen und Ungarn
- Maria Anna,1649 verh. mit Philipp IV. (1605–1665), König von Spanien
- Philipp August (1637–1639)
- Maximilian Thomas (1638–1639)
- **Leopold I.** Ignatius Joseph Balthasar Felician (1640–1705), 1658 bis 1705 Kaiser des Heiligen Römischen Reiches sowie König in Germanien, Ungarn, Böhmen, Kroatien und Slawonien; 1666 verh. mit Margarita Theresa von Spanien (1651–1673); 1673 verh. mit Claudia Felizitas von Österreich-Tirol (1653–1676); 1676 verh. mit Eleonore Magdalene von der Pfalz (1655–1720).

In **zweiter Ehe** heiratete Ferdinand 1648 in Linz Maria Leopoldine von Österreich-Tirol (1632–1649). Mit dieser hatte er einen Sohn: Karl Joseph (1649–1664), Hochmeister des Deutschen Ordens und Bischof von Olmütz, Passau und Breslau.

In **dritter Ehe** heiratete Ferdinand 1651 in Wien Eleonora Magdalena Gonzaga von Mantua-Nevers (1630–1686). Mit ihr hatte er vier Kinder:

- Therese Maria Josepha (1652–1653)
- Eleonore Maria Josepha (1653–1697); 1670 verh. mit Michael I. Wiśniowiecki (1640–1673), König von Polen; 1678 verh. mit

Karl V. (1643–1690), Herzog von Lothringen

- Maria Anna Josepha (1654–1689); 1678 verh. mit Johann Wilhelm (1658–1716), Kurfürst von der Pfalz, Herzog von Pfalz-Neuburg
- Ferdinand Joseph Alois (1657–1658)]

Friedrich III. ward mitten im Toben des Dreißigjährigen Krieges am 15. Februar 1637 Kaiser im Heiligen Römischen Reich Deutscher Nation. Zuvor war er seit dem 2. Mai 1634 bereits der Oberbefehlshaber dessen Heeres gewesen. Er drängte zwar auf Ausgleich, doch der Prager Frieden war damals bereits Geschichte und sämtliche andere Friedensinitiativen, wie die von Papst Urban VIII. (Kölner Friedenskongress) oder auf dem Hamburger Kongress von 1638, sollten scheitern. ... Denn Frankreichs Richelieu/Ludwig XIII./Ludwig XIV.-Machiavelli-Katholizismus wollte vor einer protestantischen Restitution der Pfalz, Hessen-Kassels, Braunschweig-Lüneburgs und weiterer protestantischer Reichsstände keinen Frieden schließen, und vorab auch seine „Kriegsentschädigungen“ erhalten haben. Ferdinand III. vertrat hingegen die Interessen der alten katholischen Kirchenverhältnisse, bemühte sich aber fast noch mehr um einen reichsständischen Konsens. ... Ihre direkte Kriegsbeteiligung war für die machiavellistischen Skrupellosigkeits-Protagonisten Richelieu, Ludwig XIII. und Ludwig XIV. indes

Wichtige Kampfgebiete am südlichen Oberrhein, 1638

© Ges (Wikipedia)

wenig erfolgreich verlaufen. Man hatte im *Année de Corbie* 1636 die Großkatastrophe gerade so abwenden können, und die einst vom Trierer Kurfürsten überlassenen Brückenköpfe am Rhein (Philippsburg und Ehrenbreitstein) an die Kaiserlichen verloren. ...

Ende Exkurs XII

Erst Frankreichs Entlastung durch die niederländischen Erfolge in deren Ablösungskampf gegen Spanien, die Eroberung von Breda in 1637 sowie die Vorstöße Bernhards von Sachsen-Weimar, also des (protestantischen!) Kollaborateurs am Finanztropf der (katholischen!) Franzosen, am Oberrhein brachten Frankreich wieder in das Kriegsgeschehen zurück. ... Bernhards Heer besiegte 1637 zunächst im Norden der Franche-Comté den Herzog von Lothringen und zog anschließend zum Oberrhein. Dort wurde sein Heer Ende 1637 von den Kaiserlichen zwar wieder über den Rhein zurückgeworfen, fügte diesen im nächsten Jahr aber gleich mehrere Niederlagen zu. Denn im Januar 1638 eröffnete das weimarische Heer einen Winterfeldzug auf linksrheinischem Gebiet, nahm die Waldstädte Säckingen und Laufenburg ein, belagerte dann die strategisch wichtige Stadt Rheinfelden und besiegte nach anfänglichem Misserfolg und Rückzug im zweiten Versuch am 3. März 1638 das von Bernhards Rückkehr völlig überraschte kaiserliche Entsatzheer in der Schlacht bei Rheinfelden.

Und nach Einnahme der Stadt Freiburg im April 1638 begann das weimarische Heer im Mai 1638 mit der Belagerung von Breisach. Die stark verteidigte Reichsfestung Breisach sah sich trotz zweier Entsatz-Versuche durch kaiserlich-bayerische Heere im Dezember 1638 gezwungen, zu kapitulieren. Am 18. Juli 1639 verstarb Bernhard von Sachsen-Weimar völlig überraschend. Im Frühjahr 1638 hatte Frankreichs Oberstratege Richelieu beim schwedischen Reichskanzler Axel Oxenstierna einen zunehmenden Wunsch nach einem Separatfrieden befürchtete. Er setzte daher den Abschluss eines Vertrags durch, worin Frankreichs Kriegs-Bündnis mit Schweden verlängert wurde und für beide Bündnispartner einen Separatfrieden mit Kaiser und Reich ausgeschlossen wurde, es sollte bis zum bitteren Ende gekämpft werden (ein Strategie, die im Ersten und im Zweiten Weltkrieg fröhliche Urständ feiern sollte). Aus Frankreichs Staatsschatulle flossen entsprechende Mittel und weitere 14.000 schwedische Soldaten erreichten Norddeutschland. Die bislang in Pommern eingeschlossenen Schweden konnten erneut zur Offensive übergehen, während die Kaiserlichen im norddeutschen überwiegend protestantischen Kriegsgebiet unter immer schlechterer Versorgung litten. Sie erhielten durch das schwache brandenburgische Heer eine nur unzureichende Unterstützung gegen die Schweden. Ihre eigene Verstärkung wurde zum Entsatz Breisachs umgelenkt. Als zusätzlich ein mit englischen Geldern finanziertes pfälzisches Söldner-Heer in Westfalen eindrang, musste der Oberbefehlshaber der Kaiserlichen zu dessen Abwehr eigene Truppen aus Pommern abziehen. Im Oktober 1638 zerschlugen die Kaiserlichen unter Melchior von Hatzfeldt das pfälzisch-schwedische Heer in der Schlacht bei Vlotho. Indessen scheiterte im Nordosten das Einschließen der Schweden in Pommern. Nachdem die Versorgung und Überwinterung der Kaiserlichen in dem Gebiet nicht länger zu bewerkstelligen war, zog der kaiserliche Oberbefehlshaber sein geschwächtes Heer im Winter 1638 in die Erblande zurück. Die Schweden zogen derweil über das ausgezehrte Gebiet hinweg nach Sachsen, schlugen im April 1639 ein sächsisches Heer bei Chemnitz und stießen weiter nach Böhmen vor bis an Prags Mauern. Habsburgs Feinde im Reich registrierten sehr aufmerksam, wie die Übermacht des Kaiserlichen Militärs dahin schmolz. Amalie Elisabeth von Hessen-Kassel brach Verhandlungen über einen Beitritt zum Prager Frieden ab und schloss im Spätsommer 1639 ein Bündnis mit Frankreich. Die in den Prager Frieden einbezogenen Welfenherzöge von Wolfenbüttel und Lüneburg gingen ein Bündnis mit Schweden ein. ... 1640 sah sich der Kaiser sodann genötigt, den Reichstag nach Regensburg einzuberufen und setzte damit ein richtungsweisendes Signal auf dem langen Weg zum Frieden. Der Reichstag gab der ständischen Opposition ihr Forum zurück. Die Dominanz des monarchischen Systems war zerbrochen. ... Da ein Friedensschluss ohne Einbeziehung Frankreichs und Schwedens nicht möglich war, konnten weder die Reichsstände noch der Kaiser einen Reichsfrieden bestimmen. Militärisch führten die schwedischen Erfolge zur Abberufung des kaiserlichen Oberbefehlshabers und zur Rückberufung des Hilfskorps für die Spanier in die österreichischen Erblande. Mit diesem gelang Anfang 1640 in einem gut organisierten Winterfeldzug die Vertreibung der Schweden aus Böhmen. Im Frühjahr und Sommer lagen sich Kaiserliche und Schweden mehrmals ergebnislos gegenüber. Dennoch gelang den Kaiserlichen ein langsames Zurückdrängen der Gegner. Nach der Eroberung von Höxter an der Weser zu Anfang Oktober brach der kaiserliche Oberbefehlshaber Erzherzog Leopold Wilhelm den eigenen Feldzug überraschend früh ab. Ende 1640 operierten schwedische Truppen gemeinsam mit dem nun französischen ehemaligen Heer Bernhards, die Weimaraner genannt, und stießen im Januar 1641 in typischen schwedischen Blitzfeldzügen bis Regensburg vor. Sie konnten jedoch den dort tagenden Reichstag nicht sprengen, weil das Eis der zugefrorenen Donau brach, den Schwedisch-Weimaranischen somit der Übergang unmöglich war und zum Schutz der Stadt rechtzeitig bayrische Kavallerie eintraf. ... Nach ihrem razziaähnlichen Überraschungsangriff bis an die Tore Regensburgs musste mussten sie freilich flugs vor den überlegenen kaiserlichen und bayrischen Truppen fliehen und konnte sich nur unter schweren Verlusten nach Sachsen durchschlagen, wo ihr Heerführer Banérs todkrank in Halberstadt ankam und bald darauf starb. Sein Tod führte zu Auflösungserscheinungen im schwedischen Heer, und es schien sich erneut ein Fenster für das dauerhafte Ausscheiden der Schweden aus dem Krieg zu öffnen. Im Sommer 1641 erlag Brandenburg den Schweden, und der

Kaiser musste in Verhandlungen mit den Schweden nun weniger Rücksicht auf die Brandenburger Gebiets-Ansprüche auf Pommern nehmen. Die Schweden erhielten allerdings Durchzugsrechte in Brandenburg, die den Kaiserlichen hingegen nicht immer selbstverständlich gewährt wurden. Zur selben Zeit stieß das gemeinsam mit den Bayern operierende Hauptheer der Kaiserlichen weiter über die Saale ins Halberstädtische vor. Von dort aus zog's nach Wolfenbüttel, um die von Lüneburger Truppen und dem Restheer der Schweden belagerte Festung zu entsetzen. Die Belagerer räumten und gaben die Festung auf. Gleichzeitig gelang Hatzfeldt die Einnahme von Dorsten, der hessischen Hauptfestung in Westfalen. Trotz aller Erfolge gegen die deutschen Verbündeten der Schweden erreichten die Kaiserlichen nicht die Zerschlagung des schwedischen Heeres. Das wurde ab Ende 1641 von seinem neuen Oberbefehlshaber Lennart Torstensson erfolgreich reorganisiert, um im kommenden Jahr zu einem folgenreichen Gegenschlag auszuholen.

Zunächst verloren die kaiserlichen Hilfstruppen für die Spanier unter Lamboy Anfang 1642 die Schlacht bei Kempen am Niederrhein gegen Hessen-Kassel und die Weimaraner. Das bayerische Heer trennte sich deshalb von den Kaiserlichen, um Kurköln gegen die Hessen und Franzosen zu unterstützen.

Dann zog Torstensson mit dem neu aufgestellten schwedischen Heer über Schlesien nach Mähren und eroberte unterwegs Glogau und Olmütz. Kaiserliche Truppen-Verbände manövrierten gegen die schwedische Armee und drängten sie schließlich nach Sachsen zurück. Die Schweden belagerten nun Leipzig, und die Kaiserlichen stellten sie in der Zweiten Schlacht bei Breitenfeld. Die in einem beinahe so schlimmen Fiasko für die Österreicher endete wie die berühmte erste Schlacht von Breitenfeld.

Lennart Torstenson, Dreißigjähriger Krieg (1642)

© Marcos Souza (Wikipedia)

... Die sich nach den 1640er Aufständen auf der Iberischen Halbinsel und der verlorenen Schlacht bei Rocroi gegen Frankreich von 1643 zuspitzende Krise Spaniens wirkte sich zunehmend auch auf die Lage im Reich aus. Madrid sah sich nicht mehr in der Lage, die Wiener Hofburg finanziell zu unterstützen und war militärisch in großem Maße auf der iberischen Halbinsel gebunden. Wien konnte nun nicht mehr auf spanische Rettungsaktionen rechnen, wenn die Kaiserlichen im Reich in eine militärische Notlage gerieten, wie es 1619, 1620 und 1634 geschehen war. ... Nach Bernhards von Weimar Tod war es den Franzosen indes zunächst nicht gelungen, auf dem rechten Rheinufer weiter voranzukommen. Doch dann hatten die enormen Verluste der spanischen Flandernarmee bei Rocroi einen Einfall der Spanier nach Nordfrankreich unwahrscheinlich gemacht und Frankreichs Bataillone konnten nunmehr mit größeren Kontingenten an der Oberrheinfront zu operieren. Hier trat ihnen jedoch Bayern entgegen, und seine Armee konnte sich in Süddeutschland gut gegen die Französisch-Weimaranischen behaupten. Sie verfügte über größere Vorort-Nähe sowie eine bessere Versorgung als die Kaiserlichen und mit dem Lothringer Franz von Mercy sowie dem Reitergeneral Johann von Werth über sehr fähige Heerführer. Zusammen mit lothringischen wie spanischen Truppen und einem kaiserlichen Korps unter Melchior von Hatzfeldt gelang ihnen in der Schlacht bei Tuttlingen die fast völlige Vernichtung eines französisch-weimaranischen Heeres. ... Inzwischen zeigte auch Frankreich deutliche Anzeichen von Kriegsmüdigkeit. Dort war es aufgrund der kriegsbedingt erhöhten Steuerbelastung zu Unruhen gekommen. Im engeren Machtzirkel entwickelte sich eine Friedenspartei, Kardinal Richelieu (*9. September 1585 in Paris; †4. Dezember 1642 ebenda) war aufgrund seiner Kriegspolitik vor seinem Tod zu einer unbeliebten Person herabgesunken und von Jules Mazarin abgelöst worden. ... Kämpfe am Rhein, Torstenssonkrieg, Beginn der Friedensverhandlungen ... **Ab 1643 verhandelten die kriegführenden Parteien – das Reich, Frankreich und Schweden – in Münster und Osnabrück über einen möglichen Frieden.** Die Verhandlungen, immer begleitet von weiteren Kämpfen zur Gewinnung von Vorteilen, dauerten aber noch fünf Jahre an. Die verheerende Kriegswalze samt allen Marodierens, Plünderns, Tötens, Vergewaltigens, Hunger, Tod, Seuchen, Teufel und Inquisition zog, wie über fast dreißig Jahren schon, immer wieder über das gemarterte deutsche Land. ... Das bayerisch-kaiserliche Heer konnte 1644 Freiburg zurückzuerobern und den Franzosen unter General Turenne in der Schlacht am Lorettoberg schwere Verluste zuzufügen. Die besetzten im Gegenzug mehrere Städte am Rhein, darunter Speyer, Philippsburg, Worms und Mainz. Das schwedische Militär war nach einem erneuten Eindringen in Mähren Ende 1643 überraschend abgezogen, um im Torstenssonkrieg Dänemark anzugreifen. Die Kaiserlichen reagierten mit einer eigenen Offensive zur Unterstützung der Dänen bis nach Jütland, die allerdings erfolglos blieb, und kaiserliche Rückmarsch entwickelte sich zu einer Katastrophe: Im Herbst 1644 vom schwedischen Heer Torstenssons in Bernburg blockiert, desertierten dort viele ihrer Soldaten. Resttruppen hatten unter Leitung des kaiserlichen Oberbefehlshabers Gallas nach Magdeburg durchbrechen können, wurden dort aber eingeschlossen. Nach Ausbruch mit schweren Verlusten schlugen sie sich bis nach Böhmen durch. Dort stellte sich am 6. März 1645 ein unter Befehl Hatzfeldts neu aufgestelltes Heer den in Böhmen eingedrungenen Schweden in der Schlacht bei Jankau, um ebenfalls zerschlagen zu werden. Und um die böhmische Hauptstadt vor den Schweden zu schützen, zogen sich daraufhin die verbliebenen kaiserlichen Truppen nach Prag zurück. Die Schweden entschlossen sich indes, mit ihrer rund 28.000 Mann starken Armee weiter Richtung Wien vorzustoßen. Im Juli 1645 führte Rákóczi, der Anführer des nach ihm benannten Aufstandes ungarischer Adliger gegen die Habsburger, seine Truppen nach Mähren, um Torstensson bei der Belagerung von Brünn zu unterstützen. Ferdinand III., der die Gefahr eines gemeinsamen militärischen Vorstoßes von Torstensson und Rákóczi gegen Wien erkannte hatte, traf am 13. Dezember 1645 mit Fürst Georg I. Rákóczi von Siebenbürgen den Linzer Frieden. Nach der Abwehr des schwedischen Vorstoßes an der Donau und erfolgreichen Verteidigung von Brünn mussten die Schweden sich wieder aus Niederösterreich zurückziehen, wo sie bis Mitte 1646 noch Korneuburg behaupteten, und dann auch aus Böhmen zurückgedrängt wurden. Derweil hatten die Schweden im Waffenstillstand von Kötzschenbroda mit Sachsen einen Verbündeten des Kaisers neutralisiert. ... Im Westen war im Frühjahr 1645 Turenne in Württemberg eingefallen und am 5. Mai 1645 bei Mergentheim-Herbsthausen von Mercys Heer geschlagen worden. Doch im August 1645 folgte mit der verlorenen Schlacht bei Alerheim eine entscheidende Wende gegen Bayern, die ihren begabten Heerführer Mercy und viele Soldaten verloren. Aber auch die Franzosen erlitten hohe Verluste und mussten sich zunächst wieder über den Rhein zurückziehen. Von dort gelang es ihnen indes im Sommer 1646, mit einer vereint operierenden alliierten Armee der Franzosen und Schweden, in Bayern einzudringen, wo sie im Winter ihr Quartier in Oberschwaben nahmen. Kurfürst Maximilian distanzierte sich daher vom Kaiser und schloss im März 1647 den Ulmer Waffenstillstand mit Frankreich, Schweden und Hessen-Kassel. Aber schon ein halbes Jahr danach schloss sich Bayern wieder den Kaiserlichen an. ... Die Kämpfe auf deutschem Boden dauerten an, ohne dass sich noch große Kräfteverschiebungen oder eine entscheidende Schlacht ergaben. Im Mai 1648 kam es bei Augsburg zur letzten großen Feldschlacht zwischen französisch-schwedischen und kaiserlich-bayerischen Heeren. Die kaiserlich-bayerischen Truppen verloren in einem Rückzugsgefecht ihren Tross und ihren Befehlshaber Peter Melander von Holzappel, konnten sich aber in guter Ordnung nach Augsburg zurückziehen. Durch Verluste und Desertationen geschwächt, mussten sie in der Folge die Verteidigungslinie am Lech aufgeben und sich bis an den Inn zurückziehen. Das ermöglichte den Franzosen und Schweden eine weitere Verwüstung Kurbayerns. Daraus drang ein kleines schwedisches Heer in Böhmen ein, wo es im Juli 1648 handstreichartig die Prager Kleinseite einnahm und anschließend zusammen mit nachrückenden Verstärkungen die Alt- und Neustadt belagerte. In der Zwischenzeit drängten die Kaiserlichen und Bayern die gegnerischen Heere wieder langsam aus Bayern heraus und errangen noch einen kleineren Sieg in der Schlacht bei Dachau, während die Kaiserlichen im Süden Böhmens Entsatztruppen für das belagerte Prag sammelten. Zu einer entscheidenden Schlacht um das Schicksal der Stadt, in der der Konflikt 30 Jahre vorher seinen Anfang genommen hatte, sollte es aber nicht mehr kommen. Bis zum Abschluss des „Westfälischen Friedens“, mit dem Europa unter den im Krieg verfeindeten Mächten territorial neu geordnet wurde, gelang den Schweden nicht die Eroberung. Erst Anfang November 1648 brachen sie die Belagerung ab, kurz vor Eintreffen des kaiserlichen Entsatzheeres, das schon die Kunde vom Friedensschluss mitbrachte. ... In Friedrich III. Regierungszeit fällt der Niedergang des unter seinem Vater gesteigerten kaiserlichen Machtanspruchs. Der musikalische Habsburger auf dem Kaiserthron wollte den Krieg früh beenden, sah sich aber nach militärischen Niederlagen und vor dem Hintergrund nachlassender Macht gezwungen, in vielen Punkten auf bisherige Positionen der Habsburger zu verzichten. Er gab damit den lang verzögerten Weg zum Westfälischen Erschöpfungs&Schand-Frieden frei. Die kaiserliche Macht war nach dem Friedensschluss viel schwächer als vor dem Krieg, sie hatte eigentlich nur noch Symbolfunktion. In Böhmen, Ungarn und den österreichischen Erblanden war die Stellung von Ferdinand als Landesherr allerdings stärker als zuvor. – Aber das Heiliger Römische Reich Deutscher Nation lag in Trümmern und aus Frankreich sowie vom Bosporus drohte weiteres Leid.

Der „Westfälische Friede von Münster und Osnabrück" von 1648 bedeutet: Das Heilige Römische Reich bestand realiter nicht mehr. Die Vereinigten Niederlande sowie die Schweiz waren herausgelöst. Sein Kaiser war entmachtet und zur Gallionsfigur degradiert. In seinem ehemaligen Reichs-Kern auf deutschem Boden darbten an die 200 verarmte Duodezfürstentümer. Frankreichs „katholische Könige" hatten das „Heilige Römische Reich" in Agonie getrieben. Unter dem 30jährigen Krieg war alles völlig heruntergekommen – und die französischen Truppen hatten ewiges Durchmarschrecht erhalten!

Die auf ein Drittel geschrumpfte Bevölkerung hauste schicksalsergeben in bitterer Armut. Mancherorten war's total wüst und leer. – Der Tod, damals Sensenmann genannt, war allgegenwärtig.

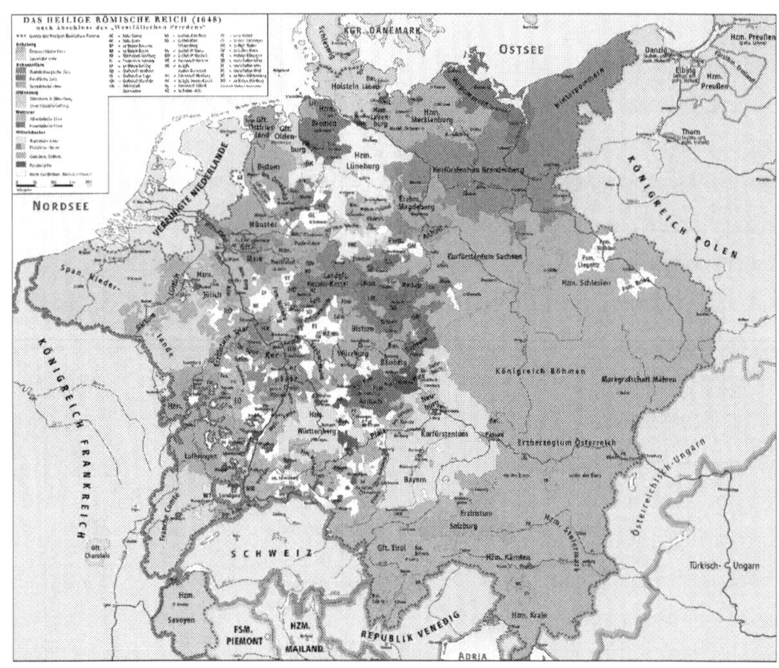

Karte des Heiligen Römischen Reiches 1648

© ziegelbrenner (Wikipedia)

Aus des Abendlands Kultur-*Mem* hoher Bau-, Plastizitäts-, Funktions- und Verhaltens-Code-Entwicklung für das enorme gotische Städte-Aufblühen in Freiheit&Kooperation unter Jesu Befreiungs-Philosophie war ein Angst&Affekt plus Macht&-Gewalt *Mem*-Zombie purer Bau-, Plastizitäts-, Funktions- und Verhaltens-Code-Erstarrung im Angstbeißer- und Beutegreifer-Blendwerk aus „Il Principe"-Skrupellosigkeit und hohlem Absolutismus-Pomp geworden. – Solche Systeme finden nicht zu koevolutiv-competetiver Komplexitätsakzeptanz; es ermangelt ihnen am schöpferischen Wettbewerb von frei sich arrangierender Anthroposymbiose-Bildungen; sie kommen nicht zum gedeihlichen fruchtbringenden Mit- und Untereinander.

Meine spätere Heimat, die ohnehin kleine Stadt Rosenthal, abgeschieden im Burgwald, wo sich südlich der hessischen Wasserscheide der Rodebach und der Fischbach zur Bentreff einen, und alles Wasser Richtung Lahn und Rhein sich ergießt, war infolge von Krieg, Landskechts-Unwesen, Pest, Flecktyphus, bitterer Verarmung, Sittenverrohung, Hunger, Not und Tod auf rd. 20 % der Vorkriegsbürgerzahl kollabiert. Die Pest hatte es bereits 1611 schon einmal im Würgegriff und 1624 mitten im Krieg wieder. Am 22. August hatte sie den Pfarrer Pfifferling als ersten weggerafft, und der ward sofort fünf Tage später von Pfarrer Hofmeister ersetzt, um die gequälten Menschen in ihrer Not nicht allein zu lassen.[24)] Von vor dem ~700 Einwohnern waren 560 verschwunden. Tillys Kaiserliche waren durchgezogen, hatten die Pest mitgebracht und lt. Kirchenbuch vier „Soldatenkinder“ hinterlassen. Vom Söldner-Marodieren berichtet ein rudimentär erhaltener Gedenkstein im Wald: „1632 23. Juni sint Erschossen worten ...“ Der Bischof hatte seine Rauschberger Schwadron einfallen lassen: „... mit 115 Pferden in unser Städtlein gefallen, das Quartier selbst genommen, als die Leut in ersten Schlaf gelegen, erschrocken und davon gelaufen, dann die Räuber in den Häusern alles entzwei geschlagen, und was gedient (nützlich), genommen. Dazu haben sie 120 Mesten Hafer verfüttert und zubracht.“ ... „1641 wurde Rosenthal von den Kaiserlichen fast ganz niedergebrannt. ... kaum dreißig Familien waren vorhanden.“ Die Bewohner waren immer wieder vor den anrückenden Soldaten in die Wälder geflohen und dort in Schutzverschlägen zusammengepfercht gewesen, so dass Pest, Flecktyphus, Tod und Not sich nur so verbreiteten.

***

24 Zum Folgenden vgl. u. Zit. Himmelmann, Fritz: Heimatbuch der Stadt Rosenthal, (Univ.-Buchdruckerei Dr. E. Hitzeroth) Marburg-Lahn 1939, S. 13-18.

Nach Ende des 30jährigen Krieges berichtete Rosenthals Wiederaufbaulegende Pfarrer Hilgermann in 1661 an das Rentamt, dass in Rosenthal nur 1/3 der Äcker und Wiesen bewirtschaftet würden, „daß viele im Januar nicht eine Geback Brot" hätten, dabei wies er klagend auf den vorangegangenen Kältewinter 1659/1660 hin und die darauf eingetretene Dürre.

Dieses Gnadenmanns Eltern waren in Hamburg an der Pest verstorben. Da war es dem Kind ein Glück, in Hamburgs Waisenhaus aufzuwachsen. Dort wurden wohlwollende Menschen auf es/ihn aufmerksam. Sie bezahlten den Besuch des Johanneums. Am 10. Februar 1618 ließen sie ihn im Akademischen Gymnasium zu Hamburg immatrikulieren und dann zum Theologie-Studium in Rostock, Greifwald und Königsberg. Sodann übertrug König Gustav Adolf, welcher das polnische Preußen damals fast ganz besetzt hatte, Hilgermann 1626 im Ermländischen Braunberg eine Pfarrstelle und machte ihn zum Feldprediger, wodurch er von 1630 bis 1632 an allen wichtigen Schlachten teilnahm. Dieses fordernde Amt legte Hilgermann nach Gustav Adolfs Tod nieder, sodass er 1941 in Rosenthal landete, um die dortige Pfarrei mit zu versehen. Dort trat er ein hoch trauriges Erbe an, sein Vorgänger Pfr. Heröder hatte zwar alle Kriegs-, Not-, Seuchen und Pest-Drangsal überstanden, war aber verhungert. Kirche, Rathaus, Schule, Pfarrhaus und der größte Teil der Stadt waren abgebrannt. Felder verwüstet und nur zum geringsten Teil bestellt, da es an Zugvieh fehlte. Geschockt schrieb er: „*... weil alles wüst lieget, auch keine 30 Bürger und einwohner mehr vorhanden sein, dass also auß Rosenthal, leyder recht Jammarthal geworden ist, und ich der Kirchen und Schuhl vergebens diene, dabei das liebe trocken brodt nicht habe. ... Nicolaus Hilgermanus Pfarrer zu Rosenthal, Godt weiß wie lange.*" – Nach dieser Schilderung waren also nur 4 % der ehemals 700 Einwohner übrig.

Doch er rappelte sich und seine paar Rosenthaler auf für Freiheit&Kooperation in Jesu Selbstbefreiungs-Philosophie, regte zu

Hand-und Spanndienst an, schuf in Vorbildfunktion für sich und seine Familie seine eigene Selbstversorgungswirtschaft, sammelte Geld von außerhalb. Zudem versah er den Stadtkasten, den Schuldienst und die Stadtschreiber-Funktion.

Bereits 1642 konnte er eine Glocke gießen lassen mit der lateinischen Aufschrift „Das Wort Gottes bleibet in Ewigkeit“ (uns erinnert es an *„Im Anfang war das Logos, und das Logos war bei Gott, und Gott war das Logos“*). 1643 kam eine kleinere Glocke hinzu mit der flehenden lateinischen Aufschrift „Gib Frieden Herr“. 1647 ging er an den Wiederaufbau der Kirche, danach folgten das Rathaus mit Schulraum sowie das Pfarrhaus.

Persönlich und mit Bettelbriefen sammelte der in den lutherischen Städten, Ständen und Adelsfamilien Mitleid heischend mit dem Spruch: *„Rosenthal, Wiesen schmal, Äcker kahl, O, du armes Rosenthal.“*

Im Feldpfarrdienst bei den Schweden hatte Rosenthals Pfarrer Hilgermann verinnerlicht, dass in der Angstbeißer- und Beutegreife-Strategie kein Segen ist und in die „Heilige Weisheit“ von Jesu Befreiungs-Philosophie samt Aufbau in Freiheit&Kooperation zurück gefunden werden muss.

Die Neue Mühle wie von der Stadt Rosenthal nach dem Dreißigjährigen Krieg 1663 gebaut im Zustand des ausgehenden 19. Jh.s, gemalt aus der Erinnerung vom Rosenthaler Malermeister Klingelhöfer in den 1940ern (zur *neuen* Neue Mühle s. S. 252, 257, 267, 591, 596)

Alles war des Brandes Raub gewesen und von ausgerasteten Landsknechten zerstört! Um sich wieder aufzurappeln und die daniederliegende Versorgung aufzubessern, musste auch eine neue Mahlmühle her.

Dazu galt es, die Bentreff in bürgerlichem Hand- und Spanndienst an des Tales Rand zu verlegen, um gut zwei Kilometer talwärts südlich der Rosenthaler Stadttore die enorme Fallhöhe von gut 8 (!) Metern zu erreichen, und dort die Neue Mühle zu errichten.

Es war die Zeit, als Rosenthals Rat und Schöffen um Neubürger warben und 1661 Johannes Schläutter (auch Schlauten, später Schleiter geschrieben) von Grüsen nach Rosenthal übersiedelte: der Stammvater aller Schleiters in oder aus Rosenthal.

... Von dem, was dem geschundenen Land nun zunächst aus Frankreich und von der Hohen Pforte und dann später von Frankreich und dessen europäischen Allianzen an Unbill bevorstand, hatte dort Gott sein Dank niemand eine Ahnung. ... Doch wir müssen uns jetzt damit jetzt befassen: um der Wahrheit und des richtigen Erkenntnisweges Willen!

Ludwig XIV. als der große „cash maker“

Die beiden Frauen Catarina und Maria von Medici aus dem Hause Österreich legten die Spur zur französischen Form des Machiavellismus, sprich zum Absolutismus skrupelloser Staatsraison. Deren *Mem*-Deviation in Ludwig XIV (*5. September 1638 in Schloss Saint-Germain-en-Laye; †1. September 1715 in Schloss Versailles) kulminierte. Es war jener Monarch (Alleinherrscher), in dessen Reich die Sonne zwar durchaus unterging, der sich dafür aber „Sonnenkönig“ nennen ließ, und der alle Staatsraison auf sich fokussierte: „le état, c‘ est moi“ (der Staat bin ich)! Er war ein französischer Prinz aus dem Haus Bourbon und ab seinem 5. Lebensjahr von 1643 bis zu seinem Tod in 1715 lange 72 Jahre König von Frankreich und Navarra sowie Fürst von Andorra. Er stand im Zenit des ‚Il Principe"-Absolutismus, für den Anstand und Skrupel allenfalls zum Schein und zur Täuschung existieren ... und war zudem blutsverwandt mit dem Hause Österreich!

Sein Vater Ludwig XIII. hatte mit seiner Frau Anna von Österreich[25)] zwei Söhne:

1. Ludwig XIV. (1638–1715) König von Frankreich
   1660 verh. mit Maria Teresa von Spanien
   1683 in morganatischer Ehe mit Madame de Maintenon
2. Philipp von Frankreich (1640–1701), Herzog von Orléans
   1661 verh. mit Henrietta von England
   1671 verh. mit Liselotte von der Pfalz (!)

Ludwig XIV. war bereits im Alter von vier Jahren offiziell König, stand jedoch bis 1651 unter der Vormundschaft seiner Mutter Anna von Österreich und übte nach dem Tod des „Leitenden Ministers" Jules Mazarin in 1661 alle Regierungsgewalt absolut persönlich aus.

Durch den Ausbau der Verwaltung und der Armee, die Bekämpfung der adeligen Opposition (Fronde), sowie die Förderung eines merkantilistischen Wirtschaftssystems, sicherte Ludwig die absolute Macht des französischen Königtums. Innenpolitisch rückte er aus machtpolitischen Interessen den katholischen Glauben wieder in den Mittelpunkt (la France toute catholique) und widerrief am 18. Oktober 1685 im Edikt von Fontainebleau die religiösen und bürgerlichen Rechte der Hugenotten, was dann deren Flucht in

---

25 **Anna Maria Mauricia von Österreich** – spanisch *Ana de Austria*, französisch *Anne d'Autriche* – (*22. September 1601 in Valladolid; †20. Januar 1666 in Paris) war eine spanisch-portugiesische Infantin und Erzherzogin von Österreich aus dem Hause Habsburg. Durch ihre Ehe war sie vom 24. November 1615 bis 14. Mai 1643 Königin von Frankreich und Navarra sowie vom 14. Mai 1643 bis 7. September 1651 als Mutter des noch minderjährigen Königs Ludwig XIV. Regentin des Königreiches.

die deutschen Lande auslösen sollte. Gleichzeitig versuchte Ludwig XIV., die katholische Kirche in Frankreich dem weltlichen Einfluss des Papsttums zu entziehen (Gallikanismus).

Durch eine expansive Außenpolitik und mehrere Kriege (Holländischer Krieg, Pfälzischer Erbfolgekrieg, Spanischer Erbfolgekrieg) löste Ludwig sein Land aus den nur noch kümmerlichen Resten der habsburgischen Umklammerung und festigte Frankreichs Stellung als temporär dominierende Großmacht in Europa.

Ludwig XIV. gilt als wichtigster Vertreter des höfischen Absolutismus in der Glorie vorgeblichen Gottesgnadentums. Die von ihm etablierte Hofkultur, deren zentrales Symbol die herausragende Stellung und das prunkvolle Auftreten des Königs war, wurde zum Vorbild vieler Adels-Höfe in ganz Europa.

Zu eigenem Lob und Preis förderte Ludwig Kunst und Wissenschaft, was eine Blütezeit der französischen Prunk-Kultur zur Folge hatte, die sich im Stil Louis-quatorze ausdrückte. Ludwigs war daher auch prägend für die kunst- und architekturgeschichtliche Epoche des klassizistischen Barocks. Bestes Beispiel hierfür ist das von Ludwig erbaute Schloss Versailles, das neben den Kaiserschlössern in Wien und St. Petersburg als Höhepunkt der europäischen Palastarchitektur gilt. Das 17. Jahrhundert wird oft als „Grand Siècle" (Großes Jahrhundert) bezeichnet.

Als Ludwig XIV. am 1. September 1715 nach 72-jähriger Regentschaft starb, war er einer der am längsten herrschenden Monarchen der neuzeitlichen Geschichte. ... Er gehört zu den ganz großen Angstbeißern und Beutegreifern.

Mehmet IV. und Ludwig XIV. auf Angstbeißer und Beutegreifer-Kurs samt Spätfolgen bis heute

Die französische Politik unter Ludwig XIV. bereitete dem Kaiser große Sorgen.[26]

Die Bestrebungen waren ja nicht neu, denn seit 1635 verfolgte Frankreich mit ansteigendem Militäreinsatz den Einsturz der über 800 Jahre weitgehend stabilen Westgrenze des Reiches. Mit dem Westfälischen Frieden von **1648** hatte das Reich u. a. Holland und die Schweiz eingebüßt; Frankreich hatte sich Elsass und Lothringen einverleibt mit wichtigen Städten wie Metz, Toul, Verdun und Straßburg und mit Breisach sogar einen hochbefestigten Brückenkopf auf der Ostseite des Rheins.

Aber Ludwigs XIV. Machtambitionen gingen darüber hinaus. Das Anstürmen der Franzosen im Westen und die umtriebigen z. T. heftig mit Finanzmitteln gestützten antikaiserlichen Aktivitäten ihrer Diplomaten in den deutschen Fürstentümern, bei den Kuruzzen, in Polen, Siebenbürgen, Ungarn und an der Hohen Pforte ließen sogar befürchten, dass Ludwig XIV. zu Karls. d. Gr. Kaiserkrone greifen würde. Nachdem Ludwig XIV. **1681** die Freie Reichstadt Straßburg hatte widerrechtlich besetzen lassen, konnten ja bald Speyer, Worm, Mainz, Köln an der Reihe sein; Konstantins d. Gr. Trier sowie Karls d. Gr. Aachen wären dann eingezirkelt! ... Und die geopolitische Glacis für die endgültige Erstürmung des Heiligen Römischen Reichs Deutscher Nation war durch des „Il Principe" Louis XIV. intrigante Schergen bereitet: **1682** fiel im Istanbuler Serail des Sultans Mehmet IV. der Beschluss, den Friedensvertrag mit Kaiser Leopold I. zu brechen. Nach islamischer *Dar al-Sulh*/"Haus des Waffenstillstands"- bzw. *Dar al-Hunda*/"Haus der Windstille"-Doktrin dienen

26 Folgend vgl. Abros, Andreas: Verteidiger des Abendlandes, (GHV-Verlag) Bad Schussenried 2021, S. 177-183.

Friedensschlüsse ohnehin nur der Mobilmachung für den nächsten *Hidschra&Dschihad.* Angestachelt von französischer Diplomatie stand man bereit, im türkische-französischen Zweifronten-Clinch gegen den Kaiser aufzumarschieren. Sprich: Nachdem der Versuch, Rom übers Meer von Süd zu unterwerfen in der Seeschlacht bei Lepanto gescheitert war, sollte dessen Unterwerfung, d. h. Islamisierung (!), nun zu Lande über den Donau-Durchbruch bei Wien von Nord her geschehen.

Während Ludwig des XIV. Armeen das Reich von West her mächtig devastierend die Mosel herab attackierten, setzte Mehmet IV. in Edirne (ehem. Adrianopel, auf dem europäischen Festland nordwestlich von Konstantinopel) seine mobil gemachten Heere in Bewegung.

Ein gewaltiger Heeresstrom aus 170.000 Soldaten samt Tross aus Pferden, Geschützen und unzählbaren Karren mit üppigem Begleitpersonal wälzte sich unter des Großwesirs Kara Mustafas Befehl gen Nordwest. Die Schadensspur der Versorgungs-Requirierung dafür hinterließ streckenweis regelrecht „verbrannte Erde“.

Während einer pompösen Heeres-Parade vor Griechisch Weißenburg (heute Belgrad) übergab Sultan Mehmet IV. höchst persönlich seinem Großwesir Mustafa die „heilige Fahne des Propheten“ und ernannte ihn unter allgemeinem Intonieren der siegverheißenden Koran-*Suren* zum „Oberbefehlshaber des Feldzugs gegen die Ungläubigen“. Mustafas Auftrag war also kein geringerer, als dass er nun alle noch verbliebenen *Kuffar* und *Giaur*, dieses niederste Getier vor *Allah* (!), vernichten sollte!

Umso mehr brachte es Mehmet IV. in Rage, als er über seine Spionage-Kanäle erfuhr, dass es dem Papst eben dieser Ungläubigen, Innozenz XI., in heimlicher Mission und bangem Erinnern an die Türken vor Wien in 1529, gegen alle Bestechungsversuchen Frankreichs an den Polen gelungen war, eine „heilige Verteidigungs-

Allianz" zwischen Kaiser Leopold I., Polen-Litauens König Jan Sobieski, Venedig und dem Vatikan zustande zu bringen. – Venedig hatte mit den Osmanen seine üblen Erfahrungen (s. o. Cypern/Lepanto) und Polen-Litauen reichte damals ja fast ans Schwarze Meer, dessen Nordküste die Osmanen-Vasallen der Tartaren beherrschten.

Die Annahme des Vertrages mit der „heiligen Verteidigungs-Allianz" durch die Adligen in Polens Reichstag geschah (unter Vermittlung vatikanischer Diplomaten, reichlicher Subventionierung polnischer Adliger aus kaiserlichen, venezianischen und päpstlichen Schatullen und Sobieskis geschicktem Taktieren) am **Ostersonntag 1683**.

Erzürnt richtete Mehmet IV. in wild entbrannter *Siyadat*-Hybris seine Depesche an Kaiser und König: *„Ich habe im Sinn, Euer Gebiet zu erobern. Ich werde dreizehn Könige mit Soldaten und Kavallerie mit mir führen, um Euer unbedeutendes Land zu zerschmettern. Vor allem befehlen Wir Dir, in Deiner Residenzstadt Wien, Uns zu erwarten, damit Wir dort Dich köpfen können, und tue auch Du Königlein von Polen, desgleichen.* ***Samt allen Anhängern werden Wir Dich vertilgen und Allahs letztes Geschöpf, soweit es nur ein ungläubiger ist, von der Erde verschwinden lassen.*** *(!) Große und Kleine werden wir zunächst der grausamsten Marter aussetzen und dann dem schändlichen Tode überantworten. Dein lächerliches Reich will ich Dir fortnehmen und von der Erde fortfegen dein ganzes Volk".*[27] So schalt er völlig Korangetreu in großer Angstbeißer- und Beutegreifer-Manier. – Kommt Hochmut nicht vor dem Fall?

Doch die Kaiserlichen sollte das blanke Entsetzen erfassen, als ihre Kundschafter die Ankunft des osmanischen Hauptheers bei Raab südlich des Neusiedler Sees sichteten. Es war am brütend heißen Sommertag des **1. Juli 1683**. Unaufhaltsam rückte da eine gewaltige Militärwalze ungeahnten Ausmaßes vor, ohne allen Anlass zu

27 Stoye, John: Die Türken vor Wien. Schicksalsjahr 1683, (Ares Verlag) Graz 2012, S. 76.

Sorge oder Eile. Der Gegner hatte überhaupt nichts vorzuweisen gehabt: Die Vorhut hatte unbehindert Angst und Schrecken schon im Voraus verbreiten können; tausende Ortschaften waren im Inferno bewusster türkischer Kriegshorrorverbreitung untergegangen. Und nun ließ Mustafa einen Tagesmarsch vor den Toren Wiens in aller Ruhe demonstrativ sein riesiges Zeltlager aufschlagen, apokalyptisch überdimensional groß und weit. Denn es beherbergte mit mindesten 170.000 Mann das Vielfache der überhaupt denkbaren christlichen Streitkräfte ... und die mussten unter kräfteraubenden Anmärschen über große Distanzen aus Polen und dem Reich erst einmal eintreffen. Die feierliche Heerschau des Kaisers zu Anfang Mai bei Preßburg mit 32.000 kaiserlichen Soldaten schmolz vor diesem Aufgebot zu einem jämmerlichen Wimmern dahin. Zudem ergab sich für den Reichs-Verteidigungsrat die Gretchenfrage, ob und wie viel Truppen von der Westfront zurückzuziehen wären, wo bekannterweise ja Ludwig XIV. lauerte. Und als der Kaiser am 07. Juli 1638 samt Hofstaat nach Passau floh, war das ein bitteres Signal für die in Wien eingeschlossene Bevölkerung. Sie saßen in der Falle. Großes Leid war vorzuahnen und dann auch zu ertragen und beinahe war auch alles hin! Ab dem 14. Juli 1683 war Wien von seiner Umwelt völlig abgeschlossen.

Der Groß-Sultan am Goldenen Horn sah sich bald vor Allahs Endsieg über alle Welt! Wien galt in Mehmets IV. oben zitierten allahisch-unbändigen Allmachtsfantasien ja nur als Etappe, sozusagen als Zwischenstopp am Tor nach Mittel- und Westeuropa. Auf seines Großwesir Kara Mustafa Pascha Westfeldzug zur finalen Ungläubigen-Ausrottung war Wien zudem ein lohnender *Al Anfal*-Beutegreifer-Brocken. Gnadenlos verwüstend, plündernd, brandschatzend und mordend war sein Heer dorthin wie ein alles vernichtender Mahlstrom über die Lande gezogen! Das allahische Ziel war Rom und die Errichtung des „Kalifats Europa". Nach Leopold I. und dessen Heiligem Römischen Reich sollten am Rhein der Sonnenkönig Ludwig XIV. gestellt werden und auch Frankreich sein Ende finden, um Allahs Welteroberungs- und Vernichtungswalze sodann nach Süden zu wenden, mit der Absicht Italien samt Rom dem Islam einzuverleiben und den Petersdom als Pferdeställe des Sultans zu entweihen. So wäre Allahs Ur-Feind, das Christentum in seinem Zentrum ausgemerzt!

Seit dem 14. Juli 1683 war Wien von Mustafas rd. 170.000 *Ghazi*-Beutemacher-Kämpfern eingezingelt und eisern belagert, um es auszuhungern und mürbe zu machen. Die Lande drum herum waren ausgeplündert und verwüstet, so dass von dort auch kein militärischer Entsatz kommen konnte. Nach zwei Monaten Aushungern und Dauerattackierung war die Stadt zur Erschöpfung ausgemergelt. Seine Festungsanlagen waren von den Türken an so vielen Stellen zur Sprengung unterminiert und an anderen bereits in die Luft gejagt, dass die Einnahme kurz bevorstand. Dabei waren die Belagerer derart siegestrunken, dass sie die Sicherung der rückwärtigen Flanke für absolut unnötig hielten. Hatten sie doch alles Land in weitem Umgriff um Wien herum völlig ausgeräumt.

Das Darben und Sterben der in Wien in totaler Hoffnungslosigkeit Eingeschlossenen hatte sich nun schon bis zum **11. September 1683** hingezogen. Kara Mustafa hatte für den Nachmittag den Vollzug der Sprengung der Festungsanlagen angeordnet sowie die Freigabe fürs anschließende Erstürmen wie *Al Anfal*-Plündern und -Rauben samt *hakk*-gnadenlosem *Qutil*-Niedermetzeln aller Reichshauptstadt-*Kuffar*, mit deren Überantwortung zur ewigen Verdammnis in Allahs Höllenqualen-*Gahanam*!

Die Wiener waren total verzweifelt auf ihr bitteres Ende gefasst. ... Da tauchte frühmorgens am **11. September 1683** oben auf dem Kahlenberg von keinem der Belagerten mehr erwartet ein 74.000 Mann starkes Entsatzheer auf (21.000 aus den Habsburger Landen, 29.000 aus den anderen Staaten des Reichs sowie 24.000 Polen, Litauer und Ukrainer). Weder die Belagerten noch die Osmanen hatte die leiseste Ahnung davon! – Die taktischen Operationen wurden von Herzog Karl V. von Lothringen geführt; den nominellen Oberbefehl hatte der in der Adelshierarchie über diesem stehende Polen-König Johann III. Sobieski formell inne; so war es gelöst, dass ein König des Absolutismus nicht unter dem Befehl eines Herzogs hätte kämpfen dürfen.

Sofort legte Herzog Karl V. von Lothringen los. Die siegessicheren Osmanen mussten sozusagen in Schockstarre geraten und ihr Söldner-Heer in panische Angstbeißer-Flucht gejagt werden. Für den Großwesir Mustafa Pascha völlig überraschend stürzte sich da plötzlich ein Christen-Heer vom Kahlenberg über die Hänge des Wienerwaldes herab auf seine im Siegestaumel leichtsinnig unverschanzten Belagerer. *„Wie schwarzes Pech, das alles vernichtet, fluten sie herab"*, notierte des Mustafa Zeremonienmeister fassungslos zu dem Absturz aus ihren Belagerer-Traumwelt-Höhenflügen just in dem Moment, wo sie die Lunten für die Sprengungen bereits komplett gelegt hatten, diese dann aber nicht mehr anzünden konnten.

Da gab's kein Halten mehr! Das gigantische osmanische Vielvölkerheer aus Türken, Magyaren, Serben, Rumänen, Armeniern, Kaukasiern, Tartaren, Arabern und Berbern löste sich wie im Schock blitzartig auf, zerstob in alle Himmelsrichtungen und geriet in wilde Flucht. Da war nichts mehr von ihrem *Ghazi*-Beutegreifer-Wahn. Am Tag der Sprengung sahen sie sich sozusagen selber in die Luft gesprengt! (Das **„nine eleven"** der Angriffe am **11. September 2001** auf das World-Trade-Center in New York sowie das Pentagon und das Kapitol in Washington sollten möglicherweise die Islam-Schlappe am Kahlenberg rächen.) Kara Mustafa musste sich wenig später mit der ihm von Mehmet IV. zugesandten Seidenschlinge ums Leben bringen. Nicht nur beider Großmannsucht war verflogen, auch für den zweiten Großversuch, den Islam gen West durchzupauken. ... Fürs Osmanenreich ging's nun abwärts.

***

An dieser Stelle müssen wir uns dem anderen „player“ in diesem Großmannssucht-Spiel, nämlich Ludwig XIV. (bzw. Louis XIV.) zuwenden. Das wird uns eine „Gesetzmäßigkeit“ vor Augen führen, nämlich die von Frankreich immer wieder benutzter Einkreisungs- und Zangen-Strategie.

Damals gab es ja nicht nur dieses Islam-Syndrom osmanischer Großmachtsucht samt deren Abendlandvernichtungs-Umtriebigkeit, sondern auch das Syndrom fortgesetzter französischer Aggressionen gegen das Heilige Römische Reich Deutscher Nation und die Habsburger.

Zeitgleich mit dem Osmanen-Ansturm drang Frankreichs „Il Principe“-Absolutismus ja nachdrücklich darauf, die vom katholischen Frankreich in Waffenkollaboration mit den Protestanten zu Ende des Dreißigjährigen Kriegs dem katholischen Kaiser im Schandfrieden von Münster und Osnabrück 1648 aufgezwungene Dezimierung und Paralysierung des Kaiserreichs weiter voranzutreiben (übrigens durchaus ähnlich wie 1914, im 1919er Friedensdiktat von Versailles sowie folgendem – s. S. 169 ff., 296 ff. u. 310 ff.)!!

Dafür nahmen sie des Kaisers Reich in den Zangengriff: von Ost dem der Osmanen und von West dem der Franzosen. An beiden Fronten sollte dem sieben Jahre nach Ende des Dreißigjährigen Krieges am 8. April 1655 im *Hôtel Soissons* in Paris als Sohn des Erbprinzen Ferdinand Maximilian von Baden-Baden wie dessen Ehefrau Ludovica Luise-Christine von Savoyen-Carignan zur Welt gekommenen Markgraf **Ludwig Wilhelm von Baden** eine ganz besondere Rolle zufallen. Er trug den Namen seines Großvaters Markgraf Wilhelm von Baden sowie seines Taufpaten Louis XIV. (*5. September 1638 in Schloss Saint-Germain-en-Laye; †1. September 1715 in Schloss Versailles) – also eben jenes absolutistischen Ober-Repräsentanten französischer Eroberungslüsternheit im „Devolutionskrieg“ gegen Spanien, auf dessen Thron die Habsburger saßen, im „Holländischer Krieg“ gegen die Habsburger Niederlande sowie im „Reunionskrieg“, „Pfälzischen Erbfolgekrieg“ und „Spanischen Erbfolgekrieg“ direkt gegen Kaiser und Deutsches Reich. ... Und des Ludwig Wilhelm Onkels mütterlicherseits, Eugène-Maurice de Savoie-Carignan Sohn, war **Prinz Eugen** (*18. Oktober 1663 in Paris im *Hôtel Soissons*; †21. April 1736 in Wien), war der zweite an beiden Fronten im Kampf für Kaiser und Reich.

Beide Neffen sollten im Zweifrontenkrieg des Kaiserreichs zum überaus ruhmreichen Kampfgespann werden. Ludwig Wilhelm von Baden war 1679 vom Kaiser wegen seiner im „Holländischen Krieg“ bei der Abwehr der Truppen des Sonnenkönigs Louis XIV. erwiesenen Tüchtigkeit nach dem Frieden von Nimwegen in der Rang eines Obristfeldwachtmeisters erhoben worden und wurde, als er sich bei der Entsetzung Wiens erneut als brillanter Stratege hervorgetan hatte, am 23. November 1683 zum General der kaiserlichen Kavallerie befördert. Drei Jahre danach folgte am 12. Dezember 1686 im Alter von gerade einmal 31 Jahren seine Berufung zum Reichsfeldmarschall und nach nochmals drei Jahren am 6. September 1689 zum Oberbefehlshaber an der osmanischen Front. Dank seines strategischen Geschicks gelang es ihm, die osmanischen Armeen in 20 Schlachten vor sich her zu treiben und ständig weiter die Donau hinunter aus Ungarn und Serbien zu verdrängen. Aufgrund der Ereignisse im „Pfälzischen Erbfolgekrieg“ musste der Kaiser ihn dann an die heimatliche Front am Rhein zurückrufen. Dort hatte nämlich Ludwig Wilhelms Patenonkel, der absolutistische König Louis XIV. und Mann der Lieselotte von der Pfalz jetzt den „Pfälzischen Erbfolgekrieg“ bzw. „Neunjährigen Krieg“ (1688 bis 1697) angezettelt, um im Rahmen seiner vorgeblichen „Reunionspolitik“ vom an der osmanischen Front kämpfenden „Heiligen Römischen Reich Deutscher Nation“ die Anerkennung alten wie neuen Gebietsraubs zu erzwingen. Jetzt kämpfte Ludwig Wilhelm am Rhein gegen die Truppen seines Patenonkels Louis XIV. und

Sonnen-Königs der Franzosen, der sich dann im Frieden von Rijswijk 1697 gezwungen sah, die rechtsrheinischen Gebietsgewinne wieder zurückzugeben.

Nun trat des Markgrafen Ludwig Wilhelm von Baden junger Cousin Prinz Eugen auf den Plan. Er hatte schon 1683 bei der Befreiung Wiens an der Seite Ludwig Wilhelms gekämpft und sich inzwischen an vielen Fronten einen guten Ruf als Heerführer erworben. Am 5. Juli 1697 wurde er zum Oberbefehlshaber der Armee in Ungarn und zugleich zum Oberbefehlshaber im Großen Türkenkrieg ernannt. Am 11. September 1697 fügten seine Kaiserlichen in Vereinigung mit christlichen Truppen aus Oberungarn und Siebenbürgen der islamischen Streitmacht des Sultans Mustafa II. in der Schlacht bei Zenta (Senta) eine verheerende Niederlage zu. Das gelang dank rascher Attacke in wildem Heranpreschen der Reiterei mitsamt der Infanterie-Soldaten auf den Rössern, sodass die gesamte zu Pferd und zu Fuß kämpfende Streitmacht schlagartig vor den Türken erschien, diese in die Theis trieb und in die Flucht schlug. Die Beute war immens, insbesondere sechs Millionen Gulden sollen darunter gewesen sein. Am 26. Januar 1699 besiegelte der Friede von Karlowitz den 16 Jahre „Großer Türkenkrieg" (14. Juli 1683 bis 26. Januar 1699) zwischen den Osmanen auf der einen sowie dem Kaiserreich, Polen, der Republik Venedig, dem Kirchstaat und nunmehr auch Russland auf der anderen.

So geriet der Markgraf in den Schatten seines jüngeren Cousins Prinz Eugen. Der residierte nun in Wien im Zentrum der Macht und in höchsten Staatsämtern. Ludwig Wilhelm war an der Rheinfront geblieben, wo er nach der Zerstörung seines Schlosses in Baden-Baden im „Pfälzer Erbfolgekrieg" durch die Franzosen seine Residenz von Baden-Baden nach Rastatt verlegte und von 1697 bis 1707 nach dem Vorbild von Versailles nahe des Rheins sein neues Schloss errichten ließ. Es gilt als die erste nach französischem Vorbild errichtete Residenz in Deutschland. Dort starb der als „Türken-Louis" und

„Schild des Reiches“ berühmt Gewordene am 4. Juli 1704. Doch kurz zuvor hatte der Markgraf noch einmal für die Habsburger, den Kaiser und das Reich im Feld gestanden, nämlich in dem von Louis XIV. mit der Absicht, den Habsburgern Spaniens Königs-Thron zu entreißen, vom Zaun gebrochenen „Spanischen Erbfolgekrieg“ von 1701 bis 1714. Diesmal im Dreierbund mit Prinz Eugen und dem von der holländischen Front hinzugestoßenen englischen Captain General **John Churchill Duke of Marlborough**. Der war am 20. Mai 1704 mit 21.000 Mann von den Kampflinien am Niederrhein gen Süden aufgebrochen und über Köln, Koblenz, Mainz, Darmstadt und Heidelberg anmarschiert, um sich mit des Markgrafen Reichsarmee sowie den Truppen des Prinzen Eugen von Savoyen zu vereinen. Am 2. Juli 1704 gelang es ihnen in der „Schlacht am Schellenberg“ (auch „Schlacht von Blindheim“ oder „Schlacht von Höchstädt“) die Bayerischen Kollaborateure des Louis XIV. vernichtend zu schlagen. Wobei der Markgraf allerdings schwer verwundet wurde und zwei Tage darauf in seiner noch nicht ganz fertiggestellten Schlossresidenz Rastatt im Alter von 51 Jahren seinen Verletzungen erlag.

In der Summe hatte er zwei *zentralistische wie absolutistische* Staatskonzepte, nämlich das islamisch osmanische und das „Il Pricipe“-französische, mit großem Einsatz daran gehindert, das *föderale* Kaisertum final in die Knie zu zwingen. Daher seine Ehrentitel aus dem Volk: „Türken-Louis“ und „Schild des Reiches“! Während des Spanischen Erbfolgekrieges (1701–1714) war nach seinem Tod neben dem Herzog von Marlborough Prinz Eugen Oberkommandierender der antifranzösischen Koalition. Bei der Wiederaufnahme des Krieges gegen die Osmanen (1714–1718) sicherte Prinz Eugen die österreichische Vorherrschaft in Südosteuropa. Seine prachtvolle Schlossresidenz in Wien lässt sich heute genauso bewundern wie der gigantische Blenheim (!)-Palace der Marlboroughs nordwestlich von Oxford oder Ludwig Wilhelms Rastätter Schlossanlage am Rhein.

Doch wie das Islam-*Mem* so sollte auch dieses Franzosen-*Mem* weiterleben:

1. im „Siebenjährigen Krieg" 1756 bis 1763 um die überseeischen Besitzungen Englands gegen Englands König, der zugleich König von Hannover war und somit Hannover wie Preußen involvierte, wobei Frankreich immer wieder sein Durchmarschrecht aus 1648 nutzte und sich den Zangengriff auf der anderen Seite sicherte, diesmal mit Österreich und dem Zarenreich ... woraus freilich am Ende die englische Weltherrschaft und Preußens Macht emergierten, während der Aggressor in die Staatspleite und die Französische Revolution schlitterte;
2. in den Napoleonischen Kriegen 1792 bis 1815 von Spanien über Italien, Holland, die deutschen Lande und Österreich bis nach Russland mit dem französischen Super-Triumph der Kaiserreich-Auflösung in 1806 ... ihm gelang in althergebrachter Frankreich-Tradition der finale Todesstoß gegen Kern-Europpas föderales Kaisertum. ... jedoch samt eigener Waterloo-Implosion am Schluss;
3. in Frankreichs 1870er Kriegserklärung an Preußen ... was per deutscher Militärallianz im Sieg über den Aggressor endete und 1871 in der preußisch-deutschen Kaiserreich-Gründung mündete;
4. in Frankreichs Aufrüstungsfinanzierungshergabe an Russland sowie des Raymond Poincaré (1913 bis 1920 französischer Staatspräsident) Anstachelung der russischen Admiralität und Generalität zu Generalmobilmachung während der Julikrise in 1914, wozu dem Kaiser dann die Schuld am Kriegsausbruch in die Schuhe geschoben werden sollte; stand über allem doch das Diktum von Georges Benjamin Clemenceau (1906 bis 1909 und

1917 bis 1920 französischer Ministerpräsident): „Der Fehler der Deutschen ist, dass es 20 Millionen zu viel von ihnen gibt!“[28];

5. im Versailler Reichs-Entmachtungs- und -Zerfledderungs-Diktat von 1919 mit erdrosselnden Reparationsauflagen, dazu samt der Rheinlandbesetzung 1918 bis 1930 sowie der Ruhrbesetzung von 1923 ... was zum Gigantomanie-Gegenpendel der Nationalsozialisten führte;
6. in den Vergewaltigungs-, Lynch- und Blutacker-Orgien der französischen Besatzungstruppen nach 1945, welche dank Monitum aus USA gebremst wurden, deren Kriegsgewinnler-Trittbrettfahrer die Franzosen sowohl nach 1918 als auch nach 1945 geworden waren... wo sich dann aber dieses gegen 1/3 der 1914er Reichgröße zerstückelte Deutschland West wie ein Phönix aus der Asche des Totalzusammenbruchs völlig zusammengebombter Trümmerlandschaften in null Komma nichts zum nach den USA weltgrößten Wirtschaftsgiganten mauserte und Welt-Vorbildwirtschaft wurde;
7. im Vernichten der Ankerwährung DM sowie der Demontage der Bundesbank durch den EURO: „Die Deutsche Mark ist gewissermaßen eine Atomstreitmacht“, hatte François Maurice Adrien Marie Mitterrand am 17. August 1988 vor seinem Ministerrat formuliert. Deren Vernichtung bot sich nun als die große Chance für Frankreich. So setze Mitterrand sie als Vorbedingung für seine Zustimmung zum Beitritt der DDR zur Bundesrepublik Deutschland. „Das erspart uns den Dritten Weltkrieg“, klang Mitterrands Statement. Das ist es, was der französische Präsident 1988 ff. zu dieser Vinkulierung bewog, und wozu er die Italiener klammheimlich gewonnen hatte: Man werde die Verträge

28 Guldalen, Arnulf: Aufklärung – Wo bist Du? / Von marxistoid-neofreudianischen Menschen-Häschern und wie Europa die Seele genommen wurde. – Ein kritisch-analytischer Essay über seltsame geostrategische Aspekte –, (GHV-Verlag) Bad Schussenried 2020, S. 32.

sowieso nicht einhalten, sondern vielmehr die Deutschen zahlen lassen!

Da war es wieder dieses gegen Deutschland gerichtete „Il Principe"-staatlich-machtstrategische Interesse samt Umklammerungs-Strategie, wozu Mitterrand in einer Ansprache vor französischen Kriegsveteranen beim Werben für den Vertrag von Maastricht völlig unverblümt kundtat: *„dieser Vertrag ist für Frankreich besser als der Versailler Vertrag, nämlich ein ‚Super-Versailles'!"*[29] Das sprach aus der französischen Seele! Wie selbstverräterisch: Für Mitterrand war der EURO das „Super-Versailles", um Deutschland nun endgültig platt zu machen und dieses verdammte Trauma von Karls d. Gr. Reichsteilung und Ottos d. Gr. Heilige Römische Reichsgründung Deutscher Nation endlich loszuwerden. ...

Wie wir heute immer mehr erkennen, dient Maastricht dazu, Europas Abendland-Kern mit permanenten „Super-Reparationen" auszulutschen! – So viel als Ahnung zu dem, was die EU und der EURO im großen Politspektakel wohl eigentlich wirklich darstellen mögen! ...

Ist es nicht alles immer noch und immer wieder„revolutio ad inferiorem"? sprich: Rückentwicklung in die archaischen Niederungen der Angst&Affekt- und Macht&Gewalt-Implikationen? Wo ist da das „im Anfang war das Logos, und es war Freiheit&Kooperation" bloß verblieben? Wo ist bloß die Seele der abendländischen Kultur-*Mem*-Evolution in Hagia Sophia (Heiliger Weisheit) und Jesu Befreiungs-Philosophie geblieben?

29 Vgl. u. Zit. hier und zuvor Bandulet, Bruno: Dexit, (Kopp Verlag) Rottenburg 2018, S. 36 ff.

Der Alte Fritz, am Beginn des Weges zum Deutschen Kaiserreich und Deutschen Wirtschaftswunder

Der Alte Fritz, das Deutsche Kaiserreich und das Deutsche Wirtschaftswunder, haben die etwas gemeinsam? Der idolatrisch ideologisierte Zeitgenosse wird verdutzt den Kopf schütteln! Sieht er da, wie ihm eingetrichtert wurde, doch nur krass Verachtenswertes. Die Wahrheit und Wirklichkeit sind außerhalb seines Erkenntnishorizonts, die heißen nämlich

1. sie entstanden in/aus französischen Totalzerstöhrungsversuchen an Deutschland,
2. sie förderten ein weltweit einmaliges kommerzielles wie gesellschaftliches und wissenschaftliches Aufblühen,
3. sie gründeten auf positiv-emotional konstruktiver Kulturfähigkeit für Freiheit&Kooperation in Jesu Befreiungs-Philosophie!

Um das verständlich zu machen, müssen wir auf die Transzendenz in der Aufklärung des preußischen Absolutismus zu sprechen kommen. Denn der bestand nicht mehr aus „Il Principe"-Skrupellosigkeit, sondern in des Preußen-Königs Friedrich II. Diktum: *„Ich bin der erste Diener meines Staates"*.[30] Sein Denken und Wirken ist ohne die Hallesche Frühaufklärung nicht nachvollziehbar. Die Hallesche Aufklärung war zeitlich vor der französischen und englischen und hatte im Gegensatz zu diesen Jesu Befreiungs-Philosophie zum Wesenskern.

Das ist bis heute das Unterscheidende (und erfolgsentscheidend Abhebende) zum schlicht Angst&Affekt- plus Macht&Gewalt-

30 Friedrich II. oder *Friedrich der Große* oder der *Alte Fritz* (*24. Januar 1712 in Berlin; †17. August 1786 in Potsdam) aus der Dynastie der Hohenzollern. Er war ab 1740 König in und ab 1772 König von Preußen sowie ab 1740 Markgraf von Brandenburg und somit einer der Kurfürsten des Heiligen Römischen Reiches.

Systemischen im französischen Etatismus oder angelsächsischen Kapitalismus.

Es ward **1.** zur geheimen Seele preußischen Staatsaufblühens, **2.** zum Kultur-*Mem* der kaiserzeitlichen Hochkonjunktur und führte **3.** ab 1948 rasch in das Deutsche Wirtschaftswunder.

Es war sozusagen auch die zeitgeistunabhängige Seele der Familie, in die mein Bruder am 7. Mai 1934 und ich am 3. Juli 1938 die Ehre hatten hineingeboren zu werden: in der Neue Mühle bei Rosenthal, Kreis Frankenberg/Eder, Regierungsbezirk Kassel, Provinz Preußen im Deutschen Reich.

Also wollen wir dem Geheimnis dieser wundersamen eigen/gemeinnützigen Wirkungszusammenhänge auf den Grund gehen. Es ist nämlich bei Preußens Glück der Halleschen Schule zu finden und beim Preußen-König Friedrich II, auch der Alte Fritz und Friedrich der Große genannt. Den Seelen-Grund für unser persönliches Lebensglück gelegt hatte nämlich dieser Alte Fritz als ausgeprägter Anti-Machiavellist und überzeugter Anhänger der Halleschen Schule.

Von Regierungsantritt in 1740 bis in die 1760er hatte er zwar nur Kampf und Krieg zu durchstreiten, aber dann doch seinen Frieden gefunden. Von seinem Vater, dem sog. Soldatenkönig Friedrich Wilhelm I. hatte er mitgegeben bekommen, dass in seiner Zeit ohne Militär kein Staat zu machen ist. Das widersprach zwar seinem Wesen, musste aber sein. Seinem Gemüt entsprechend, schaffte er als erstes jedoch die Folter ab, hob die Zensur auf und senkte die Getreidepreise. Dennoch sollten seine ersten 25 Regierungs-Jahre aufgrund außenpolitischer Misshelligkeiten dazu führen, dass er fast ständig in Kriege verwickelt war, die z. T. äußerst verlustreich geführt wurden, aus denen er jedoch summa summarum als Sieger hervorging.

Zunächst waren es zwei Kriege mit Österreich. Es ging um Schlesien, das seit dem 16. Jahrhundert zum Haus Habsburg gehörte. Im

Jahr 1742 hatte Friedrich II. dessen frischgekürter und unerfahrener Kaiserin Maria Theresia Schlesien in einem Überraschungsschlag abgejagt. Damit wollte sich diese allerdings nicht zufriedengeben. Zwecks Rückeroberung hatte sie mit Sachsen, England und den Niederlanden eine Allianz geschlossen. So kam es am 15. Dezember 1745 westlich von Dresden zur Schlacht bei Kesselsdorf, wo die preußische Armee unter Fürst Leopold von Dessau einen Parforce-Sieg über alliierte Armeen Sachsens und Österreichs errang. So war der zweite Schlesische Krieg abermals zugunsten Preußens entschieden. Dresden wurde am 17. Dezember übergeben und tags darauf rückte König Friedrich II. in die Stadt ein.

235

So endigte sich die Schlacht bey Kesselsdorf (1745. den 15. December,) eine der blutigsten in der neuern Kriegsgeschichte. Ihr Gewinn kostete den Sieger fast so viel als ihr Verlust den Ueberwundenen. Der Brandenburger siegte hier über Natur, über Geschütz und Tapferkeit seines Gegners. Seinem heldenmüthigen Anführer, dem Fürsten Leopold, der mitten im heftigsten Feuer überall zugegen war, fuhren drey Flintenkugeln durch den Mantel; seinem Sohne dem Prinzen Moritz ward das Pferd dreymal unter dem Leibe verwundet und der rechte Schoos des Rockes durchschossen; doch Vater und Sohn blieben unverletzt.

Prinz Karl stand während der Schlacht mit seiner Armee im Plauischen Grunde bey Dresden. Er vereinigte den folgenden Tag das Sächsische und Grünnische Korps mit seinem Heere, und zog sich am 17ten über Pirna nach Böhmen zurück. Sachsen war also ganz in den Händen des Siegers. Der König erschien mit seinem Heere vor Dresden, und der Statthalter, der auf keinen Entsatz hoffen durfte, entschloss sich zur Uebergabe. Am 18ten rückte der König ein; aber er hielt sich nicht lange daselbst auf, weil schon gegen das Ende dieses Monats der Dresdner Friede zu Stande kam.

Dieses war um so leichter da alle Partheyen denselben wünschten. Grosbritannien war auch dießmal der eifrigste Vermittler des Friedens gewesen.

Q 2 Schon

Der Teutsche Merkur, März 1787

In Dresden wurde am 25. Dezember 1745 der Friedensvertag von Dresden unterzeichnet: Preußen bekam Schlesien zuerkannt und der am 13. September 1745 zum Kaiser gewählte Ehemann Maria Theresias, Franz I. von Lothringen, wurde durch Friedrich II. anerkannt. – In Leipzig schuf Johann Sebastian Bach (1685–1750) zum Festakt am Tag der Unterzeichnung die Weihnachtsmusik „Gloria in excelsis Deo“.

Für Sachsen war der Friedensschluss besonders hart. Es zahlte an Preußen eine Million Taler Kriegsentschädigung, musste die Zollstreitigkeiten mit Preußen zu seinen Ungunsten entscheiden lassen, hinnehmen, dass seine Oberherrschaft über Polen obsolet wurde und die gewaltsam ausgehobenen Sachsen in der preußischen Armee blieben.

Der Haupt-Feind Friedrichs II. war neben Maria Theresia also Sachsens Kurfürst Friedrich August II. (*17. Oktober 1696; †5. Oktober 1763). Der war aber als August III. auch König von Polen und Großherzog von Litauen. Die dann nach dem Siebenjährigen Krieg durchgeführte polnische Teilung diente Friedrich II. offenbar dazu, diesen Störfaktor endgültig zu beseitigen.

Denn ab 1756 verwickelte Frankreich fast alle Großmächte Europas in seinen Siebenjährige Krieg (1756–1763) speziell gegen England und Hannover aber auch Portugals überseeische Gebiete waren davon betroffen. Es war ein erster Weltumspannender Krieg. Frankreich wollte Englands Überseebesitzungen in Amerika, Indien und der Karibik annektieren. Darüber geriet auch Kurhannover ins französische Angstbeißer- und Beutegreifer-Visier. Denn dessen Kurfürst war in Personalunion der König Georg II von England, und so hatte Frankreich automatisch auch ihm den Krieg erklärt. Friedrich II. sah die Gefährdung seines Nachbarn Hannover und hatte sich daher mit König George II. von Großbritannien verbündet. Es war sozusagen eine evangelische Gegenallianz. Denn das (katholische!) Frankreich hatte gemäß althergebrachter Umklammerungsstrategie seine Angreifer-Allianz mit dem katholischen Part des Kaiserreichs geschmiedet, samt der Kaiserin Maria-Theresias Österreich und Sachsen, die sich nach der Niederlage im Zweiten Schlesischen Krieg Rückgewinnungserfolge versprachen, und dem russischen Zarenreich dazu. ... Und bald sah sich Deutschland wieder Mal von Frankreichs Beutegreifer-Lüsternheit überfallen.

Für mein Burgwald-Heimatstädtchen Rosenthal sollte sich das erneut verheerend auswirken.

Exkurs XIII:

Im Burgwald Richtung Wetter erinnern heute die Franzosenwiesen ans Biwakieren dort. Rosenthals Lehrer Fritz Himmelmann widmet dem nochmaligen Betroffensein Rosenthals in diesem erneut von Frankreich betriebenen Krieg ein ganzes Kapitel – s. Himmelmann, Fritz: Heimatbuch der Stadt Rosenthal, (Univ.-Buchdruckerei Dr. E. Hitzeroth) Marburg-Lahn 1939, S. 29-37. Aus der Feder des dort zitierten Stadtschreiber Georg Klingelhöfer die folgenden Einblicke. ... Am 20. Juli 1757 waren die Truppen von Frankreichs König Ludwig XV. ins „Oberfürstentum Marburg“ eingerückt. Am 16. Juli 1757 wurde hessische Gegenwehr von 5.000 Mann durch 15.000 Franzosen vernichtend geschlagen und Kassel zum Hauptquartier erklärt. Von nun war Rosenthal immer wieder Durchmarschgebiet und Lager- wie Fouragierplatz. Jedes Mal ließen sich der Soldaten kräftig mit Bier und Schnaps bezechen und wurde aus Kellern und Boden geholt, was die Truppe forderte, jedes Mal wurden Gärten und Plantagen ausgeraubt, Gras und Heu und Hafer von Pferden aufgefressen und bei Abzug niedergetrampelte Ödenei hinterlassen. So vom 1.-2., 7.-14. und 16-20. November 1758. Am „29. Nov. hat ein Kommando Schweizer Truppen sich eine Nacht hier gelagert, und hat die Stadt für Lebensmittel bezahlen müssen“ ... zudem ... „ist ein Kommando Freiwilliger ... in hiesiger Stadt passieret und außerhalb der Stadt am Merzhäuser Wege gleich bei dem Tor und Garten große Feuer angemacht, die Zaunpfähle und Hecken gänzlich verbrennet und haben Branntwein und Bier dahier verzehret.“ 1759 zogen „Truppen durch hiesigen Ort nach Wetter.“ Andere haben am „10. April 1759 als Geiseln nach Gemünden abgeholt und den 2. Juli hinwiederum dahier erschienen, sind also ¼ Jahr oder 84 Tage abwesend gewesen und hat die hiesige Geiseln während der Zeit an Kosten verursacht ...hat der in die 3 ½ Jahre gestandene Bürgermeister Henrich Holzmann dahier am 31. Mai 1759 sein Bürgermeisteramt öffentlich niedergelegt.“ Weitere Einquartierungen und Requirierungen folgen Schritt auf Schritt vom 31. Mai bis 1. Juni, vom 1. bis 3. Juni, am 5. Juni „allwo sie ein Lager auf das Feld geschlagen, nach aufgegangener Fourage den Wiesengrund fouragiert, den Wintersamen verdorben und einen solchen großen Schaden der Stadt verursacht, so zum Erbarmen ist." Am 22. August 1759 trafen gegen 2. Uhr Verteidigertruppen der Bückeburger Kavallerie und Hannoverschen Feldjäger ein „... zwei Tage kanonieret ... den dritten Tag aber sind diese morgens frühzeitig von hier aufgebrochen und in die Gegend von Wetter dem Feind sich nachverfüget." Am 26. August ein Teil „der hohen alliierten Armee unter Kommandierung des Herzogs von Holstein und setzt sich bis 16. September fest. Nach diesen haben verschiedene Male preußische schwarze und gelbe Husaren in den Scheunen fouragiert und ist der Schaden ... ." ... „Am 4. Januar 1760 biwakieren 200 Pferde der Hannoverschen Artillerie vier Tage vor dem Fischtor, der verursachte Schaden an Gärten, Zäunen und Türen belief sich auf ... ." ... „Am 8. Januar 1760 sind verschiedene englische Kavallerietruppen ... angekommen und haben täglich verschiedenen Bürgern ihre gänzliche Fourage an Heu und Grummet in den Scheunen fouragiert, in großen Bunden mitgenommen." ... „Am 17. Januar logiert ein Regiment englische Infanterie, am 18. Januar ein Bückeburger Infanterieregiment ... Am 20. Januar rückt das hessische Leib-Dragonerregiment nach der Frühkirche ein, verblieb zwei Tage und in die Winterquartiere in das Münsterland ab. 1760 erlangen die Franzosen wieder die Übermacht. „Den 28. Juni 1760 ist ein starkes Kommando preußischer Husaren eingerückt, und hat dieselben allerhand Lebensmittel an Bier, Brot, Branntwein, Fleisch und dergl. sodann Gras und Hafer für die Pferde geliefert werden müssen." Am 30. Juni folgt die Vorhut der Franzosen: „Ist ein detaschierte Korps französischer Grenadiere ... eingerückt, und haben sich sämtlich auf dem Kirchhof bei der hiesigen Stadtkirche gelagert, eine Nacht kampiert und den darauffolgenden Tag als Vorhut nach Frankenberg marschieret. ... Den 1. Juli ist die sämtliche königlich französische Armee durch und neben hiesige Stadt ... . Bei diesem Marsche sind nicht nur die Früchte verschleift und zertreten, sondern auch ... an täglich 6.000 bis 7.000 Mann Infanterie und Kavallerie die Winter- und Sommerfrucht im ... Feld ... total abgemäht und fouragiert; was bei dieser Einquartierung und diesen Durchmärschen übriggeblieben, ist durch das Patroullieren gänzlich verschleift und niedergeritten. ... Die Garten- und Gemüseplantagen sind durch die Länge der Zeit gänzlich aufgezehret. Alltäglich hat eine gewisse Anzahl Fleisch und Brot geliefert werden müssen, Tag und Nacht haben Marodeure den Hirten und Schäfern das Vieh mit Gewalt entführet und geschlachtet, so daß wenig Vieh übrigblieb." – Auch das ist auch eine Art, verbrannte Erde zu hinterlassen! – Am 10. Juli folgten Einquartierung und Durchmarsch weiterer französischer Truppenverbände, am 26. Und 30. September erschienen Husaren. Die Generale Tourbiny und Chappo lagen mit ihren Truppen vom 3. bis 5. Oktober in Rosenthal. Vom 19. Dezember 1670 bis 13. Februar 1671 bezogen zwei Bataillone ihr Winterquartier. ... „Darauf wurde hiesige Stadt von alliierten und hessischen Truppen für einige Tage besetzt, sind nachgehends wieder auf Wetter und Marburg marschieret." Am 22. November 1761 „lag ein französisches Grenadierregiment hier im Quartier. Am 5. und 6. Dezember 1761 rasteten 3.000 Mann Infanterie vom Regiment Champagne. Bei dieser Einquartierung hatte mancher Bürger 26, 30 bis 34 Mann in seinem Haus. Von hier zogen sie über Wetter nach Dillenburg in die Winterquartiere." ... „Im April und Mai 1762 rückten die französischen Truppen aus ihren Winterquartieren heran. Vom 24. Mai bis 4. Juni lagen französische und schweizerische Truppen in Rosenthal." Bei Kassel wurden 80.000 Mann zusammengezogen, um nach Hannover vorzustoßen. Dabei wurden sie „von Ferdinand von Braunschweig am 24. Juni überfallen und vollständig geschlagen." ... „Am 7. Juli erschien (in hiesiger Stadt) das Bayrische Husarencorps von der hohen alliierten Armee; es stieß über Bracht, Cölbe vor, nahm bei Goßfelden einen starken Trupp französischer Husaren und einen Stab gefangen, und darauf zog ins Münsterland." – Und jedes Mal hat's die Stadt und ihre Bürger noch mehr ausgezehrt! – In der Nähe kam's am 21. September 1762 bei der Stadt Amöneburg an der Brücker Mühle zum entscheidenden Waffengang. Dort im Wirtshaus schloss Ferdinand von Braunschweig am 15. November 1762 mit den Marschällen d'Estrées und Soubise der erschöpften französischen Aggressoren-Verbände einen Waffenstillstand. Die letzen Franzosen gaben Marburg zu Weihnachten auf. ... Frankreich war am Ende. 1789 brach die Französische Revolution aus, worin sie Adel, Klerus samt katholischer Religion austilgten. Im blanken Jakobiner-Terror landete König Ludwig XVI. am 21. Januar 1793 auf dem Schafott.

Ende Exkurs XIII

Nachdem Friedrich II. und Großbritannien aus dem von Frankreich angezettelten Siebenjährigen Krieg als Sieger hervorgegangen waren und England zur Weltmacht No. 1 geworden, ordnete sich die politische Landschaft auch in Europa neu. Und Preußen wurde dank Friedrichs II. geschickter strategischer Manöver als fünfte Großmacht etabliert. Friedrichs europäischer Ordnungs- und Konsolidierungswille war gestärkt: Sachsen sollte Polen endgültig verlieren! Die Großmächte Russland, Österreich und Preußen teilten im Jahr 1772 das Königreich Polen-Litauen unter sich auf.

So gelang es Friedrich II., sein Territorium im Osten um einiges über Schlesiens Zugewinn hinaus zu erweitern und auch dort Preußens „Heilige Weisheit" der Halleschen Schule in Jesu Befreiungs-Philosophie einzuführen.

Auch im Bayerischen Erbfolgekrieg von 1778/79 hatte Friedrich eine bedeutende Rolle. So konnte er verhindern, dass Bayern dem österreichischen Kaiserhaus zugeschlagen wurde.

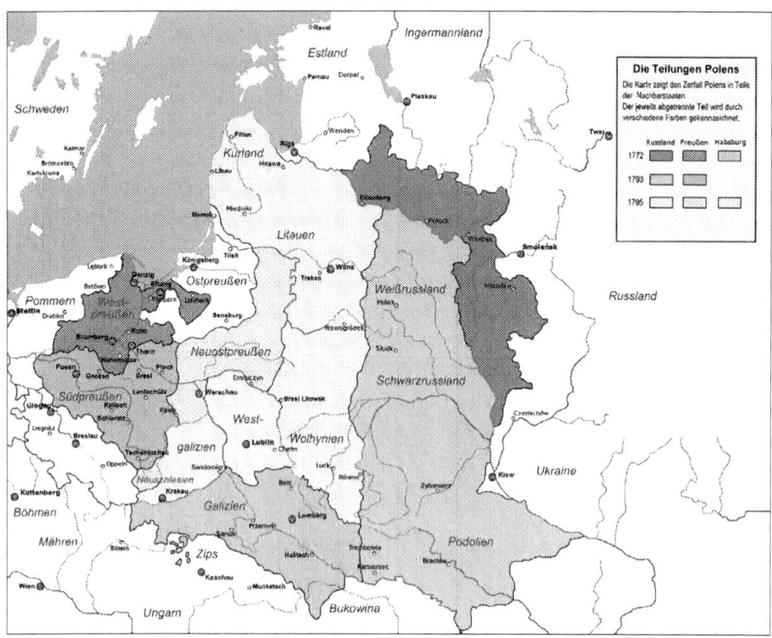

Die Teilungen Polens

© Mullerkingdom (Wikipedia)

In allem sah sich Friedrich II. als der erste Diener der Interessen seines Staates.

Seine letzten Lebensjahre bis zu seinem Tod in 1786 verliefen in ruhigeren Bahnen. Er fand mehr Zeit, sich den schönen Künsten und der Philosophie zuzuwenden. Er spielte virtuos Querflöte und gab Konzerte auf seinen Schlössern. Als Schriftsteller hinterließ er seiner Nachwelt bedeutende Reflexionen wie den „Antimachiavell" (treffender wäre möglicherweise: Anti-„Il Principe"), in denen er seine humanistischen Schlussfolgerungen publik machte. Auf Schloss Sanssouci hielt sich unter anderem drei Jahre lang der französische Philosoph Voltaire auf, der mit dem König intensive Gespräche führte und dem der König die Hallesche Aufklärung seines Königsreichs nahebrachte. ...

Friedrich II. hatte (möglicherweise intuitiv) begriffen, was es heißt, dass „im Anfang war das Logos“ steht, wozu wir heute ergänzen „und es war Freiheit&Kooperation, das Ur-Molekül aller Evolution“. (s. o. S. 17 ff.) Denn in seinem „Antimachiavell“ hatte er das Geheimnis des gotischen Städteaufblühens wieder entdeckt, nämlich jenes der Gewerbefreiheit und der demokratischen Selbstorganisation in Jesu Befreiungs-Philosophie!

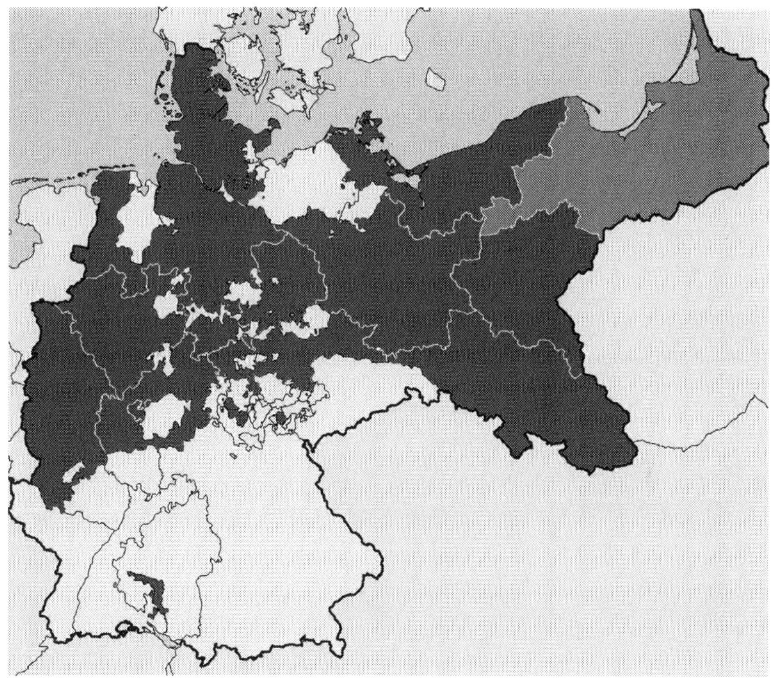

Die Provinz Preußen innerhalb des Königreichs Preußen

© Andreas Kunz, B. Johnen und
Joachim Robert Moeschl (Universität Mainz)

Typisch für sein Wirken sind **1.** die Einführung der Freiheits&-Kooperations-Infrastruktur-Implikationen der allgemeinen Schulpflicht[31] als Grundlage für Denkfreiheit, Gewerbefreiheit und Selbstverwaltung der Städte und **2.** die Verbesserung der materiellen Lebensgrundlage seines Volkes durch die Verbreitung des Kartoffelanbaus sowie **3.** die Ansiedlung von Hugenotten (Calvinisten) samt Gewährung der Religionsfreiheit (jeder sollte nach seiner eigenen Facon glücklich werden).

Es sind die im Geistig-Ätherischen des *Welt 2*-Indiviual- wie *Welt 3*-Gemeinschaftsgeistes des Kultur-*Mems* angesiedelten Infrastrukturmedien fürs Entfalten von Freiheit&Kooperation in hoher Eigen- plus Gemeinschafts-Intelligenz. So wollte Friedrich der Große Christi Freiheit&Kooperation fördernde der Hagia Sophia eben nicht abschaffen (... wie die übrige atheistische Aufklärung bzw. die Ideologisierungen der Französischen oder der Kommunistischen bzw. Sozialistischen Revolutionen im großen Freiheits&Kooperations-Abwürgen es taten).

Auch als Bauherr machte sich der Preußenkönig einen Namen. Eines der schönsten Bauwerke seines Anti-„Il Principe"-Geistesschaffens gegen die gigantischen Monarchiezentristischen absolutistischen Protz- und Prunkpaläste Versailles, Schönbrunn und St. Peterburg war sein bereits 1747 fertiggestelltes Schloss-Kleinod Sanssouci, dessen Bau der Architekt Georg Wenzeslaus von Knobelsdorff leitete und an dessen Planungen der Große Friedrich selbst mit eigene Skizzen

31 Geschehen 1717 und ganz nachdrücklich durchgesetzt ab 1763 im preußischen Verantwortungs- und Pflichtbewusstsein kluger Kultur-Mem-Prägung i. S. der Halleschen Professoren Dr. Christian Thomasius (1655–1728), Dr. August Hermann Francke (1635–1727), Dr. Christian Wolff (1679–1754) für Eigenständigkeit, Pflichterfüllung, Pünktlichkeit, Zuverlässigkeit, Nächstenliebe, persönlichen Bescheidenheit in hoher Wissens-, Könnens-, Umgangs-, Verhaltens- und Herzens-Bildung für positivemotional konstruktiv kulturfähige *Welt 2*-Individual- wie *Welt 3*-Gemeinschafts-Geistpersönlichkeiten.

und Entwürfen beteiligt war. Auf diesem Lieblingsschloss verbrachte Friedrich II. seine letzten Lebensjahre, wo er am 17. August 1786 starb.

Ob er wohl ahnte, dass Frankreichs Angstbeißer- und Beutegreifer-Syndrom schon bald wieder ausbrechen würde, nämlich mit der Französischen Revolution?

***

Wir aber wollen uns jetzt vertiefen in die Preußische Kulturrevolution der Halleschen Schule und des Immanuel Kant, die wieder auf die Heilige Weisheit in Jesu Befreiungs-Philosophie für Freiheit&Kooperation bauten.

Nach der endmittelalterlichen Scholastik, war es mit Francis Bacons (1561–1626) „Idolenlehre" (Idole vernebeln wahre Erkenntnis) zu John Lockes (1632–1704), David Humes (1711–1776), Adam Smith's (1723–1790) Generalthese >>Empirie geht vor „Buchwissen"<< gekommen. – Später sollte man das „Aufklärung" nennen.

Doch unabhängig davon hatte sich im „friederizianischen Preußen" an der Universität Halle eine nuanciertere Entwicklung aufgetan. Und unter deren Einwirkung war Friedrich II. früh zu der festen Überzeugung gelangt, dass Niccoló Machiavellis (1469–1527) „Il Principe"-Postulat den falschen Ansatz lieferte. Dies wie sein persönlicher Kontakt zu Voltaire (1694–1778) sollte eine gesamte „friederizianische Kultur-Epoche" prägen, bis hinein und die Kaiserzeit-Hochblüte von 1871 bis 1914 ... und darüber hinaus bis in die Freiheits&Kooperations-Wirtschaftswunderphase 1948 ff., die man später in Unterscheidung zum eher Angst&Affekt- und Macht&Gewalt-systemischen angelsächsischen Kapitalismus auch den „rheinischen Kapitalismus" nannte. ... Die „**Hallesche Schule**" ist das Werk

1. des Rechtsgelehrten Christian **Thomasius** (1655–1728) – er hielt als erster seine Vorlesungen auf Deutsch, focht für die

Abschaffung der Hexenprozesse und dafür, dass Rechtsnormen als praktische ethische Verhaltensregeln den Sinnbestimmungen des Tugendkanons folgen müssen, welche sich aus den Notwendigkeiten menschlichen Zusammenlebens ergeben;

2. des Philosophen Christian **Wolff** (1679–1754) – seine in deutscher Sprache verfassten Werke ließ Friedrich der Große ins Französische übersetzen, damit man sie in der an Fürstenhöfen damals üblichen Sprache verstehen konnte, und er sie in 1736 an Voltaire übersenden konnte, um diesen mit den Gedanken der preußischen Aufklärung vertraut zu machen; **Wolffs** zentrales **Werk** erschien 1725 bei der Regnerischen Buchhandlung in **Frankfurt/M** und **Leipzig** unter dem Titel ***„Vernünftige Gedanken von dem gemeinsamen Leben der Menschen. Und Insonderheit dem gemeinsamen Wesen. Zur Beförderung der Glückseligkeit des menschlichen Geschlechts. Den Liebhabern der Wahrheit mitgeteilt von Christian Wolffen“*** und zeigt ein Verständnis vom „gemeinsamen Wesen“ im Sinne eines Gemeinschaftsgeist-***Welt 3***-Organismus (**Kant** nahm das Buch dann später als Grundlage für seine Königsberger Vorlesungen); und

3. des pietistischen Pfarrers und Pädagogen August Hermann **Francke** (1663–1727). Er lehrte orientalische Sprachen und Theologie ... und gründete in angewandter Umsetzung seiner Lehrinhalte die „Franckeschen Stiftungen“, wo insbesondere Waisen und Armenkinder Aufnahme fanden, erstmals neben Buben auch Mädchen unterrichtet wurden und zudem in pietistischem Geist zu treuem Staatsbeamtentum wie tüchtigen redlichen Staatsbürgern erzogen wurde. **Von Halle nahm die „preußische Bildungstradition“ ihren Ausgang**:

   - in Franckes Todesjahr 1727 wurden an den „Frankeschen Anstalten“ 2300 Kinder von rd. 150 Lehrern unterrichtet, an vielen Orten kam es zu „Tochterausgründungen“ durch

Francke-Schüler, so in Königsberg das *Collegium Friedericianum* oder in Potsdam das *Militärwaisenhaus* und die *Kadettenanstalt*,

- durch die in diesen Einrichtungen ausgebildeten Theologen und Pädagogen und mit Anstellung von Halleschen Zöglingen als Beamte und im Offizierscorps erfolgte eine prägende Durchdringung des preußischen Staates mit dem pietistischen Geist;
- preußisches Verantwortungs- und Leistungsethos sollte alle Lehr- und Lebensbereiche durchdringen.

Ganz in diesem Sinne und mit diesem gebildeten Personal hatte König Friedrich Wilhelm I. in 1717 die weltweit erste Schulpflicht-Verordnung erlassen, die alle Eltern aufforderte, dass sie ihre Kinder zur „Schule halten sollen": Alle sollten auf dem Weg geschickt werden hin zu hoher Hallescher Wissens-, Könnens-, Umgangs-, Verhaltens- und Herzens-Bildung für individual- wie allgemeinwohlnützlich Leistungsentfaltung! [Man vergleiche einmal diese Richtung weisende Offenheit der „Halleschen Schule" mit der neofreudianisch-marxistoiden Verbohrtheit der „Frankfurter Schule"!]

In dieser spezifisch preußischen Aufklärungs-„Aura" wirkte Dr. Immanuel Kant (*22. April 1724 in Königsberg, Preußen; †12. Februar 1804 ebenda) als Philosophie-Professor an der Albertus-Universität in Königsberg, Preußen. Sofort entdeckt Kant das Manko der Empirie-Lehre: Sinnliche Erfahrung ist täuschungsanfällig! Er begreift: Mit dem Menschen kam zum rein sensitiven Umwelt-„Abtasten" verstärkt das Reflexive hinzu. ... Und das basiert in unserem doppelstöckigen Gehirn nun einmal zuvorderst im Emotional-Instinktiven der archaischen Frühwarn- und Selbstschutzsysteme des Gehirns, was

a) uns aber auch so empfänglich macht für negative Nachrichten wie auch für Verleumdungs- und Hetzkampagnen,

b) uns in wild lodernde Erregungsschübe geraten lassen kann mitsamt hemmungslos narzisstoider Selbstüberhöhung,
c) uns nicht selten flugs sachfern in Hass und Selbstverblendung überreagieren lässt, ja
d) uns regelrecht zu Massen-Hysterie und Massen-Hybris verführen und
e) zum Teufelswerk von Irrational- und Emotional-Gulags ausarten kann, wo sie
f) uns dann in ihren Idolatrie- und Ideologie-Fängen exzessiver Narzissmus-Befriedigung und Dritte-Hasses in den entmündigenden und entwürdigenden Würgegriff nehmen.
   Unser unbedacht impulsives Verhalten beruht ja oft auch auf vorgegaukelten Idolen (Trugbildern), sowie auf festgefahrenden Vorurteilen und Voreingenommenheiten im ***Welt 3***-Gemeinschafts(un)geist: All die schrecklichen Kulturentgleisungen etwa des „Il Principe"-Machiavellismus, des Dreißigjährigen Krieges, oder des „idolatrischen&ideologischen Jahrhunderts" (Prof. Dr. Elisabeth Noelle-Neumann) sowie des Islamismus sind Mahnmale solcher idolatrischen und ideologischen Verführbarkeit.

Das Reflexive kann also rasch emotional überbelichten und/oder krass fehlinterpretieren.

Dagegen hilft dem Menschen die rational-kognitive Befähigung, sprich, seine *„reine Vernunft"* der „draufgesattelten" Großhirnrinde. So betont Kant, die Naturgesetze z. B. hätten sich nicht in den Beobachtungen der Sinne finden lassen. Erst durch die *„reine Vernunft"*, die erkenne, was Wirklichkeit und Wahrheit ist, wird die sinnliche Erfahrung geordnet und erhellt. Mit Empirie allein erscheine man auf dem Ball der Akademien wie eine Magd ohne ordentliches Festgewand. Empirie müsse gekrönt werden von der *„Critik der reinen Vernunft"*.

Damit hat Kant der Kulturrevolution der Menschheit den Wendepunkt gewiesen: hin zur Wissenschafts-Epoche der Thesen- und Theoriebildung, womit sich dann auch die Namen der 1810 gegründeten modernen Universität von Berlin, Wilhelm und Alexander von Humboldt, verbinden. Nun gilt die *Freiheit* der Thesenbildung und die *Freiheit* zu deren Falsifikation, damit Wissenschaft vorankommt und Ideologie ausgesondert wird, im Prinzip also das, was Darwin später als generelles Fortschrittsprinzip der Evolution hervorhebt: *Freiheit* zu Variation und *Freiheit* zu Selektion, was ja der Wirkweise des Generalevolutionsmoleküls Freiheit&Kooperation entspricht. Dafür stehen Kants ***„sapere aude!"*** (gebt dem Denken die *Freiheit*) und seine ***„Critik der reinen Vernunft"*** (gebt der kritischen Disputation die *Freiheit*).

Denn dabei gibt es von allem Anfang an ja noch dieses andere „Element" aller Evolution, nämlich die *Kooperation*. So führen *Kooperationen* auch im Geistig-Ätherischen zu Quantitätssprüngen und Qualitätsemergenzen inklusive Kultur-*Mem*-Weiterbildung, damit es bei jeder Quantitätsanhebung zu höheren *Freiheits&Kooperations*-Horizonten kommt mit stets umfänglicheren *Freiheits&Kooperations*-Optionen.

Auch bei der hoch komplexen *Memetik* der Kulturrevolution muss das Symbiose-Gewinngenerierungs-Prinzip Erfüllung finden: Anthroposymbiosen, deren *Mem* dem nicht genügt, haben das Nachsehen und Zerfallen mangels Freiheits&Kooperations-Kompetenz á la longue.

Diese Zusammenhänge umgreift Kant mit seinem kategorischen Imperativ: „Handle nur nach derjenigen Maxime, durch die du zugleich wollen kannst, dass sie ein allgemeines Gesetz werde." Kant geht es um das Sachliche des „Richtig oder Falsch" (nicht um das narzisstoide manichäische Gut/Böse). Er denkt dabei (selbstverständlich!) in den ***Welt 3***-Kategorien des ihn umgebenden und prägenden Deutsch Ordens-, hanseatischen und halleschen preußisch-pietistischen Kultur-Kosmos-*Mems*:

>> Pflichte und Rechte sind unzertrennbar miteinander verbunden,

>> alles Ansinnen und Handeln muss vom Ethos hoher Achtung und Liebe getragen sein,

>> die *„reine Vernunft*" hat, „der letzte Probierstein der Wahrheit zu sein, ... was sie zum höchsten Gut auf Erden macht".

Im *geistig*-ätherischen preußisch-pietistischen Kultur-Kosmos gibt es ja noch aus Ordens-Zeiten Theos „hagia sophia" (Gott „Heilige Weisheit"), was im Pietismus geradezu wieder hoch lebendig wurde (... und das Gewissen pochen macht, sobald man gemeinschaftsinkonvenientes Denken hegt oder solches Verhalten an den Tag legt!).

Daher schließt Kant seine Forderungen zum kategorischen Imperativ mit sachlicher Transzendenz: ***„Zwei Dinge erfüllen das Gemüt mit immer neuer und zunehmender Bewunderung und Ehrfurcht, je öfter und anhaltender sich das Nachdenken damit beschäftigt: Der bestirnte Himmel über mir, und das moralische Gesetz in mir.* "** Das haben wir wieder des Heidelberger Astrophysikers Professor Dr. Chrisof Wetterich: ***„Im Anfang war das Logos, und das Logos war bei Gott und Gott war das Logos.* "** So verfügte Preußen über die eigen-**und**-gemeinschafts-intelligente „kulturelle Steuerungsebene" (*Mem*), welche Menschgemeinschaften jenen Symbiosegewinne generierenden Gestaltungs-, Anpassungs-, Funktions- und Verhaltens-Code beschert, der (wie ein gutes *Gen* auf der biologischen Ebene) Talent und Kompetenz zu *Freiheits&Kooperations*-Entfaltung in „koevolutiv-competitiver Komplexitätsakzeptanz" bietet.

Das Preußen-*Mem* war entstanden auf der Grundlage optimierter *Freiheits&Kooperations*-Kalibrierung durch die pietistische Geist- und Seelen-Aufklärung im Staats-, Beamten- und Bürger-Ethos aus

Eigenzuständigkeit, Pflichterfüllung, Zuverlässigkeit, Nächstenliebe, Gemeinschaftsverantwortlichkeit und Selbstbescheidung im Sinne von Jesu Befreiungs-Philosophie.

Damit konnte die preußische Freiheits&Kooperations-Maxime aus **a)** *Gewerbefreiheit*, **b)** *Freiheit städtischer Selbstverwaltung*, **c)** *Freiheit in Forschung und Lehre* sowie **d)** eines *gemeinschaftsverträglichen Bekenntnisses* zu segensreicher Entfaltung finden.

Dazu gab es diesen einmaligen Staats- und Bildungsreform-„Think Tank" um Immanuel **Kant** (1724–1804), Fürst von **Hardenberg** (1750–1822), David von **Scharnhorst** (1755–1813), Reichsfreiherr **Vom Stein** (1757–1831), August Neithardt von **Gneisenau** (1760–1831), Karl von **Clausewitz** (1780–1831) und nicht zuletzt Wilhelm wie Alexander von **Humboldt** (1767–1835 / 1769–1859), welchen Preußen und Deutschland die „moderne Universität" verdanken.

In Preußen hatte sich die eigendynamische *Mem*-Brutstätte einer *„mental interbreeding population"* geballter Kulturkompetenz herausgebildet, welche das Land befähigte, eine geistige, kulturelle, kommerzielle und industrielle Evolution ungeahnten Ausmaßes anzustoßen, sowie die politische Einigung der sog. „kleindeutschen Lösung" zustande zu bringen samt dem ersten deutschen Wirtschaftswunder der „Wilhelminischen" Kaiserzeithochkonjunktur darin.

Es war eine *Herrschaft der Weisen*, wie sie Platon vorschwebte bzw. wie sie der Metapher der „Hagia Sophie" (Heilige Weisheit) der christlichen Trinitätslehre implizit ist und Kant sie mit seinem „Kategorischen Imperativ" mitsamt dem „saper aude!" angeregt hat. Dem kulturellen folgte das allgemeine Aufblühen: Deutschland wurde führend in Bildungsquote, Wissenschaft, Wirtschaft und Demokratie-Umsetzung. Ein Bevölkerungswachstum von 40 auf über 65 Millionen lief parallel zum großen Kultur- und

Wirtschaftsaufblühen. Überall im Wilhelminischen Reich herrschte der preußische Kultur-Impetus hoher Wissens-, Könnens-, Umgangs-, Verhaltens- und Herzensbildung.

Mit 40 % der Nobelpreise war Deutschland Weltspitze. Noch 1938 sollten 80 % der Wissenschaftsliteratur auf Deutsch verfasst sein.

Die „Hagia Sophia", also die „Heilige Weisheit" des in Halle wie in Königsberg gezeugten preußisch-pietistischen Geistes hatte Verantwortung und Gewissen implementiert: in der Bevölkerung, bei Priestern und Lehrern, im Beamtentum und im Offiziercorps. Preußens Könige gesellten dem den trefflich gleichgesinnten (!) hugenottisch-calvinischen Geist bei. All das spornte zur eigen- und zugleich gemeinwohlnützlicher Entfaltung, steigerte in allem die Effizienz und Effektivität, und senkte nebenher die Kosten bei Administration, Polizei, Justiz und Vollzug ... nämlich weil es in hohem Maße „eigendynamisch selbstregelnd" wirkte und zu gedeihlichem Miteinander anleitete. Jedem, der sich nicht eigenverantwortlich und gemeinwohlverträglich verhielt, pochte das Gewissen! – Dass ein solches Land auch in hohem Maße wehrfähig ist, ergibt sich von selbst.

Entsprechend schwer sollte es den dann wieder auftauchenden Angstbeißern und Beutegreifern fallen, es zusammen zu knüppeln. ... Und selbst, als das gelungen und Deutschland West 1948 nur noch 1/3 der Kaiserzeitgröße war, rappelte sich dies in Windeseile wieder auf und überrundete Amerikas Sieges-Trittbrettfahrer Frankreich und England in Null Komma Nichts.

Französische Planification und angelsächsischer Kapitalismus konnten in ihrer prinzipiellen Seelen-Enge einfach nicht hervorbringen, was des Wirtschaftswunder-Professors Dr. Ludwig Wilhelm Erhard (*4. Februar 1897 in Fürth; †5. Mai 1977 Bonn) in der Seelen-Weite preußisch pietistisch-calvinistischer hallescher Kulturrenaissance in Jesu Philosophie der Selbst- und Gemeinschaftsbefreiung mit dem „schöpferischem Wettbewerb an freien Märkten und in freien Gesellschaften" ansteigender Freiheits&Kooperations-Dynamik herbeizauberte.

Das war der „Glücksfall Erhard". Denn eigentlich war es wie nach dem Ersten Weltkrieg, dass auch nach 1945 der Sozialismus-Fetisch galt. Und trotz mahnender Worte war es linker wie Sieger-Propaganda gelungen, dem „preußischen Militarismus" und den „Konservativen" die Schuld in die Schuhe zu schieben. Aber Gott sei Dank deckt internationale Geschichtsforschung neuerdings die wirklichen Zusammenhänge immer mehr auf.

Die Parteien-Mehrheit hatte damals freilich rein gar nichts begriffen. In unausrottbarer gesinnungsethisch-narzisstoider sozialistischer Verblendetheit waren sie wieder drauf und dran, das Angst&Affekt- plus Macht&Gewalt-System eines weiteren Sozialismus-Experiments zu starten.

Doch es kam anders. Bereits ein Jahr **vor** Gründung der Bundesrepublik waren die Weichen neu gestellt: gegen den Unverstand der Parteienmehrheit, weg von der Trugbildvergötzung der Idolatrie und dem Falschdenken der Ideologie, hin zu Vernunft und Verstand in hohem Verantwortungs-Ethos. Und das geschah wie folgt: Für die amerikanische Besatzungs-Zone Bayern hatte das US-Militär in München den Ökonomie-Professor Dr. Ludwig Wilhelm Erhard die Wirtschaftsminister-Funktion übertragen. Er war dadurch aufgefallen, dass er ein Buch „Über die Wirtschaft nach dem Kriege" verfasst hatte und darob den NS-Schergen gerade noch entkommen war.

Als Sohn eines Fürther Textilhändlers hatte Erhard sehr früh erkannt, dass sowohl Kommunismus und Sozialismus als auch der strikte Kapitalismus von Angst&Affekt und Macht&Gewalt bestimmte Systeme sind, denen das schlussendliche System-Versagen implizit ist. Als protestantischer Christ besann er sich zudem gerne auf den in seiner Familie lebendig tradierten preußisch pietistischen Kulturkanon in Jesu Befreiungs-Philosophie.

Und als bei den Westalliierten wegen des inneralliierten Zwistes mit der Sowjetunion die Einsicht reifte, von der Totalzerstörung Deutschlands gemäß Morgenthau-Plan absehen zu müssen, weil man die Westzonen nun als Bollwerk gegen den aufmüpfigen Sowjet-Block gebrauchte, erging an Erhard der Auftrag, die Einführen einer neuen Währung für die Westzonen vorzubereiten.

Bad Homburg von der Höhe,
Kisseleffstraße –
Sonderstelle Geld und Kredit
... man vergleiche das
mit dem EZB-Komplex

Die strikte Trennung der Währungs- und Wirtschaftssysteme war Bestandteil ihrer jetzt strikt gegen den Sowjet-Block gerichteten Globalpolitik- wie Militär-Doktrin. Während im sowjetisch besetzten Mitteldeutschland (genannt Ostzone) die kriegsbedingt völlig herabgewirtschaftete „Reichsmark" weiter galt, sollte in den vier Besatzungs-Zonen im Westen eine neue „Deutsche Mark" eingeführt werden. Diese D-Mark bzw. DM war in den USA gedruckt und nun in Überseekisten angeliefert worden.

Zur Organisation der DM-Einführung und -Verteilung hatte Erhard am Bad Homburger Kurpark ein Reiheneckhaus zugewiesen bekommen.

Sein Plan war: Das alte Geld wird ungültig. Bar-, Bank- und Sparguthaben sowie Lebensversicherung verfallen auf 10 %. Ein jeder erhält ein „Kopfgeld" i. H. v. 40 DM.[32] Diese „Währungsreform" trat am Sonntag, den 20. Juni 1948 in Kraft. Und ich erinnere mich, aus dem Radio in meines Vaters Büro Erhards Ankündigung dazu gehört zu haben: *„Ab morgen gilt die freie Marktwirtschaft, ab morgen endet alle Bewirtschaftung."* ... Anfang der 1970er Jahre erfuhr ich von einem Dr. Blitz, was sich dann zugetragen hatte. Dr. Blitz war Sohn jüdischer Eltern, die mit ihm rechtzeitig in die Staaten

---

32 Wikipedia: Die Ausgabe des „Kopfgeldes" erfolgte im ersten Schritt ab dem frühen Sonntagmorgen, 20. Juni 1948, an Einzelstehende bzw. Haushaltsvorstände in Höhe von 40 DM je Kopf, in der Regel als 1 Zwanzigmarkschein, 2 Fünfmarkscheine, 3 Zweimarkscheine, 2 Einmarkscheine und 4 Einhalbmarkscheine. Jeder natürlichen Person wurden einen Monat später 20 DM bar ausgezahlt. Bei der späteren Umwandlung von Reichsmark beispielsweise in Bankkonten wurden diese 60 DM angerechnet. Ausgabestellen waren verschiedenste gemeindliche Stellen vom Rathaus über Lebensmittel-Ausgabestellen bis zum Ernährungsamt. Unternehmen, Personenvereinigungen, Gewerbetreibende und Angehörige freier Berufe erhielten auf Antrag bei ihrer Abwicklungsbank einen Geschäftsbetrag von 60 DM je Arbeitnehmer als Vorgriff auf die „späteren Ansprüche aus dem Umtausch von „Altgeld".

emigriert waren. Nun hatte er die 600 Wohnungen elterlichen Immobilienbesitzes in Westberlins besten Charlottenburger und Wilmersdorfer Lagen an einen Investor verkauft, dessen Geschäftsführung mir oblag.

Er war 1948, weil er Deutsch sprach, des US-Generals Clay Adjutant und berichtete mir nun zum damaligen Geschehen: General Clay war ob Erhards eigenmächtigen Handelns enorm in Rage geraten. Die Gewerkschaften, die KPD, die SPD und die christsozialistische Union hatten samt Bewirtschaftungsbürokratie zum Generalstreik aufgerufen. Erhard wurde einbeordert ins US-Army-Hauptquartier, welches in Frankfurts Westend residierte, im ehem. Verwaltungsgebäude der IG-Farben (heute Uni-Campus West). Sofort habe Clay den herbeizitierten Erhard angeherrscht, wie er dazu käme, ohne Absprache mit der Militärkommandantur, etwas an der Bewirtschaftung zu ändern. Er wisse doch, dass jede Änderung an der Bewirtschaftung des Beschlusses des alliierten Militärrates bedürfe. Der knorrige Erhard darauf: *„Ich hab' sie nicht geändert, ich hab' sie abgeschafft."* ... Den darob völlig geschockten General habe er, der Dr. Blitz, wie folgt beruhigt: alle Westdeutsche hätten bestenfalls alle zwei Monate einen Anspruch auf ein Ei oder etwas Butter und alle sechs Monate auf Schuhwerk und Kleidung zu erwarten, „wie teuer soll das denn durch die Bewirtschaftung noch werden?" Das habe dem General eingeleuchtet. Generäle verstünden ja sowieso nichts von Wirtschaft. Er, der überzeugte Marktwirtschaftler Dr. Blitz, habe dann gespannt zugewartet: „Am Montag erschien in der Schaufenstern bereits mehr, am Dienstag noch mehr und am Mittwoch nochmal mehr, und da wusste ich, dass wir gewonnen hatten," berichtete mir ein strahlender Dr. Blitz in den 1970ern!

So war es dazu gekommen, dass Deutschland ab 1948 über allen damaligen zeitgeistpolitischen Schwachsinn hinweg erneut ein enormes kommerzielles wie kulturelles Aufblühen erleben sollte ... und das unter dem segensreichen Kultur-Renaissance-Rückgriff auf den oben geschilderten hochpreußischen Kulturkanon mit allen Merkmalen von Jesu Befreiungs-Philosophie! In großartiger Rückbesinnung auf abendländische wie preußisch-calvinistische und allemannisch-pietistische Werteprägung erhob sich das „Deutsche Wirtschaftswunder“, was erneut eine enorme Effizienz- und Effektivitätssteigerung hervorbrachte und zugleich manche Kosten bei Polizei, Judikative und Vollzugsorganen erübrigte.

Wieder folgte dem kulturellen Aufblühen das allgemeine Aufblühen. Wieder gab es eine segensreiche Herrschaft der Klugen. Das in seiner freiheitlichen Mini-Ausgabe gegen 1/3 zerschlagene Land ward Welthandelsnation Nr. 1 nach den viel größeren (!) USA! Da stand sie wieder, diese singuläre Kultur-*Mem*-Ausprägung in all ihrer Pracht! **...**

Auch das erbitterte dreißigjährige Völker- wie Ideologien-Ringen 1914–1945 hatte sie nicht wirklich in die Knie zwingen können! ... Folgt jetzt nach den Angstbeißer- und Beutegreifer-Waffengewalt-Wellen des Ideologischen Jahrhunderts sowie der freudianisch-neomarxistisch geprägten „re-education“ mitsamt der ‘68er-Dekulturation, die Migrationswaffe „out of Islamia“ mitsamt „resettlement“ (Bevölkerungs-Austausch)? *„Nichts ist gefährlicher – gerade in der Politik – als das Wirken von materiell anmoralisierten Überzeugungstätern.“* (Prof. Dr. Jost Bauch) Muss doch nach Machiavelli der Wille zur Macht unter dem Mantel von Moral daherkommen!

Ohne den Glücksfall der von den USA betriebenen Einschaltung des außergewöhnlichen und zugleich eigenwilligen parteilosen Wirtschaftsprofessors Dr. Ludwig Wilhelm **Erhard** (1897–1977) wäre auf westdeutschem Boden **1.** keine **Marktwirtschaft** des „schöpferischen Wettbewerbs an freien Märkten“ zustande gekommen, **2.** kein Wiedererwachen der **Bürgertugenden** mit dem hohen Verantwortungs-Ethos allgemeinen freiheitlich konstruktiv arrangierten Miteinanders und **3.** kein **Wirtschaftswunder**, sondern nur ein weiteres zum Scheitern verurteiltes gesinnungsnarzisstoides sozialistisches Experiment im Würgegriff idolatrischer Verblendetheit und ideologischer Engstirnigkeit, Verirrung und Verwirrung!

Das war nach der faktisch-*evolutorischen* Kultur-*Mem*-Ausformung des anthroposymbiotischen Funktionsorganismus' *Marktwirtschaft* durch die einheitlichen Schrift- und Geldsprachen unter den Griechen nun auch in der Praxis gezielter Gesellschafts- und Wirtschaftspolitik der Schritt zur konsequenten *Umsetzung* jenes Evolutionssprungs, freilich gestärkt und beflügelt durch die *Mem*-Ratio&Emotio von Jesu Verstand&Seelen-Befreiungs-Philosophie der „Heiligen Weisheit".

Bei Gründung der Bundesrepublik Deutschland im Jahr 1949 hatte Erhard mit seiner 1948er DM- und Marktwirtschaft-Einführung die für die Erfolgsaussichten dieses neuen Staates essenzielle Weichenstellung längst vollzogen, die freie Marktwirtschaft hatte bereits den Beweis ihrer Dynamik angetreten. Das Volk hatte erfahren, was ihm wirklich nutzte: **„Agere aude!" – wage, selbstständig zu handeln, werde mündig; befreie dich von Bevormundung und Unterdrückung ideologischer wie materieller Abhängigkeit; verfalle keiner kollektivistischen Weltverbesserer-Scharlatanerie!**

Das war der großartige plebiszitäre Akt wahren Demokratieverständnisses: Das Volk hatte in einer tätigen „levée en masse" entschieden gegen die im Politischen damals höchst manifeste idolatrische und ideologische Irrlichterei: *„Der kategorische Imperativ ist also nur ein einziger, und zwar dieser: handle nur nach derjenigen Maxime, durch die du zugleich wollen kannst, dass sie ein allgemeines Gesetz werde."* **Indem du dich in Gesellschaft wie Wirtschaft verantwortungsvoll in deinem eigenen Interesse einbringst, steigerst du zugleich (automatisch) das Allgemeinwohl und somit wiederum auch dein eigenes Wohlergehen! – So wie es uns die freie Schweiz ja seit Jahrhunderten vorlebt: in Vernunft und Verstand seelisch**

wie rational aufgeklärt für „koevolutiv competitive Komplexitätsakzeptanz"!

Kant wie Erhard dachten beide ausgesprochen kulturevolutionär-konstruktiv. Ihr *Konservativ-Sein* war klassisches ***Konservativevolutionär-Sein.*** Beide fochten für die *Freiheit*, der eine für freies Denken im „sapere aude", der andere für gesellschaftliche und materielle Freiheit per „agere aude".

Beide leisten großartige Beiträge zur *Mem*-Evolution der Kultur! Beide fochten für gedeihliches *Kooperieren*, der eine per „Kategorischen Imperativ", der andere per im „Preußen-*Mem*" kalibriertem „schöpferischen Wettbewerb" in Gesellschaft wie Wirtschaft! ... **Kant** kommt mit seinem *freiheitlich*-evolutivstrategischen „sapere aude!" und dem *kooperativ*-anthroposymbiotischen „Kategorischen Imperativ" die Bedeutung eines großen Mitwirkenden an der (konzeptionell konsequenten) Durchsetzung des Rationalitäts-Evolutionssprungs der Antike zu. **Erhard** kommt mit seinem *freiheitlich*-evolutivstrategischen und *kooperativ*-anthroposymbiotischen Konzept des „agere aude!" in freier Gesellschaft wie Wirtschaft die Bedeutung eines großen Mitwirkenden an der (konzeptionell konsequenten) Durchsetzung des Markt- und Demokratie-Evolutionssprungs der Antike zu!

Beide, Kant wie Erhard, sind verankert im *Mem*-Kosmos des Freiheits&Kooperations-Ethos der hallesch-pietistischen wie preußisch-calvinistischen Seelen- wie Verstandes-Aufklärung. ... [Und meinem Bruder und mir widerfuhr das große Glück, dass wir mitten im Burgwald auf der Neue Mühle in einer so geprägten Familie groß wurden und unsere *Welt 2*-Persönlichkeits- wie *Welt 3*-Weltbildprägung sodann unter dem „zweiten Deutschen Wirtschaftswunder" geschah.]

Unausrottbares Angstbeißer- und Beutegreifer-Unwesen Ludwig XVI. und Napoleon I.

Des französischen Absolutismus angstbeißerisches und beutegreiferisches Kriegswirtschaftssystem hatte den von ihm zwecks Weltmachterlangung gegen England und Hannover angezettelten Siebenjährigen „Welt-Krieg Nr. 0" (1756–1763) verloren und Preußen in die Position einer europäischen Großmacht gebracht, wo die großartige auf Freiheit&Kooperation gerichtete Kultur-*Mem*-Legung durch die Hallesche Schule und Friedrich II. Fuß gefasst hatte. Da kam's am 4. Juli 1776 durch die Unabhängigkeitserklärung der Delegierten von dreizehn britischen Kolonien in Nordamerika zur Gründung der Vereinigten Staaten von Amerika (USA). Das war zweifellos ein Erfolg der französischen Kriegsstrategie gegen die britische Weltmachtentfaltung. Und Frankreich stürzte sich nun in das kostspielige Abenteurer der Beteiligung am Amerikanischen Unabhängigkeitskrieg (1776–1783) auf Seiten der gegen ihr Mutterland Aufbegehrenden. Das besiegelte zwar die Gründung der USA. Frankreich befand sich nun jedoch endgültig in einer beispiel- und ausweglosen Finanzkrise.

Fand es jetzt möglicherweise heraus aus seinem Angstbeißer- und Beutegreifer-Syndrom und folgte dem Vorbild des aufgeklärten Preußen?

So ging es indes weiter: Das machiavellistisch absolutistische Angst&Affekt- plus Macht&Gewalt-System des „Der-Staat-bin-ich"- und „Il Principe"-Königs von Frankreich war in eine derartig krasse Schieflage geraten, dass es am 14. Juli 1789 in der Französische Revolution auseinanderbrach, und das angezettelt von der unteren Soldateska der absolutistischen Militärmaschine! (Zudem hatte das Land eine „kleinen Eiszeit" und eine schlimme Missernte erlitten und danach einen harten Winter durchlebt. Die klimatischen Extreme dieser Dekade könnten mit dem Vulkanausbruch vom 8. Juni 1783 auf Island zusammenhängen.) Verzweifeltes Aufbegehren schlug allerdings sofort um in den Jakobinerterror samt Guillotinemaschinellen Massenmorden und Klassenausrotten an Adel und Klerus. Mit Ludwig XVI. geriet am 21. Januar 1793 der Letzte in der Abfolge von königlich absolutistischen „Il Principe"-Ideologen in öffentlicher Hinrichtung auf der Pariser Place de la Concorde unters Schafott. Seine Strategie-Heirats-Gattin Marie-Antoinette von Österreich-Lothringen (verh. 1770–1793) sollte wenig später folgen.

Bereits zuvor, nämlich am 20. April 1792, hatte die „Republik der Revolutionäre" in Angstbeißer- und Beutegreifer-Manie den Königreichen Österreich, Preußen, Großbritannien, Spanien und Neapel den Krieg erklärt. Ihr Motto „Freiheit, Gleichheit, Brüderlichkeit" war von Beginn an ein Schau- und Schaumgebäck. (Nur Friedrich II. hatte es im aufgeklärten Preußen zu wirklicher Realität werden lassen.) Die aus Frankreichs Kriegswirtschaft übrig gebliebene untere Soldateska, also der Motor der Revolution, wollte beschäftigt sein und das gut eingeübte Beutegreifer-Handwerk nun wieder nach außen ausüben. Konnten sie sich jetzt doch sogar einbilden, für die eigene Sache zu kämpfen. In „Levée en masse"-Wehrpflicht fielen sie sofort in die mit Kriegserklärung überzogenen Nachbarländer ein, wie folgende Stichworte ergeben:

> Verdun – Thionville – Valmy – Lille – Mainz (1792) – Jemappes – Namur – Neerwinden – Mainz (1793) – Famars – Valenciennes (1793) – Arlon (1793) – Hondschoote – Meribel – Avesnes-le-Sec – Pirmasens – Toulon – Fontenay-le-Comte – Cholet – Lucon – Trouillas – Menin – Wattignies – Biesingen – Kaiserslautern (1793) – Erste Schlacht bei Weißenburg (1793) – Zweite Schlacht bei Weißenburg (1793) – Boulou – Tourcoing – Tournai – 13. Prairial – Fleurus – Vosges – Aldenhoven – San-Lorenzo de la Muga – Genua – Hyeres – Handschuhsheim – Mainz (1795) – Loano – Montenotte – Millesimo – Dego – Mondovi – Lodi – Borghetto

– Castiglione – Mantua – Siegburg – Altenkirchen – Wetzlar – Kircheib – Kehl – Kalteiche – Malsch – Neresheim – Sulzbach – Deining – Amberg – Würzburg – Rovereto – Bassano – Limburg – Biberach I – Emmendingen – Schliengen – Arcole – Fall von Kehl – Rivoli (1797) – St. Vincent – Diersheim – Santa Cruz – Neuwied – Camperduin (1798).

La liberté guidant le peuple

Sex war immer schon mit dabei: Die „*Liberté*, Égalité, Fraternité" als barbusige Verlockung für all die aufbegehrenden Unterwerfungs-lüsternen Unterschichts-Testosteronlinge. (Auch den Devastations-Testosteronlingen der '68er fiel nichts Besseres ein, als die „Streitkultur" zu erklären und die „sexuelle Libertinage" aufs Panier zu heben.)

Das sog. „Bürgerheer“ wurde in dieser Lage rasch zunehmend zum Machtfaktor. Auf diese Entwicklung aufzuspringen brachte dem kleinen Korsen und Usurpator Napoleon Bonaparte (franz. Napoléon Bonaparte bzw. Napoléon Ier (*15. August 1769 in Ajaccio auf Korsika; †5. Mai 1821 in Longwood House auf St. Helena) seinen Aufstieg und den Rückhalt bei der Verwirklichung seiner sich über Frankreich hinaus erstreckenden politischen Ambitionen. Gemäß Verfassung vom 24. Dezember 1799 wurde er zum Ersten Konsul für zehn Jahre gewählt und mit weitreichenden Vollmachten ausgestattet. Das Recht zur Gesetzesinitiative lag jetzt bei ihm! Er persönlich ernannte die Minister und die hohen Staatsbeamten. Dementsprechend waren die Mitwirkungsrechte der beiden Parlamentskammern des „corps legislatif“ und des Tribunat eingeschränkt. Es war die Verfassung für eine verdeckte Diktatur Napoleons. Eine Volksabstimmung, deren Ergebnisse geschönt waren, hatte die Zustimmung der Bürger zu dieser Verfassung fingiert!

Am 18. Mai 1804 wurde **Napoleon** durch eine wiedermalige Verfassungsänderung zum erblichen **Kaiser der Franzosen** bestimmt. Sprich: **Er wollte sich als „L'Empereur“ exakt tausend Jahre nach Karl dem Großen in dessen Tradition setzen und in die Nachfolge des Römischen Reiches eintreten**. So wäre der französische Urschmerz des Kaiserwürdeübergangs unter Otto I. auf die Deutschen aus dem Jahr 1000 getilgt. Durch Volksabstimmung und Senat wurde ihm die Kaiserwürde angetragen.

Am 2. Dezember 1804 krönte er sich in der Kathedrale Notre Dame de Paris in Anwesenheit von Pius VII. selbst zum Kaiser und signalisierte damit seinen Anspruch auf die zukünftige Gestaltung Europas. ... 1804 schwebt Napoleon auf der chauvinistisch-nationalistischen „Grand Gloire“-Welle einer Frankreich-Hybris, die an Prunk und Pomp sogar das „ancien regime“ nochmal weit übertrifft. Es geht scheinbar unaufhaltbar voran mit der Völker-Unterwerfungswalze des „grande L'Empereur“. ... Auch das Königreich Großbritannien und Irland stand auf seiner Beutegreifer-Liste. Vorerst hatte Napoleon eine „Kontinentalsperre“ verhängt, welche die Briten von Handel mit Kontinentaleuropa ausschloss.

Am 26. Mai 1805 wurde Napoleon im Mailänder Dom mit der Eisernen Krone der Langobarden zum König von Italien gekrönt.

Bonaparte beim Überschreiten der Alpen
am Großen Sankt Bernhard

© Jacques-Louis David (1800) / Wikipedia

Und nach zwei Jahren mit zwei Kaiserkronen zwang er den Habsburger Franz II. am 6. August 1806 die deutsche Kaiserkrone niederzulegen. Nun war das Heilige Römische Reich Deutscher Nation endgültig vorbei.

Europa 1812. Politische Ausgangslage vor Napoleons Russlandfeldzug
© Alexander Altenhof (Wikipedia)

Nach dem von Napoleon in die Welt gesetzten Eklat, hatte sich der Habsburger Kaiser Franz II. in Wien veranlasst gesehen, sich seinerseits noch in 1804 zum Kaiser von Österreich zu proklamieren. Zudem war man in Wien mit dem Erstellen von Gutachten über die Kaiserwürde des Reiches befasst gewesen. Man kam zu dem Ergebnis, das Bewahren der „Reichsoberhauptlichen Würde“ eines Deutschen Kaisers werde Napoleon ultimativ dazu veranlassen, die Reichsverfassung aufzulösen und Deutschland in Fortsetzung des von Frankreich in 1648 aufgenötigten Schmachfriedens von Münster und Osnabrück in einen von Frankreich als Satrapen gehalten föderativen Staat umzuwandeln.

Wir Franz der Zweyte, von Gottes Gnaden erwählter römischer Kaiser, zu allen Zeiten Mehrer des Reichs, Erbkaiser von Oesterreich ꝛc., König in Germanien, zu Hungarn, Böheim, Croatien, Dalmazien, Slavonien, Galizien, Lodomerien und Jerusalem; Erzherzog zu Oesterreich, ꝛc.

Nach dem Abschlusse des Preßburger-Friedens war Unsere ganze Aufmerksamkeit und Sorgfalt dahin gerichtet, allen Verpflichtungen, die Wir dadurch eingegangen hatten, mit gewohnter Treue und Gewissenhaftigkeit das vollkommenste Genügen zu leisten, und die Segnungen des Friedens Unsern Völkern zu erhalten, die glücklich wieder hergestellten friedlichen Verhältnisse allenthalben zu befestigen, und zu erwarten, ob die durch diesen Frieden herbeygeführten wesentlichen Veränderungen im deutschen Reiche, es Uns ferner möglich machen würden, den nach der kaiserlichen Wahlcapitulation Uns als Reichs-Oberhaupt obliegenden schweren Pflichten genug zu thun. Die Folgerungen, welche mehreren Artikeln des Preßburger-Friedens gleich nach dessen Bekanntwerdung und bis jetzt gegeben worden, und die allgemein bekannten Ereignisse, welche darauf im deutschen Reiche Statt hatten, haben Uns aber die Ueberzeugung gewährt, daß es unter den eingetretenen Umständen unmöglich seyn werde, die durch den Wahlvertrag eingegangenen Verpflichtungen ferner zu erfüllen: und wenn noch der Fall übrig blieb, daß sich nach fördersamer Beseitigung eingetretener politischen Verwickelungen ein veränderter Stand ergeben dürfte, so hat gleichwohl die am 12. Julius zu Paris unterzeichnete, und seit dem von den betreffenden Theilen begnehmigte Uebereinkunft mehrerer, vorzüglichen Stände zu ihrer gänzlichen Trennung von dem Reiche und ihrer Vereinigung zu ei-

Erklärung des Kaisers Franz II. über die Niederlegung der deutschen Kaiserkrone (1806)

Die Macht dazu hatte Napoleon damals. Die begann erst nach seinem Russlandfeldzug im Jahr 1812 allmählich wegzudriften, um am 18. Juni 1815 in Waterloo durch preußisch-britische Waffenbrüderschaft final zu enden.

Am 17. Juni 1806 war Kaiser Franz II. in Wien das Gutachten worden, dass ein Verzicht auf die Reichskrone unumgänglich sei, vorgelegt worden. Den Ausschlag für seine Entscheidung gab wohl Napoleons drohendes Ultimatum.

Am 30. Juli fiel der Entschluss, auf die Krone zu verzichten. Am 1. August erschien in der österreichischen Staatskanzlei der französische Gesandte La Rochefoucauld. Erst nachdem dieser nach heftigen Auseinandersetzungen mit Graf von Stadion formell bestätigte, dass sich Napoleon niemals die Reichskrone aufsetzen werde und die staatliche Unabhängigkeit Österreichs respektiere, willigte der österreichische Außenminister in die Abdankung ein, die am 6. August 1806 verkündet wurde.

Österreich löste die zu seinem eigenen Herrschaftsbereich gehörenden Länder des Reiches heraus und unterstellte sie allein dem österreichischen Kaisertum. Auch wenn die Auflösung des Reiches juristisch wohl nicht haltbar war, so fehlte es doch am politischen Willen, sowie auch an der Macht, das Reich zu bewahren. ... Dazu gab es ab 1848 jedoch neue Impulse, etwa mit dem Paulskirchen-Parlament sowie dessen „Verfassung des deutschen Reiches“ vom 28. März 1849, auch Frankfurter Reichsverfassung (FRV) oder Paulskirchenverfassung genannt. ... Derweil waren 1814 des Empires Frankreich Fortbestehen im Wiener Friedenskongress beschlossen und 1815 der Deutsche Bund der Fürsten, Könige, freien Städte, Luxemburgs sowie des österreichischen Kaiserreichs geschlossen worden.

Deutsche Schicksalsjahre und deutsches Wiedererwachen 1806–1871

Das nach 1648 noch übriggebliebene Zombie-Gebilde des einstigen Heiligen Römischen Reiches Deutscher Nation, welches einmal das mittelalterliche Prosperieren Kerneuropas prägte, war erloschen. ... Und Frankreichs Angstbeißer- und Beutegreifer-Politik war nun mit der weiteren Zerfledderung seiner Überbleibsel beschäftigt.

Jetzt ging's gegen Preußen, das sich zwar mit dem Kurfürstentum Sachsen und dem Zarenreich Russland verbündet hatte, dem der „L'Empereur" aber am 14. Oktober 1806 in der Schlacht bei Jena und Auerstädt eine schwere Niederlage zufügte. Woraufhin Napoleon mit seiner „Grande Armee" am 27. Oktober triumphierend in Berlin einzog, um sodann am 19. November demonstrativ Abgeordnete des französischen Senats im Berliner Stadtschloss zu empfangen.

Preußens König Friedrich Wilhelm III. (*3. August 1770 in Potsdam; †7. Juni 1840 in Berlin, ab 1797 König von Preußen und Kurfürst von Brandenburg), und Gemahlin Königin Luise[33] (*10. März 1776 in Hannover; †19. Juli 1810 auf Schloss Hohenzieritz) waren samt Hofstaat nach Königsberg i. Pr. geflohen. Napoleon musste nachsetzen. Doch wenige Wochen später griffen ihn die russischen Truppen an und ein extrem harter Winter kam erschwerend hinzu. Eine

33 Ihr Vater Herzog Karl zu Mecklenburg-Strelitz, ein nachgeborener Prinz aus dem Hause der Herzöge von Mecklenburg-Strelitz, war nach Studium in Genf und einigen Reisen mit der repräsentativen und gut bezahlten Aufgabe des Gouverneurs betraut worden, um das Kurfürstentum Hannover für seinen Schwager, den britischen König Georg III., zu verwalten. Der war in Großbritannien geboren, stammte aber aus dem Haus Hannover und ließ sein deutsches Stammland von London aus regieren, wofür Karl zu Mecklenburg-Strelitz das Amt des Gouverneurs vor Ort innehatte. Luise entstammt dessen Ehe mit Friederike Caroline Luise von Hessen-Darmstadt.

Schlacht am 7. und 8. Februar 1807 im südlichen Ostpreußen bei Preußisch Eylau endete im Patt.

Erst in der Schlacht bei Friedland, wendete sich am 14 Juni 1807 das Kriegsglück wieder zugunsten des Angstbeißers und Beutegreifers Napoleon. Seine 80.000 Mann starke Armee konnte unter seiner persönlichen Führung ihr Übergewicht über das 60.000 Mann starke russisch-preußische Heer unter General Levin August von Bennigsen ausspielen. Das war aus Napoleons Sicht das Todesurteil für Preußen!

Mit dem russischen Zar Alexander I. schloss er am 7. Juli 1807 den Frieden von Tilsit.[34] Seine Friedensgespräche mit Russland hatte er ab 25. Juni 1807 auf der Memel bei Tilsit geführt. Inmitten des Stromes war für Napoleon und Alexander I. ein großes Floß vertäut, sozusagen als künstliche Insel für einen Zeltaufbau darauf: als „Verhandlungssaal".

---

34 Darin akzeptierte der Zar den Rheinbund und das neu gegründete Herzogtum Warschau als Napoleons Vasallen. Im Gegenzug garantierte Napoleon die Souveränität des Herzogtums Oldenburg und einiger anderer Kleinfürstentümer unter der Regentschaft deutscher Verwandten des Zaren. Außerdem musste Russland seinen Beitritt zur Kontinentalsperre erklären, also zur oben bereits erwähnten Wirtschaftsblockade über die britischen Inseln, die bis 1814 Bestand hatte. Großbritannien sollte mit den Mitteln des Wirtschaftskrieges geschwächt und zum Beigeben gezwungen werden. In der Folge kam es zum Englisch-Russischen Krieg (1807–1812) und zum Russisch-Schwedischen Krieg (1808/1809). Schweden trat am Ende der Kontinentalsperre bei und verlor seine Gebiete östlich des Bottnischen Meerbusens, woraus das russische Großfürstentum Finnland wurde. – Das Tilsiter Vertragswerk wurde von Russland später allerdings insofern unterlaufen, als es **neutralen** Schiffen erlaubte, britische Waren in seinen Häfen zu löschen, sodass es 1812 zum russisch-englischen Friedensschluss kommen konnte. Das wiederum veranlasste einen völlig erzürnten Napoleon, 1812 zur Russlandvernichtung aufzubrechen. Er wollte einfach alles unter seiner Knute haben!

Dort wollte Napoleon Preußens Niederlage besiegelt sehen. Er wollte es sogar endgültig von der Landkarte verschwinden lassen, sprich: ein für alle Mal auslöschen. Mit diesen Preußen verhandelt er nicht! Friedrich Wilhelm III. darf erst auf Fürsprache Alexanders dabei sein, allerdings nur als demütig schweigender Beobachter.

Frankreich und Russland waren sich rasch einig. Mit Preußen gelang es zwei Tage später, freilich zu krass aufgenötigten Bedingungen, die in Endkonsequenz eigentlich zur Auflösung des preußischen Staates hätten führen müssen. Der am 9. Juli 1807 in Tilsit mit Preußen unterzeichnete „Vertrag" hatte den Ruch eines üblen Diktatfriedens.

Preußen musste fast alle westelbischen Besitzungen sowie die ehemals polnischen Gebiete abgeben. Aus ersteren entstand das neu gegründete „Königreich Westphalen" mit der Hauptstadt Kassel unter Napoleons jüngstem Bruder Gérôme. Aus letzteren wurde das „Herzogtum Warschau" als Frankreichs Vasallenstaat in Personalunion mit Sachsen, an das der preußische Kreis Cottbus fiel. Danzig ward „Freie Stadt" unter französischer Besatzung.

Preußens Heer wurde von vormals 200.000 Mann auf 42.000 Mann heruntergestuft. Preußens wichtigste Festungen erhielten französische Garnisons-Besatzungen.

Der auf 4,94 Millionen Einwohner geschrumpfte preußische Reststaat musste Kriegskontributionen in Höhe von 120 Millionen Francs aufbringen sowie Napoleons Kontinentalsperre gegen England beitreten.

Napoleons „Il Principe"-Auftrumphen in 1806/1807 gemahnt uns heute fatal an Frankreichs schändliches Verhalten in 1648 beim Schmachfrieden von Münster und Osnabrück, sowie sodann in 1919 beim Versailler Unterwerfungs-Diktat mit nochmaliger Steigerung in 1945 bei der bedingungslosen Kapitulations-Aufoktroyation: Germania esse delendam, Prussia esse delendam. – Nun waren große Teile in Deutschlands Norden Frankreich oder in der Mitte und im Süden dessen Vasallen oder wie Preußen mit französischer Festungsbesatzung übel geknebelt.

Preußen verlor mehr als die Hälfte seines Gebietes und fast die Hälfte der Einwohner. Dazu war Napoleon nur auf Insistieren des Zaren bereit, und er sah es irgendwie auch als ein galantes Entgegenkommen gegenüber der bedrückten Königin Luise. Diese hatte nämlich mit einem persönlichen Bittgang versucht, in all ihrer Würde und weiblich-höfischem Charme eine Milderung der immensen Lasten zu erreichen. Napoleon hatte Luise oft verleumdet und sogar als „Geliebte des Zaren" heruntergemacht. Doch nun rang er sich ein gnädiges „Wir werden sehen" ab. Denn er hatte Preußen eigentlich total auslöschen wollen.

In Berlin wird auf Anordnung des französischen Stadtkommandanten der „Tilsiter Friede" großartig gefeiert. Alle Fenster sind erleuchtet. Über den Preußen vernichten sollenden Inhalt dieses aufgenötigten Friedensschlusses ließ man die Menschen indes im Dunkeln!

***

Weil die französische Besetzung Berlins wie der Festungen dem preußischen König und seiner Familie eine Rückkehr unmöglich machte, regierte man von Königsberg aus. – Not macht wendig! – König Friedrich Wilhelm III. und Königin Luise sowie ihr Hofstaat hatten begriffen: *Krisenzeiten sind Chancenzeiten.*

Sie besannen sich der Hallesch/Friederich II./Kantschen Grundlegung und strebten mit Nachdruck nach einer grundlegenden Ausrichtung des preußischen Staates in deren Sinne. Es galt, die nötigen Voraussetzungen für den Fortbestand samt Befreiung von napoleonischer Unterdrückung zu schaffen. Freiherr vom Stein brachte 1807 die *Bauernbefreiung* und 1808 die *Städtereform* auf den Weg. Scharnhorst, Gneisenau und Boyen gingen die *Heeresreform* samt

Einführung der allgemeinen Wehrpflicht an. – D. h.: Die preußischen Bauern sollten auf eigenem Land arbeiten, die preußischen Städter sollten sich selbst „organisieren“ und alle preußischen Staats-Bürger sollten für sich kämpfen!

Reichsfreiherr vom Stein (1757–1831) war 1807 auf Luises Anregung Erster preußischer Minister geworden. Er hatte in einer Denkschrift seine Überlegungen zur Erneuerung des preußischen Staates vorgelegt. Die Bauernbefreiung startete am 9.10.1807 mit dem „Oktoberedikt“, einem Gesetz, welches die Erbuntertänigkeit und damit die Leibeigenschaft der Bauern aufhob und sie zu Besitzern von eigenem Grund und Boden machte. Bisher war der Grundstückserwerb gemäß der preußischen Ständeordnung eingeschränkt. Nunmehr durfte jeder preußische Bürger Grundstücke erwerben, gleichviel ob zu bäuerlicher oder anderer Nutzung. Ein freier Bauernstand sollte in Freiheit&Kooperation über seinen Grundbesitz frei verfügen, Land verkaufen oder hinzuerwerben und die Eigenständigkeit samt Produktivität in der Landwirtschaft steigern.

Im November 1808 kam eine neue Städteordnung hinzu, um in den Städten Preußens die Selbstverwaltung zu steigern. Die Stadtverordnetenversammlung galt als Träger der Rechtsetzung und Verwaltung der Gemeinde. Dieser stand ein von der Stadtverordnetenversammlung gewählter Magistrat vor. Der städtische Bürger ward ein in sich gleichberechtigter Stand, dessen Mitwirkung an der Selbstverwaltung allerdings an die Bildung und den Besitz des Einzelnen gebunden war. Diese aus den mittelalterlichen Stadtrechten hergeleiteten Grundzüge der kommunalen Selbstverwaltung sind bis heute ein lebenswichtiger Bestandteil deutscher politischer Ordnung geblieben.

Vom Steins Reformmaßnahmen wurden begleitet von einer grundsätzlichen Verwaltungsstraffung. Ziel war, ein leistungsfähiger, sparsamer und bürgernaher Staatsapparat. Dazu mussten zahlreiche konkurrierende Behörden beseitigt werden. Eingeführt wurde das „klassische Kabinett" mit nur fünf Ministern für klar abgegrenzte Fachbereiche: Außenpolitik, Innenpolitik, Finanzen, Justiz sowie Sicherheits-/Kriegsministerium. Diese fünf Fachministerien verantworteten implizit auch die einheitliche Selbstorganisierung der und in den Provinzregierungen.

Persönliche Eigenverantwortlichkeit **1.** in Freiheit **2.** mit Chancen der Vermögensbildung und **3.** kommunale Selbstverwaltung sollten den mündigen Bürgern hoher Freiheits&Kooperations-Befähigung hervorbringen ... und zwar in großem Einverständnis mit einem Staatsganzen Hallesch/Friederichanisch/Kant'scher *Mem*-Prägung. – Das wiederum hat zur allgemeinen Freiheits&Kooperations-Sicherung die seinen Bürgern gewährten Rechte zu garantieren und diese auch individuell zu beschützen. Selbsterzeugende (!) Vaterlandsliebe frei von Konformitätsdruck war wichtiges Reformziel auf dem Weg zu Preußens Anthroposymbiogenese!

Eine beunruhigte Adelsopposition musste derweil beschwichtigt werden. Der preußische König entließ seinen Reformminister: Reichsfreiherr vom Stein musste gehen, doch seine Gesetze blieben bestehen!

Vom Steins Weggefährte, **Fürst von Hardenberg** (1750–1822), setzte im Auftrag des Königs die Reformbewegung fort. Von Hardenberg war seit 1790 im preußischen Staatsdienst umfänglich erfahren und war daher in 1810 als „Staatskanzler" mit der Ausübung der Regierungsgeschäfte Preußens betraut worden.

Sein Bewährungstest hatte stattgefunden als Napoleon in Tilsit 1806/1807 den Preußenkönig ultimativ vor Wahl stellte, entweder die auferlegten immensen Kriegsentschädigungen zu zahlen oder die Provinz Schlesien abzutreten. Von Hardenberg gelang es damals, die von Napoleon in zugespitzter Verhandlung sofort geforderten

80 Millionen Franc aufzubringen und somit Schlesien für Preußen zu erhalten.

Nun führte er die Verwaltungsreform fort. In den Städten hob er den einengenden Zunftzwang auf. Ab 1810/11 galt die uneingeschränkte Gewerbefreiheit. Zudem regelte er die endgültige Ablösung der Gutsherrenrechte am Boden und brachte damit die Bauernbefreiung weiter voran. Die bürgerliche und wirtschaftliche Gleichstellung der Juden in Preußen war ein wesentlicher weiterer Freiheits&Kooperations-Eckstein seiner Reformen.

Bei Licht betrachtet lieferten Reichsfreiherr vom Stein und Fürst von Hardenberg konkrete Umsetzungsbeiträge zur geistig-ätherischen Grundlegung aus **a)** Hallescher Schule, **b)** des Friederich II. Antimachiavell und **c)** der Kant'schen Aufklärung. In deren *Mem*-Atmosphäre der Anthroposymbiose-Befähigung schufen sie die staatstragende Infrastruktur für Freiheit&Kooperation. – Eine in allem ansteigende Effizienz und Effektivität war der Lohn.

Eine weitere und ganz wesentliche geistig-ätherischer Infrastruktur-Bereitstellung ergab sich aus des Friedrich II. Diktum *„ein jeder soll nach seiner façon glücklich werden"* und aus Kants *„sapere aude"* (Habt den Mut, eigenständig zu denken), wobei *„der letzte Probierstein der Wahrheit"* gilt, *„was sie zum höchsten Gut auf Erden macht"*. Und es war **Wilhelm von Humboldt**, der dazu in 1810 mit der Gründung der Berliner Universität den Umsetzungsbeitrag in Gestalt geistig-ätherischer Infrastrukturvorkehrungen für Freiheit&Kooperation in Wissenschaft und Forschung lieferte. ... Dazu gab's freilich noch eine ganz eigene Vorgeschichte. Eine befürchtete Pestepidemie hatte rund 100 Jahre zuvor den sog. Soldatenkönig Friedrich I. veranlasst, vor Berlins Toren ein Quarantäne-Haus zu errichten. Die Pest blieb aus, und so fand das „Pesthaus" Verwendung fürs Unterbringen armer Kranker und Gebrechlicher. Im Jahr 1726 war daraus ein Garnisons- und Bürgerlazarett geworden, angegliedert eine militärmedizinischen Ausbildungsstätte und Übungsschule für angehende Wund- und Allgemeinärzte. 1727 verfügte Friedrich I.: *„Es soll das Haus die Charité heißen*“; auf Deutsch: Haus Barmherzigkeit und Mildtätigkeit. [35] Da war also diese Vorleistung.

Die Gründung der Berliner „Universitas litterarum“ im Jahr 1810 durch den genialen Gelehrten und Staatsmann Wilhelm von Humboldt erwies sich als Meilenstein zur Vollendung der dem Menschen mitgegebenen geistigen Mobilität Richtung perfekter *Welt 2*-Individual- und *Welt 3*-Gemeinschaftsgeist-Ausformung. Sie bildete sozusagen das Infrastruktur-Medium schlechthin zur Erschließung des Ur-Evolutionsmoleküls Freiheit&Kooperation Dynamik für die gesamte geistig-ätherische Kultur- wie *Mem*-Evolution. Heute gilt die Berliner Universität als „Mutter aller modernen Universitäten“. Es ist Humboldts unschätzbares Verdienst, deren neue Universitätskonzeption ins Leben gerufen zu haben. Er stellte sich ein Bildungsflaggschiff vor, in dem

a) die interaktive Verbindung von Forschung, Lehre und Kant'schem Wahrheitsabgleich Verwirklichung findet sowie

---

35 Im Jahr 1829 wurde die Charité „Medizinische Fakultät“. Aufgrund der engen Verflechtung von vorklinischen und klinischen Forschungen und Einrichtungen der Medizinischen Fakultät schuf man um 1900 eine großzügige räumliche Verbindung. Die bereits 1790 entstandene Tierarzneischule wurde als Veterinärmedizinische Fakultät und die 1881 gegründete Landwirtschaftliche Hochschule als Landwirtschaftliche Fakultät der Universität angegliedert. Mit dem Bau von Instituten für die Naturwissenschaften in der zweiten Hälfte des 19. Jahrhunderts sollten modernste Forschungs- und Lehreinrichtungen entstehen, woraus Preußens Industrialisierung enorm beflügelt wurde. Die seit 1810 zur Universität gehörenden naturhistorischen Sammlungen erhielten 1889 ein Gebäude in der Invalidenstraße 43; dem heutigen Museum für Naturkunde. Seit 1908 ist es in Preußen auch für Frauen möglich, ein Studium aufzunehmen. Schon bald konnten sie als Assistentinnen und außerordentliche Professorinnen in Forschung und Lehre tätig werden, so etwa die Physikerin Lise Meitner.

b) eine allseitige humanistische Bildung der Studierenden zu Freiheits&Kooperations-Befähigung gemäß Preußisch-calvinistischem und Hallesch-pietistischem Kulturkanon gewährleistet ist.

Sprich: Seine „Universitas Literarum“ sollte ein wesentlicher Betrag für die Wissens-, Könnens-, Umgangs-, Verhaltens- und Herzensbildung im Volk sein. Und seine Gedanken erwiesen sich als so überzeugend und erfolgsversprechend, dass sich in den folgenden Jahrhunderten weltweit viele Universitäten gleichen Typs gründeten – allerdings immer mehr unter sträflicher Vernachlässigung des Preußisch-calvinistischen wie Hallesch-pietistischem Kultur-*Mems*, was dann unvollendete und unganzheitliche Zombie-Wissenschaften hervorbrachte.

Ihnen ermangelt es an der essenziellen Freiheits&Kooperations-Beseelung für Kulturfähigkeit zum konstruktiven, gedeihlichen und fruchtbringenden Miteinander.

Es ist der unbeseelten Zombie-Wissenschaften spezifisches Manko an wahrhafter Anthroposymbiose-Kompetenz, insbesondere in bestimmten heutigen Bereichen von ideologisch geprägten Sozialwissenschaften, dass sie übersehen, Jesu Befreiungs-Philosophie evolvierter Hallesch-pietistischen Ausprägung einzubinden. Oft wird auch die Kant'sche Wahrheitsmaxime mit idolatrischer und ideologischer Vorsätzlichkeit übergangen. Dabei ist die Wahrheitsmaxime der Lackmustest aller Wissenschaft!

So ganz zentral auch an der neuen Berliner Universität, die ja nicht aus dem Nichts entstanden war, sondern der *Jahrhunderte räumlich nahe abendländische und dann sich auf die Befreiungs-Evangelien rückbesinnende reformatorisch pietistisch Bildungs-Implementierung vorangegangen* waren ... und folglich mitgegeben.

(S. o. S. 28 ff. Prof. Dr. Wolfgang Frühwalds Organismus-These!)

Exkurs XIV:

Nachdem an der ältesten deutschen Universität, der **Prager Karls-Universität** (gegr. vom römisch-deutscher Kaiser Karl IV. in **1348**), im Jahr 1409 der böhmische König Wenzel IV. wegen damaligen Hussiten-Aufbegehrens die böhmische Studentenschaft der Karls-Universität im sog. Kuttenberger Dekret mit Stimmrechtsverdreifachung massiv gegenüber den anderen Universitätsnationen bevorteilt hatte, waren etwa 1000 deutsche Lehrkräfte und Studenten nach dem in der damaligen Markgrafschaft Meißen gelegenen Handelszentrum **Leipzig** gezogen, wo sie als Philosophie-Fakultät den Lehrbetrieb aufnahmen, wozu die Stadt ein Gebäude in der Petersstraße übereignete, und der Papst Alexander V. das „Studium generale" bestätigte, sodass bereits am 2. Dezember **1409** Johannes Otto von Münsterberg zum Rektor gewählt und die Universitätssatzung verlesen werden konnte. *-x-x-x-* Die Universität **Rostock** wurde im Jahr **1419** von den Herzögen Johann IV. und Albrecht V. von Mecklenburg sowie dem Rat der Hansestadt Rostock gegründet, als erste Universität im Norden des Heiligen Römischen Reiches und dem gesamten Ostseeraum; und das zum großen Teil von den Bürgern der Hansestadt Rostock finanziert. Ihr Ersuchen hatten sie im Jahr 1418 unter Mitwirkung des Schweriner Bischofs Heinrich II. von Nauen an den Papst Martin V. verschickt. Am 13. Februar 1419 erging die päpstlichen Bulle mit Gründungs-Genehmigung. Am 12. November 1419 zelebriert Bischof Heinrich III. von Wangelin die feierliche Eröffnung der „Universitas Rostochiensis" und bestellte Petrus Stenbeke zum ersten Rektor. Der Lehrbetrieb wurde in bereits bestehenden Gebäuden nahe der Petrikirche und im Zisterzienserkloster „Zum Heiligen Kreuz" aufgenommen. Zunächst waren eine juristische und eine medizinische Fakultät sowie die „Facultas artium" (heute die philosophische Fakultät) vertreten. Im Jahr 1432 gab der Papst Eugen IV. seine Zustimmung zur Einrichtung einer theologischen Fakultät. Damit waren alle vier Traditionsfakultäten für ein „Studium generale“ vollständig. Im 15. und 16. Jh. war die Universität Rostock wegen ihrer Studentenschaft aus dem norddeutschen und holländischen Raum sowie aus Skandinavien und dem Baltikum eine der ganz bedeutenden Universitäten Deutschlands. Infolge vorreformatorischer Wirren musste die Universität nach der Vorgabe eines Interdikts durch das Basler Konzil im Jahre 1437 nach Greifswald umziehen. Dieser Auszug währte bis 1443. Ein berühmter Student war Ulrich von Hutten (*21. April 1488 auf Burg Steckelberg in Schlüchtern /Hessen; †29. August 1523 auf der Ufenau im Zürichsee), der 1509 von Greifswald kommend in Rostock eintraf und hier sein Studium weiterführte. Er schwärmte vom „beschwingten Geiste und der Freiheit“, und in seinen Schriften trat an die Stelle einer humanistisch-aufgeklärten Kirchenkritik immer mehr der Wunsch nach einem radikalen Befreiungsschlag, der die verweltlichte Kirche zur Vernunft bringen sollte. Er verfasste Aufrufe nicht nur im Gelehrtenlatein, sondern ständig mehr in deutscher Sprache an die deutsche Nation. Von den Zeitgenossen wurde er an Luthers Seite gestellt. Doch er fand in Franz von Sickingen seinen einflussreichen Parteigänger. Als Hutten in 1520 der kirchliche Bann angedroht wurde, schloss er sich Sickingen an. Der mächtige Ritter und Söldnerführer förderte die reformatorische Bewegung und plante u. a. einen Anschlag auf das Kurfürstentum Trier. Auf dem Wormser Luther-Aburteilungs-Reichstag von 1521 waren die beiden Ritter noch ruhig zu halten. Dann war aber kein Halten mehr: Hutten sagte den „ungeistlichen Geistlichen“ die Fehde an; und Sickingen schlug gegen Trier los, wurde jedoch von weltlich-klerikaler Fürstenopposition zurückgeschlagen und erlag zwei Tage nach endgültiger Niederlage seiner im Kampf erlittenen Verwundung. Hutten floh daraufhin vor der Exekution der inzwischen gegen ihn erwirkten Reichsacht und zog sich in die Schweiz zurück, wo er in Basel von seinem ehemaligen Lehrer Erasmus allerdings die Tür gewiesen bekam, aber in Zürich durch Zwingli Aufnahme fand. Dort erlag er am 29. August

1523 auf der Insel Ufenau im Zürichsee einer vermutlichen Syphiliserkrankung und wurde neben dem Insel-Kirchlein St. Peter und Paul beigesetzt. – Dem Wittenberger Gelehrten Dr. Martin Luther sollte mehr Nachhaltigkeit beschieden sein. *-x-x-x-* Für Rostocks Ausweichstandort **Greifswald** war die Universität erst **1456** mit päpstlicher Genehmigung durch Herzog Wartislaw IX. von Pommern-Wolgast gegründet und feierlich eröffnet worden. Es ist anzunehmen, dass dies geschah, um das nach der 1443er Rücksiedlung der Uni Rostock im Herzogtum Pommern-Wolgast hinterlassene Vakuum zu füllen. Damals unterstanden der östliche Ostseehandel, das Baltikum, Teile Finnlands und Pommerns der schwedischen Krone. Pommern profitierte von der schwedischen Herrschaft. Die 1456 gegründete Universität Greifswald ward zu einem Wissenszentrum in Nordeuropa. Die Gründung der Universität **Wittenberg** geschah **1502** auf Betreiben des sächsischen Kurfürsten Friedrich III. aus dem Hause Wettin (1486–1525 / genannt *der Weise*). Er war Protagonist der Rückbesinnung auf die Evangelien und wurde später zum Schutzpatron von Dr. Martin Luther, als dieser 1521 auf dem Reichstag zu Worms mit Kirchen-Bann und Reichs-Acht belegt worden war. Der römisch-deutsche König und spätere Kaiser Maximilian I. hatte dem Kurfürsten von Sachsen am 6. Juli 1502 das königliche Gründungsprivileg für die *Alma Mater Leucorea* erteilt. Die feierliche Eröffnung fand bereits am 18. Oktober 1502 statt**.** Als Luther als Lehrer in 1508 dorthin kam, bestand die Universität somit schon sechs Jahre. Am 12. April 1817 wird die Universität im damals sächsischen Wittenberg geschlossen und ins preußische Halle verlegt, zur dort 1694 gegründeten Friedrichs-Universität. 1994 wird sie wiedereröffnet und als Zwilling mit Halle unter dem Namen Martin-Luther-Universität Halle-Wittenberg geführt.

Die Gründung der Albertus-Universität *Albertina* in **Königsberg** erfolgte **1544** durch Herzog Albrecht von Brandenburg-Ansbach.

Sie war nach der Universität Wittenberg und der Philipps-Universität Marburg die dritte bestandsfähige protestantische Universität und nach Marburg die zweite Neugründung einer protestantischen Universität nach der Reformation. 1732 wurde den theologischen Kandidaten Brandenburg-Preußens das Studium in protestantischen Ländern Schweiz, England und Holland eröffnet.
Die Gründung der *Fridericiana* genannten Friedrichs-Universität in **Halle** im Jahr **1694** ist das Werk von Friedrich III. Kurfürst von Brandenburg (*11.7.1657 Königsberg, Preußen, †25.2.1713 Berlin), seit Krönung außerhalb des Reiches 1701 in Königsberg als Friedrich I. König in Preußen. Kaiser Leopold hatte ihm ein Jahr zuvor nach langwierigen Verhandlungen persönlich das Privileg dazu erteilt. Und nun eröffnete er seine *Fridericiana* am 1. Juli 1694 in Doppelfunktion als deren Stifter und erster Rektor. Die sächsischen Universitäten Leipzig und Wittenberg hatten bis zuletzt versucht, das zu verhindern. Doch der sog. Soldatenkönig hatte seine *Fridericiana* bereits zuvor, nämlich seit spätesten 1690 unter voll universitären Bedingungen in Betrieb genommen. Denn er wollte mit großem Gespür für das Gesamtheitliche seinem damals nolens volens notwendigerweise militärischem Staatswesen das Geistige und Kulturelle beigeben. Und es gab wichtige Neuerungen: Erstmals im universitären Geschehen war das Generalstatut der *Fridericiana* von Juristen verfasst und nicht wie bis dato üblich von Theologen; die Vorlesungen erfolgten nicht mehr auf Latein, jener Wissenschaftssprache der Eingeweihten, sondern in der für alle offenen Sprache Deutsch; das törichte Duellwesen wurde abgeschafft; an die Stelle des rauf- und trunklustigen, ritterlich-streitbaren Studenten, sollte der höfliche, gebildete, strebsame, zum edlen Wettbewerb offene „homo sapere aude" treten; das Ideal vom Gelehrten verschob sich vom „bios theoretikos" zum „bios praktikos" auf das fürs praktische Leben Nützliche; die Lehrstoffkomplexe waren innerhalb eines oder möglichst eines halben Jahres abzuhandeln (letzteres führte zum heutigen Semesterturnus). ... An

Aufbruch interessierte Jenaer und Leipziger Professoren zog das Neue an. Der von Leipzig kommende Jurist und auf Toleranz wie Humanität bauende Naturrechtler Thomasius hielt seine Vorlesungen in Halle bereits seit seiner Berufung in 1690. Der Pietist Francke war 1692 dem Ruf gefolgt, als er Pastor im verelendeten Örtchen Glaucha vor Halles Toren wurde. Frühaufklärerisches Gedankengut und pietistische Weltsicht sollten in pädagogischer Höchstform zusammenfinden. Aufklärung und Pietismus gingen sozusagen die Verbindung zu etwas völlig Neuem ein, nämlich zu Aufklärung&Pietismus mit ungeahnt epochaler Auswirkung. Innerhalb weniger Jahre wuchs die Universität mit weit über 1000 Studenten zu einer der größten Universitäten im Reich heran und ward zur maßgeblichen Reformuniversität der deutschen Aufklärung. Mit Halle startete die Überwindung des verknöcherten aristotelisch-scholastischen Diskurses in den universitären Systemen. Andernorts blieben Aufklärung und lutherische bzw. katholische Theologie konträr und einander fremd und sind es wohl überwiegend heute noch, insbesondere im sterilen angelsächsischen und französischen Aufklärungsduktus. – Ohne den pietistischen „input“ fehlt ihnen das Öl im Getriebe! Ab 1695 praktiziert Francke in der Franckeschen Waisenhausanstalt einen „Pflanzgarten, von welchem man eine reale Verbesserung in allen Ständen in und außerhalb Teutschlands, ja in Europa und allen übrigen Teilen der Welt“ zu gewahren haben würde. Seine Waisen- und Schulstadt ward zur interaktiv eng mit der *Fridericiana* verbunden zweiten Halleschen Großinstitution samt Pädagogen- und Lehrer- und Mediziner-Ausbildung, und die medizinische Fakultät arbeitete koevolutiv mit der Anstalts-Apotheke zusammen. ... Für König Friedrich I. (Soldatenkönig) und seinen Nachfolger Friedrich II. (der Antimachiavell u. d. Gr.), sowie für Preußen überhaupt erwies sich Halles *Fridericiana* als überaus nützlich. Sie ward Preußens geistig&geistlich Staatsoptimierendes Ausbildungszentrum *a)* für das anwachsende Beamtentum samt spezieller Staatsfiskusdienerausbildung am weltweit ersten kameralistischen Lehrstuhl und *b)* für Preußens pädagogisch höchst kompetente Lehrerschaft samt Lehrkörper-Prägung für die Potsdamer Militärakademie. Und sie brachte so die geistige&geistliche bzw. mentale&seelische Grundlegung für Preußens und sodann Deutschlands enorme Freiheits&Kooperations-Befähigung. Das sind alles Spannungs-Duopole mit enormem Energiefreisetzungs- und Dynamisierungs-Potential. – Auf diese gewaltige Fundament-Legung baute in 1910 die Berliner Humboldt-Universität auf. Ohne die Hallesche Vorleistung wären deren Erfolge (s. im Haupttext folgend) nicht möglich gewesen! Ohne den Zauber, scheinbar konträres und fremdes auch im geistig-ätherischen bzw. virtuellen miteinander zu etwas Neuem und Höherem auf der Kultur-Evolutionsleiter zu verbinden, und so auch Evolutions-Energie-Duopole mentalen, abstrakten und kognitiven Leistungspotentials zu erzeugen, ist z. B. weder das Geistes-Zeitalter, noch das Elektrizität-Zeitalter noch das digitale Zeitalter vorstellbar. Es ist gerade so, wie die Verbindung der beiden konträren und fremden Elemente Wasserstoff und Sauerstoff zu etwas Neuem und Höherem nämlich zu Wasser die Grundlegung aller Lebensevolution ist, sprich das Lebens-Elixier schlechthin. ... Die Liste denkfreudiger weltoffener Professoren umfasst von Beginn an alle relevanten Fakultäten (Fachbereiche): **Veit Ludwig von Seckendorff** (1626–1692), Staatsmann, Gründungskanzler der Universität; **Samuel Stryk** (1640–1710), Rechtswissenschaftler, Mitgründer und Prorektor der Universität; **Christian Thomasius** (1655–1728), Rechtswisseschaftler und Philosoph, Mitgründer der Universität; **Friedrich Hoffmann** (1660–1742), Mediziner; **August Hermann Francke** (1663–1727), Theologe und Pädagoge (Franckesche Stiftungen); **Andreas Ottomar Goelicke** (1671–1744), Mediziner; **Nikolaus Hieronymus Gundling** (1671–1729), Jurist; **Justus Henning Böhmer** (1674–1749), Rechtswissenschaftler, Direktor der Universität; **Christian Wolff** (1679–1754), Philosoph, Jurist und Mathematiker; **Johann Heinrich Schulze** (1687–1744),

Universalgelehrter; **Johann Joachim Lange** (1699–1765), Mathematiker, Mineraloge; **Johann Ernst Philippi** (1700–1757), Jurist; **Johann Andreas von Segner** (1704–1777), Mathematiker, Physiker, Mediziner; **Johann Philipp von Carrach** (1730–1781), Professor der Rechte; **Christian Adolph Klotz** (1738–1771), Philologe; **Ernst Ferdinand Klein** (1744–1810), Jurist; **Christian Friedrich Prange** (1752–1836), außerordentlicher Professor der Weltweisheit und der zeichnenden Künste; **Philipp Friedrich Theodor Meckel** (1755–1803), Mediziner, Meckelsche Sammlungen; **Friedrich Christian Laukhard** (1757–1822), Theologe und politischer Schriftsteller; **Johann Christian Reil** (1759–1813), Mediziner, Begründer der deutschen Psychotherapie; **Friedrich Albrecht Carl Gren** (1760–1798), Chemiker; **Friedrich Daniel Ernst Schleiermacher** (1768–1834), Philosoph; **Karl Franz Ferdinand Bucher** (1786–1854), Rechtswissenschaftler.

Ende Exkurs XIV

So brachte Wilhelm von Humboldts neue Universität nach der Nobelpreisstiftung am 29. Juni 1900 in kurzer Zeit 29 Nobelpreisträger hervor. Sie hatten allesamt ihre wissenschaftliche Arbeit an der Berliner Universität erbracht, so z. B. die auf den folgenden Seiten aufgeführten hochkarätigen Wissenschaftler, deren Grundlegungen Wissenschaft und Wirtschaft bis heute tragen und maßgeblich zur Herausbildung der Zivilisation des Westen beitrugen, darunter

- 1901 der erste Nobelpreis für Chemie an Professor Dr. Jacobus Henricus van't Hoff für seine Forschungen über die Gesetze der chemischen Dynamik;
- 1902 der Nobelpreis für Literatur an den Altertumswissenschaftler Professor Dr. Theodor Mommsen für seine bahnbrechenden Arbeiten zur römischen Geschichte;

- 1902 der Nobelpreis für Chemie an den Professor für organische Chemie Dr. Emil Fischer, der die Synthese des Phenylhydrazin entdeckt hatte, welches ihm zur Synthese von Indol sowie zur Aufklärung der Stereochemie von Zuckermolekülen diente;
- 1918 der Nobelpreis für Physik an den Physiktheoretiker Professor Dr. Max Planck für die Entdeckung der später nach ihm benannten Konstanten des Planckschen Wirkungsquantums in einer physikalischen Grundgleichung;
- 1918 der Nobelpreis für Chemie an den durch seine Beiträge zur Thermochemie, organischen Chemie, der Elektrochemie, Technischen Chemie und den von ihm mitentwickelten Born-Haber-Kreisprozess zur quantitativen Ermittlung der Gitterenergie in Kristallen hervorgetretene Professor Dr. Fritz Haber oder
- 1921 an den Physiker und Relativitätstheoretiker Professor Dr. Albert Einstein für Entdeckung des Gesetzes des photoelektrischen Effekts.

Brillante akademische Leistungen und internationales Renommee bestimmten die ersten Jahrzehnte des 20. Jahrhunderts. Viele weitere Nobelpreise zeugen von der überragenden wissenschaftlichen Leistung der Professoren an Berlins Universität: In der Chemie sind Walter Nernst, in der Physik Physiker Max von Laue, Gustav Hertz sowie James Franck zu nennen; Emil von Behring erhielt für die Entwicklung eines wirksamen Diphterie-Heilmittels den ersten Nobelpreis für Medizin; einige Jahre danach folgte Robert Koch, der die Erreger der Tuberkulose und der Cholera entdeckt hatte; im Jahre 1954 erhielt Miterforscher der Quantenmechanik, Max Born, für die „Begründung einer neuen Art, über die Naturerscheinungen zu denken“ (Born) und seine grundlegenden Beiträge zur Quantenmechanik den Nobelpreis für Physik. – Und bis 1938 blieb Deutsch wie gesagt weltweit die Wissenschaftssprache No. 1. Doch da hatte der Wissenschaftler-Exodus in die USA bereits begonnen. Denn eine borniert-ideologische Tyrannenherrschaft hatte unser Land fest in den Griff bekommen. ... Doch zurück zu Napoleons „Le grand Empereur“ Zeiten!

1807 hatte sich Preußen unter Napoleons Tyrannei-Drangsal der Tilsit-Schande verpuppt und darin war etwas ganz Großartiges entstanden, das auf seine Entfaltung nach Napoleon harrte. Der aber schlug 1812 in seinem Beutegreiferwahn gegen Russland los. Doch da wendete sich im tiefen russischen Winter das Blatt, und 1815 war‘s mit dem Spuk bei Waterloo Gott sei Dank dann endgültig vorbei gewesen. Auf dem Wiener Kongress ward Europa neu geordnet. Frankreich wurde dabei honorig behandelt, beließ es sogar als „Kaiserreich“ und ließ es keineswegs zerfleddern, was diesem permanenten Störenfried und Deutschland-Zerfledderer eigentlich zugestanden hätte.

Österreich hatte sich separiert und sich seine Provinzen im Reichsgebiet direkt einverleibt. In Restdeutschland kam bei Denkern, Staatsphilosophen und in der Dicht- wie Liedkunst allenthalben der Einigungswillen auf. Und 1833 kam‘s unter Preußens großem Reformkönig Friedrich-Wilhelm III. Führung zur Gründung des Deutschen Zollvereins.

© Wikipedia

Der hatte indes seine eigendynamische Vorgeschichte „aus dem Volk heraus“. Denn bereits 1817 waren auf dem Wartburgfest von ca. 500 Vertretern der farbentragenden studentischen Jugend und 1832 dann auf dem Hambacher Fest von rd. 13.000 Teilnehmern unter breiter Studenten- und Bürgerschaft-Beteiligung Forderungen nach Presse-, Meinungs- und Versammlungsfreiheit wie Gleichberechtigung gestellt worden, sowie nach Deutschlands Einheit inklusive Zusammenschluss der europäischen Länder zu einem republikanischen Staatenbund. – Das waren allesamt Forderungen nach Freiheits&Kooperations-Entfaltung.

Am 18. Mai 1848 trat in Frankfurt am Main sodann das „Paulskirchen-Parlament“ zusammen: sozusagen als Höhepunkt autonomen Einigungsbestrebens „aus dem Volk heraus“! Wegen der hochkarätigen Besetzung wurde es auch Professoren-Parlament genannt, Bismarck war auch darunter. Es hat gute Arbeit geleistet. Zu Beginn von 1849 war die zukünftige Reichsverfassung beschlossen und Friedrich Wilhelm IV. (*15. Oktober 1795 in Berlin; †2. Januar 1861 in Potsdam), der „Romantiker auf dem Preußenthron“, zum erblichen Reichsoberhaupt mit dem Titel „Kaiser der Deutschen“ gewählt. Und nach ausdrücklicher Zustimmung der 28 deutschen Regierungen war ihm von einer Abordnung des Paulskirchen-Parlaments die Kaiserkrone angetragen worden. Doch der lehnte am 28. April 1849 ab: Friedrich Wilhelm IV. hielt das Parlament für einen solchen Akt nicht legitimiert!

Dennoch stockte der Einigungsprozess keineswegs. Er wurde schlichtweg „realisiert“, jetzt eben materiell. Verbindende Infrastrukturprojekte mit der neuen Dampflokomotiven-Technik wurden ins Auge gefasst. Sie sollten faktische Einigung per Schienen-infrastruktur schaffen.

Am 07. Dezember 1835 war Deutschlands erste „Eisenbahn mit Dampfkraft“ von Nürnberg nach Fürth in Betrieb gegangen. Vorüberlegungen für eine Main-Weser-Bahn gab es seit 1838. Die

Verhandlungen für den Bau begannen 1841 und wurden am 6. Februar 1845 mit einem Staatsvertrag zwischen der Freien Stadt Frankfurt, dem Großherzogtum Hessen-Darmstadt und dem Kurfürstentum Hessen-Kassel abgeschlossen. Es kam zur Gründung einer gemeinsamen Staats- bzw. „Kondominal"-Bahn. Der erste durchgehende Zug von Kassel nach Frankfurt fuhr am 15. Mai 1852.

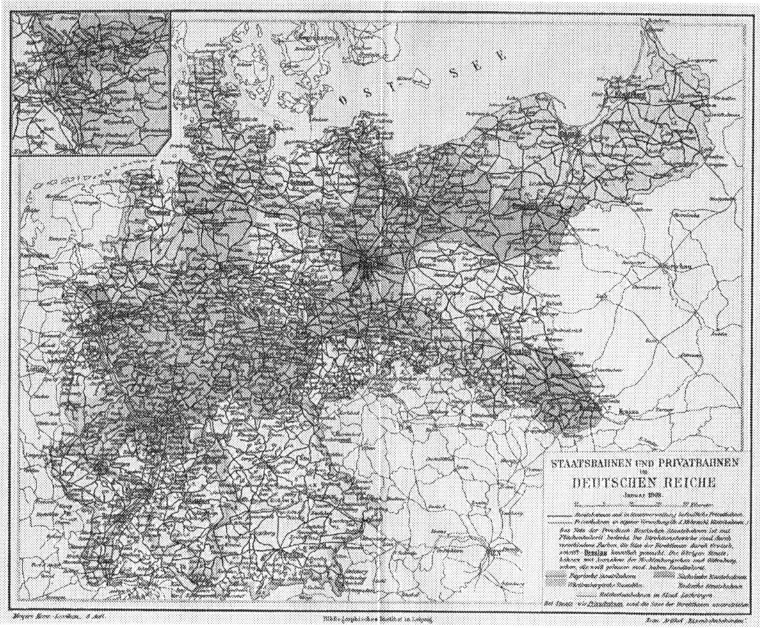

Reichsbahnen und Privatbahnen im Deutschen Reich

© Wikipedia

Preußens Staatsführung hatte die Chance indes besonders rasch be- und ergriffen. Sie schuf, nachdem in 1836 um königliche Genehmigung für eine Berlin-Potsdamer Eisenbahn nachgesucht worden war, flugs das weltweit erste Fachplanungsgesetz für überörtliche Infrastrukturmaßnahmen: Am 3. November 1838 war **das Preußische Eisenbahngesetz** (prEG) durch den 1806 vom Tilsit-Trauma wachgerüttelten großen Preußen-Reformer Friedrich Wilhelm III. in

Kraft gesetzt worden. ... Und bald sollte Preußen und dann auch Deutschland über das bei weitem dichteste Eisenbahn-Infrastruktursystem für Freiheit&Kooperation verfügen: für Wirtschaft und Gesellschaft und gegebenenfalls auf für militärische Operationen.

Nun war Berlin mit seinen Kohle- und Stahl-Ressourcen in Oberschlesien sowie an Ruhr und Saar eng verbunden. In Berlin, Oberschlesien, Ruhrgebiet, Saarland sowie an Rhein und Main steigerten Millionen Arbeitsplätze in Schwer-, Elektro- und Chemie-Industrie-Standorten das Volkswohlergehen; und die Motoren- samt Automobil-Industrie sollte bald hinzukommen.

Zudem umsorgte ein weltweit vorbildliches Medizin- und Klinikwesen die wachsende Bevölkerung, senkte die Kindersterblichkeit und dynamisierte das Bevölkerungswachstum enorm.

Nach des Friedrich Wilhelm III. Nachfolgers sowie des Kaiserkrone-Verweigerers Friedrich Wilhelms IV. Tod in 1861 **übernahm dessen Bruder Wilhelm Friedrich Ludwig von Preußen** (*22. März 1797 in Berlin; †9. März 1888 ebenda) als Wilhelm I. das Zepter des Königs von Preußen. Er sollte mit Hilfe seines Kanzlers Fürst Otto von Bismarck auf pragmatisch systematische Weise ganz zielgerichtet den deutschen Einigungs- sowie Konsolidierungs-Prozess voran treiben.

Die erste Gelegenheit ergab sich im „Deutsch-Dänischen Krieg" von 1864, in dem Preußen und Österreich gemeinsam als Wahrer der Interessen des Deutschen Bundes auftraten. Die Herzogtümern Schleswig und Holstein sollten weiterhin dem Deutschen Bund angehören, auch wenn sie nunmehr durch Heirat mit dem dänischen Königshaus dynastisch verbundenen waren. Nach dem preußisch-österreichischen Sieg bei den sog. „Düppeler Schanzen" reiste Wilhelm I. sofort dorthin, um am 21. April 1864, bei einer Parade auf einer Koppel zwischen Gravenstein und Atzbüll, den „Düppelstürmern" persönlich zu danken.

Bundesgebiet

Kriegsflagge schwarz, rot, gelb mit Reichsadler

Bilder: © Wikipedia

Wie von Bismarck befürchtet, kam es danach jedoch über die weitere Behandlung Schleswig-Holsteins zum Konflikt mit Österreich. Denn Österreich konkurrierte, trotz Niederlegung der Kaiserkrone in 1806 und anschließender Separierung all seiner Länder von Deutschland, damals immer noch mit Preußen um die Führung im Deutschen Bund. Und obwohl Wilhelm I. Bismarcks Vorschlag, eine kriegerische Entscheidung gegen Österreich herbeizuführen, widerstrebte, übernahm er im „Deutschen Krieg" von 1866 selbst den Oberbefehl über das Heer und errang dank der strategisch überlegenen Planung des Generalstabschefs Helmuth von Moltke am 3. Juli 1866 in der Schlacht bei Königgrätz (tschechisch Sadowa) den kriegsentscheidenden Sieg über Österreich und dessen Verbündeten Sachsen. Bei den Friedensverhandlungen folgte Wilhelm I., um Bismarcks deutsche Einigungspläne nicht zu durchkreuzen, dessen Rat, auf die Annexion Sachsens zu verzichten. ... Hatte Preußen doch seinen Haupt-Konkurrenten Österreich aus dem Feld geschlagen und die Auflösung des 1815 unter Österreichs Führung gebildeten Deutschen Bundes besiegelt!

Nun konnte Preußen seinen Norddeutschen Bund ins Leben rufen. Spornstreichs wurde dessen Gründung bereits am 18. August 1866, in Angriff genommen. Sie war am 1. Juli 1867 mit der Verabschiedung der Verfassung des Bundes abgeschlossen, samt König Wilhelm I. von Preußen als Bundespräsidenten!

Die maßgeblichen preußischen Arrondierungen dazu hatten rasch nach dem Ende des „Deutschen Kriegs" am 3. Juli 1866 stattgefunden. Am 1. Oktober 1866 wurden vier der Kriegsgegner Preußens nördlich der Mainlinie zu preußischen Provinzen bzw. zu Teilen solcher Provinzen, nämlich das Königreich Hannover, das Kurfürstentum Hessen (Hessen-Kassel), das Herzogtum Nassau und die Freie Stadt Frankfurt, dazu kleinere Gebiete des Königreichs Bayern (Bayreuth u. Anspach) und des Großherzogtums Hessen (Hessen-Darmstadt). Die anderen Kriegsgegner nördlich der Mainlinie blieben als Staaten erhalten, mussten sich aber dem Norddeutschen Bund anschließen, so das Königreich Sachsen, das Herzogtum Sachsen-Meiningen und das Fürstentum Reuß älterer Linie. ... Und mit dem katholischen Königreich Bayern, dem pietistisch Königreich Württemberg sowie den Großherzogtümern Hessen-Darmstadt und Baden bestanden Verteidigungsabkommen.

© Wikipedia

Da beging Frankreichs Kaiser Napoleon III. einen riesigen Anmaßungsfehler. Spanien hatte von sich aus einem katholischen Hohenzollern-Sigmaringen angeboten, dort anstelle des verstorbenen Regenten König zu werden. Der war mit Wilhelm I. realiter gar nicht mehr blutsverwandt und Preußen hatte dabei seine Finger auch überhaupt nicht im Spiel. Dennoch erhob Frankreich dagegen seinen geharnischten Protest, erklärte am 19. Juli 1870 Preußen den Krieg und schlug sofort los (quasi in Wiederholung von Louis XIV.' Spanischen Erbfolgekrieges 1701–1714). Bereits am 2. August 1870 hatten französische Truppen unter General Frossard

Saarbrücken eingenommen, um die Rüstungsindustrie im dortigen Gebiet auszuschalten und einen Vorstoßbrückenkopf auf preußischem Gebiet zu errichten. ... Doch der Norddeutsche Bund und Deutschlands Südstaaten standen zu ihrem Bündnisschwur und die brillante Eisenbahninfrastruktur Preußens sollte rasch ihre Vorzüge erweisen. Im nun folgenden Krieg von 1870/71 übernahm Wilhelm I. wie gehabt wieder den Oberbefehl, diesmal über die nun dank modernster Eisenbahntechnik sofort samt Mann und Material in Frankreich einrückende gesamte deutsche Verteidiger-Armee. Er befehligte bei Gravelotte am 18. August 1870 und sodann am 1. und 2. September 1870 bei der Schlacht bei Sedan, wo L'Empereur Napoleon III. Mitte des zweiten Monats nach Frankreichs Kriegserklärung gefangen gesetzt wurde.

Paris war eingezingelt. Wilhelm I. leitete nunmehr vom Oktober 1870 bis in den März 1871 von seiner Frontbefehlsstelle in Versailles die militärischen Operationen der gesamtdeutschen Truppen und war unterrichtet über die politischen Verhandlungen zur Gründung des Deutschen Reichs. Im Gegensatz zu Napoleons I. Chauvinismus- und Aggressorwüten in Tilsit wollte Wilhelm I. nicht das totale Auslöschen des eroberten Staates, obwohl er Verteidiger war und Frankreich erneut der Aggressor. ... Derweil spielte Bismarck auf einer völlig anderen Bühne die wesentliche Rolle: Er betrieb den Beitritt der Süddeutschen Staaten zum Norddeutschen Bund. Im Ergebnis unterzeichnete der bayerische „Märchen"-König Ludwig II. im November 1870 den von Bismarck verfassten „Kaiserbrief". Denn er war nach dem preußischen König der ranghöchste unter den deutschen Monarchen und hatte für diese in toto unterschrieben.

Den „Kaiserbrief" übergab Ludwigs Onkel Prinz Luitpold von Bayern, der spätere Prinzregent (1886–1912), am 3. Dezember 1870 persönlich dem preußischen König an der Front in Versailles.

Flankiert wurde diese Kaiserbriefaushändigung durch eine Kaiserdeputation, einer Gruppe von Reichstagsabgeordneten, die

Wilhelm I., den Inhaber des norddeutschen Bundespräsidiums, in Versailles aufsuchte. Ziel war, den zögerlichen Wilhelm I. zur Annahme des Kaiser-Titels zu bewegen und ihm so die höhere Legitimation durch den zukünftigen Kaiser zu geben. Am 8./9. Dezember nahmen der Reichstag und der Bundesrat die Verfassungsänderung an, welche aus dem Norddeutschen Bund den Staatenbund „Deutsches Reich" formte und dem Inhaber dessen Bundespräsidiums zusätzlich den Kaisertitel gab. Am 18. Dezember 1870 nahm Wilhelm I. die ihm so von allen Seiten angetragene Würde an.

Die Verfassungsänderung trat am 1. Januar 1871 in Kraft, und noch während der Deutsch-Französischen Krieg andauerte wurde Wilhelm I. sozusagen auf seinem Kriegs-Befehlsstand am 18. Januar 1871 im Spiegelsaal von Versailles in das Amt eingeführt. Wilhelm I. war nur schwer davon zu überzeugen gewesen, dass sein Preußen künftig in einem gesamtdeutschen National- und Bundesstaats-Gebilde aufgehen sollte, mit ihm selbst in ihm undurchsichtig erscheinender Mittelausstattung an dessen Spitze, samt gesamtdeutschem Bundesrat und zukünftig schwarz-weiß-roter Flagge. Das erschien ihm offenbar alles beunruhigend unklar, zu unsicher und zu viel. Die Annahme des Titels „Deutscher Kaiser" hatte ihm noch am Vorabend der Kaiserproklamation widerstrebt!

Die Kriegshandlungen endeten mit dem am 26. Februar in Versailles geschlossenen „Vorfrieden von Versailles".

DAS DEUTSCHE REICH
1871–1918
Kgr. Dänemark
Kgr. Schweden
OSTSEE
NORDSEE
Provinz Schleswig
Holstein
Grhm. Mecklenburg-Schwerin
Provinz
Pommern
Provinz Westpreußen
Provinz Ostpreußen
Provinz Hannover
Provinz Brandenburg
Kgr. Niederlande
Provinz Posen
Kaiserreich Russland
Provinz Westfalen
Provinz Sachsen
Kgr. Sachsen
Provinz Schlesien
Rheinprovinz
Provinz Hessen-Nassau
Kgr. Belgien
GH
Königreich Bayern
Baden
Kgr. Württemberg
Reichsland Elsaß-Lothringen
Großherzogtum
FHZ
Frankreich
Kaiserreich
Königreich Ungarn
Österreich
Schweiz
Italien
Kgr.

Aus Frankreichs Kaiserreich wurde infolge innerer Unruhen sodann die „Dritte Republik". Der Vorfrieden von Versailles fand am 10. Mai 1871 im „Friede von Frankfurt" zwischen der Französischen Republik und dem Deutschen Reich, zum formellen Ende des französisch-deutschen Kriegs von 1870/1871. Wie schon nach Napoleon I. wurde Frankreich erneut sehr entgegenkommend behandelt: Es musste von all seinen Beutegreiferraubzügen seit Ludwig XIV. vom deutschbesiedelten Reichsgebiet Lotharingien/Burgund nur ein bisschen Elsass zurückgewähren! ... Ob Frankreich das diesmal trotz seiner chauvinistischen Mem-Deformation wohl wird würdigen können?

Daran zu zweifeln gebot indes, dass es in 1840 einen Teil des Kriegsinvalidenhospiz „Hôtel des Invalides", nämlich die hochbarocke Prunkkirche „Dôme des Invalides" in purem Chauvinismus-Überlegenheitskoller umgestaltet hatte zur pompösen „Grand Gloire"- und „Grande Nation"-Kultstätte sowie zur Ruhmeshalle samt monströsem Porphyr-Sarkophag für Napoleon I., jenem Angstbeißer&Beutegreifer-Usurpator mit seiner sechs Millionen Todesspur quer durch ganz Europa!

Noch heute benennen die Franzosen ihre Pariser Metro-Stationen nach all dessen Pyrrhus-Siegen! – Doch vorerst gab's Ruhe; freilich in epigenetisch wie memetisch implementiertem Erinnern an Louis' XIV. „Grand Gloire" und Napoleons „Grande Nation" sich reaktiv chauvinistisch hochjubelnd zur „Belle Époque" à la Francaise, eben jenem Futtertrog aller töricht schillernder Defizit- und Narzissmus-Befriedigung … während Great Britain systematisch sein Commonwealth ausbaute, und es in Deutschland zum damals unübertroffenen Demokratie-, Bildungs-, Wissenschafts-, Medizin-, Demographie-, Sozial- und Wirtschaftswunder des spektakulären Aufblühens in der „Kaiserzeithochkonjunktur" kommt.

Von nun an konnte im geeinten Deutschland auf der von Halle, Friedrich d. Gr. und Kant über Friedrich Wilhelm III., vom Stein, von Hardenberg und Wilhelm von Humboldt geschaffenen Kultur-*Mem*-Grundlage pietistischer Renaissance i. S. v. Jesu Befreiungs-Philosophie mit optimaler Freiheits&Kooperations-Einstimmung in allem eine einmalige Kultur-Evolution samt gewaltiger Anthroposymbiosen-Surplus-Genese entfalten.

Als äußeres Zeichen vollendeten und sanierten sie überall im Reich die gotischen Gottesbauwerke hoher Freiheits&Kooperations-

Bekenntnis und errichteten viele neue Stätten solchen Freiheits&Kooperations-Vertrauens in Jesu Befreiungs-Philosophie.

Allein der Bevölkerungsanstieg von 41 Millionen in 1871 um über 66 % auf 68 Millionen in 1914 sagt mehr über die Dynamik der kulturellen wie kommerziellen Prosperitätszunahme als alle andere Zahlen zusammen.

Besonders signifikant sind die enorm hohe Innovationskompetenz allenthalben (s. z. B. o. die Nobelpreisauszeichnungen) sowie die nach dem dreißigjährigen Völker- und Ideologienringen 1914 bis 1945 entgegen aller idolatrischer wie ideologischer Sperrfeuer-Permanenz erwiesene hohe Immunstärke und Schockresistenz seiner Freiheits&Kooperations-*Mem*-Ausstattung.

Auf dem pietistisch-calvinistischen Kultursubstrat von Jesu Befreiungs-Philosophie für Takt, Anstand, Fleiß, Eigenständigkeit, Selbstverantwortlichkeit und Pflichterfüllung waren, darauf aufbauend, geistig-ätherische normierende Infrastruktur-Funktions-Medien fürs gedeihliche sozial- wie wirtschaftlich-gemeinschaftliche Interagieren auf hohem Freiheits&Kooperations-Level hinzugekommen.

Im Grunde war's ein Wiederaufleben und Fortentwickeln von bereits im Mittelalter Gehandhabtem. Doch jetzt steigerten sich die Befreiungs-Chancen ständig weiter ins sachlich-materielle Reale und Rationale hinein, etwa durch Produktivitätszunahmen, bessere medizinische Versorgung, soziale Absicherung etc. sowie durch Verkehrsinfrastruktur, zunächst zu Land, Wasser und sogar auch schon elektronisch per Morse-Telegraphie und Telefonie im Äther.

Telegrafie und Telefonie brachten völlig neue Freiheits&Kooperations-Dimensionen samt Horizonterweiterung über ständig größere Distanzen. Der materielle Flugverkehr in eben diesem Äther zog bald nach. Der Mensch fand immer mehr Erlösung/Befriedigung/Befreiung. Ansteigende wissenschaftliche und technische Evolution erlöste den Menschen stetig zunehmend von seiner stofflich-physischen Gebundenheit.

Die Wasser- und Windmühlen-Technik war ein erster Schritt gewesen. Die Dampfmotoren steigerten menschlichen Leistung-Input gleich nochmals ums Vielfache und erklomm mit Eisenbahnen sowie Dampfschiffen zugleich einen neuen und höheren Freiheits&Kooperations-Level für überregionale, übernationale ja sogar interkontinentale Interaktion.

Die mit der Wasserkraft von Talsperren und Dampfgeneratoren erzeugte Energie der Elektrizität ließ sich überall hin leiten, das ging mit Dampf nicht so. Strom konnten per Kabel an jedem beliebigen Ort Maschinen betreiben und überall des Menschen Leistungspotenzial nochmals weiter vervielfachen. Überall in Betrieben und in Haushaltungen erlebte der Mensch ständig zunehmend die Erlösung von seiner stofflich-physischen Eingeschränktheit.

Bald ermöglichten Petroleum und Nafta dem Menschen sogar Fahrzeuge, mit denen er im Prinzip überall autonom hinkommen konnte. Der Explosionsmotor ließ das autonome Fahren am Boden um sich greifen, auf den Meeren den Schiffverkehr beschleunigen und per Flugzeug sogar die Luft zum Infrastrukturmedium für den Menschen werden.

Der Raketenantrieb, die Atomwissenschaft, der Rundfunk, das Fernsehen und die Computer-Idee entsprossen allesamt ebenfalls den Forschungen der Kaiserzeit. ...

***

Zum Abschluss von Teil I

> Vom Eingebundensein im großen Kulturrevolutions-Strom: Die „Schöpfung" und der Kulturwerde-Gang darin < können wir nun dies festhalten.

Ständig steigert's des Menschen räumliche und geistige Mobilität, stetig beschert's ihm neue Freiheits&Kooperations-Optionen. Sowohl im Stofflich-Physischen als auch im Geistig-Ätherischen eröffnen sich unentwegt umfassendere Freiheits&Kooperations-Horizonte und -Optionen ... auch, um „organisch", sprich Sozioorganismusbildend, voranzukommen, Richtung Ausformung von Anthroposymbiosen ansteigenden Surplus' gemäß dem Naturgrundgesetz aus Quantitätsanhebung und Qualitätsemergenz!

Dazu war dem Kaiserzeit-Anthroposymbiont für seine Symbiogenese der Segen und die Seele seiner ganz eigenen „Heiligen Weisheits"-Renaissance in Jesu Befreiungs-Philosophie mitgegeben. ... Doch genau das will heutige Sozial-, Politik- und Wirtschafts-Wissenschaft nicht begreifen. Da steht ein massiv vorurteilsbelastetes Kaiserzeit-„bashing" mitsamt einer grassierenden idolatrischen wie ideologischen Verbissenheit im Wege.

Es lohnt indes, darüber nachzudenken, wieso die christliche Spätantike Konstantinopels, das gotische Hochmittelalter, die Kaiserzeit und sodann das Deutsche Wirtschaftswunder dieses enorme Prosperieren hervorbrachten.

Eine Memetik **(1.)** der Arbeitsteilung in **(2.)** purer Rationalität schafft á la longue schon viel mehr, als alle Macht&Gewalt-Systeme. Das zeigt uns heute bereits der rational rechtlich-funktionalistisch aufgestellte angelsächsische Kapitalismus. So richtig klappt es erwiesenermaßen aber erst, wenn **(3.)** dem arbeitsteiligen und rationalen Selbstschöpfungsvorgang das Veredelungs-Mem einer starken kulturellen Befähigung zu autonomer

Freiheits&Kooperations-Entfaltung hinzugefügt wird. Denn das bringt das dringend benötigte „Funktions-Öl" ins Sozial&Ökonomie-Getriebe (s. S. 17 u. 28 ff. Wetterich- u. Frühwald-Dictum).

Die Helix eines Kultur-Mems, welcher es an dieser Veredelung ihrer geistig-ätherischen DNA-Sequenz ermangelt, ist unvollendet. Sie hängt vor den jüdischen und christlichen Befreiungs-Implikationen fest!

Das zu bedenken, gilt für alle Menschen-Gemeinschaften gleichermaßen, seien es nun Familien, Firmen, Städte, Staaten oder die eine Weltgemeinschaft. Die anthroposymbiotisch regelgebundene Freiheits&Kooperations-Sicherung sei ihnen die oberste Devise.

Denn für alle Evolution gilt das Freiheits&Kooperations-Axiom: wie bei der Materie-Evolution, so bei der Lebensevolution und so auch bei der Kulturevolution (s. dazu auch Gen&Mem S. 613 ff.)!

II. Teil

Vom Eingebundensein in der familiären und gesellschaftlichen Umgebung

Damit können wir über die weitere Familiengeschichte, die ja im frühen 13. Jh. mit der Stadtgründung Frankenbergs begann, zur engeren Familiengeschichte kommen, die 1661 nach Rosenthal führte und sodann auf die Neue Mühle, genannt „Naumeel“, wo mein Opa Conrad Schleiter im Jahr 1859 durch Einheirat städtischer Erbpacht-„Naumeller“ wurde, und im Jahr der II. Kaiserreichsentstehung in 1870 der Stadt die „Naumeel“ abkaufte. ... Doch zunächst wollen wir das familiäre Geschehen bis dahin Revue passieren lassen. – Es basiert auf des Onkels Wilhelm Schleiter aus der Kasseler Verwandtschaft Nachforschungen, die er als Pfarrer der von Heinrich I., erster Landgraf von Hessen, gestifteten Frankenberger Liebfraukirche vornahm, natürlich anhand der Relikte, welche die Jahrhunderte trotz der hier zuvor und folgend geschilderten Stürme und Verheerungen überstanden haben.

Erstmals taucht der Name wie erwähnt mit der Gründung der Stadt Frankenberg urkundlich auf. Er ist überliefert in den Annalen des Klosters Georgenborn. Dessen Gebäude sind z. T. erhalten: im Tal am Fuß des Burgbergs, den seit dem 13./14. Jh. die der Marburger Elisabethkirche nachgebildete Liebfraukirche krönt. Es waren zwei Brüder mit den Vornamen der beiden Landgrafen ihrer Zeit, nämlich **Conrad von Sledere** (1243–1270 – *Ritter* in Frankenberg, zuständig für „*Wik*“/äußeren Schutz) und **Henrich Sledere** (1249–1270 – *Schöffe* ebendort, zuständig für „*Bill*“ /innere Sicherheit). – Das waren für die damalige Städtegründungsphase wichtige Berufe: „*Wik*“/Sicherheit und „*Bill*“/ Gerechtigkeit sind nötig für die Freiheits&Kooperations-Entfaltung im Stadt-Anthroposymbiont. „*Wik*“ und „*Bill*“, leben in dem Begriff „Weichbild“ für den Sicherheits- und Ordnungsraum einer Stadt fort. ... Beide Brüder hatten zu Ende ihrer Lebzeiten für ihr „ewiges Seelenheil“ Güter an der unteren Eder an Frankenbergs Stadtkloster übereignet. So blieben ihre Namen über all die Wirren erhalten. Beide schreiben sich auch latinisiert „Clusio". Und beide Namensschreibweisen haben mit einem Beruf zu tun, der mit der Klostergründungsphase aufkam und mit der Städtegründungswelle in der mittelalterlichen Wärmezeit Verbreitung fand. Es war der Beruf derer, die etwas unter Verschluss oder sonst zu sichern hatten. Heutige Namen wie Schlüter, Schloterdyck, Bomschlüter oder eben auch Schleiter erinnern an diesen Beruf mittelalterlicher Zivilisationsentfaltung. ... Die Berufe der beiden v. g. Sledere sind solche: Der eine hat zu tun mit der äußeren Sicherheit (Ritter), der andere mit der inneren (Schöffe).

Gut möglich, dass sie ihren Nachnamen wegen ihrer Berufe bei der Stadtgründung Frankenbergs, als aufgrund ansteigender Siedlungsdichte die Vornamen nicht mehr ausreichten und die Nachnamen eingeführt wurden, erhielten; gut möglich aber auch, dass ihrem Einsatz bei der Stadtgründung klösterliche Pionierleistung an beiden Brüdern vorangegangen war, und ihr Name dem lateinischen, der Begriff für Kloster „Claustrum" entstammt, weil sie daraus geschickt waren, und sie daher „Clusio" (germanisiert Sledere) genannt wurden. Letzteres würde auch ihre enge Verbundenheit zum Kloster Georgenborn erklären, dem sie ja am Ende ihres Lebens ihren Gutsbesitz stifteten.

Klöster verstanden sich als Ausbildungs- und Verbreitungseinrichtungen für alle mentalen wie realen Fertigkeiten ihrer Zeit auf höchstem Niveau. Sie waren hochkomplexe Zivilisations- und Kultivierungsunternehmungen mit gebildeten Ordensbrüdern sowie Laienbrüdern. Letztere waren dort, um die Arbeiten zu verrichten, dabei alle Agrar-, Küchen- und Wirtschaftstechniken des Klosters zu erlernen und sodann ihre hochentwickelten „Kulturtechniken" ins Land zu verbreiten. Nicht selten erhielten sie auch Ausbildung im Schreiben und Lesen, natürlich in Latein. So entstanden gut ausgebildete „Clusio"-Fachleute für klösterliche wie städtische Gemeinschafts-Administration mit hoher Gestaltungs-. Funktions- und Verhaltens-Befähigung.

Und damit der Neustadtbürger Frankenbergs das auch verstand, hatten die Sledere-Brüder ihre klösterliche Berufsabstammung germanisiert in *Sledere*, auch mal *Sledero* oder *Sleyder* geschrieben.

Kloster St. Georgen in Frankenberg/Eder

© Wikipedia

Die „Clusio" waren Fachleute mit *Mem*-Ausstattung für Anthroposymbiosen-Bildung und -Optimierung!

Bei den Nachfolgegenerationen taucht der Name als **Henrich Sleders**, von 1490 bis 1505 Korbacher Ratherr, oder **Andreas Schleiter** (1515–1560) Kirchlotheimer Pfarrer nur sporadisch auf. ...[Damals war Reformation. Und von 1618 bis 1648 tobte dann ja der 30-jährige Verheerungs-Krieg, der zum Schluss von den katholischen Franzosenkönigen Louis XIII. u. XIV. auf Seiten der deutschen Protestanten gegen das katholische deutsche Kaiserhaus „Habsburg" geführt wurde, und mit dem ersten großen Sieg Frankreichs über Deutschland endete: Die Funktion des Heiligen Römischen Reichs Deutscher Nation als Schutzmacht des Heiligen Stuhls in Rom sowie einer panabendländischen Kultur endete in den Reformationskriegswirren. Die das Mittelalter bestimmende Friedensordnung war endgültig durch das französische Nationalstaatskonzept der „Il Pricipe"-Staatsräson ersetzt. ... Frankreichs „Il Pricipe"-Führer der „katholischen Könige" Ludwig XIII. u. Ludwig XIV – die Kardinäle (!) Richelieu (1624–1642) und Mazarin (1642–1661) – hatten ihre Chauvinismus-Hybris voll auskostend das habsburgisch katholische Kaiserreich mit ihren Söldner-Marodeuren in die „de fakto"-Auflösung getrieben und 1648 im Schandfrieden von Münster und Osnabrück dem Heiligen Römischen Reich Deutscher Nation den Todesstoß gesetzt, von dem es sich nicht mehr erholen sollte und dem es durch den Franzosen-„Kaiser" Napoleon 1806 endgültig erlag.]...

Nach dem 30-jährigen Krieg werden die erhaltenden urkundlichen Übermittlungen dichter.

1661 zieht **Johannes Schläutter** (auch „Schlauten", später „Schleiter" geschrieben) von Grüsen nach Rosenthal. In dem total verwüsteten und daniederliegenden Land war er sicher angelockt von des Pfarrers Hilgermann Wiederaufbauerfolgen dort (s. S. 84 u. 154 ff.). Rosenthals Bevölkerung war durch Krieg, Hunger, Fleckfieber, Marodeure, Soldateska-Vandalismus und Pest ja gegen 20 % geschrumpft. Nach einigen Berichten sollen es nur 30 Bürger gewesen sein, was rd. 5 % entspräche.

Nach Neubürgern wurden jedenfalls dringend gesucht! Gut denkbar ist, dass der aus Grüsen Zugezogene sich damals innerhalb der Wallanlagen nahe des Fischtors niederließ, um am Fischbach eine Stoff-Färberei zu betreiben. Der Familienname „Färber Schleiter" und eine spätere Gehöftbezeichnung für den von dieser errichteten „Färber Schleiters Hof" wären Hinweise darauf.

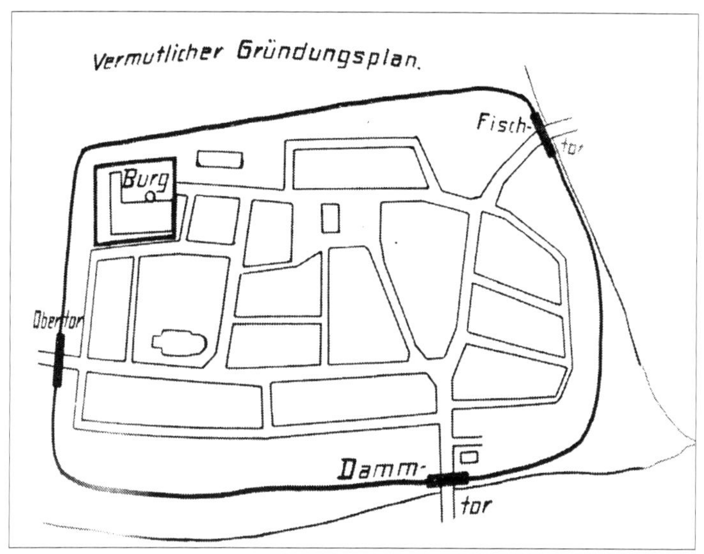

Rosenthals Stadtgrundriss: Vom Fischtor fließt der Fischbach und vom Dammtor die Rodebach zur Vereinigung in der Bentreff

Bis in die 1960er Jahre hatte nahe des ehemaligen Fischtors ein kleines Fachwerkanwesen gestanden, das in allem so anmutete, als ob's wäre aus jener Gründerzeit der Familie Schleiter in Rosenthal, wo ein ehemaliger Militär-Pfarrer der Schweden namens Hilgermann äußerst erfolgreich den Wiederaufbau betrieb. ... [Und genau dort im Haus am Fischbachtor mit der Rosenthaler Hausnummer 77 (s. Foto S. 251) kam am 24. März 1835 mein Urgroßvater Peter Schleiter und am 12. Juni 1863 Großvater Conrad Schleiter zur Welt, der dann unser erster „Naumeller" auf der Neue Mühle werden sollte. (s. u.)] ... Am 18. September 1669 war der 1641 aus Militärpfarrdienst bei den Schweden im Dreißigjährigen Krieg geläutert eingetroffene hochverdiente Wiederaufbau-Pfarrer Hilgermann verstorben und hatte in der von ihm wieder zum Leben gebrachten Kirche (s. Foto S. 84) ein Ehrengrab erhalten, wo dann auch seine Ehefrau, die Rosenthalerin Katharina, geb. Minke, die letzte Ruhe fand. Das Ehepaar zählt viele Nachkommen im heutigen Rosenthal, wobei der Nachname Hilgermann allerdings unterging.

Im Kirchenbuch lebt Pfarrer Hilgermann freilich munter fort. Dort hat er viele Einträge hinterlassen und sich auch so manches von der Seele geschrieben, so z. B. folgende in Reaktion auf des ob Hilgermanns Erfolgs eifersüchtigen, Hilgermann durch Vieh-Raub und auf andere niederträchtige Weise bösartig drangsalieren lassenden Bürgermeisters Ochs Verse auf Latein, das verstand sein Widersacher ja nicht (hier mit Übersetzung ins Deutsche).[36]

Nicolaus Hilgermanus per anagramma:
(Nikolaus Hilgermann durch Umsetzung in Buchstaben)
Non ulla hic sumis regna.
(Du gewinnst hier keine Königreiche!)
Praeco Dei verbi subeo miserabile fatum
Verbera, bella, luem, vincula, stricta, famen.
(Als Herold des Wortes erduldet ich ein elendes Los
Schläge, Kriege, Pest, Bande, Ketten, Hunger.)
Hic quoque spinarum misere non valle rosarum
agresti et duro vivo labore manus.
(Hier lebe ich elend von rauher und harter Arbeit meiner Hände
im Tal der Dornen, nicht der Rosen.)
Hoc anagramma mei designat nominis omen
non ulla hic sumis regna, parate solo.
(Dieses Anagramm gibt meines Namens Deutung.
Du gewinnst hier keine irdischen Königreiche.)
Regna parata polo tamen illic coelica Tempe
hic fruor, haec sumo, gloria lausque Deo.
(Königreiche aber im Himmel und das himmlische Tal
genieße ich schon hier und gewinne sie dort.
Ehre und Lob sei Gott.)

36 Himmelmann, Fritz: Heimatbuch der Stadt Rosenthal, (Univ.-Buchdruckerei Dr. E. Hitzeroth), Marburg-Lahn 1939, S. 27.

So hatte er in Jesu Befreiungs-Philosophie seine Erlösung und seinen Frieden gefunden. ... Sein Rosenthal liebte Hilgermann dennoch heiß und innig und hat auch das ebenso dem Kirchenbuch anvertraut: „... *die Gottseligen Alten haben einen solchen Ausspruch gethan, rote und weiße Rosen wachsen zum Rosenthal für den Walt, richtige Treu tuth nicht vergehen, dabey du stehts halt.*" So gab er's seinen Rosenthalern und persönlichen Abkömmlingen auf. In neuerem Deutsch ziert er heute das Balkenwerk an Rosenthals Rathaus.

1671 wird Johannes Schläutter als Zeuge eines **Hexenverfahrens** in Rosenthals Kirchenbüchern wie folgt erwähnt: *„Heute, den 15. März anno 1671 sagt Bast Theiß im Beisein des alten Kastenmeisters Johannis Regeners, Johann Schlautens und Johann Herrmann Dörrs, des Schulmeisters, von Johannes Vöhl, dass drei Personen allhier wären, welche Glücksmännchen gekauft hätten, solches hab er von Peter, dem Kuhhirten gehört, hierauf soll Peter, der Kuhhirt befragt werden."*[37] ... *[Und es sollte sich ja von den Emissären des Siegers im Dreißigjährigen Krieg, dem „katholischen König" von Frankreich Ludwig XIV. (*5. September 1638; †1. September 1715, allein regierend 1661–1715), angestachelt, aus Ost erneut die türkisch-islamische Angstbeißer- und Beutegreifer-Walze auf den Weg begeben: gen Wien, die Hauptstadt des katholischen Habsburger-Kaisers. Ihr 170.000 Mann zählendes Heer hatte Wien umlagert, und die Einnahme stand bevor. Doch das vereitelte das unerwartet eintreffende und sofortige zuschlagende Allianzheer der Heiligen Liga des Papstes aus reichsdeutschen, kaiserlichen und polnisch-litauischen Truppen: Am 11. September (!) 1683 zerstob in der Schlacht am Kahlenberg vor den Toren Wiens die osman-isalmische Macht&Gewalt-Phantasmagorie ... (das nine/eleven (also 9/11) der islamischen World Trade Center Zerstörung in 2001 rekurrierte offenbar darauf). Auch Frankreichs Totalzuschlagsplan zur Vollendung des*

37 Himmelmann, Fritz: Heimatbuch der Stadt Rosenthal, (Univ.-Buchdruckerei Dr. E. Hitzeroth) Marburg-Lahn 1939, S. 28.

1648er Zerstörungswerks war nicht aufgegangen. Es blieb bei Ludwigs XIV. Eroberungsversuchen am Rhein. Sein Angstbeißer- und Beutegreifer-Mem sollte indes überdauern. Zunächst folgten der siebenjährige Krieg 1756–1763 und sodann Napoleons Angstbeißer- und Beutegreif-Großaktion in ganz Europa samt Preußen-Extinction und England-Seeblockade 1799–1815, Napoleon III. 1870, Poincarés 1914 etc.] ...Mein 1661 zugezogener Ur-Ur-Ur-Ur-Ur-Ur-Ur-Urgroßvater **Johannes Schläutter** bzw. Schlauten ward der Stammvater aller Schleiter in und aus Rosenthal.

Die von ihm zur Neue Mühle führende Abstammungslinie ist wie folgt. (Siehe auch Familienstammbaum in der Anlage, S. 580) ... 1687 wird Ur-Ur-Ur-Ur-Ur-Ur-Urgroßvater **Conrad Schlauten** (auch „Schläutter" geschrieben) ebenfalls im Zusammenhang mit einem **Hexenverfahren** in Rosenthal urkundlich. *„Am 7. September 1687 hat der Pfarrer in Rosenthal folgendes Protokoll über ein Verhör niedergeschrieben. ‚Wegen obiger den 25. 8. Vergangenen Jahres, daß Anna Kath. Münkin ihren Bräutigam Conrad Schlauten durch verbotene Zaubermittel herbeizwingen wollen, ist auch Elisabeth Leuningen von mir Pfarrer examiniert und befragt worden, sagt aus, wie folgt: Als sie vor einem Jahr bei Gertraud, Peter Münkel sel. Tochter, gewesen und wiederum zurück nach Haus ging, sie ihr Zeugin, gedachte Anna Katharina, begegnet, ihr zurückgerufen und: Ei Elsa, mein Bräutigam ist weggelaufen, wißt ihr nicht einen guten Rat, wie er wieder herbei zu zwingen, so teilt mir solches mit. Worauf aber Zeugin, geantwortet: Da behüt mich Gott für, damit will ich nichts zu tun haben. Wüßte weiter von nichts.'"*[38] ... [Der ab 1690 an der Pilot-Universität deutscher Aufklärung im preußischen Halle lehrende humanistische Naturrechtler Professor Thomasius fordert die Abschaffung des abstrusen Hexenprozess-Unwesens.] ... Am 16.09.1706 heiraten

38 Himmelmann, Fritz: Heimatbuch der Stadt Rosenthal, (Univ.-Buchdruckerei Dr. E. Hitzeroth) Marburg-Lahn 1939, S. 28.

der Ackermann, Ur-Ur-Ur-Ur-Ur-Urgroßvater **Johannes Schleuter** (auch „Schlutter“ geschrieben) und **Anna Catharina Dofftin** (aus Rosenthal). ... [Die Franzosenwiesen im Burgwald erinnern noch heute daran, dass damals in Frankreich verfolgte Waldenser hier Acker- und Weideland erhielten.]

Nun tauchen sie in Namensrelevanten Berufen auf: Am 15.04.1746 heiraten der Rosenthaler **Stadtrat** und **Stadtkämmerer**, Ur-Ur-Ur-Ur-Urgroßvater **Andreas Schleuter** (*21.02.1720 – auch Schlutter und Schleiter geschrieben) und Strumpfwebers Tochter **Catharina Maria Baltzer** aus Rosenthal. ... [Im siebenjährigen französisch-englischen Welt-Krieg Nr. 0 von 1756 bis 1763 verunsichern französische Söldner das Gebiet und verwüsten Rosenthal erneut wie bereits im dreißigjähren Krieg schon.] ... 1781 heiraten der Rosenthaler **Ratsschöffe, Kirchenälteste** und Zeugmacher, Ur-Ur-Ur-Urgroßvater **Jakob Schleiter** (*1752) und **Anna Elisabeth Metz** aus Rosenthal. ... Am 01.01.1805 heiraten der Rosenthaler **Stadtkämmerer** und Zeugmacher, Ur-Ur-Urgroßvater **Andreas Schleiter** (*08.02.1784 – †09.04.1840) und **Anna Sophie Dorothea Stuckert** (aus Rosenthal). ... [Von 1800 bis 1814 überziehen französische Truppen unter Napoleon Europa mit Krieg, Gott sei Dank ohne direkte Spuren in unserem Gebiet zu hinterlassen. Durch den Sieg über Napoleon bei Waterloo wurde Preußen im Wiener Kongress als europäische Großmacht anerkannt.]

Am 11.08.1833 heiraten mein Ur-Urgroßvater der Rosenthaler Färbermeister und Ackermann **Peter Schleiter** (*15.09.1808–†19.05.1844) und **Anna Maria Gamb** (Tochter des Bürgermeisters von Rauschenberg). ... [Und nach dort hatte auch ein Schleiter geheiratet. Aus der Rauschenberger Linie stammt Helmut Schleiter, der in der zweiten Hälfte des 20. Jh.s in Frankfurt a. M. als Schreinermeister bei Philipp Holzmann AG weltweit verdienstvoll wirkte. Noch heute kann man in den Sälen der Alten Oper und dem HR-Sendesaal seine Ausbauarbeiten bewundern.]

Am 24.03.1835 wird deren Sohn, mein Urgroßvater **Peter Schleiter** im Haus No. 77 am Fischbachtor geboren. Über die für uns Heutige völlig unvorstellbar bescheidenen, damals aber üblichen, Lebensverhältnisse in des Urgroßvaters Peter Schleiter Geburtshaus No. 77 berichtete mein Bruder in einem Brief vom 14.12.2008 an die Bopparder Verwandtschaft.

Landwirtschaft war Mühsal und Ärmlichkeit. ... [Die Mineraldünger-Industrie zur vom Gießener Professor, Rindfleisch-Extrakt-Entwickler und Chloroform-Entdecker Justus von Liebig um 1850 publizierten Erkenntnis, dass Pflanzen wichtige anorganische Nährstoffe in Form von Salzen aufnehmen, musste erst noch entstehen.]

Solche ärmlichen und beengten Verhältnisse herrschten in jener Zeit selbstverständlich auch bei den „Naumellers" auf der Neue Mühle. Mein am 28.01.1899 geborener Vater berichtete, dass sie als Kinder in der alten Neue Mühle wie die Ölsardinen aneinander gepresst in einem Bett lagen: Drei mit den Füßen in eine Richtung, drei mit den Füße in die entgegengesetzte. Was ich ihm nicht abnehmen wollte. Aber meines Bruders Heinrich Beschreibung vom Leben der Familie Kirchhainer noch in den 1940er Jahren so wie in Peter Schleiters Geburtshaus No. 77. bestätigt meines Vaters Schilderung von den sechs Kindern in einem Bett auf sehr drastische Weise. Denn ein Klassenkamerad meines Bruders, den sie „Sauhertes Henner" (sprich Schweinehirtens Heinrich) riefen, lebte in dem original erhaltenen Haus gleich dem ehemals daneben gestandenen unseres Urgroßvaters mit der Rosenthaler Häuser-Nummer 77. „Sauhertes Henners" Oma Catharina war vor langer Zeit aus den USA als Katy zurückgekehrt und ward seit dem „die Kät" genannt. Sie hatte ein Zubrot, indem sie mit Tutehorn durch Rosenthal zog, laut ihr Horn ertönen ließ und „Sau raus" rief, um die Säu' der Rosenthaler in den „Dammrasen" zur Schweinemast zu führen. „Die Kät" war während meines Bruders Schulzeit in den 1940ern ein Rosenthaler Original.

... Und auch er war mit den anderen Kindern der auf ihrem Horn tutenden Frau samt ihrer Säue munter tollend hinterher gelaufen.

Rosenthaler Haus No. 77

Im v. g. Brief an die Bopparder „Naumeller"-Abkömmlinge schildert Bruder Heinrich den „Sauherte"-Hausstand der „Kät" wie folgt: *„Das Fachwerkhäuschen, das ich noch kenne, war in heutigen Maßstäben winzig. Ebenerdig stand man unmittelbar in einer kleinen Küche mit einem Kesselofen. Nebenan war ein kleiner Viehstall. Eine freistehende steile Treppe ohne Treppengeländer führte in den Wohnbereich (der zum großen Teil über dem Stall lag, also sozusagen Fußbodenheizung hatte). Gewohnt, gewebt und geschlafen wurde in dieser 1. Etage. Im Spitzgiebel wurden Rohwaren (fürs Spinnen und Weben) und Getreide aufbewahrt. ... In dem auf dem Foto abgebildeten Haus wohnten in 1940 die bestimmende Oma (also die Kät), ein Sohn mit Schwiegertochter, eine Tante und sechs Kinder. ... Unter dem gleichen*

Dach wurden Vorräte wie Heu und Getreide aufbewahrt und lebten Hühner, Gänse, Hasen, Schweine und zwei Kühe. Vor dem Haus ist ein Haufen mit gehacktem Holz. Für einen kleinen Misthaufen war auch noch Platz. Das Nachtgeschirr wurde morgens (vom Fenster aus) im hohen Bogen auf den Misthaufen entleert und der Donnerbalken war im wärmenden Kuhstall. Um die gestrenge Großmutter unseres Klassenkameraden machten wir Kinder einen großen Bogen.“

Die Neue Mühle befindet sich seit den 1790ern in Familien-Erbpacht

Des aus Rosenthaler Stadtkämmerer- und Zeugmacher-Linie im Haus No. 77 geborenen Ur-Opas Peter Schleiter Destination sollte die in den Rosenthals Ratsbüchern seit 1663 als städtisches Eigentum geführte alte Neue Mühle (s. S. 155) werden. Diese stammte genau aus jener fernen Zeit, als sich in 1661 ein Johannes Schläutter aus Grüsen als Neubürger in Rosenthal niederließ sowie der Rosenthaler Wiederaufpfarrer Hilgermann am 18.09.1669 ein gesegnetes Werk hinterließ und dafür in Rosenthals Kirche das Ehrengrab erhielt.

Und beginnend mit dem am 05. Juli 1770 geborenen **Burckhard Ahlefeld** waren Vorfahren in folgender Linie die Pächter der städtischen „Neue Mühle“: Burckhard Ahlefeld *„Müller in der Neue Mühle“* heiratete am 28.02.1796 Maria Barbara Manger (Tochter des Bürgermeisters von Wetter). Am 22.05.1825 heirateten deren Abkömmling **Johann Conrad Ahlefeld** (30.01.1801–04.03.1889) *„Malmüller auf der Neumühle“* und Margarethe Henriette Daube (von der Sandmühle bei Röddenau). *[Die Familie Daube war bis in das späte 20ste Jh. eine bedeutende Müllerfamilie in der Region – zuletzt als Eigentümerin der großen Mühle an der Eder in Frankenberg.]*

Die Inschrift auf einem Balken im Mühlen-Keller mit der Jahreszahl 1832 weist darauf hin, dass der Verpächter – also die Stadt Rosenthal – damals dort hatte Reparaturarbeiten durchführen lassen.

Und kurz darauf kam am **03.02.1839** v. g. Johann Conrads und Margarethe Henriettes Tochter, „Uroma" **Margarethe Henriette Ahlefeld**, zur Welt. Und am **09.10.1859** hat der Rosenthaler Färbermeister und Ackermann „Uropa" **Peter Schleiter** sie zur Frau genommen. ... *[Preußen gründete in den 60er Jahren den Norddeutschen Zollverein und annektierte große Teile Hessens sowie die freie Reichsstadt Frankfurt a. M. Ab 1866 galt auch in Rosenthal das preußische Recht. Es gehörte nun zum Königreich Preußen und Kassel war die Hauptstadt der Königsreichs-Provinz Hessen-Kassel]*

Niedergelegt habe ich das alles in der Familien-Geschichte und Vaters Lebens-Berichten, die ich zu dessen 90. Geburtstag niederschrieb. Denn für meinen Bruder Heinrich und mich war unaufrückbar klar, dass unseres **Vaters 90. Geburtstag 28.01.1989** für die Gesamtfamilie ein Groß-Ereignis sein würde.

Auf der Neue Mühle sollte in der nun zum Feriengäste-Gesellschaftsraum des „Ferienhofs Neue Mühle" umgebauten „alten Schmiede" groß aufgefahren werden. Samt im Hofrund-Hall (s. Luftaufnahme im Anhang, S. 596) schallender Virtuosität des Rosenthaler Posaunen-Chors und Männer-Gesangvereins, wo dann bei großen Feiern zum Abschluss im anbrechenden Abend-Dämmer immer das Lied „Im schönsten Wiesengrunde ist meiner Heimat Haus"[39)] die gesamte Gästeschar in den Jubelgesang einstimmen und in gemeinsamer Liebeserklärung zur Familie und Neuen Mühle die Tränen der Rührung nur so in die Augen schießen ließ.

Ich hatte den Part übernommen, unseren Vater zu seinem Leben auszufragen und davon in einer Festrede samt Festschrift zu berichten, was meinem Gemüt sehr entgegenkam. Vater erzählte mir gerne aus seinen Erinnerungen; siehe folgend aus seinen Ergänzungen.

---

39 Verfasser: Ganzhorn, Wilhelm Christian (*14. Januar 1818 in Böblingen; †9. September 1880 in Cannstatt) war Jurist und Gerichtsaktuar in Neuenbürg sowie Oberamtsrichter in Aalen, Neckarsulm und Cannstatt.

„Die Verwaltung der Mühle wurde einzelnen Pächtern übertragen. Diese bestellten die Bauern zu mahlen. Die Mühle wurde von einem unterschlächtigen Mühlrad betrieben. Nur der Mahlstein wurde von dem Wasserrad angetrieben. Die restliche Arbeit musste von Hand verrichtet werden. So wurde das Mahlgut z. B. immer in Säcken die Treppen hinauf getragen und erneut in den Mahltrichter geschüttet, bis es fein genug vermahlen war." ... „Der letzte Mühlenpächter war ein Müller namens Conrad Ahlefeld. Er hatte vier Töchter. Eine hat den Müller Daube in Wetter geheiratet, eine den Bürgermeister Mengel in Rosenthal, eine den Bäcker Engel (in Rosenthal) und die Tochter Margarethe heiratete den Färbermeister und Ackermann Peter Schleiter aus Rosenthal. Er war Sohn des Landwirts Peter Schleiter, der wiederum Sohn des Landwirts, Gemeinderats, Stadtrechners und Zeugmachers Andreas Schleiter aus Rosenthal war. Selbiger wohnte im heutigen Kaufmanns-Möscheids-Hof (heute auch noch Färber-Schleiters-Hof genannt ... s. S. 251 u. folgend auch die Ausführungen meines Bruders zu Haus No. 77)." ... „Die ***Margarethe Ahlefeld*** *und* ***Peter Schleiter*** *heirateten am 09.10.1859 und blieben in Rosenthal wohnen. Mein Vater,* ***Conrad*** *Schleiter (also „Opa Conrad", geb. 12. Juni 1863), ihr erster Sohn wurde, wie auch alle seine Geschwister, dortselbst geboren. Weitere Kinder waren mein späterer Patenonkel* ***Wilhelm*** *(geb. 19. März 1872, getauft Peter Wilhelm Schleiter), später Eisenbahnrat in Kassel,* ***Georg*** *(geb. 13. Oktober 1865), später Landwirt in Rosenthal, sowie* ***Margarethe*** *und* ***Maria****, später nacheinander verheiratete Ringelstein in Boppard."* – Den Poppardern wenden wir uns in unseren hier vorliegenden Lebens-„Erfahrungen" separat zu.

„**Wilhelm**, heiratete eine Lina (Karolina Katharina) Ruckert aus der Post in Rosenthal (Postruckerts). Sie hatten zwei Kinder. Der Sohn Wilhelm (geb. 24. März 1906) wurde Pfarrer; er ist 1987 verstorben. Die Tochter Maria (geb. 29. August 1907) lebt nach wie vor bei Kassel. **Georg** heiratete eine Katharina (Trienchen) Wasmuth aus Langendorf und erwarb den Hof am Gemeindehaus. Sie hatten zwei Söhne. Sohn Wilhelm erhielt den Hof, er heiratete eine geborene Homberger aus Bracht, Sohn Heinrich ging nach Kassel, er war verheiraten mit Elisabeth (Bettche) Krauskopf."

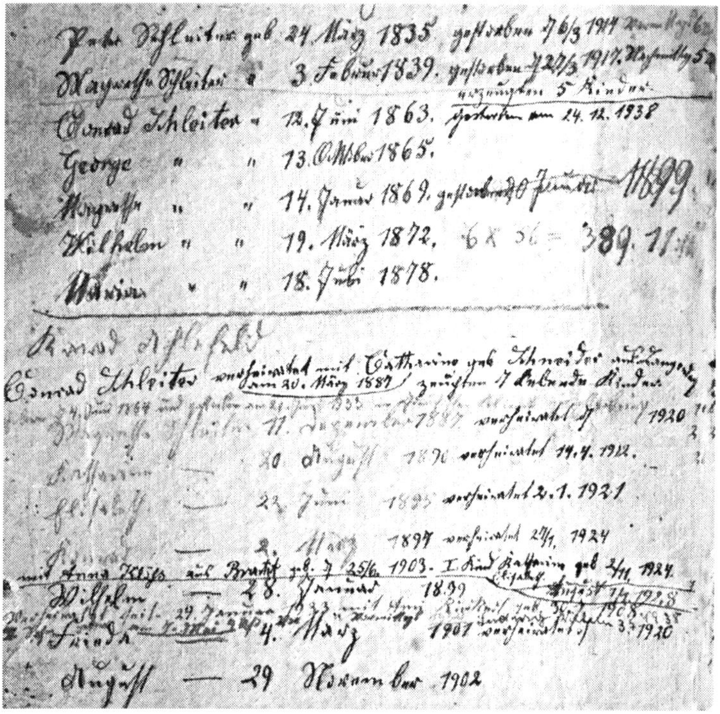

Liste der Geburten mit Ur-Opa Peters und Opa Conrads Handschrift

Des Rosenthaler Stadtkämmerers und Zeugmachers Andreas Schleiter (geb. 08.02.1784, gest. 09.04.1840) Enkel, der Färbermeister und Ackermann **Peter Schleiter** (geb. 24.03.1835, gest. 06.03.1914) und Ehefrau **Margarethe Henriette** (geb. Ahlefeld von der Neue Mühle bei Rosenthal) wohnten im Färbermeister-Haus mit der Rosenthaler Haus-No. 77. Sie müssen dort mit ihren fünf Kindern in uns heute in unvorstellbarer Enge gehaust haben. Ihre Söhne waren wie soeben erwähnt unser Opa Conrad Schleiter ***12.06.1863**, Georg Schleiter ***13.10.1865**, der in Rosenthal blieb, und Wilhelm Schleiter ***19.3.1872**, der laut Taufzeugnis am 05.02.1899 die Patenschaft für unseren am 28.01.1899 zur Welt gekommen Vaters übernahm. Nach 12 Jahren Dienst des königlich-preußischem Militärs an verschiedenen Standorten wechselte er um 1909 nach Kassel, wo er Reichsbahnobersekretär und Bahnhofsvorsteher des Hauptbahnhofs wurde. Weiterhin hatten Peter und Margarethe die beiden Töchter Margarethe ***14.01.1869** und Maria ***18.07.1878**, von denen erst die eine und nach deren Tod am 20.01.1899 die zweite den Metzgermeister Heinrich Ringelstein (1867–1922) in Boppard heiratete.

Mein Bruder bemerkt dazu in seinem bereits mehrfach zitierten 2008er Brief an Lutz Ringelstein und dessen Frau Ulla: „*Die Familien war in der Regel kinderreich. Die Jungen erlernten ein Handwerk und gingen auf Wanderschaft, und die Mädchen verdingten sich als Mägde auf Höfen oder gingen in späteren Jahren in städtische Haushaltungen. Beide Wege entlasteten die schmale Ernährungsgrundlage. Sie waren aus Kost und Wohnung und lernten in der Fremde dazu, und es dient der Partnerfindung. In diese schwierige Zeit sind unsere Großeltern hineingeboren worden. Für Margarethe, in der Zwischenzeit schon 26 Jahre alt, war es ein Glückstreffer, (durch einen Besuch ihres Bruders Wilhelm auf der Neue Mühle mit dem Mainzer Kompanie-Kameraden Heinrich Ringelstein) einen Berufssoldaten mit einem festen Einkommen kennengelernt zu haben (sie heirateten in Mainz am 25.07.1896, gingen aber dann nach Boppard, um die Ringesteinsche Metzgerei zu übernehmen). ... Nach dem frühen Tod von Margarethe am 20.01.1899 ist die noch ledige Schwester Maria der Not gehorchend nach Boppard gezogen, um den Haushalt mit (den beiden) kleinen Kindern zu versorgen. Im Alter von etwa 22 Jahren heiratete sie ihren Schwager (euren Opa) Heinrich Ringelstein. Dieser (zeugte mit ihr – also mit eurer Oma – vier weitere Kinder und) verstarb 1922 im Alter von 55 Jahren und hinterließ sechs Kinder. Davon waren drei noch nicht mündig und 18, 15 und 12 Jahre alt. Es war für eine alleinstehende Frau eine große Aufgabe, ihren Kindern in wirtschaftlicher schwerer Zeit, den Weg in Berufsleben und ins Leben zu ebnen. Das war nur mit Selbstdisziplin und Durchsetzungskraft möglich. Die Fähigkeit soll (ihr Bruder Conrad, also) unser Großvater auf der Neue Mühle auch besessen haben.* " – Soviel zu den familiären „spread effects" aus Haus No. 77 von **Ur-Großvater Peter** und **Ur-Oma Margarethe** über die Linie Ringelstein in Boppard am Rhein.

Die Neue Mühle wird in 1870 Familien-Eigentum!

Indes hatten Peter Schleiter und Ehefrau Margarethe Henriette, geb. Ahlefeld betrübt mit angesehen, wie Margarethes lediger Bruder Conrad Ahlefeld jun. den Erbpacht-Betrieb der Neue Mühle ständig weiter herunterwirtschaftete. Er schien als Erbpacht-Nachfolger ungeeignet. ... Peter Schleiter tat besonders seines dort lebenden Schwiegervaters Conrad Ahlefeld sen. Schicksal leid. Und er betrieb (sicher auch als des Rosenthaler Stadtrechners Enkel!) gemeinsam mit seinem Schwiegervater den Ankauf der Mühle von der Stadt Rosenthal. – Das hat die Familie scheinbar so enorm bewegt, dass ihre Kinder obwohl allesamt aus Haus No. 77 stammend, sich später auf die Neue Mühle bezogen, so auch die Popparder Linie.

Im Jahr 1870 erwarb Peter Schleiter gemeinsam mit Schwiegervater Conrad Ahlefeld die südlich Rosenthals an Kirchhainer Straße gelegene **Neue-Mühle** von der Stadt zum **Kaufpreis von 1001 Taler, 15 Silbergroschen und 11 Heller** für seine Ehefrau Margarethe Henriette, der Tochter des alten Erbpacht-Müllers Conrad Ahlefeld, mitsamt „Wasserrecht", also der Energie für den Mühlenbetrieb. ... *[Die „technischen Künste" (artes tecnicae) der Wassermühlen waren seit dem Mittelalter für das Aufblühen der Wirtschaft im Heiligen Römischen Reich Deutscher Nation von herausragender Bedeutung. Ein* ***Mühlrad*** *brachte durchschnittlich die* ***Kraft von über 100 Menschen:*** *für*

Mahl-, Säge-, Hammer-, Quetsch-, Göpelwerke u. dgl.! – Erst mit der industriellen Evolution im 19ten Jh. sollten zunächst die Dampfmaschine und sodann im 20sten Jh. der Explosionsmotor sowie die Elektrifizierung als Energielieferanten hinzukommen ... und schließlich zum großen Land-Mühlensterben in der zweiten Hälfte des 20sten Jh.s führen.] ... Es waren spannende Zeiten, wir erinnern: Am 19. Juli 1870 hatte Frankreichs L'Empereur Napoleon III. Preußen den Krieg erklärt. Die deutschen Verteidiger siegten indes unter der Heerführung des Preußenkönigs Wilhelm I., der am 18. Januar 1871 während der Belagerung von Paris auf seinem Kriegsbefehlstand in Versailles zum Kaiser Wilhelm I. proklamiert wurde. – Nun gehörte Rosenthal nicht nur zum Königreich Preußen, sondern auch zum Deutschen Kaiserreich!

Und Menschen wie der Peter Schleiter, aus uns heute ärmlich erscheinenden Verhältnissen, waren keinesfalls ungebildet. Mein Bruder schreibt im o. a. Brief nach Boppard zu den Finanznöten des Neue Mühle-Käufers: *„Unser gemeinsamer Urgroßvater (der Färbermeister und Ackerbauer Peter Schleiter) hat gut formuliert und in gestochener Schrift die wirtschaftlichen Schwierigkeiten nach der Übernahme der Mühe von seinem Schwiegervater Ahlefeld auf acht Seiten ausführlich beschrieben. Sein lediger Schwager Conrad Ahlefeld hatte den Betrieb abgewirtschaftet. Ein großer Teil der Ackerfläche lag brach. Es waren Schulden aus Übernahme und Abfindungszahlungen an Geschwister zu begleichen. Die Erträge aus der bescheidenen Mühle und der bescheidenen Landwirtschaft reichten nicht aus. Diesen Umstand beklagt er sehr ausführlich. Entscheidend wirkte sich der am 19. Juli 1870 ausbrechende Krieg zwischen Frankreich und Preußen aus. Durch den Krieg konnte er seinen Besitz in der Ortslage nicht verkaufen. Den Erlös brauchte er dringend um seinen Verpflichtungen nachzukommen."*

Und Vater berichtet zu seinem 90. Geburtstag:

„Ahlefeld erwarb in gemeinsamen Bestreben mit Peter Schleiter die Neue Mühle für seine Tochter Margarethe. Auf die Neue Mühle übersiedelte erst mein Vater Conrad Schleiter nach dem Tode seines Schwiegervaters Ahlefeld am 04.03.1889. Seine Eltern behielten ihre Wohnung in Rosenthal bei. Conrad Schleiter hatte am 20. März 1887 Catharina (Trienchen), geborene Schneider aus Langendort geheiratet. Sie war eine Halbwaise mit drei Schwestern.“ – Sprich: Als Vater am 28. Januar 1899 zur Welt kam, lebten seine Eltern samt aller Kinder auf der Neue Mühle (s. S. 155).

In dem Bericht zu seinem 90. Geburtstag in 1989 steht über die Lebensverhältnisse dort: *„Die Neue Mühle bestand zu dieser Zeit aus zwei Gebäuden, nämlich der Mühle und einem Stall-Scheune-Gebäude (später „alter Stall“ genannt), beide nur zweigeschossig plus Dach. In der Mühle gab es für die Familie ein Schlafzimmer und eine Küche. Wir schliefen zu viert in einem Bett auf einem Strohsack. Im Winter war es kalt. Es gab nur in der Küche eine Wärmequelle durch den Kochherd. Als die Töchter älter waren, zogen sie einen Stock höher zum Opa Peter, der inzwischen auf die Neue Mühle nachgezogen war und dem dort Räumlichkeiten geschaffen worden waren.“* – Die Verhältnisse müssen tatsächlich so ähnlich gewesen sein wie im Rosenthaler Haus No. 77.

Und sodann folgt im v. g. Bericht: *„Vater (also Opa Conrad Schleiter) hat viel geweint. Er wollte aus der Enge und der Armut heraus. ... Kaum hatte er nach dem Tod seines Schwiegervaters Ahlefeld die Neue Mühle übernommen, meldeten sich die drei Schwestern seiner Mutter Margarethe, geb. Ahlefeld und stellten Ansprüche auf Miterbschaft an der ausschließlich Margarethe übertragen Neue Mühle. Mein Vater setzte sich dagegen nicht zur Wehr, sondern zahlte sie freiwillig aus. ... Das Werk dieses gegen die Armut angetretenen Kämpfers prägt noch heute die Neue Mühle.“* ...

So hatte im stürmischen Aufwärts des neuen Deutschen Kaiserreichs des Goldwährungs- und Gründerzeitliberalismus‘ unserer Ur-Großeltern Peter und Margarethe Henriette Schleiter Sohn, Opa **Conrad Schleiter** (*12.06.1863, †24.12.1938), das Nacherbe seiner Mutter (unserer Ur-Oma) Margarethe Henriette Schleiter, geb. Ahlefeld, angetreten. Und am 20.03.1887 hat er dann unsere Schleiter-Oma, die Kleinlandwirtstochter aus Langendorf, **Catharina Schneider** (*04.06.1864, †20.06.1935), geheiratet. (Foto ihres Geburtshausens s. S. 284.) In seinem „Täglichen Handbuch in guten und bösen Tagen“ schrieb er das Hochzeitsdatum wie folgt: 1887, März 20.

Von Rosenthals Haus No. 77 auf die Neue Mühle zogen sie freilich erst, als sein Schwiegervater (also Ur-Ur-Opa) Conrad Ahlefeld sen. im Jahr 1889 verstarb. Mit dabei waren ihrer Töchtern Margarethe (Gretchen, geb. 11.12.1887) sowie Catharina (Trienchen, geb. 20.08.1888). – Auf der Neue Mühle wurden ihnen dann noch fünf weitere Kinder geschenkt.

Unser Schleiter-Opa Conrad hatte wie gesagt **zwei Brüder**, den Rosenthaler *Georg*, dessen Enkel Heinrich heute dort an der Marburger Straße eine KFZ-Werkstatt samt Tankstelle betreibt, sowie den Kasseler Peter *Wilhelm*, dessen Enkel in Alsbach-Hähnlein an der Bergstraße bzw. auf Hawaii geboren wurden oder in Melsungen leben sowie **die beiden Schwestern** *Margarethe* und *Maria*, die einen Ringelstein heirateten, erst die eine, und nach deren Versterben im Kindsbett, dann die andere. Der spätere Metzgermeister Ringelstein in der florierenden Spitzenweinlagen-Stadt Boppard am Rhein hatte die beiden als Mädchen in den 1880ern bei einem Besuch auf der Neue Mühle kennen gelernt. Sein Mainzer Kompanie-Kamerad, Großvaters v. g. Bruder *Wilhelm* hatte ihn dazu angeregt ... (so wie ich dann in den 1950/1960ern ebenfalls alle Welt vom Internat Steinmühle bei Marburg sowie später aus dem Studium in Frankfurt und Münster dorthin schleppen sollte und das bei Gelegenheit immer wieder tue). ... Die hatten natürlich alle

Miterbschaftsanspruch auf das Neue Mühlen, Erbe ihrer Mutter Catharina Henriette Schleiter, geb. Ahlefeld, aber da war damals wohl außer Armut nichts zu holen. – Diese kaiserzeitlichen Familien-Aussprossungen aus Haus No. 77 sind uns auch durch die Kasseler/Hawaii/Alsbach-Hähnlein-Schleiters- sowie die Melsunger Kutschera- bzw. die Bopparder Ringelstein-Linie in Erinnerung.

Ganz besonderer Art war die Verbindung zu Vaters Taufpate v. g. Peter *Wilhelm* Schleiter (*19.03.1872), den wir bereits aus seiner Mainzer Militärzeit mit seinem Kameraden Ringelstein kennen. Er heiratete am 24.03.1906 die am 19.03.1878 in Rosenthal geborene Karolina Katharina (Lina) Ruckert (auch Post-Ruckerts und Christliebs genannt). Sie legte freilich keinen gesteigerten Wert darauf, ein Leben lang in Kasernen-Dienstleiter-Wohnungen hausen zu sollen. So quittierte er den Militärdienst nach 12 Jahren und sie zogen nach Kassel, wo dann als zweites Kind am 29.08.1909 ihre *Maria* Katharina Lina Schleiter zur Welt kam, jene mir nie persönlich zu Augen gekommene Familienlegende *Mia*, die das stolze Alter von 102 Jahren erreichte. Ihr erstes Kind, *Wilhelm* Schleiter, war noch im Militärposten Hannoversch Münden geboren, und zwar am 01.05.1907. Also muss der Umzug in 1908 stattgefunden haben. ... In Kassel blieb Opa *Conrads* Bruder Peter *Wilhelm* weiter in königlich-preußischen Diensten mit schmucker Uniform, diesmal als Reichsbahnobersekretär mit Dienst-Sitz in der oberen kaiserzeitlichen Schmuck-Etage des Kasseler Hauptbahnhofs samt Blick aufs gesamte Bahnhofgeschehen. So hatten er in den 1920er Jahren in Kassel Wehlheiden ein zeitgemäß stilvolles Doppelhaus kaufen können. ... Ein Ruckert-Mädchen namens Elisabeth berichtete in den 30ern den Rosenthalern, wie sie einmal auf Besuch in Kassel aus seinem Bahnhofsvorsteher-Büro beobachten wie Mussolini dort eintraf und empfangen wurde: Ein pomphafter Staatsempfang vor ihren Augen! ... Und mein Bruder Heinrich erzählte mir, wie der Kasselaner

Großonkel in den 1940er mit einem Korb reifer Birnen aus seinem Garten auf der Neue Mühle eintraf. ... Und ich erinnere mich, wie wir in der Nacht des 22. Oktober 1943 im Hof der Neue Mühle gebannt in die glutroten Himmel starrten: Kassel war dem britischen Area Bombing mit Luftminen-Sprechsätzen und Brandbomben-Brandsätzen zu Opfer gefallen. ... Um diese Zeit muss es auch gewesen sein, dass sich unser Vater mit unserem „Kramer-Bulldog“ (s. u.) samt gummibereiften Pritschenwagen und dem Rosenthaler Bürgermeister Christlieb Ruckert darauf auf den Weg machte, um ihre sie ja miteinander verbindenden Geschwister samt Tochter und Sohn aus dem Luftminengeschädigten Haus in Kassel-Wehlheiden herauszuholen und nach Gensungen in Sicherheit zu bringen! ... Bei dieser Aktion war Rosenthals Bürgermeister während der weiten eintönigen Fahrt zurück auf dem Pritschenwagen-Kutscherbock übermüdet eingenickt und vornübergefallen, was Vater Gott sei Dank im Rückspiegel mitbekommen hatte, so dass er sofort stoppte und größeres Unglück vermeiden konnte.

Mir ist der aus der Ehe von Opas Bruders Peter ***Wilhelm*** mit Lina Ruckert hervorgegangene Wilhelm Schleiter (geb. 01.05.1907) als Pfarrer an Frankenbergs Liebfraukirche lebhaft in Erinnerung. Seiner Recherche verdanken wir o. g. Familien-Daten. Noch lange nach seinem Tod konnte seine Enkelin Maria aus Kalifornien während ihres Deutschlandaufenthaltes im Sommer 2019 bei einem Besuch des altehrwürdigen Gotteshauses in meiner Begleitung von ihres Opas (bzw. meines Frankenberger Onkels Wilhelm) großer Beliebtheit erfahren, als wir dort zufällig den Kustos und die Kirchendienerin bei Dekorationsarbeiten am Altar antrafen. Es war mir lieb, deren Begeisterung für den großgewachsenen stimmgewaltigen Kaiserzeitbegabten Mann mitzubekommen. Denn ich hatte ihn durch seine vielen Besuche auf der Neue Mühle und von einigen Treffen bei ihm im Pfarrhaus gut im Gedächtnis. Speziell in den 1960ern nutzte ich die Anreise zum Studium an der Westfälischen

Wilhelms-Universität in Münster (Westf.) gerne zur Stippvisite im villenähnlichen Pfarrhaus vor dem hochaufragenden gotischen Turm der Liebraukirche auf Frankenbergs „Burgberg“, wo zur fernen Zeit der Sachsenkriege einmal die Grenzfeste der Franken gestanden hatte.

Das Pfarrhaus atmet noch heute mit massiv sandsteinernem Erdgeschoss und gediegenem Fachwerk im ersten Stock wie Dachgeschoss samt Schiefereingedecktem vielgliedrigem Dach obendrauf kaiserzeitliches *Mem*. Es war ein kunstvoll gestalteter Amtssitz samt Wohnung des Pfarrers und seiner Familie. Dort begaben wir uns regelmäßig ins Studienzimmer. Onkel Wilhelm nahm dann die Bibel aus ihrem Fach, um die dahinter versteckte Cognac-Flasche herauszuholen, daraus etwas für den kleinen Genuss einzuschenken und sodann von seinen Studentenstreichen als Theologiestudent im preußisch-kaiserzeitlichen Greifswald zu erzählen, welches für mich nun außer der Welt im Ostblock lag. Ein anderes Mal erzählte mir der eher bescheidene und sparsame Mann belustigt, wie sein Amtskollege Baltzer ihn nach dem Kauf eines VW Käfer zum Geburtstag gefrotzelt hat, dass er nun endlich vom Fuldamobil über das Goggomobil zum Automobil gekommen sei.

***

Der Frankenberger Onkel Wilhelm war wie gesagt noch während des Militärzeit seines Vaters am 01.05.1907 in Hannovers Münden zur Welt gekommen, also fast 10 Jahre nach seinem Cousin, dem Wilhelm auf der Neue Mühle. Der, sprich: mein Vater **Wilhelm Schleiter**, hatte nämlich inmitten in der schier unfassbaren Hochdynamik der kaiserzeitlichen Selbstentfaltung am 28. Januar 1899 in der neuen Klinik in Marburg das Licht der Welt erblickt. Seinen Vornamen erhielt er, weil Großvater Conrads Bruder Peter *Wilhelm* damals die Patenschaft übernommen hatte. Beide Wilhelms verdanken somit ihren Vornamen demselben Mann, dem späteren Eisenbahnobersekretär und Kasseler Bahnhofsvorsteher: der ältere (mein Vater) als Patenkind, der jüngere (Onkel Wilhelm) als Sohn.

... *[Um diese Zeit war die Eisenbahnerschließung fast am Limit. Im Jahr 1890 war von der 1850 in Betrieb genommenen Main-Weser-Bahn in Cölbe bei Marburg die Abzweigung nach Frankenberg/Eder hinzugekommen. 1914 folgte als letzte Eisenbahnerschließungsmaßnahme in unserer Gegend von Kirchhain aus die Wohratal-Kellerwald-Strecke, mit dem für den Ausbau der Neue Mühle wesentlichen Bahnhof im 6 km-nahen Wohra.]* ...

Und mir ward dann später berichtet, dass Opa Conrad, wenn er von Wohra nach einer Bahnfahrt mit seinem Reise-Körbchen den Fußweg zurück auf die Neue Mühle nahm, er unterwegs alles Nützliche aufgesammelt und mitgebracht hatte, insbesondere ausgefallene Federn zum Ausstopfen der Betten von damals die Dorfstraßen Wohras und Langendorfs bevölkerndem Federvieh. Seine Standartaussprüche waren: *„Es gibt mehr Dinge zwischen Himmel und Erde als wir mit dem Verstand fassen können"* und: *„Auf der Welt gibt es mehr Behelfer als Wohlleber"*. Er war seiner Herkunft gemäß in allem sehr genügsam und konnte alles mögliche gut gebrauchen und verwenden. Die Möblierung für das neu errichtete große Wohnhaus erwarb er bei Haushaltsauflösungen in Marburg.

... *[Auf Staatsebene ging's nun auch in unserer Provinz Hessen-Kassel an Maßnahmen für Preußens Wasserstraßen-Erschließung. Dazu war in Berlin am 1. April 1905 das Wasserstraßengesetz erlassen worden. Es beinhaltete den Neubau von Talsperren in den oberen Quellgebieten von Eder und Diemel. Das Ziel war, den Schifffahrtsbetrieb auf der Weser sowie dem Mittellandkanal so auszubauen, dass am Ende Kassel mit Bremen und das Ruhrgebiet mit Berlin verbunden waren und beide mittels eines riesigen Schiffhabewerks am Wasserstraßenkreuz bei Minden miteinander verknüpft. Zudem sollte das Talsperren-Projekt* *dem Hochwasser-Schutz der Unterlieger sowie der Erzeugung des neuen Energieträgers „Strom" dienen. Pilotmaßnahme dazu war die Edertalsperre. Welche Bedeutung ihr zukam, zeigte sich beim Besuch von Kaiser Wilhelms II. im August 1911 zur Vorbereitung der zum 15. August 1914 vorgesehenen Einweihungsfeier samt offizieller Bestimmungs*über*gabe der Talsperre durch ihn.]* ...

Die von preußisch-calvinistischer, Halleschpietistischer wie Kant'scher Heiliger Weisheit beflügelte Wissenschafts-, Wirtschafts-, Industrie- und Medizin-Evolution hatte sich allenthalben wirkmächtig durchgesetzt.

Wie bei der deutschen Bevölkerung generell, so nahm auch die Einwohnerzahl Rosenthals enorm zu. Viele Familien freuten sich über sechs und mehr Kinder. Lerchs „Kolonialwarenladen" wurde gegründet. Das Ruckert'sche Sägewerk erhielt eine mächtige Dampfmaschine für ein gewaltig wuchtendes gusseisernes Sägegatter.

Und irgendwann sollte auch das „elektrische Licht" nach Rosenthal kommen. ... Insbesondere die Neue Mühle erstarkte mit völlig neuer Technik. – Sie ward geradezu ein Musterbeispiel dafür, welche bis dato absolut unvorstellbare Fleiß- und Initiative-Entfaltung das Kaiserzeit-*Mem* im Volk auszulösen vermochte; es bewirkte eine geradezu wunderbare Freiheits&Kooperations-Entfesselung auf allen Ebenen!

Unter diesem Aspekt sind die folgenden Seiten besonders erhellend: Einmalig, was in dieser Kaiserzeit-*Mem*-Konstellation plötzlich ein einzelner positivemotional gestimmter kulturfähiger Mensch an Innovativem und Konstruktivem hervorbringen konnte! –

Da zeigte sich, welche Bedeutung der *Mem*-Steuerungsebene im Volk zukommt, denn die war von preußisch-calvinistischer, Hallesch-pietistischer und Kant'scher Heiliger Weisheit geprägt!

Opa Conrad baut die neue Neue Mühle

Opa Conrad Schleiter stülpe alles um. Er entwickelte was ganz Großes. Dazu wurde im Bereich des von ihm geplanten Mühlen/Landwirtschafts-Gebäudekomplexes der Bachlauf der Bentreff bergseitig oberhalb des alten Mühlengebäudes in ein massives wasserdicht gefugtes und verputztes Gemäuer gefasst und mit einer Betonplatte zugedeckt, um **am höchsten Gefällepunkt** am südöstlichen Ende der projektierten Neubebauung auf das dort vorgesehen Sechs-Meter-Groß-Mühlrad geleitet zu werden.

Denn er beabsichtigte, über dem eingehausten Bachlauf ein breiteres Mühlengebäude samt daran anschließender Stallungen zu errichten. Und da Frostschäden erfahrungsgemäß eine große Gefahr für offen laufende Mühlräder darstellten, plante er, dass zusätzlich zu dem im gesamten Gebäudekomplexbereich frostsicher kanalisierten Mühlbachverlauf ein gleichermaßen massives wie wasserresistentes und frostsicheres Wasserradgehäuse gemauert würde, mitsamt Fundamentierung für die Mühlrad-Tonnen tragen sollenden Mühlradwellen-Gleitlager auf großen Steinquadern, die tief hinunter unter des Mühlrads Wasserauffangbecken reichten.

Dieser sog. Mühlradsumpf lag also nochmals vier bis fünf Meter weiter unten. ... Und damit das Bentreff-Wasser nach getaner Arbeit auf dem Mühlrad von dort unten auch ablaufen konnte, wurde tief in die Talsohle eingegraben, quer durch den Wiesengrund für Abfluss zur Altbachführung Richtung Eichhof gesorgt.

Alles in allem ein gigantisches Projekt für RosenthalerVerhältnisse!

Mächtige Bau- und Erdarbeiten waren das! – Nun konnte die alte zweieinhalbgeschossige Mühle zum Teil abgerissen, und der Neubau eines von Mühlradsumpf bis zum Dachfirst siebengeschossigen Mühlengebäudes nach dem Stand der Technik begonnen werden. Das geschah unter perfekter Ausnutzung der Hanglage.

Opa Conrads Werk: Die *neue* Neue Mühle (Foto aus den 1920ern) – Der Verlauf des tief in den Talgrund eingegrabenen Mühlwasserabflusses ist an der dunklen Schatten-Linie zu erkennen, welche sich vom Mühlradgehäuse quer durchs Tal zum rechten unteren Bildrand zieht. Die Zuleitung der Bentreff befindet sich links der Gebäude unten am steil abfallenden Waldrand. Dort hinten links wurde auch das Teich-Duo angelegt, das das Quellwasser aus Müllersberg auffängt und in den Mühlbach lenkt. In 1871 für Ehefrau bzw. Tochter Cathrina Henriette gekauft hatten Ur-Opa Peter Schleiter und Ur-Opa Conrad Ahlefelddie von der Stadt Rosenthal die kurz nach dem Dreißigjährigen Krieg errichtete *alte* Neue Mühle, wie vom Malermeister Klingelhöfer im Gemälde festgehalten (s. S. 155).

Oben auf der Hofseite war das **Eingangsgeschoss** mit Mühlen-Tor für die Getreideanlieferung und die Mahlgutauslieferung. Die beiden Geschosse darunter waren wesentlich kleiner: wegen der dort bergseitig verlaufenden Bentreff-Einhausung samt dem dazu benötigten Inspektionsgang talseitig daneben.

Im **1. Untergeschoss** war dann ein klassischer Schrotgang mit zwei mächtigen Mahlsteinen und Ricke-Racke-Einfülltrichter, wie wir ihn von Wilhelm Busch kennen. Später als Strom ins Tal kam gesellte sich dort ein beim Anlauf mächtig brummender Siemens&Halske-Elektromotor hinzu, um seine Kraft per Breitriemenverbindung auf die im 2. Untergeschoss befindliche große Transmissionswelle der siebengeschossigen Mühlenmaschine aufzuladen.

Außerdem befand sich auf dem Schrotgang-Geschoss am Fenster zur Talseite eine kleine Werkbank, die mir aus den 1940er Jahren bedrückender Kriegsmangelwirtschaft dadurch in Erinnerung ist, dass ich dort einen Tag lang rostige Nägel zur Wiederverwendung gradhämmern musste. Was ich nach meiner Einschätzung unter Ausrichtung sämtlich verfügbarer Altnägel perfekt erledigt hatte. Denn ich war von meinem Vater nicht mehr zu solchem Tun abgestellt worden.

Direkt neben dem Schrotgang stand der „Hebe-Galgen". Das war ein mit drehbaren Eisenbolzen in der Decke und im Boden in Metallmanschetten gehaltener Holzstamm samt daran stabil angezimmertem Kragbalken. An diesem hing an schwerer grobgliedriger Eisenkette mit rasselndem Ketten-Bowdenzug eine mächtig große schmiedeeiserne Greifzange. Die ließ sich an dem Kragbalken über den offenen Schrotgang schwenken, um dort den oberen Dreh-Mahlstein, den „Rotor", abzuheben von dem unteren feststehenden „Stator"-Mahlstein. Dazu waren die beiden Greifzangen-Enden zu Rundbolzen geschmiedet, die sich über eine X-Mechanik fest in des Mahlsteins Körper eingelassene Drehpunkt-Muffen einpressten, wenn man den rasselnden Ketten-Bowdenzug betätigte. Es bedurfte der ganzen Gewalt von drei kräftigen Männern.

Denn diese „Hebe-Galgen"-Greifzangenmechanik diente dazu, den viele Zentner schweren oberen Mahlstein abzuheben, ihn sodann am Galgen-Balken zur Seite zu schwenken und zu wenden, damit seine Mahlseite nach oben kam, um ihn sodann am Boden zum Schärfen abzusetzen. Erst wenn er dort am Boden lag, ließ sich die X-Greifzange lösen, wie umgekehrt dann später erst wenn der geschärfte Mahlstein im Schrotgang wieder auf dem massiven „Mühleisen“ aufsaß.

Das Schärfen von Rotor und Stator war ein diffiziler Vorgang. Da mussten exakte Rinnenmuster für den Abtransport des Mahlguts nach außen in die Mehl- bzw. Schrot-Rinne in beide hochstabile und abriebfeste Steinkörper eingeschlagen werde. Extrem gehärtetes Stahlwerkzeug, Schutzbrille, Gesichtsschutz sowie Splitter abweisende Handschuhe und Kleidung waren erforderlich. Für mich als Kind roch's ganz gefährlich nach Teufel und Feuersteinabschlag, wenn ich neugierig der Mühlstein-Schärf-Arbeit da untern zusah. Unter den Hammerschlägen auf stählernen Schärfmeißel stoben die Funkten heftig, und unsichtbar umher fliegendes Feststein-Gesplitter piekste übel unangenehm.

Noch gruseliger war‘s darunter im **2. Untergeschoss**, das talseitig auf Gelände-Niveau lag. Dort fand das Rädergewirr des Getriebekellers seinen Platz, samt seiner großen Transmissionswelle mit fast 10 cm Durchmesse gut 1,5 m über dem Boden auf massiv-gemauerten Lagerböcken vor der Fensterwand zum Tal, Rollenlager-geschwind, mit all ihren vielen Riemenscheiben für die Wasserkraft-„Entladung“ über Riemen nach oben bis in den siebten Stock.

Für meine Kinderwelt besonders interessant, war da eine auffällig kleine Riemenscheibe für untertourige Riemenverbindung zu einer deutlich größeren Riemenscheibe an einer ~zwei Zentimeter dünnen Eisenwelle auf einem sauber gezimmerten Holzbock am Boden, zwischen dessen beiden Schultern sie eine Sandsteinscheibe von gut 70 cm Durchmesser und ca. 15 cm breiter Schleiffläche drehte. Wenn man die schmalen Riemen auf die zwecks Touren-

Untersetzung so ungewöhnlich große Riemenscheibe der dünnen Schleifsteinwelle auflegte, lief sie gemächlich im simplen Achsenlager aus runden mit etwas Staucherfett versehenen Einkerbungen oben auf der rechten und linken Schulter des Holzbockgestells. Und im langsam sich drehenden Lauf tauchte der Schleifstein unten in eine kleine Schale mit Wasser, sodass er mich immer wieder anzog, um an ihm mein Buben-Taschenmesser nach zu schärfen.

Etwas unheimlich war's für mich da unten immer, so nahe dem seitlichen Durchbruch zu einem finsterdunklen Gelass unter dem Mühlen-Silo, von wo Getreide verdeckt in hölzernen Vierkant-„Röhren" über Spiralförderwerke (im Mühlen-Jargon Schnecken genannt) zum Elevator und von diesem über die Zwischenstation der Getreideputzmaschine zum Getreidetrichter über einem der Walzenstühle gelangte.

Und ich hörte ja immer wieder diese gruseligen Geschichten, von Müllern, die an der Kleidung von einem der metallenen Riemenverbinder erfasst worden waren, auf der Mühlen-Welle aufgewickelt tot um und um geschlagen wurden, bis man das Grauen vorfand und die Mühle stoppte, indem man das Wasser vom Mühlrad nahm.

Überall konnte man aufgewickelt werden oder zwischen die Räder geraten! Da wirkten das klick-klackende Riemengeschwirre und die knarzenden, brummenden und surrenden Zahnräder umso einschüchternder.

Bei den Zahnrädern konnte man die enorme Knochen brechende Kraft leibhaftig beobachten. Da laufen ja immer Stahlkämme auf dem einen Zahnrad mit Holzkämmen auf dem anderen. Das knarzt zwar etwas und erzeugt, ohne das Schmiermittel nötig wären, bei dem in der Räderabfolge immer schnelleren Lauf alle Tonlagen vom tiefen Brummen bis zum hellen Surren. Doch wenn die Zahnräder miteinander verkanten, werden die Holzkämme übel zermalmt. Die schweren Gussradkörper gehen indes nicht kaputt.

Und wenn alles wieder gerichtet ist, freut man sich, dass da kein Mensch zermalmt wurde, man ersetzt die beschädigten Holzkämme durch maßgenau vorgefertigte neue, und das Knarzen, Brummen und Surren kann weitergehen.

Doch da tief unten gab es noch was für mich ganz besonders Ungeheuerliches. Es war eine übermäßig dicke Stahl-Achse, die da hinten an der Fensterfront zu Tal rechts in der Ecke unter dem Schrotgang von einer monströsen Gusseisenstellage über der Haupttransmission-Welle senkrecht nach oben ging und im 1. UG des Schrotgangs Mühleisen samt dem zentnerschweren Mahlstein darauf „stemmte". Man spürte die Auflast förmlich knistern.

Zumal diese am unteren Ende der Achse von einem Punktlager auf der monströsen Gusseisenstellage aufgefangen wurde!!! An dieser senkrechten Achse befand sich ein in Nuten herabsenkbares, den Mahlstein horizontal drehendes Zahnrad. An einem Drehgriff ließ es sich auf ein auf der Hauptwelle verankertes, mit etwa eineinhalb Meter Durchmesser gleichgroßes senkrecht drehendes Zahnrad absenken. Das war natürlich nur möglich bei absolutem Mühlenstillstand und konnte auch dann nur klappen, weil beide Zahnkränze im 45°-Winkel angeordnet waren und sozusagen konisch ineinander passten, der eine mit Gusskämmen, der andere mit dazu passenden Holzkämmen.

Und wenn man Wasser aufs Mühlrad gab und das Ganze langsam anfing sich in diesem „Winkelgetriebe" zu drehen, war da ein ziemlich unruhiger Lauf mit noch mehr Geknarze, weil die Zahnradkranz-Koni außen logischerweise mehr Umfang hatten als innen. Und dann kam noch dieses hohle Poltern des Schrotgangs dazu, das sich erst besänftigte, sobald man ihm Getreide zum zermahlen gab.

Sozusagen im **3. Untergeschoss** befand sich tief in die Talsohle eingegraben der Mühlradsumpf, worein das Wasser der Betreff sich nach getaner Arbeit von Mühlrad ergoss. ... Ganz oben überm

Wasserrad, am Zieleinlauf zum **Mühlrad-Gehäuse** war das Mauerbett der Bentreff in einem 90°-Bogen und sodann einer massiven Stahlblechrinnenfassung weitergeleitet worden, zur Einlass-Öffnung über dem Mühlrad. Da war außerdem eine Stahlblechrinnenfortführung, die sich über eine Drehmechanik in mehreren Geschossen der Mühle anheben ließ, so dass sich der volle Wasserschwall auf das Mühlrad ergoss, oder zur Drosselung senken ließ, bis diese 1,5 Meter breite Stahlblechrinnenfortführung die Einlassöffnung überm Mühlrad völlig verschloss, die Mühle stille stand und die ganze Wassermasse der Bentreff im hohen Bogen über das Mühlrad hinweg mit ohrenbetäubenden Donnergetöse die rd. 8 Meter in die Tiefe des Mühlradsumpfs schoss.

Zur vollen Nutzung der Bentreff-Wasserschwerkraft befand sich in dem Wasserradgehäuse unter der Einlauföffnung seitlich außerhalb des Getriebekellers ein riesiges stählern-tonnenschweres **Mühlrad** von sechs Metern Höhe samt eigens im Stahlwerk geschmiedeter Massiv-Achse von ~20 cm Durchmesser und ca. 7 Meter Länge. Darüber presste das Mühlrad die gesamte Schwerkraft der in seinen oberschlächtigen Schaufeltrögen über 9,4 Meter Halbkreisumfang lastenden Wassermassen auf das ganz große Zahnrad im Getriebekeller, von wo sie dann in mehrfacher Zahnräderabfolge vom größeren Zahnrad aufs kleinere Zahnrad der nächsten Getriebekeller-Welle immer schnellere Umdrehungen erzeugten. ... Es war mathematisch genau berechnet von Mühlradlangsam bis zu Mühlenschnell auf der Mühlenkeller-langen Transmissions-Welle, von welcher die Energie mittels Riemenscheiben unter heftigem Riemen-Klick/Kack über alle Etagen bis ganz oben ins Siebte bzw. Dachgeschoss kam: zu den Elevator-Antrieben, die dann das Mahlgut zur Separierung von Spelzen, Kleie, Gries und grobem wie feinem Mehl von ganz unten zu den von rotierenden Exzentern schüttelnd bewegten beiden Plansichtern dort ganz oben schafften.

Als Kind besonders interessant fand ich, wie dort der Riemen von der vertikal drehenden Reimescheibe auf Energieverteilungswelle nur um 90° gewendet in ein X gelegt worden war, um hier die Wasserwirkkraft auf das horizontal drehende Rad des Plansichter-Schwungankers zu übertragen. Das war doch viel einfacher als ganz unten beim Winkelgetriebe-Monstrum des Schrotgangs! Außerdem konnte ich da beobachten, wie ein überkreuzter Riemen die Drehrichtung zwischen den Wellen umkehrte.

Und da gab's noch so viel mehr für mich zu bewundern, etwa im Erdgeschoss zwei Doppelwalzen-Mahlstühle für die Mehlproduktion und die Mehlabsackeinrichtungen mit ihren Trichtern in EG, deren oberer Teil ins 1. OG ragte, mit sich ständig darin drehen Schnecken, damit das Mehl nicht stockig werden konnte. Dort befanden sich auch die Getreideputzmaschine mit Spelzenkammer, sowie Filteranlagen und Griesputzmaschine im 2. OG. Ganz oben im 3. OG schüttelten Plansichter ihre von grob nach fein sortierenden Gasesiebe.

Mit dem EG und den beiden Untergeschossen im Hang umfasste Opas Mühlenmaschine vom Mühlradsumpf wie gesagt sieben Stockwerke aktueller Mühlentechnik auf dem Stand der Technik, was den Müller ganz schön auf Trab hielt (dann bis 1991 meinen Vater über das 90. Lebensjahr hinaus höchst gesundheitsfördernd).

Naumellers „Kingelbörner"-Teichwirtschaft

Opa Conrad wurde damals der „Naumeller". Man identifizierte in Rosenthal die Neue Mühle nur noch mit ihm.

Aber seine Investitions-, Bau- und Umgestaltungs-Ambitionen waren noch lange nicht erschöpft. Ihn hatte schon lange gestört, dass oberhalb der Neue Mühle unterm „Müllersberg" das Quellenwasser der üppig sprudelnden „Kingelbörner" so völlig ungenutzt in den Talgrund abfloss. Dort befanden sich zwei massierte Quellenanhäufungen, wo das Wasser kristallklar an vielen Stellen den Quellgrundsand heftig bewegend austrat. Einige der Quellentöpfe waren so unheimlich groß, dass ein Mensch darin leicht versinken konnte.

In der Rosenthaler Kindersagen-Welt hatte sich fest verankert, dass aus diesen „Kingelbörern“ Rosenthals Kinder kämen: aus der nach Rosenthal gelegen Quellenanhäufung die kleinen Mädchen, aus der Richtung Neue Mühle gelegenen die kleinen Bübchen. Als Kleinkinder zog es uns mit einigem Schaudern immer wieder dorthin, und wir schauten gebannt auf das geheimnisvolle Quellsandtanzen tief unten im klaren Wasser: Dort mussten die Kinder herauskommen; schöne Kinderwunderwelt!!!

Conrad Schleiter kam eine zündende Idee: Diese sumpfigen Unnutzstellen ließen sich doppelt nützlich machen, indem man **1.** dort eine Teichwirtschaft mit Fischzucht einrichtete und **2.** die Quellenschüttungen in Teichen so angestaute, dass es in den Mühlbach überströmte und somit die wirksame Wasserkraft am Mühlrad steigerte. Diese Energie-Quelle war für ihn wertvoller als Gold!!! War's doch pures Derivat der Sonnenenergie!

Doch die Kingelbörner gehörten nicht zur Neue Mühle. Um an deren üppige Quellenschüttungen heranzukommen, mussten die Sümpfe erst noch erworben werden. Und Opa Conrad spielte dazu sowie für andere notwendige Zu- und Abfluss-Infrastrukturmaßnahmen seiner **neuen** Neue Mühle ein regelrechtes Real-Monopoli. Nach meines Vaters 1989-Erinnerung geschah das wie folgt (in Klammern Ergänzungen von mir): *„Conrad Schleiter (kaufte) zwei Wiesengrundstücke, eines in Rosenthal und eines im Rodebachtal. Die Wiese in Rosenthal erhielt der Bäcker Engel im Tausch gegen die zum Eichhof hin gelegene ‚Engel's Wiese‘ (wo dann der Mühlwasserabflussgaben lang führen sollte). Die im Rodebachtal tauschte er gegen die ‚Mengel'sche Wiese' im Tal (direkt) oberhalb der Neue Mühle. Wagner zog auf die (aufgelassene Staats-Domäne am Nordwestrand des Burgwalds) nach Wolkersdorf und verkaufte die anschließende* Wiese [...] *heute ‚Wagner'sche Wiese‘ südlich des großen ‚Kingelborns‘. (Damit war* *die Geländeeigentums-Lücke zwischen diesem und der Neue Mühle geschlossen.) Gastwirt Happel kaufte von Landwirt Stöhr Grund und Boden und verkaufte ‚Happel's Acker' sowie ‚Happel's Wiese' und ‚Frankenau's Wiese' […] an die Neue Mühle."* Das waren die Quellgrund- und Sumpfgebiete der Kingelbörner unterm Müllersberg sowie weiter oben am Haingrund-Ausfluss (wo Vater nach dem 2. Weltkrieg für die

Spaziergang auf dem Trenndamm zwischen Teich und Bach; hier: hinter den beiden liegt der Teich und rechts im angeschütteten Hang verläuft der Mühlbach. – Die Fotos entstanden in den 1950ern, bei Vaters Bruders August Besuch aus der Ostzone. Danach waren sie dort eingesperrt

Enten auf den Damm zwischen Teich und Mühlbach in den 1980ern, hinter den Bullen ist die Böschung des kleinen Teichs zu erkennen

In Vordergrund der tief eingeschnittene Mühlabflussgraben, oberhalb der Neue Mühle die Bachführung von den beiden Quellwasserauffang-Teichen am Waldhang, darüber die beiden oberen Teiche im Schneebedeckten Wiesengrund zum Hain

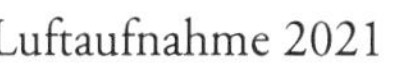

Luftaufnahme 2021

dann im Mühlenbetrieb zusätzlich benötigte Turbine die erforderlichen Teicheinfassungen zwecks Wassereinleitung in den Mühlenzufluss der Bentreff vornehmen sollte).

So war alles für den Wasser-Mühlenbetrieb wichtige Land zur Neue Mühle gekommen. Um den Quellwasser-Abfluss der Kingelbörner in den Talgrund zu stoppen, ließ Opa zwischen dem Quellen-Gesprudel und dem Wiesengrund zwei hohe Erdwälle aufschütten, die beide Kingelbörner-Quellsümpfe in großen Bögen umschlossen und über dem Bachniveau liegende Teichwasserspiegel ermöglichten. Jeder der so entstandenen beiden Teiche erhielt ein Abfluss-Rohr zur Betreff, die so ihren eigen Mühlbachlauf behielt. Bald waren die Teiche angestaut und die Quellenschüttung gelangte nun über den im Rohr gefassten Teichüberlauf in den Mühlenbach. ... „Urbarmachung" nannten Opa Conrad und Vater Wilhelm das. – Unfassbar, was sie alles planten und taten; besonders, wenn man die ärmlichen Verhältnisse bedenkt, aus denen sie kamen.

Bei beiden Teichen war talseitig unten an der Teichsohle in den Erdwall ein gut vier Meter langes Eisenrohr von ca. 25 cm Durchmesser eingelassen. Es wurde im Teichinneren mit einem runden Holzpflog verschlossen

Der musste alle zwei Jahre zum großen Forellenabernten mit vereinten Kräften von außen durch das Rohr herausgestoßen werden. Dazu begab man sich vor den Rohrauslass auf Fuß des Teichumfassungswalls in des dortigen Entwässerungsgrabens Nass und wuchtete einen langen „Erntebaum" in das Rohr hinein. „Erntebäume" waren damals in Gebrauch für das Festzurren der hoch aufgetürmten Heu- und Getreidegarben-Ladungen. Damit waren sie gesichert auf den von Pferden über die holprigen Wege gezogenen Leiterwagen mit ihrem Eisenreifen-Beschlag an den Holzspeichenrädern, so wie in allem vom Rosenthaler Wagner zweckmäßig-sparsam hergestellt unter Verwendung verschieden geeigneter Spezialfunktionshölzer aus Wald und Flur mit ganz wenig Eisernem daran.

Das Teichöffnen geschah wechselnd, so gab's jedes Jahr eine Forellenernte. Sobald der Holzpflog im Innern eines Teichs herausgestoßen war, schoss sein Wasser mit voller Wucht aus dem Rohr heraus. Bald flatscherten im Wiesengrund die Forellen. Und es bereitete uns Kindern einen Riesenspaß, sie dort einzufangen oder im Teichschlamm aufzufischen. In den 1940er Jahren kamen die Kinder der Evakuierten und später der Flüchtlinge zu dem munteren Treiben hinzu. Knallrote Hände und Füße gab's in dem Quell-kalten Wasser und Schlamm! Die kleinen und mittelgroßen Forellen sammelten wir in einen überdimensionalen Weidenkorb, der im fließenden Wasser des Bachs stand. Die wurden später dem wieder angestauten Teich zwecks Fischnachzucht zurück gegeben. Die wenigen wirklich Großen wählte Vater sorgfältig aus, versetzte ihnen mit dem Knauf seines Messers einen Betäubungsschlag aufs Fischgenick und in diese betäubte Stelle dann sofort den Tötungsstich.

Daraus bereiteten Mutter und ihre Lehrmädchen am Abend einen üppigen Forellen-Festschmaus á la Müllerin für die gesamte Belegschaft, die sich sozusagen autonom zufällig in Freiheit&Kooperation mit aus Rosenthal Hinzugekommen zu dem Teichwirtschaftstagwerk zusammengefunden hatte. Die eine Pfanne voller in Butter geschmälzten Forellen-Milch, -Rogen, -Herzen und -Lebern war für mich freilich der unübertreffliche Hochgenuss! – Die Geselligkeit in der geräumigen Küche war ansteckend.

Solch ein Gemeinschaftsglückserleben in Mutters Küche krönte immer wieder die vielen anderen Tagwerkerledigungs-Erfolgserlebnisse auf der Neue Mühle im Jahreslauf. So bildeten sich ständig aufgabenspezifische Anthroposymbionten hoher Surplus-Generierung im Zu- wie Miteinanderstreben und Erfolgs-Erleben. Denn der Mensch ist seinem Wesen nach so angelegt, dass sein Gehirn Glückshormone ausschüttet, wenn er etwas bewältigt hat. Und gemeinsames Bewältigen und Bewähren steigert diese Glückshormonausschüttungen noch mehr.

Hat man doch gemeinsam etwas geschafft, was man sonst gar nicht oder nicht so schnell und gründlich zustande bringen kann. So findet menschliches Zueinanderstreben in Freiheit&Kooperation seinen höchsten materiellen wie seelischen Lohn. Die Neue Mühle bot viel davon, und es ward immer mehr zu ihrem *Mem*! ... Und immer wieder erfreute der Gesang in geselliger Runde!!!

Küchen-Fülle auf der Neue Mühle – links hinter mir Mutter und Vater

Das hielt nicht nur die Belegschaft auf der Neue Mühle zusammen, sondern motivierte darüber hinaus und zog immer öfter welche aus Rosenthal hinzu, insbesondere aus der Cousin- und Cousinen-Schar. Die zählte nämlich samt der Angeheirateten in den 1940ern ff. bald an die 60; denn Vater war der Jüngere von sieben Geschwistern und Mutter die Jüngste von zehn! ... Auch zum Sonntagsspaziergang nach Kirchenbesuch und anschließendem Mahl am heimischen Herd lockte es viele zur Neue Mühle. Dort zauberte nämlich Mutter mit ihrem Hauswirtschaftslehrling-Gespann begleitete von fröhlichem Singsang als Freizeitbeschäftigung Sonntagnachmittags dampfende Hefeblechkuchen bedeckt mit Streuseln und was sonst alles noch frischgebacken aus der mit Scheitholz befeuerten Gusseisenofens Backröhre kam. – Nicht selten erschienen 15 und mehr zu diesem Kaffee-Plausch. Die Neue Mühle ward ein groß Stimmung machender Anthroposymbioseschwunganker Rosenthals!

Vater war als der mittlere von Opa Conrads und Oma Catharinas drei Söhnen in deren Fußstapfen getreten. Nach dem Rosenthaler Volksschulabschluss auf Preußenstaats-Niveau hatte er die Komplexausbildung zum Müllermeisterbrief der Handwerkskammer Kassel bewältigt, hatte immer mehr Aufgaben übernommen, war so Stück für Stück in die Gesamt-Betriebsleitung wie Gesamt-Geschäftsführung hineingewachsen und hatte diese de facto seit der Heirat mit seiner Anna, geb. Ruckert, an seinem 34. Geburtstag dem 28.01.1933, inne. So war's für das Unternehmen „Neue Mühle" keine Zäsur. Er war nun der „Chef" im Anthroposymbiont Neue Mühle, war von großer Tüchtigkeit, hoher sachlicher Zuverlässigkeit, extrem stabiler Eigenständigkeit und genau zielgerichteter Strebsamkeit bei zugleich ausgeprägt dynamisierender Teamfähigkeit.

Mutter gab als „Chefin" Opa Conrads wie Vaters Wirken das Seelen-*Mem* für eigendynamische Selbstentfaltung! Als jüngste unter neun Sägewerk-Ruckerts Kindern **1.** Von Kleinkindbeinen im menschliche Zu- und Mit- und Gegeneinander geübt, **2.** An Rosenthals Volksschule perfekt mit den Kulturtechniken des Lesens, Schreibens, Rechnens und auch mit deutscher Dichtkunst bis Schillers Glocke gut versorgt, **3.** In Rosenthals Kirchengeselligkeit bestens eingebunden und von des Pfarrer Singkreis vom deutschen Kirchen- wie Volkslieder-Füllhorn ergriffen, war sie gut ausgestattet in die Welt getreten. Diese Welt wurde für sie bald auch Frankfurt Rhein/Main. Dort hatte sie **4.** bei einer bürgerlichen jüdischen Familie in Hofheim am Taunus die Stelle eines Dienst- und

Haushaltungsmädchen angetreten. – Da unten im Tal am Nordufer des Mains waren am 2. Januar 1863 von Meister, Lucius&Brüning die Farbwerke Höchst gegründet worden und standen nun unter des Frankfurters Grünenberg Patronat in voller Kaiserzeitentfaltung zum Chemie und Pharmagiganten. Sie waren ihres Dienstherrn Arbeitsplatz. Man konnte das Dampfen und Zischen von Hofheim aus wahrnehmen. – Einsatzfreudig und gespannt neu- wie lernbegierig hatte Mutter damals als Dienstmädchen aus Rosenthal ihren Erfahrungs- und Wissens-Horizont ins Städtisch- sowie Jüdisch-Bürgerliche erweitern können. ... Und das nicht nur als dienstbereite Magd in dem Haushalt, in dem sie sich überaus wohl fühlte, weil man sie wie ein Kind der Familie integrierte. Sie genoss auch angemessene Freizügigkeit zu ihrer Persönlichkeits-Bildung über die Hauswirtschafts- und Geselligkeitsgepflogenheiten im Jüdischen hinaus.

Schuhmann-Theater, Frankfurt

Immer wieder erzählte sie später begeistert von ihren Varieté-Besuchen im Schuhmann-Theater am Frankfurter Hauptbahnhof, wohin sie mit der Eisenbahn von Hofheim auch mal bequem zur

Abendvorstellung hin und in der Nacht auch wieder sicher zurückkam. ...

Ausgestattet mit all dieser familiär-mitmenschlich-sozialen *Memetik* und optimaler schulisch-kirchlich-kulturtechnischer Kompetenz war Mutter 24jährig durch Heirat an Vaters 34. Geburtstag am 28. Januar 1933 auf die Neue Mühle gekommen, um dort ihrerseits im Gespann mit Vater in ihrem sangesverliebten, praktisch-gesellschaftlichen wie seelischen Elan gekonnt alles daran zu setzen, dass dort eine gedeihliche und fruchtbringende Familien&Belegschafts-Anthroposymbiose werde.

Menschen lassen sich erst wirklich begreifen, in dem man ihren familiären wie kulturellen Hintergrund, die zeithistorischen Einwirkungen sowie ihren gesamten Werdegang zur *Welt 2*-Individualpersönlichkeit samt deren Individual-*Mem* in die Betrachtung mit einbezieht!

Doch nun zurück zu Opa Conrads Basislegung der „Neue Mühle"-*Mems* Jahre davor. Er hatte nämlich neben Wiesengrund viel Ackerland hinzuerworben. Denn er wollte, dass die Neue Mühle auch ein Großbauernhof sei, und errichtete nun auf dem Vielfachen der Mühlparzelle direkt anschließend und ebenfalls über dem eingehausten Bachlauf Stallungen, die im Hang doppelstöckig waren: für Zucht- und Jungsauenstall unten mit Auslauf zum Wiesengrund und Milchvieh- sowie Mastsauen- und Pferdestall oben auf Hofniveau, wo eine an der Decke aufgehängt „Mistbahn" wie eine Schwebebahn für die Mist-Entsorgung aller Ställe lief. Und riesige dreietagige Scheunengeschosse darüber, was die Arbeit enorm erleichterte, weil Heu und Stroh sich von dort oben einfach nach unten in die Ställe bringen ließen. (s. Foto auf S. 596) – Großflächige Vordächer samt einer breiten überdachten Durchfahrt vom Hof aufs Feld gaben Schutz dem Müllerwagen, den Getreideanlieferungs-Fuhrwerken der Bauern sowie dort zur Weiterverwendung untergestellter eigener Ernte.

Aber auch damit war für Opa Conrad noch nicht Schluss. Denn er hatte mit seiner Frau Catharina drei Söhne Konrad, Wilhelm, August und vier Töchter Trienchen, Frieda, Elisabeth, Margarethe.

Für die Letzteren musste für Aussteuer und gute Verheiratung gesorgt werden. Das klappte auch: Elisabeth heiratete den Kaufhof-Besitzer Noll in Kirchhains Bahnhofstraße, Trienchen ca. 600 Meter talwärts hinter dem Eichhof den Ölmüller Bromm auf dem „Hammer" (dort war in der Vergangenheit eine landgräfliche Eisenerzeugung gewesen), Frieda den Schmied Sehlbach in Rosenthal und Margarethe ganz weit weg den Reichs-Lockführer Müller in Hagen. – Kaiserzeitfotos zeigen sie allesamt als gut gestaltet und statthaft gewandet. ... Doch seine drei Söhne, so war es von ihm angedacht, würden sein Werk vor Ort fortführen: Zwei als Müller und Bauer auf der Neue Mühle und der dritte als Bäcker in Rosenthal. Also musste erst mal ein adäquates Wohnanwesen auf der Neue Mühle her. Opa Conrad plante und errichtet das schönste und modernste weit und breit, mit zwei vollen Wohnetagen und Gesindezimmern ganz oben im Dachgeschoss samt zwei Hauseingängen und Treppenhäusern. ... Fürs gesunde Leben lag hinter dem Haus ein großer Garten mit Salat-, Gemüse-, Erbsen-, Bohnen- und Tomaten-Anpflanzungen, Erdbeer- und Rhabarber-Beeten sowie Himbeer-, Stachelbeer-, Johannisbeersträuchern aller Art bis hin zur schwarzen Johannisbeere. Fürs Frischei und's Federschlachtvieh stand dahinter ein Hühnerhaus samt Enten-, Gänse- und Putenstall. Im Wohnhaus-Dachfirst sorgte ein gut ausgedachter Taubenverschlag alljährlich einmal für den Sonntagshochgenuss frischegebratener leckerer Täubchen. Und entlang der Kirchhainer Straße von der Hofzufahrt (genannt Holweg!) bis zum Eichhof schuf er eine Obstplantage mit Hunderten Bäumen früh- bis spätreifender Apfel-, Birnen-, Kirschen-, Marillen- und Pflaumensorten.

In den 1920er Jahren kam aufkommende Landwirtschaftstechnik hinzu. Sense, Sichel und Dreschflegel wurden zunehmend museal.

... Doch die Schmiede mit Amboss, Werkbank und Esse im Winkel zwischen Wohnhaus und dem „altem Stall“ war noch bis in die 1980er im Betrieb, um so manch eisernes Acker- oder Mühlengerät grad zu richten, nachzuschärfen, auf dem Amboss durch zu dengeln oder Pflugscharen in der Esse durchzuglühen, glühend auf dem Amboss vorne platt zu hämmern und im kalten Wasser zu härten.

Enorm! Eigentlich unfassbar, was dieser Mann alles bedacht, genau durchdacht und dann auch umgesetzt hat. Er scheint vom Kaiserzeit-Höhenflug-*Mem* geradezu erfasst gewesen und mitgerissen worden zu sein. ... Eine ähnliche Dynamik hat die Neue Mühle dann in Wirtschaftwunderjahren wieder erfahren.

Unten auf halben Weg zum Keller strömte der Betreff Wasserschwall in einem breiten offenen Eisentrog, durch den sie ins Freie auf den dort unter mächtiger Betonplatte versteckten Mühlrad-Gigant eilte. An diesem Eisentrog konnten sich alle waschen und frisch machen und bequem auch mal Schuhwerk, Stiefeln und Arbeitsgerät von Ackerlehm, Stallmist oder Gartendreck befreien. Ansonsten gab's eine Wasserpumpe auf dem Hof. Aber auch das Betreffwasser trank Opa Conrad überaus gerne. Es war vom Reinsten und Feinsten: Leckere Flusskrebse ließen sich abends mit Petroleum-Lampen anlocken und leicht fangen. Neunaugen schlängelten und die quirligen Bachforellen erlebten den Sturz in des Wasserrads Schaufelgewirr als tolle Bereicherung ihres ohnehin schon munteren Bachforellen-Daseins.

Opa Conrad sagte dazu gerne diesen Reim: *„Und fließt das Wasser über'n dritten Stein, ist es wieder frisch und rein.“* ...

Denn Rosenthals Bauern und Haushaltungen nutzen die tierischen wie menschlichen Ausscheidungen zum Düngen ihrer Äcker und Gärten. Das war viel zu wertvoll, davon kam nichts in den Rode- oder Fischbach hinein. Und auf der Neue Mühle sammelte man's auf der Miste und in der Jauchegrube ebenso ein: Nichts konnte für Garten, Obstplantage und Feld von mehr Nutzen sein!

Bioökologisches und nachhaltiges Verhalten und Wirtschaften waren in allem tiefstverinnerlichte Hallesche und Kant'sche Seelen- wie Verstandes-Devise.

Die Erbschaft aus Amerika

Wie reiben uns die Augen und fragen uns: Wie konnte das alles Opa Conrad in der Rosenthaler Weltabgeschiedenheit nur gelingen? Ein bisschen Glück war schon dabei.

Und da war Conrads Frau, Oma Catharina mit im Spiel. Sie stammte aus einem kleinbäuerlichen Anwesen in Langendorf, dem nächsten Ort an der Bentreff auf ihrem Weg Richtung Wohra. In dem damals in Deutschland virulenten Wunsch, in Amerika das große Glück zu machen, war einer in die USA ausgewandert, wohl der Bruder der Ur-Oma Schneider. Und als der in den Staaten verstarb, hat er seine Schwester in Langedorf, also die Mutter von Oma Catharina bedacht. Die Erbschaft aus Amerika betrug mehrere 10.000 Gold-Dollar, auf heutige Zeit umgerechnet waren das mehrere Millionen Euro.

Haus der verwitweten „Ur-Oma Schneider" in Langendorf, wo Oma Catharina Schleiter (geb. Schneider) am 4. Juni 1864 zur Welt kam (2021)

Wohlweislich hatte Opa Conrad mit seiner Schwiegermutter über die Herausgabe des Anteils seiner Ehefrau gestritten, angeblich bis zum Reichsgerichthof. Und als Opa Conrad obsiegte, tat er, was seine Schwiegermutter unbedingt verhindern wollte. Denn für sie waren Gold-Dollar wie Gold-Mark von ewigem Wert und deren Investition in die Neue Mühle nur eine üble Geldverschwendung. Ihr Schwiegersohn Conrad Schleiter gab seiner Frau Catharinas Erbanteil jedoch u. a. eben für diese Neue Mühle aus!

So entstand der große Gebäude-Komplex samt siebengeschossiger Mühle, Stallungen, Scheue und Landbesitz (so wie mein Bruder Heinrich und ich es als Kinder erlebten und noch zu Beginn des 21sten Jh.s vorfinden, natürlich zeitgemäß angepasst).

Doch leider investierte Opa Conrad etwa die Hälfte in Kriegsanleihen, so siegessicher fühlte sich das Volk damals im Kaiserreich! Diese Hälfte sowie die gesamte übrige so sicher geglaubte Langendorfer Golddollar- bzw. Goldmark-Erbschaft gingen spätestens in der Inflation der 20er Jahre total verloren. Gott sei Dank hatte der Mann wenigsten die Hälfte in die Neue Mühle gesteckt, sonst hätte sich die gesamte Erbschaft aus Amerika aufgelöst in Nichts.

In Vaters 1989er Erinnerungen liest sich das so: *„Auf die Neue Mühle übersiedelte mein Vater Conrad Schleiter erst nach dem Tode seines Schwiegervaters Conrad Ahlefeld in 1889. Seine Eltern behielten ihre Wohnung in Rosenthal bei. Conrad Schleiter heiratete Catharina, genannt Trienchen, geborene Schneider aus Langendorf. Sie war Halbwaise mit drei Schwestern, den späteren Fr. Seibel/Seibels Hof in Langendorf, Fr. Dersch/Dersches Hof in Langendorf und Fr. Knobel/ Lehrersfrau in Kassel. Ihre verwitwete Mutter, also meine Langendorfer Schwipp-Oma Schneider, machte vor dem ersten Weltkrieg eine bedeutende Erbschaft aus Amerika. Selbige hat ihr Erbteil nicht an ihr Kind auf der Neue Mühle ausgehändigt. Sie sagte über ihren Schwiegersohn Conrad: ‚Der verbaut doch alles.' Erst ein Prozess des Schwiegersohns*

Conrad Schleiter gegen seine Schwiegermutter stellte sicher, dass der Anteil der Obligationen, welcher ihrer Tochter Catharina zustand, auf die Neue Mühle kam. Es waren wohl mehrere 10.000 Reichsmark. Conrad Schleiter verwendete es seinem Plan entsprechend für den Ausbau der Neue Mühle, aber auch für die Zeichnung von Kriegsanleihen. Letztere und das übrige Geld der Oma Schneider wie der drei Schwestern von Catherina (Trienchen) verfiel in der Zeit der Inflation Anfang der zwanziger Jahre! – ***Gerettet war nur das in die Neue Mühle verbaute Geld****."* – Ur-Oma Schneider war der falschen Hypothese aufgesessen, der Treibsand der Geschichte hatte alles aufgefressen. ... Und Vater zeigte mir später mit bedeutungsschwerer Miene aus dem kaiserzeitlichen Kassenschrank in seinem Büro eine Blechschatulle mit „Inflationsgeldscheinen", worauf Millionenbeträge standen, wofür man am Ende noch nicht einmal ein Brot erhielt. ... Die beiden Schleiter-Großeltern, kannte ich nicht, weder Oma Catharina, noch Opa Conrad. Die Oma Catharina, liebevoll auch „Trienchen" genannt, war schon vor meiner Geburt verstorben, nämlich am 20. Juni 1935, und Opa Conrad folgte ihr im Jahr meiner Geburt zu Heilig Abend 1938: sie im Sommer 1935, er im Winter 1938.

Sie waren ein starkes Paar und er in dem Gespann ein tüchtiger, vielseitig begabter und willensstarker Mann. Das kann man schon an dem von ihm geschaffenen Mühlen- und Landwirtschafts-Betrieb erkennen, aber auch an der Teichwirtschaft und der Obstplantage.

Überall in Haus und Mühle hatte er hilfreich Sprüche aufgehängt, um das Miteinander zu erleichtern und die Anthroposymbiogenese zu perpetuieren. Im Hausflur vor der Mühlentür stand z. B. der Reim:

Jedes Ding an seinen Ort
und ein Ort für jedes Ding,
das erspart so maneches böses Wort
und macht des Suchens Müh' gering.

Mir sind besonders auch Opa Conrads viele Bücher über Mühlentechnik, Landwirtschaft und Viehzucht in Erinnerung sowie die großflächigen bunten Bebilderungen über Pilz-, Obst-, Fisch-, Nutztier- und Frucht-Arten, über Bienen, Insekten, Schädlinge und vom Wild in Flur und Wald.

Die beeindruckend voluminösen kaiserzeitlichen Folianten mit Kriegsberichten aus dem ersten Weltkrieg hatte er seinerzeit wohl erworben in der sehnenden Zuversicht, dass die Kulturleistung des Kaiserreichs weltweit Leitbild werde. ... Doch das kam ja völlig anders. ...

Das *„Tägliche Handbuch in guten und bösen Tagen" vom Prediger und Consistorialrat Johann Friedrich Stark (1680–1720) aus bester Hallescher Pietisten-Schule* war ihnen bei der Trauung als Leitfaden mitgegeben worden.

Dort hatte Opa Conrad unter „Familien Geburtstage" aufgeschrieben:

1863, Juni12. Vater **Conrad** Schleiter;

1864, Juni 4. Mutter **Catherina** (verheiratet seit 1887, März 20.).

Opa Conrad und Oma Catharina mit ihren sieben Kindern
(Foto aus den 1920er Jahren) ...

Und dann ihre sieben Kinder (im obigen Foto von links nach rechts Nr. in [...]): **1887**, Dezember 11. Tochter **Gretchen** (Margarethe) [7]; **1888**, August 20. **Trienchen** (Katherine) [1]; **1895**, Juni 22. Tochter **Elisabeth** [3]; **1897**, März Sohn **Konrad** [6]; **1899**, Januar 28. Sohn **Wilhelm** [2]; **1901**, März 4. Tochter **Frieda** (Elfriede) [5]; **1902**, Dezember 29. Sohn **August** [4]. ... Das war ein mächtig komplexer Familiensymbiont, der sich weiter komplizierte, als die „family spread effects" der „spin offs" all der sieben noch hinzu kamen. Opa Conrad und Oma Catharina mussten wohl oder übel damit umgehen lernen. Sie konnten sicher ein Lied von mancherlei Diversitäten und Animositäten singen. Familie ist Basisdemokratie reinster Sorte, und das mit gewaltigen Sprengkräften!

Oma starb 1935, Opa 1938 und gaben dem Geschehen mit ihrer Familien-*Mem*-Vorlage dann doch den zusammenhaltenden Lauf: Als ich 1938 auf die Welt kam, war alles bestens konservativ-evolutionär und konstruktiv-kulturfähig ausgerichtet. ... Das Wohnhaus war gleich in den 1920ern fertiggestellt und bezogen worden. Alle Zimmer hatten Kachelöfen, nur die kleinen Schlafkammern nicht. Im gesamten Haus waren die Zu- und Abwasserleitungen installiert, samt Waschbecken, Küchenanschluss, Bädern und Toiletten. Eine Bergquelle im Müllersberg-Hang neben dem Bach am unteren Teich war gefasst und die Zinkrohrzuleitung von dort durch den Mühlbach zur wasserfest gemauerten Zisterne im Keller des neuen Wohnhauses verlegt. ... Die Elektrizitäts-Hochspannungs-Leitung sollte in den sog. „guten Hitlerjahren" der 1934er ins Tal kommen. Sie führte direkt an der Neue Mühle vorbei nach Rosenthal. So dass diese als erste angeschlossen war, sofort ein Siemens&Halske-Elektromotor (mit massivem Gusseisengehäuse und von außen einsehbaren Wicklungen sowie Graphit-Kontakten!) als weitere Kraftquelle für die Mühle in Betrieb gehen und an der Zisterne im Wohnhauskeller die von einem Elektromotor betriebene Druckwasserkolbenpumpe des seit langen vorbereiteten Fließendwasseranschlusses für Hof, Stall und Wohnhaus ihre Tätigkeit aufnehmen konnte.

Das Kaiserzeit-Manko: „Fremder Hunger langweilt, fremdes Glück reizt"

Doch was auf der Neue Mühle damals geschah, war ja nicht einmalig und singulär. Das große Aufblühen in von pietistischer, calvinistischer, protestantischer, katholischer Variation des Jesu Selbstbefreiungs-Philosophie regelgeführter Freiheit&Kooperation in Kant'scher Seelen- wie Verstandesklugheit war im Reich allgegenwärtig, also sozusagen ubiquitär.

Und genau dieses „erste Wirtschaftswunder" sollte die im pur rationalistisch funktionalistischen Aufklärungstreiben hängen gebliebenen Nachbarn erregen und lies deren archaischen Angstbeißer- wie Beutegreifer-Modi wieder voll durchbrechen. Sie dachten hergebracht erfahrungsbedingt nun mal in Angst&Affekt- sowie Macht&Gewalt-Kategorien, die sie Jahrhunderte lang gegeneinander getrieben hatten, und denen sie ja auch ihre Kolonien verdankten!

Das evolutionäre Denken eines Professor Wolfgang Frühwald in selbstorganisierenden (!) Sozio-Organismen (!) der Gestalt von Familiensymbionten, städtischen Selbstverwaltung-Symbiosen oder echter Gewerbefreiheit für Wirtschaftsevolution in autonom sich gestaltender Freiheit und Kooperation, war ihrem monokausal linearen Denkmodulpaketen völlig abholt.

Auf sie traf der von Kurt *Tucholsky* (*9. Januar 1890 Berlin; †21. Dezember 1935 Göteborg) stammende Spruch zu: *„Fremder Hunger langweilt, fremdes Glück reizt."* ... Nun erwachte ihr Angstbeißer-, Beutegreifer- und Raubtierinstinkt: Da gibt's was zu holen! Oder war es das Neidsyndrom oder doch nur die Angst, dass das Kaiserreich losschlagen würde, so wie sie es bei Gelegenheit immer wieder taten? ... Und das bahnte sich wie folgt.[40]

I.

Im Jahr 1870 lag das reale Bruttoinlandsprodukt (BIP) pro Kopf in Deutschland (berechnet auf der Basis des internationalen $) bei 426, und Frankreich fühlte sich mit 437 noch chauvinistisch überlegen. Im Jahr 1913 hatte sich das umgekehrt: Deutschland hatte 743 aufzuweisen, Frankreich lag nun mit 689 deutlich darunter. Multipliziert man die deutschen pro Kopf Werte 1870 426 mit den damals 40-Millionen Einwohnern (= 17.040 Millionen) und 1913 743 mit den inzwischen erreichen 65 Millionen Einwohnern (= 44.580 Millionen), so ist das eine Steigerung auf das 2,62-Fache, also 262 %. Der Index der Wertschöpfung hatte von 1870 bis 1913 das 3.1fache erreicht und die Bruttowertschöpfung das 3,3 fache. Nimmt man Frankreich 1870 437 x 38 Millionen (= 16.606 Millionen) 1913 689 x 42 (28.938 Millionen) zum Vergleich, so ist das Deutsche Kaiserreich im BIP 1913 fast 1,6mal so mächtig wie Frankreich, während sie 1870 so gut wie gleichauf lagen.

II.

Egal welche Zahlen man auch nimmt: Des Kaiserreichs hochdynamisches Aufblühen musste Frankreich Chauvinisten-Dünkel mächtig verletzen! So verfolgte Frankreichs Premier-, Außen- und Kriegsminister Charles de Freycinet seit 1880 den Plan, mit dem russischen Zarenreich eine Militärallianz zur Umklammerung dieses Deutschen Kaiserreichs zustande zu bringen. Eine solche

40 Zu folgendem vgl. u. Zit. von Bülow, Andreas: Die deutschen Katastrophen – 1914 bis 1918 und 1933 bis 1945 im Großen Spiel der Mächte, (Kopp Verlag) Rottenburg 2021.

Einkesselungs-Strategie hatte Frankreich in der Vergangenheit ja mehrfach bei seinen Landnahme- und Vernichtungs-Bestrebungen angewandt, z. B. mit Schweden im Dreißigjährigen bzw. mit Österreich im Siebenjährigen Krieg 1614–1648 bzw. 1756–1763 oder unter mit Ludwigs XIV. Anstachelung der Osmanen beim 1683er Türkensturm auf Wien. ...

Nun trat am 4. Januar 1894 die sogenannte Französisch-Russische Allianz der in Kraft. Das neue Verhältnis der beiden Staaten war am 23. Juli 1891 angebahnt worden durch den Besuch eines von Frankreichs Admiral Alfred Albert Gervais befehligten Marinegeschwaders im russischen Kronstadt.

Bereits am 5. August 1892 ward eine geheime Militärkonvention abgeschlossen worden: Die Staaten Frankreich und Russland verpflichteten sich zur gegenseitigen Unterstützung mit allen Kräften, falls einer von beiden von einer Dreibundmacht angegriffen würde und das Deutsche Kaiserreich daran beteiligt sei. 1893 gab's einen Gegenbesuch bei der französischen Flotte durch ein russisches Marinegeschwader in Toulon. Mit der Militärkonvention vom 4. Januar 1894 war ein förmliches Militär-Bündnis geschaffen. Gegenseitige Staatsbesuche bestätigten es. So besuchte der neue russische Zar Nikolai II. 1896 Paris. Im Gegenzug stattete der französische Präsident Félix Faure 1897 St. Petersburg seine Aufwartung ab. 1901 erfolgte der nächste Staatsbesuch des Zaren Nikolaus II. in Paris, und Faures Nachfolger Émile Loubet kam 1902 zum Gegenbesuch nach St. Petersburg.

Erneut hatte Frankreich eine militärpolitische Blockbildung gegen Deutschland in die Welt gesetzt, die **1907** in der informellen Bildung der **Triple Entente** aus **Frankreich, Russland** und **Großbritannien** mündete.

III.

Denn Großbritannien hatte ebenfalls sein Bauchgrimmen: Zwischen 1870 und 1914 war im Deutschen Kaiserreich aus einem anfänglich stark agrarisch geprägten Land ein hochdynamischer und äußerst wachstumsträchtiger Wissenschafts- und Industriestaat mit verstärkter Urbanisierung an Hochindustrialisierungsstandorten geworden. Allein von 1900 bis 1913 stieg die reale Wirtschaftsleistung in Deutschland laut IWD um fast 44 Prozent auf rund 52 Milliarden Mark. Das war ein durchschnittlicher Zuwachs von gut 3,4 Prozent pro Jahr. Die jährlichen Nettoinvestitionen stiegen zwischen 1895 und 1913 um durchschnittlich 15 % p. a. Ab 1896 hatte ein besonders dynamischer Aufschwung eingesetzt, der bis 1914 andauerte. Die Wachstumsraten schossen auf 4 Prozent. Die Zeitspanne von **1890 bis 1914** wird daher auch als **„erstes deutsches Wirtschaftswunder"** bezeichnet. 1914 verfügte das Deutsche Kaiserreich mit 1.948 US-Dollar über das höchste BIP pro Kopf (Großbritannien verzeichnete 1.468 US-Dollar). Mit einem Anteil von 16 Prozent an der Weltindustrieproduktion lag es ebenfalls vor Großbritannien, das trotz seines riesigen Kolonialreiches auf nur noch 14 Prozent kam. Nach den USA, mit deren Anteil von 36 Prozent war Deutschland die zweitgrößte Volkswirtschaft der Welt. ... Hatte der Deutsche Bund zu Anfang der 1860er Jahre einen Anteil von nur 4,9 % an der Weltindustrieproduktion und lag damit weit hinter Großbritannien mit damals annähernd 20 % zurück, so baute die deutsche Industrie ihre Position gegenüber dem Industriepionier Großbritannien nunmehr erkennbar aus. Das beunruhigte im Land der kolonialen Angstbeißer- und Beutegreifer-Strategie enorm.

So entwickelte Sir Halford J. Mackinder im Jahr 1904 die **„Heartland-Theory"** und wurde damit zum Begründer der britischen Geopolitik. Diese sollte Großbritanniens Weltseemacht sichern und musste dazu verhindern, dass in Europas Herzland

Weltmacht-Konkurrenz aufkeimen könnte. Im Jahr 1909 gründeten Lord Alfred Milner, der britische Goldminen-Magnat Cecil Rhodes, Philip Kerr sowie Lionel Curtis mit einigen Ausgewählten wie Sir Halford J. Mackinder einen **„Round Table"**. Sie strebten nach einer „Union der angelsächsischen Rasse", um unter den Völkern des Vereinigten Königsreichs, des Empires und der Vereinigten Staaten eine gemeinsame Weltsicht im Sinne einer angloamerikanischen „Special Relationship" zu schaffen. Ihr Domizil war das **„Chatham House"**.

Sorgfältig arbeitete die Milner-Gruppe des „Round Table" im „Chatham House" eine Angst&Affekt schürende Propaganda zur internationalen Unterstützung für den, wie sie es vertraulich nannten, „zukünftigen Krieg gegen Deutschland" aus!

Dazu bedienten sie sich der Londoner Zeitung „Times", deren Chefredakteur Dawson, Milners Schützling und Gründungsmitglied des „Round Table" war. Zum „Round Table" zählten prägende britische Persönlichkeiten des beginnenden 20. Jh.s wie der bereits erwähnte Geostratege Sir Halford J. Mackinder, der Philosoph Bertrand Russell, der Schriftsteller H. G. Wells aber auch der britische Außenminister von 1905 bis 1916, Sir Edward Grey, der dann eine wichtige Rolle einnahm beim Schmieden der „Triple Entente", nämlich einer Kriegskoalition mit Frankreich und Russland **gegen „Heartland" Germany**.

IV.

Lange vor dem Ausbruch des Ersten Weltkriegs war also klar: Das immer deutlicher pochende Herz Europas, nämlich das Deutsche Kaiserreich, sollte zum Stillstand gebracht werden! ... Man nannte diese Kernland-Germanen oft„the Germs" (lästige Bazillen), und in Frankreich meinte man, es gäbe 20 Millionen zu viel davon.

Da fand sich für die „Chatham House"-Geostrategen in Frankreich der passgenaue Kollaborations-Partner. Auf dem Kontinent hatte sich, geschürt vom unter seinem Chauvinismus-Defizitsyndrom leidenden Frankreich, ohnehin ein unterschwelliger antideutscher Rassismus breit gemacht. „Les Bosch“ war ihre diskriminierende und diffamierende Bezeichnung für Deutsche. Man könnte das von seinem herabsetzenden Meinungsinhalt her mit *„die Säue“* oder *„die Hunde“* übersetzen. Da paarten sich auf geradezu teuflische Weise französische Chauvi-Allüren mit britischem Imperialkoller. Die „Triple Entente“ des britischen Außenministers Sir Edward Grey zwischen Vereinigtem Königreich, Frankreich und Russland war ja entstanden auf Basis der von Frankreichs Angstbeißer und Beutegreifer-Strategie in 1894 gebildeten Französisch-Russischen Zangen-Allianz. Die französische Regierung versah Russland seit dem mit Rüstungskrediten, welche als Wirtschaftsförderungsmaßnahmen fürs Zarenreich dort selbstverständlich höchst willkommen waren.

In der angloamerikanischen „Special Relationship“ ergab sich noch ein Stimulans obendrauf: Die Morgan-Bank gewährte England und Frankreich zwecks Wirtschaftsförderung in den USA einen 35-Milliarden US$-Kredit (also fast in Höhe des deutschen Bruttojahresprodukts!) unter der Auflage, dass damit Rüstungsgüter von mit Morgan kooperierenden US-Rüstungskonzernen bezogen würden. Das ließ sich leicht bewerkstelligen: Die Franzosen und Briten bestellten und erhielten die kriegswichtigen Lieferungen und in entsprechender Höhe zahlte die Morgan-Bank Kreditraten an ihre Rüstungsindustrie-Partner in den USA aus.

V.

Das war alles so gigantisch, dass dem Kaiserreich rasch die Puste ausgehen musste. Nun galt es nur noch einen Anlass zum Losschlagen zu finden.

Der wurde lanciert durch das am 28. Juni 1914 im bosnischen Sarajewo in zwei kurz aufeinander folgenden Anschlägen vollzogene

Attentat, bei dem der österreichisch-ungarischen Thronfolger Erzherzog Franz Ferdinand samt Ehefrau Herzogin von Hohenberg getötet wurden. Serbien und russische „Triple Entente"-Partner hatten ihre lenkende Hand im Spiel! … Und Kaiser Wilhelm II. hatte offenbar keine Ahnung von dem zynischen Spiel im Hintergrund, mit dem Frankreich erreichen wollte, dass es diesmal nur insgeheim aber nicht offen erkennbar der Kriegstreiber war. Er versicherte Österreichs Kaiser Franz Joseph I. **für einen Waffengang mit Serbien** seine „Nibelungentreue". Er hatte auch keine Vorstellung, was die „Triple Entente" seit 1906 wirklich umtrieb. War seine Mutter doch eine englische Königsprinzessin und saß sein Cousin doch dort auf dem Königs-Thron! Und Wilhelm II. war sich wohl auch kaum im Klaren darüber, welch ein Hexenkessel die Wiener Monarchie inzwischen in Wirklichkeit war, und welche zunehmend aufbegehrenden nationalistischen Zentrifugalkräfte an dieser Donau-Monarchie zerrten.

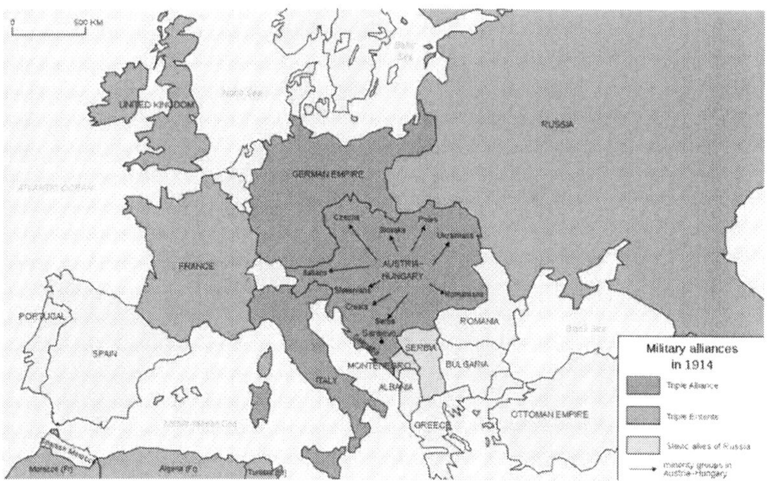

Militärbündnisse im Jahre 1914

Wikipedia

VI.

Frankreich blieb am Ball! ... Dort war **Raymond Poincaré** (*20. August 1860 in Barle-Duc, Département Meuse; †15. Oktober 1934 in Paris) vom 14. Januar 1912 bis zum 18. Januar 1913 Ministerpräsident und zugleich Außenminister. In dieser Doppelposition hatte er die „Triple Entente" gestärkt und parallel zur Rüstungskreditvergabe an Russland Frankreichs Aufrüstung massiv voran getrieben! Vom 18. Februar 1913 bis 17. Februar 1920 war er sodann Frankreichs Staatspräsident und trieb auf dieser obersten Staats-Ebene die Dinge systematisch in den Ersten Weltkrieg und ins Versailler Friedensdiktat.

Das geschah wie folgt.

Am 27. Januar 1913 hatte ein Mitterechts-Bündnis Poincaré zum Staatspräsidenten erhoben. Am 28. Juni 1914 hatte das von Frankreichs russischem Allianz-Partner lancierte Attentat in Sarajewo stattgefunden. Und sofort stach Poincaré mit seinem Ministerpräsident René Viviani, wie vorbereitet (!), auf dem modernsten und größten Schlachtschiff der französischen Kriegs-Flotte samt Marine-Kreuzer mit hoher Elite-Besatzung der Admiralität und kriegseinsatzfähiger Waffen-Bestückung unter Volldampf in See ... um in St. Petersburg mit französischer Militär-Marine neuester Kriegstechnik zu imponieren und die Dinge in seinem Sinne festzuzurren!

Schließlich hatten die Russen französische Rüstungskredite angenommen: Generalität und Admiralität mussten jetzt liefern, damit Frankreichs List aufging. Und es musste Schlag auf Schlag gehen: Die Falle, in die Wilhelm II. geraten sollte, war gestellt; daraus sollte kein Entkommen mehr sein! ... Den Kaiser-Wilhelm-Kanal konnte Poincarés waffenstarrender Militärschiff-Konvoi keineswegs durchfahren. Also mussten sie den langen Umweg über das Skagerrak, jene Meerenge hoch im Norden zwischen Dänemark, Norwegen und Schweden, wählen. Dennoch trafen sie bereits am **13. Juli 1914 (!) in St. Peterburg** ein, wo sie bis zum 23. Juli 1914 offiziell ihren „Staatsbesuch" abhielten, um sich dann kurz **vor dem verabredeten Kriegsausbruch** mit allem Zeremoniell und Abschieds-Pomp samt großer Hafen-Beflaggung zu verabschieden.

Poincaré nutzte gleich den ersten Empfang bei seinen russischen Gastgebern zu einer „feierlichen Bestätigung der Verpflichtungen, die aus dem Bündnis vom 4. Januar 1894 für beide Länder (!) hervorgingen", damit *Russland* auch nicht den geringsten Anlass mehr fand, doch noch von seiner bedingungslosen Unterstützung Serbiens abzurücken. – Die von Frankreich mit England und den USA für den von langer Hand arglistig gegen des Kaisers Reich vorbereiteten Zweifrontenkrieg aufgebaute geballte Vernichtungs-Ladung sollte nicht vergeblich gewesen sein. Man musste nun über Russland den Vorwand schaffen, das im Westen des Reichs angestaute Militär-Potenzial zur Entladung bringen zu können! Dazu war es nun gelungen, den Zwist zwischen Serbien und Österreich-Ungarn an-zuzetteln! Und genau diesen galt es jetzt mit aller Verve zu nutzen!

An eben jenem 23. Juli 1914, als Poincaré zu solchem Vorgehen in St. Peterburg sein „fait accompli" festgezurrt hatte, hatte die k. u. k.-Monarchie Österreich-Ungarn dem Königreich Serbien eine auf 48 Stunden befristete Démarche zugestellt. Darin wurde mit einem Abbruch der diplomatischen Beziehungen gedroht. Serbien war aufgefordert, alle Bestrebungen, die aufs Abtrennen von k. u. k.-Territorien abzielten, zu verurteilen, mit aller Härte und Strenge gegen solche vorzugehen, jede antiösterreichische Propaganda zu untersagen und sofort gegen alle Beteiligte am Attentat strafrechtliche Schritte einzuleiten sowie solche aus dem Staatsdienst zu entfernen ... und Punkt 6: *„von der k. und k.-Regierung hierzu delegierte Organe werden an den bezüglichen Erhebungen teilnehmen ..."*

Daraufhin verkündete Russland am 24. Juli 1914 die tags zuvor in St. Petersburg mit Poincaré verabschiedete Generalmobilmachung seiner Streitkräfte sowie den Abzug aller Finanzmittel aus Deutschland und Österreich und versicherte, im Falle eines österreichisch-ungarischen Angriffs auf Serbien nicht untätig zu bleiben ... sibyllinisch-ungenau verbergend, das es dem Deutsche Reich galt!

Serbiens Regierung akzeptierte dem Schein nach, gab jedoch zu Punkt 6 der Démarche folgende inakzeptable Erklärung ab: „*Die königliche Regierung hält es selbstverständlich für ihre Pflicht, gegen alle jene Personen eine Untersuchung einzuleiten, die an dem Komplotte vom 15./28. Juni beteiligt waren oder beteiligt gewesen sein sollen, und die sich auf ihrem Gebiete befinden. Was die Mitwirkung von hierzu speziell delegierten Organen der k. u. k. Regierung an dieser Untersuchung anbelangt, so kann sie eine solche nicht annehmen, da dies eine Verletzung der Verfassung und des Strafprozessgesetzes wäre. Doch könnte den österreichisch-ungarischen Organen in einzelnen Fällen Mitteilung von dem Ergebnisse der Untersuchung gemacht werden.*" ... Zugleich begann Serbien mit der Mobilmachung seiner Truppen. – Daraufhin begann der serbisch-österreichische Krieg drei Tage nach Ablauf der Démarche: Am **28. Juli 1914** erging **Kriegserklärung Österreich-Ungarns an Serbien**.

Jetzt mussten in dem abgekarteten Spiel die russische Generalität und Admiralität die Generalmobilmachungs-Ankündigung vom 24. Juli 1914 offiziell umsetzen, und zwar wie mit Poincaré beschlossen nicht nur gegen Österreich-Ungarn, sondern vor allem gegen das Deutsche Reich, was einer „de facto"-Kriegserklärung an Deutschland gleich kam! ... Man stand in St. Peterburg ja unter dem enormen Druck, die Poincaré gegebene Zusage zu erfüllen. Doch Zar Nikolaus II. zögert mit seiner Unterschrift auf der formellen Befehlsfreigabe zu der in der Tat hauptsächlich gegen Deutschland gerichteten Generalmobilmachung. Die war in Wirklichkeit schon längst angelaufen, und zwar mit massiven Truppenverlegungen Richtung Deutsches Kaiserreich!!! ... Das blieb in Berlin nicht unbemerkt, und am Mittwoch, den 29. Juli 1914 wurden zwischen Zar Nikolaus II. und seinem Schwippcousin Wilhelm II. mehrere Telegramme gewechselt. Der Zar bat um „Mediation". Auch das Bitt-Telegramm des Deutschen Kaisers „Willy" an seinen Neffen „Niki" auf dem Zarenthron in St. Petersburg, er möge doch die Generalmobilmachung untersagen, konnte an der von Poincaré in St. Petersburg am 23. Juli 1914 mit der russischen Militärspitze verabschiedeten Beschlusslage nichts ändern. Zar Nikolaus hielt das Zepter des Handelns nur noch dem Schein nach. ... Und Niki hatte Willy in den auf Englisch geführten Telegrammen mitgeteilt, die russische Mobilmachung sei am 24. Juli „decided" worden. .

Brandaktuelle Forschungsergebnisse des „Professor in History" am Bard College, New York, Sean McMeekin, bestätigen heute, dass am

25. Juli 1914 (entgegen aller Geschichtsklitterung um die Fiktion der Alleinschuld des Deutschen Reichs!) Russlands Mobilmachung der Armee und Ostsee- wie Nordflotte heimlich voll im Gange war. – Also befanden sich Kaiser und Zar bei ihrem Telegramm-Austausch am 29. Juli 1914 in Wirklichkeit vor vollendeten Großintrige-Tatsachen. Poincaré's Falle hatte längst zugeschnappt![41] Willy verstand das Wort „decided" durchaus zutreffend als „beschlossene Sache", an der nichts mehr zu ändern war. Tatsächlich war die russische Generalmobilmachung gemäß

41 Mc Meekin, Sean: Juli 1914 – Der Countdown in den Krieg, (Europa Verlag) Berlin 2013.

Poincarés mit der russischen Admiralität und Generalität „decided" Beschlusslage am 25. Juli 1914 ja auch voll angelaufen.

Wütend notierte der deutsche Kaiser am 29. Juli 1914 um sieben Uhr: *„Demnach hat der Zar mit seinem Appell an meine Hilfe einfach Komödie gespielt und uns arg vorgeführt! Denn man bittet nicht um Hilfe und Mediation, wenn man bereits mobilmacht!"* Doch Willy irrte sich: Niki war selbst aufs Kreuz gelegt und darüber auch der Deutsche Kaiser. Denn beide hatten keine Ahnung von Poincarés finster-intriganten Machenschaften, deren Opfer dann am Ende sie beide werden sollten. ... Es durfte ja auch keinesfalls auffliegen, dass Frankreich erneut der große Kriegstreiber war. Diesmal wollte man saubere Hände behalten und über Russlands Anstachelung in die Opfer- und Weltretterrolle der Guten geraten, um am Ende brachial zuzuschlagen. So stand Poincarés Macht&Gewalts-strategischer Plan, der dann ja auch im Versailler Reichsuntergang-Diktum seine Krönung finden sollte. ...

Doch Zar Nikolaus II. verweigerte sich dem Wunsch seines Außenministers, des Generalstabschefs und des Kriegsministers nach einem sofortigen Telefonat noch am Vormittag des 29. Juli. Und als der Kriegsminister samt Generalstabschef mit einem Diplomaten des Außenministeriums gegen 15 Uhr bei Nikolaus II. erschienen, entspann sich eine erregte Diskussion. Der Diplomat forderte unwirsch die sofortige Unterschrift des Zaren zur Generalmobilmachung. Das wäre des Zaren formelle Zustimmung zum insgeheim schon im Vollzug befindlichen Aufmarsch gegen Deutschlands Ostgrenzen! Nikolaus ließ sich zuerst überreden, revidierte seine Entscheidung dann aber noch einmal. Wenigstens für einige Stunden.

Inzwischen war gegen 14.30 Uhr in Berlin die gezinkte Zeitungsente verteilt worden, in der stand: „Die Entscheidung ist gefallen!" Kaiser Wilhelm II. habe die sofortige Mobilmachung verfügt (was gemäß der ihm zugegangenen „decided"-Nachricht auch höchst notwendig gewesen wäre, doch nicht zutraf). In Minutenschnelle ging diese Falschmeldung indes über die Telegrafen hinaus: in die deutschen Großstädte, nach London, Paris und St. Petersburg. In Blitzeseile rief der Chef des Auswärtigen Amtes, Staatssekretär Gottlieb von Jagow, die Botschafter der europäischen Mächte, um zu beruhigen. Doch die unsägliche Nachricht war raus. Daran ändern sich auch nichts als die angesehenen Zeitungen „Berliner Tageblatt" und „Vossische Zeitung" in ihren Abendausgaben das Gerücht vehement dementierten und der „Lokal-Anzeiger" kleinlaut vermeldete, durch das Extrablatt habe man *„einen groben Unfug verbreitet"*. ... Einfach so? ...

Jetzt fühlte sich Zar Nikolaus II. vom Vetter Kaiser Wilhelm II. betrogen und gestattete seinen Ministern nun auch formell die Generalmobilmachung gegen ein Deutschland, das im österreichisch-serbischen Konflikt faktisch gar nicht involviert war!

Damit hatte Russlands Krieg gegen Deutschland am 30. Juli 1914 begonnen und so eigentlich die „Alleinschuld" auf sich genommen!

Die von Poincaré gespannte Zuschnappfalle hatte funktioniert, und was das allerbeste dabei war: Durch die Berliner Zeitungsente konnte man den Kaiser jetzt zum bösen Buben machen ... perfekt!

Dem in Großbritannien lebenden australischen Historiker Professor für Neuere Europäische Geschichte am St. Catharine's College in Cambridge, Dr. Sir Christopher Munro Clark, kommt das Verdienst zu, in den 2010ern Licht in das lang gehegte intrigante Dunkel zu bringen: Alles drehte sich in Wirklichkeit ums „Germania esse delendam!"[42] ... Und Frankreich betrieb das ganz zentral! ...

Nun mussten die kriegslüsternen Büchsenspanner nur noch zuwarten, dass der mit den Russen an seiner Reichsgrenze in die Klemme geratene Kaiser Wilhelm II. sich zur Kriegserklärung genötigt sah.

---

42 Clark, Cristopher: Die Schlafwandler, (DVA) München 2013.

So würde man die ungeheuerliche Fiktion einer „deutschen Schuld" (!) an all dem v. g. Treiben verfestigen, und es dann sogar dreist der „Alleinschuld" zeihen zu können. – In diese nächste Poincaré-Falle tappte der Kaiser gezwungenermaßen am 1. August 1914. Frankreich hielt sich zu seiner Tarnung fein zurück.

Es war ein seit langem systematisch vorangetriebenes abgekartetes Spiel, das im Deutschen Reich dann zwangsweise die Generalmobilmachung und den Kriegsausbruch am 1. August 1914 auslöste ... und sofort in einen angloamerikanischen Putsch gegen des Kaisers Reich mündete.[43]

---

43 **Kriegserklärungen 1914–1917:**

Österreich-Ungarn – 28. Juli 1914 an Serbien 6. August 1914 an Rußland

Deutsches Reich – 1. August 1914 an Rußland, 2. August 1914 an Luxemburg, 3. August 1914 an Frankreich, 4. August 1914 an Belgien, 9. März 1916 an Portugal, 27. August 1916 an Rumänien

Großbritannien – 4. August 1914 an das Deutsche Reich, 12. August 1914 an Österreich-Ungarn, 5. November 1914 an das Osmanische Reich, 15. Oktober 1915 an Bulgarien

Serbien – 6. August 1914 an das Deutsche Reich, 7. November 1914 an das Osmanische Reich

Montenegro – 7. August 1914 an Österreich-Ungarn, 11. August 1914 an das Deutsche Reich

Frankreich – 13. August 1914 an Österreich-Ungarn, 6. November 1914 an das Osmanische Reich, 16. Oktober 1915 an Bulgarien

Rußland – 2. November 1914 an das Osmanische Reich, 20. Oktober 1915 an Bulgarien

Japan – 23. August 1914 an das Deutsche Reich

Italien – 23. Mai 1915 an Österreich-Ungarn, 20. August 1915 an das Osmanisches Reich, 19. Oktober 1915 an Bulgarien, 28. August 1916 an das Deutsche Reich

Bulgarien – 12. Oktober 1915 an Serbien, 1. September 1916 an Rumänien

Rumänien – 27. August 1916 an Österreich-Ungarn

Die Engländer hatten nämlich gemäß ihrer **Heartland-Strategie** insgeheim von langer Hand eine umfassende Seeblockade gegen das Reich wie dessen Verbündete vorbereitet und konnten diese nun rasch umsetzen. Ihre Spezialeinsatzkräfte kappten gleich am Tag des Kriegsbeginns die deutschen Überseekabel in der Nähe von Emden. Das war Reich überhaupt von allen Verbindungen abgeschnitten: Alle deutschen Handelsschiffe wurden aufgebracht, die Besatzungen interniert, die Schiffe und Ladungen beschlagnahmt und requiriert. Personenschiffe und Marine konnten gar nicht auslaufen.

Poincaré sonnte sich in seinem Erfolg. Es klappte alles wie am Schnürchen. Kurz nach seiner Abreise aus St. Petersburg hatte Zar Nikolaus II. die russische Generalmobilmachung auch formell freigegeben, und nun hatte die „Triple Entente" das Kaiserreich dank britischer Totalblockade auf allen Weltmeeren fest im eisernen Klammergriff. Nun war's medial und materiell von der Welt total abgekappt. So war's nur noch eine Frage der Zeit, bis es aufgeben müsste.

Solches Denken entsprach Frankreichs Chauvinismus-*Mem* und seinen Angstbeißer- wie Beutegreifer-Erfahrung in den Kolonien, wo ein Großteil der Bevölkerung der eroberten Gebieten Muslime waren, und Frankreich ab den 1890er Jahren mit durchschlagendem Erfolg radikal die „puissance musulmane" betrieb.

So hatte Frankreich sich zur imperialen Macht aufgebaut, die ihre muslimischen Untertanen unter Kontrolle hielt. Folglich sprach Poincaré sich immer wieder entschieden für das Fortsetzen des Krieges bis zum Sieg aus und forderte eine Straf-„union sacrée", statt des bis

---

Osmanisches Reich – 30. August 1916 an Rumänien

Griechenland – 25. November 1916 an das Deutsche Reich, 25. November 1916 an Bulgarien

USA – 6. April 1917 an das Deutsche Reich, 7. Dezember 1917 an Österreich-Ungarn.

dato gehabten deutschen Burgfriedens. ... Der von dort unerwartet heftig und überaus durchsetzungsfähig gekommenen Gegenwehr sollte der Genickschuss verpasst werden!

Und als die politische Mehrheit in Frankreich angesichts des großen Kriegsleidens auf Frankreichs Schlachtfeldern nach links abdriftete und in Russland das bolschewistische Menetekel und Fanal der Oktoberrevolution hochbrandete, berief der Staatspräsident Poincaré in 1917 rasch seinen schärfsten politischen Gegner auf der Linken, Georges Clemenceau, zum Ministerpräsidenten. So wollte Poincaré Frankreichs politische Einheit sichern und dessen Kriegsfähigkeit perpetuieren. ... Bis zum Kriegsende hatte der Ministerpräsident Clemenceau indes seinen Staatspräsidenten Poincaré als wichtigsten Entscheidungsträger der französischen Politik verdrängt. Poincaré war in 1919 sozusagen als Trostpreis und Akt der Anerkennung seiner überragenden Kriegslistigkeit in die *American Academy of Arts and Sciences* gewählt worden, zudem war ihm die Genugtuung des Versailler Diktats widerfahren.

Doch von eben diesem Georges Clemenceau (1906 bis 1909 und 1917 bis 1920 französischer Ministerpräsident) stammte der zynische Ausspruch: *„Der Fehler der Deutschen ist, dass es 20 Millionen zu viel von ihnen gibt!"* In ihrer Zerstörungswut auf Deutschland waren sich der rechte und der linke Politiker also höchst einig. Das einte die Franzosen ja schon seit Jahrhunderten und hatte sie immer wieder gewaltig aufgebracht. Es war gewissermaßen zum konstitutionellen Bestandteil ihres Chauvinismus-*Mems* geworden. Und nun traf sich ihre Hetz-Propaganda gegen „les Bosch" mit der der Briten gegen „the Germs". (Wen erinnert das nicht an die Feindbildprägung im Islam gegen alle zu vernichtenden *Giaur* bzw. *Kuffar*?)

In den USA hatte sich durch die 35 Milliarden Dollar Rüstungskredite der Morganbank an England und Frankreich und die daran geknüpfte Auftragsvergabe an die US-amerikanische Rüstungsindustrie ein fulminanter Konjunkturaufschwung entwickelt.

Wegen der ca. 50 % deutschstämmigen Bevölkerung hielten sie sich jedoch ansonsten „out of war". Und im Herbst 1916 gewann Präsident Thomas Woodrow Wilson seine Wiederwahl für eine zweite Amtsperiode mit dem Slogan „he kept us out of war".

Doch kaum war er am 4. März 1917 für seine zweite Amtsperiode vereidigt, erklärte er dem Deutschen Reich am 6. April 1917 den Krieg! Denn der 35 Milliarden US$-Kredit der Morgan-Bank an die Kriegstreiber Frankreich und England musste gerettet werden! ...

Und damit seine deutschstämmigen US-Mitbürger bei der Stange gehalten werden konnten, ließ Wilson von Siegmund Freuds Schülern gesteuert sofort eine riesige Hetzkampange gegen die „bloody Huns" in allen Rundfunk- und Printmedien starten: Die „psychologische Kriegführung" war geboren! ...

Dazu missbrauchten sie niederträchtig eine am 27. Juli 1900 (!) von Kaiser Wilhelm II. in Bremerhaven gehaltene Reden anlässlich der Verabschiedung des Ostasien-Expeditionskorps zur britisch-deutschen Niederschlagung des Boxeraufstandes im Kaiserreich China. In dieser später sog. „Hunnenrede" hatte er die Teilnehmer des Expeditionskorps aufgefordert, wie die Hunnen zuzuschlagen. Nun wurde seine Waffenbrüderschaftserklärung mit den Briten listig gegen ihn, sein Reich und die Deutschen gewendet, denen selbst der Krieg arglistig von langer Hand betrieben aufgenötigt worden war!

Aus den seit 1892 systematisch in den ersten Weltkrieg hinein manövrierten und sich zur Wehr setzenden Deutschen wurden im Handumdrehen Frauen raubende bzw. Babys fressende Bestien und blutrünstig mordende Hunnen. ... Dabei ging's natürlich ums Retten von 35 Milliarden US-Rüstungsindustrie-Subventionen und nicht, wie scheinheilig fein verlogen zum „Bonds-Enlisting" vorgegaukelt, um die „Liberty"; nebenbei: Frauen kommt bei aller ans Archaische appellierender Kriegspropaganda rasch eine wichtige Rolle zu: „sex sells"!

Das Kaiserreich hatte sich 1917 längst als belastbarer und Schockresistenter erwiesen, als von der „Triple Entente" und der Morgan-Bank bei den Kriegsvorbereitungen und in ihrer 1914er Sieger-Euphorie angenommen. Der von Frankreich wie vor beschrieben in listiger Kollaboration mit England und Russland angezettelte Erste Weltkrieg führte nämlich, als Russland am 3. März 1918 im Frieden von Brest-Litowsk ausgeschieden war, England sich über den Kanal zurückzog und Frankreich unter der deutschen Frühjahrsoffensive ermattete, dazu, dass das Kaiserreich auch an der Westfront seinen fairen Frieden hätte schließen können, was, wie 1814/15 und 1870/71, vorgelebt ja auch beabsichtigt war. Doch dann wären die 35 Milliarden Dollar Rüstungskredite an GB und la France von diesen zurückzuzahlen oder möglicherweise sogar ganz verloren gewesen.

Um eben das zu verhindern, hatten die USA am 6. April 1917 als letzte den Krieg erklärt. Sozusagen in letzter Sekunde entsandten sie dann flugs in 1918 bis zum Kriegsende etwa zwei Millionen bestens aufgehetzte und gut gefütterte Soldaten nach Europa. Dieser US-amerikanische Einsatz ward zum entscheidenden Faktor für den Sieg über Deutschland. Das Kriegsblatt wendete sich schlagartig als diese Millionen frisch angelandete kraftstrotzenden unverbrauchten US-GI's, freilich in dem festen Glauben, es gehe gegen „the bloody Huns“ und um die edle „Liberty“, die Kohlen der Morgan-Bank aus dem Feuer holen mussten: Die 35 Milliarden Dollar Kredite der Morgan-Bank waren gerettet ... und im Kollateral-Effekt so ganz nebenbei das ermattet daniederliegende Frankreich sowie das de facto ausgeschiedene England auf die Siegerseite bugsiert!

So ward das infolge seiner Kriegstreiberlistigkeit vor der Niederlage stehende Frankreich im letzter Moment von den USA aufs Siegertreppchen gehoben und konnte unter vollem Austoben seines Chauvinismus-*Mems* nun der Hauptantreiber werden: zum Versailler Reichs-Entmachtungs- und -Zerfledderungs-Diktat von 1919 samt erdrosseln sollender 135 Mrd. $ Reparationsauflagen, inklusive französischer Reichs-Besetzung bis an den Rhein von 1918 bis 1930 ... plus den Würgegriff der Ruhrgebietsbesetzung von 1923 an der deutschen Gurgel und antideutscher Polen-Anstachelung am deutschen Hintern. ... (Eben genau so, wie es Frankreichs „Grand Gloire"-Trendsetter, der „katholische König" Louis XIV., als Angstbeißer- und Beutegreifer-Glücksritter 1648 bis 1683 ff. in Kriegsgewinnler-Manie per niederträchtiger Kollaboration mit Protestanten sowie Islamtürken dem Chauvinismus-*Mem* Frankreichs aufgegeben hatte, im Siebenjährigen Krieg wieder auflebte und Napoleon I. es dann furios wiederholt hatte.)

Was freilich zum Gigantomanie-Gegenpendel der Nationalsozialistischen führte und Frankreich zu deren zum Atlantik vorgeschobenen Herrschaftsgebiet machte, und zum erneuten Eingreifen der USA führte, welches am 6. Juni 1944 mit der „D-Day"-Anlandung von US-Truppen an den Küsten der Normandie einsetzte.

Nachkriegskontinentalsperre, Hunger auf der Neue Mühle und Golo Manns „gute Hitlerjahre"

1919 war Opas Kriegsanleihe weg: Wie als Erbe aus den USA gekommen, so war dieses Geld nun an den USA wieder zerronnen. – Aber seine neue Neue Mühle, die war da!

Doch aufgrund Englands menschenverachtend fortgesetzter Seeblockade gegen „the Germs", auch nach dem Kriegsende musste man auch auf der Neu Mühle Hunger leiden, ja sogar gelbe Rüben Suppe essen. ... „Heartland" gehört vernichtet, so galt die „Chatham House"-Devise.[44]

---

44 Nochmals zum zuvor wie folgend vgl. u. Zit. von Bülow, Andreas: Die deutschen Katastrophen – 1914 bis 1918 und 1933 bis 1945 im Großen Spiel der Mächte, (Kopp Verlag) Rottenburg 2021, S. 120 u. speziell Kapitel >> Waffenstillstand, Versailler Vertrag, Rache der Sieger <<,S. 131 ff.; Zit. S. 181 – Hervorh. d. V.. ... Andreas von Bülow (*17. Juli 1937 in Dresden) ist deutscher Politiker, von 1976 bis 1980 war er Parlamentarischer Staatssekretär der SPD bei den Bundesverteidigungsministern

Mit **1.** unfassbar erdrückender US-amerikanischer Militär-Übermacht und **2.** gnadenlos hartem britischem Kontinentalsperre-Aushungerungs-Clinch war **3.** in nicht zu überbietender Niedertracht und Infamie dem Deutschen Kaiserreich durch den 1914er Kriegstreiber Frankreich nun am 19. November 1918 in Gestalt des militärischen Scharfmachers Marschall Foch die Anerkennung der „deutschen Alleinschuld" sowie ein unvorstellbar würdeloser Waffenstillstand aufgezwungen und **4.** am 28. Juni 1919 von dem denkbar parteiischsten, total ruchlosen französischen Staatspräsidenten Clemenceau die bedingungslose Niederwerfung unters Vernichtungsdiktats von Versailles abgepresst worden.

Zu den Verhandlungen waren die Bosch, so, wie schon in Frankreichs 1648er Reichszerschlagungs-Diktat von Münster und Osnabrück, nicht zugelassen. Sollte es diesmal doch im Endergebnis nach Napoleons zweiter zur finalen dritten Reichsauslöschungen kommen. Sowohl die Waffenstillstandskapitulation als auch das Unterwerfungs- und Willkürauslieferungs-Diktat von Versailles wurden der deutschen Seite mit der sofortigen Einmarschandrohung bereitstehender französischer Heere binnen 48 Stunden aufgezwungen, nach dem Prinzip: friss und stirb! Das Ganze war zwischen Frankreich und Großbritannien abgekartet, die USA hatten nichts mehr mitzureden, die Sowjetrussen saßen gar nicht mehr an diesem „Alliierten"-Verhandlungstisch.

Die Reichszerfledderung war geschafft. Jetzt ging es ans globale Beutemachen, und Russland, das sie mit Teilen des osmanischen Reichs sowie dem Meerweg durch die Dardanellen geködert hatten, war ja nicht mehr im Spiel. Die Zerlegung des Osmanenreichs fand jetzt völlig anders statt. Italien hatte man erst 1916 mit Beutezusage auf die Seite der Alliierten gelockt, und es erhielt tatsächlich Tunesien,

---

Leber und Apel und sodann im Kabinett Helmut Schmidt bis 1982 Bundesminister für Forschung und Technologie.

die Zyrenaika und Abessinien sowie Territorialgewinne in Norditalien plus dem in alter Tradition eines Walther von der Vogelweide urdeutschsprachigen Südtirol bis an den Brenner. Die ganz großen Brocken im geopolitischen Mächte-Spiel erhielten jedoch Großbritannien mit Ägypten samt Landanspruch bis hinab zum Kap und den Ölquellen des Zweistromlands sowie Frankreich mit Marokko, Algerien und Syrien. Bei der Sowjetunion hätten sie am liebsten gleich die Zerschlagung in kleine „failed states"-Staatsgebilde betrieben. ... Die USA gingen leer aus.

Marschall Fochs Waffenstillstandsdiktat war in Wirklichkeit die Erzwingung einer bedingungslosen Kapitulation vor seit Generationen fortgesetzter Angstbeißer- und Beutegreifer-Tradition des französischen Staatsgebildes gewesen.[45] Des US-Präsidenten Wilsons 14 Punkte-Papier[46], das über den Schützengräben der fürs „great

45 ***1.*** Sofortige Einstellung aller deutscher Kampfhandlungen; ***2.*** Inkrafttreten binnen 6 Stunden nach Unterzeichnung: ***3.*** Rückzug aller deutscher Truppen aus sämtlichen besetzten Gebieten Belgiens, Frankreichs, Luxemburgs sowie aus dem Reichsland Elsass-Lothringen binnen 15 Tagen; ***4.*** Innerhalb weiterer 17 Tage Übergabe der linksrheinischen Gebiete samt der rechtsrheinischen Bastionen von Mainz, Koblenz und Köln an französische Besatzungstruppen; ***5.*** Innerhalb dieses Zeitraum Übergabe von 5000 Geschützen, 25000 Maschinengewehren, 3000 Minenwerfern und 1400 Flugzeugen; ***6.*** Internierung aller moderner Kriegsschiffe; ***7.*** Auslieferung von 5000 Lokomotiven und 150000 Eisenbahnwaggons; ***8.*** Aufhebung des Friedens von Bresk-Litowsk mit Sowjetrussland.

46 ***1.*** Freiheit der Seeschiffahrt; ***2.*** Aufhebung aller Wirtschaftsschranken; ***3.*** Allseitige Rüstungsabbau; ***4.*** Schlichtung kolonialer Ansprüche; ***5.*** Anerkennung von Sowjetrusslands als souveräner Staat; ***6.*** Räumung und Wiederherstellung Belgiens; ***7.*** Räumung der besetzten Gebiete Frankreichs und Rückübertragung von Elsass-Lothringen; ***8.*** Italiens Grenzziehung nach dem Nationalitätsprinzip; ***9.*** Autonomie der Völker der Doppelmonarchie Österreich-Ungarn; ***10.*** Wiederherstellung Rumäniens, Montenegros und Serbiens, welches Zugang zum Meer erhalten soll; ***11.*** Autonomie der osmanischen Völker, ohne Minderheitenunterdrückung; ***12.*** Errichtung eines polnischen Staates mit Zugang zur Ostsee; ***13.*** Gründung eines „Völkerbunds" zur friedlichen Beilegung von

game" seit vier Jahren leidenden deutschen und russischen Soldaten abgeworfen worden war, um deren Friedenssehnsucht zu steigern, war unter dem Diktat Fochs französischen Chauvinismus' in althergebracht borniertem Ludwig XIV.- wie Napoleon-„Il Principe"-Machiavellismus zu Schall und Rauch zerstoben, insbesondere was das Völker- und speziell deutsches Selbstbestimmungsrecht anging.

Alle Lande links des Rheins samt ihrer rechtsrheinischen Bastionen gerieten unter Frankreichs Besatzung. Von Bülow: *„Als der Versailler Friedensvertrag mit seiner zahlenmäßig nicht bestimmten (später von einer Alliiertenkommission auf 284 Milliarden Goldmark festgelegte Reparation – d. V.), unerfüllbaren Last ausformuliert war, wurde die deutsche Delegation aus einem mit Stacheldraht umzäunten Hotel zur Verkündung in den Sitzungssaal geführt und dort offiziell nicht begrüßt. Für die Annahme ... setzten die Siegermächte der deutschen Seite eine Frist von einer Woche. Gegendarstellungen und Argumente waren schriftlich einzureichen. Mündliche Erörterungen mit Rede und Gegenrede wurden nicht zugelassen. Für den Fall der Ablehnung wurde der Einmarsch von Truppen der Alliierten in Deutschland angedroht. Dem Oberbefehlshaber der französischen Truppen war hierzu der Marschbefehl bereits erteilt. ... In der linksliberalen amerikanischen Zeitschrift The Nation (vom 17.05.1919) urteilte der damalige Redakteur, einer der drei zur Konferenz zugelassenen Journalisten: ‚Es gibt in der ganzen Diplomatiegeschichte keinen Vertrag, der mit mehr Berechtigung als internationales Verbrechen angesehen werden muss.'"* Und weiter: *„Frankreich strebte den Rückschnitt Deutschlands auf die Zeit vor 1871 beziehungsweise von 1806 (oder 1648 – d. V.) an und finanzierte (subventionierte) alle Bewegungen in Deutschland, die durch Chaos die Absonderung aus dem Reichsverbund fördern konnten."* Und weiter: *„Die Deutschland auferlegten (realiter absolut unerfüllbaren – d. V.)*

Streitigkeiten; ***14.*** Abschaffung der Geheimdiplomatie, öffentliche Friedensverträge.

Reparationen waren nicht nur in Geld, sondern auch durch Materiallieferungen zu leisten, die vor allem von Kohle und Stahl über Dachschiefer bis hin zu Telegrafenstangen reichten. Es waren wohl einige dieser Telegrafenstangen Ende 1922 nicht rechtzeitig in Frankreich eingetroffen, weshalb ***französische und belgische Truppen Anfang 1923 das Ruhrgebiet besetzten, vom übrigen Deutschland durch eine Zollgrenze absperrten und so die*** *völlige Abtrennung des (nachdem Verlust der Saar an Frankreich und Oberschlesiens an Polen noch verbliebenden – d. V.) industriellen Kerngebiets (!!!) durchsetzte."* ... Als Besatzungssoldaten waren Marokkaner zu alimentieren. Es folgte die Total-Inflation, an deren Ende für einen US-$ 4200 Milliarden Mark aufzubringen waren! Frankreich wollte in blindwütiger Hybris einfach nur vernichten. In einer späteren Äußerung meinte der amerikanische Vertreter im Interalliierten Hohen Ausschuss für die Rheinlande: *„Wen die Götter vernichten wollen, den bringen sie zuerst um den Verstand."* Wie kann man nur in einen solchen völlig törichten hemmungslosen Rache- und Größenwahn verfallen ... und das nun schon zum 4. wiederholten Mal, wie soll das gut ausgehen? – Auf deutschem Boden versuchten derweil (u. a. französische subventionierte?!) linke Politgewinnler in Angstbeißer- und Beutegreifer-Manie ihr Scherflein einzuheimsen. Allenthalben schossen die munitionierten Räterepubliken der Kommunisten aus dem Boden. Man wollte die „große Revolution" jetzt auch in Deutschland. Zum Hunger und allgemeinen Darben kam deren marodierendes mörderisches Kriegstreiben gegen das Volk und sein Wirtschaftaufleben hinzu. Zudem herrschte krasse Bewirtschaftung: Alles Verfügbare musste „von Staatswegen" für die darbende Bevölkerung in den Städten abgezogen werden. Es waren an die Million deutsche Hungerstode allein schon durch das knechtende Fortdauern der britischen See-Blockade zu beklagen. ...

Kurz: Es herrschte Kriegsfortführung! Deutschland sollte seiner Kohle-Energie-Resourcen an Saar, in Oberschlesien und Ruhr beraubt, in politische Unruhen und Hunger gestürzt nun wie das Zarenreich in Schock und schierer Verzweiflung implodieren – das wär's dann doch gewesen! ... Das sich Dank der USA als „Sieger" wähnende Frankreich entfaltete sofort die ganze Menschverachtung seines Chauvinisten-*Mems*, vergaß gegen die abgrundtief verachteten „les Bosch" rasch alle Waffenstillstandszusagen, betrieb in alter „Il Principe"-Tradition völlig skrupellos Deutschlands Zerfledderung, drängte auf sein ganz übles Unterwerfungsdiktat samt nicht aufbringbarer Reparationen etc.; und als die deutsche Seite nachverhandeln wollte, drohte Frankreich mit sofortigem Truppen-Einmarsch und Kriegsfortführung. – Frankreich hatte die Deutschen bei der Gurgel; Louis XIV.' 1648 war vollendet! ... Bald ging's mit Frankreichs Ermunterung an die Polen weiter, um in den diesem zugeschlagenen preußischen Provinzen die deutsche Bevölkerung zu schikanieren, zu kujonieren und zu füsilieren!

Die **Neue Mühle** blieb zwar von letzterem verschont. Doch aus der Presse erfuhr man von den Unfassbarkeiten der Rheinland- wie der Ruhrgebiets-Besetzung, direkt sogar von der Verwandtschaft vor Ort aus Boppard, Hagen und Elberfeld. ... Und alles wurmte im Volk ungemein. Man fand's einfach ungerecht und fies unfair. An die im Krieg gefallenen tapferen Rosenthaler erinnerte das Kriegerdenkmal am ehemaligen Fischbachtor. In unserer Familie war keiner an der Front. Müller wurden wohl wegen ihrer Funktion für die Ernährung der Bevölkerung nicht eingezogen.

Gott sei Dank löste man sich langsam von dem geballten Menschenverachtungsschock. Und man berappelte sich zum Alltagsleben. Die Neue Mühle wurde wieder Selbstversorger-Landwirtschaft mit Mahlgeld-Zubrot. Nur der geliebte Rohrzucker aus den britischen und holländischen Kolonien traf schon lange nicht mehr in Lerchs Rosenthaler Kolonialwarenladen ein. Also war Opa Conrad mit seinen drei Söhnen über den Berg nach Merzhausen gezogen.

Dort gab's aus der Zeit der Deutschordenskastnerei noch drei Fischteiche und ausgewilderte Bienen. Da war Honig zu holen. Doch die Honigernte war grausig. Man musste das Bienenvolk „ausheben“ aus seinem Baumversteck. Manchmal wurde es dabei völlig vernichtet, auf jeden Fall hinterließ man es schlimm beschädigt. Sie hatten, wie Vater in seinen 1989er Lebenserinnerungen berichtet, dort dann auch handgeflochtene Bienenkörbe aufgestellt. Davon hatten sie stets die schwersten, in denen der meiste Honig zu vermuten war, *„für die Honigernte ausgesucht. Dazu musste das Volk zunächst getötet werden. Dies geschah, indem ein Schwefellappen unter dem Korb angezündet wurde. Die toten Bienen kamen in ein Erdloch. Die Honigwaben konnten dann herausgebrochen werden. ... Für einen Zentner Hönig erlösten wir in Marburg ein Fass Heringe, zwei Zentner Kristallzucker und zwei Zentner Reis!“*

Vater fand diese barbarische Art der Honigernte gar nicht gut. Er experimentiere auf der Neue Mühle mit „Freudensteinkästen“, aus denen sich die Honigwaben herausnehmen ließen, ohne dem Bienenvolk Schaden zuzufügen. Die Honigwaben konnte man dann bequem mit Honigschleuder abernten, die ohnehin schon auf der Neue Mühle stand.

Wie diese dorthin gekommen war, erzählte mir Vater im hohen Alter vor seinem mächtig großen Bienenstand in bester Südost-sonnenlage unterm ausgedehnten Betonvordach seitlich des Wasserradgehäuses. Um 1910 war sein Vater mit ihm als 11jährigem im Pferdegespann-gezogenen eisenbereiften Fuhrwerk nach Kassel zu einer Landwirtschafts-Messe gefahren. Dort hatte sein Vater am Imkerstand ein Los gezogen ... und „Potzdonner“ eine Zwei-Waben-Honigschleuder mit Handkurbelantrieb gewonnen!

Das war sozusagen ein früher Anschub gewesen: zu einer Bienenzucht, deren ständig zunehmende Honig-Tracht sich in Marburg immer lohnender für die auf der Neue Mühle so knappe bare Münze oder auch mal im Tauschhandel gut verkaufen ließ ... und Vater hochbetagt – als das Mühlengewerbe schon lange nicht mehr so brummte und er den Hof schon seit über zwanzig Jahren auf meinen Bruder Heinrich übertragen hatte – zum Herrn über 120 Bienenvölker gemacht hatte, zu deren Abernte seit 1980 eine Elektromotorangetrieben Vier-Wabenschleuder nötig geworden war. (Heute liest sein Enkel Andreas im alten Imkerfoliant seines Großvaters und ist selbst begeisterter Imker!) ... Mit der Honigwabenschleuder samt schwerem gusseisernen, innenemailliertem Honigauffangbecken auf ihrem Bauernwagen waren sie damals in 1910 dann noch bei Großvaters Bruder und Vaters Taufpaten, dem „Kasseler Wilhelm", vorbeigefahren. Der hatte den Militärdienst in Mainz quittiert und stand nun in Kassel als wohlbestallter Reichseisenbahner in Sold und Brot. Doch da widerfuhr ihnen etwas Seltsames. Die Haushälterin meldete sich auf Opas Klingeln an der Tür und sagten den offenbar Bäuerlichen:„*Wir sind nicht da!*" War sie doch daran gewöhnt, nur mit Kutsche oder Kalesche standesgemäß Vorfahrenden Einlass zu gewähren! ... Das hinterließ bei Opa und Vater nachwirkende Spuren. Opa kaufte sich bei einer Haushaltsauflösung in Marburg eine schwarze Vorzeige-Karosse mit Einstiegstüren rechts und links und eingeschliffenen Glasscheiben darin, dass man schön heraussehen konnte, Kutscherbock vorne und seitlichen Laternen mit Kristallglasgehäuse für die Nachtfahrt.

1923 ging Vater auf Freiersfüße, die Bürgermeistertochter aus Willersdorf griff zu, schon wurde Verlobung gefeiert. Doch bald kam die große Enttäuschung. Sie betrachtete ihren Bräutigam eher als Beutegut, das zu liefern hatte. Das fand Vater gar nicht gut. Enttäuscht löste er die Verlobung auf und schaute ab sofort für fast 10 Jahre kein Mädchen mehr an. Da wird Beschäftigung zur besten Therapie! ... Nach dieser menschlichen Kollision samt 1923er Hyperinflation hatte Opa Conrad die Schweinemast als neue Geldbeschaffungsquelle für die Neue Mühle ausgemacht. Vier Schweine brachten 1.000 Mark, eine horrende Summe in damaliger Zeit. Flugs erfolgte ein doppelzügiger Maststallausbau mit zwecks Arbeitserleichterung mittigem Futtergang und doppelter Entmistungsschwebebahnführung an beiden Außenseiten. Die Maurerarbeiten erledigten die auf der Neue Mühle seit geraumer Zeit routiniert eingespannten Bauhandwerker Schmermund und Bouchsheim aus der Hugenottensiedlung Hertingshausen in einem Burgwald-Seitental eine halbe Stunde Waldweg ostwärts der Neue Mühle. Mit den Schweinemast-Erlösen konnte die Mechanisierung im Landwirtschaftsbereich vorangetrieben werden: Der von einem Pferd gezogener Heuwender schaffte die Arbeit unzähliger Menschen, der Ein-Pferdgezogener Heurechen ebenso, und das vom Zweier-Gespann gezogene Mähmesserbalkengefährt ersetzte die mühseligen Sensen-Arbeit aller Erntehelfer. Das Verbringen des Heus und Strohs in die dreigeschossige Scheune über den Stallungen besorgte ein Höhenförderer der Firma Osterrieder, dessen Antrieb über eine vom ersten Obergeschoss der Mühle in die Scheune verlängerte Transmission-Welle geschah. Allenthalben ersetzte Mechanik die Schweiß treibende Muskelarbeit. 1925 kam ein vom Pferde-Doppelgespann gezogener Binde-Mäher hinzu. Der mähte das Getreide, bündelte es zu Garben und band sie mit einer Schnur zusammen, und das alles in einem Arbeitsgang! Bald folgte auch Rosenthals erster Traktor, ein wasserbadgekühlter Kramer-„Bulldog". ... Es ging aufwärts! ... Und 1932, also neun Jahre nach seinem Verlobungsfiasko, war Vater mit dem Pferdefuhrwerk seines Müllerwagens in Rosenthal beim Sägewerk Ruckert unterwegs. Dort saß deren jüngste Tochter Anna im Garten, um ihre frischgewaschenen Haare in der Sonne zu trocken. Dieser Anblick lockerte sein Gemüt enorm, weckte neue Zuversicht und brachte ihm privat die entscheidende Wende: *„Das blieb einer der bleibendsten Eindrücke mein Leben lang"*, berichtete Vater 1989 zu seinem 90. Geburtstag. In Rosenthal hatten sich ihre Hofheimer/Frankfurter Lern- und Ausbildungsjahre herumgesprochen, von wo sie nun „aus der Fremde" zurück war, um in der Heimat ihren Hafen zu finden. ...

Mutter und Vater Ostern 1933 beim Ruckert'schen Sägewerk

Am 28.01.1933 heiraten der Müllermeister und Landwirt **Heinrich Wilhelm Schleiter** (28.01.1899–14.06.1991) und Hauswirtschaftsgesellin **Anna Katharina Elisabeth Ruckert** (30.07.1908–06.09.1991), Tochter des Sägewerkbetreibers Zimmerermeister Christian Ruckert und dessen Frau Kunigunde Stöhr aus Hammers Haus in Rosenthal. Beide entstammten typisch kaiserzeitlichen Großfamilien. Bei Vater waren's wie gesagt sieben Geschwister: drei Söhne Konrad, Wilhelm, August und vier Töchter Trienchen, Frieda, Elisabeth, Margarethe. Bei Mutter waren es neun Geschwister: drei Söhne Ludwig, Peter, Jakob und sechs Töchter Elisabeth, Berta, Margarethe, Katharina, Helene, Anna. Hier nun Mutters Eltern und Geschwister.

Christian Ruckert o—o 29.3.91 Kunigunde Stöhr
14.4.67 - 31.1.1957 2.4.67 - 6.1.1946

— 9 —

Elisabeth, Rut 7.1.1888 - 31.1.65 — 4 — Marie 31.5.14- Mayfarth, Wolfsmith 1 | Jürgen M.
o-o 8.4.12
Christian Lerch 21.12.85 - 18.6.43 — Heinrich 29.12.15 + Kath. Eckel 1

Berta 20.1.92 - 28.5.66 — 6 — Elisabeth 29.7.20 - 21.11.46 Wiener F. 1 | Volkhard H.
o-o 11.10.19 Anneliese 2.6.24 - 12.8.17 Klee W. 3 | Siegmund, Kurt
Konrad Lerch 9.10.93 - 22.2.72 Otto " " Henny K. 2

Ludwig 13.11.94 - 31.3.81 — 3 — Christian 9.2.23 - 15.10.14 Grete W. 31.1.25 - 25.9.18 3 | Ludwig, Wolfgang
Onkel Lui
o-o 22.1.21 Karl 2.4.24 - 17.8.06 Helene H. 9.11.26 3 | Marie-Luise, Karl-Walter, Angelika
Maria Vampel 27.7.1898 - 13.9.1998 Ludwig 26.3.26 - 26.10.74 Rosl G. 6.7.24 3 | Ludwig, Luise Maria

Jakob 31.1.96 - 22.8.70 — 3 — Hermann 17.7.26 - 17.12.15 Margr. 2 | Elfriede, Helga
o-o 5.9.25 Wilhelm 17.1.28 " -
Wilhelmine Mohr 11.9.04 - 18.7.71 Ernst 30.11.31 " 1 | Werner

Margarethe 14.11.1900 - 10.2003 — 3 — Ludwig 1.5.24 - 22.11.11 Hilde S. 2 | Wilfried, Adelheid
o-o 28.7.23 Tante Gretel August 31.12.28- Hanna S. 2 | Wiltraud, Annette L.
Wilhelm Lerch 31.7.98 - 4.12.60 Lotte 30.11.32- Wilh. Pikse 5 | Marie-Luise, Klaus, Jürgen, Michael

Peter 25.11.01 - 1.4.73 — 2 — Hans 26.2.32- Erwin N. 2 | Hartwig, Annette
o-o 6.12.30
Christine Rauf 30.4.05 - 20.10.95 Christa 18.6.43 W. Grünewald 2 | Birgit, Christian G.

Katharina 17.5.03 - — 3 — Robert 20.7.26 Boß, Detsch
o-o 24.3.32 Konrad 25.1.36 Thomas
Robert Paul 21.6.97 - 22.8.76 Maria 25.11.86 Linden

Helene 14.6.06 - — 1 — Hartmut 17.9.43 Erna H. 2 | Tanja, Nicol
o-o 9.4.36 Tante Leni
Hartmann Bitterlich 11.7.02 - 31.8.63

Anna 30.7.08 - 11.9.91 — 2 — Heinrich 7.5.34- Ingrid S. 3 | Ulrich, Anke, Elke
o-o 28.1.33
Wilhelm Schleiter 28.1.99 - 14.5.91 Ludwig-Wilhelm 3.7.38 Silvia K. 2 | Petra, Andreas

1-14

Die Hochzeit: Mutter und Vater in der Mitte,
meine Schleiter-Großeltern links, die Ruckert'schen rechts von ihnen

Man war in der Hochblüte des Kaiserreichs zur Welt gekommen und hatten schon wieder viele Kinder, die Frischvermählten selbstredend noch nicht, denn ans „Kindermachen" ging man als gesitteter Mensch damals erst nach der Hochzeit! ... Über der Eltern Ehebett hing die Schuldenliste von Opa Conrads Töchterausstattung plus der Hof- wie Mühlen-Anschaffungen für seine Söhne Konrad und August. Außerdem prangte dort kunstvoll in Holz gebrannt, von bunt aufgemalten

Blumen umrankt dieser Ehe-Anthroposymbiose-Leitspruch pur: *„Ein Ehestand alsdann beglückt, wenn eins sich in das andere schickt, wenn eins das andere liebt und scheut, er nicht befiehlt, sie nicht gebeut, und beide so behutsam sein, als wollten sie erst einander frein."*

Von der Hochzeit hat sich eine drollige Geschichte über Naumellers Sparsamkeit bis heute erhalten. In die schöne Weinstadt Boppard am Rhein waren ja Opa Conrads beide Schwestern Margarethe, und als die dann im Wochenbett verstarb, die 9 Jahre jüngere Maria gekommen, hatten Heinrich Ringelstein (1867–1922) geheiratet und mit ihm 2 + 4 Kinder. Für die verwitwete Maria und die Kinder war der Kontakt zur Neue Mühle wichtig. So schenkten sie zur Hochzeit ein Fässchen Wein aus bester Südhanglage. Das verwahrten die Frischvermählten treu, um es beim nächsten großen Familienereignis zu kredenzen. *„Mit dem Ergebnis, dass es bei meiner Taufe im Mai 1934 Essig war"*, schreibt Bruder Heinrich am 18. Juni 2008 an Familie Lutz und Ulla Ringelstein, auf deren Email-Kontaktaufnahme.

Heuernte in den 1920ern bis in die 1950er ...

... Der „Erntebaum“ wurde dann oben auf der vollen Ladung längs gelegt und mit Ketten vorne und hinten am Leiterwagen so fest angepresst, dass das Heu während der Fahrt sich nicht lockern und herabfallen konnte

Getreideernte mit Kramer „Bulldog“, Wasserbadkühlungsdampf, vorne: Zündkopf samt Luftansaugfiltertrichter samt in 1925 angeschafftem Mähwerk-Garbenbinder, der im Vorwärtsfahren seine Mechanik über ein breites Spike-Bodenrad selbst antrieb

Getreideernte mit „Bulldog" und allen fleißigen Helfern

Es wurde geerntet und geschafft. Jung Heinrich kam am 7. Mai 1934 zur Welt, und Ludwig-Wilhelm (also ich) hat sich am 3. Juli 1938 dazugesellt.

Die Eltern mit Klein-Heinrich, getauft auf Heinrich August Conrad

Wir wurden beide im elterlichen Ehegemach geboren. Als ich am Sonntag, den 3. Juli 1938 mich unter Mutters heftigen Wehen zur Welt begab, muss mein damals 4jähriger Bruder die Schreie der Gebärenden mitbekommen ... und daraus, als ich ihm da plötzlich gezeigt wurde, auf mich als den Übeltäter geschlossen haben. Er geriet in wilder Rage, rannte hinaus und schrie: *„Ech langs Beil un schlo'n dod!"* Doch irgendwie ließ er sich besänftigen. Ich blieb am Leben und erhielt einen gütigen Bruder. Denn Güte war's ja auch, die ihn zu seinem Zornesausbruch zu meiner Geburt bewog, nämlich Güte und Sorge um Mutter. – Nun war er da der Kleene, und's war auch ganz scheene.

Ludwig-Wilhelm, der „Kleene", im Garten bei der Wäscheleine. In der Bildmitte ist das Betondach, unter dem sich hinten vor Frost und Eisschäden sicher der sechs Meter Mühlrad-Gigant drehte und Vater vorne ständig mehr Bienenvölker hielt, dahinter das Mühlgebäude

In ihrem jungen Lebensaufblühen bekamen die beiden gar nichts mit über die Belastbarkeitstests, die ihre Eltern gemeinsam durchmachten. Am Kopfende über ihren beiden weißlackierten Stahlrohrbetten prangte kunstvoll in Holz gebrannt und ebenfalls bunt bemalt der Leitspruch, gefertigt von Mutters Vater Christian Ruckert: *„Spiel ist des Kindes Leben, nicht nur sein Zeitvertreib. Es macht zu mut'gem Streben gesund an Seel und Leib."*

Oma Catharina war im Sommer 1935 verstorben, Opa Conrad folgte ihr im Winter 1938 nach, und Vater hatte das Erbe angetreten. An jede seiner vier Schwestern hatte Vater 10.000 Reichsmark plus Aussteuer zu entrichten. Elisabeth heiratete den späteren Kaufhausbetreiber Karl Noll in Kirchhain, Trienchen den Ölmüller Wilhelm Bromm auf dem Hammer, Frieda den Rosenthaler Schmied Johannes Selbach, Gretchen heiratete in Hagen an der Ruhr den Eisenbahner Heinrich Müller. Mit den Söhnen Conrad und August war Opas Plan der Bauer/Müller/Bäcker-Trios der Neue Mühle indes nicht aufgegangen. Für Vaters Brüder musste eine Lösung gefunden werden: Konrad erhielt in Jesberg einen frisch auf Domänenland errichteten Aussiedlerhof samt 17 Hektar Land, August eine stattliche Wassermühle in Leisnitz bei Oschatz nahe Torgau in Sachsen. Die für die Erwerbe aufgenommenen Hypotheken lasteten auf der Neue Mühle. ...

Dazu aus Vaters 1989er Lebenserinnerung: *„Die Schuldenliste hing über unserm Bett. – Meine Frau und ich sind gemeinsam mit den Schulden fertig geworden. Sie hat stets zu mir gehalten. Ohne sie hätte ich das alles nicht schaffen können. Ich war doch tagsüber mit dem Müllerwagen unterwegs und oft habe ich nachts in der Mühle arbeiten müssen, dann kam meine Frau und hat mir geholfen! Eine andere Frau hätte das kaum und schon gar nicht ohne Murren getan. Ich bin ihr sehr dankbar. ... Den Müllerwagen fuhr ich selbst. Der Wagen wurde vor der Mühle abgestellt mit 50 Ztr. Getreide. Meine Frau hat sie oft von dort über die Pritsche mit der Sackkarre in die Mühle abgeladen. Nur mit ihrer und der Hilfe meines Schwagers Peter Ruckert, Stadtkämmerer in Rosenthal, ist es mir gelungen die Neue Mühle zu erhalten. Ich machte die Aufzeichnungen und er fertigte daraus die Buchführung und Steuererklärung.“*

Am Hof war noch so manches zu ergänzen, Vater dazu in 1989: *„Um den Westwind abzuhalten und dem Hof einen Abschluss zu geben errichtete ich die ‚Durchfahrt‘, einen breiten winkelförmigen Anbau an der Scheune. Dort wurden auch zwei Silos untergebracht (und unten in der Durchfahrt zudem eine Remise, wo o. g. stattliche Kutsche Platz fand sowie der dann in Kriegszeiten stillgelegte DKW). Die Zimmerer-*

arbeiten wurden erstmals vom Schwiegervater Ruckert ausgeführt. Vorher hatte Minke für uns gearbeitet.“

Man sieht die großen Vordächer zum Schutz von Müller- und Erntewagen vor Regen ...und den Hofabschluss gen West durch Winkelanbau und breitem Schleppdach

Und Vater weiter: *„1938 zogen die ersten ‚Sommergäste' (Jagdpächter) ein. Seit der Zeit hatten wir immer Ferien- und Jagdgäste. Bis heute haben sich die Jäger als treue Gäste erhalten. ... Im Haus hat meine Frau alles unternommen, um aus dem ungastlichen, von außen noch bis nach dem zweiten Weltkrieg unverputzten Gebäude ein ‚Daheim' zu machen. In den Etagen ließ sie Flure einbauen, die Zimmer wurden tapeziert, Vorhänge und Gardinen kamen an die Fenster u. v. a. m.“* Es ging mächtig aufwärts; Golo Mann schrieb später von „guten Hitlerjahren“! Um diese Zeit schenkte Mutters Vater Christian Ruckert dem jungen Paar auf der Neue Mühle einen DKW 4-Sitzer-Kabroi. Das war einer der ersten PKWs in Rosenthal.

Bild rechts: Der vom Sägewerks-Opa geschenkte DKW mit dessen Sohn Ludwig, meinem Patenonkel und Tante Marie (genannt „Petter“ und „Gote“)

Bild unten:
Oben Vater, Mutter u. deren Mutter, Oma Kunigunde geb. Stöhr, davor Arme verschränkt Bruder Heinrich, linksaußen Mutters Vater Opa Christian Ruckert, rechtsaußen mein Petter, vorne der Kleene

Kartoffelernte im Garten hinterm Wohnhaus, dahinter der Hühner-, Enten- und Gänsestall, wo später Frau Raudies den Hühnern Enteneier zum Ausbrüten unterschob und diese dann ganz verdutzt waren, als ihre Küken sich zum Schwimmen ins Wasser begaben ... und ich, der Kleene, immer dabei

Ob da der Kleene schon simuliert, wie plötzlich die Ostereier in den Wald gekommen sind; sonst war‘n doch keine da!

Der Große und sein Gesellschafter (s. Dr. Korns Berichte im Anhang S. 597 ff.)

... Und mein Bruder zeigte mir die Welt, holte mich aus manchem Mühlentrichter, wenn ich da hineingefallen war. Baute oben im Hochwald unter den mächtigen Fichten im Moos mit mir fantastische Siedlungen mit Hütten und Ställen, die kleinen kugeligen Zapfen waren die Schafe, die großen länglichen die Kühe. Bald kam weiter oben im Dickicht auf einer kleinen Lichtung mit Eisennägeln gezimmert ein Baumhaus hinzu. Das dünne Buchenstämmchen davor war gerade so, dass er es herunterbiegen konnte, damit ich es dann zu fassen bekam, und er los ließ, so dass ich im hohen Bogen hinauf in die Hütte in luftiger Höhe flog. Einmal wollte er mir die Zentrifugalkraft zeigen. Dazu hatte er sich die Mühlenglock vom Schrotgang genommen, die mit ihrem Geläut anzeigte, wenn dessen Trichterfüllung zur

Neige ging und Mahlgut nachgefüllt oder der Schrotgang von Antrieb genommen werden musste. Nun befanden wir uns unten hinter der Mühle. Mein Bruder hatte die Kiloschwere Glocke mit ihrer Öse an ein Seil gebunden und drehte sie um sich im Kreis. Dabei ließ er stetig mehr Schnur nach, so dass sie mit sausender Geschwindigkeit um ihn herumflog. Ich tollte in der Bronzeglocke Flugbahn hinein und bekam am Kopf eine drastische Lektion über Fliehkraft zu spüren: Die Beule ward dick und dicker und an Blut gab's was Gesicker. – Mit seiner Gutmütigkeit machten wir auch Erfahrung: Ein hitziger Gockel hatte mich angegriffen und unterm linken Auge ein Loch gebissen. Da ergriff mein Bruder im heiligen Zorn einen Zeigestein, doch leider geriet ich auch in dessen Flugbahn hinein, so dass nun aus zwei Löchern an meinem Kopf das Blut rann. – Da tat unsrer Eltern Geduld und Fürsorge schon mal gut!

Einmal bei einem Frühjahrshochwasser, das Tal hatte sich in einen reißenden Strom verwandelt, wollte mein Bruder sein Glanzstück vollbringen. In der Scheunendurchfahrt lag ein halber Fliegertank, den die Briten für ihren Kampf-Anflug benutzten und nebst Bomben dann abwarfen, um mit gefülltem Bord-eigenem Benzintank wieder zurückfliegen zu können. Der hatte die Form einer hälftig längs geteilten dicken Zigarre, so wie er sich ein Boot vorstellte. Den schleppte er nun vor meinen Augen in die Fluten, um sich hinein zu schwingen und seine nautische Meisterleistung zu vollbringen. Doch die halbe Flugtankschale tat ganz anderes, als er sich das dachte, drehte sich „schwupps" herum, Bruder Heinrich lag zu unterst und kroch wieselschnell aus der Beklemmung: pudelnass!

Ich war ein Spinnewip geworden, hager und dürr. ... Bald erschienen „Evakuierte" aus dem Ruhrgebiet. Das waren Frauen, deren Männer für'ne Ideologie an der Front ihre Haut hinhalten mussten und deren Wohnungen im Ruhrgebiet im Bombenhagel zu Bruch gegangen waren. Sie kamen mit ihren Kindern, hatten nur, was sie am Leibe trugen und waren nun auf die Neue Mühle „eingewiesen" worden. Darunter ein Bübchen in meinem Alter, mit dem ich neugierig gleich anbandelte, schon weil der in seinem Ruhrgebietston irgendwie ein bisschen anders sprach!

Beide Bilder: Mutter und Vater mit Bruder Heinrich und mir.
Bild links: In der Mitte „Landjahrmädchen" Rosel
aus Hirschberg im Riesengebirge/Schlesien

Eines Tages kam ich auf die Idee, mit ihm durch das schmale Hühnerloch unten auf der Talseite in den Hühnerstall zu krabbeln. Wir passten etwas verkantet ganz gut da durch. Ich hatte einen rostigen Nagel dabei und zeigte meinem neuen Spielkumpan, wie man damit Hühnereier an beiden Enden mit einem Loch versehen kann, um sie dann auszutrinken. Ich machte es ihm vor, dann probierte auch er. Das frische Eidotter schmeckte so vorzüglich, dass eins zum andern kam und am Ende jeder zehn nestfrische Hühner-Eier intus hatte. So trollten wir vollen Bauches Trinkgenuss-beglückt zurück durchs Hühnerloch ins Freie, ein jeder in seine Behausung auf der Neue Mühle.

Als mein Vater dort meine Kümmergestalt erblickte, hat er rasch zwei Eier mit Quark und Zucker angerührt und mir die Leckerei angeboten. Doch als ich ob des vorangegangenen Trinkeier-Genusses nicht zugreifen konnte, sprach aus ihm die pure Verzweiflung: *„Dos oame Kend, noch net mo dos kann's esse!"* – Wenn Vater sich aufregte, verfiel er rasch in eine Art Rosenthaler Deutsch.

Nach den sog. „guten Hitlerjahren" war's zum Zweiten Weltkrieg gekommen

Ohne es zu ahnen, war das junge Paar mit seiner Hochzeitsfeier am 28.01.1933, wie später klar wurde, ausgerechnet zur Zeit der Hitler'schen „Machtergreifung" in ihren neuen Lebensabschnitt der Ehe eingetreten. Aber von den unvorstellbar unsäglichen „Zeitgeist"-Folgen schwante da keinem was: Ihr Wahrnehmungshorizont war geprägt von emsig-fleißigen und rechtschaffenen Leuten!

Doch es war das emotions- und hassgeladene „Idolatrische&Ideologische Jahrhundert" (Prof. Dr. Elisabeth Noelle Neumann) der Kommunisten und Sozialisten. Und was sich nun in Deutschland anbahnte, war die krasse Fortsetzung dessen, was der „he kept us out of war"-Präsident Wilson eingesetzt hatte, um aus seinen friedlichen Kaierreich-bewundernden US-Bürgern wild entflammte Hunnen-Hasser und Deutschen-Verächter zu machen. Nun brachten keinesfalls die geistig-ätherischen *Welt 2*-Individual-*Meme* im aktiven „mental interbreeding" das *Welt 3*-Gemeinschafts-*Mem* hervor. Jetzt geschah es umgekehrt: Da erdachten sich Cliquen mit Herrscher- und *Mem*Manipulations-Ambition eine Idolatrie und machten ihre in die Welt gesetzte Trugbildvergötzung mittels Propaganda, Agitation, Agitprop zum allbestimmenden *Welt 3*-Zwangs-*Mem* der Ideologie ihrer Macht&Gewaltausübungs-Gier.

Ihrem *Mem*-Bestimmungs-Totalitarismus hat sich dann jedes *Welt 2*-Individual-*Mem* bzw. jede *Welt 2*-Individual-Persönlichkeit passiv bedingungslos zu unterwerfen! – So geschah es im Zeitungeist-Lager des Kommunismus/Sozialismus, wo der geistig-ätherische Totalitarismus mit den martialen Säuberungswellen samt willkürlichen Füsilierungen und Gulag-Inhaftierungen schon längst in den realen stofflich-physischen Totalitarismus umgeschlagen war ... und so geschieht's althergebracht ja auch im Islam, wo die *Fitna-Takfir-Fatwa-Gasel-Keks*-Tötungsautomatik der Unterwerfung von Beginn an perfekt funktioniert. ... Alles unerbittlich-gnadenlos *hakk* im Idolatrie&Ideologie-Würgegriff und Angst&Affekt- plus Macht&-Gewalt-Clinch!

Auf deutschem Boden kam allerdings zunächst der erneute Beginn eines stürmischen Aufwärts ... (das dann freilich in die Idolatrie&Ideologie-Falle führte und in einer weiteren nationalen Katastrophe endete – diesmal einer noch totaleren!). Denn von 1934 bis 1938 herrschten Vollbeschäftigung und Wirtschaftsblüte. Die Welt staunte: *„Schaut auf dieses Land"*, sagte nicht nur der britische Premier Winston Churchill (1874–1965). Golo Mann (1909–2004) schrieb später von den *„guten Hitlerjahren"*. Das deutsche Volk empfand's als Befreiung aus tiefer Schmach, glaubte an das Wunder, erlebte eine Art Wunderheiler: Österreich kam „heim ins Reich" und auch die Sudetendeutschen; Böhmen und Mähren (Tschechien u. Slowakei) wurden „Reichsprotektorat"! ...[47]

Doch der aus der Versailler Retorte entstandene Staat Polen, der u. a. unter Zuschanzung von preußischen Staats-Provinzen neu geschaffen worden war, wurde ständig virulenter. Mit ihm war ja nicht nur die seit Friedrich d. Gr. dort geschaffene Friedensordnung

47 Hier u. folgend vgl. u. Zit. von Bülow, Andreas: Die deutschen Katastrophen – 1914 bis 1918 und 1933 bis 1945 im Großen Spiel der Mächte, (Kopp Verlag) Rottenburg 2021.

zerschlagen, sondern anstelle des ausgefallenen Russland gemäß Frankreichs Umzingelungsstrategie de facto ein neues „Triple Entente"-Mitglied entstanden.

Und der wieder aufgelebte Unruheherd Polen konnte sich nicht zufrieden geben, sondern annektierte spornstreichs munter weiter, zunächst im „Polnisch-Sowjetischen Krieg" von 1919 bis 1921 im Osten von der in Geburtskrämpfen liegenden Sowjetunion. Von ihr raubten sie riesige Gebiete und konnten das bereits um Westpreußen, die Provinz Posen und Gebiete Oberschlesiens erweiterte Versailler Retorten-Polen flächenmäßig schier verdoppeln!

Das passte in die neue „Triple Entente"-Geostrategie der Briten und Franzosen. Neben der Anstachelung aus Frankreich wirkte da insbesondere Großbritannien Persilschein, der den Polen in allem freie Hand gab. So sahen sich die Deutschen in den ehemals preußischen Provinzen, wo sie z. B. wie in Westpreußen und Danzig die große Bevölkerungsmehrheit stellten, zunehmend Übergriffen ausgeliefert. ... Da war nichts mit dem Selbstbestimmungsrecht der Deutschen über ihre Staatszugehörigkeit. Ganz im Gegenteil: Dort wo einer solchen Abstimmung vom Völkerbund ausnahmsweise stattgegeben worden war, gingen polnische Truppen und aufgebrachte Polen in Angstbeißer- und Beutegreifer-Manie dagegen vor.

Die sog. Weimarer Republik ließ, wehrlos wie sie vom Versailler Diktat gestellt war, diese gejagten und gemarterten Deutschen schutzlos allein. Sie konnte nicht helfen. Allenfalls autonome deutsche Freicorps-Verbände kamen noch zu Hilfe, so wie in 1920/1921 in der Schlacht an Oberschlesiens Annaberg.

Allenthalben stachelte man in der Staatsretorte Polen gegen die Deutschen. Ständig gab's ermordete, erschossene, gelynchte oder gehängte Deutsche! ... Was Londons Heartland-Experten, „Triple Entente"-Globalstrategen und Kontinentalsperrwerker für ihr Deutschland-Aushungern freilich auch gerne sahen: Sie wollten dass der nächste Zündfunke sich wiedermal dort im Osten entlud. Darüber waren sie sich mit Frankreich einig! – Derweil hielten sie sich harmlos tuend im Hintergrund und begleiteten Polen bei seinem schändlichen Treiben mit zusehendem Wohlwollen.

War doch im Versailler Unterwerfungs-Diktat u. a. mit der Polonisierung Westpreußens , der „Freie Stadt"-Chimäre Danzig und dem Ostpreußen abspaltenden Korridorproblem vorsorglich schon längst die nötige Lunte gelegt worden. Und tatsächlich zündete der Funke dann auch dort im Osten, so wie es ja schon mal geklappt hatte: damals 1914 mit der von langer Hand seit 1892 intrigant betriebenen Russland-Anstachelung. ... Diesmal geschah's über die polnische Flanke. Und wieder wollten Großbritannien und Frankreich die Harmlosen mimen können.

Wegen der weitreichenden Bedeutung der dann in den Zweiten Weltkrieg führenden Ereignisse, wollen wir hier in der Fußnote zunächst die Geschichte Preußens in Erinnerung rufen[48], um sodann

48 Das Wort **Preußen** stammt von Pruzzen, einem baltischen Volksstamm. Der war im 13. Jh. vom Deutschen Orden christianisiert worden. 1224 hatte Kaiser Friedrich II. Livland und Preußen unter kaiserlichen Schutz gestellt. Die Bewohner galten als „Reichsfreie", d. h. sie waren direkt dem Kaiser und der Kirche unterstellt. Im Jahr 1255 errichten die Deutschordensritter dazu die Burg „Königsberg". ... Später sollte **„Preußen"** ja der Name der Reichmark Brandenburg sowie eines bedeutenden deutschen wie europäischen Königsreiches werden. ... Und das geschah in folgender Abfolge. Als eine brandenburgische Delegation Berlin-Cöllner Honoratioren im Frühjahr 1411 auf des Königs Sigismund Hoflager zu einem Huldigungsbesuch vorstellig wurde, um Hilfe gegen den in der Mark marodierenden Landadel zu erbitten, ernannte Sigismund den von den Abgesandten vorgeschlagenen Nürnberger Burggrafen Friedrich VI. aus dem Hause Hohenzollern zum erblichen Hauptmann in der Mark Brandenburg und stattete ihn mit allen Landesherrlichen Vollmachten aus. Das tat Sigismund überaus gerne, hatte doch der Burggraf am 20. September 1410 seine Wahl in Frankfurt am Main zum deutschen König unterstützt. Friedrich erwies sich als der starke Mann. Er brachte Ordnung ins Brandenburgische Chaos. Daraufhin verlieh König Sigismund dem

das von der Entente zum Kriegsanlass hochgeschaukelte Geschehen um das Danziger Ostseebad Westerplatte näher zu betrachten.

Das Gebiet von Danzig und seiner Westerplatte war also pruzzisch, sprich „preußisch", wurde von Marburgs Zentrale aus zum Deutschordensland, und als solches in 1224 von Kaiser Friedrich II. „reichsunmittelbar" erklärt.

Sodann wurde es über König Sigismunds Einsetzung des Nürnberger Burggrafen Friedrich VI. aus dem Haus Hohenzollern zum „Markgrafen von Brandenburg" in 1415 und Etablierung der Hohenzollern-Regentschaft in Personalunion über die Mark Brandenburg und das Herzogtum Preußen in 1618 brandenburgisch-preußisch. Ab der Deklaration des „Königsreichs Preußen" in 1701 war es preußisches und mit der Ausrufung des „Deutschen Reiches" in 1871 deutsches Reichsgebiet. – Danzig und die Westernplatte waren also niemals polnisch!

Doch das hatte die von US-GI's aufs Siegertreppchen gehievten Versailler Deutschland-Vernichtungsdiktatoren von 1919 in ihrem wild

---

Mark-Hauptmann Friedrich am 30. April 1415 die Würde des Markgrafen von Brandenburg sowie des Erzkämmerers und Kurfürten des Reiches. Die Huldigung durch die brandenburgischen Stände geschah am 21. Oktober 1415 im großen Saal des Berliner Franziskanerklosters. Die förmliche Belehnung mit der Kurmark vollzog König Sigismund am 18. April 1417 auf dem Konzil von Konstanz. Als Kurfürst ward Friedrich VI. von Nürnberg zu Friedrich I. von Brandenburg. Ab 1618 regierten die Hohenzollern die Mark Brandenburg und das Herzogtum Preußen in Personalunion. Und Brandenburgs Kurfürst *Friedrich* III. (*11. Juli 1657 in Königsberg; †25. Februar 1713 in Berlin, regierend seit 1688) war in Königsberg in Preußen geboren und und hatte sich im Jahr 1701 dort im Köngisberger Stadtschloss als Friedrich I. zum „König in Preußen" ausgerufen. König Friedrich II. oder *Friedrich der Große* oder der *Alte Fritz* (*24. Januar 1712 in Berlin; †17. August 1786 in Potsdam) war ab 1740 „König in Preußen" und Markgraf von Brandenburg und somit einer der Kurfürsten des Heiligen Römischen Reiches. Ab 1772 trug er den Titel „König von Preußen"..

entbrannten und dann ja auch global wie kolonial ausgerasteten Chauvinismus-Beutegreifer-Rausch natürlich keinen Deut geschert. ... Wahr ist indes: Die Parkanlage auf der Halbinsel Westerplatte-war seit 1224 reichsunmittelbar, wurde 1618 vom Markgrafen von Brandenburg mitregiert und ward 1701 Stammland des Königsreich Preußen und war ab 1830, also 1938/39 vor über 100 Jahren, zu einem Ostseebad für warme und kalte Seebäder ausgebaut worden. Dieses **„Ostseebad Westerplatte"** verfügte über einen Kurpark mit Kurhaus und Heilanstalt. Von Danzig aus war es übers Neufahrwasser mit Fähren aber auch per Dampfer zu erreichen. Später war noch eine Straßenbahnverbindung hinzugekommen. – Die Stadt Danzig unterhielt außer dem Ostseebad Westerplatte noch die Ostseebäder Brösen (heute: Brzeźno) und Heubude (heute: Stogi). ... Danzig war im Erzwingungsdiktat von Versailles völkerrechtswidrig gegen seinen heftig auflodernden Bürgerwillen aus dem deutschen Reichsverbund herausgelöst worden und hatte den Tarn-Titel „Freie Stadt Danzig" erhalten!

Während des Polnisch-Sowjetischen Krieges (1919–1921) weigerten sich im August 1920 die dortigen „Freie Stadt"-Hafenarbeiter, während der sowjetischen Offensive auf Warschau, für die polnische Armee bestimmtes Kriegsmaterial zu löschen. Daraufhin entluden englische Truppen (!) die auf französischen Schiffen (!) eingetroffene Munition. Die Polen hielten nun die Danziger Verwaltung für die Verweigerung der Hafenarbeiter verantwortlich und forderten ein Gelände zum Anlegen eines polnischen Munitionsdepots auf dem Hoheitsgebiet der angeblich „Freien Stadt" Danzig. Dem gab der Völkerbund mit Beschluss vom 14. März 1924 statt. Polen ward das Danziger „Ostseebad Westerplatte" *„als Platz zum Löschen, Lagern und Transport von Sprengstoffen und Kriegsgerät"* zugestanden! Wogegen der Danziger Senat unter Senatspräsident Heinrich Sahm von Anfang an heftig protestiert hatte, natürlich vergeblich.

Unter hohen Kosten, an denen sich Danzig entgegen seines Ratsprotestes zu beteiligen hatte (!), wurden an der Stelle des vielbesuchten Badeortes auf Danziger Stadtgebiet (!) unmittelbar an der Danziger Hafeneinfahrt (!) ein Hafenbecken ausgehoben, die nötigen Lagerschuppen errichtet und ein Anschluss an das Danziger Eisenbahnnetz geschaffen. – Auf diese Weise hatte man Danzig unter aufgenötigter Finanzbeteiligung an strategisch essenzieller Stelle seinen Gefängniswärter vor die Nase gesetzt! ...

So verfuhr man halt mit den 1914 de facto angegriffenen und dann listig mit der „Alleinschuld"-Fiktion belasteten dummen Deutschen! Frankreichs Intrige zog weiter, und England hielt seine schützende Hand darüber!

Das Westerplatte-Areal wurde zwar nicht zu polnischem Staatsgebiet erklärt. Der Hauptteil der Halbinsel war jedoch dem polnischen Militär vorbehalten und für Unbefugte nicht zugänglich. Die zulässige Stärke der polnischen Wachmannschaft war vom Völkerbund auf 2 Offiziere, 20 Unteroffiziere und 66 Mannschaften festgelegt.

Die „Freie Stadt Danzig" durfte dagegen nur lächerliche 2 Polizeiposten aufstellen, und das erst seit einer Abmachung von 1928. Die Westerplatte war faktisch enteignet! So saßen die Polen der „Freien Stadt" Danzig an der Gurgel und hatten seine Hafenzufahrt im Würgegriff. Die Benutzung des Danziger Hafens als „port d'attache"/ Heimathafen war den polnischen Kriegsschiffen bereits im Diktat von Versailles zugeschanzt worden! So war's eine seltsam „Freie Stadt"?! ... Und die Briten hielten ihre Polen wohlgefällige Hand darüber! Als am **14. Juni 1932** ein Flottenbesuch britischer Zerstörer stattfand, verweigerte der Danziger Senat der polnischen Marine, gleichzeitig auch eines ihrer Kriegsschiffe dort anlegen zu lassen. Daraufhin war der polnische Zerstörer ORP „Wicher", ohne den Senat wie gewöhnlich zu benachrichtigen, im Danziger Hafen eingelaufen. Dann kam's zwischen den polnischen und britischen Offizierskorps zu gegenseitigen „Höflichkeitsbesuchen"! Irgendwie erinnert das gewaltig an Poincarés 1914er Kriegseinleitung in St. Petersburg! – Die polnische Wachmannschaft der Westerplatte war derweil in höchste Alarmbereitschaft versetzt gewesen: Die geballte polnisch-britische Machtdemonstration in ihrem Hafen und an ihrer Hafeneinfahrt hemmte den Senat der dem Namen nach immerhin „Freien Stadt", die polnischen Seite angemessen in ihre Schranken zu weisen!

Zur nächsten „Westerplatte-Affäre" kam es am **6. März 1933**, als der Senat der „Freien Stadt" Danzig entgegen aufgenötigter Vertragsbestimmungen die dem Hafenausschuss unterstehende Hafenpolizei entließ und die ihm unmittelbar unterstehende Danziger Polizei zur Sicherung des das Munitionslager umgebenden Danziger Hafengeländes einsetzte. Als Reaktion landete der polnische Truppentransporter ORP „Wilia" auf Befehl des Marschalls Józef Piłsudski ein Bataillon der polnischen Marineinfanterie auf der Westerplatte an, was die dortige Garnison signifikant über das Völkerbunds-Limit hinaus erhöhte. Damit wollte der Marschall Adolf Hitler zu Gesprächen mit Einknicken vor den Polen geneigt machen und vor allem die die „Freie Stadt" Danzig regierende Deutschnationale Volkspartei schwächen. Da hatte Marschall Józef Piłsudski sich freilich vergaloppiert: Der von den Polen unterschätzte Taktiker Hitler verließ seinen Plan, eine nationalsozialistische Stadtregierung in Danzig zu installieren, wodurch Danzigs Deutschnationale massiv gestärkt wurden.

Derweil hatte Polen das ehemals preußische Ostseebad Gdingen (Gdynia), das im Gegensatz zur Westerplatte im 1920 eingerichteten „Polnischen Korridor" lag, zum großen Industrie- und Militärhafen ausbauen lassen. Damit waren allerdings die Gründe hinfällig geworden, die für die Abtrennung einer „Freien Stadt" Danzig von Deutschland sowie für die Anlage des polnischen Munitionsdepots auf dem Gebiet deren ehemaligen „Ostseebades Westerplatte" geltend gemacht worden waren. Polen hatte seinen nagelneuen Militärhafen in Gdingen! So hielt die polnische Marineinfanterie die Westerplatte also doppelt widerrechtlich besetzt und hatte auf Danziger Stadt-Gebiet (!) ihr polnisches Munitionslager samt Befestigungen errichtet sowie nun die Garnison dort gewaltig über das Völkerbundlimit hinaus (!) erhöht.

Auf Beschwerde der „Freien Stadt" Danzig verfügte der Völkerbund, dass Polen dieses Vorhaben aufzugeben und die aufgebauten Feldbefestigungen zu schleifen habe. Die polnische Seite fügte sich dem Schein nach der Anordnung. Schuf in den kommenden Jahren aber bei dem Abreißen der alten Bauten unter Errichtung von Stahlbeton-Unterkunfts- und -Wachhäusern mit MG- und Geschütz-Stellungen im Untergeschoss sukzessiv eine hochbefestigte Militäranlage mit gewaltigem Nötigungspotenzial an der Hafenzufahrt in der „Freien Stadt" Danzig. – **1936 war das fait a compli geschafft!** – Und diese Befestigungen wurden nach Etablierung des deutschen „Reichsprotektorats Böhmen und Mähren" in der „Rest-Tschechoslowakei" im März 1939 nochmals verstärkt. An Bewaffnung waren ein 7,62-cm-Feldgeschütz, zwei 3,7-cm-Pak, 18 schwere und 23 leichte Maschinengewehre sowie Gewehre, Pistolen und Handgranaten vorhanden. Und der gegen Danzigs „Freie Stadt"-Statut gerichtete Kampfauftrag der polnischen Besatzung lautete, einem deutsches Einfahrtbegehren in den Hafen der Stadt nun mit Waffengewalt zu begegnen!!!

Daraufhin war der „Deutsch-Sowjetische Nichtangriffspakt" (auch„Molotow-Ribbentrop-Pakt" genannt und als „Hitler-Stalin-Pakt" bekannt) zwischen dem Deutschen Reich und der Sowjetunion am **24. August 1939** (mit Datum vom 23. August 1939) in Moskau vom Reichsaußenminister Joachim von Ribbentrop und dem sowjetischen Volkskommissar für Auswärtige Angelegenheiten, Wjatscheslaw Molotow in Anwesenheit Josef Stalins (als KPdSU-Generalsekretär de facto Führer der Sowjetunion) und des deutschen Botschafters Friedrich-Werner Graf von der Schulenburg unterzeichnet und publiziert worden.

Der Pakt garantierte gegenseitige Neutralität im Falle eines Klärungsstreits mit Polen. In einem geheimen Zusatzprotokoll *„für den Fall einer territorial-politischen Umgestaltung"* wurden der West-Teil Polens sowie Litauen der deutschen Interessensphäre zugesprochen und Ostpolen, Finnland, Estland, Lettland sowie Bessarabien der sowjetischen.

Am **25. August 1939** fuhr sodann mit der „Schleswig-Holstein" ein als Schulschiff dienendes Linienschiff der deutschen Marine zu einem Besuch der „Freien Stadt" Danzig in Danzigs Hafenkanal ein. Sie sollten falls nötig mit ihren schweren Schiffsgeschützen der Kaliber 10,5cm und 28 cm die Einfahrt durchsetzen und dabei gegebenenfalls auch die polnische Besatzungs-Garnison auf Danziger Stadtgebiet sturmreif schießen. Zwecks deren Eroberung befand sich die Marinestoßtruppkompanie (MSK) mit vier Offizieren, einem Arzt und 225 Mann an Bord. Am 31. August kam ein Funkspruch mit der verschlüsselten Aufforderung, am nächsten Tag um 4:45 Uhr die dem deutschen Schulschiff völkerrechtliche zustehende Einfahrt durchzusetzen. In der Nacht zum 1. September verlegte die „Schleswig-Holstein" ihre Position im Hafenkanal, um ein besser geeignetes Schussfeld auf die Westerplatte zu erhalten. ... Dann griffen allerdings die MSK-Soldaten mit Unterstützung durch die SS-Heimwehr Danzigs von der Landseite an: Man wollten den Fremdkörper im Gebiet der „Freien Stadt" Danzig loswerden! Der erste Angriff blieb indes unter deutschen Verlusten im Abwehrfeuer der polnischen Westerplatte-Besatzung hängen. Nachdem diese auch am zweiten Tag dem Ansturm zu Lande standhalten konnte, wurden Bombenangriffe aus der Luft angefordert. Die erfolgten am 2. September durch deutsche Stuka-Verbände.

Es unterblieb jedoch der anschließende Infanterieangriff. So zogen sich die Angriffshandlungen gegen den Fremdkörper bis zum 7. September hin. Dann kapitulierte die polnische Besatzung. Die deutschen Offiziere salutierten soldatisch ehrbezeugend vor den abziehenden polnischen Soldaten; dem Kommandanten, Major Henryk Sucharski, wurde der Säbel zurückgegeben *„mit dem Recht, ihn während der Gefangenschaft zu tragen"*. – Nach Abschluss der Kampfhandlungen wurde von den national-sozialistischen Machthabern eine Außenstelle des KZ Stutthof eingerichtet: Polnische Häftlinge mussten nun die Aufräumarbeiten erbringen. ...

Eigentlich hätte es mit diesem Bereinigungs-Scharmützel sein Bewenden haben können. Aufrichtigkeit gebot ohnehin, der „Freien Stadt" Danzig das Entscheidungsrecht über ihre Besuche zu überlassen. Zudem waren die polnischen Verluste relativ gering gewesen: Eine polnische Quelle beziffert sie auf 15 Gefallene, 13 Schwer- und 25 bis 40 Leichtverwundete.

Die Anzahl der während des eine Woche dauernden deutschen Bereinigungs-Einsatzes gegen die Westerplatte gebundenen deutschen Wehrmachtkräfte wird auf 3400 geschätzt.

An einer Beilegung hatten Britanniens „Chatham House"-Geostrategen und „Heartland"-Dogmatiker indes kein Interesse. Sie stellten ein Ultimatum. Das Deutsche Reich konnte die Truppen aber guterdings nicht zurückzuziehen. Befanden sie sich doch mit ausdrücklicher Billigung auf dem Gebiet der „Freien Stadt" Danzig!

Am **3. September 1939** erklärte Großbritannien daraufhin wie angestrebt (!) dem Deutschen Reich den Krieg. Wenige Stunden später folgte Frankreichs Kriegserklärung. Großbritannien und Frankreich begannen also den Zweiten Weltkrieg! – Die USA, Italien und Spanien erklärten sich neutral, sprich: Sie hielten sich abwartend zunächst aus dem Krieg heraus. ... Nun kam's zum „Bromberger Blutsonntag" am 3. und 4. September 1939, bei dem eine beträchtliche Zahl der in der 1920 von Polen annektierten Stadt Bromberg ansässigen Deutschen zu Tode kam. Hitler meinte, zurückschlagen zu müssen. Im Westen starteten derweil die französischen Truppen am 7. September 1939 ihren Angriff in der Nähe von Saarbrücken.

Da war sie wieder die französische Zangengriff-Strategie und zudem gut vorbereitet: Die deutschen Truppen waren mit Polen befasst; die Kräfte waren dort gebunden (und zum Abwehrangriff gegen Frankreich konnte es nun erst in 1940 mit der Westoffensive kommen).

Nachdem die Wehrmacht die ehemaligen preußischen Provinzen wieder erobert und Kern-Polen (nun genannt das Generalgouvernement Warschau) besetzt hatte, und die Rote Armee mit Einmarsch ab dem 17. September 1939 in Ostpolen ehemals russische Gebiete militärisch zurück-gewonnen hatten, kam's zum Deutsch-Sowjetischen Grenz- und Freundschaftsvertrag vom 28. September 1939.

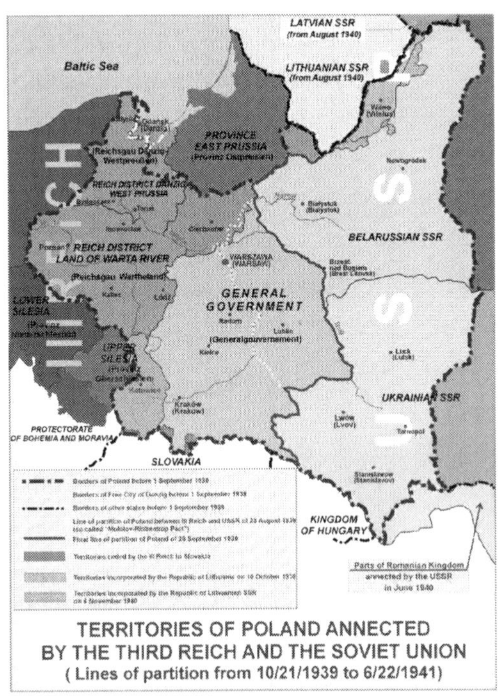

TERRITORIES OF POLAND ANNECTED
BY THE THIRD REICH AND THE SOVIET UNION
(Lines of partition from 10/21/1939 to 6/22/1941)

https://de.wikipedia.org/wiki/Datei:
Occupation_of_Poland_1939.png.
Siehe oben Seite 156 ff. u. 198 ff.

Da hatten die beiden hyper-faschistoiden „Jahrhundert-Ideologien" des internationalsozialistisch-marxistisch-leninistischen GULAG-Stalinismus wie des nationalsozialistisch-pangermatischen KZ-Hitlerismus zusammengefunden. ... [Beide waren entstanden auf den Trümmern der flächengrößten Land-Macht des Zarenreichs und der hochdynamischen Wirtschaft- wie Kultur-Macht des Kaiserreichs ... sozusagen als Ausgeburten (!) der seit den 1880er von Frankreichs Staatsführung betriebenen Reichsumzingelungs- wie der seit 1904 initiierten britischen Heartland-Devastations-Strategie, die schließlich 1914 in den von Frankreichs Premier Raymond Poincaré angezettelten Ersten Weltkrieg führte, 1917 die Große Revolution in Russland auslöste und 1919 in Frankreichs dank der US-GIs 1918er Sieges aufs Siegertreppchen gehobenem Reichzerfledderungs-Toben mündete. 1919 war die furiose Wiederholung dessen bereits 1648 und 1806 ausgelebten "Il Principe"- wie Chauvinismus-*Mem*-Defekts! Und 1914 geschah gewissermaßen als „Dank" für 1814, wo die Siegerstaaten nach Napoleons gescheitertem Imperator-Toben im Wiener Friedenskongress Frankreich hatten überleben lassen!] ...

So war es zu den beiden Hyper&Schreckens-Ideologien des 20. Jh.s gekommen, die nun am 28. September 1939 feierlich ein engeres Zusammenwirken beschlossen, dabei insbesondere ihre wirtschaftliche Zusammenarbeit bekräftigten und in einem Geheim-Abkommen die Aufteilung Polens samt der baltischen Staaten präzisierten. Darin wurde Litauen der Sowjetunion zugeschlagen, und die Überführung der insgesamt betroffenen deutschen wie ukrainischen und weißrussischen Minderheiten in den je eigenen Machtbereich geregelt. Es ging um die Umsiedlung von deutschstämmigen Personen aus der sowjetischen Einfluss-Sphäre in das Deutsche Reich sowie von Personen ukrainischer wie weißrussischer Abstammung aus der deutschen Einfluss-Sphäre in Stalins internationalsozialistisches Sowjet-Reich. In Hitlers nationalsozialistisch-pangermanischer Ideologie-Phantasmagorie wies eine „Volksdeutsche Mittelstelle" den „Volksdeutschen" aus den Stalin zugeschlagenen Gebieten unter der Losung „Heim ins Reich" überwiegend im „Warthegau" Wohnungen und Höfe von dort zuvor ausgesiedelten Polen zu.

Großbritannien und Frankreich hatten zwar eine Garantie für die Unabhängigkeit Polens abgegeben, griffen aber nicht ein. Zudem hätten sie beide aufgrund ihres Polenbeistandspakts der Sowjetunion wegen deren 1939er Einmarsch in Polen ja ebenso den Krieg erklären müssen. Das taten sie aber nicht; und zwar aus wohlbedachten Langsfrist-Erwägungen: Russland sollte gegebenenfalls später noch nützlich gemacht werden!

Der britisch-französische „Triple Entente"-Plan mit Polen war indes bestens aufgegangen: Ihr Versailler Retorte-Polen hatte sich von ihnen verführen lassen und war nun von beiden allein gelassen einem üblen Schicksal ausgeliefert! ... [Ebenfalls so, wie die zum Ersten Weltkrieg angestachelten Russen nach 1914 im Osten allein fechten mussten und am Ende die Betrogenen waren.] Polen war in 1940/1941 aus den sowjetischen Karten völlig verschwunden. Die im Jahre 1914 zu Deutschland gehörenden Teile waren darin als Teil Deutschlands ausgewiesen, die 1939 von Deutschland annektierten Gebiete (darunter das Generalgouvernement Warschau) hatten die Bezeichnung „*Oblast gosu-darstwennych interessow Germanii*" (etwa „Gebiet der staatlichen Interessen Deutschlands").

Der Zweite Weltkrieg war mit den fulminanten „Blitzkriegserfolgen" über Polen in 1939 und Frankreich in 1940 entbrannt. Die britisch-französische Polen-Anstachelungs-List war gründlich schief gegangen. Die Briten hatten sich über den Kanal zurückgezogen, Frankreich war besetzt. – Nichts rührte sich wirklich![49]

---

49 Im zeitlichen Zusammenhang mit dem Zweiten Weltkrieg sind hauptsächlich die folgenden Kriegserklärungen bzw. Kriegs- und Besetzungshandlungen zu verzeichnen; entnommen aus Wikipedia:

7.7.1937 China gegen das Kaiserreich Japan, den „arischen" Mitspieler des Nazireichs, in Reaktion auf dessen Angriffshandlungen seit 1936.

1.9.1939 Deutscher Eingriff auf Danzigs Westerplatte.

3.9.1939 Großbritannien infolge seines Beistandspaktes mit Polen, am selben Tag begleitet von den Kriegserklärungen seiner Commenwealth-Mitgliedstaaten Neuseeland, Australien, Indien, Südafrikanische Union, Canada.

3.9.1939 Frankreich infolge seines Beistandspaktes mit Polen.

17.09.1939 Einmarsch der Sowjetunion in Polen, eine Kriegserklärung erfolgt von keiner Seite.

vom 10. Mai 1940 bis 25. Juni 1940 wird Frankreich im „Westfeldzug" unterworfen.

in 1940 werden Dänemark, Norwegen, Belgien, Luxemburg und die Niederlande besetzt.

28.10.1940 wird Griechenland von Duches Italien angegriffen am 6.4.1941 folgt Hitler-Deutschland nach, das dabei Jugoslawien besetzt.

Am 22. Juni 1941 frühmorgens um 4 Uhr MESZ überreichte der deutsche Botschafter, Friedrich-Werner Graf von der Schulenburg, dem sowjetischen Außenminister Wjatscheslaw Molotow in Moskau ein „Memorandum": Die Sowjetunion habe den Nichtangriffspakt durch den Aufmarsch der Roten Armee an der Grenze und konspirative Tätigkeit der Komintern in Deutschland gebrochen und sei dem Krieg führenden Deutschland damit „in den Rücken gefallen". Die Wehrmacht habe Befehl, „dieser Bedrohung mit allen zur Verfügung stehenden Machtmitteln entgegenzutreten." In den frühen Morgenstunden des 22. Juni 1941 begann der Vormarsch von 121 deutschen Divisionen auf einer 2130 km breiten Front zwischen Ostsee und Schwarzem Meer, aufgeteilt auf drei Heeresgruppen (Süd, Mitte, Nord). ... Den Ostfeldzug-Blitzkrieg hatte Hitler auf 22 Wochen geplant. Da hatte er sich ganz gewaltig vertan.

Am 7.12.1941 werden die USA von Japan angegriffen, die daraufhin am 8.12. Japan und am 11.12. Deutschland den Krieg erklären.

9.12.1941 Kriegserklärung der Exilregierung der Tschechoslowakei an Dreimächtepaktstaaten.

9.9.1943 Kriegserklärung an Deutschland durch Iran, das seit 1942 im Norden sowjetisch und im Süden britisch besetzt war.

23.2.1945 Kriegserklärung der Türkei an Deutschland und Japan, um in die Vereinten Nationen aufgenommen zu werden. Zu einem Eingreifen im Krieg kam es jedoch nicht.

Doch Hitler war unsicher, wann Stalin zuschlagen würde. ... War's nicht so ähnlich wie 1914?

Exkurs XV:

Zwei Leserbriefeschreiber bemerken da im Zusammenhang mit dem permanenten medialen „Vergangenheitsbewältigungs-“, Allein-schuld- und Schandmal-Kult auch zum 80. Jahrestag des „Überfalls auf die Sowjetunion“ in der JF vom 2. Juli 2021 auf S. 23 überaus interessantes, was an dieser Stelle festgehalten zu werden verdient. **1.** Dr. Lothar Karschny: >> „Angreifer ist, wer seinen Gegner zwingt, die Waffen zu erheben.“ So ein Wort Friedrich des Großen. Wenn es zutrifft, dass die deutsche Wehrmacht einen unmittelbar bevorstehenden sowjetischen Angriff zuvorgekommen ist, und nur so ein Durchmarsch der Roten Armee verhindert werden konnte, dann wäre die Sowjetunion der Angreifer gewesen und die Geschichte neu zu schreiben. Dann wäre der deutsche Angriff als mutiger Versuch zu werten, Deutschland und Europa vor der Gewaltherrschaft Stalins und dem Tod im Gulag zu retten. Dann würden heute nicht die Helden der Roten Armee verehrt, sondern die Veteranen der Wehrmacht. Dann wäre es ein Gemeinplatz, dass die Rote Armee der bewaffnete Arm eines verbrecherischen Systems war, das bis zum Juni 1941 schon 27 Millionen Menschen ermordet hatte und bis 1953 weiter 28 Millionen umbringen sollte. Da aber für „den Westen“ (gemäß alter, aus dem Jahr 1904 stammendem Heartland-Doktrin – d. V.) die Zerschlagung Deutschlands absoluten Vorrang hatte und die Befreiung von Stalin und Gulag nicht angestrebt wurde, verhalfen die USA dem Bolschewismus zum Sieg und überließen ihm halb Europa. Wenn die Präventivkriegsthese stimmen sollte, dann bestünde Deutschlands Versagen vornehmlich darin, nicht auf eine reale Befreiung und auf ein Befreiungsnarrativ zu setzen, sondern durch seine

Art von Gewaltherrschaft das Sowjetsystem legitimiert zu haben. << ... Immerhin erkannte der britische Kriegs-Premier Winston Churchill am Ende, man habe eindeutig das falsche Schwein geschlachtet. ... **2.** Friedrich Patzelt: >> Die Gedenkfeierlichkeit im Deutschen Bundestag zum 80. Jahrestag des Angriffes der deutschen Wehrmacht auf die Sowjetunion stand über alle Parteigrenzen hinweg in einmaliger Einheitlichkeit unter der Bewertung dieses schicksalsschweren Ereignisses als „Überfall". Die DDR-Führung hatte vormals diesem Begriff noch das Adjektiv „überraschend" und „friedlich" für die Sowjetunion (SU) hinzu gefügt. Zu den abgehaltenen Gedenkfeierlichkeiten hatten auch nahezu alle Medien nur einheitlich den Begriff „Überfall" im Repertoire. Lediglich Kanzlerin Merkel sprach am 19. Juni 2021 von einem Angriffskrieg, was der Realität (als Präventiv-Schlag – d. V.) näher kommt. Zur Erinnerung: Gemäß Unterzeichnung des geheimen Zusatzprotokolls im Hitler-Stalin-Pakt vom 23. August 1939 war die Rote Armee vereinbarungsgemäß von Osten her nach der deutschen Wehrmacht einmarschiert. Am Bug wurde eine gemeinsame deutsch-sowjetische Siegesparade abgehalten. Die Westmächte erklärten aber nur dem Deutschen Reich den Krieg. Schon im November 1939 erklärte die SU Finnland den Krieg und annektierte große Gebiet Kareliens. Im Juni 1940 marschierte die Rote Armee in Estland, Lettland und Litauen ein, um anschließend dem rumänischen Staat die Nordbukowina und Bessarbien zu entreißen. Als dann im November 1940 der sowjetische Außenminister Molotow in Berlin vorsprach und weitere Einflussgebiete vom Baltikum bis zur Türkei beanspruchte, ließ Hitler das „Unternehmen Barbarossa" erarbeiten. (Er machte damals mit den Sowjets dieselben Erfahrungen, wie sie später noch den West-Alliierten bevorstanden! – d. V.) Von da an erfolgte auch die massive Truppenpräsenz der Roten Armee an der sowjetischen Westgrenze zu Deutschland, wie es auch NVA-Generalmajor a. d. Bernd Schwipper in seinem Buch „Deutschland im Stalin-Visier" beschreibt. Dieser folgte die heimliche Mobilmachung unter der Tarnung als „Große Lehrübung". Dieser gigantische Aufmarsch blieb der deutschen Heeresführung nicht verborgen. So begann daraufhin mit mehr oder weniger Tarnung auch die deutsche Truppenverlegung an die Ostgrenze des Reiches. – Was also unterscheidet den Überfall vom Angriff. Der erste israelische Botschafter in der Bundesrepublik Deutschland, Asher Ben-Natan, drückte es bezüglich des israelischen Erstschlags im Sechstagekrieg so aus: Es kommt nicht darauf an, wer zuerst geschossen hat, sondern was diesem ersten Schuss vorangegangen ist. Wer unter Beachtung der bekannten Vorgeschichte weiterhin von einem Überfall spricht, möchte dass die (Tarn- und Täuschungs- und Verlogenheits-! – d. V.) Aura Stalin als dem großen Friedensfürst weiterhin im hellen Glanz der (vorsätzlich verfälschten – d. V.) Geschichte erstrahlt.

Ende Exkurs XV

Nun war der an Blitzkriegs-Gigantomanie wie an Unrechtshypertrophie leidende Adolf Hitler in wildentbrannter Überkompensation seines Persönlichkeitsdefizit-Syndroms völlig ausgerastet. Seinem unfassbar grausamen Toben gegen die Juden lag zudem wohl ein Ahnen zugrunde, wie es 1917 dazu gekommen war, dass die zu beinahe 50 % deutschstämmigen USA dann in den Krieg gekommen waren, um die „Hunnen"-Brut samt Kaiser fertig zu machen. War es damals am Ende nicht eigentlich doch nur darum gegangen, die von der Morgan-Bank zwecks Ankurbelung der US Rüstungsindustrie und Wirtschaftskonjunktur an Großbritannien und Frankreich gewährten 35 US-§-Milliardenkredite am Ende von den in den Krieg gelisteten Deutschen tilgen zu lassen? Der feurige Marxismus-Philosoph und Adorno-Verehrer Georg Lukács (*13. April 1885; †4. Juni 1971) erklärte, als Hitler mit ähnlichen Hass-Begriffen von den Juden sprach, bewusst: *„Die kommunistische Ethik macht die Akzeptanz der*

Notwendigkeit, böse Taten begehen zu müssen, zur wichtigsten Pflicht." Alles was bürgerlich ist gehöre gestürzt, die menschliche Psyche sei vom „*Kapitalismus*" derart deformiert, dass es zur „*Unmöglichkeit des Menschsein in der bürgerlichen Gesellschaft*" führe, die „*bürgerliche Klasse*" verfüge nur über „*den Schein einer menschlichen Existenz*".[50] Der „*Kapitalismus*" sei der Teufel, der Hass auf ihn müsse bedingungslos sein, jede moralische Überschreitung sei notwendig und daher höchst legitim: Extinction Rebellion! – Wen erinnert das nicht an des Islam unbedingte *Din*-Verpflichtung auf *Hidschra&Dschihad?* ... und sind die absolute Listigkeit und die totale Skrupellosigkeit nicht jeder Idolatrie&Ideologie eigen?

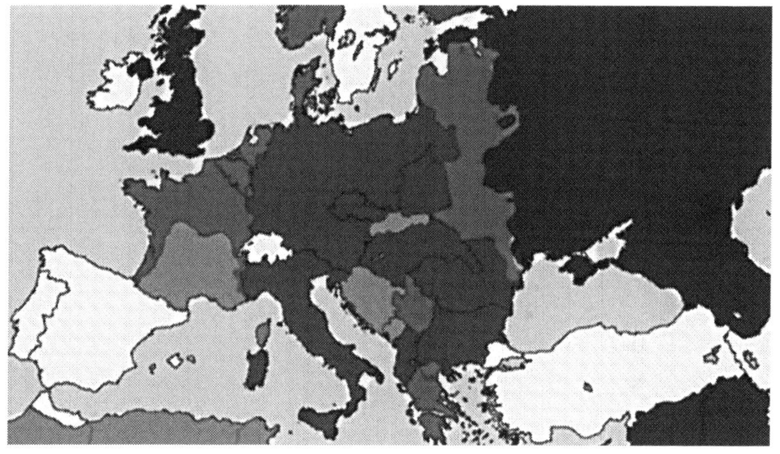

Ende 1941: Hitlers „Tausendjähriges Reich" samt assoziierter sowie besetzter Länder auf der einen und England samt Kolonien sowie die Sowjetunion auf der anderen Seite

50 Siehe Lukács, Georg: Probleme des Realismus, (Aufbau Verlag) Berlin, 1955, S. 135. Entnommen aus Sruton, Roger: Narren – Schwindler – Unruhestifter, (Editione Tichys Einblick) München 2021, S. 177/178.

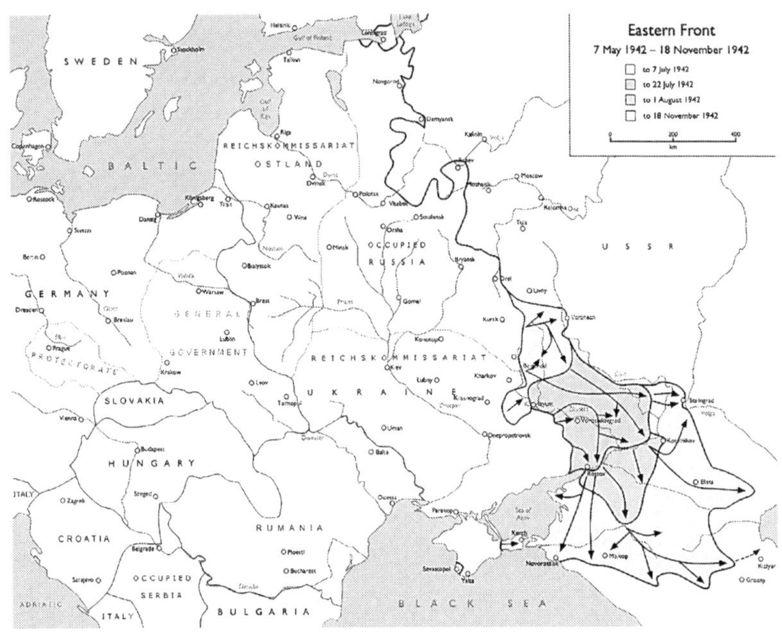

… Die deutsche Wehrmacht musste dringend an die Erdölressourcen um Baku am Kaspischen Meer; der kriegsnotwendige Treibstoff für alles Militärgerät wurde knapp: Der Heeres-Vorstoß dorthin
vom 7. Mai bis zum 18. November 1942:
bis zum 7. Juli
bis zum 22. Juli
bis zum 1. August
bis zum 18. November

© Wikipedia

Die USA hielten still. Ihre Kriegserklärung erfolgte erst im Dezember 1941 nach Japans Überfall auf Pearl Harbor. Indirekt waren sie mit Waffenlieferungen nach England jedoch schon lange aktiv. Indirekt aktiveres Niederringen Hitler-Deutschlands setzte indes ein, als die Wehrmacht am 22. Juni 1941 ihren Angriff auf die Sowjetunion startete. Jetzt musste Russland massiv mit Waffen und Munition versorgt werden! Die USA selbst sollten die Kohlen erst wieder am Ende aus dem Feuer holen, und zwar beginnend mit britischamerikanischem „moral bombing“ Deutschlands ab April 1942 und schlussendlich dann fortgesetzt über die Truppenlanderungen am „D-day“, den 6. Juni 1944 in der Normandie.

Doch 1941 sonnte der „Führer“ sich noch!

Wie viele der „typischen Überzeugungspolitiker mit enormen Sendungsbewusstsein, Macht- und Geltungsbedürfnis“ (Martin Günzel, Doktorand am Freiburger Historischen Seminar) im „Ideologischen Jahrhundert“ war auch die „Il Principe“-Gestalt des Idolatriers und Ideologen Adolf Hitler in einem unterkomplexen Menschen- und Weltbild befangen. – So sollte er sich übel verrennen! – Sein 22-Wochen-Blitzkrieg gegen die Sowjetunion geriet ab November 1941 in den unermesslichen Weiten Russlands vor den Toren Moskaus im Herbst-Morast und Winterfrost verhängnisvoll ins Stoppen. ... Und im Süden vor den Erdöl-Quellen Bakus brachte „Väterchen Frost“ in des Winters 1942/1943 beißender Kälte mit der Kesselschlacht um Stalingrad von 23. August 1942 bis 2. Februar 1943 dann dem „Führer“ schreckverzerrtes Schock-Erwachen aus den Großmachtträumen seiner nationalsozialistisch-pangermanischen Phantasmagorie!

***

Zunächst aber hatte sich für die zu bildende Anti-Heartland-Allianz aus USA, GB, Russland ein Problem ergeben: Russlands für die US-Waffenanlandungen prädestinierter Militärhafen Murmansk; hoch oben nördlich des Polarkreises am Eismeer in Skandinaviens Osten; war im Winter 1941/42 tief zugefroren, also hätte die Rüstungsgüteranlieferungen der USA über das ferne Wladiwostok erfolgen müssen. Dort im Osten führte das „arische Bruderland“ Japan seinen radikalen Eroberungskrieg in der Mandschurei. Somit war nach einem anderen Antransportweg Ausschau zu halten. Der aber führte ausgerechnet über das von den Deutschen so sehr begehrte Baku am Kaspischen Meer. Und um ihren Weg übers Meer zu den dortigen

Erdölvorräten zu sichern, hatten die NS-Strategen mit dem „arischen Bruderland“ Persien gute Freundschaft gepflegt und dem Schah eine Eisenbahnverbindung vom Persischen Golf über Teheran ans Kaspische Meer „geschenkt“. Dieser Seeweg-Zugang war jetzt indes durch massive britisch-indische Marinekonzentration vor Ort allerdings versperrt. War der englische König doch auch der Kaiser von Indien! So bot die dem Schah geschenkte NS-Eisenbahnlinie die Lösung des logistischen Problems der neuen „Triple Entente“ GB, USA, UdSSR. Die Briten forderten vom Schah, ihnen die NS-Strecke Golf/Baku zu überlassen. Doch der weigerte sich in „arischer Völkertreue“. Woraufhin man kurzerhand einmarschierte: die Briten im Süden, die Russen im Norden. Der Schah wurde abgesetzt, und die Aufrüstung der UdSSR rollte nun auf vollen Touren. Wie schon im Ersten Weltkrieg zwang das Eingreifen der USA das in ihrer Kriegspropaganda nunmehr zum „Junkerland“ gemachte „Junk“-sprich Müll-Land in die Knie. Zum von den USA aufgerüsteten Zermürbungskrieg nach der Schlacht um Stalingrad mit folgendem Sowjet-Vormarsch der „großen vaterländischen Armee“ im Osten, trat ständig mehr das verheerende angloamerikanische Flächenbombardement auf Deutschlands Zivilbevölkerung im Reichs-Zentrum und schlussendlich kam im Westen der Zangengriff des „D-Day“ am 6. Juni 1944 mit folgender massivster US-Truppenanlandung in der Normandie. Wie am Ende des Ersten Weltkriegs die Herrscherstaatskonzepte **1.** des russischen Zarenreichs, **2.** des deutschen Kaiserreiches, **3.** des österreichisch-ungarischen königlich-kaiserlichen k. u. k. Reiches und **4.** des osmanischen Sultan-Reiches samt ihrer Substrukturen ausgedient hatten, so folgten nun **a)** das endgültige „Aus“ der Vorherrschaft Europas in der Welt und **b)** die Weltherrschaft der USA samt „kaltem Krieg“ mit dem Sowjet-Block, dessen Stalinismus- und GULAG-Regime der festen Überzeugung war, dass seinem Angst&Affekt- plus Macht&Gewalt-Terror des Sozialismus und Kommunismus die Zukunft gehören müsse.

In den USA war indes kein wirklicher Lernerfolg zu erkennen, aus deren demaskierenden Geschichtsabfolge, welche die USA seit General Washington immer wieder in fanatischem Gemetzel sah, erst in den Ablösungskriegen vom Vereinigten Königreich, dann im Innern, dann in der Karibik und auf den Philippinen gegen das spanische Übersee-Reich und seit Wilson als Rüstungsindustrie- und Banken-Agenten, wo sie dann die US-Soldaten für industrie-, kredit- und sozial- wie beschäftigungspolitische Interessen ins überseeische Blutbad stürzten. Dazu waren sie in den 1920ern, aufbauend auf des Freud-Neffen Edward Bernays und des „public opinion"-Spezialisten Walter Lippmann im Ersten Weltkrieg gesammelten Propagandaerfahrungen daran gegangen, einen frenetisch dogmatischen „liberty"-Liberalismus mit einem narzisstoid überbordenden „US-Patriotismus" zu verschmelzen. Und sie schufen im geheimen staatlichen „Comite on Public Information" die nützlichen Organe der „psychologischen Kriegsführung" für Meinungssteuerung wie Gruppendynamik.

Nicht etwa die Befreiung, sondern die lückenlose Kontrolle und Steuerung der Volksmassen war das neue Ziel dieser „US-Liberalen". Und als Franklin Delano Roosevelt 1932 Präsident der USA wurde, ließ er zwecks Revision der Neutralitätsgesetze den „Ausschuss zur Verteidigung Amerikas durch Hilfe an die Alliierten" ins Leben rufen. Dieser Ausschuss billigte „als Methode der Verteidigung Amerikas" die von Roosevelt „zielstrebig verfolgte Politik, immer neue Völker durch gut klingelnde Worte und Hilfsversprechen, sowie gegebenenfalls auch durch Waffenlieferungen dazu zu ermuntern", deutschem Aufstand gegen das Versailler Diktat Widerstand zu leisten. Als Endziel hatte Roosevelt insgeheim die volle Intervention gegen „Heartland" Germany vorgesehen. Und während der Direktor des „New York Council on Foreign Relations" Miller und das „Fight for Freedom Comite" in konzertiertem Trommeln dem Interventionismus zunehmende Eigendynamik verschafften, und Roosevelt selbst mit seiner „One World" Moralideologie zur

US-Hegemonie anfeuerte, sprach er in seiner Interventionspropaganda stets von „short of war" (d. h.: ohne Krieg).

Denn er wollte vor der für 1940 anstehenden Präsidentenwahl das Wahlvolk täuschen, ganz ähnlich wie es 1916 bei Wilsons Wiederwahl geschehen war. Erst danach wollte er i. S. Mackinders antideutscher Heartland-These loslegen. So folgte auch diesmal nach dem Wahlsieg keine Einlösung des Versprechens, Amerika aus dem Krieg herauszuhalten. Wie bereits 1917 geschah eine dramatische Radikalisierung-Kampagne. Wieder lief die Kriegsagitation auf vollen Touren. Diesmal gegen „Nazi-Germany", welches mit alles zermalmenden Schaftstiefeln und „Junker"-Staat in Verbindung gebracht wurde. Das Wort Junker ließ sich trefflich instrumentalisieren, denn „Junk" steht im Amerikanischen für „Unrat/Müll".[51]

Selig Adler beschrieb die Szenerie von PR-Aktion und Rundfunk-Agitprop wie folgt: *„1940 war es für die Amerikaner schwierig geworden, Augen und Ohren gegen die Opfer Hitlers zu verschließen, die von den Anschlagsäulen und aus den Zeitungen blickten, die der Postbote in das Haus trug, die im Kino auf die Leinwand projiziert wurden und im Rundfunk an die Stelle der Reklamesendungen traten. Amerika sang: ‚There will be bluebirds over the white cliffs of Dover!'"* Bedenkenträger wurden als Nazi-Agenten bezeichnet und als üble Kollaborateure in „The Secret War Against America" der „psychologischen Sabotage" beschuldigt. Nun galt die bedingungslose und undifferenzierte Deutschen-Diffamierung&Diskriminierung.

Und die USA lieferten mit Geleitzügen zur See eifrig Kriegsmaterial nach Großbritannien und rüsteten dann die vorm Kollaps stehende Sowjet-Armee mächtig auf, so über o. g. von den Nazis gebaute Eisenbahnlinie durch Persien vom Persischen Golf zu Bakus

51 Hier und folgend vgl. u. Zit. Schrenck-Notzing, Caspar von: Charakterwäsche – Die Re-education der Deutschen und ihre bleibenden Auswirkungen, (Kopp Verlag) Rottenburg 2018, S. 42-43 u. 46.

Ölquellen am Kaspischen Meer, derweil der russische Kriegshafen Murmansk im hohen Norden eingefroren war.

Deutschland, Italien und Japan warf Roosevelt vor, beherrscht zu sein *„vom brutalen Zynismus, von der gottlosen Verachtung des Menschgeschlechtes"*, und absichtlich die allgemeingültigen Moralgesetze zu verletzen, sprich: das „absichtlich Böse" zu sein. Eigeninteressen gestand er nur den USA zu und deren Hegemonie hatten sich alle unterzuordnen. Wer das nicht tat, galt als abgrundtief verachtenswert böse, und mit solchen Bösen gab es kein Pardon.

Roosevelts Kriegsziel stand auch „short of war" (also „ohne Kriegserklärung") fest: *„Wir kämpfen, um die Welt von den alten Übeln, von den alten Krankheiten zu säubern."* (Dieses völlig hypertrophe „Out of USA!" verspüren wir heute immer noch: nicht zuletzt in der „political correctness"-Manie inklusive all der seltsam-abstrusen neofreudianisch-marxistoiden, reichisch-sexoiden, frommisch-schizoparanoiden, lewinsch-charakterdystopischen und morgenthauisch-Vernichtungsbesessenen Psychoknebelungen als allgültige „Generalgegengift"-Injektionen aus den „think tanks" US-amerikanischer Psychogiftküchen-Scharlatanerie für die US-Geopolitik.) Damit hatte Roosevelt frei nach Machiavellis Narzissmus-Rat *„Der Wille zu Macht muss unter dem Mantel von Moral versteckt werden"*, sich selbst und die USA auf den allerhöchsten Moralismus-Thron gesetzt. Alle Bündnisgenossen einte in seiner autosuggestiv-verbohrten Vorstellungs-Welt die Idee, Schulter an Schulter mit den USA der neuen „One World" höchsten Gutmenschen-Niveaus entgegen zu schreiten. Sie konnten deshalb nicht böse sein, sondern nur gut, und zogen somit gleich mit Stalins Säuberungsterror- und GULAG-Regime wie auch mit Hitlers Weltbeglückungs-Idolatrie&-Ideologie! Das rechtfertigte auch den Atombomben-Terror gegen Japan!

Sein angloamerikanischer Strategie-Kern blieb klar: „Heartland has to be dissolved“, Europas kontinentales Herz muss zum Stillstand gebracht werden, diesmal aber bitte endgültig![52] In diesem Völkerringen waren am Ende die USA, das United Kingdom, die UdSSR und China im Einsatz, und zwar gegen Japan, Deutschland, Österreich, Italien und Rumänien. Doch ungeachtet der Versailler Vertrags-Verbrechen am deutschen Volks, und der Tatsache, dass eine abgeschlossene Bereinigungsaktion unerträglicher polnischer Anmaßungen in der „Freien Stadt Danzig“ nur Böswillige zur von ihnen ja intendierten (!) Kriegserklärung veranlassen kann: **Wieder taucht die Alleinschuldzuweisung an die Deutschen auf, so im Protokoll vom 1. August 1945 des Potsdamer Diktats**: *„Das deutsche Volk hat begonnen, für die schrecklichen Verbrechen zu büßen, die unter der Führung derjenigen begangen wurden, denen es in der Stunde des Erfolges laut applaudiert hat.“* – Wie scheinheilig verlogen: Ist's doch bei allen Beteiligten und Hineingezogenen nur ein schlimmer Absturz ins präzivilisatorische Archaikum (selbstverständlich unter je eigener Scheinmoralismus-Beflaggung!) ... und wiedermal war's von Frankreichs „Il Principe“-Kaste ausgelöst, diesmal mit deren systematischem Hinwirken auf den Kriegsausbruch in 1914 und sodann 1919 in Kollaboration mit Britanniens Establishment in total enthemmter global ausgreifender Angstbeißer&Beutegreifer-Manie mit Weltbrandbeschleunigung versehen! ... [Irgendwie kommen Erinnerungen hoch an den von Frankreich vom Zaun gebrochenen Siebenjährigen Weltkrieg Nr. O von 1756 bis 1763, in dessen Folge Frankreich zerbrach und schon mal „Revolution“ war, sowie Napoleon I. von 1792 bis 1815 dreizehn Jahre lang Europa zum wiederholten Mal erneut Frankreichs Angstbeißer-Manie und Beutegreifer-Gelüste spüren ließ. ... Nun hatten sie am Ende des vierjährigen I. Welt-

52 Vgl. von Bülow, Andreas: Die deutschen Katastrophen/1914 bis 1918 und 1933 bis 1945 im Großen Spiel der Mächte, (Kopp Verlag) Rottenburg 2015.

kriegs von 1914 bis 1918 Europa zerbrochen, und es war wieder „Revolution“ ausgebrochen, diesmal mit den beiden Ober-Napoleons Stalin und Hitler samt Austoben im sechsjährigen II. Weltkrieg von 1939 bis 1945 sowie anschließendem Kalten Krieg von 1946 bis 1989. ... Irgendwann ab den 1950ern waren dann auch die weltumspannende französische wie britische Angstbeißer&Beutegreifer-Strategie samt deren Kolonialisten-Weltherrlichkeits-Borniertheit am Ende!]

Indes war es im 1945er Siegertaumel ein bisschen anders gekommen als in den USA unter Roosevelts hoher Moralismus-Beflaggung erträumt. Stalin hatte nur dem Schein nach so getan, als spiele er bei Roosevelts „One World“-Beglückung „Out of America“ mit. In Wirklichkeit betrieb er genauso wie Roosevelt seine **narzisstoide Alleinstellung**, nur eben für sein Sowjet-Imperium und dessen über allem stehenden „Besseren sozialistischen-Menschen“ des Marxismus/Leninismus der *Sozialistischen Internationale*. Auf deren allerobersten Moralnarzissmus-Thron wollte der für die allerbeste Idolatrie&Ideologie in „Säuberungswellen“ Menschenmassen opfernde gute Mensch Stalin sich selber sehen! Und dafür war ihm jedes Mittel Recht, ebenso wie Roosevelt es ja tat. Denn Stalin war der Führer einer neuen und diesmal wahrhaft moralischen Weltordnung und sah sich nun, aufgerüstet durch die USA, dazu auch im Besitz aller suppressiven Machtmittel. Für ihn galt völlig gnaden- und skrupellos: Weltbeglückung in aller oberstem Dienst „Out of Russia“!

Zwei Pfauen auf ihrem Narzissmus-Thron, der eine in Moskau, der andere in Washington ... einig nur gegen den Pfau in Berlin! – Traf nicht Niccolò Machiavellis Spruch *„Wenn der Teufel die Menschheit in die Irre führen will, dann schickt er ihr einen Idealismus“* auf sie alle drei zu?

Es war eben ein „idolatrisches&ideologisches Jahrhundert“ (Prof. Dr. Elisabeth Noelle-Neumann). Da trat ein jeder der Machtambitionierten unter seiner speziellen Moralismustarnung auf, welcher er irgendwann dann möglicherweise selber verfiel – so wie der Schauspieler im gelungenen Auftritt sich mit seiner Rolle identifizieren mag! ... Jetzt waren drei von ihrer jeweiligen Idolatrie&Ideologie besessene Überzeugungstäter am Werk!

Der Einmarsch der Roten Armee hatte dann allenthalben eindeutig usurpatorischen Landnahme-Charakter, mit gnadenloser Unterwerfung unter einen barbarischen Sowjet-Terror: überall in Russland, Polen, Finnland, Bulgarien, Ungarn, Jugoslawien, wo die Wehrmacht zurückwich, ganz besonders exzessiv in Rumänien.

Die Hinnahme der völkerrechtswidrigen Räumung Ostpreußens und der Gebiete östlich von Oder und Neiße von Deutschen sowie der in Potsdam von Stalin eingeforderte Rückzug der Amerikaner aus Sachsen-Anhalt, Sachsen und Thüringen sowie der Briten aus Mecklenburg waren rein unterwürfige Appeasementgesten gegenüber Stalins nun immer dreister vorgetragenen Anmaßungen. Und Polen verdankte es nur Churchills Einschreiten, dass es, zwar im Osten beraubt und an Oder/Neiße westwärts verschoben, aber doch wenigstens formell wiederentstehen konnte.[53] Unter seiner Leitung hatte Großbritannien ja mal angeblich zum „Schutz" Polens den Krieg erklärt. Wenigstens das war nun davon übrig geblieben! Freilich verstand es Stalin, in Polen sein Diadochen-Regime zu etablieren, im sowjetisch besetzten Deutschland zwischen Elbe und Oder/Neiße ja sowieso. So hatte er „Heartland" erreicht und zwar nicht etwa „zur Befreiung", sondern zwecks Suppression und Annexion. Das war sein kommunistischer Griff zur Weltmacht, mit dem die amerikanischen Vorstellungen eigentlich gar nichts anfangen konnten, zumal das alte Menetekel des Heartland-Zusammengehens mit Russland Realität zu werden drohte!

53 Schrenck-Notzing, Caspar von: Charakterwäsche – Die Reeducation der Deutschen und ihre bleibenden Auswirkungen, (Kopp Verlag) Rottenburg 2018, S. 84.

Stalins imperialen Landnahme-Ambitionen war dabei noch entgegengekommen, dass Franklin Delano Roosevelt am 12. April 1945 verstarb und Harry S. Truman US-Präsident wurde, sowie anstelle des in Politik und Krieg gestählten Winston Churchill infolge der Unterhauswahl im Juli 1945 der Labour-Kandidat Clement Attlee Primeminister getreten war. Sprich: Die beiden Groß-Matadoren der Westalliierten waren ausgefallen! Stalin hatte nun in Potsdam zwei Grünschnäbel als Gegenüber. So saß Stalin dann auch als der eigentliche Triumphator neben den beiden unerfahrenen Vertretern der sowieso schon übertölpelten Westmächte, und das in dem von ihm requirierten Hohenzollern-Schloss Cäcilienhof (!) in der von seiner Sowjetarmee eingenommenen (!) Reichshauptstadt Berlin. Welch eine Symbolik, welch ein Hohn und welch eine Hybris: Der dank der USA erst zur Kriegsführung wieder instand Gesetzte gerierte sich als der eigentliche Sieger!

Bereits in Jalta auf der russischen (!) Halbinsel Krim (vom 4. bis 11. Februar 1945) hatte er Churchill und dem schwer erkrankten Roosevelt sein Dominanzgehabe präsentiert, und jetzt tat es noch mehr während der „Sieger-Konferenz" in seinem russischen (!) Potsdam (vom 17. Juli bis 2. August 1945) gegenüber dem frisch eingesetzten US-Präsidenten Harry S. Truman und dem soeben gerade erst in Amt und Würden gekommenen britischen Premierminister Clement Attlee! – Unter der in Tricks, Finten, Tarnung und Winkelzügen routinierten De-facto-Leitung des „Generalissimus" Josef Stalin war in Potsdam ständig mehr zum Vorschein gekommen, dass nun die Ideologie&Macht(!)-Interessen divergierten, und Deutschland von Truman und Attlee im Sinne der Interessenwahrung von GB und USA bald irgendwie für gegenläufige Pläne nützlich gemacht werden müsste. ... So kam es wie folgt:

1. Sowjetblock: Stalin setzte für sich den Morgenthau-Plan radikal ein. Die Russen wurden die Hauptgewinner. Polen erstand zwar neu, wurde aber für Geländegewinne der UdSSR unter Einbehaltung deren 1939er Gebietseroberung mittels riesigen Umvolkungen westwärts ins „Heartland“ Ostdeutschland verschoben und ward inklusiver Bestandteil der Sowjet-Subpression.

Der Sowjetblock reichte nunmehr von Europas „Herzland“ über die gesamte eurasische Landmasse bis nach Wladiwostok im Fernen Osten.

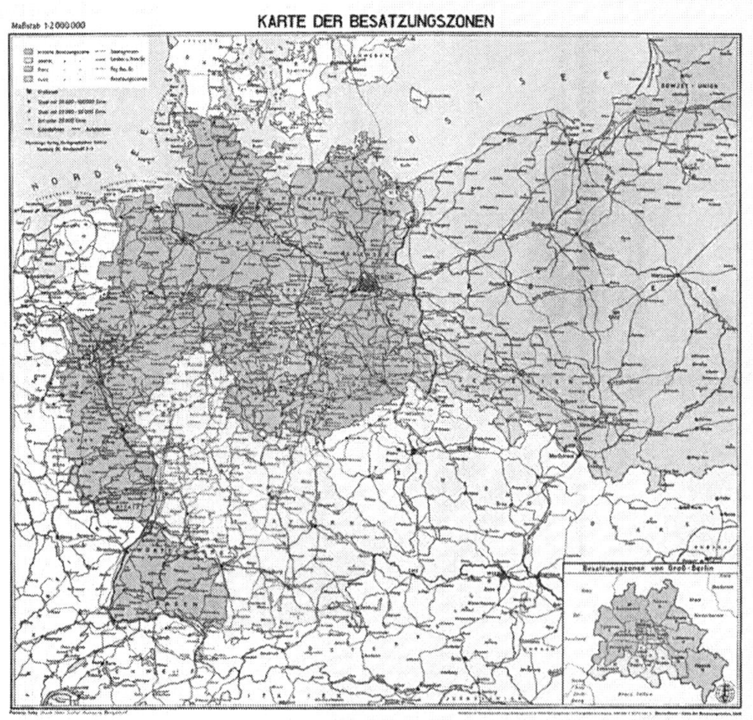

[Dussman] Heartland (s. o. S. 292 ff.) im Griff:
Der Sowjetblock reicht bis an Niedersachsen, Hessen und Bayern, und die kommunistisch-sozialistischen Infiltrationsmaßnahme im Westen setzten ein.

Denn vom „Heartland“ hatten sich die Sowjets nicht nur Ost-, sondern auch Mitteldeutschland einverleibt, das als „Sowjet-Zone“ (später DDR) Ausbeutungs-Opfer des „großen Bruders“ und unter Antifaschismus-Tarnung Speerspitze gegen den kapitalistischen Erzfeind im Westen werden sollte ... inklusive Schlangengrube für SDS- und Antifa- wie Antikapitalismus-Agitprops der APO, RAF, ’68er ff.

Ost gegen West: Der ideologische Großkampf unter dem Label „Marxismus gegen Kapitalismus“ war eröffnet!

Nach den jüngsten Aufdeckungen des New Yorker Geschichtsprofessors Dr. Sean McMeekin zur „Weltkriegsära“ 1914–1945 ging nicht nur der I. Weltkrieg (dank damaligen französischen Einwirkens) von Russland aus, sondern handelte im II. Weltkrieg Russlands Stalin sogar als der eigentliche Hauptakteur in allem. Am 5, Mai 1941 habe er in seiner Ansprache vor zweitausend Offizierslaufbahns-Absolventen der Roten Armee den Griffs nach Zentraleuropa als nächsten großen Schritt der Revolution verkündet!

2. USA: Der eigentliche Sieger in der Materialschlacht des Völkerringens, die USA, waren von Stalin ausgetrickst worden: Sachsen, Sachse-Anhalt, Thüringen, Mecklenburg, das um die preußischen Gebiete jenseits der Oder-Neiße-Linie bereicherte Polen, Böhmen-Mähren, Halb-Österreich, ganz Osteuropa und der größte Teil der Balken-Länder und der Nordteil Ostpreußens waren den Russen in den Rachen geworfen worden! Irgendwie waren sie genau in die „Heartland“-Falle geraten, gegen die ihre anglo-amerikanische Strategie eigentlich gerichtet war: ein Riesen-Desaster! ... Und in total irrlichternder Verkennung von Preußens großartiger Kultur-Mem-Prägung hatten sie nichts Eiligeres zu tun gehabt, als am 25. Februar 1947 im Alliierten Kontrollrat des unter den vier Mächten Russland, Amerika, Britannien, Frankreich aufgeteilten Rest-Deutschland – sozusagen als Ausgeburt US-amerikanischer Junker-Hetze – per Gesetz Nr. 46 die Auflösung des „junk state“ Preußen zu erlassen, (Amtsblatt des Kontrollrats in Deutschland S. 262). – In dem wilden Umsichschlagen der Ideologen musste ja unbedingt ein Beelzebub gefunden werden!

3. Westdeutschland: In dieser für den eigentlichen Sieger USA unfassbar verfahrenen Lage mussten die Besatzungsmächten der West-Alliierten nun alle Beutegreifer-Allüren aufgeben (nur das Saargebiet blieb bei Frankreich). Die zersplitterten Westzonen durften entgegen der anfänglichen Morgenthau-Absichten nicht weiter zertrümmert, sondern mussten unbedingt geeint und gemacht werden zum Front-Bollwerk an der Grenze zur enormen Landmacht des Sowjet-Imperialismus.

Dazu gehörte nun neben der „Entnazifzierung" dann selbstverständlich auch der Kampf nach außen gegen deren ideologische Machtmedien des Kommunismus wie der Sozialistischen Internationalen sowie gegen die KP im Innern.

Die USA vollzogen eine völlige Kehrtwende vom Morgenthau-Beschluss zum European Recovery Program (ERP). Der sog. „Marshall-Plan" war geboren. Die amerikanische und britische Zone wurden zur Bi-Zone zusammengelegt, später kam die französische Zone dazu. 1948 veranlassten die USA durch den weitsichtigen Wirtschaftsprofessor Dr. Ludwig Wilhelm Erhard die Währungsreform zur D-Mark und die Einführung der Marktwirtschaft. 1949 brachte mit Gründung der demokratisch verfassten Bundesrepublik Deutschland den krönenden Abschluss – freilich weiterhin unter westalliiertem Vorbehalt, der de facto bis heute fortbesteht und de jure sogar bis 2099 in der sog. „Feindstaatklausel" der UN-Charta festgeschrieben ist.

***

Im Osten galt die harte Kommunismus-Knute bis 1989, im Westen ging man nach anfänglicher Besatzungs- und

Entmachtungs-Schocktherapie bald mit der Reeducation gemäß den Mitteln der marxistoid-neofreudianischen plus reich-fromm-lewin-morgenthauischen US-Schule der Remigranten der „Frankfurter Schule" softer repressiv heran.

Die als „The Prussian Junkers" ausgemachten Übeltäter des Nazi-Regimes rochen sowieso nach „Junk" (Unrat/ Müll), in Großbritannien und Commonwealth nannte man diese Germanen schlichtweg „the Germs" (die Bazillen). Nun galt völlig geschichtsklitternd (Hallesche Schule und Kant hin und Weltspitzen-Universität Berlin her) das als Hort aller NS-Schande ausgemachte Preußen als der Junkerstaat schlechthin. Dessen Generalstab habe Hitler in den Sattel gehoben (dabei war es in Wirklichkeit die SPD-Verweigerung für eine konservativ-liberale Regierungsbildung). Diese „Bosch" hätten nichts anderes im Kopf als die langfristige Vorausplanung von Kriegen, sagten die Franzosen, freilich in projizierender Umkehrung ihrer eigenen Kriegs-Umtriebigkeiten auf die von ihnen seit Jahrhunderten unentwegt mit Angriffen Überzogenen.[54]

Und es rankten die Verschwörungstheorien: Sie sännen auf den III. Weltkrieg, und ihre geheimen Kollaborateure, Spitzel und Saboteure seien überall in den Ländern der Welt, um dort die Institutionen, von den Gewerkschaften über die Presse, alle Staatsorgane bis zu den Regierungen, heimlich zu unterwandern. Sie würden nach Kriegsende als ausländische Wirtschafts- und Finanzgrößen über die Massen an Geld verfügen, welche der Generalstab samt der mit ihm verquickten mächtigen Großkartelle der Banken wie Rüstungs-, Montan- und Chemieindustrie ins Ausland verschoben habe. So bestens vorbereitet, würden sie beim nächsten Losschlagen ihre jetzigen Besieger rasch wirtschaftlich, administrativ und moralisch lahmlegen und zur

54 Folgend vgl. u. Zit. Schrenck-Notzing, Caspar von: Charakterwäsche – Die Re-education der Deutschen und ihre bleibenden Auswirkungen, (Kopp Verlag) Rottenburg 2018, S. 50-56.

leichten Beute machen. – Hitler sei nur der Logik ihres Masterplans nicht schlüssig gefolgt und habe zu früh losgeschlagen!

Für Mitteleuropa habe der Generalstab aufs Kommunistische ausgerichtete Spezialisten eingesetzt:

„Der neue deutsche Kommunismus, der die Idee der Weltrevolution fördert und durch die kalten und skrupellosen Hirne des Generalstabs gelenkt wird, wird in vielen Teilen der Welt eine Situation vorfinden, die reif für den Pangermanismus ist." Um vorzubeugen kam es im Sowjet-Satrap Mitteldeutschland absolut dem Morgenthau-Plan gemäß zunächst zu „Junkerland in Bauernhand" und sodann zur generellen Bauern-Enteignung, indem alle Bauernhöfe in Kolchosen eingebracht werden mussten und die Bauern zu Arbeitssklaven auf eigenem Land degradiert wurden.

In den USA hatte sich durch die vor den Nazis geflohene neue amerikanische Bildungselite (s. u.) eine ausgewachsene und nachhaltige Germanophobie breitgemacht.

Sie gründeten eine „Society for the Prevention of World War III". Vorsitzender war Rex Stout, der zugleich Mitglied im „Writers War Board", im „Council of Democracy" wie dem „Freedom House" war, und ein einflussreicher Stimmungsmacher als Spezialist für Hasspropaganda. Sein Spruch war: *„Wir werden hassen – oder wir werden verlieren!"*. Einige I. Weltkriegspropagandisten der USA gehörten auch zu dem Kreis, so der ehemalige US-Botschafter aus der Kaiserzeit Gerard („Face to face with Kaiserism") und Schriftsteller wie Mowrer und Shirer („They are guilty – punish them"). Ihre Gruppe entfachte einen ideologischen Fanatismus, der sich „gedeckt vom Sperrfeuer der öffentlichen Meinung" ungehemmt ausbreiten konnte. Das Dritte Reich sei das Produkt der Industriemonopole von Krupp, Flick, IG Farben etc. Dekartellierung, Demontage, vollständige Entwaffnung, totale Abrüstung und Industrievernichtung samt Dezimierung zur Kleinbauernwirtschaft seien dringend geboten, um den Kriegsbazillus in dieser Bevölkerung der „Bosch" und

„Germs“ zu unterdrücken. Der sei nämlich das Produkt der deutschen Philosophie, welche das deutsche Volk seit Jahrhunderten gegen die Zivilisation verschworen habe. Sprich: Das Volk der Deutschen war der Feind, nicht etwa Hiltler und Schergen!

Wie vom Wahnsinn hypnotisiert, sehen diese Deutschland-Deuter in den vielfältigen Angriffen der Franzosen im Dreißigjährigen Krieg wie davor und danach, im Siebenjährigen Krieg, in Napoleons über Deutschland hinausgreifender Verwüstung Europas, in Frankreichs Kriegserklärung von 1871 und in Frankreichs Kriegstreiberei von 1914 immer eine *„deutsche Verschwörung gegen den Weltfrieden“*; selbstverständlich ebenso in Deutschlands Aufbäumen gegen das französische Versailles-Diktat samt Rheinland- und folgender Ruhrgebiet-Besetzung mit Annektions-Absicht. Diese „Kriegspsychose verkehrt“ ergibt ihr festverankertes Deutschlandbild. ... Solche populistischen Verschwörungs-Gedanken können freilich nur jene hegen, deren ganzes Denken in Angstbeißer- und Beutegreifer-Manie machtstrategisch geopolitisch besetzt ist. – Frei nach Heinz Erhardt: **Die größten Verächter der Elche, sind meist selber welche**. Und so ward mächtig von deutschen Landen im Osten alles bis an Oder und Neiße geraubt, inklusive Stettin, obwohl es westlich der Oder liegt. Nach Danzig waren dort jetzt auch alle deutschen Kulturstädte so insbesondere auch Breslau und Königsberg endgültig weg.

Und Frankreichs de Gaulle wollte bis an den Rhein, das Saargebiet behielten sie sowieso und die alte Reichsstadt Straßburg auch. Er wollte, dass die freien Reichsstädte der mittelalterlichen Friedensordnung des Heiligen Römischen Reiches Deutscher Nation- Speyer, Worms, Mainz und Köln nun auch französisch seien. Doch da machten die Briten in ihrer „balance of power“-Politik nicht mir: Frankreich wäre ihnen dann zu mächtig geworden. Sie hatten im 100jährigen wie 7jährigen Krieg und mit Napoleon ja auch ihre Erfahrungen gesammelt mit dieser „Il Principe“- und Chauvinismus-*Mem*-Nation.

Nach der US-Kriegerklärung im Dezember 1941 hatte die US-Administration in Washington das in 1942 „Office of War Information" etabliert und für die geheime „schwarze Propaganda" des „psychological warfare" das „Office of Strategic Services" reorganisiert. ... **Und 1942, *„als Churchill im Weißen Haus gerade in der Badewanne saß"*, hatte ihn Roosevelt gefragt, ob man ihre Kriegsallianz nicht „Vereinte Nationen" nennen könne, und Churchill brummte Bejahung.** *So war die* **UNO** *im Jahr 1942 als* **Kriegsallianz gegen Deutschland** *entstanden!* ...

Folglich regelte „Alliiertes Kontrollrecht" auch die Beziehungen der „alliierten Besatzungsmächte" gegenüber der auf dem Gebiet der westlichen Besatzungsmächte 1949 gebildeten „Bundesrepublik Deutschland" (Grundgesetz-Verkündung am 23. Mai 1949; Wahlen zum ersten „Deutschen Bundestag" am 14. August 1949)! Doch mit Inkrafttreten des „Besatzungsstatuts" vom 21. September 1949 galt das „alliierte Kontrollrecht" für die Bundesrepublik und die DDR in unterschiedlicher Ausprägung. ... [Reste des Besatzungsstatuts wie der alliierten Kontrollrechte haben auch die Wiedervereinigung Deutschlands in 1990 und den Abschluss des Zweiplus-Vier-Vertrages überstanden. In hier oben eingehend betrachteter alter Tradition waren Großbritannien, vertreten durch Margaret Thatcher, und Frankreich, vertreten durch François Mitterrand gegen die Wiedervereinigung; die Achse Bush, Gorbatschow, Kohl war aber stärker: Der Anschluss der Ex-DDR an die Bundesrepublik Deutschland wurde am 3. Oktober 1990 vollzogen! ... Indes zählen der „NSA-Skandal" der seit Jahren andauernden und 2013 aufgeflogenen Abhöraktion gegen die deutsche Kanzlerin Dr. Angela Merkel und die US-Truppenkontingente auf deutschem Boden samt dem geostrategischen Luftwaffen-, Drohnen- und Atomraketenstandort der „Ramstein Air Base" im weltweiten US-Stützpunktesystem zu den Folgen der UNO-Gründung als Kriegsallianz gegen Deutschland: Deutschland ist nicht souverän, sondern hat die USA an der

Halsschlagader!] ... **In 1942 hatten Roosevelt (USA), Churchill (GB), Litwinow (UdSSR) und Sung (China) für die Kriegsallianz gegen Deutschland, Italien und Japan sozusagen die Ur-Gründungsurkunde der UNO unterzeichnet**. Andere Staaten durften tags darauf in einem Büro des US-Außenministeriums durch ihre jeweiligen Vertreter unterschreiben. Die vier Erstunterzeichner hatten schriftlich festgestellt, *„dass sie in gemeinsamem Kampf gegen einen wilden und brutalen Feind stünden, dessen vollständige Niederlage für die Bewahrung der Menschenrechte und der Gerechtigkeit grundlegend sei. Sie verpflichteten sich, ihre ganze Kraft in diesem Kampf einzusetzen und diesmal keinen Separatfrieden zu schließen.*" [Die UNO-Feindstaatenklausel gegen Deutschland ist nach wie vor existent!] ... Am 1. Januar 1942 hatte Roosevelt mit Molotow Einigung über die Ausschaltung Deutschlands mittels totaler Entwaffnung erreicht. *„Der Kern der Roosevelt'schen Argumentation war, dass dem deutschen Volk als Ganzes (!) beigebracht werden müsse, dass es sich in eine gesetzlose Konspiration gegen die Würde der modernen Zivilisation eingelassen habe."* ... Mit welcher Begründung wird dieses Generalschuld-Konstrukt dann nicht auf die Russen des Stalinismus und dessen Untertanen angewendet? ... Am 24. Januar 1943 forderten die „großen Drei" Roosevelt/Churchill/Stalin in der Konferenz von Casablanca die bedingungslose Kapitulation Deutschlands, Italiens und Japans. Damit waren alle Brücken für eventuelle Verhandlungen, welcher Art auch immer, abgebrochen. (Daraufhin proklamierte der Reichspropagandaminister Joseph Goebbels am 18. Februar 1943 im Berliner Sportpalast ebenfalls den „Totalen Krieg" bis zum letzten Blutstropfen.) – Nun galt der absolute Unterwerfungs-Krieg bis zum finalen Unterwerfungs-Sieg. Sie wollten auf keinen Fall einen Verhandlungs-Frieden, sondern das brutale Menschenrechts- und Völkerrechtswidrige Zusammenbomben und Vernichten der deutschen Zivilbevölkerung gnadenlos zum bitteren Ende treiben. In Japan geschah das dann mit den verheerenden Atombomben-

Abwürfen auf die Städte Hiroshima und Nagasaki am 6. Aug. 1945 und 9. Aug. 1945: den bisher ersten und hoffentlich auch letzten in der Menschheitsgeschichte. – Deutschland hatte zum Glück nach infernalischer Flächenbombardierung vor Atombombenabwurfreife kapituliert!

Im Januar 1945 war der Ministeriale Bernstein nach Washington geflogen, um die Deutschlandplanung in Sinne Morgenthaus voranzutreiben. Am 23. März 1945 hatte er sein von vielen Mitstreitern unterzeichnetes Memorandum dazu an Roosevelt vorgelegt. Und Roosevelt unterschrieb das Memorandum (was nach dessen Tod am 12. April 1945 als „Roosevelt-Testament" in die Geschichte einging). Er hatte sich ja bereits bei seiner Amtseinführung in 1932 (!) auf bedingungslosen Deutschland-Hass festgelegt! Nun sah er sich ganz oben auf seinem verlogenen Menschheits-Moralismus-Thron!

„Moral bombing":
Im März 1945 zerbombtes Frankfurt a. M.; militärstrategisch völlig unsinnig – nur Frankfurts Kaiserdom steht noch!
Wikipedia

Von Japan und Italien war da nicht mehr die Rede, sondern nur noch vom Erzproblem „Heartland“: *„Deutschlands rücksichtslose Kriegsführung und der fanatische Widerstand der Nazis haben Deutschlands Wirtschaft zerstört und Chaos und Leiden unvermeidlich gemacht.“* Dem Chaos und Leiden solle von den Besatzern keinesfalls entgegengewirkt werden. Da müssten die Deutschen jetzt durch. ... Lediglich bei Hungersnöten und Epidemien, welche die Besatzer selbst gefährden würden, dürften sie eingreifen!

Hemmungslos zivile Ziele bombardiert, ganze Städte von Nord bis Süd ausradiert, die Menschen in ihren Wohngebieten zu „Moral bombing“-Geiseln gemacht, in den Kellern an Sauerstoffmangel im Brandbomben-Inferno erstickt und nun die Rest-Bevölkerung dem Hungerhaken wie der Epidemiegefahr ausliefern und die Gefangenen in den sog. Rheinwiesenlagern, gnadenlos Hunger, Hitze, Frost und Schlamm ausgeliefert: Ist das nun das neue „Out of USA soll die Welt genesen“? – Und Churchill wollte durch die Kontinentalsperre-Aufrechterhaltung bitter hungernden Deutschen zudem noch mit Anthraxkeksen vergiften!

Sind sie nicht alle nur arme Opfer übel stalinistischer wie faschistoider Menschenleimung durch die Hass-Propaganda narzisstoider Führungs-Cliquen, der gemeine Amerikaner, der gemeine Russe wie der gemeine Deutsche? – eben: „idolatrisches&ideologisches Jahrhundert“ samt „cancel culture“ und „mental framing“ wie sie‘s heute in ihrer linksintellektualistischen Verdrehtheit verbrämend titulieren, diese Giftküchenmeister in ihren „think tanks“ und Munitionsanstalten des „psychological warfare“! ... Ihr „framing“ (Wahrnehmungseinengung) und ihre „cancel culture“ (Gleichschaltung) und „safe space making“ (Diskurshoheitsanmaßung) ist heute so perfekt, dass als Wissenschaft nur noch durchgeht, was z. B. bei Annalenas Baerbocks, Greta Thunbergs und Luisas Neubauers Anhängerschaft akzeptiert ist. Alles andere brandmarken sie als „wissenschaftsleugnerisch“. So verbrämen sie in Orwellianischer

Verdrehtheit in großen Teilen ihre Wirklichkeits- und Wissenschaftsuntauglichkeit! ... Schaffen sie nicht ein hohes Maß an geradezu infantiler Verbohrtheit, diese Influenzer der „Sozialpsychologische amerikanische Schule“ wie „Frankfurter Schule“?

>> Unternahmen die Großverführer in den Reihen der Alliierten West wie Ost denn nicht alles, nutzen sie nicht jedes Mittel, jede Finte und jedes Täuschungsmanöver, um von ihren eigenen extrem menschenverachtenden Machenschaften und Untaten abzulenken und die Rache am wehrlosen Volk bis zum bitteren Ende auszutoben? ... Idolatrie&Ideologie-Gefängnisse allenthalben!

>> Und sind unsere sogenannten Denk- und Polit-„Eliten“ heute nicht überwiegend eine total degenerierte Elfenbeinturm-„Intelligenzija“ in „Psychomunitionsanstalten“ reichisch-, frommisch-, lewinsch-, morgenthauisch-, neofreudiadisch-marxistoider Besessenheit für Menschen-Manipulation und -Irreführung per *Angst&Affekt*-Schürerei zwecks *Macht&Gewalt*-Usurpation? (s. S. 619 „Bottom-up“-Dreizack)

>> Beobachten wir hierin doch das, was der Pathosoph und Begründer der medizinischen Anthropologie Prof. Dr. Viktor von Weizsäcker ausdrückt: *„Falsch wäre zu glauben, der Hauptteil des sozialen und politischen Lebens würde sich moralisch und juristisch einwandfrei abspielen [...] wie es falsch sei, die Verlogenheit als eine nur gelegentliche Bestimmung des Lebewesens zu betrachten, die eigentlich zu seinem Wesen gar nicht gehöre. ‚Sie ist eine Fundamentalbestimmung seines Wesens, welches ein labiles ist und sich fortgesetzt entweder zu Verlogenheit oder zur Wahrhaftigkeit entscheiden muss.‘“*

>> Haben wir hier nicht ein Verlogenheitsgespinst mit hoher Befähigung zum autosuggestiven Selbstbetrug vor Augen, also Selbsttäuschung, wenn nicht gar massive Selbstverstellung, Selbstverhüllung und Selbstinszenierung, wie es ja sämtlichen Idolatrien und Ideologien eigen ist? Also etwas, *„was nicht sein soll, was einer (ideologisch) gebotenen Ordnung widerstrebt“*. ... Schade für alle, die auf

dieser Unzivilisiertheits-Ebene verharren sowie im Niedriginstinktniveau von Angstbeißern und Beutegreifern steckenbleiben. Sie werden nie zu Jesu Befreiungs-Philosophie vordringen, nie des Professors Dr. Wolfgang Frühwalds Lehre von der Anthroposymbiose-Organismen-Bildung begreifen, nie den Lohn hallesch-kantscher Aufklärung kosten, nie die Weihen des Preußen-*Mems* für vollendete Realisation des Freiheits&Kooperations-Axioms genießen.

Denn jede Unaufrichtigkeit sendet realitätsferne und folglich fehlleitende Signale aus, was das „Selbstorganisieren" zu anforderungskompetenten *Welt 2*-Individuen beeinträchtigt und in Kollektiven das Ausformen von umfassend anforderungskompetentem *Welt 3*-Anthroposymbiosen-Gemeinschaftsgeist hoher koevolutivcompetitiver Komplexitätsakzeptanz verhindert ... und das sogar in borniert autistisch verlogener Beschränktheit, wie damals in der mit der extrem verbrecherischen UdSSR frisch gegründeten UNO! ... Der große chinesische Lehrmeister Konfuzius warnte bereits vor über 2500 Jahren vor solcher unaufrichtiger, verdrehender und verwirrender Willkür mit Worten: *„Wenn die Sprache nicht stimmt, dann ist alles, was gesagt wird, nicht das, was gemeint ist ... . Also dulde man keine Willkür in den Worten."* Damit lässt sich erklären, dass alle mit so viel „Idealismus"-Gepränge hantierende Moralismen, sei's der Sozialismus, Kommunismus, Stalinismus, Rooseveltianismus, Hitlerismus, Maoismus etc. grundsätzlich zur *memetischen* wie kulturellen Verarmung und Entgleisung samt *Mem*-Zombiismus führen müssen. – So wie es die vormoderne, religiös *Taqiyya*getarnte Unterwerfungs-, Eroberungs- und Herrschaftsideologie des Islam ja auch bewirkt. ... Und um darüber wie über alle Ideologie-Schädigungen hinweg zu täuschen, wird heute bei uns in Rundfunk, TV, Print-Journalismus und IT eine massivmediale pro-islamische wie pro-links-ideologische **Dauerpropaganda-Kampagne aus wohlorganisiertem rot-grün-linkem plus islamischem Ideologie-Kartell** gefahren: Über alle verfügbaren medialen wie staatliche und NGO-Kanäle betreiben sie ihre

abwürgende Diffamierung aller antiislamischer wie antisozialistischer Aufklärung. „Cancel culture", also „Abkanzel-Kultur", nennen sie das in der selbstverblendenden Arroganz ihres bornierten Autismus. Sprich: Ideologiefrei offenes Denken gehört abgekanzelt, und das Gefängnis ihres **Meinungs-Gulag**s nennen sie „Kultur", toll! Erinnert das nicht gewaltig an den „Kulturpalast" des Kommunismus-GULAGs DDR? Und per systematischem **„framing"**, also Scheuklappen-Eingeschränktheit, werden sie auf das idolatirsch und ideologisch gewünschte „Wahrnehmungs- und Sichtfenster" samt Voreingenommenheits-Fixiertheit und Vorurteils-Verranntheit ausgerichtet. ... Ideologie, Idealismus und Moral sind im Gespann mit Eitelkeit, Geltungsgier, Eingebildetheit, Narzissmus und Herrschsucht des Teufels **apokalyptische Reiter**. Da haben diese abendländischen Aufklärer schon Recht: *„Wenn der Teufel die Menschheit in die Irre führen will, dann schickt er ihr einen Idealismus." „Der Wille zur Macht muss unter dem Mantel der Moral daherkommen."* (Niccolò Machiavelli) // *„Den Teufel spürt das Völkchen nie, und wenn er sie beim Kragen hätte."* (Johann Wolfgang von Goethe) // *„Es ist vordringlichste Aufgabe der Ethik, vor der Moral zu warnen."* (Niklas Luhmann)

Auf ihrer zweiten „Sieger-Konferenz" vom 4. bis zum 11. Februar 1945 im sowjetischen (!) Jalta auf der Krim hatten die „großen Drei" Churchill, Roosevelt, Stalin beschlossen, ihre Kriegskoalition solle zum Fundament der neuen Weltordnung der Vereinten Nationen werden. Auf dem Konferenzfoto hatten sie Roosevelt dessen narzisstischen Nestor-Ambitionen gemäß in die Mitte gesetzt. – Und der listige Stalin tat so, als ob er mitmache. Doch war er dabei klug darauf bedacht, dass keine der Konferenzen auf Westalliierten-Land stattfand, ... und dabei rückte er sich selbst ständig mehr in den Mittelpunkt des Geschehens: Er wollte der eigentliche Sieger sein![55]

55 Kleinschmidt, Sebastian: Anthropologie des Beistands, in: CATO No. 4, 2019, S. 71-74.

An den in ihren Verlautbarungen demonstrativ so hochgehaltenen „Werten“ war in ihrem Freiheits&Kooperations-aversen Gewürge in Wirklichkeit rein gar nichts. Sie waren nur scheinheiliges Blendwerk und schillernde Monstranz – nicht zuletzt auch in ihrem Mummenschanz untereinander. Derweil wollte der US-General Dwight David Eisenhower entgegen Churchills Wunsch nicht direkt auf Berlin vorrücken, sodass seine Truppen nach ihrem Durchbruch an der „Ruhrfront“ im Januar/ Februar 1945 und folgender Rhein-Überquerung gen Leipzig vorstießen, um das mitteldeutsche Industrierevier einzunehmen und ein Ausweichen der Wehrmacht nach Süden zur „Alpenfestung“ zu verhindern. – So wurde Berlin den Russen ausgeliefert; sprich: die „Reichshauptstadt“ ward Stalin als Großbeute hingeworfen für seinen unbändigen Siegerrausch und der „Rote Armee“ Triumph-Kult! Franklin Delano Roosevelt war am 12. April 1945 gestorben. Die Kapitulations-Urkunde wurde von der Wehrmacht am 7. und 8. Mai 1945 in Reims und im russisch besetzten Berlin unterzeichnet. Am 5. Juni 1945 wurde im sowjetischen Hauptquartier (!) in Karlshorst die Siegerurkunde der Alliierten von deren Oberkommandierenden ausgefertigt – jetzt sogar unter Hinzuziehung des französischen Botschafters. Nun befand sich Stalin genau dort, wohin er wollte: Er in seinem Führerhauptquartier im Zentrum des Geschehens und die Westmächte in Nebenrollen an den Rand gedrängt! In **Potsdam** residierte dieser Stalin sodann als der großartige Gastgeber des dritten (und dann auch letzten) Siegertreffens der „großen Drei“ vom 17. Juli bis 1. August 1945 in der von seiner „Großen Armee“ eroberten deutschen Reichshauptstadt! –

„Die Positionen von Stalins Verhandlungspartnern waren reichlich derangiert.“ Attlee war noch nicht einmal einen Monat Primeminister, Truman erreichte in Potsdam die Meldung des erfolgreichen US-Atombombentests in der Wüste von Nevada und war dadurch völlig abgelenkt: Jetzt war die Menschen mit einem einzigen Schlag gleich 10.000 fach liquidierende Mega-Bombe einsatzbereit! Truman und

Attlee sahen sich ohnehin in vielerlei Hinsicht vor Stalins „fait a compli" gestellt. Jetzt folgte die westlicherseits völlig mangelhaft koordinierte Tranchierung des „deutschen Bratens" mit Stalin als dem Großgewinner und den Deutschen als auf ewig Verdammte. ... Die ganze entsetzliche Satans-Dynamik der Propaganda-, Indoktrinations- und Völker-„extinction"-Schlachten tobte sich nun in unaufhaltbarer Wut über die aus, die zuvor als Deutsche bereits massiv gegängelt und brutal unterdrückte Opfer waren!

Frankreichs General de Gaulle war in letzter Minute über den Kanal aus seinem GB-Asyl zurückgekommen, durfte dann auch Rheinland-Pfalz und Baden-Württemberg besetzen, aber die tiefsitzende karolingische Reichsteilungsschmach ließ sich dann doch nicht auswetzen. Es kam nicht zum von ihm angestrebten „la France à la Rhin". ... Die Verächter der Elche sind nämlich meistens selber welche. (Heinz Erhard)

Kurz gefasst: Heartland „Hun&Junk"-Germany sollte gemäß Morgenthau-Plan endgültig vernichtet und ausgerottet werden! – Doch man hatte mit Stalin Verschlagenheit nicht gerechnet. Der hatte sich zwar von den USA hochpäppeln und wieder wehrfähig machen lassen, saß nun aber in von der „großen Sowjetarmee" erobertem Gebiet auf der Potsdamer Konferenz vom 17. Juli bis zum 2. August 1945 in Schloss Cecilienhof als der eigentliche Sieger ... und konnte die Greenhorns US-Präsident Truman und GB-Premier Attlee locker austricksen. Er stand nun an der Elbe und grenzte an Niedersachsen, Hessen und Bayern. Er (!) hatte die von den Angelsachsen so arg befürchtete Heartland-Russland-„Connection" auf seine Weise Wirklichkeit werden lassen und ging nun Volldampf aufs kommunistisch-sozialistische „Kapitalisten&Faschisten"-Hirngespinst im Westen los: Solche Hassprojektion und Propaganda muss sein; sie ist jeder Idolatrie&Ideologie implizit, das gehört zwingend zu ihren Macht&Gewalt-Ambitionen! Der Kriegspremier Winston Churchill, der nach dem „moral bombing" mit Flächen-Auslöschen deutscher Zivilbevölkerung den Rest eigentlich mit Anthrax-Keksen hatte vergiften wollen, stöhnte plötzlich völlig entnervt: *„Wir haben das falsche Schwein geschlachtet."* ... Nur solcher Einsicht verdanken die, wie die sowjetische Ostzone eigentlich dem Dahinsiechen samt weitgehendem Untergang geweihten, drei Westzonen (nämlich die englische, französische, amerikanische), dass man sie nicht über die Klinge springen ließ, weil man sie nunmehr dringend als „Bollwerk des Westens" gegen die angstbeißerisch-aggressiven und beutegierigen Sowjet-Kommunisten benötigte.

So kam's 1948 unter dem Wirtschaftwunder-Professor Dr. Ludwig Wilhelm Erhard zur Währungsreform, und 1949 ward die „Bundesrepublik Deutschland" des schöpferischen Wettbewerbs in freier Gesellschaft und Wirtschaft mit diesem begnadeten Mann als Wirtschaftsminister aus der Taufe gehoben. ... Und das kleine Deutschland-West stieg wieder wie Phönix aus der Asche. Es übertrumpfte unter Wirtschaftswunder-Minister Professor Dr. Ludwig Wilhelm Erhard trotz auf 1/3 geschrumpften Staatsgebiets seine sämtlichen von den USA zu Siegern gemachten „Bezwinger", nämlich: die beiden immer noch Weltkolonialmächte **1.** des Frankreichs der „Planification" wie **2.** des Großbritanniens der „Labor" sowie **3.** des von Niedersachsens Ostgrenze und der Fulda-„gap" über den gesamten eurasischen Riesen-Kontinent bis Wladiwostok am pazifischen Ozean reichenden Ostblocks der „sozialistischen 5-Jahres-Planwirtschaft", sprich: der totalitären Zwangswirtschaft über ein Heer von Irrelevanten! ... Sieger war und ist letztlich die auf deutschem Kaiserreichs-Boden unter der evolutionärer Fortentwicklung mittelalterlicher Stadtrechte- wie Gewerbefreiheits-Blüte und Hallesch/Kant'scher wie preußischer *Mem*-Veredelung singulär vorgelebte und ab 1948 fortgelebte pietistisch-kalvinistische Staats-*Memetik* Freiheits&Kooperations-kompetenter Hallescher wie Kant'scher *Welt 2*-Individual- plus *Welt 3*-Gemeinschaftsprägung der Seelen- wie Geistaufklärung im eigen- und gemeinschaftsintelligenten Geiste von Jesu Befreiungs-Philosophie für hohe Performations-Befähigung der Anthroposymbiosenbildung. ...

... Die Multikulti-Phantasmagorie, die Diversity-Uneinigkeit und -Zerstrittenheit, die Genderitis-Zerschredderung sowie das „migration warfare“ sind dagegen die Knebelungs-Waffen der heutigen Politmagnaten, freilich wieder Mal getarnt unter allerlei Moralismusgetue, freilich nur fürs Schaffen mental wie materiell abhängiger und beliebig manipulier- wie gängelbarer Heloten-Massen in absoluter Irrelevanz. „Umvolkung“ darf man diese kulturelle wie ethnische Völker-Entkernung und -Vernichtung ja nicht mehr nennen, Massen-Helotisierung aber sehr wohl, und das ist es dann ja auch. Und irgendwie scheint's, als spielten die UN-Bestimmungs-Giganten, die EU-Granden und unsere schwarz-rot-grün-roten Einheitspartei-Marionetten ein abgekartetes Überlistungs-Manöver. – Doch wer steckt dahinter? ... *„Wir müssen uns fragen: Welche verdeckte Motive Regierungen haben, die das Volk durch Masseneinwanderung bis zur Unkenntlichkeit verändern wollen, aber Angst haben, es nach seiner Meinung darum zu fragen? ... Es werden wohl erst die Historiker sein, die später einmal zu erklären haben, warum eine Regierungschefin verkündet: ‚Diese Einwanderung wird Deutschland verändern‘, es aber für überflüssig oder zu riskant hält, ihr Volk zu befragen, ob es mit seiner Veränderung einverstanden ist. Was immer der Grund gewesen sein mag oder noch ist – die Vorgehensweise lässt auf ein vordemokratisches Verständnis von Staatsmacht und Regierungsaufgaben schließen. Die Fürstin entscheidet (in „Il Principe“-Manier – d. V.), die Untertanen haben zu gehorchen. Wer nicht gehorchen mag, ist eben Rassist, Fremdenfeind oder gleich Nazi; einen politischen Diskurs braucht es mit diesen nicht zu geben!“* ... resümiert Professor Dr. Lothar Maier von der „University of applied Sciences“, Hamburg, zur 2015 vollzogenen Grenzöffnung für ungehinderten Zuzug aus unserer Kultur feindlich gesonnener religiös getarnter Welteroberungs-Ideologie.[56] Weist der große Wurf in Richard Nikolaus Coudenhove-Kalergis **„Praktischer Idealismus“** der„Verbindung von Aristokratie des Geistes mit sozialistischer Wirtschaft“ etwa in Richtung dieses breiten **Rückfall**s ins Archaikum der Jäger (Mörder) und Sammler (Beutegreifer)? Taucht da nicht diese supranationale Vision Coudenhove-Kalergis eines zukünftigem **„Geist-und-Geld-Adels“** vor uns auf: *„Die Menschheit wird sich eines Tages organisieren, um gemeinsam der Erde alles abzuringen, was sie ihr heute noch vorenthält. ... Diese Entwicklung wird kommen, wenn wir an sie glauben und für sie kämpfen.“* [57)] Coudenhove-Kalergi hatte 1923 sein programmartiges Buch verfasst: *„Pan-Europa – Der Jugend Europas gewidmet“* und dazu 1924 die *„Paneuropa-Union“* gegründet. 1925 erschien sein Hauptwerk: *„Praktischer Idealismus“*. 1947 rief er die *„Europäische Parlamentarier-Union“* ins Leben. 1950 wurde er als Erster mit dem Internationalen Karlspreis der Stadt Aachen geehrt. Viele andere Auszeichnungen folgten, u. a. 1962 das „Große silberne Ehrenzeichen mit Stern für Verdienste um die Republik Österreich“. Es folgten der „Konrad-Adenauer-Preis“, das „Große Bundesverdienstkreuz mit Stern“ und die Ernennung zum „Ritter der Ehrenlegion“ etc. **Seit dem Jahr 2002 verleiht die Europa-Union (!) im westfälischen Münster die Coudenhove-Kalergi-Plakette an Personen, die sich um Europa verdient gemacht haben**, so an Helmut Kohl, Jean-Claude Juncker, Herman Van Rompuy und Angela Merkel. Also scheint Coudenhove-Kalergis Idolatrie&Ideologie einer deutschen wie europäischen Mischbevölkerung „ägyptischen

56 Maier, Lothar: Was von Deutschland übrig bleibt, (Gerhard Hess Verlag) Bad Schussenried 2021, S. 36.

57 Hier und folgend vgl. u. Zit. Mitterer, Hermann H.: Bevölkerungsaustausch in Europa – Wie eine globale Elite die Massenmigration nutzt, um die einheimische Bevölkerung zu ersetzen, (Kopp Verlag) Rottenburg 2019, S. 46-51.

Aussehens“ uns fest im Griff zu haben: Rassist, Fremdenfeind, Faschist oder Nazi sind ihre Diskriminierungs-, Kampf- und Vernichtungsbegriffe. Peinlich erinnert‘s an die rigorosen Bevölkerungsverschiebungen und Völkerzerschredderungsmaßnahmen gegen alle „Sozialismusleugner“ im UdSSR-GULAG (aus dessen Kaderschmiede unsere „Fürstin“ ja mal kam) oder gegen die total verächtlichen „Allah-Leugner“ im *Fitna/Takfir/Fatwa/Gasel/Keks*-Zwang des Islam (woraus unsere „Fürstin“ die *„Nun sind sie da“*-Neubürger ja nahm). ... Ihr „Meisterhirn“ ist der Wiener Soziologe und Migrationsforscher Gerald Knaus, Vordenker der von ihm gegründeten und vom „Anthroposophen“ George Soros mitfinanzierten EST (European Stability Initiative), Meister-Technokrat für Abendland-„Dystopie“ und Menschen-Irrelevanz bei Muttis 2015er „refugees welcome“-Millionen-Migration-Komplott und Erdogan-Deal. **Alle Ideologien herrschen in „Il Principe“-Manier: Der Staat bin ich, meine Idolatrie&Ideologie! Menschenschicksale und -interessen zählen da keinen Deut; sie gelten allenfalls für die im „Goldfischteich“ der allerobersten Idolatrie&Ideologie-Nomenklatura; freilich nur so lange diese sich „einsetzen“: Jede Ideologie schafft ihre Rächer rasch herbei! Hauptsache Ideologie und *Mem*-Zombisierung siegen; alles andere gehört verboten, verfolgt und vernichtet.**

Darin waren sich z. B. Marx, Engels, Lenin, Stalin, Hitler, Mao und Mohammed einig und scheinbar auch „Mutti“ Merkel; und das beanspruchen selbstverständlich auch alle Neoideologie-*Mem*-Devastationen für sich! ... Diese unsäglich sture Feindfixiertheit samt ihrem ideologischen Hass-Bazillus, wie ich beides bereits in meiner Kindheit bis 1945 mitbekommen hatte, ist wieder virulent, nur diesmal unter einer Bio-, Umwelt-, Klima- und Fremdenfreunde- wie „Woken“-Tarnkappe erscheinend. Und „cancel culture“, also Kultur (!) nennen sie es, Sachbeiträge, offene Debatte und Erörterung in freiem eigenständigem Denken zu verbieten. „Extinction Rebellion“ heißt eine ihrer Hass-Speerspitzen gegen die angebliche „hate speech" der anderen. ... Die Dose der Pandora ist wieder weit geöffnet für jedwede Idolatrie&Ideologie-Phantasmagorie: Meinungsäußerungsverbote, Denkmal- und Bilderstürmerei, „white man hate", mediale Menschenvernichtungs-Scheiterhaufen, Ehren-, Mädchen- wie Ungläubigenmorde gibt's ja schon; folgen bald auch wieder die Bücherverbrennungen, diesmal einer progressiv-regressiver Vanitas im Narrenfünfsprung aus Diversity, Dekonstruktivismus, Fragmentierung, Zerschredderungs-Differenzierung und Diffamierung?

Resümierende Anmerkung zum zweiten „30jährigen Krieg" um Deutschland 1914-1945

Zu dem Geschehen schrieben

1. Kaiser Wilhelm II. (* 1859 in Berlin; † 1941 in Doorn) auf S. 264 und 271 seiner „Ereignisse und Gestalten aus den Jahren 1878–1918" (Verlag K. F. Koehler, Leipzig und Berlin, 1922): *„Die Ziele der Entente konnten nur durch einen Krieg, die Ziele Deutschlands nur ohne Krieg erreicht werden. ... Alle Gründe Amerikas bzw. des amerikanischen Präsidenten Wilson, 1917 in den Krieg einzutreten, waren Scheingründe. Er handelte lediglich im Interesse der mächtigen Hochfinanz der Wallstreet. Der Große Gewinn, den Amerika aus dem Weltkrieg gezogen hat, ist, dass die USA nahezu 50 Prozent des Goldes der ganzen Welt an sich ziehen konnten, sodass jetzt der Dollar anstelle des englischen Pfund den Wechselkurs in der Welt bestimmt."* ... und

2. Der ehemalige US-Außenminister und Politikwissenschaftler Henry Kissinger (*1923 in Fürth: †2023 in Kent, Connecticut) in der WamS vom 13.11.1994: *„Letztlich wurden zwei Weltkriege geführt, um eine dominante Rolle Deutschlands zu verhindern."* (sic !)

III. Teil

Mein persönlicher Kulturwerde-Gang

Meine eigenen drei Leben der Persönlichkeits-Entfaltung

– ein kleines Lebensmuseum –

A.

1938–1964 Die Phase des Lernens

So ein bisschen über den Start in meinen persönlichen Werdegang ist ja schon weiter vorne an verschiedenen Stellen angeklungen, so vom Kammrad- und Riemengewirr im Mühlenkeller oder über das Forellenteich-Abernten samt abendlichem „Forelle-Müllerin"-Schmaus oder die Früherlebnisse mit meinem Bruder oder von dem 10-Trinkeiergenuss im Hühnerstall.

Die Eltern hatten ja am 28.01.1933 sozusagen direkt ins sog. „III. Reich" hineingeheiratet, wenn auch ohne es gewusst oder gar beabsichtigt zu haben: Nun war es plötzlich da! ... Und man berichtet mir später von großen Zeiten. Da war ein Wettbewerb der Passagierschiffe zur See um das „blaue Band" nach New York und Buenos Aires in Argentinien, eine Flugzeugpostverbindung dahin gab es auch schon und sogar „Luftschiffe". Einmal schwebte ein solcher Zeppelin über die Neue Mühle nach Rosenthal. Es war eine Riesen-Begeisterung gewesen: Überall waren die Menschen aus den Häusern gerannt und hatten im Jubel dem sanft Motoren-brummend über sie her schwebenden Wunder der Luftschiffe-Fahrt zugewunken. Sie waren für den nötigen Auftrieb in der Umgebungsluft mit dem leichten Wasserstoffgas gefüllt. Das ebenfalls leichte aber unbrennbare Edelgas Helium wäre zu teuer gewesen. So ist dann das NS-Vorzeige- und Parade-Luftschiff, die LZ 129 Hindenburg auf seiner Jungfernfahrt am 6. Mai 1937 bei der Landung in Lakehurst (New Jersey, USA), weil seine Wasserstofffüllung sich entzündete, in Flammen aufgegangen. Dabei waren 35 der 97 Menschen an Bord des Luxus-Gefährts sowie ein Mitglied der Bodenmannschaft ums Leben gekommen.

Die monströs riesige LZ 129 Hindenburg. –
Seine über 100 Personen fassender Fluggast- und Mannschaftsgondel samt Salon, Luxusabteil, Schlaf- und Toiletten- wie Kücheneinrichtungen sieht man vorne an der Unterseite als Mini-Anhängsel unter dem Schriftzug Hindenburg.

Auf der Neue Mühle hatte sich zur der Zeit ein mit Drucktasten und Drehknöpfen versehener Kasten aus poliertem Holzfurnier eingefunden, woraus Menschen sprachen, und ich später dann hinten hinein schaute, wo denn diese Menschen saßen. Vater war erpicht auf die neuesten Nachrichten, die daraus sozusagen „just in time" kamen.

Und plötzlich stand da in Vaters Büro neben der Küche auf einem Schränkchen hinter der Tür in der Ecke ein schwarzes Kästchen mit einer Kurbel dran. Wenn Vater damit den Dynamo im Innern ankurbelte, meldete sich am Griff, den er abnahm und ans Ohr hielt, das „Fräulein vom Amt“ (es war unsere Postruckertstante) und er erhielt Sprach-Verbindung, um etwas über größere Distanzen abzustimmen. Das kostete freilich Geld, und Vater hielt sich deshalb immer kurz. ... Allüberall werkelte und wirkte diese zauberhafte NS-sozialistische neue Welt!

So nahmen es wenigstens die Menschen wahr. Und immer mehr entschwand dieser üble Albtraum von „Versailles 1919“ ff. Und so gab es auch das Novum NS-sozialistischer Preisfestlegung. Die Preise waren in fast allem festgelegt, und aus Vaters Sicht: „Gott sei Dank“. Da wusste man woran man war, war sicher vor den Überraschungen aus Marktpreisschwankungen mit lästigem Preisverfall. Das erleichterte die Produktions-Planung in der Landwirtschaft ganz wesentlich. Es war klar, was es am Ende gab, wenn man aussäte oder eine Mast begann. – Vater hatte also nur noch mit den Naturgewalten in Feld und Wiese sowie mit den Gesundheitsproblemen im Stall zu kämpfen, aber nicht mehr mit diesem ständigen Verunsichertsein vor einem listigen Markt.

Das hatte die Landwirtschaft allenthalben enorm beflügelt. Das kam auch der Mühle zugute, für deren Leistungen es nun gut wertschätzende feste Preise gab.

Und überall waren diese NS-Sozialisten daran, alle Menschen in Arbeit, Lohn und Brot zu bringen. Der Neue Mühle hatten sie zwei schwer unterbringbare Arbeitskräfte zugewiesen: den Walter, einen Analphabet, und das Friedchen, eine leicht Behinderte aus Dortmunder Behinderteneinrichtung. Es war mühsam mit den beiden. Die Heu- und Getreideernten ließen sich nur mit Hilfe der Jugend aus Mutters Rosenthaler Verwandtschaft bewältigen. Wozu Mutter diese auch mächtig motivierte und regelrechte Sommerereignisse nach getaner Arbeit daraus machte.

Dann kam’s unter der KdF/„Kraft durch Freude“-Devise zur Kinderlandverschickung, und bald halfen auch „Landjahrmädchen“

auf der Neue Mühle mit. Vater erzählte in seinen bereits mehrfach zitierten 1989er Erinnerungen weiter, wie sich der NS-Sozialismus auch sonst konstruktiv aufbauend um seine Bürger kümmerte: *„Unter Hitler war jeder, der ein Gewerbe ausführte, verpflichtet, die Meisterprüfung abzulegen. Mit der Müllermeisterprüfung kam ich automatisch in die Handwerkerversicherung und somit zu einer Altersversorgung."*

Sodann steht in seinem 1989er-Erinnern: *„Während des zweiten Weltkriegs erhielten wir ‚Zivilgefangene' zugeteilt. Es waren Polen: Sroka, Bronek, Sophi, Mila, Toni. Das und die Zuführung von Landjahrmädchen bedeutete eine wesentliche Hilfe. Wir bildeten eine große Familie. Alle aßen in der Küche am großen Tisch."*

Und weiter: *„Im Zweiten Weltkrieg und danach war hier Hochbetrieb. Wie im Ersten Weltkrieg gab es auch im Zweiten Weltkrieg Roggen- und Weizenmehl nur mit Zuteilung. Die Wagen standen oft bis auf die Straße. Sie kamen zum Teil mit ihren Pferde-Fuhrwerken von weit her. Bis ins ferne Westfalen war die Neue Mühle als Quell von Nahrungsmitteln bekannt. Auch Großkaufleute mussten mit Haferflocken, Mehl und Weizengries beliefert werden. Tag und Nacht haben wir gearbeitet – und heute haben viele vergessen, wie wir in vielen Zeiten geholfen haben, und alle leben (jetzt 1989, er war ja im Jahr der Wiedervereinigung 90 geworden) in Wohlstand und die Mühle hat die Augen zugemacht"* ... so trauerte er in 1989 ein bisschen nach. Ich kann seine Worte nur bestätigen, denn ich hab als Kleinkind deutlich spürbar mitbekommen, wie die Polen, Landjahrmädchen, die Jagdgäste (wie auch alle, die später als Evakuierte, Heimatvertriebene bzw. Flüchtlinge kamen) gleichermaßen gut aufgenommen waren, und wir uns alle in diesen Hort zusammengehörig und wohl fühlten. ... Fürs Aufblühen in den sog. „guten Hitlerjahren" hatte freilich der aus Tinglev in Nordschleswig stammende Hjalmar Schacht (1877–1970) eine ganz essenzielle Rolle gespielt. Nach dem Studium der Wirtschaftswissenschaften in Kiel, München und Berlin von 1895 bis 1899 hatte er sich im Bankenbereich zu einem der großen Banker Deutschlands emporgearbeitet.

Exkurs XVI:

Schachts Werdegang gestaltete sich dann wie folgt.

(s. Gabriel Eikenberg © Deutsches Historisches Museum, Berlin 9. Februar 2017 Text: CC BY NC SA 4.0.) ... Er ist signifikant für die Wirren, Entwicklungen, Verstrickungen und persönlichen Schicksale der damaligen Zeit in Deutschland und sei daher hier aufgeführt. **1920** Geschäftsinhaber der „Nationalbank für Deutschland". **1922** Nach der Fusion der Nationalbank mit der Darmstädter Bank für Handel und Industrie zur sogenannten Danat-Bank leitet Schacht eine der deutschen Großbanken. **1923** November: Er wird zum Reichswährungskommissar berufen. In diesem Amt koordiniert er die Einführung der Rentenmark und erreicht damit die Beendigung der Inflation. Dezember: Er wird von Reichskanzler Gustav Stresemann trotz des Widerstands von rechten Parteien, Teilen der Industrie und Banken und gegen das einstimmige Votum des Reichsbankdirektoriums zum Reichsbankpräsidenten ernannt. **1924** Er nimmt für die deutsche Regierung an den unter amerikanischer Führung geleiteten alliierten Verhandlungen über den Dawes-Plan teil, der eine Neuregelung der Reparationszahlungen vorsieht. **1926** Schacht tritt aus der DDP aus und nimmt Kontakt auf zu national gesinnten, rechten Parteien. **1929** Er leitet die deutsche Delegation bei den Verhandlungen der alliierten Sachverständigen über den Young-Plan. **1930** In der innenpolitischen Auseinandersetzung um die Reparationsregelung, die von einer heftigen Agitation der „nationalen Opposition" begleitet werden, rückt Schacht von seinem früheren Standpunkt ab. Er bekämpft den Young-Plan und tritt nach dessen Billigung im Reichstag vom Amt des Reichsbankpräsidenten zurück. ... Er erregte damit einen Franklin Delano Roosevelt, der vom 4.

März 1933 bis zu seinem Tod am 12. April 1945 der 32. Präsident der Vereinigten Staaten war, und von vornherein auf Deutschlandvernichtung eingeschworen. **1931** Nach Kontakten zu Adolf Hitler und Hermann Göring drängt er Reichskanzler Heinrich Brüning, die Nationalsozialistische Deutsche Arbeiterpartei (NSDAP) an der Regierung zu beteiligen. 11. Oktober: Beitritt zur „Harzburger Front", einem Bündnis zwischen deutschnationalen Gruppierungen und der NSDAP zur Bekämpfung der Weimarer Republik. **1932** November: Als Mitglied des „Freundeskreises der Wirtschaft" initiiert er eine Petition deutscher Industrieller und Bankiers an Reichspräsident Paul von Hindenburg, Hitler zum Reichskanzler zu ernennen. **1933** 16. März: Nach der Machtübernahme der Nationalsozialisten wird Schacht erneut Reichsbankpräsident. **1934** 27. Juli: Offizielle Berufung ins Reichswirtschaftsministerium. 2. August: Ernennung zum Geschäftsführenden Reichswirtschaftsminister im Kabinett Hitler. **1935** Mai: Schacht wird zusätzlich das Amt des Generalbevollmächtigten für die Kriegswirtschaft anvertraut. Durch die Einführung eines Geldbeschaffungssystems und durch die Devisenlenkung stellt er die finanziellen Mittel für Arbeitsbeschaffung und Aufrüstung zur Verfügung. **1937** November: Schacht, der aufgrund der fortschreitenden Geldentwertung erfolglos auf einer Konsolidierung der Finanzen besteht, tritt von seinen Ämtern als Wirtschaftsminister und Generalbevollmächtigter zurück. Er bleibt aber bis **1943** (einflussloser) Minister ohne Geschäftsbereich. **1939** 20. Januar: Er erhält seine von Hitler unterzeichnete Entlassungsurkunde vom Amt des Reichsbankpräsidenten. Zuvor hat Schacht in einer Denkschrift gegen die nationalsozialistische Rüstungs- und Finanzpolitik protestiert. **1944** Juli: Schachts Kontakte zum Widerstand führen nach dem gescheiterten Attentat gegen Hitler vom 20. Juli 1944 zu seiner Verhaftung. Bis Kriegsende ist er in den Konzentrationslagern (KZ) Ravensbrück und Flossenbürg inhaftiert. **1946** Im alliierten Nürnberger Kriegsverbrecherprozess wird Schacht freigesprochen. **1947** Von einer

Stuttgarter Spruchkammer als „Hauptschuldiger" eingestuft, wird er zu acht Jahren Arbeitslager verurteilt. **1948** September: Nach der Aufhebung des Urteils durch die Berufungskammer des Ludwigsburger Internierungslagers wird Schacht aus der Haft entlassen. Er veröffentlicht die Schrift „Abrechnung mit Hitler". Ab **1950** Wirtschafts- und Finanzberater von Ägypten, Indien, Indonesien, Pakistan und Syrien. **1953** Gründung der Düsseldorfer Außenhandelsbank Schacht und Co. Seine Erinnerungen „76 Jahre meines Lebens" erscheinen. **1963** Abschied von der Außenhandelsbank. **1970** 3. Juni: Hjalmar Schacht stirbt in München.

Ende Exkurs XVI

Es war Hjalmar Schacht, der als Reichsbankpräsident und Reichswirtschaftsminister eine dynamisierend koinzidente Geldschöpfungs- und Vollbeschäftigung-Politik betrieb, sprich: In dem Maße, wie er mit staatlichen Maßnahme Arbeitsplätze aktivierte, ließ er die umlaufende Geldmenge erhöhen. Da ging's um den Kampf an der „Arbeitsfront" mit für diesen Kampf eingezogenen Arbeitslosen als „Bausoldaten", etwa für **a)** den Bau von Autobahnen (wo dann die Rennfahrer-Legende Bernd Rosemeyer am 25. Oktober 1937 auf einem geraden Streckenabschnitt südlich von Frankfurt/M. auf einer öffentlichen Verkehrsstraße erstmals die Rekord-Geschwindigkeit von 400 km/h erreichte!) ... oder **b)** die Errichtung des Werkes eines KdF-Autos fürs Volk (heute ist VW die größte KFZ-Schmiede der Welt) ... oder **c)** die Produktion von „Kraft durch Freude"/ KdF-Ferienanlagen bzw. KdF-Schiffen für den Massentourismus der deutschen Arbeiterschaft und Angestellten. ... Das passte exakt ins NS-sozialistische Konzept und war für dessen Gallionsfigur Adolf Hitler so erfolgreich, das Winston Churchill bewundernd ausrief: *„Schaut auf diesen Mann"* ... und das deutsche Volk es genau ebenso empfand! Der überzeugte Vegetarier Adolf Hitler war zum großen Fortschrittspionier für Vollbeschäftigung, Massenverkehr und Massentourismus emporgestiegen. ... 1938 wählte das amerikanische Nachrichtenmagazin *Time* Adolf Hitler zum „Mann des Jahres". Statt ihm eine rote Linie zu geben und bei Überschreiten die rote Karte zu zeigen, hatten die britischen wie US-amerikanischen Geostrategen diesem „Führer" ständig weitere (und für die Weimarer Republik absolut unvorstellbare) Traumerfolge zugeschanzt. Vertragsbruch-und-Siegeszug-Stichworte: Besetzung der entmilitarisierten Zone des Rheinlands, Einmarsch in Österreich, Sudeten, Böhmen, Mähren. – In ihrem „Big Game" spielte er freilich die Rolle eines nützlichen Idioten (und so zwangsläufig das gesamte deutsche Volk!!!). ... Bereits seit 1928 und dann nochmals verstärkt ab Mitte der 1930er Jahre hatten sowohl Großbritannien als auch US-Amerika in ihrer globalen Beutegreifer- und Angstbeißer-Strategie aufgerüstet für eine absolut unüberbietbare Waffenüberlegenheit zur See und in der Luft: **1.** gegen den fernöstlichen Weltmacht-Emporkömmling Japan mit seiner Übergriffigkeit gegen die britischen Interessen in China, Korea und Mandschurei sowie **2.** für den Endkampf[58] im *„anstehenden Weltkrieg, der in einigen Jahren dann auf allen Seiten zig Millionen Soldaten und Zivilisten, vornehmliche Russen und Deutsche, verkrüppeln, traumatisieren und unter der Erde bringen sollte.*"

58 Vgl. u. Zit. von Bülow, Andreas: Die deutschen Katastrophen – 1914 bis 1918 und 1933 bis 1945 im Großen Spiel der Mächte, (Kopp Verlag) Rottenburg 2021, S. 304; S. 290: *„Die Maximen der damals verfolgten Politik bestimmen bis zum heute Tage das Intervenieren der USA zur Verhinderung ... eines über Eurasien bestimmenden Machtgebildes. Deutsche wie auch russische Politik werden auch in Zukunft auf diese geopolitische Sperrzone angelsächsischer Herrschaft treffen.*"

Bernd Rosemeyer im Weltrekord-Rennwagen
am 25. Oktober 1937

Am 29. Dezember 1935 nahm Adolf Hitler, der selbst keinen Führerschein besaß, den Prototyp „seines" Volkswagens ab, und am sonnigen Himmelfahrtstag 26. Mai 1938 legte er den Grundstein fürs Volkswagenwerk in Wolfsburg in einem 50 000-Teilnehmerspektakel!

Und so ließen sie ihr Instrument Adolf Hitler die Deutschen noch weiter blenden: von Blitz-Sieg zu Blitz-Sieg vom Nordkap bis Sahara und bald gegen die UdSSR. ... Die Deutschen waren wie betört von dem „machtstrategischen Kick", dessen sich Hitler allenthalben bediente.

Das 1919er Schand-Diktat von Versailles war Schall und Rauch, die große Geldvernichtung 1922/1923 vergessen und die 1929er Weltwirtschaftkrise der Spuk von Gestern. – Der hier schon mehrfach zitierte unter Bundeskanzler Helmut Schmidt bedeutende SPD-Politiker Andreas von Bülow erhellt zu dem offensichtlichen Wandel angelsächsischer Politik der Ermutigung Hitlers:

„Winston Churchill hatte das sowjetische Kind schon 1917 in der Wiege ermorden wollen. Hitler traf auf die Duldung der Westmächte und fand Gefolgschaft in den Führungszirkeln von Ölfirmen wie der Royal Dutch Shell, die ihre Ölquellen am Schwarzen Meer in die Revolutionäre verloren hatten. ... Nach uralter (britischer) Staatsweisheit und ständiger Praxis strategischen Denkens musste sich in einer Lage wie nach 1933 der englischen Politik als beste aller denkbaren Strategien anbieten, die beiden Gegenspieler auf dem Kontinent erneut gegeneinander in Stellung zu bringen. ... Hitler wurde vertraglich zugesichert, dass die deutsche Kriegsmarine auf 35 Prozent der britischen Tonnage aufrüsten dürfe. Das empfand Hitler als große Anerkennung und Bestätigung, war es doch sein Ziel, eine politische und militärische Partnerschaft mit England zu erreichen, die ihm freie Hand im Osten des Kontinents überlassen würde, ohne die britische Vorherrschaft in Übersee und auf den Weltmeeren anzutasten."[59] In Wirklichkeit war er in die angelsächsische Falle getappt. Deren Ziel war nämlich die Schwächung der Sowjetunion mithilfe Hitler-Deutschlands und sodann dessen

59 Zit. und vgl. von Bülow, Andreas: Die deutschen Katastrophen – 1914 bis 1918 und 1933 bis 1945 im Großen Spiel der Mächte, (Kopp Verlag) Rottenburg 2021, S. 272 und folgend 274/275, 288/289, 299/300, 333.

Schwächung durch die Sowjetunion. Das deutsche Volk wurde dazu dem Diktat einer der sowjetischen ähnlich brutalen sozialistischen Säuberungs- und Terrorvariante hilfloser Massenirrelevanz überlassen. Alle Hilferufe des deutschen Widerstands prallten an dem „großen Spiel“ dieser Weltmachtstrategie ab. So auch im Folgenden: *„Fünf Tage nach dem gescheiterten Attentat am 20. Juli 1944 schrieb der gleiche Mann (der Historiker John Wheeler-Bennett), damals im Foreign Office in der Abteilung für die politischen Erkenntnisse der Geheimdienste zuständig, die folgenden bemerkenswerten Sätze: ...‚Gestapo und SS haben uns einen beachtlichen Dienst erwiesen durch die Beseitigung einer Auswahl derer, die unzweifelhaft nach dem Krieg als >>gute<< Deutsche aufgetreten wären. ... Es gereicht uns daher zu Vorteil, wenn die Säuberung fortgesetzt wird, da das Töten von Deutschen durch Deutsche uns vor vielen künftigen Unannehmlichkeiten bewahrt.‘ (British National Archives file FO 371/39062).“* Frankreich fügte sich britischer Strategie-Vorgabe. Hitlers Einmarsch in das entmilitarisierte Rheinland, nach Österreich, ins Sudetenland und nach Prag ward geduldet. Mühelos setzte Hitler Triumph auf Triumph. Die katholische Slowakei (Mähren) näherte sich Hitler-Deutschland. Das protestantische Tschechien (Böhmen) wurde Protektorat. Das Gold der Bank der Tschechoslowakei bei der Bank von England wurde auf ein Konto der Deutschen Reichsbank übertragen und dann verkauft.

Bereits 1936 (!) hatte Winston Churchill in einer geheimen Rede vor den Unterhaus geäußert: *„Über vier Jahrhunderte hat die Außenpolitik Englands die jeweils stärkste, aggressivste, vorherrschende Macht auf dem Kontinent bekämpft. ... Das bekam Philipp II. von Spanien zu spüren, das galt unter William III. und Marlborough für Ludwig XIV., dann für Napoleon und Wilhelm II. in Deutschland. ... Sie werden sehr bald vor der Entscheidung stehen ... in einen Krieg zu ziehen ..., um die deutsche Vorherrschaft einzudämmen, zurückzuschrauben und wenn nötig zum Scheitern zu bringen.“* Doch vorerst ließen sie Hitler von Blitzsieg zu Blitzsieg eilen, erst Polen, dann Frankreich, doch der gegen die Sowjets blieb ab Herbst 1941 in Schlamm und Frost stecken. Und nun wurden die Russen aufgerüstet, wie es u. a. der spätere US-Präsident Harry S. Truman vorgeben hatte: *„Wenn wir sehen, dass Deutschland gewinnt, sollten wir Russland helfen und wenn wir sehen dass Russland gewinnt, sollten wir Deutschland helfen. Sollen sie doch so viele töten wie nur möglich."* – So kam's dann unter anglo-amerikanischer Geostrategie ja auch: zunächst im II. Weltkrieg und dann ganz ähnlich im Korea-Krieg! Soweit darüber, welche Rolle dem II. Weltkrieg und sodann dem Kalten Krieg im „großen Spiel" der Mächte wirklich zukam.

Einer anderen Frage verdient an dieser Stelle ebenfalls nachgegangen werden. 1917 zielte des antisemitisch gesinnten britischen Außenministers Balfour Erklärung zur Schaffung eine Heimstatt für Juden in Palästina auf den wachsenden Einfluss der zionistischen Bewegung in den USA. Die Erklärung setzte implizit die Zerschlagung des riesigen Osmanenreichs voraus. Dazu von Bülow:[60]

„Britische Truppen besetzten das Land und sicherten das neue britischen Protektorat. Doch nun musste nach dem Ersten Weltkrieg Grund und Boden von den in Istanbul ihre Pachterträge verzehrenden Großgrundbesitzern gekauft und den darauf arbeitenden Pachtbauern weggenommen werden. ... Alles ging nur über die Auswanderung gut ausgebildeter, dem militärischen Kampf gewachsener, möglichst junger Juden. Da die westlichen Juden, auch die in Deutschland, nicht ohne Weiteres bereit waren, dem Zionismus zu folgen, und sich bislang in ihren Ländern integriert fühlten, richtete sich der Blick der zionistischen Entwickler auf Osteuropa (wo seit dem zaristischen Russland ohnehin Juden-Hass bestand). ... Das amerikanische Außenministerium schwenkte auf eine

60 von Bülow, Andreas: Die deutschen Katastrophen – 1914 bis 1918 und 1933 bis 1945 im Großen Spiel der Mächte, (Kopp Verlag) Rottenburg 2021, S. 355/356, eingefügt [349].

rabiat judenfeindlich erscheinende Linie der Verweigerung von Visa für einwandernde Juden aus Osteuropa um. ... Demzufolge wendete sich der Strom der Einwanderer von den USA ab, hin zum Aufbau Israels im britischen Protektorat Palästina. ... Dann folgten 1933 der auf Vertreibung angelegte Antisemitismus der Nazis und deren Zusammenspiel mit den Zionisten, das dem erst noch entstehenden Staat Israel einen (wahren) Geldsegen zum Aufbau der Infrastruktur mit deutschen Industrieprodukten verschaffte. [Der Reichswirtschaftsministeriums-Erlass Nr. 54/1933 erlaubte den deutschen Juden, Deutschland zu verlassen und Teile ihres Vermögens für den Kauf deutscher Waren zu verwenden, die die zionistische Bewegung dann in Palästina oder auch auf dem Weltmarkte verkaufen sollte. Die Waren wurden mit den in Deutschland gesperrten jüdischen Vermögen erworben. War die Ware verkauft, erhielten die Auswanderer den Erlös ausgezahlt, abzüglich einer Verwaltungsgebühr und eines Anteils, der für den Aufbau des zionistischen Staaten bestimmt war. Gemeint waren Investitionen in die industrielle Infrastruktur und für den Ankauf von Land. ... Zwei zionistische Transferstellen wurden eingerichtet, die eine unter Leitung des Deutschen Zionistischen Bundes in Berlin und die andere unter Leitung der Anglo-Palestine Trust Company in Tel Aviv. Die Berliner Dienststelle kaufte mit dem gesperrten jüdischen Geld deutsche Waren. Das Büro in Tel Aviv verkauft diese Waren am offenen Markt, nahm die Erlöse entgegen und übertrug sie den deutsch-jüdischen Emigranten. ... Mit dem Transferabkommen konnten beide, Deutschland ebenso wie die jüdische Gemeinde in Palästina, ihre wesentlichen Ziele erreichen. Das Abkommen half Deutschland, den Boykott (!) zu torpedieren, zugleich Arbeitsplätze zu Hause zu schaffen und jüdische Vermögen zum Ausbau der Wirtschaft im Reich zu nutzen. Es half den Zionisten, ein größeres Hindernis der fortdauernden jüdischen Einwanderung und Expansion in Palästina zu überwinden. Unter den damaligen britischen Vorschriften in Palästina konnten Juden nicht einreisen, ohne einen Vermögensnachweis über den Gegenwert von 5000 Dollar zu erbringen (Capitalist Certificat). Die Inhaber über eine derart hohe Summe machte den Immigranten zu einem Kapitalisten und Investor. Das Transferabkommen machte auch die Nicht-Kapitalisteneinwanderung möglich, da mittellose deutsche Juden die geforderten 5000 Dollar ... in dem Augenblick erhielten, in dem die dazu bestimmte deutsche Ware verkauft war.] Insbesondere der vermögende Teil der deutschen Juden konnte auf diesem Weg nach Israel auswandern. ... Der größte Teil der deutschen Bevölkerung war darüber nicht informiert, zumal die Organisation in den Lagern dafür sorgte, dass außer zur Verschwiegenheit verpflichtetes SS-Personal alle erforderlichen Arbeiten von Juden selbst ... erledigt wurden." ... So erzählte Mutter mir später von ihren guten jüdischen Erfahrungen in Hofheim und Rosenthal, wusste aber sonst absolut nichts. – Die von der NS-Propaganda geleimten Claqueur-Massen sahen in Hitler indes ihren Heilsbringen und Erlöser. Sie riefen „Heil Hitler" und dominierten die Straßen sowie die öffentliche Meinung. Doch da war kein Messias gekommen, sondern ein Teufel, ein von der Krankheit des „ideologischen Jahrhunderts" (Prof. Dr. Elisabeth Noelle-Neumann) geradezu massiv besessener noch dazu! ... *„Ich mach mir die Welt, wide wide wipp – so wie sie mir gefällt"*, so oder so ähnliche sang später Selma Lagerlöfs Pippi Langstrumpf: Ist das nicht eine geradezu perfekte Persiflage auf die grassierende Idolatrisierung, Ideologisierung und Infantilisierung, jener Dose der Pandora, woraus all unser Unheil immer wieder kreucht? ... und das heute immer noch, nur halt „modern, fortschrittlich und progressiv" hinter 'ner zeitgemäß andren „Moral"-Monstranz aufmarschierend: real körperlich als auch medial virtuell!

Die Robert Ley war ein Kabinen-Fahrgastschiff der NS-sozialistischen Organisation *Deutsche Arbeitsfront* (DAF). Das Motorschiff wurde vom Amt für Reisen, Wandern und Urlaub (RWU) der DAF-Unterorganisation *NS-Gemeinschaft* ***„Kraft durch Freude"*** **(KdF)** für Kreuzfahrten eingesetzt und galt als das Flaggschiff der KdF-Flotte.

Nach Beginn des Zweiten Weltkrieges am 1. September 1939 wurde es, wie die anderen KdF-Schiffe ebenfalls, von der Kriegsmarine als Lazarettschiff, Wohnschiff sowie Truppentransporter verwendet. Das nach NSDAP-Reichsleiter und DAF-Vorsitzenden Robert Ley benannte Schiff lag wenige Wochen vor Kriegsende im Hamburger Hafen, wo es bei einem britischen Luftangriff getroffen wurde und völlig ausbrannte. Das Wrack wurde später nach Großbritannien geschleppt, dort zerlegt und der Eisenproduktion zugeführt.

Kdf-Ferienanlage Prora auf Binz, errichtet 1936–1939, saniert 2000 und folgende Jahre

Stapellauf der Wilhelm Gustloff am 5. Mai 1937
... es gab insgesamt 35 KdF-Urlauber-Kabinen-Fahrgastschiffe der NS-Organisation *Deutsche Arbeitsfront* (DAF). Sie wurden vom Amt für Reisen, Wandern und Urlaub der DAF-Unterorganisation NS-Gemeinschaft *Kraft durch Freude* für Kreuzfahrten auf den Weltmeeren eingesetzt

In 1936 hatten die deutschen Athleten auf der Berliner Olympiade vom 1. bis 16. August spektakulär brilliert, und eine cineastisch hoch begabte Leni Riefenstahl davon regelrechte Kultfilme erstellt. Die erhob sich dann als erste Frau der Geschichte tollkühn mutig mit in Deutschland perfekt geschaffenen Fliegern in die schwindelerregenden Höhen der Lüfte, wovon sie ebenfalls mitreißend begeisternde Filme drehte. Sie ward für Goebbels NS-Propagandaministerium eine höchst nützliche Filmregisseurin und Propagandamaterial-Produzentin und der deutschen optischen wie Filmgeräte-Industrie eine bedeutsame Werbeträgerin. ... Der machtstrategische Kick kommt in allem voll zum tragen.

Die Effektmeisterin Leni Riefenstahl bei Filmaufnahmen

Und Max Schmeling, ab 1932 unangefochtener Schwergewichts-Boxweltmeister, stand am 19. Juni 1936 im Yankee Stadion dem Afroamerikaner Louis gegenüber. Louis war mit 17 Siegen aus 17 Begegnungen und 14 k.o.-Entscheidungen der Mann der Stunde. Doch Max Schmeling besiegte den zehn Jahre jüngeren Kalifornier in der 12. Runde. Dieser WM-Ausscheidungskampf war der größte Erfolg in Schmelings sportlicher Karriere. Er gilt bis heute als der spektakulärste Kampf in der Geschichte des Boxsports. „The biggest boxing match ever seen in Europe", titelten die Zeitungen. Die Sensation um die Box-Legende Schmeling war in der Welt. – Sie stand sozusagen sinnbildlich für den Sieg des geknebelten Deutschlands über die Weltmacht USA des mächtigen Deutschland-Verächters und Versailles-Verfechters Franklin D. Roosevelt.

... In allem war ein großes Sinnen-raubendes Strahlen. Die letzten Schatten von Versailles schienen verschwunden.

Und die einmal angestoßenen wirtschaftlichen wie sozial-psychologischen Erfolgsdynamik-Effekte trugen weiter ... auch als ein Hjalmar Schacht längst nicht mehr mitmachte und sich von Adolf Hitler abgewendet hatte, weil dieser Erfolgs-trunken völlig überschnappte! Hitler war einer Art Napoleon-Syndrom anheimgefallen, und alle seine ab sofort errungenen Siege waren wie bei Napoleon am Ende Pyrrhus-Siege. ... Nur mit dem Unterschied, dass in Paris Metro-Stationen heute die Namen von Napoleons Pyrrhus-Siegen tragen, während die verführten und geblendeten Deutschen sich über ihren Reinfall auf Hitler mächtig schämen.

Dazu passend möchte ich etwas berichten, das sich wohl 1937 oder 1938 zugetragen hat und ich vom Hörensagen habe. Opa Conrad hatte alles gerichtet und zuletzt seinem Sohn August eine Mühle in Leißnitz/Oschatz bei Leipzig gekauft. Und er reiste dorthin, um zu sehen, dass alles gut gelungen war. (Im Krieg war ich dann auch mal dort: Es war eine stattliche Mühle mit viel unterschlächtiger Wasserkraft, die war später im Arbeiter&Bauernstaat DDR allerdings am

Ende derart ausgezehrt, dass mein Neffe froh war, sie endlich los zu sein; doch dann brach das idolatrische&ideologische Sozialismus-Wunder DDR zusammen.) Als Opa Conrad reiste, war ein anderer Idolatrie&Ideologie-Staat, nämlich der nationalsozialistische mitsamt Arier-Kult, Untermenschen-Verachtung und Juden-Hass. (Der war im politischen Streit mit den Internationalsozialisten entstanden, welche ihrerseits die Proletarier-Klasse zum allerbesten Menschen erklärt hatten, die Bourgeoisie verachteten und die Kapitalisten hassten, um die Massen für ihren Macht&Gewalt-Kult einzufangen.) Opa Conrad fand diesen NS-Staat überhaupt nicht gut. Es ist zu vermuten, dass ihn **1.** das dreist arrogante Auftreten der damaligen „herrschenden Klasse" sowie das Borniert-Anmaßende ihrer Mitläufer beunruhigte, dass ihn **2.** die dazu passende selbstsüchtig-narzisstoide Idolatrie (Trugbildvergötzung) der Arier-Herren-Menschenrasse inklusiv deren Hybris der Juden-Ächtung anekelte, und dass er **3.** mit der allenthalben vorherrschenden ideologischen Allgegenwart, Allmacht und Enge samt ansteigender Verbohrtheit, Bestimmungshoheits- wie Gesinnungsgleichschaltungs-Persistenz mitsamt zunehmend totalitärer Repression keineswegs umgehen konnte. Denn all das passte gar nicht zur Sachorientiertheit und Offenheit seiner Person.

Und er tat das allenthalben kund; so auch im Zugabteil auf der Rückfahrt von Leipzig. Dort saß einer, der ihm aufmerksam zuhörte, und es sprudelte aus Opa Conrad nur so heraus, weil er sich freute, dass einer zuhörte, und dass er jemand gefunden hatte, der genau so fühlte wie er. So erfuhr der freundliche Zuhörer auch Namen und Adresse des so überaus Gesprächigen. Das brauchte jener aber auch. Denn er war Denunziant und fand aus tiefster Brust große Liebe zu den NS-Herrschern wie deren Ideen idolatrischer Herrenmenschen-Phantasmagorie und ideologischer Hirngespinste vom „Tausendjährigen Reich", welchen er total aufgesessen und auf den Leim gegangen war! – Und so ging's dann weiter: Nachdem Opa Conrad sich wieder auf der Neue Mühle eingefunden hatte, erschien dort bald die

GESTAPO (Geheime Staatspolizei) mit großem Aplomb: Sie hatten Befehl, den Volksschädling und Querulant ins KZ abzuführen! – Doch da kam Opa Conrad wiedermal das ganz große Glück zupass. Das Glück erschien in Gestalt des NS-Ortsgruppenleiters Trost; der, Gott sei Dank kein „scharfer Hund“, war Vaters alter Schulkamerad und hatte das Herz am rechten Fleck. Das schlug nämlich für den fleißigen redlichen alten Mann auf der Neu Mühle, der so viel Gutes getan und erreicht hatte, ohne anderen eigensüchtig auf die Füße zu treten. Nun zahlte sich aus, dass Opa Conrad stets mit großer Wissens-, Könnens-, Verhalten-, Umgangs- und Herzens-Bildung überzeugt hatte und daher Achtung genoss. Rosenthals NS-Ortsgruppenleiter hatte meine total geschockten Eltern rasch hinter dem Rücken der GESTAPO-Ordonanz in seinen Plan eingeweiht, und flugs tat er den hochnotpeinlichen Herren totalitärer Staatsgewalt als NS-Vertrauensmann des Ortes kund, der Alte sei total harmlos und schusselig und wisse sowieso nicht, was er da von sich gebe. Als zuständiger NS-Ortsgruppen-Chef wollte er ihn daher vor der Irrenanstalt bewahren und habe deshalb beschlossen, ihn in der Familie belassen, zumal er auch in der Familie in Wirklichkeit völlig ungefährlich sei. So war aus dem gesuchten NS-Staatsgefährder im Handumdrehen ein harmloser Verwirrter geworden, und die GESTAPO zog unverrichteter Dinge von dannen. ... Die Saat von Opas Tugenden und Integrität war aufgegangen: Er blieb im Kreis seiner Familie auf der Neue Mühle und verstarb in dem wohltuenden Gefühl, doch irgendwie alles zum Besten gerichtet zu haben, in verdienter Seelenruhe am Heiligen Abend 1938 zur Feier von Christi Geburt – sozusagen im Zeichen der Zuversicht, dass es immer wieder aufwärts geht.

Und heute wissen wir: Der idolatrisch wie ideologisch angebrannte heißspornige, möglicherweise ja auch felsenfest von seiner Sache überzeugte Denunziant hatte so was von Unrecht, und Opa Conrad hatte so was von Recht. – So ändern sich die Zeiten! Opa Conrad hatte gut begriffen: Es macht wenig Sinn, seinen Kopf vor der

Realität im ideologischen Zeitgeisttreibsand zu verstecken. Also gehen wir mit allen idolatrischen wie ideologischen Heißspornigkeiten mit größter Vorsicht um. ... Selbst wenn sie vorgeben, das Gute zu wollen – das gaukeln sie nämlich immer vor: Am Ende kriegt das geleimte Volk was auf die Bollen!

Und Vater in seinem 1989-Bericht weiter: *„Das alte oberschlächtige Mühlrad konnte noch im Krieg 1943 gegen ein neues größeres mit Eisenwelle ausgewechselt werden."* In diesen Jahren bekamen unsere Landjahrmädchen manches mal einen Heimaturlaubs-Krieger zu Besuch.

Vom Krieg selbst bekam ich auf der Neue Mühle sonst nichts mit, was hängen geblieben wäre. Nur einmal erschien ein älterer Cousin, nämlich „Mohrs Wilhelm" aus Dreihausen, stolz in Wehrmachtsuniform vom Fliegereinsatz auf Kreta. Er war zum Heimaturlaub herbeigeflogen worden (hoch beeindruckend!) und hatte Apfelsinen mitgebracht. Es waren die erste meines Lebens, ich durfte auch probieren, doch sie hatte eher sauer geschmeckt.

– Große weite NS-Erfolge-Welt! –

Rosel Maffert aus Hirschberg im schlesischen Riesengebirge mit Heimurlauber von der Front

Eine andere Geschichte stammt von Postruckertstante. Die hatte einer Rosenthalerin das Feldtelegramm ihres Sohns von der Front ausgehändigt. Darin stand: „Komme bald auf Heimaturlaub, bringe eine Angina mit". Daraufhin gab die Rosenthalerin der Postruckertstante auf, zurückzutelegraphieren: „Los dos Mensch do!" (Lass das Mädchen dort!)

Volksschule

1944, also mitten im Krieg, wurde ich eingeschult, und jedes von uns i-Männchen/i-Mädchen bekam Rosenthaler Sitte gemäß eine mächtig große vom Bäcker tags zuvor gebackene Brezel, durch deren Brezel-Ohren wir unsere beiden Arme strecken mussten. Und ich merkte rasch: Die sprechen da anders als wir auf der Neue Mühle (s. Anhang: Rosenthaler und andere Sprachinseln S. 584 ff.)!

Zu unseren Polen und Landjahrmädchen kamen damals „evakuierte“ Frauen mit Kindern aus Hagen und Dortmund, sowie Tante Anna und Onkle Peter Stöhr aus Elberfeld aus Mutters Familie Stöhr aus „Hammersch Haus“, nahe Rosenthals Kirche. Die hatten eine Schneiderwerkstatt an der Wupper gegenüber des Elberfelder Hauptbahnhofs gehabt und waren ausgebombt worden. ... Und alle Polen, Landjahrmädchen, Evakuierte einigte das Miteinander-Band großen Zusammengehörigkeitsgefühls auf der Neue Mühle! – Gott sei Dank hatte Opa Conrad dieses überdimensionale Wohnhaus errichten lassen, das seit 1938 fließend Wasser samt Bädern auf allen Etagen hatte.

Aus Dortmund kam o. g. Friedchens Schwester mit Sohn Dieter, aus Hagen lud der Chefchauffeur Kruck seine Frau und Sohn Felix ab und eilte flugs zurück, weil sein Chef ein hohes Tier in der Kohleverflüssigungsindustrie war, wo man, oh Wunder, aus Kohle das so dringend benötigte Flugbenzin herstellte. Überhaupt in Ermanglung von Erdöl aus Baku war man enorm erfinderisch: Die Autos, so sie nicht wegen des Spritbedarfs im Krieg sowieso stillgelegt worden waren, wurden nun mit Holzgas angetrieben, das sie selber erzeugten. Sie hatten als PKW hinten und als LKW an der Seite einen Buchenholzvergaser, der das zum Fahren benötigte Gas erzeugte. Und Schmiermittel und alles Mögliche sonst, sogar Margarine, wurden aus Stein- oder Braunkohle hergestellt. Letzteres von Leuna-Ingenieuren, von denen dann nach Kriegsende welche auf der Neue Mühle zwischenuntergebracht waren. Sie waren von den Amerikanern mitgenommen worden, als sie den Raum bei Halle/ Leipzig räumten, um ihn der Roten Armee zu überlassen. Das phänomenale Wissen dieser Leute wollten die Amis den Russen eben gar nicht überlassen!

Bevor diese eingetroffen waren und die Amerikaner soeben in Normandie gelandet, waren unsere Evakuierte von traumatischer Angst geplagt, dass sie der Bombenterror auch auf der Neue Mühle erreichen könnte. Eines Tages waren die Frauen unten im Keller beim Backofen zusammengekrochen, vom Eichhof waren auch welche hinzugekommen, und hörten gebannt in den „Volksempfänger" hinein. Das war ein Billig-Radio für jeden, um alle mit der Reichsrundfunk-Propaganda zu erreichen. Ich hatte ihre Unruhe verspürt. Fünfjährig und neugierig war ich dazugekommen. Dann sagte eine kleinlaut, sie habe gehört, es würden Juden vergast. Mir sagte das eigentlich nichts, denn ich konnte mir in meinem Kindskopf darunter rein gar nichts vorstellen. Merkwürdig fand ich an dem Vorgang nur, als die anderen Frauen darüber heftig erzürnten und diese arme Frau übel beschimpften: *„Das ist unwahr, das ist ‚Feindpropaganda'!"* Deshalb ist es mir in Erinnerung geblieben. ... Seit 1944 ging ich, wie gesagt nach Rosenthal in die „Volksschule". Die lag oben, wo früher eine Burg gestanden hat. Eine hohe Sandsteinmauer beim Plumpsklo des Schul-Aborts zeugte noch davon.

Mein täglicher Schulweg-Fußmarsch waren gut 2,5 Kilometer hin und 2,5 Kilometer zurück. Dazu gab es festes Pinnschuhwerk mit Eisennägeln in der Sohle, so dass ich richtig, wie ein Müllerwagen-Pferd mit seinen Hufeisen, klackern konnte und dabei auch mal wie ein Pferd hüpfte und wieherte.

Überall, wo was belastet war, war damals Eisen dran,
seien's nun die Hufe, die Schuhe oder die Holzspeichenräder

Einmal kam auf halben Schulweg ein Flieger durch das Tal mit einem kreisrunden Zeichen an der Seite: British Air Force, wie mir später klar gemacht wurde. Ich fand's nur interessant und lustig, winkte und sah den Pilot in seiner gläsernen Kanzel zurückwinken. Das war meine erste „Feindberührung". ... Dann wurden wir mit Mann und Maus zusammengetrommelt, um in „Happels Saal" am Fischbach auf einer an der Bühne aufgespannten großflächigen Leinwand einen pompös mit Brandenburger Tor samt Scheinwerferlichtfingerstrahlen in den Himmel darüber und Wagners Walküren-Trompetengeschmetter startenden Film der „Wochenschau" über Soldaten-Tapferkeit, Wunderwaffe und Endsieg anzuschauen: Der erste Film, ein wildes Ereignis für mein Kinderhirn! ... Irgendwann im Frühjahr 1945 sah ich Wehrmachtssoldaten in einem MG-Nest an der Straßengabelung zwischen altem und neuem Friedhof oben auf der Ecke des alten Friedhofs mit gutem

Einblick auf die nach Kloster Haina führende Straße. ... Dann gab's große Aufregung auf der Neue Mühle: Oben auf der Schotterstraße, so verlangte es der als letztes Aufgebot aus Zivilisten aufgestellte „Volkssturm", musste ein tiefer Quergraben ausgehoben werden und dort herbeigeschaffte dicke Fichtenstämme dicht an dicht in mehreren Reihen senkrecht hineingestellt werden. Das ergab eine starke „Panzersperre"! ... Vater hörte umso aufmerksamer den „Feindsender" Radio Hilversum. Da gab es unzensierte Nachrichten. Und als ihm klar wurde, dass die Amerikaner bald über den Berg kommen würden, sind alle Mann Vater, Sroka, Bronek, Heinrich und wer sonst noch anpacken konnte sowie ich als Zuschauer den Hofzufahrt hinauf auf die Straße geeilt, um die Baumstämme wieder herauszureißen. Die Panzer hätten die Neue Mühle sonst als Festung verstanden und mit heftiger Beschießung reagiert. ... Kaum waren die Stämme heraus und lagen geschichtet im Straßengraben, da hörten wir schon Geschützdonner von Merzhausen her und bald erschienen oben auf dem Berg Panzer, rollten herunter und mit lautem Motorengedröhn auf die Neu Mühle zu, um diese einzunehmen und als Vormarschfestung einzurichten. Alle auf der Neue Mühle wurden zu Tante Trienchen und Onkel Wilhelm auf den Hammer evakuiert. Nur zum Viehfüttern und Milchmelken durfte einige erscheinen. Im Tal wurde unter Tarnnetzen ein Geschütz aufgestellt, überall drum herum Panzer, Befehlshaber-Jeeps und Militär-LKWs. – Verunsichert waren wir schon! ... Nach gut einer Woche zogen sie weiter und wir hatten die Neue Mühle zurück. Als sie eingetroffen waren, war mir besonders auffällig, dass unter den GIs einige sehr dunkel, ja fast schwarz, waren. So etwas hatte ich noch nie gesehen. Außerdem kauten die ständige wie unsere Kühe, freilich so eine Kaumasse. Als sie wieder weg waren, konnte ich das Geheimnis ihres Dauerkauens lüften, denn überall hinter den Holzstaketenschutz-Gattern unsere jungen Obstbäumchen hatten sie was für uns Kinder versteckt: lauter Zeug in bunten

Papierverpackungen wie Brausepulver, Limonade, Schokolade und auch Kaugummi. Wir suchten wie wild hinter allen Obstbaumgittern nach dort eventuell versteckten Yankee-Leckereien. – Ja so ein Ostern hatten wir noch nie erlebt! .-.-.-. Wie Frankreichs Chauvinist Napoleon im Winter 1812/13 vor Moskau von „Väterchen Frost" ward niedergemacht, so's im Winter 1942/43 dem Rasse-Narzissoist Hitler vor Baku war widerfahr'n!!! – Unsere Polen gingen (und Bronek sollte noch jahrelang mit meinen Eltern in Briefkontakt bleiben), die Leuna-Ingenieure Dr. Korn und Dr. Hoffman kamen. ... Die Mühle wurde mächtig ausgebaut; ein Doppelwalzenstuhl zur Steigerung der Mehlproduktion und ein Einfachwalzenstuhl für Weizengriesherstellung kamen hinzu sowie ein Haferflockenquetschstuhl samt dreigeschossiger Haferdarre mit Sägespäne aus dem Ruckertschen Sägewerk verheizendem Dampfkessel-Monstrum, unten im Inspektionsgang zwischen Mühle und Bachführungs-Tunnel: Alles lief auf vollen Touren. Die Kraft dazu spendeten das größere Wasserrad von 1943, der zugeschaltete Siemens-Halske Elektromotor und der seine Selbstzünder-Energie vom Hof mittels auf seiner Schwungradriemenscheibe aufgelegtem Transmissionsriemen ins Mühlen-OG liefernde Kramer Bulldog. Die Leunaingenieure kümmerten sich um seine Wartung und Reparatur; außerdem hatten sie Feldgleise samt Loren organisiert, um im oberen Quell- und Sumpfgebiet, am Haingrundausgang, zwei Teiche auszuheben und deren Wasser ebenfalls dem Mühlbach zuzuführen. ... Denn Deutschlands Städte lagen größtenteils in Schutt und Asche, die Großmühlen waren alle zerbombt, die Versorgungslage hoch brisant! ... Und ständig kamen aus Memelland, Ost- wie Westpreußen, Hinterpommern, der Provinz Posen, Oder- wie Warthegau, Schlesien, Sudeten, Ungarn, Siebenbürgen, Banat etc. vertriebene Mütter mit Kindern daher (die Männer, wenn nicht gefallen, befanden sich in Gefangenschaft; ganz schlimm erging es ihnen bei den Russen, in den US-Rheinwiesenlagern und unter den Franzosen auf deren berüchtigtem Kreuznacher Blutacker). ... Und so ist‘s in Vaters 1989er Erinnerungen auf der Neue Mühle: *„Nach dem Krieg hatten wir durch die Zuweisung von Flüchtlingen wieder ein volles Haus (Landjahrmädchen Rosel hatte ihre Restfamilie Maffert aus Hirschberg hergebracht). Einschließlich der täglich von Rosenthal hinzukommenden (etwa den v. g. Leunaingenieuren) fanden bis zu zwanzig Mann Verköstigung und Arbeit (s. Foto S. 278 und Des Leuna-Ingenieurs Dr. Korn lustige Geschichten S. 597 ff.). Die oberen Teiche wurden ausgehoben. Außerdem wurde ein Mühlenbauer dauerangestellt (ich schaute ihm als Kind neugierig zu, was er da alles tat an seinen mit Schraubstöcken und Schraubzwingen versehenen massivhölzernen Schreinerwerkbänken auf den verschieden Etagen der Mühle; manchmal konnte ich auch behilflich sein, wenn ich mit meinen kleinen Händchen und dünnen Ärmchen irgendwo hineinlangen und was herausholen sollte, wo Männerhand zu groß war; mir steckt noch der Geruch des Knochenleims in der Nase, den er ständig fürs Zusammenfügen der Bretttholzteile köchelte, denn alles in der Mühle funktionierte in hölzernen Vierkant-„Rohren“, die Elevatoren, die Schnecken fürs Schrägtransportieren oder eben einfach damit das Mehl, der Gries, die Haferflocken von oben nach unten kamen). Die Mühle wurde auf eine Tonne Tagesleistung ausgebaut, eine Haferdarre und eine Haferflockenquetsche erhielten in der Mühle Platz. Der Lieferradius reichte bis in Wittgensteinsche und nach Gie*ßen. *Ein Beute-LKW (Renault mit Holzvergaserumrüstung) ... und später ein Opel 3-Tonner mit Pappführerhaus (zunächst ebenfalls mit Holzvergaser) waren die Transportmittel. In der Notzeit war das eine wesentliche Hilfe für die Bevölkerung: Als Anerkennung wurde ich (sprich Vater) zu einem Empfang auf Schloß Wittgenstein eingeladen.“*

Müller-Lehrling Wilfried Bethke mit Holzvergaser-Renault

Eines Tages im späten Oktober machte unter der Belegschaft auf die Neue Mühle die Nachricht die Runde, dass in finsterer Nacht in den Nebel-wabernden Burgwaldgründen die Hirsch-Brunft voll im Gange sei. Da sei ein Riesengeschrei und Geröhre der erwachsenen Geweihträger, womit sie die Hirschkühe betörten. Dies Spektakel lockte uns ungemein. Und eines Abend kurz vor Mitternacht, stiegen wir in das in Kriegsnotzeiten bei Opel in Rüsselscheim gefertigte Kunstpappenführerhaus des Opel-Blitz, die andern standen dicht bei dicht hinten auf dessen Ladefläche. Und auf ging's zur Fahrt durch das nächtlich dunkle Rosenthal, tief hinein in den Burgwald nördlich davon, Richtung Frankenberg. Oben auf der Rhein/Weser-Wasserscheide wurde der Motor abgestellt und wir rollten auf der Schotterstraße mit so wenig Geräusch wie nur möglich hinab in die „Nempfe". Die war einer der feuchten Burgwaldgründe, wo sie ihre Platzhirsch-Kämpfe vollzogen, es nur so hallte, wenn in tiefer Finsternis ihre Geweihe aufeinanderknallten, und sie sodann unter

„Mords"-Getöne auf ihre brünftigen Hirschkühe losgingen! ... Und wir standen nun „mucksmäuschenstill" da unten in der „Nempfe" und lauschten vor Kälte bibbernd in das nebelige Dunkel hinein. Sehen konnte man ja nichts. Umso mehr spielte sich in unserer Imagination ab, wenn da irgendwo im Gebüsch etwas knisterte. War da womöglich einer dieser gewaltig erregten Geweihträger-Kolosse ganz in unsrer Näh'?

Schweigend tastete meine Kinderhand ängstlich nach der meines Vaters. Gesprochen werden durfte ja nichts. Das würde das Wild „vergrämen" und dann in dieser Nacht rein gar nichts mehr geschehen. So war es mir beigebracht. Da ein geheimnisvolles Krachen etwas weiter vorn! War das vom Hirsch das Horn, wo zwei männliche Hirsche ihre Kräfte maßen und einer den andern dann gnadenlos verjagte? Grausame Welt, schaurig nebelig und dunkel, diese Nacht in des Spät-Oktobers Waldeskühle! Irgendwann nach Stunden, mir fielen schon die Augen zu, da ein Geweih-Krachen gar nicht so weit weg. Dann folgte das unsere Anspannung erlösende hochbrünstige Brunft-Geröhre in mehreren Sieger-Stößen in die Nacht hinein ... und dann wieder diese unheimliche Waldesstille! – Fröstelnd zog's uns zum LKW, der Motor wurde angelassen, und zurück ging es zur Neue Mühle in der warmen Betten Schutz und Wohlgefühle!

Mir ist zu dem Opel 3-Tonner noch ein Detail in Erinnerung, das auf die Findigkeit in damaliger Zeit verweist: Die Holzvergaser waren asthmatisch und leistungsschwach, um den Opel-Admiral 6-Zylinder-Otto-Motor auf Schwung zu bringen musste man sich etwas einfallen lassen. Denn Benzin war knapp. Also baute man beim Vergaser eine Militär-Kochgeschirr-Dose ein, die lagen ja überall rum. An deren Unterseite war ein Messingröhrchen angelötet, das in den Vergaser führte und füllte sie mit Benzin, um den Motor anzulassen und loszufahren. Wenn der Motor warmgelaufen war, und man spürte, dass das Benzin im Kochgeschirr zur Neige ging, schaltete man in voller Fahrt an einem Hebelchen im Armaturenbrett rutsch auf den Dieseltreibstoff aus dem LKW-Tank um. Der Motor grummelte darob zunächst etwas, kam dann immer mehr auf Trab. ... Alles Militärfahrzeug der Alliierten wurde mit Benzin angetrieben; Diesel galt als Abfallprodukt der Raffinerien; den gab's daher in Hülle und Fülle. Die Deutschen hatten deshalb auf Dieselmotoren umgestellt. [In den 50er Jahren sollten ein Mercedes-Diesel-LKW sowie ein Mercedes-Diesel-PKW Typ 170 D dem auf der Neue Mühle entsprechen – wie beim Kramer Traktor und dem Bindemäher wiedermal als erste in Rosenthal.] ... Vater berichtete im Jahr 1989 aus der Zeit 1945 ff. weiter: *„Um das durch die Teichbauten gewonnene zusätzliche Wasser nutzen zu können und die zusätzlichen Maschinen in der Mühle antreiben zu können, bauten wir eine Wasserturbine von der Firma Fürmeyer in Kassel ein. Der Mühlenbauer hatte voll zu tun. Die großen Mühlenwerke waren im Krieg zerstört, und der Bedarf der ansässigen Bevölkerung und der hinzugekommenen Flüchtlingen aus dem Osten wurde von Betrieben wie dem unsrigen gedeckt. Das gelang nicht überall so gut, wie bei uns. Die Not war groß."* ...

Aus dieser Zeit habe ich etwas ungeheuer Beeindruckendes im Gedächtnis: Vater hatte mich zur Auslieferung einer Haferflockenfuhre ins Braunkohlekraftwerk Borken bei Kassel mitgenommen. Dort gewährten sie mir einen Blick in die unfassbar großen Befeuerungsanlagen, die ununterbrochen mit Braunkohle über Förderbänder aus der Grube beschickt wurden. Da war unsere für mich schon beeindruckende Dampfkessel-Befeuerung mit Sägewerkspäne für die Haferdarre rein gar nichts. In Borken erzeugten sie Dampf in enormen Mengen mit unvorstellbarem Druck, um mit massenhaftem Hochdruckdampf riesige Dampfturbinen samt Stromerzeugungsgeneratoren anzutreiben. Mein Blick in das Höllenfeuergetöse ist mir heute noch gegenwärtig ... und die himmelhohen Schornsteinschlote hatten oben immer noch einen Durchmesser von sechs Metern, ebenso wie unser großes Mühlrad hoch war!

Volksschulklasse mit Lehrer Otto; vorne rechts die Vaupel-Zwillinge dahinter linksversetzt der Ludwig-Wilhelm von der Neue Mühle

Die im ersten Deutschen Wirtschaftswunder an der Stelle der städtischen (vgl. S. 155) entstandene und nach 1945 im zweiten Deutschen Wirtschaftswunder aufgeblühte Neue Mühle; im Hintergrund Rosenthal

Foto Luftaufnahme © Ulrich Schleiter, 2021

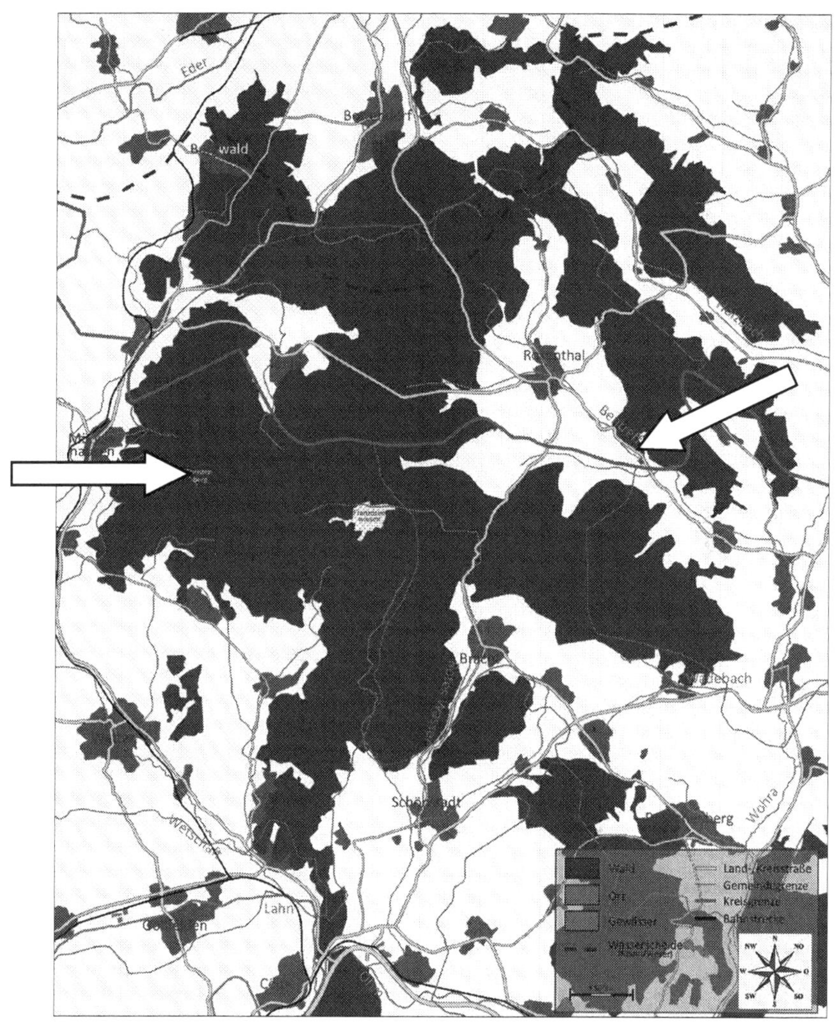

Burgwald – Pfeil links: der Christenberg oberhalb von Münchhausen, östlich davon die Franzosenwiesen; Pfeil rechts: Rosenthal im Zentrum und die Neue Mühle am Talausgang der Bentreff nahe der Grenze zum Kreis Marburg a. d. Lahn. Gestrichelte Querlinie Wasserscheide Weser/Rhein.

Karte Burgwald © Merops, Wikipedia

Meinen Schulweg nahm ich immer mehr abseits der Straße mitten durchs Tal und am Bach entlang. Da konnte ich lernen, Anlauf zu nehmen, um heil auf die gegenüberliegende Seite eines Grabens zu springen. Sah, was in den Gräben und im Bach so alles krabbelte und schwamm, wie aus sonnenbeschienenen Froscheiern Kaulquappen schlüpften, konnte üben wie man eine Forelle unter dem Bachufer vorsichtig ertastet, sanft wie die Pflanzen im Bach am Bauch streichelt, „flups" zupackte und sie im hohen Bogen aufs Trockene warf. ... Überhaupt: Es war kein Marschieren, sondern eher ein sinnender Gang.

Meist war das Schuhwerk recht nass, wenn ich oben, wo Rosenthals Burg einst stand, den Schulhof betrat. Einmal traf ich sogar pitschenass dort ein, weil ich oberhalb der Heckmühle über deren Mühlgrabenwehr balanciert hatte, abrutschte und der ganzen Länge nach im Überlaufgraben gelandet war. Mein Gang muss für die Rosenthaler Buben irgendwie auffällig gewesen sein: Die einen sagten, da kommt die Watschel-Ente; die andern raunten, da kommt der Philosoph.

Für die Klassenkameraden war die Neue Mühle ein Paradies; da gab es Teiche; da war ein Mühlrad, auf dessen U-Träger-Speichen man vorne aufspringen und in die Tiefe fahren konnte, um unten wie im Hamsterrad zu laufen und dann eine hintere Aufwärtsspeiche zu ergreifen und sich daran hinauf zu schwingen aufs Ausgangsniveau, wo sich die mächtig-dicke Eisenwelle des Mühlrads in der von Staucherfett und Schweineschwarte geschmierten Weichmetallhülle des dicken Lagerblocks drehte! In der Neue Mühle konnte man oben auf den Balken der dreigeschossigen Scheune herumtollen und ins Heu oder Stroh springen (in Rosenthal war später bei solchem wilden Treiben einer der Vaupel-Zwillinge heruntergefallen und hatte sich auf hartem Scheunenboden einen doppelten Schädelbasisbruch zugezogen). Ja und da gab's ja noch diese Sensation der Mistschwebebahn, und einer unserer wilden Äffchenschar schaffte es glatt, die Weiche just in dem Moment umzustellen, als die Kipplore der Schwebebahn samt johlendem Inhalt darüber geschoben wurde und das gesamte Schwebebahngefährt samt Belustigungsinhalt auf dem Stallboden landete, wumm ... mächtig schlecht war unser Gewissen.

Doch zurück zu meines 90jährigen Vaters 1989er Erinnerungen: *„Noch vor dem Kriegsende war der Alte Stall abgebrannt."* Der war von der alten Neue Mühle noch übrig geblieben; und ich hatte nach dem Brand im Schutt Biberschwanz-Ziegel mit der Jahreszahl 1750 gefunden: Damals hatte die Stadt bei ihrer Neue Mühle, wie um diese Zeit allenthalben zur Senkung der Feuergefahr die ursprüngliche Stroheindeckung durch Ziegel ersetzt! Vater weiter: *„Beim Befüllen der Sägespäneboiler für die Hausheizung muss Glut herausgefallen sein. – Mit der hauseigenen Wasserpumpe war es gelungen, das Ausbreiten des Feuers zu verhindern. Als die Rosenthaler (Pferdefuhrwerk-)Feuerwehr kam, waren die letzten Flammen bereits erloschen. Die Reste dieses Gebäudes wurden bis auf Teile des ehemaligen Stalles abgerissen und unter Vergrößerung der Hoffläche 1946 ein Neubau mit Schüttböden und Elevator für die Hafereinlagerung (!) errichtet."* Denn Hafer verträgt keine Mühlen-Siloeinlagerung: Er muss ständig umgeschaufelt werden, und das spätere Darren ist nötig, weil die Haferflocken ohne diese Behandlung ranzig würden. Vater: *„Als damals das Richtbäumchen auf dem frischgerichteten Zimmermannsgebälk ganz oben seine bunten Bänder im Wind flattern ließ, kletterte unser damals acht Jahre alte Sohn Ludwig-Wilhelm über die ungehobelt-rohen Balken hinauf, um ‚seiner Rosina', einem Kind der bei uns eingewiesenen ungarischen Flüchtlingsfamilie Distel, ein Band herunterzuholen. – Eine lustige Begebenheit, an die sich meine Frau gerne erinnert. – 1947 konnten wir dann einen Putzerbetrieb aus Cölbe beauftragen, alle Gebäude zu verputzen und auch sonst von außen neu herzurichten, so dass der gesamte Betrieb wie neu aussah und einen sehr properen Eindruck machte."* ... Ich verätzte mir damals am von den Putzern angesetzten Brennkalk ganz übel die Hände!

Die Braunkohlenchemie in Wesseling am Rhein wurde wieder angefahren und unsere Leuna-Ingenieure waren nun samt Familien dorthin umgezogen. Zuvor waren in den Westzonen die Soldaten aus Kriegsgefangenschaft entlassen worden. Bei uns waren es die Junglanzer Emil und Paul, der mit einem Glasauge versehene und am linken Unterschenkel eine Prothese tragende Herr Linden, der zu seiner Frau und Sohn Dieter traf und sich mit Malerarbeiten im Hof nützlich machte, sowie Onkel Heinrich aus Hagen, der als alter Eisenbahner in der Schmiede gegenüber der Neue Mühle werkelte, mir zeigte, wie man Patronenhülsen so abschnitt, dass man Fingerringe daraus machen konnte, sich dabei mit Metallspäne an der Oberlippe verletzte, dadurch eine Blutvergiftung bekam und unfassbar schnell verstarb. Seine Frau Margarethe (Tante Gretchen) war nach Gemünden in das Haus einer Einzelhändlerin gezogen, mit der ihr Sohn, den wir den „Hagener Wilhelm" nannten, in den Stand der Ehe getreten war, kinderlos geblieben ein Geschäft der Edeka-Kette betrieb. – Man war, sobald es möglich war, aus dem Vorübergehenden wieder einen festen Hafen anzusteuern, weiter gezogen u. a.:

- die einen zurück in ihr Ruhrgebiet,
- die Ungarn-Flüchtlinge der Familie Distel, deren Tochter Rosina soeben Erwähnung fand, nach Kanada und
- die Familie Turian aus Hinterpommern, als sich in Rosenthal eine familiäre Anbindung ergab. Deren Sohn, mein Volksschulklassen-Kamerad Herbert, machte sich im Alter um Rosenthals Verein für naturnahe Erholung e. V. hoch verdient. ...

Aus dem fernen Memelland hatte sich Frau Anna Raudies über 3000 Kilometer zu Fuß mit Bollerwagen und ihren drei Töchtern zu ihrer Schwester in Hatzfeld an der Eder durchgeschlagen und war auf Empfehlung von dort mit ihrer jüngsten Tochter Edith (die beiden anderen waren schon im Beruf) auf die Neue Mühle gekommen, wo ihr Mann Ewald Raudies dann aus belgischer Gefangenschaft hinzukam. ... Beide waren im Memelland auf einem Rittergut der Familie zu Trott tätig gewesen. Die Neue Mühle bot das dazu passende Tätigkeitsfeld, beide als Melker und Herr Raudies zunehmend auch als Leiter der Feld- und Wiesenbewirtschaftung. Damals wurde alles bewirtschaftet und kontrolliert. Und sobald des Milchkontrolleurs routinemäßiger Besuch anstand, war Frau Raudies in aller Herrgottsfrühe heimlich in den Kuhstall gegangen, um die Kühe „abzumelken". Die Töpfe mit der abgemolkenen Milch trugen sie und ihr Mann dann im Morgendämmer flugs die steinerne Treppe des Wohnhauses an der Seite zur Mühle in ihr Wohngelass im zweiten Obergeschoss hinauf, versteckten diese dort unter ihren Betten; und wenn der Kontrolleur dann erschien, um Herrn und Frau Raudies Melken pingelich genau zu überwachen, ergab das eben eine geringere Menge an Milch, die in die staatliche Bewirtschaftung abzuführen war: Die Belegschaft auf der Neue Mühle war jedenfalls gut versorgt, ohne von Frau Raudies' Zaubertrick zu wissen!

Frau Raudies erzählte mir das später, als unter des Wirtschaftsministers Erhard segensreichem Wirken der Bewirtschaftungs-Spuk zu Ende und der Bewirtschaftungsbürokratie-Moloch aufgelöst worden war. Bis dahin herrschte Bewirtschaftung total.

Für alles und jedes mussten die Menschen sich „beim Amt" erst einmal den „Bezugsschein" abholen, und den gab es natürlich nur für die ihnen laut Registrierung zustehende Menge ... und dann mussten sie an den lizenzierten Ausgabestellen Schlange stehen und sehen, ob sie für ihren Schein auch etwas erhielten!

Die Menschen versuchten überall, das Bewirtschaftungssystem zu übertölpeln. Die Politiker und Behörden schimpften scheinheilig über den „Schwarzhandel", dabei war das der einzige ehrliche Markt, wo sich die Menschen noch selber halfen, fern vom betreuten Sozialismus.

Stehend: Emil Arendt (Ostpreuße) u. Paul Ludwig (Schlesier) aus Kriegsgefangenschaft entlassen, Else Grauhöhe (aus dem Sudetengau), Herr u. Frau Raudies mit Tochter Edith (aus dem Memel-Land), Lore Büchtemann (aus dem darniederliegenden Hamburg), mein Bruder Heinrich, Christel Döring (aus Hinterpommern), rechts die Müllerlehrlinge, der lange Wilfried Beetke (aus des Ostzone) und der kleine Alex Zipf (aus Rumänien). ...Und abends sangen wir mit ihnen von ihrer Heimat, etwa das „Ännchen von Tharau" oder's „Riesengebirgs-Lied" (die Freude im Singen brachte in allem große Motivation).
Sitzend: Mutter Anna Schleiter, ich ihr „Sonnenschein" und der „Chef", mein Vater Wilhelm Schleiter. **Anmerkung**: Lores Eltern betrieben in Hamburg ein Unternehmen für Drogerie-Produkte; Lore hatte sich in einen Farmer aus Deutsch Süd-West (heute Namibia) verliebt und sie wollten, dass ihre Tochter eine Landwirtschaftsausbildung erhielt.

Schwiegervater, Dipl.-Ing. Willy Krabusch (s. u.), erzählte mir in den späten 1980ern einmal, wie es damals in Bochum in der britischen Zone zuging. Er hatte ein Ingenieurstudium abgeschlossen, in Bochum seine geliebte Ilse geheiratet und war mit ihr nach Erfurt gezogen, dort bei Siemens in der Telefonsparte tätig und hatte eine schöne Wohnung in Erfurts Flensburger Str. 6. Da kam

Adolfs Krieg dazwischen, zunächst war er in Frankreich eingesetzt und sandte von dort seiner am 13. November 1941 zur Welt gekommenen Tochter Silvia schöne Puppen und Mutter wie Tochter adrette Kleidungsstücke. Doch dann kam er an die Ostfront und ward wegen seiner Kenntnisse in Telefonie für den Frontkontakt mit der kämpfenden Truppe eingesetzt. Zu Ende des Krieges hatte er es geschafft, in die britische Zone zu seinen Schwiegereltern in Bochum entlassen zu werden. Frau und Tochter waren in der Erfurter Wohnung, während die Amerikaner das von ihnen eingenommene Thüringen räumten, die Russen einmarschierten und ihre schreckensträchtige Ostzone etablierten. Eine verzwickte Lage, auf keinen Fall durfte er dorthin, das hätte ihm zwanzig Jahre Sibirien und möglicherweise den Tod eingebracht. Frau und Tochter mussten den gesamten Hausstand zurücklassen und bei Nacht und Nebel „rübermachen", um zu ihm bei den Schwiegereltern dazu zu stoßen. Das taten sie auch und in Silvias Erinnern ist tief eingebrannt, dass sie bei der Flucht mindesten vier Hüte ihrer Mutter übereinander auf dem Kopf tragen musste, und man ihr im Auffanglager im Westen eine Ladung Chlorkalk unter den Rock pustete. ... Nun waren sie alle in Bochum und nagten am Hungertuch. ... Silvias Vater machte sich bei der Post mit dem Wiederverlöten der Telefonanschlüsse nützlich. Bald fassten er und seine Post-Kollegen einen Plan, wie man in der miserablen Ernährungslage an eine Sau kommen könnte: Sie müssten einem Bauern im Wald-armen Münsterland eine für Haus- und Kartoffeldämpfer-Beheizung dringend benötigte Ladung Steinkohlen bringen, die lagen ja überall, wo sie tätig waren, herum. Und es war geduldet, wenn sie sich davon für ihre Wohnungsbeheizung nahmen. Gedacht getan: Mit einem mit Steinkohle vollbeladenen Werkstattwagen der Post fuhr man los, das war ja ein offizielles Gefährt, und jeder dachte, dass sie Post-offiziell unterwegs seien. Mit dem Bauern hatte man sich vorher abgestimmt. Der hatte die Sau heimlich geschlachtet und ausgeblutet.

– In der generellen Bewirtschaftung durfte das auf keinen Fall auffliegen! – Angekommen wurden die Kohlen rasch in einen Verschlag verbracht: Es wäre aufgefallen, wenn sie auf dem Hof sichtbar herumgelegen hätten! Ein ausreichender Teil der Kohlenladung war auf der Ladefläche seitlich aufbewahrt. Dann wurde die tote Sau aufgeladen und sorgfältig mit der zurückbehaltenen Steinkohle zudeckt. So fuhren sie als Post-offizielle Steinkohlen-Fuhre zurück. Doch an Bochums Stadtgrenze wurden sie von einem Kontrollposten angehalten. Der fragte sie mit hochoffizieller Beamtenmine, was sie da geladen hätten. Schock schoss ihnen durch die Glieder. Doch Silvias Vater zeigte auf den Steinkohlenhaufen, unter dem die Sau versteckt lag, und sagte geistesgegenwärtig: „Seh'n Sie doch, 'ne tote Sau!" Das wäre sogar wahr gewesen, aber der Kontrolleur glaubte an einen Scherz, ließ sie ungeschoren davonfahren ... und mein späterer Schwiegervater samt Kollegen und Familien konnten ein heiteres Schlachtfest feiern, von dem sie noch jahrelang belustigt erzählten. Das war die Bochumer Parallele zu Frau Raudies Milchkontrolleur-Betuppung.

Frau Raudies wurde sowas wie meine zweite Mutter. Sie war weniger fordernd als Mutter, hatte ein geprüfte Seele und erzählte mir einmal, wie sie mit ihren drei Töchtern auf dem langen Hunger-, Hitze-, Nässe- und Kälte-Treck immer wieder in Gefahr gerieten, eines ihrer Mädchen gar erkrankte und beinahe gestorben wäre. Ihren Sohn Siegfried hatten sie verloren, als er bei einem Tiefflug-Angriff in Ostpreußen gegen den Deich geflogen war.

Auf der Neue Mühle hatte sich erneut eine gelebte Anthroposymbiose (= Symbiose-Surplus generierende Menschengemeinschaft) gebildet. Und wieder war's fortwirkender Segen in Hallesch-Kant'schen Aufklärung in preußisch-pietistisch-calvinistischem Streben zu gedeihlichem fruchtbringendem Miteinander.

Generell kam es in Stadt und Land unter mächtigem Kultur-Renaissance-Streben zu dem, was die NS-Hybris eines Götzenkult um den „Führer“ hatte ersticken wollen, nämlich zu Jesu Befreiungs-Philosophie in wieder aufgelebter Seelen- und Verstandes-Aufklärung.

In Rosenthal und auf der Neue Mühle wurden **1.** Weihnachten weihevoll im milden Kerzenschimmer begangen, im sehnenden Befreiungs-Glauben, dass Frieden sein wird; **2.** Ostern gefeiert im Befreiungs-Glauben und inbrünstiger Zuversicht, dass nach der Katharsis die Erlösung und das Aufwärts kommen wird, dazu fanden im Gemeindehaus mitreißende Passionsspiele statt; **3.** zu Pfingsten im Hof Pflastersteine heraus genommen, um dort eine frisch geschlagene voll ergrünte Birke aufzustellen, im ganzen Hofesrund roch‘s dann nach Birkengrün, und Pfingstsonntags zog‘s die gesamte Belegschaft der Neue Mühle im Pferdegespann-Leiterwagen-Fuhrwerk über lange Wege durch den Burgwald zum Christenberg, um im Frühlingshoffen des hohen Buchenwalds beim Gottesdienst dem Befreiungs-Glauben auf „Heilige Weisheit“ zu huldigen; und **4.** zur Herbstzeit mit großem Jubel in der Kirche und auf dem Hof das Erntedankfest gefeiert.

Besonders rasch fand die Lebensfreude ins junge Gemüt zurück. Da kam es auch schon mal vor, dass auf dem über zwei Kilometer langen Weg durch klirrenden Frost zur Heiligabend-Andacht wir nicht nur des Schnees Knirschen unter den Schuhen vernahmen, sondern die heranreifenden Mädchen, Raudies Edith voran, *„Wenn bei Capri die rote Sonne im Meer versinkt“* in die kalte Winterluft hinein trällerten.

Auf der Neue Mühle geblieben waren auch die Tante Anna und der Onkel Peter aus Wuppertal. Und der Wuppertaler Schneidermeister machte sich nützlich, indem er sich mit Flick- und Säumarbeiten einbrachte. Er hatte Asthma und litt manchmal schwer darunter. Sie war kregel und munter, und fuhr gerne auch mal mit, wenn sich Gelegenheit dazu bot. Einmal ging’s nach Frankenberg. Dort erwartete der Becker eine Mehlanlieferung. Tante Anna war in einen Textilladen gegangen, wo sie nichtwissend auf eine große Spiegelwand zuging, und als sie sah, dass da wer entgegenkommt, höflich Halt machte und ihrem Spiegelgegenüber zurief: *„Nach ihnen bitte."* Das hatte ein Rosenthaler beobachtet, machte in Rosenthal die große Runde und wurde auch zur Neue Mühle kolportiert. – Beide waren freundlich und höflich, und ich war gerne bei ihnen oben im ersten Stock, sah ihm bei der Schneiderarbeit zu und beim Tabakkauen. Prim hieß das Kautabak, den er stückweis abschnitt und sich in den Mund steckte. Manchmal erzählte er lustiges aus Wuppertal: Zu Napoleon habe man rufen müssen „Vive l'Empereur", und die Wuppertaler hatten gespottet „wief Lampenröhr", also putz' das (Petroleum-)Lampenrohr. – Ob er das wohl als Persiflage auf das den Deutschen aufgenötigte „Heil Hitler" verstand?

Völlig unerwartet erkrankte Tante Anna und starb vor ihrem Mann. Das hatte Onkel Peter den Lebensnerv genommen und er folgte drei Monate später nach. Es war Mutters Verwandtschaft, und sie waren jedes Mal im großen Raum in Erdgeschoss aufgebahrt, den wir Saal nennen. Da war eine bedrückende Ruhe im Haus, der Lilienduft befremdete, und ich machte ewig einen weiten Bogen um den Saal. ... Durch Tante Annas und Onkel Peters Tod war ich Mutter nähergekommen. Ihre Trauer bewegte mich. Und sie fing an, von sich und ihrer Familie zu erzählen, und dass sie die jüngste war von neun Geschwistern, und wie sie ihre Aussteuer gekauft hatte in Rosenthal bei Moses Goldstein, dessen Geschäft jetzt verlassen war. Sie zeigte mir das Silber, das Porzellan, den Damast sowie die Hand- und Badetücher, die sie dort gekauft hatte. Das erweckte in mir Interesse an solchen feinen Sachen. Irgendwie vermisste sie, dass ich kein Mädchen geworden war (und so sammelte sie für mich dann Aussteuer, so dass wir später doppelte Aussteuer hatten, als meine liebe Silvia und ich heirateten).

Die Schule war nach dem Krieg sofort wieder weitergegangen, nur mit dem Unterschied, dass die Flüchtlingskinder Quäkerspeise von den Amis bekamen. Manchmal hätte ich auch ganz gerne von dem

Pudding gekostet. Außerdem hatten die Amis uns Kinderlähmungsschutz durch Schluckimpfung und Tuberkulose-Schutz durch Ritzimpfung verpasst. Unser Land hieß jetzt Amerikanisch Hessen, die Nummernschilder unsere Autos begannen mit AH.

Erst war ich bei Herrn Otto im Unterricht, der uns besonders gern Heimatkunde vermittelte und eine große Hessenkarte in seinem Klassenraum hatte. Ab der dritten Klasse hatte ich Fräulein Klingelhöfer, die uns schon mal englisch beibrachte. Außerdem hatten wir den Herrn Möller als Schulrektor. Bei dem hatte ich keinen Unterricht, zu ihm kamen nur die Größeren. Aber Herr Möller erschien schon mal mit seiner auffallend hübschen Frau auf der Neue Mühle, um gesellig zu sein und dieses und jenes miteinander zu besprechen. Möglicherweise hatten sie auch darüber gesprochen, wie mein Bruder sich mit dem Schulbesuch in Marburg schwer tat: Vom Bus morgens um 6 Uhr oben bei der Milchbank der Neue Mühle aufgeladen und abends um 8 Uhr wieder dort abgeliefert, und später in der Wohnung bei einem Marburger Oberstudienrat mit herzlich wenig Menschenliebe und großem pädagogischen Unverstand! – Auf jeden Fall war Herr Möller mit meinen Eltern übereingekommen, dass sie mich erst mal befragten, ob ich denn überhaupt eine Oberschule besuchen wollte.

Das war eine Szene wie in Eichendorffs Taugenichts: Vater stand oben im Mühlentor auf der Lieferrampe und fragte mich, der unten wuselte, so nebenbei, ob ich denn lieber weiter nach Rosenthal in die Volksschule gehen oder doch eher nach Marburg wolle. Ich war neugierig und wollte nach Marburg. Die 1949er Aufnahmeprüfung am dortigen Philipps-Gymnasium hatte ich auch bestanden. Die Abschlussfrage an mich lautete, wer aus meiner Sicht denn fleißig sei und wer tapfer. Meine Antwort war: „die Mutter ist fleißig, der Soldat ist tapfer“ und brachte mir das irgendwie seltsame Schmunzeln meiner Prüfer ein. – Aber in den mich bedrückenden dusteren Philipps-Gymnasiums-Bau wollte ich auf keinen Fall.

Meine Eltern machten sich auch so ihre Sorgen. Das, was meinem Bruder Heinrich widerfahren war, wollten sie mir auf jeden Fall ersparen.

Die Lösung lesen wir nach dem jetzt folgenden Abschnitt mit Rückblick und für Durchblick, was damals alles ausgelöst worden war, und wie es dann gelungen ist, es für meine Generation alles summa summarum doch recht zufriedenstellend zu kanalisieren und zu kalibrieren. ... So erst einmal noch zurück ins Allgemein-Geschehen!

***

1948 war Erhards Wirtschaftswunder-Evolution angelaufen, 1949 war die Bundesrepublik Deutschland gegründet worden, und was dann kam, ist einfach phänomenal. Die eine Ursache war Erhards Besinnung auf die Hallesch-Kant'sche Seele- wie Verstandes-Aufklärung in pietistischer-preußischer *Mem*-Ausprägung fürs Ur-Evolutionsmolekül Freiheit&Kooperation. Die andere Ursache war die zunehmende Nutzung der fossilen Sonnenenergie.

Die Engländer hatten die Dampf-Maschine und -Lokomotive erfunden, in der Kaiserzeithochkonjunktur kamen der Elektro-, Otto- und Dieselmotor hinzu, und es wurde das erste Selbstfahrgefährt (also das Auto) patentiert.

Durch den Knebelungs-Vertrag von Versailles hatte Deutschland rd. 40 % seiner besten Steinkohlenvorkommen verloren, sprich: Es fehlten 40 % der wichtigsten Energiequelle jener Zeit. Das war natürlich so gewollt, von den „Alliierten", insbesondere den chauvinistischen. Die belassenen Steinkohlenreviere hatten zudem noch erhebliche Reparationsleistungen aufzubringen, etwa für die Kredittilgung samt Zinseszinsen der Morganbank für Frankreichs und Englands Aufrüstung in Kombination mit inneramerikanischer Wirtschaftsförderung durch Rüstungsindustrie-

Begünstigung im Morgan-Bank-Komplex. – Wo dann zwei Millionen frisch angelandete US-GIs die Kredite retten mussten, und ganz am Ende die Briten ja diese selbstfahrenden Geschütze (sog. Tanks, also Panzer) mit der neuen Motorentechnik „invented in Germany" auffahren ließen.

Für Deutschlands Nach-Versailles-Wirtschaft war die Braunkohle ein absolut unentbehrlicher Energie- und Rohstoff-Lieferant geworden. In allen deutschen Braunkohlegebieten kam's zur gewaltigen Steigerung der Förderung. Riesige Tagebaumaschinen fanden Einsatz. In tausenden von Quadratkilometern mussten die Dörfer umgesiedelt werden. Während vor 1919 der Anteil der Braunkohle an der Verstromung aufgrund ihres geringen Heizwertes, ihrer schlechten Transportfähigkeit sowie der fehlenden Heiz- und Übertragungstechnik praktisch ohne Bedeutung war, erzwang die mit den aufgezwungenen Gebietsabtretungen verbundene Steinkohle-Verknappung in der Weimarer Republik eine radikale Zunahme des Braunkohlen-Anteils auf fast 60 % der Energieerzeugung.

Braunkohlenenergie ward zu überall verfügbarer Elektroenergie! Und die NS-Autarkiebestrebungen steigerten die Bedeutung der Braunkohle noch einmal gewaltig, nicht zuletzt, weil Bakus Erdöl mit dem Krieg gegen Russland wegfiel, und man für Panzer wie anderes Militärfahrzeug und Flieger dringend Benzin benötigte, das man nun in Kohle-Hydrieranlagen herstellen musste. Man nannte dieses synthetische Benzin nach der Entwicklerfirma auch „Leuna-Benzin". Die Leuna-Werke waren bereits ab Ende der 1920er Jahre zu Deutschland größtem Ottokraftstoff-Lieferanten geworden. Die Produktion des synthetischen Benzins war indes hoch kompliziert und im Vergleich zu den Erdöl-Weltmarktpreisen einfach zu teuer. Im November 1932 hatten sich daher die I.G.-Farben-Direktoren Bütefisch und Gattineau mit Hitler getroffen, um mit ihm die Frage der zukünftigen Bedeutung von synthetischem Benzin zu erörtern. Und Hitler gab ihnen für den Fall seiner Regierungsübernahme die

Zusage, die Herstellung von synthetischem Benzin durch Absatz- und Mindestpreisgarantien zu unterstützen. – Am 14. Dezember 1933 konnte sodann im Feder-Bosch-Vertrag das entsprechende Mindestpreisgarantie-Abkommen fixiert werden.

Das war eine auch militärstrategisch wichtige Maßnahme. Denn die Erdölförderung auf deutschem Boden reichte noch nicht einmal für 30 Prozent des damals noch geringen Eigenbedarfs. Dazu kam der hohe Gehalt an Schwer- und Schmierölen der deutschen Ölvorkommen, was das Herstellen von Ottokraftstoffen schier unmöglich machte und speziell das Erzeugen von Flugbenzin ausschloss. In den höheren Luftschichten gab's ja weniger Sauerstoff, das Benzin für die Flugzeugmotoren musste zündfreudiger sein! Die Nutzung der Braunkohlevorkommen über das Leuna-Kohleverflüssigung-Verfahren erhielt daher bereits in den sog. „guten Hitlerjahren" Vorrang-Bedeutung. Der Bau von zusätzlichen Hydrierwerken wurde politisch gegenüber anfänglich erhebliche Widerstände aus Teilen der Industrie durchgesetzt und zum bedeutenden Bestandteil der Arbeitsfrontmaßnahmen und Autarkiebestrebungen des NS-Vierjahresplans.

Und zeitgleich bastelte man an den neuen kriegsrelevanten Technologien der Düsen- und Raketentriebwerke, etwa für

- den Messerschmitt Me 163 Abfangjäger; das Fluggerät gehörte zu den streng geheimen Projekten der Luftwaffe, seine Entwicklung war bereits in 1938 eingeleitet worden, oder
- die V2 Aggregat 4 als im Jahr 1942 weltweit erster funktionsfähiger Großrakete mit Flüssigkeitstriebwerk,

welche dann den gesamte zivilen Flugverkehr sowie die Weltraumfahrt revolutionierten. ...

Außerdem entwickelte damals ein Conrad Zuse im hessischen Hünfeld und im Reichszentrum Berlin die erste Maschine für digitales Rechnen ... ein Verfahren, das uns heute die „digitale Intelligenz" verspricht und das „autonome Fahren" ermöglicht.

Der Raketen- und Raumfahrt-Pionier **Wernher Magnus Maximilian Freiherr von Braun** (*23. März 1912 in Wirsitz, Provinz Posen, Deutsches Reich; †16. Juni 1977 in Alexandria, Virginia, USA) erreichte unter NS-Militärforschung höchste Erfolge, gelangt zur V2-Serienproduktion, ab 7. September1944 erreichen 12.000 V2-Raketen ihre Fernziele in den Niederlande, Belgien und London. Unterdessen konstruierte Braun mit seinen Mitarbeitern bereits die Modelle A9 und A10, die Ziele in den USA erreichen sollten. ... Und Hitler zeichnet ihn mit Ritterkreuz zum Kriegsverdienstkreuz mit Schwertern aus.

Im April 1945 verlässt Wernher von Braun mitsamt 500 Mitarbeitern das NS-Raketenzentrum Peenemünde, um sich in Süddeutschland der amerikanischen Armee zu stellen. Diese lässt sofort aus Peenemünde alle verbliebenen V2-Raketen, Raketenteile sowie Pläne in die USA verfrachten. In Juni 1945 siedeln Braun und weitere 126 Mitarbeiter in die USA über. Dort sind sie zuerst in Fort Bliss (Texas) stationiert und geben ihre raketentechnischen Kenntnisse an das amerikanische Militär weiter. Zeitgleich erbringen sie für einige der aus Deutschland mitgebrachten V2-Raketen in White Sands (New Mexico) die gewünschten Vorführtests. 1955 erhält Wernher von Braun die amerikanische Staatsbürgerschaft. Im Januar 1958 wird mit einer von Braun entwickelten Jupiter-C-Rakete der erste US-Satellit „Explorer 1“ auf Erdumlaufbahn gebracht. Mit Gründung der „National Aeronautics and Space Administration“ (NASA) wird Wernher von Braun in 1960 Direktor des „Marshall Space Flight Center“ in Huntsville. Dort konstruiert er die Raketen des Saturn-Programms. 1969 landen mit der Apollo 11 Mission die ersten Menschen auf dem Mond, bei der dafür eingesetzten Trägerrakete handelt es sich um die von Braun konstruierte Saturn V. Die Mondlandung samt geglückter Astronauten-Rückführung bezeichnete Wernher von Braun selbst als den krönenden Erfolg seiner 40

Jahre Forscher- und Entwicklungstätigkeit. ... Die gesamte heutige Weltraum-Technologie beruht darauf.

Auch die Forschungen um die Atomenergie sowie die Atombombe stammen aus jener Zeit. Albert Einstein (*am 14. März 1879 in Ulm, Württemberg, Deutsches Reich; †am 18. April 1955 in Princeton, New Jersey, Vereinigte Staaten) lebte, forschte, publizierte und lehrte von 1914 bis 1932 in Berlin als preußischer und deutscher Bürger. Seine ihn zur Welt-Berühmtheit machende allgemeine Relativitätstheorie veröffentlichte er 1915. Zur Quantenphysik leistete er wesentliche Beiträge. Der Nobelpreis des Jahres 1921 *„Für seine Verdienste um die theoretische Physik, besonders für seine Entdeckung des Gesetzes des photoelektrischen Effekts"*, nahm er am 11. Juli 1923 auf der 17. Nordischen Naturforscherversammlung in Göteborg entgegen, wo er zum Gefallen des anwesenden schwedischen Königs und weiterer tausend Zuhörer eine Rede unter dem Titel *Grundgedanken und Probleme der Relativitätstheorie* hielt. ... Mit Hitlers Machtergreifung in 1933 hatte er seinen deutschen Pass abgegeben. Daraufhin wurde er 1934 vom NS-Staat strafausgebürgert. Ab 1940 war er Staatsbürger der USA. ... Und der US-Multimilliardär Bill Gates bastelt z. Z. am sog. Taschen-Atomreaktor.

Von all den v. g. Innovationen zehren wir heute, und versuchen nun, die energetische Autarkie zu erreichen: übers direkte Anzapfen von Sonnenenergie per Fotovoltaik sowie Windmühlen-Propellerlandschaften.

Höhere Schule

Wie ging's nun weiter nach meiner bestandenen Aufnahmeprüfung am Marburger Philipps-Gymnasium? Die Lösung kam von dem auf der Neue Mühle domozilierenden Jagdpächter Ewald Giebel aus Hohenlimburg bei Hagen. Der hatte Rosenthals Stadtwald von ca. 11.000 Hektar gepachtet und weilte zur Jagd nun schon seit zehn Jahren auf der Neue Mühle, wo er im ersten Stock ein zum Hof gelegenes Zimmer hatte und im kleinen Wohnzimmer die Mahlzeiten einnahm. Meist war er mit ausgewählten Geschäfts- und Jagdfreunden und Chauffeur angereist. Seine Feinblechfabrik in Hohenlimburg an der Ruhr war spezialisiert auf Feinblechherstellung für Auto-Kühler, was ihm im Krieg einen großen Aufschwung brachte. Alle Wehrmachtfahrzeuge und insbesondere die Panzer hatten solche Kühler nötig. Er hatte mit seiner Frau, die wir einmal in Hohenliburg besuchten, drei Kinder, die sie „Ewältken", „Helgaken" und „Wälterken" nannten, und für die sie wenig Zeit hatten. Sohn Ewald war ihr ältestes Kind und sollte nun zur höheren Schule gehen. In Jägerkreisen hatte sich herumgesprochen, dass südlich von Marburg auf der altehrwürdig-mittelalterlichen Steinmühle ein Landschulheim samt Internat und Gymnasium zum Schuljahr 1949 eröffnet werde. Da sollte „Ewältken" hin. Und als ihm meine Eltern von ihrer Sorge um mich erzählten, berichtete er ihnen davon.

Also kamen Ewältken und ich auf die Steinmühle. Wir hatten wöchentlich sechs Tage Unterricht, und mir wurde gestattet, Samstagmittag mit dem Rosenthaler Bus nach Hause zu fahren, um am Montag um 6 Uhr in der Frühe oben an unserer Milchbank wieder in den Bus nach Marburg zu steigen. – Die Milchbank hatte ihren Namen daher, dass da allmorgendlich die Kannen mit frisch gemolkener Milch hinauf gekarrt wurden, von wo sie das Milchauto in die Molkerei nach Wohra brachte. – Das für Internatsschüler ungewöhnliche Entgegenkommen hatte für mich den Vorteil, dass ich weiter an allem Geschehen auf der Neue Mühle regen Anteil nahm. Manchmal brachte ich auch einen Stubenkamerad mit. Einmal war sogar meine gesamte Internats-Alterskohorte für ein Wochenende auf der Neue Mühle und später die Internatsbetreiber-Familie Burmann mit ihrem Buckelford auch. Die Internatskohorte war an der Steinmühle in die Kreisbahn gestiegen, in Marburg/Süd in die Main-Weserbahn umgestiegen, in Kirchhain in die Wohratal/Kellerwald-Bahn und am Bahnhof Wohra von unserm Mercedes-LKW abgeholt worden, auf dessen Ladefläche Bänke aufgestellt waren. Und munter ging's im frischen Fahrtwind über Langendorf, die Hammerhöhe und den Eichhof auf die Neue Mühle zu. Wo dann mächtig getafelt und mit ungeheurer Lust Mutters Buttercreme-Torten zugesprochen wurde. Was freilich so manchem von der Bewirtschaftung geschrumpften *Normalverbrauer*-Magen nächsten Tags auf der Steinmühle Probleme bereitete.

Die Internatskohorte auf der Neue Mühle ... man trug Lederhose

Wir auf der Neue Mühle waren ja *Selbstversorger* außerhalb der Lebensmittel-Bewirtschaftung gewesen. Dank Mutters Vollversorgung war ich nicht mehr spindeldürr, sondern etwas mollig geworden, was mir auf der Steinmühle den Spitznamen „Dickerchen" einbrachte. Auch die Tagesschüler aus Marburg und Umgebung, so sie denn *Normalverbraucher*-Kinder waren, hänselten mich gern. Denn es gab durchaus ein Neidgefühl auf die als *Selbstversorger* Bevorteilten.

Tagesschüler waren Jungen und Mädchen, Internatsschüler nur Jungen. Als Internatsschüler waren wir anfänglich in dem alten Fachwerkwohnhaus der Steinmühle untergebracht, auf meinem Zimmer waren wir zu siebt. An dieses alte Gebäude mit seiner breiten knarzenden Holztreppe in den ersten Stock war auf der Rückseite ein Küchentrakt im EG samt Speisesaal im OG sowie ein Dusch- und Waschbereich angebaut, dessen Toiletten zunächst nicht funktionsfähig waren, so dass wir über den Balken in den Mühlgraben sch ..., was eher ein belustigendes Ereignis war. Von den Sieben in unserem Sechstaner-Zimmer sind besonders in Erinnerung geblieben der Industriellen-Sohn Ewald Giebel aus Hohenlimburg, der Apotheker-Sohn Wolfgang Bruch aus Biedenkopf, die beiden Hahnbrüder Artur und Georg von einem renommierten Weingut in Deidesheim an der Pfälzer Weinstraße mit zwei gutgehenden Hahnhofstuben genannten Restaurants in Frankfurt.

Ewald war immer klamm, und so machte ich eine Verleihstube auf, er konnte freilich nicht zurückzahlen, am Ende bekam ich seinen kleinen Märklin-Eisenbahnring samt Lock und zwei Waggons übereignet. Die war dann der Start für eine kleine Modelleisenbahn auf der Neue Mühle.

Wolfgang nässte manchmal in Schlaf ein und war darüber verunsichert und beschämt. Ich besuchte ihn einmal in Biedenkopf. Sie hatten dort am Markt ein hohes Fachwerkhaus mit ihrer Apotheke im Ladengeschoss und ihren Wohnetagen darüber. Seine Mutter führte das Zepter, sein Vater war eher zurückgezogen.

In Deidesheim war es ähnlich. Möglicherweise litten die Männer unter Kriegstraumata, während ihre Frauen zuhause die Regie übernommen hatten. Zweimal hatte mich Frau Hahn mit ihrer stolzen Mercedes-Limousine 170S mitgenommen. Das erste Mal ging's nach Deidesheim, wo sie im Weinberg eine schicke Bungalow-Villa hatten, mit umlaufender Terrasse, die man aus allen Zimmern betreten konnte. Einfach phänomenal, dieser Blick übers weite Winzerland. Nur das Spaghetti-Essen musste ich noch üben. Einmal nahmen sie mich mit nach Frankfurt, wo wir im zweiten Untergeschoss unterm Hahnhofrestaurant am Theaterplatz schliefen; bedrückend, wie man da unten nur Luft bekam? Das war 1951 als in Frankfurt die erste Automobilausstellung zelebriert wurde. Und natürlich sind wir drei Buben Artur, Georg und ich dorthin, schon um die begehrten Anstecknadeln der verschiedenen Automarken zu sammeln, von Ford, Borgward, Opel, VW und BMW ... und natürlich den Mercedes-Stern, wenn's ging gleich mehrere auf einmal, damit man mit ihnen auf der Steinmühle dann tauschhandeln konnte. Besonders hatte es mir das Mercedes-Kabriolett 190 SL angetan und der Adenauer-Staats-Mercedes 300 SL. Zurück in der Steinmühle malte ich Bilder davon, zeichnete neue Modelle und „konstruierte" von KFZ-Technologie nur so begeistert für die Neue Mühle einen Spezialtraktor mit Gasturbinenantrieb!!! ... Welch eine Horizonterweiterung in allem, welch eine Ergänzung bisheriger Lebenserfahrung! ... Die Schülerbetreuung in Internat und Schule war vorbildlich.

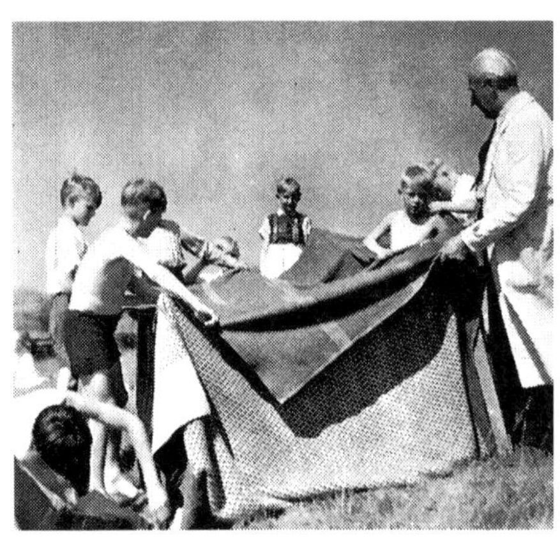

Heimleiter „Herr Franz",
der uns des Abends immer noch
eine schöne Geschichte vorlas

Unterstufenfest,
oben mit Schulkameradinnen,
unten mit Klassenlehrerin Frau Dr. Happel

Steinmühle in 1949 vom Stauwehr der Lahn aus – ihre Ursprünge reichen bis ins 12. Jh. zurück

Mühlradgehäuse mit zwei unterschlächtigen Wasserrädern, vom dritten existiert noch die altmächtige Holzwelle, die ins Mühlengebäude ragt und dort mal ein Steinmahlwerk antrieb

Mittelstufen-Klassenlehrer Herr Dr. Hans Geisel

Steinmühle 1949 von der Lahnwiese aus: vorne Lahndamm, dahinter Schulhaus, dahinter altes Wohnhaus mit Anbau für Speisesaal im OG und Küche im UG, davor im Winkel angebaut das Gebäude für die Dusch und Waschräume

Steinmühle

Altbaubereich der Steinmühle im Zustand 1958,
als ich dort das Abitur ablegte

Steinmühle heute: https://youtu.be/iOii6ScAtfM?t=80

Uns besonders prägende Lehrer waren ... **1.** Frau Dr. Happel als Unter- und Oberstufenlehrerin (Schwerpunkt Deutsch und Englisch; sie hatte ihren Mann im Krieg verloren und war mit ihren drei Kindern aus Prag vor dem Lynch-Mob geflohen; mich entdeckte sie in der Oberstufe, als sie mich eigentlich aufs Kreuz legen wollte und im Englisch-Unterricht zu William Shakespeares Macbeth vor die Klasse zitierte. Doch ich hatten den abends zuvor zum Schlafengehen noch einmal genau durchstudiert, so dass ich nun brillierte und bei ihr als Großentdeckung vom dumpf unauffälligen Landkind zum Klassenknaller avancierte), ... **2.** unser Mittelstufenlehrer Herr Dr. Geisel, der uns in Mathematik, Physik und Geographie bis in Abitur führte (mit ihm unternahmen wir unsere Horizont erweiternden Klassenausflüge an die ehemalige Staatsgrenze des römischen Weltreiches zum Römerkastell Saalburg auf dem Taunuskamm hoch über Bad Homburg, ins mittelalterliche Miltenberg am Main, zum fürstlichen Bischofs-Sitz Fulda und auf Hessens höchstem Berg, die Wasserkuppe in der Rhön, wo wir den Basaltsockel des Fliegerdenkmals hinaufkletterten – und ihm verdanke ich Semjonows Wirtschaftsgeographie-Klassiker „Die Güter der Erde“, eine dicke Schwarte, die ich mit sehr viel Wissensdurst las) ... und **3.** Herr Professor Dr. Wulf, eine ganz gute Seele und ein besonders begnadeter Lehrer, der uns in der Oberstufe in Deutsch und Geschichte unterwies. Die Lehrer für Kunst, Musik, Latein, Französisch, Chemie, Biologie und Sport waren ebenfalls mit großem Einsatz dabei, verfügten aber aus unserer Wahrnehmung jedoch nicht über das „Charisma“ der eben Genannten.

In der Summe hatte sich der Einsatz von Heim- und Schulleitung inklusive aller Heimerzieher und Lehrer gelohnt: Die Steinmühle wuchs, und das obwohl nicht nur das Internat, sondern auch der Gymnasiums-Unterricht Geld kostete und die externen Schüler Marburgs Phillips-Gymnasium hätten gratis haben können. ... Es war auch im Schulgeschehen eben ein ganz anderes Herangehen, nämlich in pädagogischer Atmosphäre.

Da erhält das Pflänzlein „Kultur-Mensch-Werdung" altersspezifische Stoffvermittlung mitsamt gezielter Anregung, in Freiheit&Kooperation Raum zu eigendynamischer Selbstentfaltung zu erobern, z. B. in den Bastelräumen, wo wir oft nachmittags waren. (So kannte ich es ja schon von der Anthroposymbiose auf der Neue Mühle.) ... Da zeigte sich, dass von Unternehmern Geführtes eine höhere Freiheits&Kooperations-Entfaltung ermöglichen kann: Die von der Unternehmer-Familie Buurmann betrieben Steinmühle reihte sich da bestens ein (von der Neue Mühle kannte ich es ja ohnehin schon).

So waren wir in der Mittelstufe nun in einem am Weg nach Cappel bzw. zur Kreisbahnhaltestelle erstellten Erweiterungsgebäude, das sie wegen der Herkunft der Familie Buurmann „Haus Bremen" nannten, untergebracht worden. Es hatte im 1. Stock und Dachgeschoss um einen Mittelgang nach hinten und nach vorne angeordnete Dreier-Internatszimmer mit Klappbetten, die wir abends zum Schlafengehen herunterklappten und morgens wieder hoch, um den dann nötigen Platz zu schaffen. In der Mittagszeit war Arbeitsstunde, bevor wir dann gegen 4 Uhr ins Freie durften. ... (In der Unterstufe im alten Haupthaus hatten wir diese unsere Freizeit genutzt, um in den Wäldern der Lahnberge zu stromern oder nassen Schuhwerks durch Lahnfurt zu waten und uns auf der anderen Seite mit der Kisselberger Dorfbuben Kieselstein-Schlachten zu liefern, oder einfach nur auf den Lahnwiesen herumzutollen. Einmal war einer von uns in Lahnbogen-Strudel abgesoffen und nicht mehr hochgekommen. Erregt hatten wir die Großen herbeigerufen. Die waren mutig hinterher getaucht und hatten den Abgängigen wieder an Land gezogen. Nun lag er da und sagte nichts. Flugs stellten sie ihn auf den Kopf, so dass das Wasser aus seiner Lunge heraus floss und sie mit der Wiederbelebung beginnen konnten. Als er, oh Wunder, wieder zu sich kam, war das erste, was er röchelte, wieso wir ihn nicht da unten gelassen hatten. Es sei so schön gewesen. Der Übergang von Leben zu Tod muss etwas Erlösendes an sich haben. Das hatte ich bei der Gelegenheit mitbekommen. Und Wintertags, wenn Lahn und Mühlgraben zufroren – was bei der Neue Mühle nie passierte, weil ihr Quellwasserzufluss immer Erdwarm war – zog's uns zum Schlittschuhfahren und auch nur zum Schlittern dorthin. Gruselig, wenn das dicke Eis der Lahn platzte, und die Risse donnernd in der geschlossenen Eisdecke dahinschossen. Es klang ein bisschen wie Gewitter. Einmal war einer aus unsrer Tollheitsschar eingebrochen, doch er konnte sich bei einem anderen festkrallen und ward per spontan sich bildender Menschkette rasch wieder heraus gezogen. Ja, auch so geht lernen!) ...

In der Mittelstufe hatten wir solche wilde Kindheits-Jagden abgelegt. Im Erdgeschoss unseres Neubaus lagen drei Klassenräume, mit Blick nach hinten ins Freie, dazu WC- und Duschräume auf der Vorderseite zum nun deutlich vergrößerten Schulhof. Da lebte ich nun mit zwei Großstadtrüpeln aus Frankfurt und Mannheim in einem Dachgeschoss-Zimmer. Die waren fernab jeder Hallesch-pietistischer wie aufklärerisch-Kant'scher Einsicht. Wir besuchten die Klasse unten, wenn wir die Treppe herunterkamen, gleich links. Zum Glück saßen wir da nicht zusammen. Ich hatte einen Platz ganz hinten rechts an der nach Nord gelegen großen Fensterfront. Im Frühjahr erstrahlte der Löwenzahn in frischem Gelb und übergab als Pusteblume seine Samen bald dem Winde-Verwehen.

Sodann fand da draußen die Heuernte statt, und der Fleiß der Bauersfamilie dabei erinnerte an zuhause. Die längste Zeit des Jahres beruhigte das gemächliche Grasen der Kühe dort auf der Weide ungemein. Im Winterhalbjahr brachte manchen Tags ein Schneeflocken-Treiben andächtiges Besinnen, oft Ende Oktober/Anfang November sogar schon. Das gab dem freien Denken Bahn, parallel zu all dem Unterrichtsgeschehen!

Zeitgleich mit unserem neuen Heim&Schule-Domizil war an der Lahn ein Bootshaus errichtet worden mit einem klassisch-hölzernen

Vierer-Ruderboot drin. Das wurde mir zum Sportereignis mit großen Vergnügen. Und es brachte zugleich ein früheigenständig praktiziertes Freiheits&Kooperations-Üben. Ich hatte mich mit drei mir angenehmen Internatsschülern meiner Dachgeschoss-Etage zusammengetan und eine Vierer-Mannschaft verabredet.

Vom Sportlehrer sowie dem Heimleiter in unserem Neubau hatten wir die Erlaubnis erhalten. Morgens um 5:30 Uhr ging's frisch aus den Federn. Rasch waren die Turn-Hemden und -Hosen angezogen, schon holten wir in vereinten Kräften den hölzernen breitbauchigen Übungs-Vierer aus dem Bootshaus, legten ihn behutsam in die Lahn und ruderten im Gleichtakt, die Füße fest eingestemmt auf den Sitzbrettchen unseres Kahn hin und her rollend und die Riemen (engl.: „skulls") gleitend ins Lahnwasser eintauchend in ansteigender Fahrt, stetig schneller bis das Takt-und-Schlag-Optimum erreicht war, mit kräftigen Zügen nach Marburg und zurück ... und hatten Arm-, Brust-, Wirbelsäulen- sowie Bein-Muskulatur mächtig ausgearbeitet!

Um sieben Uhr waren wir zurück, hatten den Vierer-Kahn sorgsam wieder im Bootshaus verstaut, kurz geduscht und waren flugs zum Frühstück im Speisesaal am alten Haupthaus geeilt, um pünktlich um 8:00 Uhr zum Unterricht präsent zu sein. ... Das war ein guter Start in unseren Schüler-Tag: sowohl mitmenschlich als auch körperlich wohltuend. Heute würde man sowas vielleicht „ganzheitlich" nennen!

Und zum Ganzheitlichen kam dann in der Obersekunda noch was ganz Wesentliches hinzu. Zunächst waren wir Mittelstufen-Schüler alle vom Haupthaus in den Neubau gezogen. ... Zeitlich parallel waren die Oberstufen-Internatsbewohner ins Dachgeschoss der total sanierten und im Inneren völlig neu gebauten Steinmühle gekommen. Neben den Oberstufen-Zweibettzimmern im Dach befand sich dort nun im 1. Stock ein großer Kunst-Unterrichtsraum mit weitem Blick gen Süd auf die Lahnwiesen. Im Erdgeschoss hatte ein Multifunktions-Saal samt Konzert-Flügel für Festveranstaltung und Musikunterricht Platz gefunden, der aber auch für Sport- und Boxunterricht sowie für Theateraufführungen verwendet wurde.

Ins alte Haupthaus ging's für die Mittel- und Oberstufen-Internatler nur noch zum Frühstück und Mittag- sowie Abendessen. Die Steinmühle platzte immer mehr aus allen Nähten! ... Und einige Schüler, die hinreichend Vertrauens-würdig und eigenständig erschienen, wurden zu „externen Internatsschülern" erklärt. Da erfuhren die Horizont-Erweiterungen aus Internat-Freundschaften, zuletzt zu den Fabrikanten-Söhnen Jupp Kraft aus Olpe im Sauerland und Wolfgang Habicht aus Gütersloh im Münsterland samt Besuchen bei ihren Familien, eine bedeutsame Ergänzung.

Nun wurden die „Vertrauens"-Schüler ab Untersekunda in Cappel bei Wirtsleuten untergebracht. Sie lebten also ähnlich wie seinerzeit ein „freier Student". Ich kam zur Familie Gruber am Zuckerberg, der an dem linken oberen Rand des o. a. Luftbild-Totale erscheint. Mir beigesellt waren Hartwig von Wagner, Sohn eines Wehrmachts-Oberst aus Bad Kissingen sowie der schon aus meinem Sextaner-Zimmer bekannte Wolfgang Bruch, Apotheker-Sohn aus Biedenkopf. Ersterer war ein fanatischer „American Forces Network"/AFN-Schlagerhörer und fand großes Vergnügen an meinen Zeichenkünsten. Letzterer war eher ein unauffällig ruhiger Stubenkamerad.

Neben der „freien Luft" nutzten wir da oben, uns sich sozusagen vor der Haustür bietende Vorteile. Wir konnten in den neben dem Haus beginnenden Waldweg Latein und Englisch üben, gegenseitig Vokabeln abhören und schon einmal ein bisschen Latein oder Englisch parlieren. Die Wald-Spaziergänge taten uns gut an Leib und Seele, und was wir dabei lernten, blieb ganz anders hängen. Wurde es doch zugleich gelesen, gesprochen, gehört und korrigiert. ...

Und dann kam schon die Tanzstundenzeit bei einem weiblichen Klappergestell Namens Elly Ney mit fulminantem Abschlussball im Großen Festsaal des Corps Hasso-Nassovia, oben nahe des Marburger Schlosses. Ich erinnere mich noch, wie meine Eltern dabei waren. Es war ihr erster Ballbesuch und wohl auch ihr einziger. Nach dem Ball-Ende hatte Vater seine große Not, uns in der Nacht von da oben mit seinem Mercedes 170 Diesel auf der steilen und vereisten Pflasterstraße wieder heil herunter zu bringen.

Nun waren wir Tanzstunden-gestählten 16-jährige irgendwie angehalten, uns in gebotener Ritterlichkeit dem weiblichen Geschlecht als Gentlemen zuzuwenden. In der Tanzstunde hatte ich mit des Kapellmeisters Pauly Töchterlein etwas angebändelt. Sie bewohnten ein schönes Haus gleich zu Beginn des Einkaufs-Laden-Bereichs „Steinweg" in Marburgs Oberstadt, wo ich an Kapellmeisters Tisch oft ein Gläschen Rotwein mit deftigen Bratkartoffeln genoss.

Später hatte ich mir angewöhnt, Mittwochnachmittags in Marburgs Luisa-Hallenbad zu schwimmen, um danach die Treppen zur Oberstadt hinaufzuklimmen und da oben am Markt im altehrwürdigen Gasthaus zur Sonne zum Tagesschluss ein Bier mit Wurst und Kartoffelsalat zu genießen. Das war schon ein Stück Studentenherrlichkeit. ... Und die Grubers am Zuckerberg hatten nebenbei zwei adrette Töchter mit wippenden Pferdschwanzzöpfen, da war es eine Lust, auch mal hin zu schauen.

Ein Leben lang tragen sollten die aus dieser Zeit stammenden Verbindungen zu **1.** dem Obristen-Sohn Hartwig von Wagner aus Bad Kissingen, der später als Jurist bei der Allianz-Versicherung in Frankfurt tätig war, **2.** dem Apotheker-Sohn Horst Crato aus Burghaun bei Fulda, der unten am Capp'ller Bahnhöflein sein Wirtsleute-Domizil mit dem Sohn eines Vogelsberger Basaltsteinbruchbetreibers teilte, später in Burghaun als Dr. Crato und wohl angesehener Allgemeinmediziner seine Praxis errichtete, direkt angebaut an die von seinem Vater geerbte Apotheke, die er verpachtet hatte, und **3.** dem Sohn Lennart Poll eines Rittmeisters aus dem Posener Raum, der Güter samt Kartoffelflockenfabrik im Osten zurückgelassen hatte. Lennarts Mutter, eine geborene Ritter, war reiche Landmaschinen-Fabrikantentochter aus Schloss-ähnlicher Villa in Halle mit hoher Mitgift gewesen. Wo dann von allem ebenfalls gar nichts übriggeblieben war. (Erst nach dem DDR-Zusammenbruch konnte Lennart unter meiner Mithilfe die erhalten geblieben Villa am Hallenser Zoo dann für fünf Millionen Euro verkaufen, was unter 12 Erben aufzuteilen war.) Nun lebte Lennarts Mutter in Marburg am Ortenberg und hatte sich auf der Steinmühle als Küchenleiterin verdingt.

Wir hatten mal in Lennarts alte Familienstruktur hinein geschnuppert, als wir **a)** in Oelde seine Tante Ille und seinen Onkelt Bert auf Gut Axthausen besuchten und die beiden uns in geselliger Runde bis in die frühe Morgenstunde eine Steinpilzkur (ein Steinhäger, ein Pils) verpassten ... sowie **b)** dann bei seinem Jahrzehnte älteren (!) Bruder aus seines Vaters erster Ehe, auf dessen wegen seiner Zuchterfolge mit Rassepferden angesehenen Gestüt in der Lüneburger Heide wir ein Wochenende verbrachten. ... Ich benötigte ein viertel Jahr, um mich von dessen arroganten, traumatisierend angstbeißerisch auftrumpfendem Junker-Gehabe wieder einigermaßen zu berappeln.

Lennart hatte sein Jurastudium geschmissen. Er blieb ein Leben lang unverheiratet und „Privatier“, wie er seine Untätigkeit nannte. Er hat dann aber nach 1989er Wende, DDR-Zusammenbruch und deutscher Wiedervereinigung unter Zuhilfenahme ihm von mir in freundschaftlich verbundener Weise gegebenen fachkundigen Beratung mit Grundstücken am Schkeuditzer Autobahn-Kreuz bei Leipzig an die 10 Millionen Euro verdient. ...

Unser Vierer-Kleeblatt hat er die ganze Zeit eifrig zusammengehalten. In den 2010er Jahren verstarb er in Berlin: mittellos! Dort wohnte er zum Schluss in der auf ihn überkommenen Wohnung seiner Tante Susi, die in den 1920er Jahren die Güter im Osten vor den Polen und ihres Bruders aufwendigem Lebensstil in Rittmeister-Herrlichkeit (mit Hochzeitsseefahrt im Luxus-Liner nach Buenos Aires, Kompressor-Mercedes und D-Zughaltepunkt am Hauptgut) gerettet hatte, die dann beim ihrem ehemaligen Gutsbaumeister Götschel in dessen von diesem nach Flucht und Vertreibung auf einem Trümmergrundstück in Berlin Halensee, Westfälische Straße Ecke Paulsborner Straße, errichteten Mehrfamilienhaus ganz oben eine Dreizimmer-Wohnung bekommen hatte, wo sie dann im Alter von 105 verstarb. Lennart nahm in den 2010ern mit nicht einmal 80 Jahren Abschied. Er hatte alles Geld mit „guten Freunden" durchgebracht, wie gewonnen so zerronnen. Am Ende konnte er die für seine Bluterkrankheit dringend benötigten Medikamente nicht mehr bezahlen und hatte beim Pächter der Crato-Apotheke in Burghaun einen Haufen Schulden hinterlassen. Zum Schluss hat er mich noch angebettelt, ich möchte ihm unbedingt eine Ballonfahrt über Kappadokien finanzieren; ich tat's, aber auf meine Frage, was denn mit seinen Millionen geschehen sei, gab er keine Antwort. Sie waren halt irgendwie verschwunden. ... Auf der von mir auf Lennarts betteln gesponserten Türkeireise war es während einer Heißluftballonfahrt in Kappadokien zu einer unsanften Landung gekommen. Lennart hatte sich am Rippenbogen eine Prellung zugezogen. Zurück in Berlin, konnte er die nötigen Bluter-Medikamente zum Stoppen der dadurch ausgelösten inneren Blutung mangels Geld nicht mehr beschaffen. So dass er letztendlich indirekt an seinem Ballonflug über Kappadokien gestorben war. Bei seiner Beerdigung im Familiengrab in Oelde begegneten wir, nun zum Dreier-Kleeblatt Horst, Hartwig und Ludwig-Wilhelm geschrumpft, dann zwei auffällig gut gekleideten smarten Jungmännern aus München ... und machten uns darüber unsere Gedanken. – Lennarts Lebensgeschichte ist alles in einem: Familien-*Mem*-Bande, Familiengeschichten und Menschheit-Tragik!

Aber ich hatte von ihm einen ungeheueren Fundus vermittelt bekommen: aus vielen kleinen Lebensweisheiten, aus Flucht, Vertreibung, ein bisschen Vermögensrettung im Westen mit Anteilen am bekannten Most-Edelschokoladenvertrieb, der dann später Pleite ging, sowie aus alten Familienstrukturen, zu denen als Letztes ein in seiner Bauhaus-Villa am Taunushang residierender Vetter Lennarts kam, der mir durch ein seltsam anmaßend arrogantes Auftreten auffiel: ein Direktor der Dresdner Bank im Ruhestand.

Lennarts Vater hatte ich bereits in den 1960-Jahren erlebt. Damals hatten ein Frankfurter „Großstadtfreund" der Schickimicki-Kategorie, der um ein schönes Wiener Geblüht buhlte, unsere Jungmänner-Gruppierung samt Tochter-Schönheit der Umworbenen zum Ball unter dem Funkturm eingeladen, wo wir geschniegelt und gestriegelt im Smoking antraten und Gina Lollobrigida bewunderten. ... Um die Hotelkosten unserer Jungmänner-Sause nicht ausufern zu lassen, waren Beiwerkgäste wie ich privat untergebracht. Ich schlief auf der Couch in Vater Polls Berliner Dreizimmerwohnung. Als ich morgens vom schrillen Klingeln des Telefon aufgeweckt wurde, kam Vater Poll splitterfasernackt aus dem Bad herein, nahm den Hörer ab, hörte hinein und sagte dann begleitet von galanten Verbeugungen immer wieder dort hinein, *„jawohl gnädige Frau"*: Er unterhielt galante Kontakte zu den Damen der Ostoper, die dann von ihm dafür Belohnung in Westware erwünschten. So erklärte mir Lennard später, als ich ihm einmal belustigt von seines Vaters Splitterfaser-nackt-Telefonat berichtete. Meistens sei es um Perlonstrümpfe und Parfümerie gegangen. Die Galanterie war des alten Mannes Lebenselixier ... wie bei seinem Sohn dann so ähnliche wohl auch, nur eben auf etwas andere, zu einem anderen Geschlecht gewendete Art. Was ist es? Nur Defizit-Überkompensation wie beim kollektiven Überschnappen am Christopher-Street-Day ja auch zu besichtigen? Auf jeden Fall scheint da eine Familien-*Mem*-Schwäche manifest gewesen zu sein.

Großstädter-Flirren und -Blendwerk allüberall? – Das bietet den Übergang zu einem höchst seltsamen Prägekontakt. Denn ein weiterer, am Ende sehr turbulenter, Kontakt entwickelte sich mit einer Berliner Großstadtpflanze, deren Familie in Frankfurt domizilierte und dort in der Immobilienbranche enorm reüssierte. Deren Sohn war mir von Klassenlehrer Geisel angetragen worden. Dessen Eltern hätten ihn gebeten, Nachhilfeunterricht zu geben. Das könne er aber nicht machen. Ich war seit Jahren Dr. Geisels Musterschüler, also fragte er mich, ob ich den Nachhilfeunterricht meines frisch angekommenen Klassenkameraden nicht übernehmen könne. Ich erhielt für damalige Zeit viel, nämlich 5 DM die Stunde, worauf ich später nach Einladungen seiner Familie nach Frankfurt und dann auch mal nach Sylt verzichtete.

Der Nachhilfe-Unterricht in der eigenen Klasse brachte mir natürlicherweise ebenfalls Wissens-Gewinn, so dass mich das Lehrerkollegium dann zum Primus hochlobte, was ich freilich übertrieben fand. ... Viel später übernahm ich die Leitung der Firmen meines Nachhilfe-Zöglings, was deren Ergebnisse so sehr vorantrieb, dass mich am Ende Hjalmar Schachts Schicksal ereilte, von dem sich Hitler trennte, als er Hjalmar Schachts Riesen-Erfolge allesamt politisch für sich vereinnahmt und somit eingeheimst hatte. Jahre vor mir hatte mein einstiger Nachhilfe-Zögling sich bereits getrennt von seiner Frau, womit er drei Töchter hatte. Aus deren Bekannten- und Verwandtschaftsstruktur raunte es später, dass er wohl ein generelles Angstbeißer- und Beutegreifer-Naturell habe. Jemand meinte sogar, da seien schizoparanoide Züge im Spiel. ...

Wie dem auch sei: Mir heute scheint sein immer schon manifestes extrem aufschneiderisches Verhalten samt seiner auffällig autosuggestiven Anwandlungen dabei eher eine Art Defizit-Überkompensation zu sein, was per se eine camouflierte Art von Angstbeißertum wäre, oder? ...

Übrigens: Mein Abituraufsatz galt dem Thema, ob es denn einen Gott gäbe. Ich deduzierte: Wenn der Mensch aus Materie ist und zugleich Geist besitzt, dann ist der Geist schon in der Materie und hinter allem steht der Geist. Und den kann man durchaus auch Gott nennen. ... Solche Überlegungen haben mich damals schon bewegt und heute ja auch den Heidelberger Astrophysik-Professor Dr. Professor Dr. Christof Wetterich i. S. v.: *„Im Anfang war das Logos, und das Logos war bei Gott und Gott war das Logos"*.

Das „Zeugnis der Reife" wurde uns nach bestandenem Abitur 1958 in Marburgs Universitätskirche feierlich überreicht, einer Würde strahlenden frühgotischen Hallenkirche aus dem Jahr 1291

Und das tat sich 1949 bis 1958 auf der „Neue Mühle“:

Während ich auf der Steinmühle dem „Reifezeugnis“ zustrebte, hatte sich auch auf der Neue Mühle ebenfalls erfreulich viel getan, woran ich durch meine Samstagnachmittag/Sonntag-Wochenenden und in den Ferien regen Anteil nahm.

Die Persönlichkeitswerdung ist nämlich vom geübten praktischen und mitmenschlichen Wirken in allem und jedem abhängig. Dieses ist nötig, damit sich ein Mensch mit Wissens-, Könnens-, Umgangs-, Verhaltens- und Herzensbildung möglichst hoher Freiheits&Kooperations-Axiomatik herausbildet, und das in möglichst perfekter Kalibrierung i. S. Hallesch-pietistisch-preußisch-calvinistischer wie aufklärerisch-Kant'scher Einsicht. Die abstrakte Fütterung im Lehrbetrieb, im eigenen Denken und auch sonst im Leben ist unabdingbar, aber das praktische Erfahren gehört als Realitätsabgleich und zum Nachschärfen unbedingt dazu. ... Am besten, wir nehmen wieder meines Vaters 1989er Erinnerungen zur Hand – meine Ergänzungen darin in (...). Also zu Vaters Fundus aus den End-1940ern und 1950ern ff.: *„Nachdem der DKW während des Krieges stillgelegt werden musste, hatte ich ihn nach dem Krieg an einen Schuhmacher in Münchhausen verkauft, der ihn mit einem geschlossenen Aufbau für sein Gewerbe versah.“* ... (Vaters Verkaufsverhandlungen hatte ich, der kleine Ludwig-Wilhelm, damals verunsichert verfolgt; denn dieser DKW war in der Durchfahrt rechts in einer Nische neben der schwarzen Staatskutsche abgestellt gewesen, und ich hatte mich an beiden zu schaffen gemacht; ich kroch in beiden herum, nahm interessiert den muffigen Geruch der alten Kutsche und ihrer Polster wahr oder den Benzin-und-Öl-Gestank des DKW, demontierte da und dort, um zu sehen, was dahinter war; beim DKW hatte ich dabei die Zünd-Kerzen herausgeschraubt und Sand in die Löcher gefüllt; also machte ich mir nun große Sorgen, ob der wieder ans Laufen zu bringen sei; doch es gelang dem Flüchtlingsunternehmer für seinen mobilen Schusterbetrieb, mit dem er nun in die Dörfer und Höfe der Gegend fahren und seine Reparatur-Leistungen samt Schuhwerks- und Pflegemittel-Handel „an den Mann“ bringen konnte.) ...

Und Vater weiter aus den Anfängen nach der 1948er Währungsreform und 1949er Bundesrepublikgründung: *„Die Arbeit machte damals so richtig Spaß. Es ging an allen Enden voran wie noch nie zuvor. – Von dieser sicher teilweise im Vergleich zu heute noch armen aber von positiver Aufbruchsstimmung getragen Zeit berichten die beiden Heftchen, die von dem Leuna-Ingenieur Dr. Korn verfasst sind, der damals froh war, bei uns einen Arbeitsplatz gefunden zu haben, um seine vielköpfige Familie, die in Rosenthal in einem Zimmer im ‚Hessischen Hof‘ untergebracht war, ernähren zu können.“* ... Dr. Korns lustige Berichte sind ein hoch aussagekräftiges Stimmungsbarometer der damals erreichten Anthroposymbiose-Qualität; sie haben es verdient, dem hier vorliegenden Buch als Anhang beigefügt zu sein, s. S. 597 ff. ... *„Als es mit der deutschen Wirtschaft (West) wieder aufwärts ging, verließen uns unsere ‚Mitarbeiter‘. Die Warteschlangen der Mühlenkundschaft den Holweg hinauf bis auf die Straße verschwanden. Aber es ging ins Deutsche Wirtschaftswunder der Herren Erhard und Adenauer hinein und damit auch bei uns weiter bergauf. Die Dreschmaschine ging kaputt. Um mit der reduzierten Belegschaft den durch den Mühlenbetrieb stark ausgedehnten Arbeitsanfall bewältigen zu können, bot sich an, mit Hilfe eines Mähdreschers die Mechanisierung in der Landwirtschaft voranzutreiben. Bei Kassel besichtigten wir eine solche Maschine. Der Eigentümer riet uns zu: Der Mähdrescher arbeitete so verlustfrei, dass es nicht lohne, eine Schafherde hinterher zu treiben. 1952 schafften wir den ersten Mähdrescher in Rosenthal an. Er sollte viele Jahre der einzige bleiben. Es war ein Claas mit Massey/Ferguson-Hilfsmotor – wegen des schwachen Kramer ‚Bulldog‘-Schleppers. Das Getreide wurde auf einer Arbeitsplattform oben auf dem Mähdrescher einzeln abgesackt und nach jeder Feldrunde auf einen abgestellten Pritschenwagen umgeladen. Später übernahm ein Mercedes 3-Tonner diese Aufgabe. Kaufen konnte ich damals den Mähdrescher dank zweier Bürgschaften* *meines Schwagers Selbach, Schmied und Landmaschinenhandel, und des Metzgers Pfeil in Gemünden, an den wir unsere Schweine lieferten. Es musste ein Mähdrescherschuppen her. Beim Aushub hat meine Frau mit ihren Lehrlingen und der übrigen Mannschaft die Hauptarbeit geleistet.*" ... An den Wochenenden wurde ich, der Steinmühlen-Schüler, hinzugezogen; es war eine mühsame Arbeit, mit Pickel, Schaufel und Spaten die schwere Roterde da im Hang 15 Meter tief herauszuholen.

Riesig freute ich mich damals, als bald ein MAN-Vierzylinder-Allrad-Traktor, der das Mähdrescher-Ziehen besser als der alte Kramer in den Griff bekam, sich im neu errichteten Mähdrescherschuppen beigesellte!

Dazu weiter mein 90jähriger Vater in seinem 1989er Bericht: „*Das zweistöckige Gebäude an der Hofzufahrt dient jetzt der Unterbringung eines Selbstfahrmähdreschers, zweier Traktoren und einer Grasernte-maschine (für die Mastbullenfütterung). – In damaliger Zeit wurde auch ein weiterer Geräteschuppen im Wiesengrund hinter den Mühle erforderlich.*" Zuvor hatte er sich in seinem Bericht nochmals über Mutter gefreut, und wenn's stark ans Herz rührte, verfiel er dabei in sein Rosenthaler Ur-Deutsch: „*Doss ech die erwischt hon, do hon ech e Glick gehot*", sagte der 90Jährige voll des Dankes-Glücks den Tränen nahe, und weiter: „*Von dem Vielen, was meine Frau damals leistete, ist mir eines noch besonders in Erinnerung. Sie pflanzte hinter den Schweinewiesen, genannt ‚Saugarten', mit den Lehrlingen Brunhilde Kahlhöfer, Gretel Ruß, Ingrid Seidenstücker (später meines Bruders Frau), und Inge Stöber, zur Befestigung des Steilhangs über unserer Trinkwasser-Quelle unten am Mühlbach und großen Teich, ein Wäldchen. Die Pflanzbäume dafür hatten sie aus dem Wald geholt. Wir hatten das gemeinsame Ziel, die Neue Mühle weiter aufzubauen, und sie hat ganz wesentlich dazu beigetragen, war sich nie zu schade, selbst mit anzufassen und hat ins Haus Leben, Wärme und Gemütlichkeit gebracht (wozu sie ja in den 1920er Jahren in Hofheim im Haushalt einer jüdischen IG-Farben-Familie fruchtbringende Anregungen erhalten hatte!). Gemeinsam ist es uns gelungen, aus der Neue Mühle nach Tilgung der auf uns übergegangen Schulden einen, stattlichen und anerkannten Betrieb zu machen.“*

Und generell resümierte er 1989 mit 90 Jahren: *„Die Wirtschaftswunderjahre waren auch für die Neue Mühle eine schöne Zeit. Sie kam immer mehr zur Blüte! Das Leben und Treiben auf der Neue Mühle war eine Freude aller daran Beteiligter. Im ganzen Land herrschte die Stimmung, dass es sich wieder lohne anzufassen, und jeder war mit vollem Einsatz dabei!“*

So des alten Mannes Fühlen zum befreienden Wiederaufleben Hallesch-pietistisch-preußisch-calvinistischer sowie aufklärerisch-Kant'scher Einsicht im ganzen Land. – Er war 1899 in krass mittelalterliche Mühlentechnik hineingeboren, nun war die „Zweiter Industrielle Evolution“ und Menschen waren dank Wernher von Brauns Erfindergabe zum Mond geflogen. ... Welch ein enormer Epochensprung geschah in seinem Leben! ... (Er hatte auch mitbekommen, dass die Idolatrie- und Ideologiefurien, die übers Land gezogen waren, nichts als Ausgeburten von Eitelkeit, Narzissmus, Borniertheit, Geltungs-, Ehr- und Herrschsucht defizitärer Angstbeißer und Beutegreifer waren. In all ihrem hohlen Imponier- und Rechthaber-Gepränge zeugten sie eine *Mem*-Erkrankung, deren Sozioorganismus-Ausbildungen ungeheuer dystopisch waren, sprich: in höchstem Maße erschreckend und überhaupt nicht wünschenswert. Ihn schauderte mit 90, wie er dieses Eitelkeits-, Narzissmus-, Borniertheits-, Geltungssucht- und Bestimmungshoheits-Wuchern seit '68 wieder aufkommen sah!) ...

Doch zurück in meine Gymnasiumzeit 1949-1958: Für mich waren die 1950er die Zeit als ich an Wochenenden oder in Ferien auf der Neue Mühle vielfältig zum Einsatz kam. Immer wieder war meine Hilfe gefragt, etwa beim Ernteeinbringen oder regelmäßigen Mühlefegen bzw. Ställereinigen. ... Learning by doing!

Im Herbst oder Frühjahr wurde ich, sobald ich des Samstags vom Bus aus Marburg oben an der Milchbank (die für die Neue Mühle ja eine ähnliche Funktion hatte, wie die D-Zug Station am Poll'schen Hauptgust in Osten!) abgesetzt worden war, mit den blondmähnigen und -schweifigen „Rotfüchsen", so nannte man diese Rasse prächtiger Kaltblüter-Ackergäule, auf die Felder geschickt, um den frischgepflügten Boden für die Einsaat feinkrumig zu eggen.

Auch an Vaters Viel-Bienen-Völker-Stand kam ich zum Einsatz. Meist Sommertags, wenn's vorne unter dem Betondach, während das Mühlrad sich hinter einer massiven Tragwand im kühlen Wasserplätschern drehte, brütend heiß war, und der Honig in der Schleuder leichter aus der Wabe floss. Ich lernte das Wabenabdeckeln und das behutsame Einlegen in die Schleuderkörbe mit deren Abtropfblechen sowie das bedächtig langsame Drehen an der Kurbel. Denn zu viel Fliehkraft hätte die empfindlichen Waben nur geschädigt. Und Vater erklärte mir, dass die Königin, die Mutter aller Bienen im Stock sei. Sie sei auf dem Hochzeitsflug von den männlichen Drohnen meist des eigenen Bienenvolkes „befruchtet" worden und täte nun ihr Leben lang nichts anderes, als in separaten Nicht-Honig-Waben, deren Abdeckelung mir verboten war, ihre Eier abzulegen. Dazu bestimmten die Honigsammlerinnen, die zugleich die Arbeiterinnen stellten, aus welchen Wabenzellen **1.** unter einer Normaldeckelung neue Honigsammlerinnen und Arbeiterinnen schlüpften, aus welchen **2.** unter einer höheren Deckelung, die männlichen Drohnen kämen, die nach ihrem Befruchtungs-Dienst an der Jungkönigen während deren Hochzeitsflug getötet werden, und **3.** in einem auffällig großen, von den Arbeiterinnen gefertigten Wachsbehältnis zur passenden Zeit die nächste Königin heranwachse, zu deren Begattung auf dem Hochzeitsflug dann wiederum für ausreichend Drohnen zu sorgen sei. So hätten alle Insassen eines Bienenstocks exakt dasselbe *Gen* und würden nur ausdifferenziert durch den Zellenbau der Arbeiterinnen. – Ein Wunder der Natur

(... das dann freilich Aldous Huxleys in 1932 erschienener Dystopie-Roman der „Brave New World“-Phantasmagorie irrwitzig auf den Menschen übertragen widerspiegelt).

Und allsamstägliche zum Abschluss folgte stets das große Hofkehren, das wir unter Mutters Aufsicht aus den Küchenfenstern gründlich vollzogen, dabei aber auch zügig herangingen, weil aus ihrer Zauber-Küche schon die Eisenkuchen-Düfte lockten. Das war ihr stetiges Wochenend-Belohnungs-Ritual für alle auf der Neue Mühle. Nach getaner Arbeit saßen wir dann einmütig entspannt am Küchentisch ... und stopften die soeben über herausgenommenen Herdringen auf offenem Scheitholz-Feuer im Wendeeisen beidseitig zum Geschmackshöhepunkt gebackenen Eisenkuchenherzen und Puderzucker bestreut in unsere Münder hinein: Nun konnte Sonntag werden!

Als ich noch ganz jung war und meine Hände klein, wurde ich auch schon mal in den Zuchtsauenstall abgestellt, um einem Muttertier, das sich schwer tat, beim Ferkel-Werfen zu helfen. Manchmal zog ich zwölf kleine Ferkel ans Tages-Licht, putzte sie mit Stroh ab und überließ sie dann ihrem prompt angeschalteten Instinkt, an ihrem Muttertier nach Milch zu suchen.

Später einmal verbrachte ich die ganze Nacht bei einer todgeweihten Kuh im Stall. Sie hatte auf der Wiese am Talgrund-Bach morgen-frische Luzerne gefressen, und drohte nun an ihren Blähungen zu platzen. Der herbeigerufene Tierarzt wollte nun dem schmerzgequält im Stall liegenden Tier einen Spezial-Dolch seitlich in den Bauch stoßen. Der hatte keine Schneide, sondern lief vorne als Mannfinger-dicke Nadel in einer Spitze zusammen. ... Mit diesem spitzen „Lochöffner“-Dolch, so zeigte er mir dann, hatte es sein besonderes Bewenden. Denn der bestand in Wirklichkeit aus zwei Teilen, einem massiven Dolchkern mit einer zur Dolchspitze kantenlos übergehenden Röhre darauf. Die hatte unterm Dolchgriff eine Festhalteplatte, mit der er nun mit der einen Hand den Dolch an den Tierkörper presste, während er mit der anderen Hand den Kern-Dolch aus seiner Röhre zog. Mit Erfolg! Denn nun quoll langsam dickbreiiges vom Gärinhalt des Kuhmagens heraus. Da werde, wie der Tierarzt mir erklärte, nichts zerschnitten, sondern nur ein Loch geöffnete, das sich sofort wieder verschlösse, wenn der Dolch samt Röhre herausgezogen werde. (Wir nennen einen solchen Eingriff heute ‚minimal-invasiv'.) Dieser Lochverschluss passiere freilich auch, wenn der Kuhmagen sich drehe, dann flutsche die Röhre da heraus. Deshalb erhielt ich nun neben der Kuh ein Strohlager, um die Nacht hindurch den Kerndolch in die Röhre zu schieben und mutig neu zuzustechen, sobald des Tieres Mageninhalt nicht mehr da hervorquoll. Ich wachte und tat wie befohlen. Am nächsten Mittag war das Tier überm Berg, und es waren gut Eintausend Deutsche Mark gerettet! Der angenehm warme Körpergeruch dieser Kuh, der ich eine Nacht so nahe war, steckt mir noch heute in guter Erinnerung in der Nase. ...

In Vaters Bericht geht es dann wie folgt weiter: *„Eine Zeitlang hatten eine offene Kutsche und im Winter ein Jagdschlitten ihre Dienste getan. Jetzt Anfang der 50er Jahre konnten wir uns auch wieder einen PKW leisten, einen Mercedes 170 Diesel, ochsenblutrot, mit Winkern, freistehenden Lampen, Kotflügeln und seitlichen Trittbrettern, außenliegendem Reserverad, doch ohne Kofferraum. Er wurde Mitte der 50er Jahre durch einen viel komfortableren 180er Benziner abgelöst: Schwarz mit Weißwandreifen, großem Schiebedach, Blaupunkt Autoradio mit Sendersuchlauf, Blinkern und geräumigen Kofferraum. Natürlich gebraucht gekauft als mit 80.000 km abgegebener Chauffeurwagen der Degussa in Frankfurt."* ... (Es war der PKW, den Vater mir Ende der 1950er als Jungstudent in Frankfurt mal auslieh, und mit dem ich bei ‚Fräulein Krabusch' vorfuhr; ich hatte sie beim Praktikum in einer Markt- und Meinungsforschungs-Firma im Frankfurter Westend kennen gelernt. Dort hatte sie sich als 16jährige Schülerin etwas dazu verdient. In meinem ersten Brief habe ich sie, wie als krasser Fuchs der Frankfurter Studentenverbindung Corps Austria frisch gelernt, *„Sehr verehrtes Fräulein Krabusch"* angeredet; später war die Anrede *„Liebe Silvia"*. Sie sollte zum zentralen Ereignis in meinem Leben werden und bei meiner Lebensverwirklichung in Freiheit&Kooperation nach von der Neue Mühle mitgegeben Hallesch-pietistischen sowie preußisch-calvinistischen und aufklärerisch-Kant'schen Maßstäben eine maßgebliche Rolle spielen. – Silvias Auftauchen und ihrer Bedeutung wenden wir uns später in diesem Buch noch mehrfach zu!) ... Vater zu seinem Mercedes 180 weiter: *„Er diente mir später noch lange Jahre, um Eier und Hühner, die inzwischen vom Geschoss unter den Stallungen in den neu errichteten ‚Alten Stall' nach Aufgabe der Haferflocken-Produktion (die ‚Köln-Flocken' hatten dem Markt erobert!) umgezogen waren, nach Marburg zu transportieren und dort an Privathaushalte zu verkaufen."* (Aus dieser Zeit gibt es noch ein lustiges Detail zu berichten: Die Junghennen legten ja zunächst kleinere Eier, und die verkauften sich ungeheuer schlecht, obwohl Vater sie deutlich billiger anbot; dann kam Vater auf die Idee, sie teurer als die Normal-Eier anzubieten, mit der Begründung, dass Junghennen-Eier etwas ganz Besonderes seien, nämlich frisch-jugendlich und nur in der kurzen Jugend-Zeit einer Henne verfügbar, sofort waren Vaters frische Junghennen-Eier höchst begehrt.)

***

In den 1960er Jahren, also während meines Studiums hatte Vater die Neue Mühle auf meinen frischverheirateten Bruder übertragen, natürlich im Einvernehmen mit seiner Frau aber auch mit meinem vollen Einverständnis samt Verzicht auf das Erbe – ich wollte nicht, dass die Neue Mühle zerfleddert wird (dieser Wille taucht übrigens viel später nochmal auf, als ich aus Berlin daraufhin einwirkte, dass das große Wohnhaus nicht abgerissen, sondern die Neue Mühle als

Ferienhof ihren weltoffenen und zugleich anthroposymbiotischen Wesenskern weiterleben konnte).

Vater wollte nicht, dass Heinrich wie ihm geschehen erst mit 40 Jahren das Zepter übernahm. Seine und seiner Frau vorzeitige Verabschiedung brachte Opfer, die unvermeidlich waren, nur die Mühle und die Bienen hat er eigen-initiativ weiterbetrieben. Die Kommandoebene der Neue Mühle im Erdgeschoss war Heinrich und Ingrid überlassen.

Die Eltern hatten sich in den 1. Stock begeben, mit Schlafzimmer zur Hofseite und Tagesraum zu Ostseite, wo mir Vater an seinem Schreibtisch mit Blick auf den Eichhof unten im Tal rückblickend dann mit 90 Jahren sein Leben erzählte und wir's gemeinsam auf Band diktierten.

Die meiste Zeit waren sie aber unten und im Betrieb mit dabei, zum Beispiel für Produktion und Vertrieb bei folgendem: Die Neue Mühle war immer mehr zur Veredelung-Wirtschaft fortgeschritten, und Vater konnte bei seinen wöchentlichen Marburg-Fahrten nun zusätzlich allerlei frische Landwurst anbieten und seinen Honig hatte er immer mit dabei. In Marburgs Oberstadt war er Markenzeichen. So war er trotz Eigentums-Übergang mit seinem ganzen Wesen immer dabei. Mutter fand sich freilich ständig mehr aufs Abstellgleis gestellt. Was ihrem Naturell total entgegenlief. Denn die Initiative war all die Jahre hindurch ihr Lebenselixier gewesen. Mit diesem Naturell kollidierte sie automatisch mit dem schwiegertöchterlichen Autonomiestreben, und es dauerte lange, bis sie sich halbwegs dreinfügen konnte, dass ihre Initiative da eher stören musste. Sie hat darüber manche Träne vergossen. Manches lässt sich halt nicht wirklich lösen, selbst bei allem Streben nach Einvernehmlichkeit.

Vater befand 1989 indes zufrieden: *„Seit dem (sprich: seit Hofübergabe) ist unser erstgeboren Sohn Heinrich Eigentümer der Neue Mühle* *und setzt unser und unserer Vorfahren Werk fort: Eine reizvolle, erfüllende Aufgabe als unabhängiger, selbständig wirkender Mensch der Erhaltung und Fortentwicklung der Neue Mühle dienen zu können und ihre laufende Anpassung an die sich ändernden Zeiten und Märkte zu bewirken. – Ich kann noch im hohen Alter mit Freude erkennen, dass er diese Aufgabe mit seiner Frau gut bewältigt und darf hoffen und wünschen, dass sein Sohn Ulrich, dessen Beständigkeit und Ausdauer aber auch mitwirkendes Einsichtigsein ich bewundere, ebenso vom Glück des Strebsamen begleitet sein wird. ... Die Neue Mühle hat sich inzwischen weiterentwickelt zu einem Mähdrescher- und Rinder- sowie Schweinemastbetrieb und einem beliebten Fremdenverkehrsziel. 60 Betten stehen zur Verfügung, ein schöner Freizeitbereich und ein mit Wärmepumpe beheiztes Schwimmbad. So hat auch die Wasserkraft der Mühle ihre weitere sinnvolle Nutzung gefunden.“ ...*

Die Neue Mühle war nun auch zu einem reizvollen Ferienziel geworden, wo dann Silvia und ich mit Silvias Eltern und ihrer Darmstädter Verwandtschaft, bald auch samt Tochter Petra und Sohn Andreas und nochmals später zusätzlich mit Enkeln im Kreise meiner Eltern, Heinrich, Ingrid und deren Kinder Uli, Anke, Elke herrliche Sommertage verbrachten. ... Zuletzt hatten wir von Uli für uns beide, die Kinder deren Ehepartner und die Enkel die gesamte ehemalige Knechte-Etage im 2. OG. unterm Dach des Wohnhauses gemietet. Es ist die Etage, mit welcher der Ferienhof-Betrieb begann, nachdem ich aus Berlin meinem Bruder für den entsprechenden Umbau einen zweckgebundenen Scheck zu seinem Geburtstag gesandt hatte.

Sommerliche Wonnewochen auf der Neue Mühle! – Einmal vom Neumühle-*Mem* angesteckt, bleibt die Seele dort immer ein ganz klein bisschen versteckt.

Immer wieder traf ich Verwandte, die ich bis dato gar nicht kannte, und die von ihren Kindheitserinnerungen auf der „Neue Mühle“

schwärmten, so z. B. eine schnippig-vorlaute Elfriede Noll aus Marburg vom Kirchhainer Neumühlen-Ableger, die mir da plötzlich an einer Geburtstagstafel auf der Neue Mühle gegenüber saß, von Kindheitserlebnissen auf der Neue Mühle nur so sprudelte und davon, dass sie jetzt auf ihre alten Tage in Marburg promoviere, tatsächlich eine Cousine, war mir aber bis dahin völlig unbekannt, ... oder die Cousine dritten Grades Heidi Kutschera aus Melsungen von dem Kasseler Neumühlen-Ableger, die mir auf meines Großneffen Wilhelm Schleiter, Sohn des oben erwähnten Frankenberger Pfarrers Schleiter, Beerdigung in Alsbach an der Bergstraße beim Trauerschmaus erzählte, wie sie auf der Neue Mühle in den Bach gefallen war und offenen Auges durchs Bachwasser über sich den Himmel schimmern sah, und ich sie aus dieser Idylle grob durch üble Brennnesseln ans Ufer riss, woran sie sich noch im Alter lebhaft erinnerte, wovon bei mir aber kein Deut noch Erinnerung war.

***

Im Sinne guter Familien- wie Staats-*Mem*-Prägung:

Hier nun der Dreisatz aus Hallesch-pietistischer-preußisch-calvinistischer aufklärerisch-Kant'scher Richtungsgebung

1. In großer abendländischer Tradition:
   Der wirkliche Fortschritt ist aufrichtiger
   sowie hart sachlicher Wissenschaftlichkeit Lohn.
2. Die Sorge um Familie und Land
   ist etwas für viel Vernunft, Seele und guten Verstand.
3. Erörtern und erwägen,
   sich mühen und regen,
   nur das bringt den nötigen Fortschritt in der Beständigkeit Segen.

Wo Identität, Identifikation, Integration, Integrität auseinanderdriften, tut's die Anthroposymbiose vergiften, denn es ermangelt am kohärenten Mem.

Studium

Die Oberstufe brachte uns ständig mehr Abstraktionsvermögen; jetzt wurde gefordert, seine persönliche Sozialkompetenz auszudifferenzieren. Denn zwischen Neu- und Steinmühle gab's im *Mem* keinen großen *Mem*-Unterschied. Es herrschte eine *Mem*-Syncronität, an die sich jeder hielt, selbst wenn's einem nicht lag. Es entsprach sozusagen dem Selbsterhaltungstrieb, sich an das zu halten, was an beiden Orten zusammen hielt. Und das war, wie ich heute begreife die Hallesch-pietistische-preußisch-calvinistische aufgeklärt – Kant'sche Einsicht gemäß tradiertem Kultur-Kanon! ... Im Studium sollte sich das ändern. Im Grunde genommen musste ich jetzt die Metamorphose vom Landmenschen, der ich in der Steinmühlenzeit ja noch geblieben war, zum Großstadtmenschen vollziehen.

Großstadtluft macht nämlich nicht nur freier, sondern auch anonymer, entwurzelter, verantwortungsloser und „entfesselter"! Da wird's dispers, und gestandene fruchtbringend das Gemeinwohl fördernde *Mem*-Identität hat's unter solchen Umständen schwer. Das soziale Selbstregelungssystem geht da rasch vor die Hunde, die selbstregelnden Strukturen werden gruppenspezifisch und oft auch gegenläufig. Es herrscht „diversitas", sprich Uneinigkeit, Zerstrittenheit, wenn nicht sogar heftiges Gegeneinander. Da bricht rasch der alte Angstbeißer- und Beutegreifer-Adam aus archaischen Sammler- und Jäger-Vorzeiten wieder durch. ... Und das geschah leider schon in Zeiten, in denen Adenauer und Erhard die Deutschen im Sinne Hallescher wie Kant'scher Leitphilosophie zusammenhielten. Im Politischen rührte der Ideologie-Teufel, unterstützt aus der DDR, bald mächtig spalterisch ... und trieb sodann ins faschistoide Retro der '68er *Mem*-Devastation, der sie Orwellianisch in blenderischem Dünkel narzisstoid-borniert den Titel **„Streitkultur"** verpassten; da sollte's wieder zum Bestimmen und Herrschen Selbstberechtigte mit 'nem „bessere Menschen"-Spleen geben, nur diesmal eben nicht national- sondern internationalsozialistische. ... [Heute sind daraus martialische Antifa- und Weltrettungs-Kohorten sowie wild eifernde NGOs der Umwelt-, Antikapitalismus-, Antifa-, Bio-, Öko-, Veggy-, Vegan-, Klimarettungs- und Multikulti- so Gender-Vielfalt-Diversity-Front samt „refugees welcome"- und Migrations-Industrie geworden: Nichts als **„cancel culture**"-Kettenhude am Gägelband von Multimilliardär-Sozialisten der globalkapitalistischen Supranationalen gemäß Coudenhove-Kalergis Idolatrie&Ideologie?!]

***

Meines Nachhilfezöglings Eltern waren damals freilich dankbar dafür, dass ich ihren Sohn durchs Abitur gebracht hatte. Wegen der guten Kontakte insbesondere auch zu seinem Vater, dem Immobilien-Investment-Spezialisten, bin ich in 1958 nach Frankfurt gegangen und habe mich an der Johann-Wolfgang-Goethe-Universität in Wirtschafts- und Sozialwissenschaften immatrikuliert. Die ersten vier Semester waren auch ein gesellschaftliches Suchen. Ich musste den Sprung vom Einzelhofkind und Internatsschüler ins Bildungsbürgertum endgültig schaffen! Das Wirtschaftswunder boomte.

Ein mental wie sachlich zu Freiheit&Kooperation befähigtes Bürgertum samt Erhards „mündigem Wirtschaftsbürger" des „agere aude!" (wage eigenständig zu handeln!) waren mächtig im Kommen. Nicht nur auf der Neue Mühle, sondern auch in den Elternhäusern von Steinmühle-Schulkameraden hatte ich diese gewaltige *Mem*-Renaissance zum Positiven, Konstruktiven und Kulturfähigen deutlich zu spüren bekommen: Ich wollte dabei sein! ... Als Wegleitung hatte mir Mutter besorgt zweierlei mitgegeben: *„Pass auf, dass Du nicht unter die Räder kommst"* und *„Mach mir kein Mädchen unglücklich"!* ... Sachlichkeit und Objektivität in allem; jedweder Ideologie-Virus schien verschwunden wie ein böser Spuk; und wenn so tobte er jetzt ostwärts, und zwar als Kommunismus/Internationalsozialismus.

Zunächst wohnte ich in Frankfurts Wolfgangstraße 105 unterm Dach gemeinsam mit meinem Großneffen Wilhelm Schleiter aus dem Frankenberger Pfarramt, dessen Vater ich so sehr mochte. Er ließ sich in Frankfurt zum Versicherungskaufmann ausbilden und bestritt sodann seinen gesamten gediegenen Berufs- und Lebensweg damit. ... Mir brachten die Kontakte an der Universität nur wenig. Ich vermisste freundschaftliche Bindung, wie ich sie von meinem Bruder sowie aus der Steinmühle kannte. Die Kontaktversuche mit Studentenverbindung hatten zunächst wenig gebracht. Indessen war es bei einem zum Studium gehörenden Praktikum bei einem Markt- und Meinungsforschungsunternehmen wie bereits erwähnt in Frankfurts Westend zu einem erfreulichen Kontakt mit der 16jährigen Schülerin Silvia Krabusch gekommen. Die jobbte dort, um etwas Taschen-Geld für Ferien-Zeiten zusammen zu bekommen. Ich fiel ihr auf, weil ich gerne einen Spaß machte und den Abteilungsleiter damit in Unruhe versetzte, was sie merklich amüsiert beobachtete. Sie war mir aufgefallen, weil sie zusätzlich zu reizvollster Jungmädchen-Gestalt ein ausgeprägt eigenes Wesen ausstrahlte. Inzwischen war ich dem Corps Austria nahe der Frankfurter Westend-Synagoge beigetreten. Und ich hatte den Mut gefasst, ihr einen kleinen Einladungsbrief mit der in Knigges Benimmbuch gelesenen und mir nunmehr als „krassem Fuchs" bei Austria (s. f.) bestätigten Anrede *„Sehr verehrtes gnädiges Fräulein Krabusch"* zuzusenden; das völlig frei nach meinem späteren Lebensprinzip, **1.** „Wer das Glück nicht versucht, der kann's auch gar nicht haben!" und **2.** „Mehr als schiefgehen kann's ja ohnehin nicht!" Sie erzählt heute noch überaus belustigt von dieser für sie völlig ungewöhnlichen Anrede. Doch sie nahm damals an: wir trafen uns ... und dann immer wieder.

Zur Austria war ich wie folgt gekommen: Eines Mittags hatte ich einen etwas anderen Weg zur Mensa gewählt. Er führte diesmal durch die Freiherr-vom-Stein Straße an der Westendsynagoge vorbei. Im

Haus gegenüber beobachtete ich an einem auffällig großen Fenster junge Menschen im Gespräch, die mir sympathisch erschienen. Am schmiedeeisernen Zaun stand auf einem gehämmerten Kupferschild „Corps Austria". Möglicherweise bot sich da ein Weg, meinem Bildungs- und Geselligkeitsziel näherzukommen. Also habe ich an der Haustür geklingelt, wurde eingelassen und nach wenigen Begrüßungsworten zum von der Corps-Dienerin Frau Weber bereiteten Mittagessen eingeladen. Frau Weber bekochte sie zu Mittag, passte auf das Haus auf und wohnte selbst im 2. OG, in dessen Dachgeschoss Studentenzimmer lagen. Das erinnerte sehr an die Steinmühle. Und wie bei den Bewohnern der Steinmühle war es ihnen Pflicht, zum Mittagessen zu erscheinen. Zum Pflichtprogramm gehörte das Üben gesellschaftlichen Umgangs samt einer wöchentlichen „Kneipe", wo man alte Studentenlieder aus tradierter Liedgut-Romantik sang, sich mit Begrüßungs- und Dankes-Reden höflich der Gäste annahm und überaus positiv-motiviert in fröhlicher Runde dem Biergenuss zusprach. Außerdem war Montagabends ein Zusammentreffen im „Konvent" Pflicht, um in autonomer Selbstregelung das Miteinander auf dem Haus abzustimmen und sich in Demokratie wie freier Rede zu üben ... und schließlich gab's da noch Fechtunterricht. Alles so ähnlich wie auf der Steinmühle, wo ich ja auch Boxunterricht genommen hatte. Auf Nachfrage stellte sich allerdings heraus, dass die Mensur mit scharfer Klinge auch zum Pflichtprogramm gehörte. Das irritierte mich. Aber nach mehreren Besuchen fand ich, dass alles andere passte: ihr Allgemeinbildungs-Ideal – da waren Studierende allermöglicher Fachrichtungen im Haus –, das Geselligkeits- und Höflichkeitsprinzip inklusive eines gewissen Umsorgt- und Eingehegt-Seins wie im Internat. Nicht nur die jungen Aktiven hinterließen einen guten und gesitteten Eindruck, auch die hin und wieder in Erscheinung tretenden Älteren. Mit politischer Aufmöbelung, Hetze und Ideologie hatten sie nichts am Hut. Also nahm ich das Fechten hin. Die vier Pflicht-Mensuren stand ich tapfer durch, erhielt dabei einen unauffälligen Schmiss oben links an der Stirn und hatte so nebenbei gelernt, mit dem feigen Schweinehund umzugehen. Das andere passte perfekt. Besonders gefiel mir, dass man sich quasi nebenbei ständig unter mehreren Fachrichtungen austauschen konnte, auch über die Generationen hinweg mit den im Berufsleben stehenden Älteren sowie mit den ganz Alten im Ruhestand.

Welch ein ausgeprägt interdisziplinärer und zudem auch noch lebenslanger Wissens- und Weisheitsquell sich da auftat: Eine Groß-Wohltat für umfassende Wissens-, Könnens-, Umgangs-, Erfahrungs- und Herzens-Bildung mit allem Zeug für Aufklärung und „Illumination“ bzw. Enlightenment (also Erleuchtung) wie's auf Englisch heißt!

„Gelb ist des Eifers Zeichen, der höchstes will erreichen, doch Neid (und Geltungsgier) verächtlich schilt“ heißt es in ihrem Farbenlied. All das passte zu meinem Menschenbild, für das ich viel später die Worte Anthroposymbiose und Anthroposymbiogenese fand. ... Mit dem jugendlichen Übermut jener Heißsporne, die durchknallten, weil sie das erste Mal von zuhause weg waren, lernte ich umzugehen, und manch einem Biersaufterror wich ich aus.

Mit „Fräulein Krabusch“, die jetzt meine Silvia war, habe ich auf dem Haus Geselligkeit genossen und mehrere Bälle der Austria durchgefeiert. Besonders in Erinnerung haften geblieben ist mir ein Stiftungsfestball im großen Gesellschaftshaus-Saal des Frankfurter Palmengartens, wo sie ein von Frau Fröhlich im Haus ihrer Eltern geschneidertes türkisfarbenes Ballkleid trug, auf dem Absatz ihrer Ballschuhe umknickte und fast der Länge nach hinschlug. Doch ich hatte sie aufgefangen. Woran sie sich heute nicht erinnert, dafür aber daran, dass ich es nicht gewagt hatte, sie auf Armen über die Trittsteine des Teichs im Palmenhaus zu tragen, wie's andere in jugendlichem Übermut taten. Mir waren die Abstände im Teich zwischen den Tritt-Steinen einfach zu groß, und ich bedachte, dass wir ins Wasser fallen könnten und pudelnass unter großem Gespött von dannen ziehen müssten. Silvia mokiert sich noch heute darüber. Sie hatte – und hat immer noch – ein ausgesprochen sportliches Naturell, was freilich auch zu solchen Ereignissen führte, dass sie bei einem Sonntagsausflug in den Taunus auf dem Rückweg von „Fuchstanz" genannten Platz im Altkönig hinunter nach Falkenstein in jugendlicher Tollheit losrannte, nicht mehr bremsen konnte und ihr Sturz in einen Schottersteinhaufen die letzte Rettung war. Mich erinnerten solche Szenen an Frau Raudies Glucke auf der Neue Mühle, der sie Enteneier untergeschoben hatte, und die dann völlig verdutzt zusah, wie ihre „Kücken" tollkühn im Wasser schwammen. So fassungs- und verständnislos wie diese Glucke stand ich bei Silvias Eskapaden dann ebenfalls daneben.

Des Öfteren bin ich mit ihr zur Neue Mühle gefahren. Einmal war sie, um mich während eines Ferienaufenthalts bei meinen Eltern zu besuchen, über die Main-Weserbahn nach Kirchhain gekommen, wo ich sie am Bahnhof mit Vaters Mercedes abholte. Es war ein großes Einvernehmen mit der jungen Schülerin Silvia. In Sommersemester- und Schulferien trennten sich unsere Wege. Meine führten auf die Neue Mühle, wo ich dann beim Ernteeinsatz helfen sollte. Sie wurde, während ihre Eltern in Italiens Cesenatico „dolce vita" an der Adria pflegten, in den Schüleraustausch geschickt. Bei einem solchen in Englands Reading war ihr ganz übel mitgespielt worden. Nun war sie in Süd-Frankreichs Toulouse, wo sie es so richtig gut getroffen hatte, und sich mit der gleichaltrigen Austauschschülerin Jaqueline eine regelrechte Freundschaft entwickelte. Da war ein gepflegtes Elternhaus, worin die Geselligkeit gepflegt wurde, und sie dann im spanischen Seebad Llorett der Mar hoch vergnügliche Ferien-Tage verbrachten ... während ich auf der Neue Mühle jeden Tag den Postboten in vergeblichen Sehnen erwartete, bis dann nach unendlich langen Wochen doch ein Kartengruß kam und mein schon bekümmertes Herz Beruhigung fand. (Beim Gegenbesuch in

Frankfurt lernte ich Silvias „Jaki“ kennen, und viele Jahre später besuchte sie uns mit ihrem Mann, einem Professor der Medizin, der soeben an einem Mediziner-Kongress in Frankfurt teilnahm.) Nun konnte es in Silvias Begleitung in Frankfurt in Corpsgeselligkeit munter weitergehen!

Es war überhaupt ein erfreuliches Dasein. Das Liedgut der Neue Mühle, wo viel Gesang aus Romantik und Wandervogelzeit (wie *„Es klapper die Mühle am rauschenden Bach“*, *„Das Wandern ist des Müllers Lust“*, *„Im Frühtau zu Berge“*, *„Am Brunnen vor dem Tore“*, *„Der Mai ist gekommen“*, *„Der Mond ist aufgegangen“* etc., „Die Oden an die Neue Mühle“) den All- und Feiertag positiv gestimmt begleitete, fand Ergänzung durch das gleichermaßen positiv gestimmte Studentenliedgut (wie *„Student sein, wenn die Veilchen blühen“*, *„Die Gedanken sind frei“*, *„Dort Saaleck , hier die Rudelsburg“*, *„Ins Land der Franken fahren“„Oh Prag, wir zieh'n in die Weite“* etc.). ... Man vergleiche das mit der misepertrigen negativ aufgeladenen Zeit 1968 ff. von solchen, die Streit für Kultur halten und im bornierten Autismus des Hass schürenden Schlechtmachens der anderen narzisstoide Selbstbefriedigung treiben.

Doch bald waren die vier Pflichtsemester bei Austria vorüber, ich hatte alle nötigen Scheine an der Uni erworben, wurde inaktiviert. Nun zog's mich nach Münster in Westfalen, weil **1.** die Westfälische Wilhelmsuniversität keine Massenuniversität wie Frankfurt war, **2.** man dort den juristischen Teil der Diplom-Examens vorziehen konnte und **3.** dort ein Professor Seraphim Deutschlands einziges „Institut für Siedlungs- und Wohnungswesen“ leitete. Also konzentrierte ich mich in Münster zuerst auf den juristischen Teil: Bürgerliches Recht, Handels-Recht und Staatsrecht. Besonders in Erinnerung ist mir der Staatsrechtler Professor Wolf, der uns zur Klausur mitgab: *„Bevor Sie ins Gesetz sehen, fragen sie erst mal Ihren gesunden Menschenverstand.“* Was unter „gesunder Menschenverstand“ zu verstehen war, was „Menschenverstand“ bedeutete, war damals noch völlig klipp und klar! – Das nötige Wissen für das Juristicum hatte uns der Repetitor Töpfer im Schnelldurchlauf eingetrichtert. Sommertags geschah das an der Verse, wo wir im steilen Uferhang lagen, während er unten dozierte. Und Münsters Studenten trällerten: In Paris hat man die ‚Seine', in Münster haben wir ‚die Verse' (gesprochen: Diverse). Parallel belegt hatte ich BWL, VWL, Industrie- und Bank-Betriebslehre, Wirtschaftsgeographie, die Seminare am „Institut für Siedlungs- und Wohnungswesen" und als Lieblingsfach Soziologie bei dem großen Professor Dr. Helmut Schelsky, der in seinem Buch „Die Arbeit erledigen die anderen", die '68er/ Grünen-Machtergreifung voraussah. Dessen Sekretärin, die Baltendeutsche Ilona Weidemann, traf ich einmal auf der Neue Mühle, als sie dort Feriengast war. Silvia besuchte mich ein Wochenende in meinem Studentendomizil unterm Dach eines schmucken Bungalows in Münster-Gremmendorf, Böddingheideweg. Sie hatte inzwischen ihr Abitur bestanden und studierte nun, wie ihr von mir empfohlen, Pädagogik an der PH Worms. Ihr Vater hielt sie knapp. Für den vor ihrem Vater verheimlichten Besuch hatte sie ihr ganzes Geld zusammengekratzt. Doch es war ein ziemlicher Schlag ins Wasser. Durch ein fehlindiziertes Antibiotikum zur Behandlung einer leichten Mittelohrentzündung war mein linkes Ohr auf Ferkelohrgröße angeschwollen. Wir hatten uns das Wochenende völlig anders vorgestellt. ... (Ich kam später dahinter, dass die Ohrentropfen Leukomyzin ursächlich waren. Der Ohren-Arzt hatte keine Idee davon.)

Die Diplomprüfung habe ich pünktlich 1962 im 8. Semester abgelegt. Die Diplomarbeit hatte den Zusammenhang von Gesellschaftsform (OHG, KG, GmbH, GmbH&Co KG, AG, AG&Co KG) und Unternehmensfinanzierung zum Gegenstand.

Nun wurde ich vom „Institut für Siedlungs- und Wohnungswesen" dazu passend aufgefordert, eine Dissertation unter dem Titel „Träger und Finanzierung von Neustadt-, Stadterweiterungs- und städtebaulichen Sanierungsmaßnahmen“ zu verfassen. (Irgendwie fällt mir heute dazu auf: Die ersten Namenträger in Frankenberg hatten ja auch mit Stadtentwicklung zu tun!) Das Wirtschaftswunder hatte voll gegriffen, nun wollte man im Städtebau vorankommen. In Bonn plante man ein Städtebauförderungsgesetz, und meine Dissertation wollte das Institut für eine Vorlage zu diesem Gesetz verwenden, wovon ich damals freilich nichts wusste!

Die Eltern hatten mir einen alten lindgrünen VW-Käfer mit Doppelfenster hinten gekauft. Den Führerschein hatte ich schon lange als damals 16Jähriger nach einer halben Fahrstunde in Marburg abgelegt, der Fahrlehrer hatte meine Fahrpraxis von der Neue Mühle bemerkt. Nun kam Silvia auf die Neue Mühle, um den alten VW mit Seife und Schwamm soweit es ging wieder schmuck zu machen. Auf der ersten Fahrt im Rechercheauftrag des Instituts zu einer Mieterbefragung in Attendorn, hatte ich beim Rückwärtsrangieren im dortigen Gassengewirr den hinteren rechten Kotflügel des Gefährts an einem unten an mittelalterlichem Gemäuer stehenden Fuhrwerk-Fernhaltungs-Stein ramponiert. Später wurde ich vom Institut dem Geschäftsführer des „Deutschen Volksheimstättenwerks“ als Assistent empfohlen. Herr Kruschwitz war ein alter Patriarch, und steckte mich in die hinterste verstaubte Aktenkammer seines Büros. Doch wenn er kränkelte, musste ich die Leitung von Volksheimstättenwerks-Tagungen übernehmen. Fußläufig vom Büro hatte ich bei der Kriegerwitwe Frau Becker in einem schmucken Mehrfamilienhaus nahe Düsseldorfs Nordbrücke ein Zimmer mit Balkon zum Rhein. Frau Becker bekochte mich gern. Bei ihr gab es die leckersten sauren Nieren, die ich je zu Essen bekam. Silvia war inzwischen Lehrerin auf der Dorfschule in Bretzenheim/Nahe geworden und hatte ein ähnlich bescheidenes Einkommen wie ich, nämlich 600 DM je Monat. Und sie besuchte mich bei Frau Becker, was diese damals duldete, aber nicht über Nacht, weil ihr dann der Straftatbestand „Kuppelei“ drohte.

Wie Hotels durfte sie ebenfalls kein unverheiratetes Paar übernachten zur lassen. Es war ein schönes Wochenende in Düsseldorf am Rhein.

Aber als ich ihr den Gegenbesuch abstatten wollte, bekam mein alter VW auf halbem Weg am Rhein einen Kolbenfresser. Meine Eltern brachten im Kofferraum ihres Mercedes 180 einen etwas größeren Austauschmotor herbei, den dann eine Düsseldorfer Werkstatt einbaute. Doch das mit dem VW war mir jetzt vergällt, die Heimstättenbewegung nicht wirklich das Meine ... Silvia schien nunmehr auch aus der Welt: Ich war ihr wohl ein rechter Looser!

Vergrämt zog ich mich aus der verstaubten Aktenkammer im Düsseldorfer Heimstättenwerk zurück, um mich in Münster auf die Dissertation zu konzentrieren. Dazu bezog in ein Mini-Appartement am Aarsee, nahe dem Barockschloss, worin die Uni ihren Hauptsitzt hatte. Ich reiste nun durch die Lande, untersuchte die auf Munagelände errichteten Flüchtlingsstädte wie Stadt Allendorf und Sennestadt, analysierte die Krupp-Siedlung in Essen und die Facharbeitersiedlung der Hoechst AG, befragte zu Stadterweiterung- und Trabantenstadt-Projekten, besuchte Stadtbrachen und auch Innenstädte, denen der Abriss drohte.

Bald war die Dissertation dem Institut vorgelegt, etwas umgearbeitet und dann eingereicht. Doch mein Doktorvater Professor Dr. Seraphim verunglückte tödlich, als er mit seinem Auto auf einer Fahrt im Münsterland gegen einen Alleebaum fuhr. Sein Nachfolger Prof. Dr. Dr. Schneider eröffnete mir in Schlotbaron-Manier, dass er Theoretiker sei und mit meiner empirischen Arbeit nichts anfangen könne. Kurz: aus mit Promotion! ... Später war indes zu erfahren, dass meine Arbeit in ein Gutachten des Instituts ans Bonner Wohnungsbauministerium eingeflossen sei. Es hat mich dann auch nicht überrascht, als ich im „Städteförderungsgesetz“ Vorschläge aus meiner Dissertation umgesetzt fand. Man kann‘s noch nachlesen.

Denn ein Durchschlagexemplar der rd. 400seitigen Doktorarbeit, ist noch erhalten. Es befindet sich im alten mit Glastüren versehenen Bücherschrank in unserm Werkzeugkeller.

Silvia hatte ich zum Geburtstag und an Festtagen treu weiter Liebesbriefe geschrieben, doch ein Echo blieb aus. Sie hatte mir scheinbar endgültig den Laufpass gegeben. Sie hatte indes alle meine Briefe gelesen, mit einer Schleife zusammengebunden und all die Jahre aufbewahrt; heute hält sie diese in unserm antiken Schlafzimmerschrank versteckt. ... Ich litt damals wie ein Hund, war depressiv geworden und wollte da unbedingt heraus. Damentrost fand sich schnell, half aber nicht wirklich!

In meinem höchsten Frust hatte ich mit dem kleinen Guthaben des Bausparvertrages, den mir die Eltern übergaben, weil sie Anfang der 1960er die Neue Mühle meinem Bruder übertragen hatten, in Münster erst einmal einen DKW-Kabrio zugelegt; dachte: Wenn man sonst schon nichts ist, dann muss man halt wenigsten ein Kabrio haben. Das Leben musste doch weitergehen. So unternahm ich mit 'ner jungen Münsteranerin schöne Ausflüge, z. B. nach Kopenhagen, wo 'ne Wirtin Wundermild in ihrem schmucken Altstadthaus zum Frühstück leckerste Dänische Plunder kredenzte und des Abends im Tivoli-Freizeitwunderpark meiner Gefährtin Aug' nur so glänzte, und auf der Rückreise uns der dänischen Könige Schlösserpracht ergötzte. In den Harz ging die Fahrt, um dort die berühmte Stabkirche zu besichtigen. Der über dem Grab des Nordgermanien-Missionars und Hl. Bischofs von Münster Liudger (*um 742, †26.3.809) errichtete „Liudger-Dom“ in Billerbeck und die münsterländischen Wasserschlösser lagen nahebei. ... Alles nur Zeitvertreib und Ablenkung in der Misere!

Doch es gab noch die Engel aus der alten Institutsmannschaft. Zuerst wurde mir eine Regierungsratsposition im Düsseldorfer Wohnungsbauministerium angetragen. Düsseldorf war mir jedoch seit der Volksheimstättenerfahrung verbrannte Erde, und Beamter zu werden, lag mir schon ganz und gar nicht. – Ich wollte „praktische Wirtschaft“: „Finem Studium“ 1958–1964!

B.

Die Test- und Bewährungs-Phase 1965–1991

Dann meldete sich der Herr Dr. Heuer, der mir am Institut als Professor Seraphims Assistent das Dissertations-Thema aufgegeben hatte. Er war inzwischen Vorstandsassistent bei den Wohnstättengesellschaften (für die Kohle- und Stahlarbeiter im Ruhrgebiet und Siegerland) sowie der Westdeutschen Wohnhäuser AG (für die Führungsstruktur bei Kohle und Stahl). Auf diese war der gesamte Wohnbesitz des Kohle- und Stahl-Kartell an Rhein, Ruhr und Sieg, das im Übrigen von den Alliierten nach dem Krieg sofort zerschlagen worden war, übergegangen. Sie hatten eine halbe Million Mieter: Das wäre doch praktische Wirtschaft!

Dr. Heuer wusste um das Schicksal meiner Dissertation, und seine Co-Assistentin hatte soeben einen lukrativeren Posten bei der Gewerkschaft angenommen. ... Immerhin mein Gehalt in Essen lag beim Dreifachen des Düsseldorfer Volksheimstättenwerks. Am 1.12.1964 trat ich in Essen an. Mein geräumiges Büro auf der Vorstandsetage befand sich in Essens Edellage am Rüttenscheider Stern. Nahebei an der Alfredstraße hatte ich in einem neu errichteten Appartementhochhaus im 10. Stock eine Einraumwohnung samt Tiefgaragenplatz für meinen DKW-Roadster angemietet. Das Einkaufszentrum, mit Lebensmittelmarkt für den täglichen Bedarf auch auf halbem Fußweg zum Büro: perfekt! ... dachte ich. – Und es war zunächst auch so. Zwischen Dr. Heuers und meinem Büro befand sich unser gemeinsames Sekretariat, meine Sekretärin, Fräulein Kröse, war jung und tüchtig. Ich redigierte die jährlichen Geschäftsberichte der Gesellschaften des Wohnbesitzkonzerns, dessen Neubautätigkeit im Wesentlichen aus öffentlich gefördertem Wohnungsbau bestand. Davon lebten die drei Wohnstättengesellschaften, hier kurz WG genannt (**1.** die Rheinische WG AG mit Niederlassungs-Sitz bei einem Stahlkocher in Duisburg, **2.** die Rheinisch-Westfälische WG AG mit Niederlassungs-Sitz an einer Zeche in Gelsenkirchen, **3.** die Westfälische WG AG mit Niederlassungs-Sitz im Edelpalast des Industrieklubs am Dortmunds Reinoldiplatz) sowie die Westdeutschen Wohnhäuser AG in Essens Gesamt-Zentrale. Ihr Geschäftsfeld hatte freilich sehr wenig bis gar nichts mit der von mir verehrten freien Marktwirtschaft zu tun, aus der von der Neue Mühle her ja meine ganze Prägung stammte! ... Aber mit öffentlichen Mittel ließen sich stattliche Wohnkomplexe errichten und für die AGs rentabel bewirtschaften.

Die alten Berg- und Stahlarbeiter-Reihenhaussiedlungen erschienen in den von mir redigierten Geschäftsberichten indessen als defizitär. Sie stammten überwiegend aus der Kaiserzeit und verfügten über üppig große Gärten für Salat-, Gemüse- und Kartoffel-Anbau samt Verschlägen für Schweine- und Ziegenhaltung, ganz im Sinne eigenständiger Selbstversorgung der Kaiserzeitaufklärung. Ihre Bewohner waren in der Regel ja aus bäuerlichen Verhältnissen gekommen und Discounter sowie Lebensmittelmärkte gab's in der Kaiserzeit nicht. Diese traten nämlich erst Anfang/Mitte der 1960er Jahre in Erscheinung. ... In meinem seit der Neue Mühle bodenverbundenen und marktwirtschaftlichen Denken, bot sich die Privatisierung dieser Reihenhaussiedlungen geradezu an: Die Menschen wären in dieser, von Erhard im Sinne des „mündigen Wirtschaftsbürgers" geprägten, Zeit froh darüber gewesen, Eigentum zu erhalten und eigeninitiativ instandhalten zu können, während für die Wohnstättengesellschaften durch den Verkauf statt ihrer ständigen Defizitbuchungen ein mächtiger Batzen Geld zu vereinnahmen wäre.

In meiner Rechnung ergaben sich Millionenbeträge, selbst wenn man für diese Altbau-Reihenhäuser mit ihren riesigen Selbstversorgergrundstücken (die für Notzeiten, wie vom 1945er Kriegsende damals noch drastisch in Erinnerung, sehr hilfreich wären!) nur die Hälfte des Markt-Kaufpreises für die gängigen Neubau-Reihenhäuser mit ihren Minigrundstücken verlangen würde. Die Arbeiter bei Kohle und Stahl zählten ja zu den Spitzenverdienern! ... So trug ich es dem Zentralvorstand auf meiner Etage im Sechs-Augengespräch vor. ... Dann bekam ich einen Kurzzeitassistent zur Seite gestellt. Es war der Sohn eines französischen Wohnungsbau-Ministerialen. Ich zeigte ihm Essens Luxus-Süden: den Krupp'schen Prunk in „Villa Hügel" sowie den Baldeneysee und das „Schloss Hugenpoet" im landschaftlich reizvollen Tal der Ruhr. Im Gegenzug lud er mich ein, und wir machten uns mit meinem DKW-Roadster auf große Landpartie ins Franzosen-Land, wo wir uns bei Ankunft am frühen Morgen in den Pariser „Les Halles" bei Zwiebelsuppe stärkten, tagsüber dann an der Seine entspannten, in der Stadtwohnung seiner (auf Urlaub befindlichen) Eltern hausten und mich bei der Nacht die Tochter des Hauses verwöhnte. – Sie hielt mich wohl für eine mächtig gute Partie! – Zum Abschluss hat mich mein Kurzzeit-Assistent noch in die Kuh- und Milchlandschaft der Normandie entführt, deren Frische uns im kleinen elterlichen Altbauern-Cottage ein paar Tage verwöhnte, und ich den besten Brie meines Leben genoss, bevor's zurückging in Essens Süden Schöne.

Das war ja alles Dienst, wenigsten irgendwie; so wie Herr Dr. Heuer mit mir samt Sekretärinnen manche Sause ins Essener Nachtleben unternahm! ... Dann fuhr ich in den Urlaub, und zwar mit meinem Nachhilfe-Abiturient aus der Steinmühlenzeit. Mit ihm hatte ich in Münster studiert, aber dann hatten wir uns aus den Augen verloren. Er wurde damals in Frankfurt auf die Übernahme des Immobilien-Investitions- und -Makler-Unternehmens seines Vaters eintrainiert.

Wie es zur Kontaktaufnahme kam, ist mir nicht erinnerlich, aber genau weiß ich noch, dass er von Last und Persönlichkeitsentfaltungs-Beschränkung sprach. Er litt darunter, an den Klotz des väterlichen

Unternehmens gebunden zu sein, während ich mich frei entfalten könne. So empfand er's damals. Es ging mir ja auch gut mit dem Essener Zentralvorstand; der hatte doch soeben meine Ideen zum Ballastabwurf des Reihenhaus-Altbestands mit Wohlwollen aufgenommen!

Des ehemaligen Schulkameraden und Kommilitonen Kontaktaufnahme aus Frankfurt tat mir gut, denn mein Herz war wegen des Verlustes meiner Silvia immer noch schwer. Nun hatte ich für uns beide wieder zusammengekommenen „alten Freunde" mit einem Essener Reisebüro eine Reise nach Finnland vorbereitet: von Helsinki über Kareliens Seen- und Burgenlandschaft in Finnlands Südposten gen Nord bis nach Inari und Inari-See im Rentierhirten-Land der archaischen Kultur der Lappen und Samen! ... sowie in die Bauhaus-Musterstadt Tapiola bei Helsinki, die in meiner Doktorarbeit einen würdigen Platz als Beispiel für ein Neustadt-Vorhaben gefunden hatte; die wollte ich unbedingt besuchen! ... Es wurde eine wunderbare Reise. Es ging mit seinem VW-Käfer (hinter dessen Rücksitz eine Reserveschutzscheibe wegen der Steinschlag-Gefahr auf Finnland Schotterstraßen untergebracht war) nach Kiel, wo ein archaisches Kaiserzeit-Dampfschiff unser Automobil mittels Dampfkolbenwinde an Bord hievte). Ein und einen halben Tag stampfte der Vierzylinder-Dampfmotor im ruhigen Takt vor sich hin, hatte uns mit seinem wattig-dumpfen Wum, Wum, Wum in unsrer aus dunklem Mahagoni-Holz geschreinerten Kabine eingelullt und nächsten Tags sanft wieder geweckt, und bald erschien schon das weiße Helsinki am Horizont. – Da gab's 'nen herzzerreißenden Abschied einer dunkelblonden Karelierin mit unfassbar Kornblumen-blauen Augen von einem jungen deutschen Studenten. Die hatten sich an Bord die ganze Zeit über angehimmelt, aber kein Wort miteinander gewechselt, weil sie nur Finnokarelisch sprach und verstand, er aber nur Deutsch und ein bisschen Englisch.

In Helsinki war unser VW-Käfer rasch unter Dampfwinde-Zischeln an Land gesetzt. Und die Route ward, wie geplant, abgespult bis in die Mitternachtssonne hoch in Skandinaviens Norden, wo wir uns in der Kunst des Lachs-Angelns übten, spät abends den Fang vor unserm Blockhaus im offene Birkenholzfeuer brieten, aus dem Busch eine Helsinkierin erschien, mit großer Naturrohheit in die Pfanne griff, einen heißen Fisch in blanken Händen hielt und ohne Besteck vor unseren Augen verzehrte.

Später ergaben sich mit ihr noch angenehme Gespräche auf Englisch, so dass wir aufpassen mussten auf den Zeitpunkt, wenn das Sonnenlicht fahler wird. Dann ist nämlich Mitternacht überschritten, und wir gehörten schnell ins Bett.

Zurück in Helsinki machten wir es uns in einem Hotel gemütlich, besuchten das Kaufhaus Stockmann, wo es seltsame Selbstbedienungsklappen gab, aus denen man sein Essen herausholte, und ich mir eine andächtige Mädchenfigur kaufte: ebenso wie ich mir ein lieb‘ Mädchen vorstellte ... Silvia steckte halt immer noch in meinen Herzen!

Dann besorgte ich mir einen Außenborder aus Aluminiumblech mit 8PS-Zweitaktmotor. Es war mir danach, Helsinkis Schären auf eigene Faust zu erforschen. Doch als ich weit draußen in aufkommende See geriet, habe ich, damit meine Bootsschale nicht kenterte, mich rasch auf den Boden geschmissen und über die Bootskante lugend den nächsten sicheren Haften angesteuert. ... Da sprangen nackte jugendliche Menschen ins Wasser. Sie beobachteten wie ich mich ihnen mit meinem Hochsee-untüchtigen Gefährt auf den Wellen schwankend näherte und zeigten sich belustigt darüber, nahmen mich vor Kälte und Nässe zitternden Beinahe-Seebrüchigen in ihre Obhut, schleppten mich in ihre mit Birkenholz auf 90°geheizte Sauna, gaben mir Birkengrün-Reiser, damit ich meine Haut damit schlage und erfrische, lockten mich ins kalte Meerwasser und wieder in die Sauna und gaben mir nach dem dritten Durchgang ein *Olut* (ein seltsam schmeckendes selbstgebrautes Bier) zu trinken. ... So war die Welt wieder hergestellt!

Wir verständigen uns auf Englisch. Viele Finnen sprachen damals noch Deutsch, die meisten aber Englisch. Dann wollten sie wissen, was mir passiert war und woher ich kam. Ich erzählte von dem Hotel in Helsinkis Innenstadt, und dass dort ein Freund auf meine Rückkunft warte. Also riefen sie dort an, erreichten meinen Freud und erklärten ihm, wie er mich mit seinem VW-Käfer abholen könne. – Um das Boot wollten sie sich kümmern. Sie kannten den Bootsverleiher. Mein Freund kam ... und blieb und alle hatten ein großes Vergnügen aneinander, sprangen an anderen Orten von der Sauna in einen ruhigeren Binnensee. Drei Tage dauerte der Zauber. Doch wir mussten zu unsrem festgebuchten Kaiserzeit-Mahagoniholz-Dampfmotor-Fährschiff ... und unten an der Pier winkte Hanele Hirwihara mit ihrem liebenswerten Gesicht, wie wenn's von Silvia wär, nur eben blond und himmelblau-äugig.

Zurück in Essen machte ich mich hoch-motiviert und voller Elan an mein Reihenhaus-Privatisierung-Projekt. In Essen auf meiner Etage residierten der kaufmännische und der technische Vorstand und ganz vorne der Aufsichtsratsvorsitzende, den ich freilich nie zu sprechen bekam. Wie der über meinen Plan dachte, wusste ich nicht. In jeder Niederlassung residierte ein weiteres Vorstandsmitglied. Wir hatten also fünf, zwei in der Zentrale, drei draußen in den Niederlassungen. Die waren in der Mehrzahl, wenn die einig waren konnte der Zentral-Vorstand nichts ausrichten. Also schickten sie mich nach draußen. Der in der Duisburger Hütte gab sich freundlich. Der auf Gelsenkirchens Zeche Ewald trank mit mir genüsslich einen Cognac und ich lernte seine Tochter dabei kennen. Der im Dortmunder Industrieklub zeigte sich deutlich uneinsichtig.

Was damals geschah, ist mir heute klar: Über meinen Plan waren sich der Zentralvorstand und die auf ihren Latifundien sitzenden Außenvorstände ins Gehege geraten; die meinten offenbar, es würde ihre Bedeutung mindern, wenn die alten Reihenhaussiedlungen durch Verkauf aus ihrem Bestand verschwänden – Eitelkeit und Besitzdenken spielen halt immer ihre archaische Rolle – und sie waren in ihrem Ego nur darauf fixiert. Der Gesamtunternehmenserfolg war ihnen weniger wichtig. Im Gesamtvorstand entspann sich eine heftige Intrige, hauptsächlich ausgetragen zwischen dem auf meiner Seite stehenden technischen Vorstand der Zentrale und dem angstbissigen Niederlassungsleiter in Dortmund. ... Und ich geriet immer mehr ins Sperrfeuer.

Doch erst mal sollte ich im kommenden Sommer mit meinem Frankfurter Freund eine weitere Nordlandreise antreten. Dieses Mal ging‘s mit dessen Mercedes 220 über das reizvolle Kopenhagen des dänischen Königreiches, übers schöne Göteborg im demokratisch-sozialistischen Königreich Schweden nach Oslo, dem Sitz des Königs von Norwegen, wo wir die hölzerne „Stabkirche“ samt Wikinger-Museum bewunderten. Von dort nahmen wir einen Flug hoch zu Nordkap, Hammerfest und Kirkenes, um die Gegend dort ganz oben zu erkunden. Es war interessant, aber nebelig und manchmal regelrecht kalt und nass. Wir beschlossen, wieder nach Oslo zurück zu fliegen, um dort die Umgebung zu erkundigen, in entspannter Fahrt Schwedens Westen anzusehen und zeitgerecht den Rückweg anzutreten. Für den Flug von Hammerfest nach Oslo war‘s eine zweimotorige Kolbenmaschine aus der Douglas-Produktion, die ein Ohrenbetäubendes Lärm-Getöse im Kabinen-Innern hatte, unterwegs ständig zum Landen in rasant turbulentem Flug in die Fjorde hinein schoss, so dass der Nachtflug überhaupt nicht wie gedacht ein erholsamer war, sondern wir am nächsten Morgen wie gerädert in unserem Osloer Hotel eintrafen. Dort ereilte meinen Freund ein Telegramm aus Frankfurt: Sie sei von ihm schwanger! Es war die reizvolle Jungblut-Blondine, mit der unsere Frankfurter Jungmänner-Horde vor einiger Zeit eine rauschende Filmballnacht unter Berlins Funkturm durchgetanzt hatten. ... Wir beratschlagten. Ich meinte, er müsse sofort nach Frankfurt, wenn er auf das Verhältnis mit ihr Wert legte, und den nächsten Direktflug nehmen. Seinen Wagen würde ich nachbringen. Er tat so, unser Urlaub war abgebrochen. ... Und ich nutzte die Rückfahrt über Südschweden, um die Fertighausproduktion in der staatlich-militärischen Karlskrona-Warved anzusehen. Den verabredeten Termin mit dem Produktionsleiter hatte ich vorverlegt. Der Besuch gab wenig her: Die Fertighäuser waren militärisch-steril, für den deutschen Zivilmarkt völlig ungeeignet. Ich tat jedoch interessiert und sagte, ich wolle mich mit dem Vorstand in Essen darüber beraten. Denn der Produktionsleiter war ein perfekter Gentleman mit überaus feinen Manieren. So hatten wir nach der Werksbesichtigung noch einen langen Abend miteinander, wo er uns mit von ihm selbst frisch gebeiztem Graved Lachs und Aquavit verwöhnte – eine bleibende Erinnerung! ... Den Mercedes 220 hatte ich sodann wie abgesprochen in Frankfurt am Main abgeliefert.

Inzwischen war in Essen der Zwist im Vorstand hochgekocht. Er war zum persönlichen Machtkampf des Herrn Freese auf seinem Industrieclub-Sitz an Dortmunds Reinoldiplatz gegen die Konzernzentrale in Essen Rüttenscheids Nobellage ausgeartet. Herr Freese wurde ständig ausfallender gegen mich. So herrschte er mich an, als in Magenkrämpfen auf dem Ruhrschnellweg Stopp machen musste und etwas später als erwartet bei ihm eintraf, an: *„Man sollte ihnen einen Sender an den Arsch hängen“*, weil inzwischen der technische Vorstand aus Essen versucht hatte, mich telefonisch zu erreichen. Die Atmosphäre war aufgeheizt, und er tobte weiter: *„Ich falle hier von einem in den anderen Sessel“*, worauf ich konterten: *„Dann fallen sie ja weich!“* ... Und ich ging in die innere Emigration. Das konnte so nicht weiter gehen: Ich würde massiven gesundheitlichen

Schaden nehmen; ich kündigte. – So war's am Ende halt ein knallharter Einstieg in meine Test- und Bewährungsphase gewesen. (Wie ich dann später allerdings erfuhr, hatte Herr Freese selbst, als er den Vorstandsvorsitz erklommen hatte, die Reihenhaussiedlung-Privatisierung vollzogen, sich aber in allem übel aufgeführt und war dann an Krebs verstorben.) ... Gut, dass ich davon Abstand genommen hatte.

Meine damalige Aufkündigung der Vorstandsassistenten-Tätigkeit in Essen war indessen wohlbedacht geschehen.

Mein Frankfurter Freund hatte Kontakt mit mir aufgenommen, ob ich nicht nach Frankfurt umziehen könne. Sein Vater sei nach längerem Leiden verstorben. Der war passionierter Roth-Händle-Raucher gewesen, hatte jede Zigarette immer mittig geteilt, weil er meinte, das sei gesünder, und war dennoch einem bösartigen Lungenkrebs zum Opfer gefallen. – Nun sollte ich in jener Frankfurter Hausverwaltung in leitender Funktion tätig werden, bei der ich bereits als Student gejobbt hatte. ... Und: Nicht nur, dass ich der mir angetanen Ruhrpott-Hemdsärmeligkeit entkam, möglicherweise könnte ich ja auch Silvia wieder etwas näher kommen!

Bevor ich die Trennung von der mir widerfahrenen Ruhrgebietsrüpelhaftigkeit vollzog, war also klar, wie es weitergehen würde ... und mit welcher eigentlichen Zielrichtung.

Wieder in Frankfurt am Main und die Schicksalsstunde mit Silvia

Anfang 1966 hatte ich die sinnlos gewordenen Fäden zum Institut abgekappt, unter dessen Briefkopf bescheinigte der Direktor Prof. Dr. Hans K. Schneider am 27. Januar 1966 lakonisch:„... *dass Herr Diplomvolkswirt (!) Ludwig-Wilhelm Schleiter als Doktorand mit der Bearbeitung des Themas ‚Träger und Finanzierung von Sanierungs-, Stadterweiterungs- und Neustadtprojekten' am Institut für Siedlungs- und Wohnungswesen beschäftigt war und aus beruflichen Gründen ausgeschieden ist.*" (sic! Daraus hatten sie dann ihr Gutachten ans Bonner Wohnungsbauministerium fürs 1973er Städtebauförderungsgesetz gefertigt) – Ende Aprils 1966 war auch der Abschied von Essen vollzogen. Der Vorstand auf meiner Etage in der Konzernzentrale, Essens Dorotheenstraße 1, hatte mir im Zeugnis vom 20. April 1966, unterschrieben vom Vorstandsvorsitzenden Dr. Hartmann und dessen Stellvertreter, dem technischen Vorstand Urban, freundliche Zeilen mit auf den Weg gegeben: *„Ebenfalls hat Herr Schleiter bei der Vorbereitung von Aufsichtsrats- und Präsidialsitzungen mitgewirkt und besonders durch die selbständige Bearbeitung von umfangreichem Schaubildmaterial ausgezeichnete Leistungen erbracht. Die Erhebungen für die Erstellung der Geschäftsberichte der Gesellschaften wurden von Herrn Schleiter mit Umsicht durchgeführt, wie er auch bei der Vorbereitung von Sanierungsarbeiten sich als gewandter Mitarbeiter erwies. Hilfsbereitschaft und kollegiale Zusammenarbeit zeichneten in aus.*" – So hatte sich das mir vermittelte Neue Mühle-*Mem* in Essen nicht ganz vergeblich ausprobiert. Was die Umsetzung meiner Vorlagen durch Widersacher Freese ja dann bestätigte!

Nun war ich zurück in Frankfurt! Für Unterkunft war gesorgt in Frankfurts Malerviertels Hohlbeinstraße, dritter Stock, bei einer Dame mittleren Alters, Generalstochter und verheiratet mit einem Mann in leitender Transportverbandsfunktion. Er war ständig unterwegs, und ich hörte, wie sie allabendlich mit ihm telefonierte. Die Wohnung bot viel Platz, mein Zimmer samt geräumiger Loggia lag zum weitläufigen Innenhof.

Tagsüber arbeitete ich mich in der Firma ein. Dort hatte ich ja ohnehin schon während des Studiums in 1959 beim alten Patron famuliert und die Dinge vorangebracht. Ich betrat also bekanntes Land.

Die Frankfurter Damenwelt zeigte sich mir ebenfalls entgegenkömmlich. Zunächst war's die Leiterin eines Reisebüros der Tunis-Air an der Hinterfront des legendären Frankfurter Hofs, etwas jünger als ich, die ich schon aus dem Frankenberger Bekanntenkreis als Tochter des dortigen Landwirtschaftsschul-Direktors kannte. Dann brachte sich eine Mit-Schülerin der Hochzeitskandidatin meines Freundes ins Spiel. Deren Eltern betrieben ein in Frankfurt bekanntes Unternehmen der Kleider-Reinigungsbranche. Es war gesellig mit ihr. Sie passte zum Kontaktkreis meines Freundes. Der feierte in Wiesbaden bald eine rauschende Hochzeit, und ich war mit meiner neuen Freundin dazu eingeladen, wo wir in großer Robe auftraten. Am liebsten wäre ihnen allen gewesen, ich hätte sie geheiratet. Doch bei mir funkte es nicht so recht. Sie verbrachte dann mit ihren Eltern den Sommerurlaub weit weg am Wörthersee.

Ich sinnierte, was denn mit der leeren Zeit zu mache sei. Spontan entschloss ich, Mut zu fassen und nach Bretzenheim an der Nahe zu Silvia zu fahren. Hoffnung hatte ich wenig und eigentlich hatte ich jetzt auch abgeschlossen. Doch als ich am Markt vor dem kleinen Winzeranwesen der Frau Käfer vorfuhr, und sie mich von früher wiedererkannte, hat sie rasch des Hoftor geöffnet, mich mit meinem DKW-Kabrio flugs hinein gelotst und das Tor sofort wieder geschlossen: Dass bloß niemand sah, dass da Besuch bei der Frau Lehrerin war. – Silvia war da! Frau Käfer begegnete mir sichtbar freundlich und wies mich die Stufen hinauf, wo unterm Spitzdach mit Fenster zum Marktplatz das Untermieter-Zimmer lag. Ich klopfte an, hörte, dass die Klopfzeichen vernommen waren, öffnete die Tür: Die Überraschung war groß, für sie, dass ich plötzlich da stand, für mich, als ich erkannte, dass sie einen Verlobungsring trug. Aber irgendwie signalisierte sie Freude, da war ein Leuchten in ihren Augen, was mich sekundenschnell ermunterte, sie sofort in die Arme zu schließen, herzhaft und warm, so wie früher. Wir empfanden beide so lang Vermisstes! Die Verlobung war ihr ohnehin ständig mehr zuwider geworden. Vieles hatte sich als nicht passend erwiesen. ... Doch für mich war baldiger Wechsel nach Berlin angesagt. Also blieb ich die Nächte bei ihr und fuhr morgens nach Frankfurt direkt ins Büro. Mein Zimmer in Frankfurts Holbeinstraße war ab sofort verwaist.

Dann kam am 1. Oktober 1966 der Wechsel nach Berlin (West), um dort Immobilieninvestment für Abschreibungszwecke vorzunehmen. Zudem sollte von der britischen Besatzung bald eine größere Wohnimmobilie mit Kino und Läden im Erdgeschoss im Berliner Westend zurückgegeben werden. Berlin-West, das war der amerikanische, britische und französischer Besatzungssektor der Stadt. Berlin Ost, also der sowjetisch besetzte Sektor, zu dem auch die Innenstadt, samt Regierungsviertel, Reichstag und Brandenburger Tor gehörte, machte gut die Hälfte der Stadtfläche aus. Berlin West hatten zwar die attraktiveren Wohnlagen, litt aber gewaltig unter der Umzingelung durch die Sowjets. (1.) So war vom 24. Juni 1948 bis 12. Mai 1949 von den Sowjets die sog. Berlin-Blockade verhängt gewesen. Alle Land- und Wasserwege nach West-Berlin waren total verriegelt, und die drei Westsektoren musste von Frankfurt am Main aus über die Luftbrücke der US-Army mittels Lebensmittel-Abwurf aus der Luft versorgt werden, bis die Sowjets dann erst einmal einlenkten. (2.) Am 13. August 1961 kam der Mauerbau hinzu, nun hatte die „Volksrepublik" DDR ihr Volk auch im Ostsektor Berlins hermetisch von dem kapitalistischen Feind abgeriegelt. (3.) Dann folgte die Kuba-Krise vom 16. bis 28. Oktober 1962, als die Sowjets gegen die USA gerichtete Atomraketen auf der Castro-kommunistischen Karibik-Insel postieren wollten, und der US-Präsident John F. Kennedy das Umdrehen des Atomraketen-Schiffskonvois im Atlantik mit Androhung eines Atomkriegs gegen Russland erzwang.

Das alles war ja noch lebhaft in Erinnerung, ebenso wie Kennedys *„Ich bin ein Berliner"*-Rede am 26. Juni 1963 vor dem Rathaus Schöneberg in West-Berlin.

Das Wohllebepflänzchen 1966 in West-Berlin war de facto also irgendwie ein Tanz auf 'nem hochbrisanten Vulkan. Niemand konnte sicher sein, dass die sozialistischen Überzeugungstäter ihrem Angstbeißer- und Beutegreifer-Staatskonzept gemäß dann nicht doch zu einem Militärschlag ausholen würden. Die drei Westsektoren waren indes höchst segensreich an den hochdynamischen Marktwirtschafts-kapitalistischen Wirtschaftsraum der demokratisch verfassten Bundesrepublik Deutschland angeschlossen, konnten also von dort aus hochgepäppelt werden. Dazu wurden Investoren aus der Bundesrepublik mit Abschreibungsmöglichkeiten angelockt. Manche waren ja ohnehin mutig und glaubten zuversichtlich an Westberlins Überleben unter dem US-Geopolitik-Schirm. – So auch ich, als ich zum ersten Oktober 1966 nach dorthin umzog.

Zunächst hatte ich eine schreckliche Bleibe über S-Bahngleisen. An Nachtruhe war nicht zu denken. Doch bald konnte der beauftragte Architekt mir in einer wieder errichteten ehemaligen Bombenruine ein nach hinten gelegenes Appartement samt einem zur Straße liegenden Büro in bester Lage Kudamm/Ecke Wilmersdorfer Straße beschaffen. Die Arbeit lief an; die Planungen für ein Appartementhaus gediehen: auf einem direkt an v. g. Westend-Immobilie anschließenden Grundstück ... unweit vom Olympiastadion, wo in 1936 einst eine Leni Riefenstahl von den Olympischen Spielen ihre Reichssportpropaganda-Filme drehte.

Das Planen und Neu- wie Umbauen war mir ja von der Neue Mühle auf den Leib geschrieben: Opa hatte riesig investiert. Vater ließ ständig irgendwo an- oder umbauen. Immer waren Mühlen- und Haferdarren-Bauleute sowie andere Bauleute am Werk. Von überall her wurde Baumaterial herangefahren: auf den hochbeinigen eisenbereiften Holzspeichenrädern der Pferdegespann-Leiterwagen, später auf vom Bulldog gezogenen Gummireifen-Pritschenwagen, dann mit dem Holzvergaser-Renault. In den 1940ern war ich mitgefahren zur Ziegelei in Frankenberg, wo sie die Ziegelsteine Gluthitze ausströmend aus den Brennöfen zogen ... oder zum Basaltsteinbruch bei Viermünden an der Eder, wo sie gerade die Sprengung vorbereiteten, uns die Bohrlöchersetzung samt Zündkabelverlegung und Dynamitpatronen-Positionierten erklärten, und dann mit lauten Donnerknall im Steinbruch-Echotrichter die großen Basaltstein-Brocken aus der steil aufragenden Bergwand herausflogen ... oder nach Gilserberg, wo man einen Kalkstein-Brennofen betrieb, und wir die gebrannten Kalksteinbrocken aufluden. Die kamen auf der Neue Mühle dann in die alte Militär-LKW-Ladeflächemulde der Hausverputzer-Kolonne, um sie zu „löschen". Ich verstand nicht: Was gab's da bloß zu löschen? Die Kalksteinbrocken waren doch gar nicht heiß, unter Kaltwasserzugabe waren sie nun zu einem Brei geworden, ähnlich verlockend matschig wie der Schlamm der Saukuhlen in unserm „Saugarten", sogar weiß, nicht grauschlammig ... und ich fasste – schwubs – hinein! Doch blitzschnell waren meine neugierigen Fingerchen wieder da heraus: Teufel auch, das brannte und ätzte ja ganz fürchterlich ... und das, ohne überhaupt heiß zu sein! Verschreckt hatte ich zurückgezuckt und rannte flugs zum Bach, der nahebei in seinen Mauerwerkskanal zum Mühlrad einströmte, um meine Hände zu „kühlen", denn in ihnen empfand ich jetzt große Hitze! So tat ich reflexartig instinktiv intuitiv genau das, was bei Verätzung rettend ist: Sofort mit reichlich Wasser abspülen! – „Learning by doing", ich hatte gelernt: Nicht nur in der Mühle durfte man seine neugierigen Fingerchen nicht unbedacht in alles hineinstecken. ... Kurz danach kam was weiteres Fundamentales hinzu: Vater spannte den Bulldog vor, es sollte zum sechs Kilometer entfernten Bahnhof Wohra gehen. Das war für mich sowieso ein spannender Ort. Da wurden Morsezeichen an andere Bahnhöfe und Stellwerkte versandt, es wurde telegraphiert und neuerdings sogar telefoniert. Mit riesigen Bedienungshebeln stellte der „Bahnhofsvorsteher" in toller Bahner-Uniform und roter Dienstkappe (mit ledernem Schild und Zierrat vorne dran) die Signale an der Bahnstrecke und die Weichen auf dem Bahnhof. Mit lauten Signalpfeifen kam dampfend, zischend und stampfend die Lock mit ihrem Zuge herbei gerollt und von heftig quietschenden Dampfbremsen an den Metallrädern der Lock wie der Waggons zum Stillstand gebracht. Einmal konnten meine ständig neugierigen Augen dort sogar ein zu Schrott geschossenes Jabo/Jagdbomer-Flugzeug der Alliierten bestaunen. In der Luft hatte ich so was auf meinem Schulweg naiv winkend begrüßt. Aber wie so ein Metall- und Alu-Blechhaufen mal hatte fliegen können, das verstand ich angesichts des vor mir Liegenden nun ganz und gar nicht. Man erklärte mir, das werde bald auf einen Waggon aufgeladen und ins Ruhrgebiet gebracht, zur Schrottverwertung (... und die sollte dann bereits Anfang der 1950er Jahre im Koreakrieg zu einem weltweit hoch lukrativen Geschäft werden).

Nun war mein Vater in meiner ständigen Begleitung am Bahnhof Wohra eingetroffen, hatte die seitliche Klappe des Pritschenwagen herunter geklappt und war damit längsseits ganz dicht an die offene Schiebetür des an der Laderampe abgestellten Waggon herangefahren. Es war ein geschlossener Waggon, der die Schamottesteine für unsern Brot-Backofen im Keller geladen hatte. Vater hielt es für angebracht, ja für unbedingt nötig, einen mit Buchenholz beheizten Backofen in dem über 200 Quadratmeter großen Keller zu haben, um die ständig anwachsende Belegschaft in Hof und Mühle mit deftigem Sauerteigbrot aus eigenen Roggenmehlproduktion zu versorgen. Man musste sich selber helfen. Ein großdimensionierter Schornstein führte von dort wärmend durch die Küche, die Etagen und den Hausboden, wo eine große Kammer fürs Räuchern all der Würste und Schinken angeschlossen war, hinauf übers Wohnhaus-Dach aus festgebrannten Ziegeln.

Einmal in der Woche wurde Brot gebacken. Dann bauten Mutter und ihre Lehrmädchen abends in der Küche den riesigen aus stabilen Eichenholzbrettern gebauten Sauerteigtrog auf, stellten ihn schräg, so dass in der Nacht in einer Mehlrinne darin der frische Sauerteig reifend langsam der Troglänge nach von oben nach unten herunter rann. Am nächsten Tag ging's ans Brotteigkneten, dann ans Formen all der wonnegroßen Brotlaibe, die sodann in der warmen Küche auf den Spezialbrettern einer Bäckereistellage über Nacht „reiften". Nächsten Tags wurde der Backofen im Keller am frühen Morgen angeheizt, dann mit schweren armlangen Buchenholzscheiden vollgestopft ... und, sobald das alles gegen Mittag zu Asche verbrannt war, rasch ausgeräumt, ausgekehrt und mit einem groben Tuch feucht ausgewischt. Die vorbereiteten und über Nacht gereiften Brotlaibe waren derweil auf ihren Reifungs-Brettern aus der Küche in den Keller getragen worden und warteten nun auf der dortigen Bäckereistellage aufs Gebacken-Werden. Dann schoben fleißige Hände sie alle mit hölzernem Brotschieber dicht bei dicht in den Glutofen hinein. Jetzt hatte er die nötige nachhaltige Hitze, die so ein kerniges Sauerteigroggenbrot brauchte. In regelmäßigen Zeit-Abständen musste die massiv stählerne Backofenklappe geöffnet werden, um die Brotlaibe mit Hilfe eines an langer Stange gehaltenen Befeuchtungsbesens mit Wasser aus dem Eimer vor dem Backofen zu besprengen, damit sie schön kross-braun wurden und nicht verbrannten. – All das wurde in dem Lehrbetrieb des Hofs der Neu Mühle so nebenbei mit vermittelt. – Kaum waren die fertigen Brote mit Hilfe des Brotschiebers heraus, kamen die mit Naturhefe vorbereiteten Streusel- und Obstblechkuchen von hinten bis vorne, Blech bei Blech, dicht gepackt da hinein. Die wurden mit des bulligen Backofens Resthitze schmackhaft kross ausgebacken. ... Das große Wochenendfeiern auf der Neue Mühle konnte beginnen und die Rosenthaler Verwandtschaft zum fünf Kilometer Sonntags-Spaziergang dorthin verlocken! – Und kam ein Bauer, etwa mit seinem von zwei Kühen gezogenen eisenbereiften Leiterwagen, wie sie der Rosenthaler „Wagner" bzw. „Stellmacher" fertigte, die Holweg genannte Zufahrt zu Mühle herunter, um seine Getreide-Ernte gegen „Mahlgeld" in Mehl umzutauschen, und der Bauer hatte seine Kinder dabei, was diese gerne taten, weil da etwas unwiderstehlich lockte, was sich unter den Rosenthaler Kindern längst herumgesprochen hatte. Dann kam nämlich Mutter aus der Küche, ging zu ihnen und fragte, ob sie denn ein Honigbrot haben wollten, was sie in froher Erwartung mit strahlenden Kinderaugen freudig bejahten. Mutter eilte dann zurück in die Küche, schnitt für jedes Kind eine kräftige Scheibe des guten Mühlenbrotes ab, strich nicht so knapp von der frischen Hausbutter drauf und dann Honig, dass er nur so troff. Nun genoss sie sichtlich, wie die kleinen Leckermäuler mit den mächtigen Honigschnitten kämpften, damit bloß nichts davon auf den Seiten oder vorne und hinten auf ihre Kleidung oder sonst wohin heruntertropfte. – Mutter war eine Seelen- und Verstandes-intelligente Werbe- und Motivations-Agentur in einer Person! – Am Anfang all dessen hatte freilich gestanden, dass wir die Schamottesteine damals aus dem Eisenbahnwaggon auf den Anhänger unseres Bulldogs umluden. Damit war Vater in der Abenddämmerung fertig, und nun zog der altersschwache Kramer-Einzylinder mit seinen beiden rotierenden Schwungrädern die steinschwere Last vom Bahnhof Wohra langsam Richtung Neue Mühle. Im Anstieg zur Hammerhöhe schienen ihn die Kräfte zu verlassen. Vater hatte seine Mühe gehabt, den ersten Gang in dem archaischen Schaltgetriebe zu finden. Nun stotterte der in die Jahre gekommene Motor, wollte gar nicht mehr auf Touren kommen, sein Kühlwasser verdampfte, ihm schien die Puste auszugehen. Vater hatte mich ganz hinten auf der Ladefläche des Anhängers postiert. Dort sollte ich aufpassen, dass während der Fahrt auf den holprigen Schotterstraßen kein Stein der wertvollen Fracht herunter fiel. Beunruhig war ich und herabgesprungen und nach vorne gerannt, wollte auf die Ackergeräteschiene hinten unten am Bulldog aufspringen, um mit meinem Vater zu bangen, ob wir das noch hinauf schaffen würden. Just in diesem Moment besann sich der Selbstzünder, er hatte irgendwie wieder Luft bekommen und kam schlagartig schneller voran. Ich aber klitschte mit meinem Fuß auf der vom Abendtau benetzten Traktorschiene ab, fiel hin, das linke Vorderrad des Anhängers wälzte gnadenlos auf mich zu, da zwang mich im letzten Sekundenbruchteil mein flink jugendlicher Reflex zur blitzschnellen Körperdrehung, weg von der Gefahr ... und ich war dem sicheren Tod entkommen! – Mein Lehrstück: Beweg' dich niemals bedenkenlos zwischen Anhänger und Fahrzeug, selbst im Stillstand kann da rasch wieder was in Rollen kommen. – Und mein Vater ergänzte später: *„Lauf niemals hinter einem rückwärts rangieren Fahrzeug herum, pass immer auf, dass der Pferdeführer oder der KFZ-Fahrer dich im Blickfeld hat!"* ...

Schier unfassbar, was man bereits als Kind in der Summe auf einem so komplexen Anwesen wie der Neuen Mühle alles mitbekommen und an sachlichen wie sozialen Zusammenhängen begreifen gelernt hatte, schoss es nun in Berlin in meinem Erinnern hoch. Und's Planen, Bauen und Richtfest-Feiern schien so richtig „mein Ding" zu sein. War ich doch als achtjähriger Knilch in 1947 schon mächtig interessiert mit dabei, als Vater die Pläne für den Neubau abstimmte, und dann im Gebälk dieses Neubaus hinauf geklettert war, um der Rosina aus dem Ungarnland vom Richtkranz ein Flatterband herab zu bringen.

Mit all meinem **a**) von Rosenthals Neue Mühle über **b**) Internat, Studium und die Dissertation an Münsters Institut für Siedlungs- und Wohnungswesen, **c**) das Deutsche Volksheimstättenwerk in

Düsseldorf, **d**) den Konzern der Wohnstätten- und Wohnhäuser AGs in Essen sowie **e**) in der Frankfurter Immobilienverwaltung gesammelten konkreten wie praktischen Erfahrungsschatz und mitmenschlichen wie theoretischen Vorwissen ums Leben, Bauen und Gedeihen war ich jetzt in Berlin, um eigenständig Hochbauten werden zu lassen, abzurechnen, zu vermieten und zu verwalten. ... Und mir war in Berlin gleich zu Beginn sofort klar gewesen: Silvia wartete auf ein Zeichen! – Sie hatte ihre Verlobung aufgelöst und sollte jetzt wissen, dass ich nicht die Eintagsfliege eines Sommers und dann verschwunden war. Und ich wollte sehen, ob wir denn endgültig zusammenfinden könnten. Frau Käfer hatte, wie Silvia mir später erzählte, sie ermuntert und gesagt: *„E geflickt Dippelche hält länger!"* (Ein geflicktes Töpfchen hält länger!) ... Die damals weltweit bedeutendste Fluglinie PanAm hatte als einzige die Lizenz der Alliierten Besatzungskommission, die Strecke Frankfurt/M.-Berlin zu befliegen, und das auch nur auf dem von den Sowjet strikt vorgeschriebenen Flugkorridor in der besonders turbulenten Flughöhe von maximal 2500 Metern; sprich: der Weglänge von der Neue Mühle ins Rosenthal! Darauf war die PanAm festgelegt. Der Flug mit deren legendärer, von drei Seitenrudern am Heck gelenkter und vier mächtig tosenden Kolbenmotoren vorangetriebener „Lockheed Super Constellation" war oft ein durchaus unruhiges Ereignis, sprich: ein bisschen Achterbahnfahren!

Ich jedenfalls kaufte ein Flugticket Frankfurt/M.-Berlin und zurück der PanAm, steckte es in einen Umschlag aus Büttenpapier und schrieb dazu ein paar freundlich liebgemeinte Zeilen, dass ich mich über ihren Besuch freuen würde. Der Briefträger händigte ihr den „Brief aus Berlin" mitten im Unterricht aus. Wann traf in Bretzenheim an der Nahe schon mal ein Brief aus Berlin ein?!

Sie öffnete, sah und las, und als über ihr Gesicht Freude huschte, meldete sich ein gewitzter Schüler-Knirps und fragte neugierig aufgeregt: *„Steht da was Schönes drin?"* Er wollte an Silvias Freude teilhaben. ... Die Annahme meiner Einladung ließ nicht lange auf sich warten. Silvia meldete sich übers Bretzenheimer Münztelefon – eigene Telefone hatten damals nur wenige – eilte an einem folgenden Samstagmittag nach Schulunterrichtsschluss zum Flughafen Frankfurt/M., kam mit PanAm's von vier gewaltig lärmenden Kolbenmotoren voranpropellerter Maschine angeflogen, schwebte in wackeligem Gleitflug beängstigen tief über Tempelhofs Miethäuserdächer-Stadtlandschaft ein und landete pünktlich in Berlin-Tempelhof. Es war ihr erster Flug! – Große Begrüßungsfreude beiderseits!

Ich hatte ein Blumensträußchen mitgebracht, wollte, dass ihr der bleibende Eindruck eines regelrechten Brautflugs werde!!! Zumal in West-Berlin die „roaring twentys" wieder erwacht waren, sprich: Man konnte „großen Bahnhof" bieten! ... Und ich tat's:

Nach einer Frischmachpause folgte das Begrüßungsessen im Hotel Kempinski nahe meiner Wohnung, zu Fuß etwas den Ku'damm hinauf. Dort genossen wir auf den Punkt gebratene Lamb Chops (also Lammkottelets) mit Prinzessbohnen im Speckmantel, leckersten Bratkartoffeln und einem Gläschen delikaten Rotweins.

Nach dem Weltstadthotel-Erlebnis „Kempinski" war sofort folgend das legendäre „Theater des Westens" dran. „May fair Lady" stand auf dem Spielplan. Eine mitreißende Aufführung hoher Musik-, Gesangs-, Tanz- und Bühnenkunst. Da strahlten des Ensembles Elan, Freude und Freiheit in Vollentfaltung! ... Danach ein Absacker in einer nahen Kudamm-Bar. Dann ging's in die Federn. Nächsten Tags fuhren wir in den nahen Grunewald, um etwas zu entspannen, bevor sie den Rückflug antreten musste.

Überall dieses Flair und diese Weltoffenheit auf West-Berlins einsamer Insel, mitten im roten Sozialismus- und „bessere sozialistische Menschen"-Gewürge gleichermaßen narzisstoider wie faschistoider Antikapitalismus- und Antifaschismus-Schwüre auf ihren borniert-autistischen Idolatrie&Ideologie-Spleen, gepuscht mit gauklerischen Ego-Zauberworten wie Emanzipation und Solidarität! ... [Welcher bedrückenderweise ja bis heute fortlebt in der sog. Frankfurter Schule wie deren Kultgröße Habermas mit seiner „cancel culture": Allen nicht links Infizierten gehört schlichtweg das Wort verboten, mit ihnen spricht man erst gar nicht! – Wen erinnert das nicht an die im Stalinismus und Hitlerismus sowie dann auch Rooseveltbrutalismus bitter verrannten Zeiten?] Sie kamen aus ihrer Lebenslüge samt Vorverurteilungs-Gedankenmuff wie ein großes Selbstbefriedigungs-Puff nicht heraus, ohne in ihrem jeder Kultur Hohn sprechenden Verdammungs- wie Hass-Gewürge die anderen zu schikanieren, zu kujonieren, zu extegrieren, zu füsilieren und ganze Völker auf ihrer Idolatrie&Ideologie-Gemetzel ideelle und dann auch materielle Schlachtbank zu treiben!

Ungeheuer kurz, schön und erlebnisreich waren damals unsere Wochenenden!!! ... Mein Cabrio hatte inzwischen ausgedient, jetzt war ein seriöser VW-Käfer dran, ein ganz niegelnagelneuer! ... Und es folgten viele fulminant-begeisternde Kurzwochenenden. Denn West-Berlin hatte viel zu bieten: Havel, Tegeler See, Krumme Lanke, Kliniker Brücke, die futuristische Kongresshalle, berlinerisch genannt „Schwangere Auster", kurz vor dem „Brandenburger Tor" – das indes hinter der Grenze zum russischen Sektor lag. Der hatte seine Sozialismus-Barbarei indes mit Mauer, Stacheldraht und ständiger Volksarmee- wie Volkspolizeikontrolle abgeschottet, was sie in ihrer allgegenwärtigen Orwellianischen Verdrehung und Indoktrination den „antifaschistischen Schutzwall“ nannten! ... Von all dieser Idolatrie&Ideologie unbelastet konstruktiv, kulturfähig und frei sich entfaltendes West-Berlin; das die Menschen massiv Bedrückende befand sich im Osten!

Bei mir mit meinem Büro am Ku'damm ging es dementsprechend gut voran. Die im Haus Steubenplatz 1 requirierten 70 Wohnungen samt vier Läden und Kino im Erdgeschoß wurden von den Tommys geräumt. Die Übernahme klappte reibungslos; die Renovierungsarbeiten, Inserierungen und Vermietungen folgten zügig. Der Neubau daneben in der Bolivarallee 4 mit seinen sechzehn Appartements und vier Läden wuchs empor. Während ihrer Wochenend-Besuche half Silvia auch schon mal bei den Wohnungs-Besichtigungsterminen. Sie konnte Mietinteressenten gut zum Abschluss bewegen. Die Arbeitswoche dauerte damals bis Samstag, die Wohnungsbesichtigungen mussten also am Sonntag stattfinden. In den vier Läden im Erdgeschoss errichtete die „Berliner Sparkasse“ ihre Westend-Filiale. Die Kino-Räume konnte ich an Berlins Lebensmittelkette „Butter Beck“ vermieten. Es war die Zeit, als Lebensmittel-Discounter zunehmend die Tante-Emma- und Kolonialwaren-Läden ablösten. Überall lief die Vermietung wie's Warme-Semmeln-Verkaufen. ...

West-Berlin war auf Erhards Wirtschaftwunder-Zug aufgesprungen! Die Westberliner genossen den Aufschwung, freuten sich über extrem niedrige Steuern auf Einkommen und Gehalt. Gehaltsempfänger erhielten zudem einen Gehalts-Zuschuss vom Senat der „Frontstadt“, den man im Berliner Jargon „Zitterprämie“ nannte. – Ostberlin wie die Ostzone steckten derweil im Sozialismus-Sumpf borniert-autistischer Idolatrie&Ideologieverbohrtheit fest; es gab überhaupt keine Chance, sich aus dem materiellen wie mentalen Clinch des Ostblock-Zombie-*Mems* zu befreien! – Wer von West-Deutschland, also von der Bundesrepublik Deutschland, nach West-Berlin zog wurde derweil mit allen Vorteilen sofort „Westberliner“ und entging zudem der bundesrepublikanischen Wehrpflicht. Das veranlasste zusätzlich zu den Steuer- und Gehaltszuschuss-Anreizen viele junge Menschen aus dem Westen, in Berlin nach Arbeit zu suchen bzw. an der Freien- oder Technischen Universität das Studium aufzunehmen. – West-Berlin war jung, dynamisch und quirlig: Aufbruchsstimmung! Doch rundherum nur Unterwerfung, Unterdrückung, Stagnation und Depression im Sowjet-Satrapen des DDR-Arbeiter- und Bauern-Staats-GULAGs. Wovon wir freilich in West-Berlin nur wenig wahrnahmen, so sehr waren wir mit unserm Aufwärts dort beschäftig! Da herrschte immenser Wohnungsbedarf, und die Arrivierten taten sich was Gutes und mieteten gerne Neubauwohnungen. Selber investierten sie lieber auf vor den Russen sichererem bundesrepublikanischem Boden und auch schon mal im sonnigen Süden, wo uns des Corpsbruders Leusch Locarno-Villa immer wieder lockte. ... Denn sie wollten auch mal raus. Ein bisschen „Inselkoller“ war da schon zu spüren: Wohin man auch ging, ständig stieß man an Ostblocksperrwerke, Mauern und Stacheldrahtzäune samt Selbstschussanlagen, die ihre tödliche Wirkung entfalteten, sobald jemand da durch wollte; überall diese martialisch mit schussbereiter Waffe auftretenden Kontroll-Posten sowie die Überwachungs-Türme der NVA, wo sie, die Flinte an der Schulter die Umgebung mit Ferngläsern ausspionierten. Fürwahr, die DDR war ein riesiger Staatsgulag, in dem die Menschen geschurigelt, bedrängt und festgehalten wurden und nicht selten auch gefoltert, gequält, weggesperrt und liquidiert. Auf allen Ebenen der DDR-Parteinomenklatura herrschte diese typische Ideologiespleen-Hybris; der allgemeine DDR- wie Ostblock-Bürger litt und darbte elend unter der Kommunismus-Knute!

Der Insel- und Fernweh-Koller stieg im Winter. Dann war‘s in der von den Sowjets umzingelten „Frontstadt“ nicht so schön. Manchmal türmte sich der zusammengeschobene Schnee an den Straßenrändern bis in den April hinein. Nur eins war für uns ein großes Erleben: Das Film-Epos „Dr. Schiwago“ mit seiner Beschreibung eines Menschen-Schicksals in den Zeiten der russischen Revolution mit seiner großartigen Sehnsuchtsmusik im Kinopalast des Europacenters an der Kaiser-Wilhelm-Gedächtniskirche.

Bei einem ihrer Winter-Wochenendbesuche unternahmen Silvia und ich mit zwei Berliner Freunden (der eine Rechtsanwalt, der andere im Baustoffhandel tätig) samt deren Freundinnen spontan eine Sause ins Winterparadies Hahnenklee im Harz. Das reizvolle Hahnenklee, die frische Luft dort im Harz und diese Winterwunderschnee-Landschaft wirkten wie ein Befreiungsschlag: gegen unser ständiges Beschränktsein auf Berlin West!

Und da hat es zwischen uns beiden ganz besonders gefunkt. Unsere Freunde hatten das bemerkt, und sie manifestierten das auf einer Erinnerungs-Postkarte aus Hahnenklee mit Text auch auf der Bildseite und Herz samt uns beiden darin.

In uns reifte das Gefühl, dass wir wirklich gut zusammen passten. Silvias Eltern hatten uns zu einem Neujahrs-Ball eingeladen und mich auf Festlichkeiten in ihrer Wohnung mit ihren Bekannten und Verwandten in Kontakt gebracht. Sie waren wiederholt zu Besuch auf der Neue Mühle gewesen, und hatten uns zum Sommer-Sonntagsvergnügen auf ihr Obstbaum-Grundstück in des Vogelbergs Ober-Seemem mitgenommen, wo allerbeste Mirabellen und Renekloden reiften.

Im Sommer 1966 feierten wir auf der Neue Mühle Verlobung. Dort bot der „Saal“ genug Platz für eine solche Familienfeier, und Silvias Eltern, der Regierungsrat am Bundesrechnungshof in Frankfurt/M. Willy Krabusch wie seine Ilse und Silvias Verwandtschaft, bestehend aus den Darmstädtern Onkel Walter, Tante Leni, Tochter Moni, konnten gut übernachten.

Verlobung 1966 auf der Neue Mühle

Im Herbst war ich nach Marbella in Spanien eingeladen, sozusagen als Gesellschafter meines Freundes seiner Frau, deren Mutter samt frisch angeheiratetem zweiten Mann. Die hatten einfach so unendlich viel Geld, sie lebten überhaupt nicht meinen Lebensstil, es war nur Protz! Ich fühlte mich in ihren Schickeria-Kreisen ständiger Show- und Eitelkeitstänze überhaupt nicht wohl. Zudem war's in der von ihnen für mich angemieteten, im Vergleich zu ihren Edel-Hotels sehr bescheidenen Bleibe des Nachts so bullig heiß, dass ich kaum in den Schlaf fand. Ich erklärte ihnen, dass mich das Klima so sehr belaste, dass ich gezwungen sei abzubrechen, und nahm das nächste Flugzeug zurück nach Frankfurt. In Wirklichkeit wollte ich zu meiner Verlobten. Bei ihr standen die Herbstferien an und die wollte ich nicht von irgendwelchen gesellschaftlichen Zwängen in Marbella durchkreuzen lassen. Zudem ließen sie mich spüren, dass ihnen die andere Braut, die mich damals zu meines Freundes Wiesbadener Hochzeitsfeier begleitet hatte, lieber wäre. Kuppelei war zwar verboten, aber sowas nicht, auch nicht, dass sie mir damals, bevor ich Silvia wieder traf, mit dieser Hochzeitstanz-Dame eine Nacht in einer Wiesbadener Luxus-Suite verschafft hatten. – Ihre Unnachgiebigkeit stieß mir gewaltig auf.

So holte ich Silvia in Bretzenheim zum Schulferienbeginn bei Frau Käfer ab ... und wir starteten in einen einfach unübertrefflichen seelischen wie landschaftlichen Höhenflug gen Süd über den San-Bernardino-Pass, auf dessen Passhöhe wir nach einen Gläschen Rotwein und klassischem Bündner Fleisch in einer lauschigen Bettnische kuschelten und am nächsten Tag gut gefrühstückt in die klirrende Kälte traten, um die Weiterreise in unsere Herbstsonnen- und Rebgärten-Sehnsuchtslande am Südhang der Alpen fortzusetzen, samt all dieser wunderbaren Seen. ... Uns lockten der „Lago Maggiore“ (Langensee), der „Lago di Lugano“ (Luganer See) und der „Lago di Como“ (Comer See).

Auf Verlobungsreise am Lago di Como

Es war alles wie erträumt und gedacht, und voll der südlichen Herbstsonnenwonne ging's zurück. Silvia nach Bretzenheim an der Nahe, ich nach Berlin an der Spree. Und weiter folgten ihre Besuche und wir lebten unsere Zuneigung. Doch trotz jetzt aufgenommener ernsthafter Versuche, sie bekam immer wieder ihre Tage. Mich plagte die Sorge, ich hätte mir bei früheren Damenkontakten einen Schaden zugezogen. Ich wollte nicht schuld daran sein, dass sie kinderlos blieb – das wäre mir eine zu schwere Hypothek! – Schweren Herzens hatte ich bei mir beschlossen, die Verlobung aufzulösen. Es war mein innerer Abschied, als ich sie ins feudale Hotel am Zoo ziemlich weit unten am Ku'damm zu einem Wildschweinbraten-Abendessen einlud, natürlich mit einem gepflegten Glas Rotwein, wie sie das ebenfalls mochte. Und in der Nacht in unserem Hotelzimmer in der Brandenburger Straße hatte ich insgeheim von ihr Abschied genommen. Doch kurze Zeit darauf rief sie mich an: Die Regel sei diesmal nicht gekommen! Ich konnte es nicht fassen und sagte spontan, weil ich alles Hoffen aufgegeben hatte, das wird schon wieder ein Windei sein. Denn in der Vergangenheit war es immer wieder dazu gekommen, dass nach einigen Tagen die Regel doch wieder aufgetreten war. Doch es war nicht so, und sie wirft mir heut noch manchmal das „Windei" vor. Doch auch ich hatte mich riesig gefreut. Das war Erlösung pur aus einem sich bei mir aufbauenden Trauma!

Und die Dinge überschlugen sich: Zum 1. Januar 1968 wurde ich in die Zentrale nach Frankfurt berufen, im Zeugnis zu diesem Wechsel stand: „*Ihm oblag die Leitung unserer Berliner Gesellschaft. ... Seine Tätigkeit begann mit deren Gründung und der Einrichtung der Betriebsstätte. Herr Schleiter hat sodann mit besten Erfolg, nachdem er an der Planung mitgewirkt hatte, die bautechnische und kaufmännische Ausführung unseres ersten Bauvorhabens, dem Wohn- und Geschäftshaus 1 Berlin 19, Bolivaallee 4. geleitet. Die vollständige Vermietung dieses Hauses wurde bereits vor Fertigstellung im Oktober 1967 erreicht.*" Aber das war ja nicht alles, denn zeitgleich war für die

Erbengemeinschaft das Haus Steubenplatz 1 von grundauf saniert und total vermietet worden, und es waren Abschreibungsvorhaben in Berlin Grunewald Hagenplatz und Richard-Strauß-Straße, in Bau und Vermietung gegangen. Nun war ich ab 1. Januar 1968 zusätzlich der Leiter der Immobilienverwaltung der Erbengemeinschaft in Frankfurt am Main. ...

Jetzt ward es aber für mich und Silvia eilig! Da war was unterwegs, die Heirat stand an! Wegen der großen Rosenthaler Verwandtschaft sowie der Feierraum- wie Küchen-Ressourcen wurde wieder die Neue Mühle mit ihrem Bettenangebot gewählt. Die von Bochum, Frankfurt, Darmstadt und Berlin Angereisten konnten dort allesamt nächtigen. Aus dem niederbayrischen Schnecking traf Patenonkel Ludwig samt Frau, Sohn Ludwig und dessen Resel ein; sie übernachteten allesamt bei ihrer Ruckert'schen Sägewerks-Verwandschaft in Rosenthal.

Und wir feierten drei Tage vom 29. bis 31. März 1968: Am Freitag standesamtlich, am Samstag, weil wir alle da waren, nur so weiter und am Sonntag kirchlich. .. [Die Feier-Taube hatte o. g. Lennart Poll abgeschossen: Wir wussten von der Verlobung, was er verzehren konnte, hatten ihn nun zu Beginn des Feierns auf der Viehwaage im Stall der Neue Mühle gewogen und sein Anfangs-Gewicht auf der Kreidetafel bei dieser Waage festgehalten. Am Montagmorgen als er mit Tortenpaketen für Tante Susi (meine Eltern kannten diese hoch betagte Dame, denn ich hatte sie mal zu einem Besuch per Flugzeug nach Berlin eingeladen, es blieb der einzige Flug ihres Lebens) von dannen fuhr hatte er elf Kilo mehr auf die Waage gebracht! Tante Susi hat die Torten nie bekommen, denn die hatte er unterwegs selber verschlungen. In Starnberg hat er später im PKW neben mir sitzend einen Eimer mit fünf Liter Eis verzehrt. Als Hagestolz hat er dann Wochenlang seine Küche ruhen lassen. Lennart lieferte auf seine Weise den Rahm der Drei-Tage-Feier. Zwischendurch wurde er zur Erfrischung von seinem anstrengenden Dasein eine Weile ins

Kühlhaus gebracht. Möglicherweise hat er sich aber auch dort an den Vorräten vergriffen.] ...

Standesamtliche Trauung in Rosenthal

Der staatsoffizielle Staats-Akt hatte am Freitag in Rosenthals Standesamt stattgefunden. Der Standesbeamte war mein Cousin Wilhelm Ruckert, genannt Mohrs Weißer, und wirkte mit seinem schlohweißen Haar höchst würdevoll. Trauzeugen waren mein Bruder und mein Frankfurter Freund, im Foto rechts bzw.

links. – Man sieht, wenn man mit meinem heutigen Wissen darauf schaut, dass es nicht die von meinem Freund gewünschte Hochzeit war. ...

Der Hochzeitsgottesdienst vor der versammelten Kirchen-Gemeinde (!) in Rosenthals Stadtkirche sollte zum besonders einprägsamen weihevollen Erleben werden. Silvias Frankfurter Frisör Klaus Festerling war mitgekommen, hatte sich am Morgen mit dem hüftlangen Haar meiner Mutter herumgeschlagen und wollte nun unbedingt zu Silvias Hochzeit singen. Denn er war ehemaliger Bamberger Sängerknabe, passionierter Bayreuth-Pilger und hatte immer noch eine begnadete Stimme.

Nach der Trauung. Auszug aus der Kirche

Silvia und ich hatten vor dem Altar niedergekniet und den Segen zum Trauzermoniell empfangen, um uns nun zu erheben und den Altar zu umschreiten, der hinten exakt unter dem Jesus-Kreuz ein Fach aufwies, in das der Bräutigam während der feierlichen Altarumrundung der frisch Vermählten traditionsgemäß einen Geldbrief für die Kirche hineinlegte.

Just als wir zum ersten Schritt ansetzten, erhob wie zur Besiegelung unseres Eheversprechens die fußbalgbetriebene alte Orgel ihre sanfte Stimme, und Klaus Festerling fiel mit herzergreifendem, ja schier himmlischem Singen ein: *„So nimm den meine Hände und führe mich ...“* Ich war davon so angerührt, dass mir sogleich die Dankes- und Glücks-Tränen in die Augen schossen, und ich meine liebe Mühe hatte, sie zurück zu halten, um nicht am Ende der Altarumschreitung verheult mit Silvia am Arm vor die Gemeinde zu treten und geziemend den Ausmarsch zu vollziehen. Das war ein einmalig großartiges Erleben, mit der gewaltigen Wirkkraft, ein ganzes Leben lang zu tragen!

Anschließend folgten die Fotos auf den Kirchenstufen und der Hochzeitsmarsch durchs Städtchen dorthin, wo am Fischbachtor das Färber-Schleiter Haus einst stand, und nun die PKW-Kolonne für die Rückfahrt zur Neu Mühle wartete.

Hinterm Brautpaar in der ersten Reihe nach den Schleierträgern Mutter mit Silvias Vater, dahinter Silvias Oma Katharina Leonhardt aus Bochum, rechts daneben deren Tochter Ilse, Silvias Mutter

Auf der Neue Mühle duftete schon der Hochzeitsbraten auf dem großen Küchenherd, und warten die vielen Kuchen, Butter- und Sahnetorten im Kühlhaus darauf, nach ausgiebigem Füße vertreten dann zum Kaffe aufgetragen zu werden. Dann wurde das Tanzbein geschwungen und zu Abend nochmal kräftig getafelt. Das Haus war brechend voll; großes Feiern allenthalben – nicht zuletzt angefeuert vom Genuss des Hochzeitsweins, den Silvias Vater in Bretzenheim an der Nahe beim Winzer Schmidt eingekauft hatte: ein Jahrgang bester Scheurebe, deren Restbestand wir über drei Jahrzehnte später in Silvias Vaters Keller vorfanden, und die dann immer noch erstaunlich wohltuend mundete!

Punkt 11 Uhr am Abend zogen Silvia und ich, wie's die Sitte gebot, uns ins Brautgemach zurück. Es war das Schlafzimmer im ersten Stock an der Wohnhausseite im Winkel zur Mühle, in dem man des Nachts das beruhigende Rauschen vom Wasserrad her hörte. Die Möblierung war von meinem Patenonkel Ludwig Ruckert handgefertigt aus massiver Eiche und seiner Schwester Anna (also Mutter) zur Hochzeit in 1933 geschenkt worden: ein Prachtstück gekonnter

Schreinerkunst! – Wir liebten dieses Zimmer mit dem angenehmen Wasserrauschen und schliefen dort immer wieder gerne, solange meine Eltern lebten und es ging. – Jetzt in der Hochzeitsnacht, wollte ich meinem Schatz die ganze Freude über den gelungen Tag kundtun, und begann das, was Brautleute in der Hochzeitsnacht immer tun. Doch genau darauf hatte Cousin Ludwig Ruckert aus Schnecking bei Egglham in Bayern heimlich mit anderen Cousins vor der Tür gelauert. Sofort tönte es in lautkräftigem Männergesang: *„Üb immer Treu und Redlichkeit ...“* Und Silvia hatte mich im hohem Bogen hinwegkatapultiert. Dieser Schelm aus Bayern, aus war's mit unsrer Hochzeitsnacht Herrlichkeit!

Aber das tat kein Abbruch, denn wir hatten uns schon längst zu einer starken Zweier-Anthroposymbiose entwickelt, sprich zu einem Mini-Sozio-*Organismus, also ein* ***komplexes Gebilde, bei dem das Ganze mehr ist als die Summe seiner Teile*** (wie Professor Dr. Wolfgang Frühwald es in seiner berühmten Millennium-Rede formuliert hat). ... Und unsere höchst abenteuerliche Hochzeitsreise ins damals noch völlig mittelalterlich erscheinende Tunesien eines zauberhaft schillernden Orients, wo es in allen Gassen und auf allen Straßen aufdringlich nach Eselskot roch, brachte uns noch mehr zusammen! Unser orientalisches Hotel lag direkt neben des Staatspräsidenten Bourgiba Sommerresidenz in Sousse am weiten Feinsandstrand der Syrte – perfekt zum Baden in dieser Jahreszeit!

Und aus der Antike besichtigten wir eine gigantische Arena sowie ein kilometerlanges Aquädukt der Römer, die nun in der Wüste standen, und so auf den Klimawandel seit jener Zeit aufmerksam machten. In Kairuan besuchten wie die Vielsäulenbasilika aus vorislamischer Ummayyadenzeit, welche uns als urislamisches Moschee-Bauwerk vorgestellt wurde. An 'ner andern Stelle hüpfte ein blonder Tunesier-Bub herum und erzählte uns was von „Barrasch", womit er darauf aufmerksam machen wollte, dass das kleine Wasserrückhaltebecken dort vom „Barras", also von deutschen Soldaten eingelegt worden war; scheinbar in guter Erinnerung an unsere Wehrmacht. Ein Mann, der sich als „Forestier" bezeichnete, komplimentierte uns in seine höchst bescheidene Behausung, wo er uns im Schummer Apfelsinen zeigte. In der Oase Gabes kaufte unser Kutscher an der Straße Fleisch vom glotzäugigen Hammelkopf, ließ es in Zeitungspapier packen und setze sich bei der Weiterfahrt darauf. Manchmal war's schon etwas gewöhnungsbedürftig! – Doch auch das hat uns nur zusammengebracht.

Und das fühlten wir beide immer mehr. Wir ergänzten uns perfekt, lebten schon eine Weile im ganzheitlichen Sinne zusammen, wenn auch räumlich noch getrennt, und hatten mitbekommen, wie sich bei uns unterschiedliche Begabung und je eigene Spezialisierungseffizienz ideal ergänzten.

Wir bildeten ein deutliches Mehr als die Summe unserer beiden Individuen. Da war dieses Surplus der Symbiogenese, also jener essenzielle Symbiosegewinn, der bereits die Symbionten der biologischen Evolution begleitet und stabilisiert, und ohne den Menschengemeinschaften nicht beständig sein können, nicht im Kleinen, nicht im Großen.

Da war auch kein Deut von Falsch, wir waren aufrichtig und fair zueinander und praktizierten Freiheit&Kooperation auf hohem Niveau der Arbeitsteilungs-, Rationalität- und Ethik-Evolution, gerade so, als ob wir in eine Hallesch/Kant'sche-Schule gegangen wären! Das war unser Zweier-*Mem*, und es trug ungemein! Silvias Eltern wie auch meine halfen uns dabei, wo sie konnten. Wir waren in beider Familiensymbionten mit eingebunden, schwirrten nicht wie Atome im leeren Raum, waren nicht hilf- und haltlos ohne Bindung, sondern in kulturfähiger konstruktiver Umgebung einer über uns beide hinausgehenden Gemeinschafts-Anthroposymbiose!

Bald erhielt unser Mini-Anthroposymbiont auf ganz natürliche Weise Erweiterung: Am 1. Oktober 1968 kam unsere Tochter Petra zur Welt, und exakt vier Jahre später folgte am 1. Oktober 1972 unser Sohn Ludwig **Andreas**. – Eine Weile haben wir mit ihnen intensive Eltern/Kinder-Anthroposymbiose gelebt. Heute haben sie ihre eigenen Familien-Anthropo-Symbionten mit je zwei Kindern gebildet, geschickterweise in fruchtbarer Verbindung zu uns. Petra lehrt und forscht heute als „Professor on Politics" in Oxford, GB; Andreas ist in Frankfurt im Möbel- und Raumdesign engagiert. Und ihre je zwei Kinder sind nun auf dem Sprung zu weiterer Anthroposymbiosen-Bildung.

Exkurs XVII:

Zum besseren Verstehen ist dazu jetzt etwas Theorie angesagt.

Lebens- wie Kultur-Evolution, also die Zellsymbiotisierung in Pflanzen, Tier wie Menschen sowie letzterer Anthroposymbiosen-Bildungen, sind „Organismus"-Evolution (Prof. Dr. Wolfgang Frühwald). So, wie die Zellsymbionten des pflanzlichen und tierischen Lebens *Gen*-"programmiert" sind, sind die gesellschaftlichen Symbionten menschlichen Lebens *Mem*-„programmiert". Die "Programmierung" und "Programmfortschreibung" der *Gene* bzw. der *Meme* geschieht eigenevolutiv freiheitlich kooperierend in "*genetic* interbreeding populations" bzw. in "*memetic* interbreeding populations"(... also normalerweise, solange kein *Gen*- bzw. *Mem*-Manipulationseingriff von außen stattfindet!). Das „*memetic* interbreeding" (also v. g. Kultur-Evolution) findet nach der Professoren Dres. Sir Karl Popper und Sir John Eccles Gemeinschaftsveröffentlichung „The Self and Its Brain" (auf Deutsch: Popper, Karl R.; Eccles, John C. „Das Ich und sein Gehirn", Piper München Zürich, 1994) in dreistufiger Interaktion statt:

1. Im *„neuronal interbreeding"* des *stofflich-physischen* „Organismus" Gehirns *(**Welt 1**).*

2. Im *„individual mental interbreeding"* des *geistig-ätherischen* „Organismus" der Geistpersönlichkeit darin *(**Welt 2**)* ... und da ist ein inter-neuronal-mentaler Austausch zwischen ***Welt*** **1**-Gehirn-„Organismus" und ***Welt*** **2**-Individual-Geist-„Organismus", ... und in der Nacht während des Schlafs befinden sich beide sozusagen in einer Art Verdauungs-Interaktion, ... und das, was sie dann des Morgens im Wachwerden hervorbringen, erscheint uns oft als nächtliche Schatten, Halluzination oder nur ungeordnetes Zeug, und das kann uns dann ins Entlastungs-Ventil aus Schamanenunwesen, Scharlatanerie, Voodoo oder Utopie-Besessenheit treiben ... aber es kann uns, wenn wir es bedacht analysieren, geordnet in gute Vernunft- und Verstandes-Wege weisen! (Dazu sei einem jeden angeraten, Zettel und Bleistift am Bett auf seinem Nachttisch zu haben, um die ihm nach der Traumwirrnis der Nacht im Morgendämmer hochkommenden Gedankensplitter zu notieren und nächsten Tags zu sortieren und zu kategorisieren; ihr werdet merken: Da war immer mal was überraschend Gutes dabei!)

3. Im *„collective mental interbreeding“* des *geistig-ätherischen* „Ober-Organismus“ Gemeinschafsgeist ***(Welt 3)*** ... welcher sich im intercerebral-mentalen Austausch zwischen ***Welt* 2**-Individual-Geist-„Organismen“ gebiert und in ständiger gegenseiter Rückkopplung zwischen den ***Welt 2***-Individual-Geist-„Organismen“ und ***Welt 3***-Gemeinschafsgeist-„Ober-Organismus“ das *Mem* der jeweiligen Kultur evolviert; ... im generalevolutionären Freiheits&Kooperations-Axiom kommt Gutes dabei heraus, doch in idolatrischer&ideologischer Umnachtung revolutionärer Interaktionsstörungen und Indoktrination wird das nicht geschehen; ... und **es ist *Aufgabe Realitäts- und Wahrheits-gebundener Wissenschaft* dem, was da an Halluzination, Schamanismus, Scharlatanerie, Voodoo, Phantasmagorie, Imagination, Utopie-Besessenheit und sonstigem unausgegorenen Zeug aufscheint und in revolutionärer Verdauungsblähung den schieren Berstdruck erzeugt und nach Explosion drängt, das *Entlastungs-Ventil wohlgeordnet rationaler Vernunfts- und Verstandes-Wege zu weisen*!**

Sprich: Innerhalb aller drei herrscht gesunderweise Interaktion in Freiheit&Kooperation und zwischen allen dreien herrscht gesunderweise Interaktion in Freiheit&Kooperation. So zeugt sich das *Mem* von Anthroposymbiosen, so erfolgt die *Mem* Programmierungs-Fortschreibung. Die geistig-ätherischen *Meme* sind wie die stofflich-physischen *Gene* in sich komplexe geistig-ätherisch-„organische“

(*Mem*) wie stofflich-physisch-„organische" (*Gen*) Steuerungselemente-Symbionten, die gemäß dem Frühwald-Diktum typische „Organismen" sind, weil sie ein signifikantes Mehr darstellen als die pure Summe der Einzelteile ihrer jeweiligen geistig-ätherischen bzw. stofflich-physischen Helix. Sie generieren das essenzielle **Symbiose-Surplus**, den **Erfolgsmaßstab aller Lebewesen- wie Kultur-Evolution** schlechthin im allgegenwärtigen schöpferischen bzw. evolutionären Wettbewerb. – Doch nur diejenigen Lebens- wie Kultur-Symbionten werden langfristig sein, die sich den ständig wechselnden Herausforderungen nachhaltig gewachsen erweisen und so ihre *Meme* wie *Gene* weiter entwickeln und über die Zeiten weitergeben können. Der jeweilige *Memotyp* (in Gestalt der verschiedenen Kulturausformungen) bzw. *Genotyp* (in Gestalt der verschiedenen Lebewesen) ist nur die äußere Hülle, der sich die *Mem-* bzw. *Gen-*Evolution bedient! ... *Mem-* bzw. *Gen-***Manipulationen** wirken antievolutionär und sind daher á la longue dysfunktional. Günstigstenfalls wären sie Vorschläge im Evolutionsprozess, freilich oft übel leidvolle, wie das „Idolatrische&Ideologische Jahrhundert" (Prof. Dr. Elisabeth Noelle-Neumann) es uns hat auf äußerst dramatische Weise spüren lassen und gegenwärtig weiter spüren lässt – wenn z. T. auch etwas sanfter, wie's der Frankfurter Schule „cancel culture"-Repression mit ihrem gnadenlosen Idolatrie&Ideologie-Diktat ja vorführt. ... Rationale Disziplin fällt schwer, ist aber richtig. Emotionales Sich-Gehen-Lassen ist umso einfacher und verführerischer, verleitet die Menschen aber ins Falsche fehlgelenkter stofflich-physischer wie geistig-ätherischer Emanationen. Nicht „Gut" und „Böse" sollen unsere Parameter sein, sondern „Aufrichtig" und „Nicht-Aufrichtig" sowie „Sinnvoll" und „Nicht-Sinnvoll". Sinnvoll ist, was eigen- und zugleich gemeinnützig ist (so etwa der offene schöpferische Wettbewerb in Gesellschaft, Wirtschaft und Wissenschaft). Nicht sinnvoll ist entweder nur eigennützig oder nur gemeinnützig (so wie etwa der schlichte Kapitalismus oder der borniert-verbohrte Marxismus/Kommunismus/

Sozialismus/Genderismus etc.). ... Solche System-Ausartungen werden indes immer wieder nach Niccolò Machiavellis „Il Prinzipe"-Prinzip so gestaltet, das das dumme Volk mit irgendeinem Idealismus oder Moralismus narzisstoid verführt und gegängelt wird, um des Eigennutzes der so an faschistoide bzw. stalineske Macht&Gewalt Gekommenen wie ihrer Macht&Gewalthabe-Nomenklatura Willen – und sei's mit 'nem Worte-Orwellinanismus-Clinch von Grün*Innen sowie Minderheiten-Weltbestimmer*Innen wie *Mem-Mutant*Innen!

Ende Exkurs XVII

Ohne Anthroposymbiose kann und will der Mensch nicht! ... Überall in Familie, Beruf, Forschung und Lehre bilden sich ständig Anthroposymbiosen, manchmal aufgabenspezifisch kurzlebige, manchmal länger beständige und auch mal für ganze Leben. – Beruf ist ja ebenfalls Anthroposymbiose-Bildung, Führung fordert Motivierungs-Kompetenz! – Jetzt befand ich mich bei der Erbengemeinschaft, wohin mein Freund mich aus Essen geholt hatte: Anthroposymbiose-nützlich (!) ... freilich, wie ich später übel erfahren musste, leider nur einseitig für ihn (!), was ich ihm im Grunde genommen ja bereits als Nachhilfe-Klassenkamerad gewesen war, um ihn durchs Abitur zu bringen, und mir in Marbella eigentlich hätte klar werden können, nämlich in 'ner Domestiken-Rolle, ganz klar subaltern! – Meines Freundes Mimik auf dem Standesamt-Foto signalisiert es ja auch.

Doch ich dachte in Kategorien von aufrichtiger Freundschafts-Anthropsymbiose und begrüßte es sehr, als ich dann für den gesamten Immobilienbesitz der Erbengemeinschaft in Berlin und im Rhein-Main-Gebiet die Gesamtleitung in der Frankfurter Zentrale übertragen bekam.

So war ich in „mein Frankfurt“ zurückgezogen und hatte zunächst bei Silvias Eltern in Silvias ehemaligem Kinderzimmer Domizil genommen. Doch bald war es mir gelungen, im selben Gebäude-Geviert weiter hinten, sogar mit etwas Sichtverbindung von Balkon zu Balkon, eine geräumige Drei-Zimmer-Wohnung samt Garage anzumieten. Die hatte der Bauer Hessenthaler dort auf seinem ehemaligen Ackerland errichtet.

Sowohl die bäuerliche Fairness unseres Vermieters, als auch die ruhige und trotzdem verkehrsgünstige Lage, als auch der großzügige Schnitt der Wohnung waren ein Glücksfall.

Silvia unterrichtete weiter in Bretzenheim vier Grundschul-Jahrgänge in einem Klassenraum. Ich machte mich derweil in permanter Abstimmung mit ihr an die Einrichtung unseres Familiennestes, besorgte hochklassige Anbaumöbel mit Pyramiden-Mahagoni-Fournier aus Reda-Wiedenbrück, wovon heute noch ein Teil unser Wohnhaus schmückt, und beschaffte dazu passend vom selben Hersteller einen kleinen kreisrunden Mahagoni-Ausziehtisch mit vier kunstvoll geschnitzten Mahagoni-Stühlen, zwei davon mit Armlehne, deren Ensemble noch heute unseren Hausstand ziert. Flur, Wohn- und Schlafräume wurden mit Teppichboden ausgelegt. Couch, Sessel samt Glastisch dazu hatte ich aus Berlin mitgebracht. Ebenso die Interlübke-Kleiderschrankwand für das Schlafzimmer, wozu jetzt ein Interlübke-Doppelbett kam. Ums Kinderzimmer kümmerte sich Silvia. ... Aus der Neue Mühle wusste ich: Eine stabile Anthroposymbiose gedeiht in einem guten Nest. Als Petra am 1. Oktober 1968 zur Welt kam, war die Wohnung schon eine Weile bezogen, Silvia hatte drei Wochen frei. Dann musste sie wieder nach Bretzenheim, um dort zu unterrichten. Ihre Eltern erfreuten sich die Woche über an ihrer Enkelin Petra, der sie sich gerne widmeten. Bald war Silvia auch dauerhaft eingezogen. Denn sie hatte ihre Versetzung von Rheinland-Pfalz nach Hessen beantragt, und war nun Lehrerin an Frankfurts Römerstadtschule unweit unsrer schicken Wohnung.

Ebenso – sprich Anthropsymbiosebildend und Nestbauend – sah ich auch meine Aufgabenstellung für die mir übertragene Hausverwaltung. Aus meinen Hausverwaltungs-Praktika dort während der Frankfurter Studentenzeit, war mir das Aufgabenfeld ja bestens bekannt, und hatte beobachtet, wie diffus und unorganisiert da so manches war. – Ich wollte im wahrsten Sinne des Worte „organisieren", sprich: einen selbstfunktionierenden Organismus schaffen, der deutlich mehr als die Summe seiner Einzelteile sein sollte. Also machte ich mich daran, Ordnung zu schaffen, Arbeitsabläufe für die Mitarbeiter in Formularen festzulegen, etwa für Mietobjekt-Übergabe und -Rücknahme samt exaktem Heizmessgerätestand u. dgl. ... Fürs Mietobjekt-Rechnungswesen wurden die Datenblätter der Mieter samt deren Bankverbindung für Mieteinzugsverfahren angelegt, für die Kreditoren deren Datenblätter samt Bankverbindung für die Rechnungsbegleichung. Für die Mietverträge entwickelte ich ein neues Formular, bei dessen Erstellung alle Formblätter fürs Rechnungswesen und die Hausverwaltung im Durchschlagverfahren fehlerfrei mit entstanden. Das von mir entwickelte Mietvertragsformular entsprach den Bedürfnissen unseres Mietshausbesitzes deutlich besser als das handelsübliche Normalformular, und zwar einschließlich Festlegung auf das Bankeinzugsverfahren samt notariell zu protokollierendem Sofortvollstreckungs-Paragraph für den Fall der Zahlungssäumigkeit eines Mieters. Das würde den Zahlungseingang sichern, das Mahnwesen erleichtern und die Rechtsanwalts- und Gerichtskosten senken. Aus meinen Kalkulationen in Berlin hatte ich begriffen, dass die Rendite im privatwirtschaftlichen Neubau-Miethausbereich bei schmalen 4 % lag, die auch nur bei effektiver und effizienter Verwaltung zu erzielen waren. ... Die Mieterakten ließ ich nach Vertragsteil und Schriftverkehrsteil neu ordnen. ... Alle Original-Urkunden der Häuser ließ ich in feuersicheren Safes unterbringen. ... Für jedes Haus ließ ich ein eigenes Mieteingangs- und Geldausgangsbankkonto anlegen. So war bereits an den Banksalden zu erkennen, wie's um das einzelne Haus stand. Dann ließ ich das gesamte Rechnungswesen auf elektronische Buchhaltung nach damaligen Stand umstellen: mitsamt Magnetstreifenkonten-Karten, für die Mieter solche, in deren Magnetstreifen und Kontenblattkopf alle Daten des betreffenden Mieters für die automatische Erledigung der monatlichen Sollstellung, der jährlichen Umlagenabrechnung und der Bankeinzugsverfahren samt Gegenbuchung in der Finanzbuchhaltung des betreffenden Hauses gespeichert waren. Ähnlich sahen die Kreditorenkonten aus: samt automatisierter Überweisungsträgererstellung bei Rechnungseinbuchung unter gleichzeitigem Vollzug der Gegenbuchung auf dem Bankkonto und in der Finanzbuchhaltung des betreffenden Hauses. Auf jeder Rechnung, deren Überweisung ich unterzeichnete, befand sich ein Stempel mit der laufenden Belegnummerierung und den Finanzbuchhaltungskonten für das betreffende Haus. So ließ sich das gesamte Rechnungswesen automatisieren und die zuvor virulente Verbuchungsfehleranfälligkeit vermeiden. Eine Zeitlang hielt ich die alte manuelle Buchhaltung parallel aufrecht. Sie wurde erst eingestellt, als ich sicher sein konnte, dass die von mir etablierte „Organisierung" samt Automatisierung perfekt war. ... Die Lohnkonten-Buchhaltung wurde von meines „Freundes" Sekretärin separat geführt. Ich dachte, weil er sein Geschäftsführergehalt nicht offenlegen wollte. Tatsächlich war es auch so, dass mein Gehalt deutlich unter dem seiner Sekretärin lag. ... [Das steckte diese mir viele Jahre nach meiner zweiten und endgültiger Trennung von ihm, als sie ihr Herz über das niederträchtige Machiavellismus-Treiben ihres ehemaligen Chefs gegen sie ausschüttete. Damals als sie ihr Herz bei mir ausschüttete, war meines „Freundes" Tochter K... überraschend zu uns gekommen und hatte mich inständig gewarnt, ich solle ihrem Vater bloß nicht nochmal auf den Leim gehen, der habe einen ganz üblen Charakter. Inzwischen hatte ich es ja schon erfahren, war ebenfalls Bestandteil seiner Geschädigten-Schar. ... Für diese erste seiner drei

Töchter hatte er mir seinerzeit die Patenschaft angetragen; und im Oktober 1968, hatten wir ihn für unsere Tochter Petra um Patenschaft gebeten; zur Taufe war er allein ohne Frau und seltsam demotiviert erschienen.] ...

Die Hausverwaltung hatte ich damals derart perfektioniert automatisiert und „organisiert", dass sie wie ein Uhrwerk lief. Doch als ich nach erfolgreich vollzogener Durch- und Neuorganisation bei ihm wegen einer adäquaten Gehaltsanhebung anfragte, zeigte er sich unansprechbar. **Da wurde mir klar: Ich befand mich in 'ner absolut falschen Anthroposymbiose; er dachte offenbar, er hätte mich fest im Kneblungs-Griff**. ... Die Menschen in den Griff bekommen zu müssen, war offenbar sein „Il Prinzipe"-Wesenskern. ... [Jahre später bei der zweiten Zusammenarbeitsrunde, nachdem er sich von seiner Frau getrennt hatte, prahlte er mir gegenüber, er habe im Trennungsvertrag festgelegt, dass sie nur so lange Unterhalt von ihm erhalte, bis sie eine neue Ehe einginge. Das Alleinsein werde sie nicht lange durchhalten, und er seine Zahlungsverpflichtungen bald wieder los sein. So war's dann auch gekommen. Ich traf sie später auf einer Hochzeitsfeier mit ihrem sympathischen Münchener Mann. Über ihren Ex-Mann wurde da gemunkelt, der hätte schizoparanoide Wesenszüge, sei massiv hinterhältig, durchgängig listig und keineswegs integer, wie er sich indes ständig zu tarnen versuchte. Die schillernde Anwalts-Figur, die er damals auf seine Frau wie später dann auch gegen mich eingesetzt hatte, sprach einmal von den „...-Geschädigten" um meinen „Freund" herum (wobei er dort, wo hier ... steht, stets dessen Nachnamen aussprach). Dieser Super-Anwalt wurde am Ende allerdings selber Opfer seiner Geltungsgier und Eitelkeit, die sich Mammon-süchtig in Beutegreifer- und Angstbeißer-Manie über die auf **ihn** hereingefallenen Geschädigten ergoss; er wurde aus der Anwalts- und Notar-Rolle gestrichen und versuchte in dubiosen Geld- und Anlage-Vermittlungsgeschäften weiter sein Raubritter-Glück. – Und in

2020 berichtete mir ein Bekannter, der meinen „Freund" kürzlich bei einer Geburtstagsfestivität auf einem Rheinschiff beobachtet hatte, dass der ihm als schrecklich angeberisch und aufschneiderisch aufgefallen sei, der da verbale Eitelkeits- und Show-Tänze aufführte und ein riesiges Imponier-Pfauenrad schlug ... möglicherweise übel befangen in einer Defizitsyndrom-Hyperkompensation samt „Il Principe"-Koller? – Das war überhaupt nicht der aufrichtige, in allem faire und ehrenhafte Klassenkamerad, dem ich gerne über die Runden geholfen hatte, mit dem sich aus meiner Sicht im externen Internats-Dasein bei Cappler Wirtsleuten eine perfekt Surplus generierende Zweier-*Anthroposymbiose* herausgebildet hatte, und der mir zum Inbegriff meines Steinmühlen-*Mems* geworden war, kurz: Er war in keiner Weise noch der, den ich beim Abitur in 1958 mit voller Überzeugung „mein Freund" hatte nennen können. Irgendwie war der Wesenswandel schon im Studium in Münster zum Vorschein gekommen. Ich hatte das als eine stark „autosuggestive Art" abgetan. Heute scheint mir sicher, dass sein *Mem*-Erkrankungsprozess damals bereits eingesetzt hatte. – Für mich lag das alles damals Ende der 1960er als total unvorstellbar völlig außerhalb meines Wahrnehmungshorizonts.] ...

Bei mir hatte mein „Freund" sich freilich gewaltig geirrt; auch wenn ich seinen massiven Charakter-Verfall nicht begriffen hatte: Seine niederträchtige Menschenverachtende Spekulation ging bei mir einfach nicht auf. Nach insgesamt zweieinhalb Jahren in Berlin und Frankfurt kündigte ich ihm zum 31. März 1969! Im Zeugnis vom 10. Juni 1969 steht u. a.: *„Herr Schleiter hat ... die Hausverwaltung zu unserer vollsten Zufriedenheit neu Durchorganisiert. Zu seinem Verantwortungsbereich gehörte u. a. die Erledigung des gesamten Schriftverkehrs mit Mietern, Lieferanten, Behörden u. dgl., das Rechnungswesen einschl. sehr umfangreicher und komplizierter Umlagenabrechnungen. Neben dieser Tätigkeit wurde Herr Schleiter mit Planungsarbeiten für Neubauvorhaben betraut."* Insbesondere gefreut hat mich indes persönlich ein überaus fideles und von Zuneigung getragenes Abschiedsgedicht meiner Mitarbeiter im Rhein /Main-Gebiet.

Meine Kündigung war mit Bedacht vorbereitet. Ich hatte damals sofort nach seiner wirschen Gehaltserhöhungsablehnung begonnen, die Inserate in der FAZ zu studieren, ob sich da nicht etwas für mich Passendes fände. Und ich hatte gefunden: Die Intergrund-AG in Köln suchte den Niederlassungs-Leiter fürs Rhein-Main-Gebiet! Ich bewarb mich, wurde einem Intelligenztest unterzogen, dann zum Vorstellungsgespräch beim Allein-Inhaber der AG, Herrn Dr. Detlef Renatus Rüger, gebeten, ließ mir das Aufgabengebiet erklären und das anstehende Vorhaben. Es war ein städtebauliches Großprojekt, wie ich sie in meiner Dissertation analysiert hatte und von meiner Vorstandsassistententätigkeit in Essen her kannte – und nicht der sog. „gemeinnützigen Wohnungswirtschaft“ mit Staatsbezuschussung, sondern rein privatwirtschaftlich. Das entsprach meinem marktwirtschaftlichen Denken. Städtebaumaßnahmen hatte ich in meiner Dissertation und in Essen ja eingehend durchexerziert. Unternehmens-Finanzierung wie -Aufbau war bereits Gegenstand meiner Diplomarbeit gewesen. Die straffe Durch-„Organisation“ von Vorhaben und Unternehmen hatte ich in Berlin und Frankfurt kräftig trainiert! – Ich unterschrieb: Mein Gehalt stieg mit einem Schlag um mehr als das Dreifache an!

Zum 1. April 1969 war ich bei der Kölner Intergrund Bau- und Grundstücks-Aktiengesellschaft als Niederlassungsleiter Rhein-Main angestellt! ... Rasch hatte ich in Frankfurts zwischen Eschenheimer Tor und Hauptwache topzentral gelegener Schillerstraße ein zur Aufgabe passendes kleines Büro angemietet und eingerichtet sowie Kaution, Miete und Möblierung vorfinanziert, bis ich aus der Kölner Zentrale nach langem Warten dann endlich die Mittel erstattet bekam.

Der Objekt-Standort war oben in Oberursel, direkt am Taunuswald mit U-Bahnhalt für rasche Fahrt bis nach Frankfurt hinein. Der Projektname des auf 600 Wohnungen angelegten„Wohnparks" war wie die dortige Flurbezeichnung „Rosengärtchen". Ich hatte das Gebiet mit Silvia angeschaut, und sie stimmte mir zu, dass für Eigentumswohnungen dort sehr gute Vermarktungschancen bestünden. Das traf zu! Zumal der spätere Präsident der Sozialistischen Internationale, Willy Brandt, nach der Bundestagswahl im September dann am 21. Oktober 1969 Bundeskanzler geworden war, und den Menschen zum Verkaufsbeginn im Herbst 1969 langsam Angst und Bange um ihr Erspartes wurde. Wer wollte da nicht ins „Betongold" flüchten?

Eigentlich war es ein Projekt der „Nassauischen Heimstätte", die aber keine öffentlichen Mittel mehr bekam, weil aus Erhards Zeit und Zielvorgabe auch im Wohnungswesen der „schöpferische Wettbewerb" freier Marktwirtschaft zur Wirkung kommen sollte. Sozialistische Massensiedlungs-Fremdkörper wie die Schwallbacher Limesstadt oder die Frankfurter Nordweststadt waren passé. Sie bildeten zunehmend „soziale Brennpunkte".

Alles war, wie mir zeit- und passgenau auf den Leib geschrieben! Die städtebauliche Planung lag vor. Nur sollte daraus nun nicht wieder ein Sozialmietwohnungs-Ghetto werden, wo nur hinein kam, wer „berechtigt" war, also wie zu Bewirtschaftungszeiten eine Art „Bezugsschein" hatte. Jetzt sollten dort im „Intergrund-Wohnpark Rosengärtchen" frei verfügbare Eigentumswohnungen errichtet werden. So wurde diese Trabantenstadt dann auch nicht zu einem weiteren Sozial- und Kriminalitäts-Krebsgeschwulst im Rhein-Main-Gebiet, sondern zum schmucken und bis heute hoch begehrter Stadtteil Oberursels. – So wirkt Marktwirtschaft! ... Die Planung der 4- bis 12-geschossigen Eigentumswohnungs-Gebäude mit Marktgerecht differenzierten und funktional optimierten Grundrissen wurde von einem Oberurseler Architektur-Büro erstellt. Die Masse der Unterschriften auf den Bauanträgen führte dazu, dass ich mir eine „Schnellunterschrift" angewöhnte. ... Sofort als sich die Baugenehmigung abzeichnete, ließ ich da oben, von der Hohemarkstraße und der dort oberirdisch verlaufender U-Bahn-Strecke gut einsehbar, eine riesige Werbetafel für den „Wohnpark Rosengärtchen" aufrichten.

Unter Hinzuziehung von Dr. Rügers Vater war nahe zu meinem Schillerstraßen-Büro in der Goethe-Straße ein geeignetes Notariat für die Fertigung der Teilungserklärungen der 600 Wohnungen all der Vier-, Sechs- und Zwölfgeschosser ausgesucht worden. Der Notar war zugleich Präsident der Hessischen Notar-Kammer. Ich kannte ihn aus meiner Frankfurter Studenten- und Verbindungszeit. Wir stimmten alles genau ab, denn es war auch notariell äußerst kompliziert, weil der gesamte Wohnpark von einem Zentralheizwerk ganz oben auf einem der drei Hochhäuser versorgt werden sollte. Außerdem waren vielerlei Wegerechte zwischen den Häusern sicherzustellen. Der Notar sprach von einem Vertragswerk „sui generis". Gemeinsam waren wir der Aufgabenstellung gewachsen. Wir hatten in gleichermaßen enger wie strenger Kooperation einen perfekten Anthroposymbiont gebildet! ... Beim Unterzeichnen der Teilungserklärungs-Planunterlagen und -Urkunden sowie fürs Anlegen der 600 Eigentums-Wohnungs-Grundbücher konnte ich mir in seinem Büro die Finger gleich mehrmals wund schreiben. Auch die zu den einzelnen Häusern und Wohnungen passenden Kaufvertrags-Texte hatten wir pingelig genau ausgearbeitet. ... Auf dem Baugelände waren die Erschließungsmaßnahmen in vollem Gange. An der Haupterschließungsstraße ward hochwerbeträchtig ein Verkaufspavillon aufgestellt: mitsamt einem mustermöblierten Grundriss, vielen Plänen an den Wänden und am Beratungstisch ein Stapel des bunten Verkaufskatalogs. Bei dessen Erstellung waren mir meine Essener Erfahrungen aus den jährlichen Geschäftsberichtsredigierungen sehr nützlich gewesen. Nun kam ein seriös wirkender Verkäufer im mittleren Alter auf Provisionsbasis zum Einsatz.

Ich inserierte ganzseitig im lokalen Immobilien-Teil der FAZ. Am ersten Wochenende hatte er ganz allein gleich 40 Wohnungen verkauft. Die Provisions-DM funkelten ihm nur so in den Augen. Die Flut der Betongold-Sucher war nicht aufzuhalten. Der Markt haussierte. Die Menschen flüchteten vor Willy Brandt ins „Betongold", ähnlich wertstabil und preisauftriebsverdächtig wie das reale Gold in solchen Zeiten. – Erhards freie Marktwirtschaft im Wohnungswesen florierte!

Silvia erwarb mit Erlaubnis der Kölner Zentrale eine Drei-Zimmer-Wohnung im 2. OG eines gut gelegenen Sechsgeschossers. Sie tat's, weil ich das anregte, und ich selbst im späteren Weiterverkaufsfall als Immobilien-Kaufmann möglicherweise steuerpflichtig wäre.

In Köln hatte man den Verkaufserfolg erst abwarten wollen. Denn bei einem früheren Großprojekt war man in die 1960er Flaute einer Immobilien-Rezession geraten, was das Unternehmen damals in eine bedenkliche Schieflage gebracht hatte. Nun wurde die Bauvergabe flugs angekurbelt. Es galt die Bauverträge unter Dach und Fach zu bringen, bevor die Immobilien-Hausse auf den Baumarkt durchschlagen würde und dort die Preise hochtrieb.

Ab Frühherbst wurden die Häuser hochgezogen. – Wir konnten die Eigentumswohnungs-Verkaufspreise nochmal anheben.

Das Protokollieren der Verkaufsverträge beim Notarkammerpräsident lief unter Teilnahme des Vaters von Herrn Dr. Rüger an den Terminen wie am Schnürchen. Das Notariat erledigte dann auch die für die Käufer nötigen Hypotheken-Absicherungen in den einzelnen Eigentumswohnungs-Grundbüchern. Die Kaufpreiszahlungen seitens der Käufer geschahen nach dem „Frankfurter Finanzierungsmodell" der Hessischen Landesbank und wurden in Köln überwacht.

Mit dem Verkauf hatten wir nach den Sommerferien im August begonnen. Drei Ganzseiten-Inserate in der FAZ waren erschienen, und noch vor Weihnachten waren die 600 Wohnungen verkauft: Super! ... Den Rest erledigten ein Mitarbeiter aus Köln und dessen Frau, die im Schillerstraßen-Büro ihre Arbeitsplätze erhalten hatten. ... Für mich war das 40-Millionen-DM-Projekt abgeschlossen.

Es war alles frei gelebte große Anthroposymbiose. Und der funktionierende Eigentumswohnungsmarkt bestätigte mir, dass da ein überaus gesunder ökonomischer Funktions-„Organismus" (!) lebte – also ein umfassender Oberorganismus, in dem Menschen in Symbiose-Surplusgenerierung zusammengeführt waren – wie von Professor Dr. Wolfgang Frühwald in seiner „Millenniums-Rede" postuliert; die nicht Organismus-fähigen sozialistischen Zombiegehversuche waren vom Markt und wurden zu Problem-Vierteln.

In Frankfurt-Sachsenhausen konnten wir den (ein ganzes Straßengeviert ausfüllenden!) Textorblock als günstiges Immobilien-Investment für spätere Eigentumswohnungs-Aufteilung erwerben. Aus einem Großvorhaben an Frankfurts Bockenheimer Warte wurde nichts. Ich hatte dem vom Grundstücksverkäufer vorgegebenen Notar mit Büro am Frankfurter Palmengarten, schriftlich vorgegeben die auf Notaranderkonto befindlichen 700.000 DM pünktlich auszuzahlen, sobald die vertraglichen Voraussetzungen dafür vorlägen. Daraufhin zahlte der ohne Voraussetzungs-Überprüfung aus. Sein Verkäufer war wohl klamm. Möglicherweise benötigte er das Geld ganz dringend, um die Voraussetzungen für den Grundstückübergang **auf ihn** überhaupt erst schaffen zu können. Die Kölner Zentrale, der ich den Vorfall sofort meldete, wollte mich nun haftbar machen! In meiner Not berichtete ich dem Notarkammerpräsident von dem missbräuchlichen Verhalten seines Notarkollegen und meiner Kümmernis darüber. Wir waren uns durch die Notariats-Arbeit fürs Rosengärtchen gut miteinander vertraut. Ohne mich zu unterrichten, hatte er diesen grob fahrlässigen Notar sofort ins Notarkammerpräsidium bestellt, ihn seines standeswidrigen Verhaltens geziehen und Rückgängigmachung der Abverfügung vom Notaranderkonto gefordert. Die 700.000 DM kamen zurück. Der Verkäufer ging pleite, das Grundstücksgeschäft platzte. ... **Ich aber hatte erfahren, dass es richtige Anthroposymbiose in honorigen städtischen Bürgerkreisen normalerweise durchaus gibt**, und war bis zu seinem Lebensende mit meinem Retter eng befreundet. Er war, wie ich es von der Neue Mühle her kannte, durchgängig aufrichtig und absolut integer. Wir verbrachten dann privat miteinander viele gesellige Stunden, etwa bei einer von ihm organisierten Pragfahrt oder auf einer Tour durchs Frankenland. Einmal war er mit mir auf die Neue Mühle gefahren, von wo wir eine Tageswanderung zum Christenberg und zurück unternahmen, während seine Kenntnisse über den Heiligen Bonifatius wie dessen Wirken nur so aus ihm heraus sprudelten. Eine kurzweilige Tageswanderung war das! ... [Er stammte aus Brieg in Preußens Niederschlesien, hatte am dortigen altsprachlichen Gymnasium das große Graecum und Latinum abgelegt, dann in Breslau, Innsbruck, Frankfurt Jura studiert, sich dann als junger Jurist niedergelassen, ward im Zweiten Weltkrieg als Soldat eingezogen, in Italien in der Rückzugs-Schlacht um Monte Cassino (17. Jan. 1944 bis 19. Mai 1944) Anfang Mai 1944 verletzt ins noch heile Frankfurt a. M. zurückgekommen und hatte dort nach Krieg und Bombenschrecken seine Berufskarriere als Anwalt und Notar forciert. Er war ein Mann alter Schule, der Allgemeinbildung hoch hielt und obwohl Protestant immer mal wieder eine Weile in einem Kloster verbrachte, um sein Latein-Sprechen aufzufrischen.] ... Abends stellten wir unsere vom über achtstündigen Wandern müden Beine bei meinen Eltern unter den Tisch, um uns mit diesen, meinem Bruder Heinrich und dessen Frau Ingrid bei einem Glas Wein gemütlich zu tun und angenehm zu unterhalten, bevor wir uns in die dicken Federbetten der Neue Mühle begaben, um nächsten Tags nach dem Frühstück die Rückreise nach Frankfurt/M. anzutreten.

Ich machte mir damals Gedanken, wie es nach meinem „mission accomplished“ in Frankfurt am Main weitergehen könnte. Da kam aus Köln die nächste Herausforderung samt Angebot eines so verlockenden Gehalts, dass ich Silvia anbieten konnte, ihr Lehrergehalt weiterzuzahlen, falls sie sich in Hessen für einen Aufenthalt bei mir in Berlin beurlauben ließe. – Meine Wohnungsmiete in Berlin und die Wochenende-Flüge nach Frankfurt/M. und zurück würde man zusätzlich übernehmen.

Also zog ich exakt ein Jahr nachdem ich die Frankfurter Niederlassung in Angriff genommen hatte, am 1. April 1970 nach Berlin ... *„zwecks Gründung einer Niederlassung Berlin“*, so steht es später in meinem Zeugnis der Intergrund AG. ... Die Dr. Rüger-Gruppe hatte ein seriöses Immobilieninvestment-Konzept entwickelt, das es hochbesteuerten Einkommensbeziehern ermöglichte, sich als Kommanditisten an Abschreibungsobjekten in der „Frontstadt“ West-Berlin zu beteiligen, wobei die Kommanditeinlage zu 100 % aus Einkommensteuer-Reduzierung finanziert wurde. So war‘s eine nichts kostende Anlage, die die Chance bot, am Ende Kommanditist an einem Berliner Immobilienvermögen zu sein. Diese GmbH& Co KGs oder OHG&Co KGs waren mir aus meiner Diplomarbeit bekannt, und mit Berliner Abschreibungsobjekten war ich ja bereits für die Frankfurter Erbengemeinschaft direkt befasst gewesen.

Diesmal ging es um das Tegelcenter, ein großflächig sich über drei Straßenzüge erstreckendes Einkaufszentrum mit Bürohochhaus für die Bezirksverwaltung. Es war das bedeutendste private Stadtentwicklungsvorhaben in West-Berlins flächenmäßig größtem und Einwohner-stärkstem 600.000 Seelen-Bezirk Reinickendorf, mit ~150 Millionen DM Gesamtinvestment, an Investitionsvolumen nur übertroffen vom öffentlichrechtlichen Bauvorhaben des Flughafens in Berlin-Tegel.

Ich sagte zu, zumal ich meinen Bekanntenkreis in Berlin ja schon hatte und mein ehemaliger Klassenkamerad Lennart Poll mir seine vollmöblierte Wohnung gegen Mieterstattung in Berlin Halensee überließ, um in München im Haus einer Verwandten zu wohnen.

Ich wurde Niederlassungsleiter der Dr. Rüger-Gruppe für Berlin und erhielt Alleinzeichnungs-Prokura für die Tegelcenter GmbH&Co. KG. Zwei weitere OHG&Co KGs für Abschreibungsbeteiligungen hatten wir bereits, eine an einen Studentenwohnheim und eine für ein Hotel, beide 15-stöckig nahe der Trümmer-Ruine des Anhalter Bahnhofs. Kurz nachdem ich als der Niederlassungsleiter für Berlin eingetroffen war, wurde dort unter meiner Teilnahme Richtfest gefeiert. Als Hotelgeschäftsführer war ein Hotelfachmann aus Bremen angestellt. Wir waren in gleichem Alter und arbeiteten gut zusammen.

Ganz zu Beginn war ich zum Geschäftsführer der Berliner Bodengesellschaft mbH sowie der Deutsch-Holländischen Grunderwerbsgesellschaft mbH bestellt worden. Die hatten in besten Charlottenburger- und Wilmersdorfer Wohnlagen aus der Kaiserzeit Miethäuser mit 400 hervorragend gepflegten Wohnungen. Die bei der Einnahme Berlins durch die Sowjets zerschossenen Kaiserzeitlichen Zier- und Schmuckfassaden waren fein säuberlich herunter geklopft und mittels Glattputzfassaden modernisiert worden. Die beiden Gesellschaften samt kompletten Liegenschaften- und Wohnungsbestand hatte Herr Dr. Rüger von dem oben bereits erwähnten Dr. Blitz erworben, der mir bei Geschäftsübergabe in begeisterndem Elan erklärte, wie Professor Dr. Ludwig Wilhelm Erhard im Sommer 1948 die Marktwirtschaft in West-Deutschland eingeführt hatte, die West-Berlin inzwischen ja auch sehr gut tat. Ich habe mir die Häuser samt Wohnungen genau vom bei der AG angestellten Architekten Dr. Schneider zeigen lassen, der mir gerne auch von seiner Zeit bei Reichsrüstungs-Minister Speer berichtete. Wenn ich ihn in meinem futuristischen Ro 80 mitnahm, fand er, er säße in dem Auto wie in Abrahams Schoß. Die Häuser und Wohnungen waren wirklich allesamt in sehr gutem Zustand, trotz Berliner Altbau-Wohnraumbewirtschaftung: Chapeau, Herr Dr. Blitz und Herr Dr. Schneider! ... Dr. Blitz stand im 70. Lebensjahr, war kinderlos und wollte nun mit seiner Sekretärin noch ein paar schöne Jahre verbringen. Die beiden waren offenbar eine gute Anthroposymbiose gewesen, und er stand jetzt dazu! ...

Der Sitz seiner Geschäftsführung samt Immobilienverwaltung befand sich in der Giesebrechtstraße, inmitten eines gepflegten Kaiserzeitviertels nahe beim Ku'damm. Dort war ich gleich zu meinem Start als „NL-Leiter Berlin" eingezogen. Sein Büro samt Vorzimmer ließ ich neu möblieren. Wegen des durch Saskatchewan-Hotel, Studentenwohnheim und Tegelcenter mit rund 200 Millionen DM Objektvolumen deutlich umfangreicheren Arbeitsbereichs hatte ich dort nun zwei tüchtige Sekretärinnen eingestellt.

Sofort hatte ich damit begonnen, die Liegenschaften- und Wohnungsverwaltung nach meinem Frankfurter Vorbild neu zu „organisieren", so dass sie wie ein „Organismus" weitgehen autonom funktionierten, und ich den Rücken frei hatte für die anderen Arbeitsbereiche!

Dass die Umgestaltung zum „selbst-funktionierenden Organismus" unter Einbindung der von Dr. Blitz übernommenen Angestellten perfekt gelungen war, zeigte sich bei Willy Brandts Betriebsratsaufnötigung, als meine Mitarbeiter einhellig sagten: So was brauchen wir nicht, wir haben Herrn Schleiter! – Das war die pralle Ernte meines mir von der Neue Mühle mitgegebenen *Mems*, das sich mein ganzes Leben hindurch bewährte!

Nun konnte ich mit vollem Einsatz an die Tegelcenter-Planung samt Baurechtsbeschaffung gehen. Dazu stellte ich zwecks besserer Baukostenkalkulation und -Abrechnung einen jungen Architekten ein. Der wurde dann Vorsitzender des Gesamt-Betriebsrats, mauserte sich prompt als Quertreiber und wurde von der Belegschaft herausgeekelt: Diese wollte unseren funktionierenden Anthroposymbiont durch diesen sozialistisch angehauchten Zwangsneurotiker nicht zerstören lassen! – Er war voll auf das Feindbild „die Wirtschaft und deren Führung" eingenordet; die ideologisch-engstirnige Feindbildindoktrination hatte bei ihm bestens geklappt, und er fand sich in seiner Anitkapitalismus-Fixierung nunmehr sicher auch noch bestärkt.

Oh, „circulus vitiosus!", sprich sich selbstbestätigender Irrsinskreislauf: Bei der Brandtschen „Mehr Demokratie wagen!"-Leimrutenarglist war es diesem in Wirklichkeit ja hauptsächlich darum gegangen, neben dem mit seinem Regierungsantritt in 1969 (die '68er, SDS und APO hatten mächtig gebohrt!) betretenen Weg seiner Genossen „durch die Institutionen", auf alteingebläuter Marx'scher Antikapitalismus-Indoktrinationsspur für sich und seine internationalsozialistischen Fahrensleute jetzt auch „in der Wirtschaft" die Macht&Gewalt-Hebel in die Hand zu bekommen, und so auch dort Posten und Pöstchen für seine Genossen zu schaffen. Wollte er doch überhaupt in des Erzfeindes Kapitalismus „dicke Brieftaschen greifen", dieser „Präsident" der „Sozialistischen Internationale", der auch schon mal Großmannssüchtig tat und sich auf seinen Dienstreisen gerne gefällige Mädchen gönnte; dazu hatte er einen DDR-Spion, wo man ja bereits Total-Beutegreifer am Kapitalismus geworden war, als engsten Berater und Begleiter an seiner Seite, der auch für der „Damen" Erscheinen sorgte ... was später im „Guillaume-Skandal" aufflog: Mit Günter Guillaume wurde **einer der engsten Mitarbeiter des Bundeskanzlers Willy Brandt** am 24. April 1974 als Agent des DDR-Ministeriums für Staatssicherheit MfS/Stasi enttarnt; Brandt zog mit seinem Amtsrücktritt am 7. Mai 1974 die Konsequenzen! Höchste Ehrung fand er als *Präsident* der „Sozialistischen Internationale" von 1976 bis 1992; heute ist er der Säulenheilige des SPD! ...

Die Baugenehmigung fürs Tegelcenter geschah in zwei Stufen: Erst kam die Aushubgenehmigung, später folgte die eigentliche Baugenehmigung für das Errichten der Gebäude des städtebaulichen Großvorhabens.

Das Bezirksamt war mit dem komplexen Bauvorhaben vom Waidmannluster Damm über die Gorki-Straße bis zur Eichbornstraße mit einhundert Läden, zwei Kaufhäusern, einem Verwaltungshochhaus, großem Gastronomie- und Meerwasserbade-Bereich sowie dem Parkhaus mit zwei Untergeschossen und vier Obergeschossen gefordert.

Das monetäre Objektvolumen lag beim 4-fachen des Oberurseler Rosengärtchens mit seinen 600 Eigentumswohnungen, wo wir nur einen Käufermarkt anzusprechen hatten. Beim Tegelcenter ging's hingegen um ein Immobilien-Investment zu Vermietungszwecken für eine Kapitalanlage-Gesellschaft. Wir mussten also zweimal an den Markt gehen, einmal für die Zeichnung der KG-Anteile und sodann fürs Vermieten.

Das Konzept war von einem hoch kompetenten Einkaufscenter-Projektierungsbüro erarbeitet worden. Das hatte das Kaufkraftpotenzial im 600.000 Seelen-Bezirk Reinickendorf und dessen Verteilung auf die verschiedenen Einzelhandels- und Freizeitbereiche ermittelt, um sodann die daraus fürs Tegelcenter zu erwartenden Kaufkraftzuflüsse zu ermittelt. Daraus war wiederum unter Beachtung des branchenmäßig üblichen Umsatzes je Quadratmeter die Verkaufsflächen der verschiedenen Einzelhandel-Segmente errechnet und die bedarfsgerechte Ladenverteilung im Einkaufscenter samt Halle für den 6-tägigen „Tegeler Wochenmarkt" zwischen Waidmannsluster Damm und der Zentralachse des Einkaufscenters festgelegt worden. Nach diesen Vorgaben waren die Baupläne erstellt und von mir zur Baugenehmigung eingereicht worden. Parallel zur nun nötigen umfangreichen Abstimmungsarbeit der Architektur- wie

Ingenieur-Büros mit der Reinickendorfer Baubehörde waren von mir noch einige weitere Hürden zu überwinden:

1. Der bis dato auf dem Gelände unter freiem Himmel betriebene „Tegeler Wochenmarkt" musste für die Bauzeit ausgelagert werden. Der Tegeler S-Bahnhof-Vorplatz kam dafür infrage. Der unterstand – wie die gesamte Berliner S-Bahn – der DDR. Also musste ich in die S-Bahnverwaltung in der Kochstraße neben dem Springerhochhaus. ... [Die trug den Namen des Hygienikers, Bakteriologen und Tuberkel-Erreger-Entdeckers Charité-Professor Dr. Heinrich Hermann Robert Koch. (Das nach ihm benannte Robert Koch Institut RKI meldete uns während der Corona-Pandemie Anfang der 2020er täglich den Infektionsstand.)] ... Es war ein grässlich heruntergekommenes Gebäude, bei dem die DDR-sozialistische Lieblosigkeit nur so aus allen Fugen quoll. Dort ging's durch ein nach Sagrotan und altem Bohnerwachs müffelndes Treppenhaus zwei Stockwerke hinauf in einen matt durchleuchteten großen Raum, dessen Wände Jahrzehnte keinen Anstrich bekommen hatten, und dessen Fenster wie Böden vergeblich auf gründliche Reinigung warteten. Am Schreibtisch saß eine unscheinbare Funktionärin in mausgrauem Kleid, in der Ecke eine weibliche Dunkelgestalt, die unsere Gespräche überwachen musste, damit alles dem Willen der „Partei" gehorchte. Über die benötigte Fläche des gesamten Tegeler S-Bahnhofs-Vorplatzes waren wir uns rasch im Klaren. In Tegel rauschen die S-Bahnzüge ohnehin nur durch, Ostbürger hätten nicht aussteigen dürfen, die Westbürger bedienten sich der „Verkehrsbetriebe Berlin West". Also war der Platz verfügbar.

   Nun ging es um den Preis. Ich hatte der SED-Funktionärin genau dargelegt, welche Pacht der Wochenmarkt äußerstenfalls erwirtschaften könne, und dies als Höchstpreis vorgeschlagen. – Selbstverständlich hatte ich ihr verheimlich, dass die Pacht in Wirklichkeit zu Lasten der Baustelle ging. – Meine Argumente erschienen ihr schlüssig, der von mir vorbereitete Vertrag wurde gemeinsam abgestimmt, von mir unterzeichnet und zur S-Bahn-internen Abstimmung dagelassen. 10 Tage später lag der Pachtvertrag von der S-Bahnbehörde unterschrieben vor. Die waren offenbar froh, für den nutzlosen Platz über die Dauer von gut zwei Jahren hochwertige D-Mark (!) zu bekommen. Ihre Ostmark litt an Schwindsucht. ... Natürlich hatte ich hinterlassen, dass baldiger Bescheid sein sollte, weil ich sonst anderweitig entscheiden müsste.

2. Es fehlte noch eine Bauparzelle. Die gehörte einer Erbengemeinschaft, die in sich spinnefeind war und blockierte. Wir mussten einen gewinnen, dem wir für seinen ideellen Anteil an dem Grundstück einen attraktiven Preis zahlen, um dann unsererseits mit den anderen die Auseinandersetzungsversteigerung zu betreiben. Wir suchten uns den aus, der von seinem Berliner Clan am weitesten entfernt lebte. Der hatte sich nach Meran im sonnigen Südtirol abgeseilt. Ein Telefongespräch ergab, dass er zu einem Gespräch bereit war. Also reiste ich mit dem Kaufmännischen Vorstand aus dem Kölner Zentrale an. Wir verbrachten drei Tage vor Ort, hatten im klar gemacht, dass er sich mit unserer Hilfe von der lästigen Berliner Verwandtschaft frei machen könnte, boten einen anständigen Preis für seinen Anteil an dem mit einer Ladenbaracke bebauten Grundstück, hatten ihm klar gemacht, dass wir sonst drumherum bauen würden, gaben ihm Bedenkzeit, holten uns einen Sonnenbrand beim Rotwein-Törggelen auf einer Orts-Terrasse in Dorf Tirol, verbrachten einen Abend in einer Bar in den berühmten Meraner Laubengängen, wo bildhübsche junge Mädchen tanzten, die der Barinhaber damit geleimt hatte, dass Bartänzerin bei ihm zu sein, der Einstieg in eine große Karriere wäre. Für uns war's ein kurzweiliger Abend. Nächsten Tags hatten wir die Zustimmung des Verkäufers für seinen ideelles Anteil. Die Protokollierung geschah beim mir aus früherer Zeit gut bekannten Notar in Alt-Tegel. Seine Miterben konnten wir leicht weichkochen: Was wäre denn, wenn gegen uns für das Barackengrundstück kein anderer steigerte? Sie gaben nach, erhielten faire Preise und protokollierten bei demselben Tegeler Notar.

3. Der dritte Fall wurde schwieriger. Da wollte der Barackenladen-Inhaber nämlich für sein Ladengeschäft zusätzlich eine horrende Ablöse haben. Ein faires Angebot hatte er erhalten samt Ersatzladen im zukünftigen Einkaufszentrum für eine angemessene Zeit zu einer entgegenkommenden Miete. Aber er pokerte hoch, zumal er von irgendjemand gesteckt bekommen hatte, dass sein Grundstück an einer hoch neuralgischen Stelle im gesamten Baugeschehen läge. Ich riet ihm zu, aber er rührte sich nicht. ... Da lag die Aushubgenehmigung des Bezirksamtes vor, und die Bauleitung ließ nach Abstimmung mit mir eine riesige „Dampfram-me" zum einschlagen der metertiefen Spundwände rechts und links der Gorki-Straßen-Zentralachse des Tegelcenters auffahren und direkt neben seinem Laden postieren. Es war ein monströses Teil mit einem hohen, von Staucherfett für die Gleitschiene beschmierten Stahl-Gestell, an dessen Gleitschiene ein mächtiges Einzylinder-Selbstzünder-Gusseisengehäuse mit Winden hochgezogen wurde und dann mit Fallgeschwindigkeit auf das Spundwandoberkante krachte. Sie zogen das Einzylinder-Ungetüm immer wieder hoch, bis die Diesel-Selbstzündung mit einen Höllenknall einsetzte, das tonnenschwere gusseiserne Einzylinder-Teil nach oben schoss, von dort oben wieder herunterfiel und die nächste Zündung auslöste: Rums Knall, Rums Knall, Rums Knall! Der Donnerkrach hallte durch ganz Alt-Tegel. Und es konnte Stunden lang dauern bis das betreffende Spundwandteil viel Meter tief ins Erdreich eingeschlagen, das nächste Spundwandteil in die Nutfuge des Vorgänger-Teils eingeschient war und das „Rums Knall"-Spiel sich weiter hinzog. Tagelang: Das ganze Viertel bebte. Alle Häuser rundherum waren sachverständig begutachtet worden, um später eventuelle Schäden festzustellen. Käufer ließen sich kaum noch in dem nun vereinsamt da stehende Laden sehen, wo das Porzellan in den Regalen nur so schepperte. Ich ging abends bei ihm vorbei, um ihn zur Einwilligung zu bewegen, bevor die Bauleitung entscheiden müsse, um sein Grundstück herumzubauen. Für das Tegelcenter müssten nun rundherum solche Spundwände eingeschlagen werden, und das würde lähmende Monate lang dauern! ... Er ging auf unseren Vorschlag ein, der war ohnehin honorig gewesen.

Derweil hatte sich ein lebhafter Kontakt zum Lokalteil des Tegeler Boten entwickelt. Wie ich heraus bekommen hatte, war der für ganz Reinickendorf und darüber hinaus zuständig. Und der Lokalredakteur kam gerne, gab es doch immer was Spannendes zu berichten und die Bevölkerung hörte gerne davon. Tat sich da doch was! ... Alt-Tegel erwachte aus dem immer noch präsenten Weltkriegs-Trauma!!!

Zeitgleich war ich mit dem bereits im Hahnenklee-Schnefter erwähnten Rechtsanwalt in Verbindung getreten. Er hatte Wohnung und Büro auf fußläufigem Weg zwischen meiner Wohnung in der Westfälischen Straße und meinem Büro in der Giesebrechtstraße und war inzwischen zum Notar bestellt worden. Ich wollte mit ihm den Mietvertrag fürs Tegelcenter abfassen und dessen Vollstreckungs-Klausel bei ihm protokollieren. ...

Die von mir in Frankfurt entwickelte generelle Mietvertragsvorlage hatte ich ja bereits. Sie musste nur noch um die Tegelcenter-Spezifika und das Tegelcenter-Datenblatt geändert werden. Es war ein entspanntes und absolut zuverlässiges Arbeiten mit ihm. Im Xantener Eck genossen wir manches frischgezapftes Bier, gemütlich nahe seiner Praxis. – Und wieder war's aufgabenorientiert frei gelebte große Anthroposymbiose. ...

Und bald sollte sich auch die Anthroposymbiose Mietmarkt für das Tegelcenter voll entfalten. Denn jetzt war's soweit: Die Baugenehmigung lag vor, das Bauwerk wurde hochgezogen. Jede Woche bekam der Lokalredakteur des Tegeler Boten von mir spannende Berichte über den Baufortschritt und besondere Ereignisse auf der Baustelle zugeschickt. Das Konzept des Tegelcenter samt nach Kaufkraftzufluss genau ausgetüfteltem Branchen-, Ladengrößen- und Ladenanordnungs-Mix im Gesamt des Tegelcenter ließ ich der neugierig gespannten Leserschaft genau darlegen. Nebenbei stand darin, dass im Baubüro ab sofort die Geschoss- und Ladenpläne für alle Interessierte einzusehen seien. Alle dortigen Baubüromitarbeiter waren eingeweiht und konnten für Mietinteressenten Beratungstermine mit mir verabreden. Im West-Berliner Fernsehprogramm erhielt ich eine Stunde Life-Sendung, in der ich mit einer tüchtigen Interviewerin samt TV-Lifeaufnahmeteam durch die Rohbaustelle gehend an den verschiedenen Stellen die Idee des Tegelcenter vermitteln konnte. Und natürlich hatte der Lokalredakteur im Tegeler Boten tags zuvor auf die Life-Sendung neugierig gemacht. Man war ja so froh, dass sich da was tat, war hoch gespannt und fieberte neugierig mit, wie ihr geliebtes Alt-Tegel nun peu à peu aus den Trümmern der Kriegsbeschädigung sowie der Nachkriegslähmung erwachte, und sich wie legendärer Schwan aus der Asche erhob! – Auch da klappte große Anthroposymbiose wie am Schnürchen. Vieles kam von sich aus auf mich zu. Viele Anstöße kamen aus dem ständig größer werdenden Anthroposymbiont der sich mit dem Tegelcenter außerhalb des perfekt motivierten Teams auf der Baustelle und im Giesebrachtstraßen-Büro in der Bevölkerung freiwillig Befassenden. Initiative allenthalben, und das ergab ein ständig dynamischer werdendes Anthroposymbiose-Surplus: Zum Richtfest war das Tegelcenter bereits weitgehend vermietet!

Die Baustellenbelegschaft hatte sich ein fulminantes Richtfest ausgedacht: Der offizielle Teil wurde auf der Baustelle ausgerichtet mit allen versammelten Bauarbeitern, Baubüromitarbeitern, Architekten, Ingenieuren, der Belegschaft aus der Giesebrachtstraße, Bezirksamts- und anderen Offiziellen, Presse, Fernsehen, dem Tegeler Notar und meinem Freund, dem Rechtsanwalt und Notar aus den Xantener Straße, meiner Frau Silvia und unserer kleinen dreijährigen Tochter Petra. ... Und dann zogen wir allesamt in großem Festzug zum nahe gelegenen Tegeler Hafen, bestiegen dort den auf uns wartendenden Haveldampfer, wo zünftige Berliner Kost zu süffigem Bier und leichtem Wein aufgetischt wurde, von den Architekten, Bezirksamtsleiter und mir noch weitere Reden gehalten wurden, dann die Musik aufspielte, wir uns bis tief in die Nacht hinein auf Havel und Tegeler See schippernd vergnügten und so manches Tanzbein sich rührte, bis unser Dampfer nach Mitternacht wieder in Tegel anlegte und eine heitere Schar in die Nacht entließ. ... „Ganz große Sause!" stand am nächsten Tag in der Berliner Presse, und unsere kleine Petra strahlte auf der Titelseite der *Berliner Morgenpost*: blond und überglücklich, einen überdimensional hohen Stapel Schokoladetafeln vor sich ganz eng an den Körper gepresst auf ihren Kinder-Händen! Den Riesenstapel hatten die Presseleute fürs Foto aufgeschichtet. In meinem Album ist ein ebenso glückliches Konterfei, das ich von Haveldampfer-Richtfestfeier-Beglückten später zugesteckt bekam.

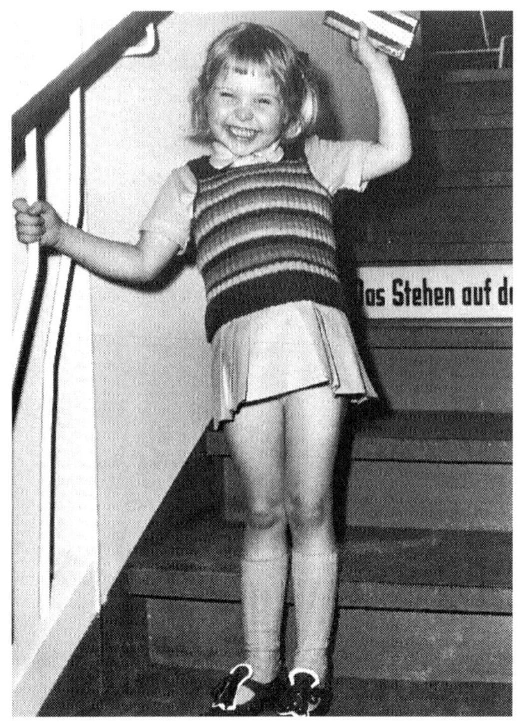

Tochter Petra, angesteckt von der allgemeinen Feierlaune der „Tegelcenter-Richtfest-Sause“ dem Haveldampfer aus Bochum,

Intuitiv hatte ich den Anthroposymbiose-Effekt begriffen, der da bei meiner Belegschaft in die Giesebrechtstraße und in der Mannschaft des Tegelcenter sowie darüber hinaus bis in die Presse wirkte: Ich hatte meinem Wesen nach aus mir heraus autonom-unbewusst für gute „Stimmung“ gesorgt, also für etwas Geistig-Ätherisches, das positiv-emotional stimulierte und kulturwillig sowie konstruktiv in einem machte. Besonders auffällig war ja bereits gewesen, dass wie berichtet, unter Bundeskanzler Willy Brandt die Betriebsratsbildung per Gesetz erzwungen wurde und die Mitarbeiter in der

Giesebrechtstraße spontan sagten: *„So was brauchen wir nicht, wir haben doch Herrn Schleiter!"* Da herrschte hohe Offenheit und starkes Vertrauen. Wenn's irgendwo nicht so recht klappte oder ihnen etwas misslungen war, wendeten sie sich an mich: *„Weißt du nicht weiter, geh' zu Herr Schleiter"*, war ihre Devise. Sie sagten das auch ganz offen, und ich entgegnete, dass ich mich weniger als Geschäftsführer verstünde, sondern vielmehr als Koordinator, mit den Ziel, ein produktives Miteinander zu erzeugen: sachlich wie menschlich. Sie wussten: Versteckspiel und Intrigen widersprechen meiner Vorstellung von Integrität und Fairness: Mit irgendwelcher Unaufrichtigkeit, Hinterhältigkeit, Arglist wie Macht&Gewalt-Implikation steht ihr „Chef" auf Kriegsfuß, da kann er heftig reagieren!

Das wirkte wie ein gutes *Gen*, das gesunde stofflich-physische Pflanzen- wie Tier-Symbionten generiert, sprich zu Lebewesen „organisiert", also „Organismus"-bildend funktioniert ... nun fortgesetzt als gutes *Mem*, wo's autonom-freiheitlich kooperierend eigendynamisch ständig komplexeres und effizienteres Leben entfaltet und jedes Mal *„ein Mehr als die Summe seiner Einzelteile"* mit ansteigenden Freiheits&Kooperations-Optionen auf der nach oben offenen Evolutionsleiter entstehen lässt und Menschenmiteinander „organisiert". ...

So wird auch ein Unternehmen zu einem Symbiont, der ein deutliches *„Mehr als die Summe seiner Einzelteile"* ist, weil ihn ein gutes *Mem* „organisiert", sprich zu Leben erweckt, indem seine *Mem*seqenzen-Freischaltung sich auf die kulturfähigen und konstruktiven Bestandteile der *Mem*-Helix konzentriert! ... Und in 'ner gesamten Gesellschaft kann so was ja auch geschehen, wie an der Kaiserzeithochkonjunktur und beim Wirtschaftswunder zu studieren.

Auf dieser eindeutig geistig-ätherischen Organismus-Bildungs-Ebene tritt nämlich das geistig-ätherische *Mem* zum stofflich-physischen *Gen* hinzu und sollte auf *Gen*seqenzen-Freischaltung lebenserweckend für den Individual- wie Populationskörper wirken, auch für Freiheit&Kooperation mit den umgebenden Populationskörpern, damit's ein anthroposymbiotische Gesamt wird und am Ende zur „Zivilisation".

Mit einem anderen Populationskörper im Tegelcenter-Gesamt, nämlich den Kommanditisten, fand dann die erste Gesellschafterversammlung statt. Sie waren der Einladung in Scharen gefolgt und aus allen Teilen der Bundesrepublik angereist. Es gelang mir, ihnen alle Änderungen und Ergänzungen samt Fondsvolumenerhöhung plausibel zu machen. Die Vermietung war in warmen Tüchern und durch klares Bau- und Vertragsmanagement war es mir gelungen, bei den Baukosten sogar unter dem Kalkulationsansatz zu bleiben. Die Gesellschafterversammlung beschloss einstimmig die von uns vorgeschlagene Kapitalerhöhung. Auch sie fanden sich gut eingebunden. Nirgends haperte es an der Anthroposymbiose. Alle steuerrelevanten Effekte waren pünktlich genau ausgelöst. Mein Bruder erzählt noch heute, wie ich dazu beim Familientreffen auf der Neu Mühle zur Weihnacht einen 12-Millionen-DM-Scheck mit meiner Einzelunterschrift auf den Weg brachte, mit Einschreiben-Rückschein, damit der Eingang bei Empfänger vor dem 31.12. nachweisbar war.

Die Neue Mühle war überhaupt wichtiger Bestandteil im Familien-Gesamt. Und ich erinnere mich, wie am v. g. Weihnachtstreffen an der Kaffee-Tafel die Idee die Runde machte, das inzwischen viel zu große Wohnhaus abzureisen und durch einen funktionsgerechten Bauernbungalow zu ersetzen. Denn infolge der zweiten Industriellen Evolution war das Personal in die Städte gezogen, was ja auch Gegenstand meiner Dissertation gewesen war. Mich schmerzte, dass dadurch meine Heimat verschwinden würde, die Außenkontakte der Neu Mühle wurden bereits ständig weniger, Mühle und Landhandel schrumpften: Die Neue Mühle drohte zum einsamen Hof am Waldesrand zu werden!

Ich zog mich zurück in den „Saal“ im ersten Stock, wo ich Ruhe hatte, meine Gedanken für einen Ferienhof auf Band zu diktieren und einen Ferienhofprospekt zu entwerfen. Anfang Mai lagen meinem Bruder Konzept und Prospektentwurf auf dem Geburtstags-Tisch, und das samt zweckgebunden Scheck, den er einlösen konnte, wenn er des Wohnhauses Knechte- und Mägde-Etage im Dachgeschoss in Gästezimmer und dessen Saal im 1. Stock zu einem Gäste-Appartement umbaute. ... Das geschah mit viel Elan, Mutter und Heinrichs Frau Ingrid halfen beim Tapezieren, und es gesellte sich gleich als nächster Anthroposymbiose-Effekt hinzu, dass aus Frankfurt a. M. ein Werbegraphiker zum Entspannen auf der Neue Mühle weilte. Den begeisterte die Idee ebenso, und er zeichnete und druckte einen perfekten Ferienhof-Prospekt. Und wieder lief es wie am Schnürchen. Bald waren im sog. Neubau mit ehemals Haferschüttböden für die Haferflockenproduktion, wo sodann 1000 Hühner eifrig Eier legten, hochwertige Ferienwohnungen entstanden. Inzwischen sind's 60 Gästebetten, ein großer Freizeitbereich mit Kinderspielwiese und beheiztem Swimmingpool, Wanderwege und Trimm-dich-Pfad im Wald vor der Tür; alles was ein Sommerfrische-Gast so begehrt. Und immer wieder freuten auch wir uns des Lebens dort, oft auch mit Silvias Eltern und Verwandten aus Darmstadt, wo Onkel Walter ein rotes Smarty sich in die Nase steckte und am Ohr hervorzauberte und Klein-Petra in helle Panik geriet, als sie das nachmachend sich mit Nachdruck so ein Smarty ins Nasenloch schob, das freilich dort steckenblieb, wobei der rote Zuckerüberzug des Smartys schmolz und sie dann Rotz und Tränen heulte, weil sie glaubte, dass da ihr Blut aus der Nase floss.

Wie herrlich es da oben in der ehemaligen „Gesinde“-Etage mit dem weiten ins Tal auf Eichhof und Hof Hammer da hinten am Eichenrain und Eichenwald immer wieder im Kreis der Neue Mühle-Familie war! ... Und zu runden Familienfeiern hallte im

Hofes-Rund des Rosenthaler Männergesang-Verseins und Posaunen-Chors mächtiger Lieder- und Hörner-Schall.

Überreichung der Siegerurkunde für den von dem Bundesfremdenverkehrsverband ausgeschriebenene Wettbewerb „Familienferien in Deutschland" durch die Bundesfamilienministerin Prof. Dr. Rita Süßmuth auf der Godesburg bei Bonn.

BM Gördes, Schwägerin Ingrid, Bruder Heinrich, Prof. Dr. Süßmuth

Die Bundesfamilienministerin Professor Dr. Rita Süßmuth persönlich hat Rosenthal und der Neue Mühle 1986 in Bad Godesberg die Auszeichnung dafür übergeben.

Viel später belegten wir mit Sohn Andreas, dessen Frau Jule, den Enkeln Jakob und Jasper sowie Silvias bald 100 Jahre alt gewordenen Mutter Elisabeth (gen. Omi Ilse, geb. Leonhardt) immer mal wieder in die gesamte ehemalige Knechte-Etage und nochmal später mit Tochter Petra aus Oxford und den Enkeln Anna und Lukas sowie Omi Ilse. ...

Es war uns sozusagen ein Ort großer „Erlösung im menschlichen Miteinanderstreben“ geworden.

Ganz ober unterm Dach mit weitem Blick ins Bentreff-Tal
die Räume unserer Sommerfrische

Großstadtlösungen sahen da anders aus. In Frankfurt hatten wir in den 1950ern die „New York City Bar“ und das „Story Ville“ die aus dem Erlösung-Suchen junger Menschen im Zueinander-Sterben bare Münze schlugen, die einen lockten mit New York Jazz, die anderen mit New Orleans Jazz. In Berlin sah diese Schillerwelt anderen Geschäftemachens völlig anders aus. Gut, es gab in den 1960er die „Yellow Submarin“ am Ku'damm, die mit zum Namen passender Musik und Ausstattung das jugendliche Großstadtpublikum als Geldquelle erschlossen hatte. Ganz besonders und über die Jugendlichen hinaus lockte aber das Kabarett „Die Stachelschweine“ in den Katakomben unterm Europa Center, um gegen gesalzene

Eintrittspreise Menschen mit beißenden Spott über die ach so böse kapitalistische Welt Erlösung für ihre ideologischen Wunschträumereien zu verschaffen. In der Marburger Straße lockte eine völlig andere Großstadt-Scheinweltblüte, nämlich der Transvestiten- und Schwulen-Treff „Chez Nous“ mit Tanz- und Striptease-Auftritten junger Männer, so toll gekleidet und zurechtgemacht, dass man bis zum letzten Fummel fester Überzeugung war: Dies muss ein ganz besonders schönes Mädchen sein! Sie machten ihr Geld also mit einem andern Täuschungs-Manöver als „Die Stachelschweine“. Aber irgendwie sozialistisch-utopistisch waren sie beide und möglicherweise aus dem Osten gefördert, der ja seinen Antifa-Kampf auf allen Kanälen betrieb, wie auch später um ’68 und RAF aufgedeckt. Für den im Anders- und Fremdartigen sowie Utopischen Erlösung suchenden Großstadtbesucher Berlins waren sie beide „Kult“. – Auch Geschäftsgäste wollten immer wieder dorthin. – Etwas klassischer und direkter lockten eine für ihr barbusig-tüllumhüllten Mädchen legendäre Bar in einer Ku’damm-Nebenstraße und ein Etablissement mit blutjungen „Tänzerinnen“ in der Xantener Straße. Dort gaukelten sie für Ur-Männerträume die große Erlösung (die sich natürlich auch da nicht fand) und machten so mächtig Kasse.

Der typische „Geschäftsfreund“ gierte auf seinen Berlinbesuchen immer wieder nach allen vier Traumbild-Erlösungs-Welten: im „Die Stachelschweine“-Sarkasmus, in der „Chez Nous“ Fata Morgana, bei den umhüllten zarten Busen und dem großen Finale im „Shangri-La“-Paradies des Etablissements, umtanzt und umschmust von allerhübschestem Jungmädchen-Geblüht. So ließen sie sich nach Berlin holen, wenn ich ihre Mitwirkung und Fachkompetenz für das Tegelcenter, fürs Saskatchevan-Hotel oder Studentenwohnhochhaus sowie die Deutsch-Holländische oder Berliner Boden benötigte, z. B. bei Streitigkeiten mit dem Finanzamt, wo so eine Sause dem Tegelcenter 40.000 DM Steuerrückerstattung einbrachte, oder um den Versicherungsschutz in allem zu optimieren.

Etwas anderes Menschliches hatte ich so nebenbei mitbekommen: Der Dezernatsleiter des Bezirksbauamtes hatte mich angesprochen, ober er denn nicht technischer Geschäftsführer bei mir werden könne. Natürlich bejahte ich ... und erhielt die Baugenehmigung. Er kam. Möglicherweise strebte seine Partei ja auch mehr Einfluss in der Wirtschaft an. Bei einem Baustellenbesuch hatte ich bei der Fensterfarben-Bestimmung herausgefunden, dass er farbblind war. Das hinderte seine SPD aber nicht daran, ihn auf die Professur einer Kunstakademie zu heben, als sich herausstellte, dass bei mir für Parteiinteressen wenig zu bewegen war. ... In meiner ganzen Berufslaufbahn habe ich nur ein zweites Mal erlebt, aus dem politischen Raum zur Bestechung aufgefordert zu werden. Es war ein Bürgermeister derselben Partei, als ich mich für eine Stadterweiterungsmaßnahme in seiner Vordertaunus-Gemeinde einsetzte. Als ich nicht auf ihn einging, scheiterte das Projekt. – Sie glaubten wohl alle, was Willy Brandt vom „man müsse den Kapitalisten in die dicke Brieftasche greifen" sagte. – Anderthalb Jahrzehnte danach war es in kleinstruktureller Eigenheim-Bebauung geschehen. ... Mir war schon in Münster während des Studiums aufgefallen, dass sich da etwas einnistete, das gar nicht studierte, um mit Wissen, Können und Umgänglichkeit später eigen-gemeinnützig zur Realproduktsteigerung beizutragen, und in den Erfolgen solchen Fleißes seine Erlösungserlebnisse zu finden. Da entstand nun keine nationale Linke, sondern eine internationale Linke, die in fortgesetzt borniert-spießiger Selbstverblendung und Verkrampfung nur danach trachtete, einen neuen Unterwerfungs-Weg zur Ausbeutung des Anthroposymbiose-Bienen-Fleißes der anderen zu finden, diesmal freilich nicht so direkt stramm sozialistisch, wie bei den vorangegangen Experimenten oder gar so radikal islamistisch, wie's in den „Unterwerfungs"-Statuten steht. Der 1974er Wirtschaftsnobel-Preisträger Professor Dr. Friedrich August von Hayek[61] unterschied zwischen zwei Sozialismus-Gangarten, nämlich der hartsozialistischen Gangart des Kommunismus und der weichsozialistischen Gangart des sozialdemokratischen Sozialismus, und entlarvte beide als Weg in die Knechtschaft. Der Münsteraner Soziologe Professor Dr. Helmut Schelsky beschrieb es in seinem Buch: „Die Arbeit tun die anderen. Klassenkampf und Priesterherrschaft der Intellektuellen."[62] Die Einheimischen wie alle in den produktiven Anthroposymbiont Integrierten befinden sich sozusagen in einem Sozialismus-Clinch gemäß Professor Dr. Franz Oppenheimers Krüppel- bzw. Zombiestaatsthese und Professor Dr. Gaetano Moscas Theorie der „herrschenden Klasse".[63]

---

61 von Hayek, Friedrich August: Der Weg zur Knechtschaft, (Mohr Siebeck Verlag) Tübingen u. Heidelberg1944. Auf Englisch erschienen unter dem Titel „The Road to Serfdom".

62 Schelsky, Helmut: Die Arbeit tun die anderen. Klassenkampf und Priesterherrschaft der Intellektuellen, dtv, München 1977, (erste Ausgabe: Westdeutscher Verlag, Opladen 1975).

63 Oppenheimer, Franz: Der Staat, (Literarische Anstalt Rütten&Loening) Frankfurt a. M. 1907, S. 15: *„Der Staat ist seiner Entstehung ... und seinem Wesen nach ... eine gesellschaftliche Einrichtung, die von einer siegreichen Menschengruppe einer besiegten Menschengruppe aufgezwungen wurde mit dem einzigen Zweck, die Herrschaft der ersten über die letzte zu regeln und gegen innere Aufstände und äußere Angriffe zu sichern. Und die Herrschaft hat keinerlei andere Endabsicht als die ökonomische Ausbeutung der Besiegten durch die Sieger."* Da die *Sieger* von den *Besiegten* „zehren", lässt sich darin im übertragenen Sinne eine subtile Form von Kannibalismus erkennen, der ja wohl jeder Ideologie eigen ist. Der klassisch-konservative Professor Dr. Franz Oppenheimer hatte 1919 das „Institut für Sozialforschung" an der Frankfurter Goethe-Universität gegründet und als Lehrer des Wirtschaftswunder-Professors Dr. Ludwig Wilhelm Erhard eigenevolutionären „schöpferischen Wettbewerbs in freier Gesellschaft wie Wirtschaft" eine wesentliche eigen-gemeinwohlnützliche Wirkung. Das ganz im Gegensatz zu seinen bornierten Nachfolgern, welche das Institut dann in total verblendeter Sozialismus-Hybris zur marxistischen „Frankfurter Schule" deformierten und in Gestalt des Sozialismus-Golem der Fremdbestimmung durch linksideokratische Suprematie-, Fehlsteuerungs- und Ausbeuter-Strukturen genau das anstießen, wovor Oppenheimer

Wobei die Soft-Sozialisten heute, nach ihrem ebenso subtil wie konsequent vollzogenem „Weg durch die Institutionen“ als De-facto-Besatzungsmacht von *„re-education“* wie *Vergangenheitsbewältigung Gnaden* im schwarzrötlichen rot-grün-linken Parteien-Komplott auf sämtlichen Ebenen ihres „Sozialdemokratismus“ (Professor Dr. Ralf Dahrendorf) die „herrschende Klasse“ stellen (also in Informative Edukative, Klerikale, APO, NGO, Indoktrinative, Legislative, Exekutive, Judikative und Pönale,) – dabei allerdings in ihrer Multikulti-Trugbild-Besessenheit einem kommenden Mohammedanismus als „herrschende Klasse“ und Ausbeuter-Besatzungsmacht den Weg bahnen. (s. Sure 8) Ihr Diffamieren der eigenen Art und ihr Zehren von dieser lässt nebenbei eine ganz eigene Art von Angstbeißer- plus Beutegreifer-Kannibalismus erkennen.

Es ist kein Wunder, dass solche sozialistisch angebrannten Parteistrukturen solche Menschen hervorbringen, die wie die soeben Genannten korrupt nach Eigenvorteil streben: der „Il Principe“ im neosozialistischen Tarngewand! ...

Wenn ich zum Wochenende im Flugzeug von Berlin nach Frankfurt und wieder zurück pendelte, hatte ich eine hochinteressante Begleitperson. Es war der Filialleiter der Gewerkschaftseigenen Bank für Gemeinwirtschaft (BfG), Berlin. Ich kannte ihn aus Wiesbaden, wo er zuvor BfG-Filialleiter gewesen war. Wir hatten uns so verabredet, dass wir stets genau dasselbe Flugzeug nahmen und nebeneinander saßen. Dabei entspann sich immer aufs Neue eine lebhafte Diskussion darüber, ob der gemeinwirtschaftlich-kollektivistische Weg denn wirklich besser sein könne als der vom

---

gewarnt hatte: jetzt der Fremdbestimmung samt Ausbeutung für linke Macht&Gewalt-Phantasmagorie und ihre „herrschende Klasse“ an allen Schalthebeln der „Institutionen“, vorrangig der Medien-Hegemonie. ... Und 2020 ff. verstricken sich Deutschland wie auch andere „Wohlfahrtsstaaten“ immer mehr in der historisch ja erwiesen sozialistischen Satansbrut als Marionetten der Supranationalen von Multimilliardärsozialisten!

Wirtschaftswunderprofessors Dr. Ludwig Wilhelm Erhard vorgegebene schöpferische Wettbewerb an freien Märkten, der von kapitalistischen wie von kollektivistischen wie von kriminellen und allen asymbiotischen Machtimplikationen frei zu sein hatte, wofür Erhard ja mit der Bundesbankautonomie, dem Kartellrecht und dem Gesetz wider den unlauteren Wettbewerb gesorgt hatte. Als der Mann die Berliner Position aufgab – er wollte wieder zu seiner Frau, die leider an Krebs erkrankt war – sagte er mir auf seinem letzten Pendel-Flug von Berlin endgültig zurück nach Frankfurt: *„Sie haben's gut, sie müssen nicht ständig alles mit sozialistischer Idolatrie verbrämen."* Damit hatte er entwaffnend offen eingestanden, mental in Trugbild-Gefangenschaft angekettet gewesen zu sein.

***

Während meiner Tegelcenter-Beschäftigung hatte sich Silvia eine Zeit lang vom Schuldienst beurlauben lassen, und wir lebten nun mit unserer Petra in meiner kleinen Wohnung in Berlin-Halensee. Ihren Gehaltsausfall überwies ich Silvia auf ihr Postbankkonto, damit sie sich nicht beeinträchtigt fühlte. Die Sommerferien hatten wir mit meinen Eltern im Belgischen Seebad Dame genossen. Zum Wintersport zog es uns nun mit einer befreundeten Familie – er war inzwischen Wirtschaftsprüfer geworden – ins österreichische Obertauern. Die Abfahrten hatte ich mir etwas leichter vorgestellt. Die enge Buckelpiste da ganz oben konnten wir nicht bewältigen. Also übten wir in einer Skischule auf den unteren Hängen. Unsere damals noch dreijährige Petra übte in der Kleinstkinderskischule und hatte sich dabei einen gewaltigen Sonnenbrand zugezogen. Einmal meinte sie, das Gesicht werde ihr eng; so artikulierte sie das Gefühl der schneidenden Kälte, das sie in diesem Moment hatte. – Es waren insgesamt herrliche Tage da oben ... und neun Monate später erblickte unser Sohn Andreas am 1. Oktober 1972 in Frankfurt am Main die Welt.

In Berlin war alles zum Besten bestellt, der Rest lief nun sozusagen von selbst. Silvia und Petra konnten dort ohnehin nicht so richtig warm werden. Die Dr. Rügergruppe bot mir das Ostseebad Damp und alternativ eine Luxushotel-Anlage auf Lanzarote als nächsten „step stone". Silvia zog es indes wieder zurück nach Frankfurt in unsere Wohnung. Das ewige Pendeln zwischen beiden Wohnungen mit dem Ro 80 (ein Kreiskolben-getriebener PKW der oberen Mittelklasse, dessen Formgebung „trendsetting" für alle PKW dieser Art bis heute wurde) war sie ohnehin leid: Immer diese lästigen Grenzkontrollen, bei denen DDR-Flintenweiber sie samt Kind oft ewig warten ließen und einmal als Oberschikane sogar im strömenden Regen alle Sitze herausnehmen und samt Kind platschnass sich selbst überließen. Das wollte sie einfach nicht mehr. Berlins Reiz war weg!

Also sah ich mich in Frankfurt/M. um ... und stieß am Ende wieder auf meinen „Freund". Der sprach mich an, ob ich nicht wieder zu ihm kommen wolle. Ich antwortete: Du kannst mich doch gar nicht bezahlen. Doch er konnte nun auf einmal. Das klang für mich hoch verlockend, weil's nun wieder mein immer mehr geliebtes Frankfurt am Main wäre! Er hatte sich nämlich von seiner Frau geschieden und wollte nun sicherstellen, dass diese keinen Kontakt zu ihren Kindern hatte. Dazu hatte er sich in Floridas St. Petersburg ein Haus am Golf von Mexiko gekauft. Ich sollte derweil die Führung in Frankfurt übernehmen. Wir einigten uns auf einen Vertrag mit Ergebnisbeteiligung. Denn ich kannte ja die Bilanzen und wusste, wo noch was zu verbessern war. Durch entsprechende Ergebnissteigerung ließ sich mein bereits hohes Berliner Einkommen nochmals mehr als verdoppeln. Also trat ich meinen mir bekannten alten Posten wieder an.

Die Möglichkeiten in Zusammenhang mit Auslandskontakten fand ich in Anbetracht des zunehmend asymbiotisch aufheizenden Agitprops eines Willy Brandt und der ansteigenden politischen

Brisanz seitens SDS und '68 (heute Rote/Grüne/Linke), APO (heute üppig aus öffentlichen Mitteln gefütterte linke NGOs) und RAF (heute Antifa- und Islam-Terror) hoch erforschenswert. Immerhin verfügte die Erbengemeinschaft über ein Hundert-Millionen Immobilien-Vermögen. Und darauf würden sie, wie das Beispiel des DDR-Stasi-Staats aufzeigte, zuerst zugreifen: Der Investor sitzt, wenn man so will, ja in seiner „Investitionsfalle" fest. Und die hatten sie im Ostblock-Sozialismus sofort zuschnappen lassen. Die Investitionen blieben erhalten, nur die Investoren, dieses von ihnen generalaburteilend so verteufelte „Kapitalismus&Junker&-Nazi-Pack" (!), waren mittels ihrer Ostblock-„cancel culture" entsorgt oder zumindest in die ihnen angemessenen eherne Fesseln gelegt worden. ... So dachte man völlig hirnverbrannt in altmarxistoid-antikapitalistischer Voreingenommen- und Verbohrtheit sowie dümmlicher Verranntheit absoluter Sozioorganismus-Verständnislosigkeit. Und genau so denken sie in ihrer total monokausal-linear engstirnigen Mental-Finsternis noch heute! – Egal, wie verrottet alles im Staats-Eigentums-Vorzeigeland DDR heruntergekommen war: Daran war in ihrer Verstandesbekirrung nämlich der Kapitalismus schuld; gut würde es erst, wenn der überall abgeschafft wäre! ... Ein gewaltiger *Mem*-Verfall ins Negativemotionale, Destruktive und Kulturlose hatte sich Bahn gebrochen und war, sich in Zertrümmerungs- und Neo-Kristallnachtorgien austobend, durch die Straßen gerottet, diesmal gleich Straßenzügeweise Schaufensterscheiben zersplitternd und Läden ausplündernd. Wieder waren Menschen ermordet worden, wieder von borniert töricht Übergeschnappten, die wieder einmal fixiert waren in völlig abstrusen Hirngespinsten total in alberner Voreingenommenheit und Spleenig- wie Spießigkeit. ...

Und der Dünkel dieser idolatrischen wie ideologischen Irrwische ergießt sich voller Narzissmus und Neid samt Geltungs- wie Beutegier unentwegt weiter übers Land. Ihr „Weg durch die Institutionen" schuf ihnen die Futtertröge ihrer Linksparteien-Oligarchie, wo es sich dann prächtig in die Brieftaschen der Fleißigen des Volkes greifen lässt. ... Von Herrn Dr. Blitz hatte ich in Berlin erfahren, wie seine Eltern mit ihm plötzlich hatten fliehen müssen. Wer konnte sicher sein, dass sie diesmal den „Kapitalistenschweinen" ihrer neuen Hassprojektion nicht mit der gleichen Verruchtheit wieder blindwütig ans Leder und Leben gehen würden, wie die ideologisch verrannten „Parteigenossen" mit all ihrer Pseudo-Wissenschaftler Entourage immer schon? ... Auch bei ihnen war gar nichts mehr von Jesu Befreiungs-Philosophie in Hallesch-pietistischer und aufklärerisch-Kant'scher Bürger-*Mem*-Ausprägung! ... Da ging's wieder um Herrschen und Suppression im Oppenheimer/ Mosca-Selbstermächtigungssyndrom: „*Und die Herrschaft hat keinerlei andere Endabsicht als die ökonomische Ausbeutung der Besiegten durch die Sieger!*"

Das **Verachtungs&Hassobjekt „Schwein"** muss halt sein, ebenso wie Allahs „niederstes *Kuffar*-Getier". Sowas benötigen Idolatrier und Ideologen als Hassprojektions-Fläche und Agitations-Schwungmasse, um über „diese lebensunwerten Anderen" raubend, plündernd und mordend herfallen zu können. – Dem **Judenschwein** war damals das **Kapitalistenschwein** gefolgt ... heute haben wir das **Nazischwein** und die **Umweltsau** ... und nun gehören zu den Begriffen ihrer Anthroposymbiosen-Destruktions-Agenda Reizworte wie Rassismus, Faschismus, Sexismus, Nationalismus, Fremdenfeind, Klimaleugner und Umweltsünder! Orwellianisches Manipulations-„Neu Sprech" allenthalben.

Die „Hochmoral" der heutigen Bessermenschen hetzt aus linken, roten, grünen Idolatrie&Ideologie-Käfigen, vergoldet im NGO- und Partei-Milieu sowie auf dem Weg durch alle möglichen Institutionen bis auf der EU Thronen. Sie schüren Zwist, Zwietracht, Verachtung, Hass und Hetze; schaffen „diversitas", wie es auf Latein heißt: Uneinigkeit, Zerstrittenheit, Destabilisierung. Sie wollen's System umsturzreif schießen, geraten dazu in Rage und treiben ins Gegeneinander, natürlich für ihr „Gutes", also für ihre Idolatrie&Ideologie-Hybris und ihren „Bessermensch-Narzissmus" um ihrer Parteien-Oligarchie Willen. Ein demokratisches Gegengewicht darf nicht sein. Das gehört schlichtweg aufs „cancel culture"-Schafott! So wie es beim Islam von Anfang zu beobachten und in dessen schriftlicher Konstitution aus Koran und Hadith zu lesen ist, ebenso wie es die großen links-globalistischen Propheten des Sozialismus (ganz vorne weg Marx und Engels) schriftlich hinterlassen haben, und ein Linksnationalistischer in „Mein Kampf" es tat ... und die Frankfurter Schule in borniertem Autismus jetzt erneut hervorbringt! ... Immer sind die anderen schuld, und es wird gegen sie ideologieverbrämt aufgehetzt, anstatt im sachlichen Miteinander Hallesch-pietistischer wie Kant'scher Seelen- und Verstandes-Aufgeklärtheit gemeinsam nach Symbiogenese-Surplus zu streben. Solches passt Ideologen allerdings ganz und gar nicht in den Kram. Denn sie wollen herrschen ... und all ihr Moralismus-Gehabe ist immer nur vorgetäuschtes Tarnwerk dazu. Frei nach William Shakespeare: Die Inhalte-Kerne bleiben; nur die Verkleidungen wechseln. Und frei nach Niccolò Machiavellis „Il Principe"-Prinzip: Der Wille zur Macht muss unter einer zeitgemäß hochgepuschten Moralismustarnung daherkommen, am besten im Gewand des Dieners fürs vorgeblich Gute, das ihm zur Herrschaft verhelfen soll. – So viel zur Politikinszenierung durch Idolatrien&Ideologen. Die hat was ungemein Verlockendes an sich, nämlich allerübelste Leimrutenarglist: Alle, die sich von den Ideologie-Leithammel leimen lassen und sodann mitmachen, können sich in den Narzissmus-Himmeln der „besseren Menschen" wähnen und mit der Dünkel-Aura ihnen von der Ideologie verliehener Macht umgeben. So funktioniert es, und zwar bestens. Mal sind's „Allahs beste Menschen, die er je geschaffen hat", mal die „Arier", mal die „besseren sozialistische Menschen", zur Zeit bahnt sich der Weg des Diversity-, Umwelt-, Bio-, Veggie- und Vegan-Dünkels. Denn nach Johann Wolfgang von Goethe spürt das genasweiste *Völkchen* den Teufel nie, selbst wenn er sie beim Kragen hätte, bzw. ihnen an der Gurgel sitzt und bereits in die Halsschlagader beißt, sprich an seinen Lebensnerv geht!

„Dumm geborn, albern gehotzt un naut dozü g'lernt", so ist nämlich das von Politscharlatanen leicht irreleitbare *Völkchen* nach Rosenthaler Mundart aufgestellt. – So geraten sie lustvoll immer wieder in allerlei aufgestellten Idolatrie&Ideologie-Fallen. Und der „Speck" in all diesen Fallen ist des *Völkchens* törichte Eitelkeit, welche die Dämagogen für die Selbst- und Geltungssucht-Leimspur des Lemminge-Zugs in ihrer „Il Principe"-Fallenstellerei verwenden. Alles nur Imponier- und Täuschungsgeschäume, um an die Schalthebel und Pfründe politischer Macht zu kommen! ... *„Wer's Leben für 'ne Narrheit hält, hat manche frohe Stunde. Wer sie zu ernst nimmt, diese Welt, der geht daran zugrunde"*, so kommentiert es sich aus des Zynikers Munde.

Natürlich galt's bei all dem, auch an den mir enorm wichtigen Kern-Anthroposymbiont meiner Familie zu denken. Unsere Dreizimmer-Mietwohnung war auf Dauer zu klein, wenn jetzt ein zweites Kind hinzukam. Welches Geschlecht das haben würde, wusste man damals nicht im Vorhinein. Das war immer die freudige Überraschung am Tag des Geschenks. ... Und kleinen Einfamilien-Häuschen würden die nun aufkommende Idolatrie&Ideologie-Genossen wohl nichts antun wollen, schon gar nicht die arrivierten Rot-Grünen, die wie bereits die Altgenossen auf der Funktionärsleiter bald doch selber ihr Eigenheim hatten, wenn nicht gar von ihren als bürgerlich geschmähten Eltern erbten.

Ein kleiner Makler-Freischaffender wusste von unserem Wohnraum-Änderungs-Wunsch. Er studierte ständig die Immobilien-Inserate und fand ganz in der Nähe unserer Drei-Zimmerwohnung eine ideal mit unverbaubarer Fernsicht oben am Hang zur Nidda-Niederung gelegene Doppelhaushälfte aus der Bauhaus-Epoche der 20er Jahre. Die „Siedlung Höhenblick“ war damals von der sozialistischen Stadtregierung errichtet worden. Gemäß der Oppenheimer/Mosca-These hatten sich die Obermatadore der Baubehörde repräsentative Großgrundstücke in vorderster Linie gesichert und die Grundstücke dazwischen der Mittelschicht ihres Amtes zugewiesen. So war die uns angebotene Doppelhaushälfte vom damaligen Schulbaudezernenten und späteren Wiener Architektur-Professor Schuster errichtet worden und auf den Stadtkämmerer und Juraprofessor Lehmann übergegangen, dessen Witwe nun verstorben war. Ihr Sohn, der bei den US angestellte Medizinprofessor Lehmann war vom Dienst in den USA für 14 Tage beurlaubt worden, um die Beerdigung seiner Mutter vorzunehmen und deren Vermögen aufzulösen. Als wir uns zu dem vom Makler verabredeten Termin im Haus trafen, war‘s schon geräumt und die Herrn Lehmann Junior wichtigen Teile zur Verschiffung in die USA auf den Weg gebracht. Ein Gutachter hatte die Doppelhaushälfte auf vierhundertfünfzigtausend Mark geschätzt. Doch es herrschte wiedermal eine Immobilienmarktkrise. Der Immobilienmarkt war heiß gelaufen. Die Zinsen lagen bei 16 %. So hatte in Anbetracht des verwahrlosten Hauses – im Wohnzimmer standen Eimer, um von der Decke herabtropfendes Wasser aufzufangen – niemand erwerben wollen, und so was schon gar nicht. Die Preis-Vorstellung war auf zweihundertachtzigtausend Mark abgesenkt. Mein Makler wollte an dem Preis nochmal handeln. Ich war wild auf die einmalige Lage, welche die 20er-Jahre-Stadtsozialisten für sich geschaffen hatten, und fuhr dem Makler in die Parade: Ich wolle nicht schachern; Herr Lehmann habe den Kopf voller Sorgen und seine liebe Not, in der Kürze der Zeit alles hintereinander zu bringen; ich sei mit dem Preis einverstanden. Und schlug den Notarkammerpräsident für die Protokollierung vor, dann könne er zurück in den USA auch ganz sicher sein, dass alles seinen geordneten Weg nehmen würde. Er wollte nachdenken, und wir gingen auseinander. Unbewusst hatte ich den neuralgischen Punkt bei ihm erwischt, denn wie ich später erfuhr, hatte er bereits einen Käufer, mit dem er handelseinig war. Es war ein renommierter Frankfurter Rechtsanwalt und Notar. Den Professor Dr. med. Lehmann verunsicherte nur, dass der über eine Liechtensteiner AG kaufen wollte. Kaum war ich wieder zuhause, da rief mich mein Freund, der Notarkammerpräsident, an: Er habe mir soeben einen großen Stein in der Garten geworfen; ich verstand nicht so recht und dachte schon an Schlimmes. Doch dann erklärte er mir: Meines Verkäufers Anwalt, ein Schüler des alten Juraprofessors Lehmann, den er frisch ins Notarkammer-Präsidium aufgenommen hatte, habe bei ihm angerufen; er sei von einem Herrn Schleiter als Notar für die Protokollierung des Hausverkaufs seines Mandanten empfohlen. Ob er mich denn kenne. Was der Notarkammerpräsident bestätigte und ergänzte, es seien größere Beträge über seine Konten geflossen. Das stimmte ja auch: Das Rosengärtchen war zum schier unerschöpflichen Betätigungsfeld für sein Notariat geworden. Damit war das Lichtenstein-Angebot aus dem Feld geschlagen. Später stand hinten im Garten eine Frau und beschimpfte mich; sie war wie sich herausstellte eine Kollegin meiner Frau und sehr erbost darüber, dass ein Niemand wie ich ihrem renommierten Neffen den sicher geglaubten Deal im letzten Moment aus der Hand geschlagen hatte. ... Zufälle gibt's! ... Ich war überglücklich, würden wir zukünftig quasi mitten in Frankfurt wohnen, doch von unserem Haus einen ungehinderten Fernblick bis zum Feldberg im Taunus haben. Sowas bot ja noch nicht einmal die Neue Mühle! Meine Frau aber grämte der in die Jahre gekommene Zustand des Hauses. Und sie ging mit der Betreuerin unserer Kinder gleich ans Werk. Diese herzensgute Frau Bäumner war als Vertreibungs-Waisenkind aus Hinterpommern bei den Bismarcks aufgenommen und bestens in Hauswirtschaft ausgebildet worden, nun verheiratet mit einem Lurgi-Ingenieur, und sie bewohnten einen Stock tiefer die gleiche Wohnung wie wir. Ihre Kinder waren flügge. Als sichtbar wurde, dass wir ein zweites Kind bekommen würden und Silvia für Vormittagsbetreuung nach einer Hilfe inserierte, war sie auf Silvia zugegangen, ob sie nicht die Aufgabe übernehmen könne. Das wäre doch praktisch. Die beiden waren sich rasch einig, und nun waren beide ein gutes Team geworden, sozusagen ein Mini-Anthroposymbiont mit gleichgerichteter Zielvorstellung. Sie wurde unserem Sohn Andreas sogar zur zweiten Mutter. ... Nun reinigten sie das 20er-Jahre Bauhaus, weichten die alten vergrauten Tapeten auf, zogen sie herunter und bereiteten alles vor, dass die Grundsanierungsarbeiten angegangen werden konnten. – Da war er wieder, dieser großartige Anthroposymbiose-Effekt, der sich um Silvia immer wieder auftat. – Und der zog gleich weitere Kreise: Schwiegervater hatte aus seinen alten Telefon- und Postzeiten (die „Post“ war damals neben Brief- und Paketdienst zugleich auch Telefon-Netz- und Postbank-Betreiber) zwei tüchtige Elektrotechniker gewinnen können, die die total veraltete Elektroinstallation herausrissen, das ganze Haus neu installierten, mitsamt Drei-Phasen-Strom. Außerdem rissen sie überall die Linoleum-Fußboden-Beläge heraus, sanierten den Estrich, der war nämlich wegen der Feuchtigkeits-Schäden über den Eisenstahl-Träger hochgerostet. In nur drei Monaten hatten sie die Elektroinstallation erneuert, die Tapezier- und Maler-Arbeiten erledigt und in allen Wohn- und Schlaf-Räumen samt Fluren und auf den Treppen Teppichböden verlegt: vorsorglich für unser beiden Kleinkinder, wenn sie mal hinfielen! Gleichzeitig waren vom Dachdecker sämtliche Dächer mit einer neuen Schicht Bitumendachbelag versehen und somit auf Jahrzehnte dicht gemacht, sowie vom Sanitär- und Heizungs-Installateur in den Kinderzimmern die überflüssigen Waschbecken entfernt und die monströs großen Guss-Heizkörper durch zeitgemäße kleinere ersetzt worden. Nur in der Diele blieb der 1920er-Jahre Heizköper-Methusalem und erhielt eine attraktive Heizköper-Verkleidung.

Mit großer Freude konnten wir samt Petra (6 Jahre) und Andreas (2 Jahre) 1974 von der zu klein gewordenen Drei-Zimmerwohnung in einem umschlossenen Stadtgeviert umziehen in unser Sieben-Zimmerhaus im Privatweg „Höhenblick", dessen Name nicht zu wenig versprach, denn von unserm Haus hatten wir nun eine freie Fernsicht bis Altkönig, Feldberg und die anderen Taunushöhen. ... Silvia hatte ihr neues Reich, sie unterrichtete an der „Römerstadtschule", grad auf der anderen Seite der Niddatal-Senke, und unsere beiden Kinder liebten den Auslauf in die unberührte Natur eben dieses Niddatals unten am Hang, direkt hinter unserm Haus! (S. S. 629) ... Überall schimmerte durch, dass der Stasi-Staat DDR bei uns allenthalben die Finger im Spiel hatte.[64)] Und schon schaute

64 Siehe z. B. des 26-jährigen SDS-Studenten Benno Ohnesorgs Tötung am 2. Juni 1967 in West-Berlin beim Staatsbesuch des Schah Mohammad Reza Pahlavi mittels Pistolenschuss aus kurzer Distanz in den Hinterkopf durch den West-Berliner Polizist Karl-Heinz Kurras, bei dem sich nach der Wiedervereinigung herausstellte, dass er ein eingeschleuster Ostagent war; oder z. B. die persönliche Bespitzelung des „Präsidenten der Sozialistischen Internationale" Bundeskanzler Willy Brandt, aufgeflogen in der Guillaume-Affäre vom 24.04.1974; oder Joschka Fischers Stadtguerilla-Ausbildung bei den mit der DDR kooperierenden Palästinensern, dessen linksradikale „Frankfurter Putztruppe" außer Rand und Band geratener junger Männer von 1971 bis 1976 in Frankfurt am Main mit Helmen, Knüppeln und „Molotow-Cocktail" genannten Brandsätzen bewaffnet Straßenkämpfe gegen die Polizei führte; oder Hessens Wirtschaftsminister Heinz Herbert Karry Ermordung am frühen Morgen des 11. Mai 1981 im Schlaf mittels Pistolenschuss durchs offene Schlafzimmerfenster, wo man die Täterpistole im Kofferraum von Fischers PKW fand; oder das RAF-Sponsoring samt Rückzugsraum-Gewährung für ihre Delinquenten auf DDR-Gebiet; oder die in 1975 durch die Lorenz-Entführung erreichte Freipressung von fünf zu Haftstrafen verurteilte Terroristen, die nach Palästina ausgeflogen wurden; oder die Entführung des Lufthansa-Flugzeugs „Landshut" durch „palästinensische Volksfront" am 13. Oktober 1977; und Joschka Fischers an ideologischer Hybris nicht zu überbietender arroganter Ausspruch zum grauenhaften RAF-Mord vom 18. Oktober 1977 an Arbeitgeberpräsident Dr. Hanns-Martin Schleyer, dass bei ihm Trauer darüber nicht so recht aufkommen wolle; oder die

ich in den internationalen Immobilienteil der FAZ. Vor unseren ost-infiltrierten internationalsozialistischen Häschern und Agenden wollte ich sobald wie möglich für bereits Erspartes und Hinzukommendes einen sicheren Hort bei den Eidgenossen finden. Die sagten mir ohnehin: *„Wir sind Eidgenossen, ihr seid Neidgenossen"*, sprich: sozialistisch-räuberisches Gesindel.

An meinem alten Arbeitsplatz in Frankfurts City hatte ich die Ärmel bereits kräftig hochgekrempelt. Die Hausverwaltung wurde noch besser „organisiert", so dass sie nun wirklich fast wie ein Organismus wie von selbst funktionierte, sich also dem Optimal-Zustand eines perfekt anforderungsgerechten Anthroposymbionten näherte. Das Team funktionierte in bester Kooperation mit den Außenstellen in den einzelnen Häuser bzw. Häusergruppen.

Ich konnte an die Generalsanierung der in die Jahre gekommenen Immobilien in Frankfurts City und Wiesbadens Kurviertel gehen. Da waren die Fassaden erneuerungsbedürftig, die Elektro-, Sanitär- und Heizungsinstallationen marode und alle Dächer desolat. Es bedurfte einer Kernsanierung samt totaler Neugestaltung, inklusiver aller Wohn-, Büro- und Laden-Räumen. Und das wo möglich mit Mietflächenvergrößerung durch Aufstockungen und Ladenerweiterung. In Berlin war ja alles frisch geschaffen und die aus Besatzungs-Requirierung zurückgegebenen Vorkriegsimmobilie völlig auf den neuesten Stand gebracht. Nun machte ich mich im Rhein-Main-Gebiet an die Planung. Dabei war mein Ziel, den gesamten Besitz der Erbengemeinschaft so auf Vordermann zu bringen, dass er für Immobilienfonds oder Kapitalanlagegesellschaften, wie ich sich gerade in Berlin geleitet hatte, attraktiv wurde.

---

niederträchtige Liebesgaukelei durch Freudianisch geschulte Ostspione, um über abhängig gemachte Chef-Sekretärinnen von Bundestagsabgeordneten, Kanzleramt, Ministern und Ministerialbürokratie auszuspionieren, wie festgehalten in den am 08.08.2006 aufgetauchten Stasi-„Rosenholzpapieren". Über 20.000 DDR-Spione waren im Einsatz.

Mein Vertrauen in die deutsche Politik schwand immer mehr dahin. Der Staat schien immer mehr von Erhards Leitbild des aufgeklärten Wirtschaftsbürger mit „Wohlstand für Alle!" wegzudriften und drohte zur Hure von Idolatrie&Ideologie-Getriebenheit zu verkommen.

Ich wollte vorsorgen, dass das Vermögen im Ernstfall in Sicherheit gebracht werden konnte. Dazu mussten die Immobilien mit neuen Natursteinfassaden, Schallschutz-Fenstern, Markisen, Marmor-Eingängen und -Treppenhäusern auf neuestes Niveau gebracht werden, neue Bäder in Luxusausstattung samt Goldhähnen eingebaut werden, die Wohnräume in Eliteflair samt neuverlegten Parkettfußböden erstrahlen. Bei einigen Gebäuden gelang es mir sogar, die Baugenehmigungen für völliges Demontieren der veralteten Dachkonstruktionen und's Errichten hochmoderner Luxus-Penthaus-Aufstockungen „on top" zu erhalten. Für eine Großimmobilie in bester Wohn- und Einkaufslage an Wiesbadens Wilhelmstraße gelang mir zudem die Verdoppelung der Verkaufsfläche. ... Nun konnten meine Berliner GmbH&Co KG- und Steuerkonzept-Erfahrungen zur Anwendung kommen. Alle Häuser konnten nun, brillant wie sie da standen, der Immobilien-Hausse gemäß von einem Gutachter höchst bewertet werden. Dann wurde für jedes Haus eine GmbH&Co. KG gegründet, ins Handelsregister eingetragen, und das jeweilige Haus zum vom Gutachter ermittelten zeitpunktentsprechenden Höchstwert eingebracht. Da diese Einbringungen in die von den Erben gegründete GmbH&Co. KGs keine Veräußerungen darstellten, wären die Weiterverkäufe der GmbH&Co. KGs bis zu dem hohen Einbringungswert steuerfrei, erst darüber hinaus würden auf den Mehrerlös Steuern fällig. Zudem konnten bei den Häusern nun Abschreibungen auf den hohen Einbringungswert stattfinden, was die Steuerlast auf Jahre hinaus senkte. Zudem konnte man auf den hohen Einbringungswert angehobene Hypotheken aufnehmen, womit sich Geld für Neu-Investitionen auch in der Schweiz oder Florida schöpfen ließ. Das war absolut anthroposymbiotisch für die Erbengemeinschaft angelegt. ...

Und ich hatte nahe Luzern in einem Sommer/Winterferien-Gebiet am Brienzer Rothorn für meine Familie ein präsentables Ferienhaus errichtet, das in nur 3,5 Stunden von Frankfurt aus zu erreichen war und dessen Kosten per annum, dank der niedrigen Zinsen bei den Eidgenossen genauso so hoch lagen wie fürs Hotels in drei Wochen Skiferien in Österreichs Obertauern. ... Das nach meinen Plänen neu errichtet Haus war am Sonnenhang in himmlischer Ruhe am Ende der privaten „Höchistraße" heimelig am Waldessaum gelegen, mit besten Fernblicken auf die Gebirgsketten rund herum. Es hatte eine EG- und eine OG/DG-Wohnung, zwei Garagen, eine samt Skikeller und, wie in CH üblich, einen Atombunker nahebei. Die Wanderwege begannen hinter dem Haus, die Skilifte am gegenüberliegenden Hang waren fußläufig zu erreichen. Unsere Kinder hatten es freilich auf die halsbrecherischen Steilhangabfahrten direkt unter dem Rothorn abgesehen. Zur romantischen Heiligabend-Messe liefen wir gut eingemummelt zehn Minuten zu Fuß.

Am Nationalfeiertag der Schweiz dem 1. August, erklangen die Alphörner von allen Bergen. Ein Traum für uns und unser Kinder, Silvia und meine Eltern, Bruder und Frau Ingrid samt deren Kindern, Freunde und Verwandte. (Und nach Verkauf mieteten wir es viele Jahre später nochmal von unserem Nachbesitzer für einen Sommerferien-Urlaub mit Andreas und seiner Jule, die ihre Zwillinge Jakob und Jasper auf dem Rücken in Kindertragen durch die Bergweltwunder führten. Es war genauso eingerichtet und gut erhalten, wie wir es übergeben hatten. Es war, als ob wir erst gestern da gewesen wären. Wunderbare Tage waren das wieder. ... s. Anhang S. 626 ff.)

Die Frankfurter Erbengemeinschaft genoss, was ich dort tat, hielt jedoch wenig von meiner Einbindung in die Erfolge und noch wenigen von meiner Enge zu ihrem Anthroposymbiont. Einigen war mein durch die Ergebnisbeteiligung in die Höhe gegangenes Einkommen übel aufgestoßen. Sie gönnten es „dem" doch nicht: Bornierte Kapitaleigner, die freilich sonst nichts sind! – Ich ahnte allenfalls von diesem Defizit an emotionaler Intelligenz, verdrängte es aber.

Inzwischen hatte sich im Immobilienmarkt, welcher gemeinhin als grundsätzlich sicherer gilt als der Aktienmarkt, ein neues Vertriebskonzept entwickelt, das im Gegensatz zum indirekten Immobilienbesitz nach Fondsmodell kleinteiliges **Direkteigentum** in Gestalt von Eigentumswohnungen **mit Steuervorteilen** an den breiten Markt für den Mittelstandskapitalanleger brachte. Das war nun der Vertriebsrenner. Dafür waren sie auf Bestandsimmobilien in Vorzugslagen erpicht. Und genau die boten wir jetzt mit den durchgängig auf den neuesten Stand gebrachten Immobilien und besten Wohn- und Geschäftslagen. Doch als ich den Verkauf der wichtigsten GmbH&KGs an diese neue Vertriebsschiene zu noch attraktiverem Preis eingefädelt hatte, spürte ich, dass da etwas nicht mehr stimmte: Das Verhalten meines „Freundes", der aus den USA in die Schweiz übergesiedelt war, verfremdete sich dramatisch, und eines Morgens fand ich mich vor verschlossenen Türen: Die Schlösser zum Büro waren ausgetauscht! Und es meldete sich die schillernde Anwaltsgestalt, die schon die Scheidung meines „Freundes" von seine Frau durchgesetzt hatte, bei mir zu Hause am Telefon: Er wollte mit mir ein „Schwätzchen" führen, zudem fand ich im Briefkasten einen Brief, in dem mein „Freund" mir genau das vorwarf, was er mir Gott sei Dank vor (später dann auch aussagebereiten) Zeugen mündlich zugesichert hatte.

In dem „Schwätzchen" machte mir die Anwaltsfigur dann knallhart klar, was ich zu gewärtigen hatte: Sie würden bis zum Bundes-Gerichts-Hof prozessieren, und das würde ich nicht durchhalten! In meiner Vertrauensseligkeit hatte ich nämlich heraus geplappert, dass ich für Abschreibungen auf mein hohes Einkommen in der Schweiz Abschreibungs-Immobilien erworben und mich dafür hoch verschuldet hatte! Nun saß ich in ihrer Falle. Aber, so betonte der „Schwätzchen"-Mann, ich könne ein gutes Zeugnis erwarten und eine angemessene Abfindung (die freilich bei einem Bruchteil des mir allein nach Arbeitsrecht zustehenden lag), wäre entfesselt und könnte mich bewerben. Dazu müsste ich jetzt als erstes meinen Dienst-PKW Mercedes 280 SL herausgeben; das schien ihnen ganz wichtig zu sein. Zeitgleich hatte meine Frau beobachtet, dass sie Spione auf mich angesetzt hatten, die oben auf der Straße vor unserer Einfahrt in einem PKW saßen und mich auf meinen Fahrten verfolgten. Weidwund angeschossen wie ich war, hatte ich mir eine solche Hinterhältigkeit überhaupt nicht vorstellen können. Es war alles von langer Hand vorbereitet. Wer weiß, wie lange mein „Freund" mich schon heimlich hatte arglistig mit erheblichem Finanzmittelaufwand ausspionieren, überwachen und verfolgen lassen. Nun wussten Sie genau, wen ich wann wo aufgesucht hatte. Sonntags war ich z. B. mit meiner Frau zu einem großen Geburtstagsempfang in Kronberg am Taunus gewesen. Zu finden war da freilich nichts. Aber keine Frage, ich musste auf die unfassbar krasse Zumutung eingehen, um mich in meinem inzwischen 45. Lebensjahr wieder bewerben zu können und die in Florida wie im Kanton Luzern getätigten Investitionen wieder rückgängig zu machen. – Nolens volens nahm ich diese niederträchtigste Form des Rausschmisses an: Aus vorbei, es war gar keine Anthroposymbiose gewesen, sicher von Anfang an nicht. ... Die Erbengemeinschaft hatte dank meines umsichtigen Wirkens bald ihr gesamtes Vermögen dem deutschen Fiskus entzogen und die Schweizer Staatsbürgerschaft angenommen. Ich hatte meine Pflicht getan, und man war mich auch billig losgeworden! Ich war mit meinem Freiheits&Kooperations-*Mem* in ihre Macht&Gewalt-*Mem*-Falle getappt, es sei ihnen gegönnt, glücklich werden diese *Mem*-Zombies damit sowieso nicht werden!

Die Probleme dieser Welt sind eigentlich Aufgabenstellungen, doch der Irrsinn schafft völlig unnötige und zudem kaum lösbare. Dazu bietet diese Spruchweisheit ein probates Gegenmittel: *„Wer die Welt für eine Narrheit hält, hat manche frohe Stunde. Doch wer ihre Narren* *zu ernst nimmt, der geht daran zu Grunde. Man sollte sie in ihrer Tollheit alleine schmoren lassen!*" Nach Wilhelm Buschs Rat: „*Das Gute, das steht fest, ist das Böse, das man lässt*", wandte ich mich ab und neuem zu. Mir lag es mehr, mich der Hallesch-pietistischen plus Kant'sch rationalen Seelen&Verstandes-Aufklärung zuzuwenden, ihre Emotio&Kognitio macht klug sowie kulturfähig&konstruktiv und gibt dem Leben seinen wahren Anthroposymbiose-Sinn.

Sofort meldete ich mich beim Arbeitsamt, um wenigsten das kärgliche Arbeitslosengeld sicherzustellen. Und in Begleitung von Lennart Poll, der mir mit den Worten „*Du weißt nicht, wofür das gut ist*" Mut zusprach, flog ich nach Florida, um den Verkauf der beiden Marina-Parzellen an einer künstlich aufgeschütteten Halbinsel in St. Petersburg am Golf von Mexiko einzuleiten. Ich war außer Rand und Band und musste einfach was machen. Zurück meldete ich mich bei einem Freund aus Studienzeiten. Er hatte die väterliche Kanzlei in Bad Homburger Edellage übernommen und war gut bestallter Rechtsanwalt und Notar geworden, und ich wusste, dass er über seine Klientel über gute Kontakte in der Schweiz verfügte. Und tatsächlich war es so. Wir fuhren mit seinem Porsche zu seinem Freund Rechtsanwalt Dr. ... in Zürich, wo ich alle Urkunden über den Erwerb der Abschreibungsimmobilien des Notars aus Lugano vorlegte, mitsamt der Überweisungsnachweise auf dessen Notaranderkonto. Rasch stellte sich heraus, dass der Notar in Lugano gleichen Kalibers war wie einst der Notar am Frankfurter Palmengarten, nur diesmal in Zusammenarbeit mit einem Betrügersyndikat. Und wieder gelang es, mich da heraus zu hauen. Dem Züricher Rechtsanwalt war die Betrügerbande einschlägig bekannt, und er wusste genau, wo er anzusetzen hatte. Es müssen gewaltige strafrechtliche Hebel gewesen sein. Wir wurden bei dem „Notar" in Lugano kurz vorstellig: Das Geld war zurückerstattet, die Betrugsurkunden aufgelöst und der Züricher Rechtsanwalt Dr. ... konnte von einer Einschaltung der Schweizer Strafjustiz absehen. Hoppla! ... Das hatte mich zwar einige Tausend DM gekostet, aber der ganze Alb, von dem ich vorher keine Ahnung hatte, war mit einem Schlag aus der Welt! – Glück im Unglück nennt man sowas. – Hatte Lennart Poll doch zu der mir zu Teil gewordenen Skrupellosigkeit orakelt: *„Du weißt nicht, wofür das gut ist."* ...

In der FAZ hatte ich einige Inserate gefunden, darunter eine dubiose Privatbank in Pforzheim, die mich zwar umwarb, der ich aber absagte, zumal mir deren Luxus-Sause nach Luzern von leichten Mädchen im dortigen Spielbankmilieu umgarnt was Schlimmes ahnen ließ. Auch ein großer Werkswohnungsbesitz im Schwäbischen wollte mich haben, aber das behagte mir überhaupt nicht, so weit weg von Frau und Kindern.

Da kam das genau passende Inserat des in Frankfurt ansässigen, global tätigen größten deutschen Baukonzerns Philipp Holzmann AG. Sie suchten den geeigneten Mann zum Aufbau ihrer Immobilien-Projektentwicklungs-Abteilung. Ich bewarb mich und wurde angestellt. Hatte Dienstsitz in der 10. Etage der Zentrale mit herrlichem Blick über Frankfurts City und Tiefgaragenplatz für den Dienst-PKW im Untergeschoss. Die Entfernung war die gleiche wie bisher, nur dass die Mittagspause jetzt nicht so lange war, dass ich mittags zur Einnahme von Tante Bäumners Mittagessen und kurzem Mittagsnickerchen nach Hause fahren konnte. Dafür gab's eine gute Kantine im Erdgeschoss des Hochhauses, in dem oben mein Arbeitsplatz war. – *„Wer weiß, wofür das gut ist"*, hatte Lennart Poll ja an meinem Tiefstpunkt vorausgesagt. ... Und er hatte Recht: Wie schon meine Idee, Erhards „mündigem Wirtschaftsbürger" mittels Direkteigentum an den Häusern der Berg- und Stahlarbeiter-Reihenhaussiedlungen in Ruhrgebiet auf die Sprünge zu helfen, so war auch jetzt mein gleichgerichtetes Streben, aus dem Erbengemeinschaftsbesitz breit gestreutes Wohn-und-Teileigentum zu schaffen, wieder in einem dramatischen Kipppunkt geendet ... und erneut hin zum Besseren!

Immobilien-Projektwicklung in einem Weltkonzern der Bauwirtschaft

Es waren noch nicht einmal drei Monate nach dem hinterhältig niederträchtigen Rausschmiss vergangen, und ich hatte nun in einem Weltkonzern meinen neuen Arbeitsplatz! Das Arbeitsamt hatte da noch keine Zeit gefunden, mir auch nur seinen Bewerbungsbogen zuzusenden. ... Sozialstaats-Verwaltungsmühlen verwalten langsam ... es ist eher ein Zerwalten!

Meine Vorkenntnisse aus der Dissertation am Institut für Siedlungs- und Wohnungswesen der Westfälischen Wilhelms-Universität in Münster und sodann als Vorstands-Assistent in der Essener Zentrale des größten Immobilienbesitzes an Sieg, Rhein und Ruhr, meine Bauträgertätigkeit für die städtebaulichen Entwicklungsmaßnahmen in Oberursel und Berlin, sowie meine breite Erfahrung in Immobilien-Verwaltung und internationalen Investment eines großen Privatvermögens sollten mir sehr zugutegekommen.

Und wieder ging ich ohne Zögern ans Werk, ich hatte keine Zeit zu verlieren, ich musste die Initiative ergreifen. Also suchte ich die Standorte des Frankfurter Baukonzerns in Deutschland auf, um dort mein Konzept zu erklären. Das war ja aus einer ganz anderen Welt, als sie den Niederlassungsdirektoren und ihren kaufmännischen Leitern bekannt war. Ihre Welt war so ähnlich wie bei den Essener Wohnstättengesellschaften, nur waren es eben wesentlich mehr Niederlassungen und nur den Direktoren der großen Niederlassungen kam Vorstands-nahe Bedeutung zu, aus ihnen entstand der Nachwuchs für den Vorstand in Frankfurt/M.

Rasch war mir klar: Meine Aufgabe ließ sich nur in symbiotischer Vernetzung lösen, und zwar mit den Niederlassungen sowie für Auslandsobjekte mit der Auslandsabteilung in der Zentrale. Sie waren hoch spezialisiert und qualifiziert auf Bauauftrags-Akquise und die Ausführung von Hoch- und Tiefbauwerken inklusive Infrastrukturmaßnahmen, wie Bahn-, Bahnhofs-, Tunnel-, Straßen- und Brückenbau. Damit verdienten sie ihr Geld.

Immobilien-Investments gehörten nicht zum Geschäftsbereich: Immobilien-Investoren waren Auftraggeber! Also musste ich mittels Immobilien-Projektentwicklung Investoren gewinnen, die dann Bauaufträge erteilten. Dazu galt es, den Bedarf von infrage kommenden Investoren **und** Immobiliennutzern, differenziert nach den verschiedenen Marktsektoren bei Wohn-, Büro- und Einzelhandels- wie Gewerbeimmobilien herauszufinden, und überhaupt die zeitliche, räumliche und politische Dimension am Investment- und Immobilienmarkt in Betracht zu ziehen. Denn die Investmentmärkte- und Immobilienmarkt-Segmente-Zyklen verliefen unter den jeweils wirkenden zeitlichen, räumlichen und politischen Implikationen äußerst unterschiedlich.

Das war so komplex, dass ich nach einem Lösungsansatz mit Hebelwirkung suchte. Die lag in der Sinusläufigkeit der Zyklen: Ich musste in der Baisse starten, um in der Hausse die Nutzer und Kapitalanleger anzusprechen! Dazu bot sich die Option von infrage kommenden Ländereien über eine längerfristige notarielle Offerte, um das zum jeweiligen Standort passende Nutzungskonzept als Wohn-, Büro- oder Einzelhandels- wie Gewerbeimmobilie zu entwickeln, dafür die politische wie baurechtlich Zustimmung zu erreichen, mögliche Mietinteressenten herauszufinden bzw. die generelle Mietmarkt-Relevanz plausibel zu machen und den Kapitalanlagebedarf der relevanten Investoren zu bedienen, auf die dann das optierte Areal direkt überging, während sie parallel dazu dem Konzern den Bauauftrag erteilten.

Mein Tätigkeitsfeld erstreckte sich auf städtebauliche Großmaßnahmen im Wohnungs-, Büro-, Einkaufszentrums-, Gewerbepark- und IT-Rechenzentrumsbau. Eine ideale Lösung bot sich im neuen Konzept der Gewerbe- und Logistik-Parks sowie Verteilzentren der Obst-&Gemüse-Großmarktanlagen mit guter Autobahnanbindung in Ballungsräumen bzw. an bedeutenden Autobahntraversen.

Und ich arbeitete gemäß dem evolutionären Grundkonzept autonom sich arrangierender Freiheit und Kooperation, sprich: ich musste **1.** die Niederlassungs- bzw. Auslandabteilungsleiter überzeugen, **2.** die Eigentümer geeigneter Liegenschaften für zeitlich ausreichende dimensionierte notarielle Optionen gewinnen, **3.** die betreffenden Kommunen samt politischen Entscheidungsträgern zum Schaffen des benötigten Baurechts bewegen und **4.** die Verbindung zu geeigneten Investoren und Kapitalsammelstellen wie geschlossenen und offenen Immobilienfonds pflegen.

So befand ich mich sozusagen im Aktionszentrum eines anthroposymbiotischen Ökonomie-Geflechts, dessen Symbiose-Surplus für jeden der vier Beteiligten ausschlaggebend für den Erfolg meiner Tätigkeit war. Nur wenn es mir gelang, alle vier zu gewinnen, konnten daraus die Bauaufträge für die Philipp Holzamann AG hervorgehen.

Besonders spektakulär in diesem Zusammenhang war ein Hotel-, Wohnungs-, Büro- und Einkaufszentrum für die Aktivierung des deutschen Wirtschaftens in Peking. Das Areal in gut geeigneter Lage am inneren Straßenring war durch Vermittlung des Bayrischen Ministerpräsidenten Franz Josef Strauß über die KP-China zur Verfügung gestellt worden. Für den Kontakt hatte der Vorstandsvorsitzende der zum Holzmann-Konzern gehörenden Dywidag-AG. gesorgt, zu deren Aufsichtsrat F. J. Strauß gehörte. ... Die Planungen waren abgeschlossen, die Deutsche Lufthansa war als Partner gewonnen und mit den Bauarbeiten bereits begonnen, da kam es zum Studenten-Aufstand auf dem „Platz der Himmlischen Friedens“ mit dem sog. Tian’anmen-Massaker vom 15. Apr. 1989 bis 4. Juni 1989. Die chinesischen Studenten hatten vergeblich gehofft, auf den russischen Glasnost-Zug aufspringen zu können, und unser Projekt geriet übel in Schlingern. Der Glaube an ein Aufwärts war dahin, und es waren nur Not- und Kurzvermietungen möglich. ... Aber mit den Jahren wurde das besser, und das „Deutsche Lufthansa-Center Peking" fuhr dann seine von mir prognostizierte Dividende vollumfänglich ein.

Ende 1989 kam es indes im Ostblock-Westen mit der Glasnost-Bewegung für uns irgendwie völlig überraschend zum „Fall der Berliner Mauer" samt Stilllegung aller Sperrzäune und Selbstschussanlagen am sog. „antikapitalistischen&antifaschistischen Schutzwall" der Deutschen Demokratischen Republik. Die DDR war bankrott und zusammengebrochen. Die Sowjets hatten die Sinnlosigkeit eines ähnlichen Vorgehens wie auf dem Tian'anmen-Platz gegen das Freiheits&Kooperations-Streben einer ganzen in kommunistischer Zwanghaft gehaltenen Bevölkerung eingesehen. Ihr kommunistisch-sozialistischer Staats-Leviathan war in „Multi-Organversagen" kollabiert!

Da eröffnete sich ein riesiges Feld an Nachholbedarf. ... Unfassbar, welch immense Verheerungen das internationalsozialistische Großexperiment, per kommunistisch sozialistische Idolatrie&Ideologie aufoktroyierter *Mem*-Manipulation und *Mem*-Zombiesierung den gleichgemeinen sozialistischen Menschen zu schaffen, da hinterlassen hatte. – Mich zog es unverzüglich dorthin.

Zunächst nach Halle, wo ich den Arbeitsplatz des Parteisekretärs, mit dem ich verabredet war, verlassen vorfand, aber in den offenen Schubladen des sichtbar fluchtartig geräumten Schreibtisches haufenweise DDR-Orden und Partei-Plaketten sah! Und überall dieser Bohnerwachs-Muff sowie der seltsame Smog-Geruch allgegenwärtiger Braunkohlenverheizung samt weißgrauen Leichenhemd-Ausfall überm gesamten Land. Kein Grün nur schäbiges versifftes Grau. Mich schauerte. Außer zugemauerten Fenstern und im Verlassenen herumirrenden alten Frauen sowie braunem Wasser aus der Leitung im Interhotel brachten meine vierzehn Tage dort in Halles Stadtgeviert nichts. – Armes Halle, wo die Hallesch-pietistische Seelen- und Verstandesbildung für immer wiederkehrendes Deutsches Prosperieren einstmals seinen Ausgang gefunden hatte! – Die Luft war so belastet, dass ich in Frankfurt a. M. noch über einen Monat lang darunter litt.

Mein nächster Versuch galt Jena. Dort traf ich auf den CDU-Granden Lothar Späth, der als ehemaliger Baden-Württemberg-Ministerpräsident aus EU-Mitteln zwei Milliarden DM zugesagt bekommen hatte, um Jenas Innenstadtsozialismuswüste und die Jenoptik zu heilen. Ich fand in Begleitung des Direktors vom Saarbrücker Handelsinstitut, Professor Dr. Bruno Tietz, in Jena Lobeda südlich der Autobahn den interessanten Standort einer heruntergewirtschafteten LPG Johannisbeer-Großplantage, um dort Jena zeitgemäß ergänzende Einzelhandels- und Gewerbestrukturen anzusiedeln. Das Gebiet umfasst mehrere hunderttausend Quadratmeter Nutzfläche, ist inzwischen, ohne dass dazu EU-Mittel erforderlich waren, voll in Betrieb und über eine von mir ins Gespräch gebrachte Autobahneintunnelung fußläufig und auch sonst mit dem alten DDR-Stadtteil nördlich der Autobahn verbunden.

Die mehrere hunderttausend qm großen Logistik- und Gewerbeparkprojekte am Hermsdorfer Nordsüd/Westost-Kreuz blieben zum Bedauern der von mir dafür gewonnenen Grundstückseigentümer im politischen Hickhack hängen.

Am Skeuditzer Autobahnkreuz gelang es mir, in Ermlitz eine 1500-WE-Eigentumswohungsanlage für den nahen Leipziger Flughafen anzusiedeln. Ein 300.000 Quadratmeter umfassendes Gewerbeparkprojekt wurde aufgegeben, war politisch nicht gewollt.

Im extremen Norden lag die Projektentwicklung von Binz auf Rügen mit dem Moloch der KdF-Anlage Prora. Es war alles so unfassbar abgewirtschaftet und lieblos: Prora verwahrlost in Trümmern, der Schlachter See als Müll-Mulde genutzt und dann diese schrecklichen Plattenbauten. Das noch mit der SED-Bürgermeisterin entwickelte „Drei-Magnete-Konzept“ beinhaltete den Ausbau des Gebietes um Seebrücke und Kurhaus und dessen Verbindung westwärts zum Schmachter See durch eine mit Bäumen bepflanzte Zentralpromenade als Fußgängerzone, wo als Endpunkt am Schmachter See zum Sonnenuntergang in Reed-gedeckten Pfahlbauten der Blick in die Abend- und Seelensonne die „Sundowner“-Gäste beglücken sollte. Die Strandpromenade am Ostrand von Binz sollte bis zur 25.000 Gästeanlage Prora Verlängerung finden, mit einer wetterunabhängigen Wasserfreizeitanlage am Nordrand von Binz derart, dass dort dem Badenden in Wasserüberlauf-Innen- wie Außenbecken mit freiem Blick auf die Ostsee sowie den langen Sandstrand bei jedem Wetter ganzjährig das Badevergnügen geboten würde.

Letzteres sollte nicht nur der Attraktivitätssteigerung für Familien mit Kindern sowie der ganzjährigen Belegung von Binz dienen, sondern auch der Einbeziehung des zu restaurierenden Prora zu einem Binzer Gesamt. Große Teile davon sind heute realisiert, nur die Schmachter-See-Pfahlbauten-„sun downer“- sowie die Wasserfreizeit-Idee harren noch ihrer Verwirklichung.

Insgesamt hatte ich über sechs Milliarden Euro Projektvolumen angekurbelt. Und so wie das Rosengärtchen in Oberursel mein erstes städtebauliches Großprojekt im Frankfurter Einzugsgebiet lag, sollte auch die letzten unter meiner Mitwirkung angestoßene Projekt-Entwicklungen in Frankfurt am Main sein. Es waren der GIP-Gewerbepark in Liederbach und das GIP-Gewerbeparkgebiet an der Hanauer Landstraße, das heute u. a. den Hochsicherheitstrakt des ITERXION Datacenter beherbergt. Was vielen unbewusst ist: Ein solches IT-Zentrum benötigt ungeheuer viel Strom; ITERXION ist Frankfurts Stromverbraucher No. 1 noch vor dem monströsen „FRA-Port“-Großarbeitgeber des Frankfurter Flughafens. – So ist die Idee des IT-Infrastrukturausbaus auch nicht wirklich der große Klima-Retter, wie allenthalben vorgegaukelt!!! Insgesamt hatte ich mitbekommen und als geistiges Reisegepäck mitgenommen: Idolatrie&Ideologie&Idiokratie sind des Teufels Werk, das überhaupt nicht hilft über den Berg; denn es nur verheert, von Geist entleert, materiell auszehrt und am End‘ sogar jedwede Demokratie ins krasse Gegenteil von Freiheit&Kooperation verkehrt. – Die demokratische Resilienz sei gelehrt!

C.

ab 1992 Die Zeit der Lehre

Binz war bereits eine Seminar-Studie mit Studenten. Der Vorstand der Philipp Holzmann AG hatte mich nämlich beauftragt, Vorlesungen über Stadtentwicklung und Immobilienprojektentwicklung zu halten. Das tat ich gerne und unterrichtete an den FHs Darmstadt und Erfurt sowie bei der *ebs*-Privatuniversität in Östrich-Winkel und Berlin.

Um diese Zeit sprach mich Professor Dr. Tietz anlässlich einer Standortstudie in Magdeburg an, ich solle bei ihm promovieren. Ihn hatten meine Vorstellungen von Städten als *anthroposymbiotsche Flächenorganismen* und von Marktwirtschaften als *ökonomische Funktionsorganismen* gefesselt. ... Eingedenk meiner negativen Erfahrung in Münster lehnte ich reflexartig ab, ein Rigorosum könne ich sowieso nicht mehr bestehen. Professor Tietz beruhigte: Ein Rigorosum sei nicht mehr nötig, es reiche, seine Thesen zu vertreten. Ich blieb dennoch ablehnend und schwieg über den wahren Grund. Die Überraschung war zu groß.

Als ich aber drei Wochen später in meinem Frankfurter Büro seine Aufforderung vorfand, meine Thesen in seinem Saarbrücker Doktoranden-Seminar vorzutragen, konnte ich nicht mehr kneifen. Ich ging hin, trug vor und folgte der Aufforderung, darüber eine Doktorarbeit zu verfassen. So schwer konnte es ja nicht sein. War's doch fast identisch mit meiner Vorlesungstätigkeit. Und am 24. Juli 1995 überreichte ich Herrn Professor Dr. Bruno Tietz in Saarbrücken die von ihm durchgesehene und von mir endredigierte Arbeit mit allen förmlichen Zusätzen. Er entließ mich mit der Bemerkung, der Promotion stünde nichts mehr im Wege.

Als passionierter Flieger stieg er tags darauf, nämlich am 25.07.1995 in sein Flugzeug, um gen Nord zu streben, geriet dabei in eine Gewitterfront und zerschellte an der Porta Westfalika! ... Und wie bereits in Münster lehnte sein Nachfolger die Promotion ab, und wieder mit dergleichen Begründung: Meine Arbeit sei ihm zu empirisch, er sei Theoretiker! Daraufhin ließ ich sie im Jahr 2000 für die *ebs*-European Bussines-School drucken, wo sie das Immobilien-Projektentwicklungs-Standartlehrbuch für die nächsten zehn Jahre wurde, so wie es meinen Studiosi überhaupt als 463-seitiges Begleitbuch diente.[65]

Derweil hatten meine Immobilien-Projektentwicklungen die Gesamtsummer von 6 Milliarden Euro überschritten und war auf einen Konzerninsider übertragen worden, während ich auf Verwaltungsratsposten von Konzerngesellschaften versetzt worden war. Mein Nachfolger meinte, das Geschäft auf Konzerneigene Rechnung machen zu müssen, um nicht wie ich über für den Konzern risikofreie Grundstücksoptionen zu operieren. Von der Immobilienhausse geblendet, sollte er dazu 10 Milliarden Euro Schulden aufnehmen ... und geriet damit in der nächsten Immobilienbaisse in die Überschuldungsfalle, die bilanziert werden musste und später mit zu dem Überschuldungskonkurs des Gesamtkonzerns beitrug.

Vorstand und Aufsichtsrat hatte ich vor dieser Gefahr gewahrt. Doch sie hatten mich nicht verstanden und in meinem Insistieren eher ein persönliches Beleidigtsein gesehen, weil mir die Projektentwicklung weggenommen worden war. ... Im März 1998 reduzierte eine schwere Krebs-OP am Mainzer Universitätsklinikum meine Belastbarkeit

---

65 Schleiter, Ludwig-Wilhelm: Historische, gesellschaftliche und ökonomische Grundlagen der Immobilienprojektentwicklung – oder – Staats-, Stadt- und Immobilienentwicklung / die politisch-gesellschaftliche, die zeitliche und die räumliche Dimension des Immobilienmarktgeschehens / Strategie und Taktiken für erfolgreiche Immobilien-Projektentwicklung – Ein Beitrag für fachübergreifendes Denken, Forschen und Handeln, (*ebs* Immobilien-Forum, Immobilien Informationsverlag Müller) Köln 2000.

enorm. So beendete ich am 30. September 1998 meine Tätigkeit bei der Philipp Holzmann AG gegen adäquate Abfindungs-Entschädigung, um mich mit Nachdruck meinen Vorlesungen in Oestrich-Winkel, Berlin, Erfurt und Darmstadt zu widmen. ... Alle meine Warnungen an Vorstand sowie Aufsichtsrat der Philipp Holzmann AG waren indes vergeblich gewesen: Am 21. März 2002 führten neue Verluste und insgesamt 1,5 Milliarden Euro Verbindlichkeiten bei den Banken wegen Überschuldung zur endgültigen Insolvenz.

Für mich brachte der 18. Juli 2002 aber noch etwas Erfreuliches. Nach über 20jähriger Lehrtätigkeit fanden die Kollegen in Erfurt, Östrich-Winkel und an der FHD zusammen, erstellten die erforderlichen Gutachten und der Senat der FHD fasste den einstimmigen Beschluss, mich zum Professor zu ernennen. Damit hatte mein v. g. Lehrbuch aus dem Jahr 2000 de facto Anerkennung als Dissertation und Habilitation in einem gefunden. Mich erreichte die Nachricht bei einem abendlichen Whisky auf 'ner Bank vor den Pforten eines Hotels mit Freunden auf Ferien in Schottland über den Anruf meiner Frau auf mein Ericson E-Phone. ... Das war der Lohn aus der breiten Grundlegung in Elternhaus, Schule sowie dem Studium der *„Wirtschafs- und Gesellschaftswissenschaften"* wozu ich mich immatrikuliert hatte, das mit Buchhaltung und Finanzmathematik begann, dann weiterging über allgemeinen Betriebswirtschaftslehre, Wirtschaftsgeographie, Industrie-, Bank-, Handels-Betriebslehre, Bürgerliches-, Handels-, Vereins/Kaufmanns/OHG/KG/GmbH/GmbH&Co KG/AG-, Staats- und Strafrecht zu Volkswirtschaftslehre, Soziologie, Städtebau und Siedlungs- wie Wohnungswesen; womit sich dann meine beiden Dissertationen von 1964 und 1995 sowie mein ganzes Berufsleben samt Vorlesungen und Lehre befassten. Eigentlich war es in allem nur um das Falsifizieren der mir von Kindesbeinen inhärenten Freiheits&Kooperations-These sowie der dazu angedachten Anthroposymbiosen-Lehre gegangen sowie um beider Weitervermittlung, für ansteigenden Durchblick, wenigstens in meiner Umgebung.

Fachhochschule Darmstadt - University of Applied Sciences **Urkunde**

Die
Fachhochschule
Darmstadt

verleiht

Herrn

Ludwig-Wilhelm Schleiter

geb. am 3.7.1938

die akademische Bezeichnung

Honorarprofessor

Darmstadt, den 18. Juli 2002

Der Präsident
Prof. Dr. Christoph Wentzel

In meiner Freude über diese Anerkennung verfasste ich mit freundlicher Lektoratsbegleitung durch meinen Darmstädter Kollegen Professor Dr. Dieter Knauf für meine weitere Vorlesungs- und Seminartätigkeit das 383-seitige Theoriebuch „Von der Vitalität der Nationen – Über die Grundlagen einer erfolgreichen Kultur-Evolution und ihre natürlichen Feinde".[66]

Um meine Thesenbildung zur Anthroposymbiosenlehre ergab sich eine rege Vortragstätigkeit, so beim EFD (Economic Forum Deutschland) in Frankfurt und Berlin, beim Corps Austria, bei Rotary, Lions und im Frankfurter Zukunftsrat. Am 06. Juli 2009 war ich aufgefordert, im Altstadtfest des Frankfurter Altstadtforums auf dem Platz vor der modernistischen Kunstausstellungshalle „Schirn" vorzutragen. Ich warb für eine „Wende in den Köpfen" und den Wiederaufbau der Altstadt als Ersatz für den Betonbrutalismus des abgerissenen Technischen Rathauses.

Betonbrutalismus„Technisches Rathaus"

bauwelt.de

66 Schleiter, Ludwig-Wilhelm:Von der Vitalität der Nationen – Über die Grundlagen einer erfolgreichen Kultur-Evolution und ihre natürlichen Feinde, (LP-Verlag) Berlin 2004.

Überall wo historisch gewachsene Substanz, etwa in München oder Münster (Westf.), nach dem Krieg wieder errichtet worden sei, habe sich Wohlfühl-Urbanität eingestellt. Im Standortwettbewerb gehe es ums Wachhalten historischer Bezüge samt städtebaulicher Identifikations-Potenzialen als Grundlage für soziokulturelles wie ökonomisches Prosperierens. ... Zunächst geschah's uns ähnlich wie Erhard bei seiner Währungsreform und Marktwirtschaftseinführung in 1948: Linksfront lehnte ab und blieb hartnäckig. ... Doch heute steht die „Neue Altstadt“ und die Frankfurter wie ihre Gäste erfreuen sich daran. 2012 begannen die Planungen 2018 wurde sie eingeweiht.

Blick in die Frankfurter Altstadt

... Wie auf der folgenden Seite abgebildet hatte es zwischen Römer und Dom in 1952 ausgesehen ... und so nach dem Altstadtwiederaufbau um ~2020:

Kaiserdom St. Bartholomäus 1952 in Trümmerlandschaft

Blick vom Dom-Turm auf die „neue Altstadt" (vorne rechts) über Römer-Berg und Paulskirche auf die neue City-Skiline

Kaiserdom St. Bartholomäus - 2020

© Wikipedia

Krönung meiner Lehrlaufbahn war das Hofheimer Freiheits- und Werteforum im Oktober 2010, das Karl Kardinal Lehmann und ich als Vortragende bestritten. ... Mit den Kollege Knauf, Döring und Sohni begleitete ich auch deren wunderbaren Studiums-Exkursionen der FHD nach Brasilien und Peru sowie nach China. – Meine Lehrtätigkeit beendete ich mit 75, also im Jahr 2013.

Zeitgemäßer Epilog: Von der Vanitas eines Narrenfünfsprungs aus Differenzieren, Diversity, Fragmentierung, Cancel Culture und Dekonstruktivismus

Gegenwärtig beschäftige ich mich – wie ja auch im vorliegenden Buch – ständig weiter mit den brennenden Fragen der Kultur-Evolution. ... Und dabei stoßen wir immer wieder auf diese Propaganda-Blendgranaten angeblicher Wissenschaftlichkeit im „psychological warfare" „out of USA".[67] So möchte ich meine Lebenserinnerungen mit dem folgenden „zeitgemäßen Epilog" schließen.

Viele Deutsche meinen, *„der Islam"*, auf Deutsch *„die Unterwerfung"* gehöre zu Deutschland, und sie glauben irrtümlicherweise, er sei die zweitgrößte Weltreligion. Er ist jedoch nichts als eine Angst&Affekt- plus Macht&Gewalt-Ideologie, gebildet um die Allah/Mohammed-Idolatrie laut *Sira*, *Koran* und *Hadith* unbedingten *Din*-Pflicht-Gehorsams der „Gläubigen" auf *Hidschra&Dschihad* mittels Frauen-Unterdrückung mit *Udschur*-Gebärverpflichung der *Ghazi*-Beutemacher-Produktion zur Ausbeutung der „Un-Gläubigen"

67 Siehe z. B. Guldalen, Arnulf: Aufklärung – Wo bist Du? / Von marxistoid-neofreudianischen Menschen-Häschern und wie Europa die Seele genommen wurde – Ein kritisch-analytischer Essay über seltsame geostrategische Aspekte, (GHV Gerhard Hess Verlag) Bad Schussenried 2020, speziell die Kapitel: Die Racheengel der Alliierten / Auf dem Weg zu allgemeiner Deutschen-Diskriminierung? (S. 35); Zur psychologischen Kriegsführung – Von Horkheimer über Reich, Adorno, Fromm und Lewin bis Morgenthau – (S. 43); Das geschah in der Praxis der „psychologischen Kriegsführung" und „Reeducation" – Wie es zur UNO kam, und was sie speziell mit den Deutschen taten – (S. 52); On „how to do" psychological warfare – Die CO2-Apokalypse und der Greta-Straßenpopulismus aus der Psycho-Waffenkammer / Rockefeller, Soros&Co., der „zivilgesellschaftliche" Aktivismus sowie die „Grünen": fortgesetzter „Re-educations"-,Destabilisierungs- und Prekarisierungs-Drill und eine islamische Besatzungsmacht? (S. 157).

Kuffar sowie deren Ausmerzung gemäß Sure 9, Vers 111 zwecks globaler „Unterwerfungs“-Ausdehnung. ...

Das sind auch die Gründe für das Erstarken der radikal-islamischen Milieus im Westen, wie sie sich zunehmend auch in Deutschland ausbreiten. Immer mehr mutige Autoren beschreiben detailliert und ohne Rücksicht auf die Denkverbote der politischen Korrektheit, wie Europa ständig mehr zu einer Kolonie des Islam wird. Doch wir schauen zu – oder einfach nur weg. Allenthalben entstehen die Partisanen-Nester von Parallelwelten, in denen *Koran*, *Hadith* und *Scharia* regieren. In Deutschland, Österreich und vielen anderen europäischen Ländern geschieht so Unglaubliches, worüber Politik, NGOs und die medialen Machteliten mit agitpropmäßiger Propaganda geschickt hinwegtäuschen wollen. ... Darüber zu sprechen, sei uns aber nicht mehr tabu! Denn es ist die wohl die erschreckendste Chronologie des Verlustes an innerer wie äußerer Sicherheit, die unter dem Multikulti-, Gender-, Antidiskriminierungs- und „political correctness“- plus “cancel culture“-Tarngewand eines *„patho-psychological warfare out of upper intellectual class USA“* daherkommt, um „Heartland“, den condominionalen Erzfeind angloamerikanischer Machtanmaßung (!), nun endgültig zu paralysieren.

War es **a)** zunächst das Kaiserzeit-Deutschland, dem sie den I. Weltkrieg aufzwangen, um ihm sodann den Verseiller Lahmlegungsschlag zu verpassen, und daraufhin folgend **b)** das Hitler-Deutschland, das sie hochpäppelten als nützlichen Idioten, um es für die deutsch/russische Selbstzerfleischung im II. Weltkrieg zu instrumentalisieren, so sind es nach **c)** Deutschlands *Mem*-Paralysierung im „psychological warfare“ durch die marxistoid-neofreudianische „Reeducation“ gemäß „Sozialpsychologischer amerikanischer Schule“ und „Frankfurter Schule“ mit den ‘68ern ff. als nützliche Idioten, nun **d)** dieselben Büchsenspanner, die in „Il Principe“-Manier Kriege wie in Bosnien-Herzegowina, Syrien und Afghanistan etc. anzetteln, um als humanitaristische Fallensteller mithilfe nützlicher

„Willkommenskultur“-Idolatrie die dadurch ausgelösten *Hidschra&Dschihad*-„Flüchtlingsströme“ in unsere *Kuffar*-Lande „zivilgesellschaftlich“ zu organisieren, wo mit den „Unterwerfung“-Forts der Garnisons-, Gefechts- und Kriegsstätten von *Moscheen* bereits hinreichend für den weiteren *Hidschra&Dschihad* zwecks endgültiger Abendland-*Mem*-Devastation vorgesorgt ist. (Man vergleiche das mit den sowohl kulturfähigen als auch konstruktiven Hervorbringungen der Hallesche Schule S. 183 ff. sowie von Kant S. 185 und Erhard S. 191!)

Und in diesem hegemonialen „big game“ zu **a)**, **b)**, **c)**, **d)** des „Geist&Finanz-Adels“ à la **Coudenhove-Kalergi** der globalkapitalistischen Supranationalen erscheinen immer wieder Namen von angloamerikanischen Gigamächtigen wie Morgan, Rockefeller, Rothschild, Soros etc. – Heute tarnen sie sich als „linksliberale“ Anthroposophen und gerieren sich als Multimilliardär-Sozialisten. Doch in Wirklichkeit geht‘s wohl um den von ihren NGO-Hilfstruppen wie UN- und EU-Martionetten begleiteten Migrations-Waffengang für den finalen Stoß gegen das Abendland-*Mem* samt der damit zu erreichenden Destabilisierung für ihre uneingeschränkte Herrschaft in EU-Europa über als Arbeits- und Konsum-Sklaven gehaltenen Massen von Irrelevanten. Da geht es wieder um Herrschen und Subpression gemäß **Oppenheimer/Mosca-Selbstermächtigungssyndrom:** „*Und die Herrschaft hat keinerlei andere Endabsicht als die ökonomische Ausbeutung der Besiegten durch die Sieger!*“ Diesmal geht’s mit „migration war fare“, und erneut erweist sich Deutschlands Tüchtigkeit als sein Manko: „Fremdes Glück reizt!“

Eigentlich nichts Neues: Um Letzteres geht es bei allen sozialistischen Ideologien und Idolatrien wie auch beim Islam und dessen wie anderem Kolonialismus letztendlich immer schon. Es geht ihnen allen ums Unterwerfung und Zerstören von gewachsenen

Sozioorganismen samt radikaler Anthroposymbiose-*Mem*-Extinktion fürs Schaffen gefügiger auspressbarer Heloten-Zombies, womöglich auch *Dhimmis* islamischer Ausbeutung in alter Unterwerfer-Tradition.

Und wir befinden uns wieder in deren Weltbildeinschränkungs-„framing"- und Machtstrategie-Falle, diesmal eines Vanitas-Narrenmegasprungs im Antidiskrimierungs-Clinch des Multikulti&Multigender-Differenzierungs-, -Diversity- und -Fragmentierungs-Dekonstruktivismus der „political correctness&cancel culture".

Man möchte die „Heilige Weisheit" anrufen und ihr das Lied meiner Eheschließung singen: „So nimm denn meine Hände und führe mich …".

Der „kluge Rabe", hinter Glas
LWS 1999

Scharlatan und Untertan
LWS 1999

Anhang

Familienwappen gestiftet zu 90. Geburtstag vom Wilhelm Schleiter, „Naumeller“ auf der Neue Mühle, am 28.01.1989 mit **1.** drei Rosen als Helmzier für Rosenthal, **2.** dem Mühleisen überm Helm und im Wappen samt symbolisierten Tannen rechts und links im Wappenschild für die Neue Mühle am Wald und **3.** dem Schlüssel als Hinweis auf den Mittelalter-Beruf, der hinter dem Namen Schleiter steckt.

Dazu der historische Stammbaum erstellt am am 28.01.1989. ... Über Tochter Petra Schleiter (geb. 1.10.1968), Prof. in Oxford/GB, findet der Name Fortsetzung in Tochter Anna Schleiter-Nielsen und Sohn Lukas Schleiter-Nielsen. Sohn Andreas (geb. 1.10.1972) ist verheiratet in Helmbrechts bei Hof mit Julia (gen Jule, geb. Bartels). Sie freuen sich über ihre Zwillinge Jakob und Jasper. Die in Familien prävalente *Memetik* ist Ergebnis langer Entwicklungsstränge. – Ein solcher Stammbaum kann freilich nur eine Vereinfachung sein und eine fiktionistisch-patrilineare dazu.

Familien-Stammbaum

Familie Sleder, Sleyder, Schläutter,

S C H L E I T E R

und die Neue Mühle in Rosenthal/ Frankenberg

Erste urkundliche Erwähnung des Namens:

Konrad von Sledere
1243-1270 Ritter in Frankenberg

Henrich Sledere
1249-1270 Schöffe in Frankenberg

Sie sind aus Schleidern in Waldeck zugezogen (heute: Niederschleidern und Oberschledorn). Der Name leitet sich ab von lateinischen Wort "cludere", aus dem Sluter, Sleder, Sluyter, Schläutter oder Sclutere usw. wurde, eine Berufsbezeichnung für Schließer, Kastellan, Verwalter, Kirchenspielvorstand usw.

Unter dem Namen der zuerst urkundlich festgehaltenen Brüder, der auch Sleder, Sledero und Sleyder geschrieben wird, sind in der folgenden Zeit noch Schöffen in den Städten Hallenberg, Waldeck und Volkmarsen urkundlich. -

Henrich Sleders 1490 - 1505, Ratsherr in Korbach.

Andreas Schleiter
1515-1560 zunächst Opfermann in Viermünden, dann Pfarrer in Kirchlotheim

Zuzug nach Rosenthal:

Johannes Schläutter (auch Schlauten geschrieben)
1661 Zuzug von Grüsen
Stammvater aller Schleiter in Rosenthal

Erste urkundliche Erwähnung der stadteigenen "Neumühle": - 1663 -

vor 1700 Pächter Debus
um 1700 Pächter Peter Klingelhöfer
ab 1738 Pächter Kaspar Landgkamm von Itzenhain
ab ca 1750 Pächter Burckhard Scheffer (Familie seit 1549 in Rosenthal nachg.)

Anna, Elisabeth Scheffer
∞ Heinrich, Micheal Ahlefeld aus Wetter

Burckhard Ahlefeld
geb. 5.7.1770, "Müller in der Neue Mühle"
∞ 28.2.1796 Maria, Barbara Manger, Tochter d. Bürgerm. v. Wetter

Johann, Konrad Ahlefeld
30.1.1801-4.3.1889, "Malmüller auf der Neumühle"
∞ 22.5.1825 Margarethe, Henriette Daube v.d. Sandmühle b. Röddenau

Margarethe, Henriette Ahlefeld
geb. 3.2.1839

Konrad Schlauten (auch Schläutter geschrieben)
1686 im Zusammenhang mit einem Hexenverfahren in Rosnethal erwähnt

Johannes Schleuter (auch Schlutter geschrieben)
Ackermann
∞ Anna, Catharina Dofft aus Rosenthal, 16.9.1706

Andreas Schleuter (auch Schleiter geschrieben)
geb. 21.2.1720, Stadtrat und Stadtkämmerer in Rosenthal, Ackermann
∞ 15.4.1746 Catharina, Maria Baltzer aus Rosenthal

Jakob Schleiter
geb. 1752, Ratsschöffe in Rosenthal, Zeugmacher
∞ 1781 Anna, Elisabeth Metz aus Rosenthal

Andreas Schleiter
8.2.1784-9.4.1840, Stadtkämmerer in Rosenthal, Zeugmacher
∞ 1.1.1805 Anna, Sophie, Dorothea Stuckert aus Rosenthal

Peter Schleiter
15.9.1808-19.5.1844, Färbermeister, Ackermann in Rosenthal
∞ 11.8.1833 Anna, Maria Gamb, Tochter d. Bürgerm. v. Rauschenberg

Peter Schleiter
24.3.1835-6.3.1914, Färbermeister, Ackermann später Müller in Ro.
∞ 9.10.1859 Margarethe, Henriette Ahlefeld von der Neue Mühle

Kauf der Neue Mühle: 1870, von der Stadt Rosenthal geforderter Preis: 1001 Taler, 15 Silbergroschen und 11 Heller

Konrad Schleiter
12.6.1863-24.12.1938, Müllermeister, Landwirt in Rosenthal
∞ 20.3.1887 Katharina Schneider aus Langendorf

Heinrich Wilhelm Schleiter
geb. 28.1.1899, Müllermeister, Landwirt in Rosenthal
∞ 28.1.1933 Anna, Katherina, Elisabeth Ruckert aus Rosenthal

Heinrich August Konrad Schleiter
geb. 7.5.1934, Müller, Landwirtschaftsmeister in Rosenthal
∞ 28.6.1959 Ingrid Seidenstücker aus Erntebrück/Sauerland

Ulrich Schleiter
geb. 20.5.1961

sowie

Ludwig Wilhelm Schleiter
geb. 3.7.1938, Diplom-Kaufmann in Frankfurt
∞ 31.3.1968 Silvia Krabusch aus Frankfurt

Ludwig Andreas Schleiter
geb. 1.10.1972

Meine Vita

Name: **Professor Ludwig-Wilhelm Schleiter**

Geburtsjahr: 1938 (a. d. „Neue Mühle" bei Rosenthal, Regierungsbezirk Kassel)

Familienstand: verheiratet mit Silvia (geb. Krabusch), 2 Kinder (Tochter Petra lehrt in Oxford „Politics and International Relations"; Sohn Andreas ist Möbel-&Raum-Designer)

Akademische Ausbildung:

1958–1962: Universitäten Frankfurt a. M. und Münster (Westf.), Fakultät der Wirtschafts- und Gesellschaftswissenschaften (VWL, BWL, Industrie-BWL, Bank-BWL, Jura, Wirtschaftsgeographie, Soziologie, Wohnungs- und Siedlungswesen)

Beruflicher Werdegang:

1962–1966: Untersuchungen zum Themenkreis Flächensanierung und Städtebauförderung sowie Regionalentwicklung am Institut für Siedlungs- und Wohnungswesen der Universität Münster und Vorstandsassistent der Westdeutschen Wohnhäuser AG und der Wohnstättengesellschaften, Essen (später VEBA-Wohnen AG);

1966–1983: Geschäftsführer von Bauträger- und Objektgesellschaften im Rhein-Main-Gebiet, Berlin, Schweiz und Tampa/Florida;

1983–1998: Internationaler Baukonzern, Bereich Projekt- u. Baulandentwicklung (Wohnparks, Einkaufscenter, Büro- und Gewerbeparks sowie Deutsches Lufthansa-Center, Peking), Geschäftsführer bzw. Verwaltungsratsmitglied entsprechender Beteiligungsgesellschaften;

2000–2005: Aufsichtsratsvorsitzender einer Projektentwicklungs-AG

Hochschultätigkeit, Themenschwerpunkt Stadt-&Staatsentwicklung; Investitionsallokation&Standortwettbewerb:

1962–1966: Universität Münster, Institut für Siedlungs- und Wohnungswesen, Untersuchungen zu (u. Diss..): „Träger und Finanzierung von Sanierungs-, Stadterweiterungs- und Neustadtprojekten";

1992–1995: Universität Saarbrücken Handelsinstitut, (Diss.):

„Historische, gesellschaftliche und ökonomische Grundlagen der Immobilien-Projektentwicklung"; parallele Analysen: „Entwicklung nationaler und internationaler M&A-Aktivitäten der deutschen Bauindustrie – eine empirische Analyse", „Übertragbarkeit von Methoden der Erfolgsprognosenoptimierung für die Projektkalkulation bei Immobilien-Projektentwicklung auf technische Projektentwicklungen", „Stadtmanagement am Beispiel von Offenbach am Main unter besonderer Beachtung der Stimulierung von Investitionen", „FRANKFURT AREA: Anspruch und Wirklichkeit";

1994–2011: Hochschule Darmstadt/ UNIVERSITY OF APPLIED SCIENCES Darmstadt – Seminarvorlesungen Immobilien-PE I + II – Lehrauftrag / Koreferent bei Diplomprüfungen;

1995–2000: Privatuniversität *ebs* EUROPEAN BUSINESS SCHOOL Immobilienakademie, Oestrich-Winkel/Berlin – Dozent / Lehrbuch der Immobilien-Basics (s. u.) / **Entwicklung der Anthroposymbiosen-Theorie**;

1997–2005: HE/ UNIVERSTY OF APPLIED SCIENCES **Erfurt** – Lehrauftrag;

… seit **2002 Honorar-Professor**, Skript: **Systemvergleich und Standortwettbewerb – What Human Life is;**

2002–2003: Interdisziplinär-humanwissenschaftliche Vorträge

„Zusammenhänge von *Freiheit&Kooperation* I" – Die Bedeutung von Familien und familienähnlichen Strukturen in der Gesellschaft,

„Zusammenhänge von *Freiheit&Kooperation* II" – Die Bedeutung von *Freiheit&Kooperation* für eine hohe Kreativität in der Gesellschaft,

„Zusammenhänge von *Freiheit&Kooperation* III" – Die Bedeutung von *Freiheit&Kooperation* für eine hohe Prosperität in der Gesellschaft.

Lehrbuchveröffentlichungen:

Historische, gesellschaftliche und ökonomische Grundlagen der Immobilien-Projektentwicklung … oder Staats-, Stadt- und Immobilienentwicklung/die politisch-gesellschaftliche, die zeitliche und die räumliche Dimension des Immobilienmarktgeschehens/Strategien und Taktiken für erfolgreiche Immobilien-Projektentwicklung – ein Beitrag für fächerübergreifendes Denken, Forschen und Handeln,

(Rudolf Müller Verlag) Köln Mai 2000, Deutsche Bibliothek – CIP-Einheitsaufnahme ISBN 3-932687-54-X – ebs Schriftenreihe Immobilienforum, Hrsg. Professor Dr. Karl-Werner Schulte.

Von der Vitalität der Nationen – ÜBER DIE GRUNDLAGEN EINER ERFOLGREICHEN KULTUR-EVOLUTION UND IHRE NATÜRLICHEN FEINDE / Die Anthroposymbiosen-Theorie, (LP Verlag) Berlin Dezember 2004, Deutsche Bibliothek – CIP-Einheitsaufnahme ISBN 3-00-015133-8

Rosenthaler und andere Sprachinseln

– Sprache findet in interaktiven Sprachinseln statt –

Meine Kindheitssprache auf der Neue Mühle war eine am Hochdeutschen orientierte Sprachinsel, geprägt vom Rosenthaler Idiom des Opa Conrad und vom Langendorfer Idiom der Oma Catharina, bei der infolge des engen Familien-Kontakts zum Langendorfer Lehrer Stremme eine ins Hochdeutsch weisende Grundlegung vorlag. Das war Vaters Sprache. Mutter hatte sich bereits in der Volksschule stark an Hochdeutsch orientiert. Sie konnte noch im hohen Alter Balladen deutscher Dichtkunst auswendig hersagen. Ihre eifrige Teilnahme an Bibel- und Gesangkreisen des Rosenthaler Pfarrers hatte dieses noch verstärkt. Und schließlich hat ihre Tätigkeit in Hofheim am Taunus als Hausmädchen bei einer jüdischen Familie aus der Führungsschicht der Farbwerke Höchst ihr Sprachvermögen ins Bürgertum-Hochdeutsch verfestigt.

Mit Besuch der Volksschule in Rosenthal (zum Schulweg s. Fotos auf S. 275 u. 414) eröffnete sich mir die Erfahrung, dass da neben dem Hochdeutsch unseres Lehrers bei den Buben und Mädchen ein völlig anderes Deutsch fortlebte, nämlich das der Burgwaldinsel Rosenthal! Ich lernte, dass bei ihnen **ich** ***ẹch*** hieß und man statt **du** ***dü*** sagte und statt **er, sie, es** ***hä bzw.*** **ääs** oder statt **wir** ***mer*** sowie statt **ihr** ***eer*** und statt **sie** ***se.*** „Ich bin“ dekliniert sich wie folgt: *ech sei, dü best, hä/ääs es, mer sei, eer seid, se sei.* Und „ich habe“ dekliniert sich so: *ech hon, dü host, hää/ääs hot, mer hon, eer hot, se hon.* Nebel hieß *Nevvel*, Pferde waren *Pääre*, Kühe *Kieh*, Schweine *Säu*, der Neu Müller war *de Nau Meller*, der Kleine *de Kleene*, Mädchen *dos Mäche* (Singular) od. *de Mächer* (Plural), und von Mädchen und Frauen sprach man generell von *‘s Lisbeth*, *‘s Anna* u. s. f. ... *„Haudern“* ist das, was muskelbepackt-mächtige Kaltblüter-Ackerpferde machen, wenn sie schwerste Lasten voranziehen, z. B. dicke Baumstämme an eisernen Ketten aus dem Wald zum Verladen auf die Wege schleppen. Und „*Wenn dü wett, kinne mer geh*“ heißt: „Wenn du willst, können wir gehen.“ Oder „*Genn d’r mo wos Gürres*“ heißt: „Gönne dir mal was Gutes.“ Und „*Dumm geborn, albern gehotzt un naut dozügelernt*“, ist ein Rosenthaler Ausspruch, der sich von selbst erklärt. ... So bei mir erhaltene Erinnerungssplitter aus diesem erstaunlich flexiblen Sprachgebilde in Rosenthals Burgwaldinsel, das freilich kaum einer als „gemeines Hessisch“ einordnen würde.

Fürwahr ein ganz eigenes Idiom, das sich da inmitten des Burgwalds erhalten hatte. Es ließ sich indes leicht verstehen und einfach nachplappern. Genauso wie der Rheinischwestfälische und das Berlinerische, dem ich ab der Sexta bei den Mitschülern auf der Steinmühle begegnete und das meine Sprachfärbung so überlagerte, dass heute niemand auf die Idee kommt, mich für einen Hessen zu halten. ... Den Sprachinseln des Rheinischwestfälischen und des Berlinerischen bin ich dann später im Beruf ja nochmals intensiv begegnet, und zwar so sehr, dass ich einmal dort, leicht wieder in deren Sprachduktus verfallen kann.

Unsere o. a. Sprachinsel-Betrachtungen geradezu ideal ergänzend, trug der Philosophieprofessor Dr. Peter Sloterdijk zur sozialpsychologischen, kulturbildenden und *Mem*-prägenden Bedeutung von Sprache, Verständigung und soziokulturellen Signalsetzungen „gesellschaftlicher Erwartungshaltungen und Erkennungsmelodien“ anlässlich des hundertsten Todestags von Friedrich Wilhelm Nietzsche (*15. Oktober 1844 in Röcken; †25. August 1900 in Weimar) in Weimar vor: „*Ich mache mit Marshall McLuhan die Annahme, dass* ***Verständigungen*** *zwischen Menschen in Gesellschaften vor allem, was sie sonst noch sind und bewirken, einen* ***autoplastischen*** *(d. h. Sozioorganismen schaffenden – d. V.)* ***Sinn*** *haben. Sie geben den Gruppen die Redundanz, in der sie schwingen können. Sie prägen ihnen die Rhythmen und Muster ein, an denen sie sich erkennen und durch die sie sich als ungefähr dieselben wiederholen. Sprachen (wie all die anderen*

Verständigungen – d. V.) sind ***gruppennarzisstische Instrumente****, die gespielt werden, um die Spieler zu stimmen; sie lassen ihre Sprecher in* ***Tonarten der Selbsterregung*** *klingen. Sie sind Systeme von (soziologischen bis ideologisch und idolatrisch, wenn nicht gar religiös affektiven – d. V.) Erkennungsmelodien, die auch schon meist die ganze Sendung sind. Ihr Gebrauch dient nicht primär dem, was man heute als Übermittlung von Informationen bezeichnet (!!), sondern der (Memaktiven)* ***Formierung des kommunizierenden Gruppenkörpers*** *(nicht nur naturgegebener ethnischer, sondern insbesondere auch der geistig- bzw. geistlich-ideologischen Gruppenkörper – d. V.). ... Die historischen Sprechergruppen, die Völker (wie die idolatrischen&ideologischen religiösen, gesellschaftlichen, politischen Gruppierungen oder die Zünfte, Parteien, Gewerkschaften, Religionsgemeinschaften, Kulturkreiseu. dgl. – d. V.) sind* ***selbstlobende Einheiten****, die den Gebrauch ihres unverwechselbaren Idioms (i. S. e. Erwartungshaltungssystems – d. V.) als ein* ***psychosoziales Gewinnspiel zu ihren eigenen Gunsten*** *betreiben. (So lassen sich in Freiheit&Kooperation „Anthroposymbiosen" bilden und bestärken oder per Angst&Affekt-plus Macht&Gewalt-Manipulation-Zombie-Gesellschaften machen – d. V.) ... Hierbei ist zu beachten, dass in historischer Perspektive der Primärnarzissmus sich zunächst nur an Ethnien und Königstümern (inkl. Theokratien und Idolatrie- wie Religionsbewegungen – d. V.) bemerken lässt, bevor er mit dem Anbruch der Neuzeit zu einem Merkmal der waffen- und klassenerstarrten Nationen (insb. des „Idolatrischen&Ideologischen Jahrhunderts" – d. V.) wird (und sich im 21. Jh. im* ***Retro-Islamismus*** *gegen den Rest der Welt sowie gegen Kultur-Evolution überhaupt richtet – d. V.).*"[68/69] Denn aus soziologischer Sicht

68 Sloterdijk, Peter: Ich bin jetzt der unabhängigste Mann in Europa – Über die Verbesserung der guten Nachricht / Nietzsches fünftes „Evangelium", in: FAZ, 28.08.2000, S. 52. Hervorhebungen – d. V.

69 Vgl. Friederici, Angela D.: Der Lauscher im Kopf, in: Gehirn&Geist, Nr. 2/2003, S. 44-45. Die vorverbalen holistischen Teile der Verständigung wie Betonungsmuster, Tonhöhenverläufe und Satzmelodie etwa bei den Muezzin-Appellen werden von der emotionalen rechten Gehirnhälfte

sind „Gesellschaften" gruppenspezifische Systeme von Beziehungen in Sozioorganismen, getragen von zwischen Menschen bestehenden *Mem*-aktiv kulturell definierten **emotionalen Erwartungen.**[70] Die aber sind dem Linkshirnig-Kognitiven als Impuls- und Taktgeber vorgeschaltet, d. h.: Was im Bewusstsein zur „Erkenntnis" gelangt, wird im Rechtshirnig-Emotionalen verwaltet und gestaltet. Sprich: Die *Welt 2*-Individual- wie die *Welt 3*-Gemeinschafts-„Geist"- bzw. -*Mem*-Einprägungen lassen sich über **stark emotional besetzte idolatrische und ideologische Bekirrung** leicht in verhängnisvolle Abirrung bringen. ... Der Psychoanalyse-Erfinder Sigismund Schlomo Freud (*6. Mai 1856 in Freiberg/ Mähren; †23. September 1939 in London), genannt Sigmund Freud, verortet's im „Unterbewussten". Sein amerikanischer Neffe Edward Bernays und dessen „psychological warfare"-Kampfgefährte Walter Lippmann erfanden im geheimen „Committee on Public Information" des US-Präsidenten Woodrow Wilson dazu die Propaganda- und Agitpropwaffen fürs Schaffen von „Öffentlichkeit" zum Eintritt der USA in den Krieg gegen das Deutsche Kaiserreich ... Und so befinden wir uns heute immer noch im „reeducation"-Griff hypertropher „Out of USA!"-„political correctness"-Manie wie deren „cancel culture"-„spin off" der sog. Frankfurter Schule samt der neofreudianisch marxistoiden, reichisch sexoiden, frommisch schizoparanoiden, lewinsch charakterphantasmagorischen und wild auf Vernichtung versessenen morgenthauischen Psychoknebelungen abstruser *Mem*-„Generalvergiftungs"-Injektionen aus den „diversity&destruction think tanks" allgültiger Scharlatanerie im totalitär Moralismus-befeuerten „brave new one world"-Psychogiftküchen-Schamanismus.

wahrgenommen; die auditorischen und phonologischen Bereiche befinden sich in beiden Hirnhälften in den Schläfenlappen, nahe den Ohren.

70 Vgl. Kleine-Hartlage, Manfred: Das Dschihadsystem – Wie Islam funktioniert, (Resch-Verlag) Gräfelfing 2010, S. 11.

Indem Sloterdijk explizit das **Rechtshirnig-Emotionale** hervorhebt, bestätigt er fundamentale Bedeutung von Sprache für die psychosoziale rechtshirnig-emotional-unterbewusste Verständigung im intercerebralen Vernetzungs-Prozess von „Gruppenkörpern" bzw. Anthroposymbiosen-Bildungen auf der präkognitiven Steuerungsebene. ... Das ist der sog. „Togehterness"-Effekt.

Sprache wirkt psychologisch, sprich rechtshirnig-emotional und ist Steuerungsimpulsgeber fürs Linkshirnig-Kognitive; und Worte leiten unsere Kognitio, unser Denken! Daher warnte Konfuzius (chin. Kung Fu Zi; 551–497 v. Chr.) bereits vor 2500 Jahren vor unaufrichtiger, verdrehender und verwirrender Willkür mit Worten: *„Wenn die Sprache nicht stimmt, dann ist alles, was gesagt wird, nicht das, was gemeint ist. Also dulde man keine Willkür in den Worten."* ... Und genau dagegen haben es die Realität negierenden bzw. Geschichte klitternden Idolatrien und Ideologien so nötig, ständig indoktriniert und eingebläut zu werden ... so auch per *Koran* und *Hadith* imaginierter *Allah/Mohammed*-Kollaboration samt rund um die Uhr bis zur Mitternacht täglich fünfmaligem *Muezzin*-Anheizen zum „Sieg", permanenter Ghazi-Beutemacher-Einstimmung in den *Medresen* und *Moscheen*, jenen Stätten und Kasernen des Kampfes, Gefechtes und Krieges (lt. Koran, Ajatollah Komeini und Erdoğan), sowie dem wöchentlichen General-Appell der Freitags-*Chutba-* zu den Fahnen im Welteroberung-*Hidschra&Dschihad* für des Islam, sprich der „Unterwerfung" Idolatrie&Ideologie-Imperium.[71] ... Idolatrien wie Ideologien sind unter hohlem Moralismus-Getue übel im Emotionalen angelnder Schamanismus für Angst&Affekt-Manipulation zwecks Macht&Gewalt-Usurpation. Frei nach Machiavelli: „Der Wille zur Macht, muss unter der Tarnung von Moral

71 Siehe Guldalen, Arnulf : Mohammed – Wer bist Du? / Ein historiographischer Essay – Wie aus Jesus Muhammadun und seinem Christen-Gott Allaha Mohammed, Allah und Islam wurden, (GHV Gerhard Hess Verlag) Bad Schussenried 2019.

daherkommen!“ ...Umso mehr müssen wir uns an des Königsberger Aufklärungs-Philosophen Professor Dr. Immanuel Kant (*22. April 1724 in Königsberg, Preußen; †12. Februar 1804 ebenda) Kategorischen Imperativ halten: (I.) *„Handle nur nach derjenigen Maxime, durch die du zugleich wollen kannst, dass sie ein allgemeines Gesetz werde*“. (II.) Alle Rechte und Pflichten gehören untrennbar miteinander verbunden. (III.) Alles Ansinnen und Handeln muss vom Ethos hoher Achtung **und** Liebe getragen sein. (IV.) ***Die „reine Vernunft“ hat „der letzte Probierstein der Wahrheit zu sein, ... was sie zum höchsten Gut auf Erden macht“!***[72] ... „Sapere aude!“ Wage, selbst zu denken! ... **Gib dem Denken in „reiner Vernunft“ die Verantwortung, Freiheit und Ehre**. So war Kants Leitspruch. Das war die Vollendung von Christi Befreiungs-Philosophie. Dieser „Heiligen Weisheit“ auf dem höchsten Welten-Thron erschalle unsere Ode für die Freiheit&Kooperation!

Freude, schöner Götterfunken,
Tochter aus Elysium,
Wir betreten feuertrunken,
Himmlische, dein Heiligtum.
Deine Zauber binden wieder,
Was die Mode streng geteilt,
Alle Menschen werden Brüder,
Wo dein sanfter Flügel weilt.

Friedrich von Schiller
(*10. November 1759 in Marbach am Neckar;
†9. Mai 1805 in Weimar)

Vater entschlief am 14. Juni 1991. Rosenthals Männerchor sang begleitet vom Posaunenchor an seinem Grab *„Ich hatte einen*

72 Kant, Immanuel: Critik der reinen Vernunft, (Verlag Johann Friedrich Hartknoch) Riga 1781.

Kameraden, einen bessern find'st du nicht", und als sein Sarg in die Gruft gesenkt wurde, brachen die Wolken auf und ein heller Sonnenstrahl leuchtete hinein. Und als ihm Mutter am 06. September 1991 folgte, quoll die Friedhof noch mehr über. So ward zwei großartigen Menschen – er friedericianisch, sie pietistisch **Pflicht-beseelt** – s' letzte Geleit gegeben!

Die Oden an die Neue Mühle gibt es lange schon

Dieses Buch ist meine Ode auf

1. die Kultur-Evolution,
2. das Abendland,
3. das kaiserzeitliche wie Erhard'sche Wirtschafts- und Kulturwunder darin,
4. die in beiden erblühte Neue Mühle sowie
5. meine liebe Silvia, ohne deren aller Einwirkungen mein Welt 2-Geistpersönlichkeits-Mem und mein Leben nicht so geworden wären, wie geschehn.

I.

Im schönsten Wiesengrunde ist meiner Heimat Haus
Da zog ich manche Stunde ins Tal hinaus
Dich mein stilles Tal, grüß ich tausendmal!
Da zog ich manche Stunde ins Tal hinaus

Müßt aus dem Tal ich scheiden wo alles Lust und Klang
Das wär mein herbstes Leiden, mein letzter Gang.
Dich, mein stilles Tal, grüß ich tausendmal!
Das wär mein herbstes Leiden, mein letzter Gang.

Sterb ich, in Tales Grunde will ich begraben sein,
Singt mir zur letzten Stunde beim Abendschein:
Dir, o stilles Tal Gruß zum letztenmal!

Wilhelm Ganzhorn (1818–1880)
– württembergischer Jurist, Gerichtsaktuar in Neuenbürg und Oberamtsrichter in Aalen, Neckarsulm und Cannstatt

II.

Wo ´s Dörflein traut zu Ende geht
wo ´s Mühlenrad am Bach sich dreht,
dort steht in duftigem Blütenstrauss
mein liebes, altes Elternhaus.

Dahin, dahin verlangt mein Sehnen
ich denke dein gar oft mit Tränen,
mein Elternhaus, so lieb und traut,
das ich schon lang nicht mehr geschaut!

Darin noch meine Wiege steht,
darin lernt ich mein erst‘ Gebet,
darin fand Spiel und Lernen Raum
darin träumt ich den ersten Traum!

Dahin, dahin verlangt mein Sehnen
ich denke dein gar oft mit Tränen,
mein Elternhaus, so lieb und traut
das ich schon lang nicht mehr geschaut!

Da schlagen mir zwei Herzen drin
voll Liebe und voll treuem Sinn!
Der Vater und die Mutter mein
dies sind die Herzen treu und rein!

Dahin, dahin verlangt mein Sehnen
ich denke dein gar oft mit Tränen,
mein Elternhaus, so lieb und traut
das ich schon lang nicht mehr geschaut!

Drum tauscht ich für das schönste Schloss
wär's felsenfest und riesengroß,
das alte Bauernhaus nicht aus
denn 's gibt ja nur ein Elternhaus!

Dahin, dahin verlangt mein Sehnen
ich denke dein gar oft mit Tränen,
mein Elternhaus, so lieb und traut
das ich schon lang nicht mehr geschaut!

Franz Wiedemann (1821–1882)
– Pädagoge und Lehrer an der Bürgerschule in Dresden

III.

In einem kühlen Grunde
Da geht ein Mühlenrad,
Mein Liebste ist verschwunden,
Die dort gewohnet hat.

Sie hat mir Treu versprochen,
Gab mir ein'n Ring dabei,
Sie hat die Treu gebrochen,
Mein Ringlein sprang entzwei.

Ich möcht als Spielmann reisen
Weit in die Welt hinaus,
Und singen meine Weisen,
Und gehn von Haus zu Haus.
Ich möcht als Reiter fliegen
Wohl in die blutge Schlacht,

Um stille Feuer liegen
Im Feld bei dunkler Nacht.

Hör ich das Mühlrad gehen:
Ich weiß nicht, was ich will –
Ich möcht am liebsten sterben,
Da wärs auf einmal still!

Joseph Karl Benedikt Freiherr von Eichendorff
Dichter der Deutschen Romantik.
(*10. März 1788 auf Schloss Lubowitz
bei Ratibor, Oberschlesien;
†26. November 1857 in Neisse)

IV.

Die Neue Mühle hat mir die Lieb' indes nie gebrochen,
Ich (!) musst' als Zweitgeborner hinaus in die Welt
und da mein Glück versuchen.
Mein geistig' Ringlein, das ich ihr wie all den Meinigen gab
Wird unverbrüchlich die Treue halten bis hinein ins kühle Grab.

Die Neue Mühle und alle meine Lieben
bleiben in meinem „Lebensmuseum" immerdar mir treu,
So, wie in dem Buch hier ausschnittsweise wiedergegeben,
Wie meine liebe Frau Silvia und ich es leben
Und haben an unsre Kinder und Enkel gerne weitergegeben:
In der Familie liegt der Segen!
In meinem „Lebensmuseum" beglücken sie mich
immer wieder, jeden Tag aufs Neu.
Familie ist die natürlichste Anthroposymbiose zum Schluss,
Freilich nur ohne der Idolatrie und Ideologie Spaltpilz-Virus,
Einig im Symbiose-Surplus.

Mit Idolatrie&Ideologie wirkt's wie ein Tollwutbefall,
Denn die vernichten die Anthroposymbiose allüberall.
Wahre Aufklärung geht nur im Gespann mit Seelenaufklärung
In Hallesch-pietistisch / aufklärerisch Kant'scher Vergärung.

Diese drei Lieder
Hoher Volksliedkunst
Erklangen immer wieder
Über des Hofes Basaltsteinpflastergrund
Mit mächt'gem Wiederhall
Zu hohen Geburtstagen, Silber, Gold'ne Hochzeiten auf jeden Fall
Unter den hohen Vordächern der Neue Mühle
Aus des stimmgewaltigen Rosenthaler Chores Männer-Mund,
Trieben ins Aug' die Träne der Rührung fürwahr
Und weckten in den Herzen der Sehnsucht hohe Weihegefühle
Der Gastgeber und riesigen Gästeschar,
Und der Kirchenposaunen-Chor dazu gab vom
Tuba-Basston untermauert sein göttlich schallendes Trara!

Ludwig-Wilhelm Schleiter (*1938)

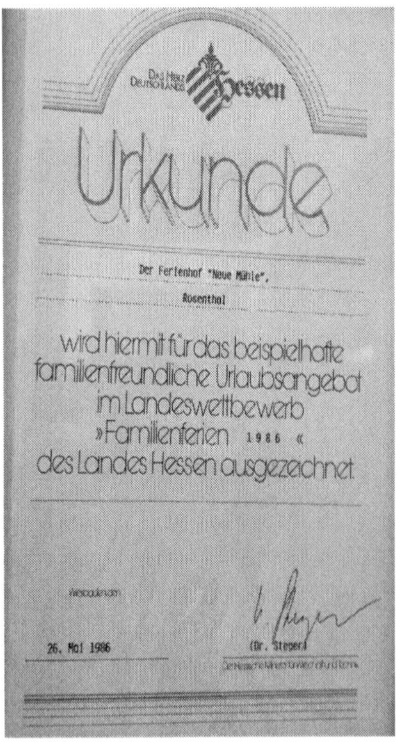

Hessen

Urkunde

Der Ferienhof "Neue Mühle",

Rosenthal

wird hiermit für das beispielhafte familienfreundliche Urlaubsangebot im Landeswettbewerb »Familienferien 1986 « des Landes Hessen ausgezeichnet.

26. Mai 1986

(Dr. Steger)

Die „Neue Mühle“ bei Rosenthal / Kreis Korbach-Frankenberg, wo wir mit Silvias Eltern samt Darmstädter Onkel Walter, Tante Leni, Cousine Moni sowie unseren Kindern und dann unseren Enkeln im Kreise der Rosenthaler Familie so viele unvergesslich glückliche Ferientage erleben durften und zudem so manche Familienfeier, bei der im Hofeswiderhall die Oden unserer Freude erklangen, wo auch sonst herrschte große Lust am Gesang.

Des Leuna-Ingenieurs Dr. Korn lustige Geschichten aus meiner Kinderzeit

Niedergeschrieben zu Mutters Geburtstag am 30.07.1946 und Bruder Heinrichs Geburtstag am 07.05.1947

Herr Dr. Korn schildert hier ein **Musterbeispiel von *Mem*-Synchronität** zwischen Menschen unterschiedlicher Herkunft, Ausbildung und Schicksalsfügung fürs Optimum an Freiheits&Kooperations-Entfaltung und Anthroposymbiose-Bildung im ständigen Wandel des Lebens: „panta rhei" (alles fließt) sagten die alten Griechen.

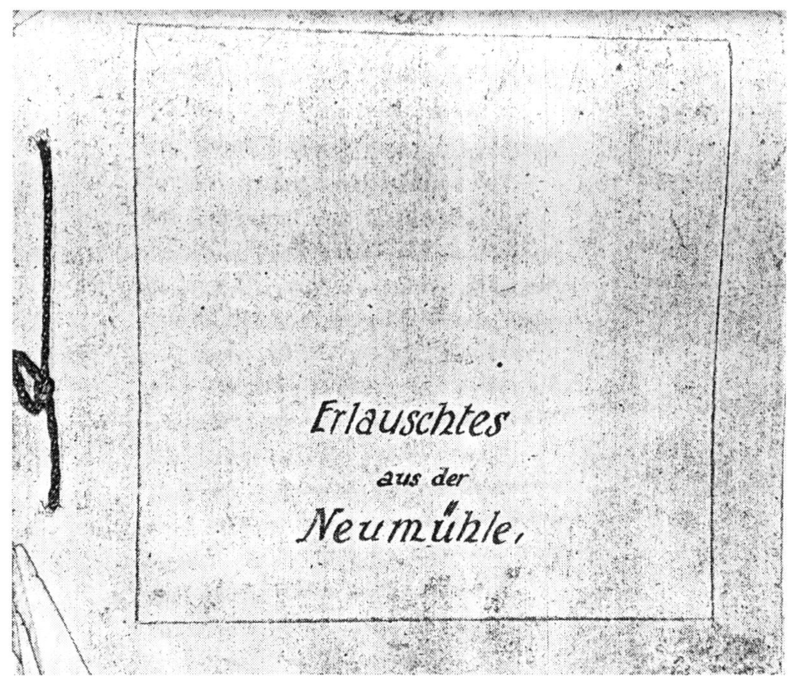

In Nah und Fern, in Stadt und Land
Da ist es rundherum bekannt,
Dass in der Neuen Mühle Jubel,
Weil heute herrscht Geburtstagstrubel,
Die Gratulanten nahen schon
Aus Liebe und aus Tradition,
Die Hamst'rer einzeln und in Paaren,
Zu dritt, zu viert, in hellen Scharen,
Die Kundschaft bringet Weizen, Roggen,
Viel Hafer für die guten Flocken,
Und denkt: „Geburtstag! Meiner Seel'!
Da gibt's für uns auch weisses Mehl!"
Sie kommen alle gratulieren,
Auch ich will mich da einrangieren
Und meinen Glückwunsch überbringen.
Da ich nichts hab an schönen Dingen,
Hab' ich in Kürze aufgeschrieben,
Was in der Mühle wird getrieben,

30. VII.
19'

50 Pf

M M W W WM

Der Chef der Mühle ist Herr Schleiter,
Meist ist er milde, manchmal schreit er.
Er hat den lieben, langen Tag,
Viel Arbeit, Mühe, Ärger, Plag,
Und nachts, wenn alles schläft in Ruh,
Da macht er nur ein Auge zu.
Er mäht, drischt, mahlt und Gersten-graupt
Wirft Haferschalen, wenn's auch staubt,
Er macht die beste Haferflocke,
Fährt Bäckermehl im guten Rocke,
Der Bulldogg ist sein Schmerzens Kind,
Dazu gesellt sich noch geschwind
Der Renauld, gründlich repariert,
Die Saatgutreinigung, lädiert,
Mit alldem hat er seine Last,
Zuviel für Einen, meint man fast:
Doch hätte er auch 1000 Hände,
Er sicher neue Arbeit fände,

Jetzt kommt vergnügt und immer heiter
Der Chef des Chefes, die Frau Schleiter!
Wenn wieder mal ein Tag des Herrn,
Und der Gemahl beim Bäcker fern,
Dann steht sie wie ein fester Turm
Inmitten ihrer Kunden Sturm.
Den Mehlsack, wohl 2 Zentner schwer,
Den schwingt sie, als ob's garnichts wär!
Und jeder wird einmal gefragt:
„Hast du auch etwa mitgebracht?"
Berühmter noch als ihre Kraft,
Ist, was sie in der Küche schafft,
Die Hefenklösse, die sich macht,
Die Puffer, Suppen, welche Pracht,
Und ihre Kuchen, knusprig lecker,
Sind besser als vom besten Bäcker.

Der Heini, Mutters Ebenbild,
Führt pfiffig meistens was im Schild.
Er bastelt Vatern, nur aus Sport,
Ein Wäglein für den Mehltransport.
Ist in der Mühle Not am Mann,
Dann packt er wie ein alter an.
Der Ludwig-Wilhelm, Vaters Sohn,
Der ist ein kleiner Denker schon.
Das Schreiben lernt er bei Herrn Stüber,
Im Hofe spielen wär' ihm lieber.

Im Stall der Säue und der Kühe,
Gibt's für Frau Schleiter täglich Mühe,
Drei junge Mädchen, knusprig, nett-
- Die Rosel, Ruth, Elisabeth -
Die melken, füttern, fahren Mist
(Unglaublich viel wird da gesch....!)
Der Emil muss den Bullen führen,
Der soll die Berta sich erküren.
Herr Doktor zuschaut, leicht geniert,
Doch ist er scheinbar intressiert.

Die Hungermäuler gross und klein,
Die fressen allerhand hinein,
Drum schält die Tante früh bis spat
Kartoffeln, oder putzt Salat.

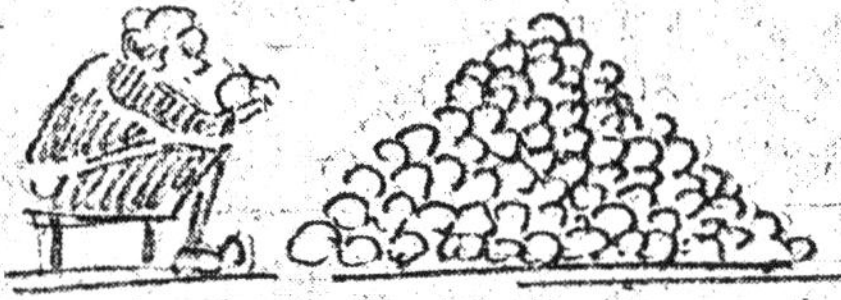

Indessen kehrt der Onkel Paul
Den Hof vom Stroh, und was vom Gaul.
Er wetzt die Sense für das Futter,
Dass fett die Milch und gut die Butter.

In Marburg harret die Maschine,
Dass man sie holt und einst bediene.
Wir fahren hin im Zweigespann,
Die Tante Stöhr, die schliesst sich an.
Wie auf dem Waldweg ihr gescheh'n,
Das könnt Ihr auf dem Bilde seh'n.

Die Mühle liegt in stiller Ruh'
Der Bulldogg macht die Augen zu.
Ihm ist so jämmerlich im Magen,
Doch was ihm fehlt kann er nicht sagen.
Da storchet so von ungefähr
Der lange Dr. Hoffmann her.
Der sieht gleich auf dem ersten Blick;
Die Kupplung ist nicht im Geschick.
Eh' sich's Herr Schleiter überlegt,
Da ist der Bulldogg schon zerlegt.
Und nach acht Tagen Pferdekur
Er grade so wie vorher fuhr.

Noch vieles wäre zu berichten,
Doch leider fehlt die Zeit zum Dichten,
Da wären noch Frau Krug, Frau Linde,
Die zählen halb zu dem Gesinde,
Und neuerdings, seit vierzehn Tagen,
Der Reinhard, den die Bienen plagen,
Vor allem unsre Silobauer,
Die Arbeit hab'n für Jahresdauer.
Sie alle werden gut genährt
An Mutter Schleiters Küchenherd,
Und wünschen ihr zu ihrem Feste,
Bis übers Jahr das allerbeste!

Siehe Küchen- und Belegschafts-Foto auf S. 278,
auch zum folgenden Bericht Dr. Korns rund ein dreiviertel Jahr später

Neues von der Neumühle.

7. Mai 1947.

Was springt und tollt dort mit Gebelle,
Durch Mühle, Haus und Hof und Ställe?
Was quietscht und lacht und neckt sich heiter
Zur grössten Wonne von Herrn Schleiter?
Was pfeift und lärmt und tobt im Wald,
Dass es bis Rosenthal fast schallt?
Das sind zwei edle Brüderpaare
Von echtem Schrot und echter Ware;
Das eine heisst: Prinz - Heinerich,
Das andere: Lux - Ludewig!

Zur Erläuterung: „Prinz" hieß Heinrichs Hund, der meine hörte auf „Luchs"

Vater zeigte, wie er die Eier der Forellen-Weibchen mit der Hand in eine bereitgestellte Schale „abstreifte“, die Forellen-Männchen-„Milch“ auf gleiche Weise dazu gab und die so befruchteten Eier im Elternschlafzimmer aus unserer Wasserleitung fließendem Quell-Wasser ausbrütete; das ergab eine wesentlich höhere Nachzucht-Ausbeute; im Teich fräßen sie die Eier auf!

Frau Schleiter schafft in alter Frische,
Meist hat sie 20 Mann bei Tische;
Die futtern, bis sie Kugelrund;
Wie dumm, dass man nur einen Mund!
Nichts kann sie aus der Ruhe scheuchen,
Selbst Kücken nicht, die fusswärts kreuchen.
Nur einmal wurde ihr's zuviel,
Das war beim Archimedes-Spiel!

Die Mühle klappert Tag und Nacht,
Solange bis ein Riemen kracht!
Dann, langer Lulatsch, wehe, wehe!
Ich wünsch' dir nicht, dass dies geschehe,
Dann steht der Walzstuhl mäuschenstill,
Der Elevator kriegt zuviel,
Und alles stockt und streickt und schanzt.
Auch wenn der liebe Chef nicht ranzt,
Muss Willfried schwitzen, muss sich regen,
Der Alex darf den Dreck wegfegen,

Fürs massenweise Küken-Ausbrüten hatten die Eltern wegen der ständigen Überwachung im kleinen Wohnzimmer neben der Küche einen Brutautomat aufgestellt, worin sie Temperatur und Feuchtigkeit konstant hielten, die Eier durchleuchteten, die nicht befruchteten aussortierten und den Küken beim Schlüpfen dann aus der Pelle halfen. Die unbefruchteten Windeier kamen in den „Sau-Eimer“

Aller Küche-Abfall wie Kartoffel- und Eierschalen, Salat-, Gemüse- und Essensreste, v. g. Windeier, beim Federvieh- wie Fische-Schlachten Ausgenommenes, Kaffesatz u. dgl. mehr kam in den „Sau-Eimer“ für den „Watz“, so hieß der große Eber im Stall, der jeden Tag darauf wartete, dass der Eimer-Inhalt in seinen Trog kam, um ihn lustvoll aufzufressen. – Auf der Neue Mühle wurde nichts weg geworfen

Herrn Raudis Stolz sind seine Kühe,
Die liefern Milch, die liefern Brühe.
Am Morgen früh mit sanftem Schritt
Die Schläfer aus dem Bett er tritt.

Frau Raudis friert, dieweil es kalt
Frau Schleiters Jacke passt ihr bald.

Der Emil-Paul, das Zwiegespann,
Das fängt am späten Abend an
Und säget Holz für Onkel Peter.
Kapute Hosen dafür näht der.

Ich kam als Gast mit leeren Händen,
Denn leider hab ich nichts zu spenden.
Bekümmert sann ich Tag und Nacht,
Wie man Euch eine Freude macht.
Da kam mir glücklich ein Gedanke:
Ich schwang mich tapfer auf die Planke
Und nahm im Bach ein Maienbad,
Dass jeder was zu lachen hat.

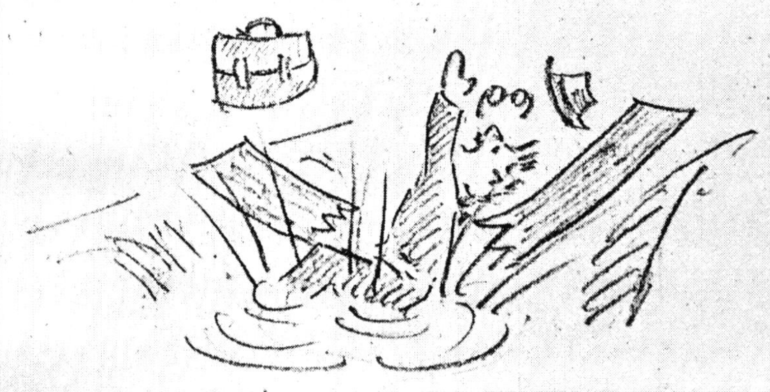

Gen&Mem

Hier geht's im Sinne Kantscher Aufklärung um eine kritische Kurz-Analyse idolatrischer (sprich Trugbild-verhafteter) wie ideologischer (sprich falschem Denken verhafteter) Zeitgeistabirrungen der Jahrhunderte.

Lebens- sowie Kultur-Evolution, also die stofflich-physichen[73] Zellsymbiotisierungen zu Pflanzen, Tieren und Menschen sowie letzterer **geistig-ätherischer** Anthroposymbiosen-Bildungen, sind "Organismus"-Evolution, mit dem „Organismus"-Markenzeichen, dass da jedes Mal ein deutliches Mehr als die pure Summe seiner Einzelteile entsteht! (Prof. Dr. Wolfgang Frühwald).

Und so, wie die Zellsymbionten des **stofflich-physischen** Lebens *Gen*-„programmiert" sind, und die *Gen*-Helix des jeweiligen *Genotyp*-„Organismus" Bau-, Plastizitäts-, Funktions- und Verhalten-Code enthält, sind die gesellschaftlichen Symbionten **geistig-ätherischen** Lebens *Mem*-"programmiert" und enthält die *Mem*-Helix des jeweiligen *Memotyp*-„Organismus" Bau-, Plastizitäts-, Funktions- und Verhalten-Code. (Prof. Dr. Richard Dawkins)

Die „Programmierung" und „Programmfortschreibung" der jeweiligen *Gen*-Helix-Sequenzen bzw. *Mem-Helix-Sequenzen geschieht*

---

73 Die im Buch verwendete Wortpaar-Schreibweise steht einerseits für gleichgerichtete Elemente, die sich gegenseitig be- oder verstärken, so z. B. stofflich-physisch oder Macht&Gewalt, als auch andererseits für die Verbindung von verschiedenen, eigentlich gegenläufiger Elementen zu etwas völlig Neuem, wie etwa die Verbindung von Sauerstoff und Wasserstoff zu H_2O oder von Sauerstoff und Kohlenstoff zu CO^2 – also der Flüssigkeit und dem Gas des Lebens. – Z. B. ist die Verbindung von Freiheit (welche allein ins Chaos führen muss) und Kooperation (welche rasch in Erstarrung enden kann) zu Freiheit&Kooperation sogar das naturgrundgesetzliche „Evolutions-Molekül" schlechthin, sozusagen **das Axiom** aller Materie-, Lebens- und Kultur-Evolution!

eigenevolutiv freiheitlich kooperierend in Freiheits&Kooperations-Permanenz von *„genetic* interbreeding populations" bzw. ***„memetic interbreeding populations"***, also normalerweise, solange kein *Gen-* bzw. *Mem*-Manipulationseingriff von außen stattfindet! (Prof. Dr. Ernst Mayr) ... Der Wirtschaftswunder-Professor Dr. Ludwig Wilhelm Erhard verwendete fürs „economic interbreeding" die Formulierung vom „schöpferischen Wettbewerb an freien Märkten." ... Das *„memetic* interbreeding" (also v. g. Kultur-Evolution) findet nach der Professores Dres. Sir Karl Popper und Sir John Eccles Gemeinschaftsveröffentlichung *„The Self and Its Brain"* (Deutsch: Popper, Karl R.; Eccles, John C. *„Das Ich und sein Gehirn"*, Piper München Zürich, 1994) in dreistufiger Interaktion statt; wobei des Wort „Organismus" gemäß v. g. Frühwald-These für sich zu signifikantem Mehr als seine Einzelteile selbst „Organisierendes" steht.

Wie Popper und Eccles verwenden wir für die Abfolge-Erklärung die Begriffe ***„Welt 1"*** für die **stofflich-physische** „Organismus"-Evolution zum „Brain"/Gehirn, ***„Welt 2"*** für die **geistig-ätherische** „Organismus"-Evolution zum „Self"/ Ich des Individuums im „Brain"/Gehirn und ***„Welt 3"*** für die **geistig-ätherische** „Organismus"-Evolution zum Gemeinschaftsgeist eines Wir/*Mem*. In diesem „Organismus"-Sinne schaffen sich wie folgt **geistig-ätherische** „Organismen".

1. Im *„neuronal interbreeding"* im Gehirn-„Organismus" *der* **stofflich-physischen** *Welt 1* entwickelt sich der **geistig-ätherische** *Welt 2*-Individual-Geistpersönlichkeits-„Oganismus" des „Self", also des Ich bzw. seines Individual-„Self"/Ichs wie des *Mems* seiner „Persönlichkeit".
2. Im *„individual mental interbreeding"* der **geistig-ätherischen** *Welt 2*-Geistpersönlichkeits-„Organismen" etwa durch Gedanken-Fütterung per Unterricht in Schule und Studium oder durch Gedanken-Austausch in Beruf oder privaten Gesprächen, besonders, wenn man dabei etwas erklären will, entwickelt sich die

Individualpersönlichkeit samt *Mem* in stetiger inter-neuronal-mentalem Austausch mit seinem *Welt 1*-Gehirn-„Organismus“ ständig weiter ... und in der Nacht während des Schlafs befinden sich beide sozusagen in einer Art Verdauungs-Interaktion, ... und das, was sie dann des Morgens im Wachwerden hervorbringen, erscheint uns oft als nächtliche Schatten, Halluzination oder nur ungeordnetes Zeug, und das kann uns dann ins Entlastungs-Ventil aus Schamanenunwesen, Scharlatanerie, Voodoo oder in die Utopie-Besessenheit von Idolatrie&Ideologie treiben ... aber es kann uns, wenn wir es bedacht analysieren, geordnet in gute Vernunft- und Verstandes-Wege weisen! (Dazu sei einem jeden angeraten, Zettel und Bleistift am Bett auf seinem Nachttisch zu haben, um die ihm nach der Traumwirrnis der Nacht im Morgendämmer hochkommenden Gedankensplitter zu notieren und nächsten Tags zu sortieren und zu kategorisieren; man wird merken: Da ist immer mal was überraschend Gutes dabei!)

3. Im *„intercerebral mental interbreeding“* der *Welt 2-Geist-Persönlichkeits-„Organismen“* zeugt sich das *„collectiv mental interbreeding“* des **geistig-ätherischen** „Ober-Organismus“ *(Welt 3)* samt dessen Gemeinschafts-*Meta*intelligenz ... welche in ständiger gegenseiter Rückkopplung zwischen den *Welt 2*-Individual-Geist-„Organismen“ das *Mem* der jeweiligen Kultur gebiert und unentwegt weiter evolviert: Unterm general-evolutionären Freiheits&Kooperations-Axiom kommt als Qualitätsemergenz von Quantitätsakzeleration was Gutes dabei heraus. Denn da kann sich die „bell curve“ der Begabungen und Talente eigen/gemeinschafts-intelligent entfalten: frei von Schmarotzer-Dilemma, frei von der Korrupto- und Kleptokratie sog. Eliten, frei von Clan- wie Mafiosie-Kriminalität.[74]

74 Vgl. Schleiter, Ludwig-Wilhelm: Von der Vitalität der Nationen – Über die Grundlagen einer erfolgreichen Kultur-Evolution und ihre

Doch in idolatrischer&ideologischer Umnachtung retro-volutionärer Interaktionsstörung und Indoktrination wird das nicht geschehen. ... Dann ist es **Aufgabe Realitäts- und Wahrheits-gebundener Wissenschaft** dem, was da an Halluzination, Schamanismus, Scharlatanerie, Voodoo, Phantasmagorie, Imagination, Utopie-Besessenheit und borniertem Autismus im Bessere-Menschen-Spleen wie sonstigem unausgegorenen Zeug aufscheint und in revolutionären Verdauungsblähungen in schieren Berstdruck sowie nach Explosion drängt, das **Entlastungs-Ventil wohlgeordnet rationaler Vernunft- und Verstandes-Wege in Seelen-Klugheit zu weisen**!

Sprich: Innerhalb einer jeden dieser drei Welten herrscht gesunderweise Interaktion in Freiheits&Kooperations-Permanenz, und zwischen allen dreien herrscht gesunderweise ebenfalls Interaktion in Freiheits&Kooperations-Permanenz. In solchem „interbreeding" zeugt sich also das *Mem*-Programm der jeweiligen Anthroposymbiosen wie deren Individuen und erfolgt deren *Mem*-Programm-Fortschreibung: Die geistig-ätherische *Mem*-Helix der *Welt 2*-Individualgeistpersönlichkeiten wie die geistig-ätherische *Mem*-Helix der jeweiligen *Welt 3*-Gemeinschaftskultur schärfen und entwickeln sich in permanenter gegenseitiger Rückkopplung. So nimmt die geistig-ätherische Mobilität stetig weiter zu und erklimmt immer höhere Freiheits&Kooperations-Horizonte mit ständig umfassenderen Freiheits&Kooperations-Optionen. Und ähnlich wie die stofflich-physische *Gen*-Helix der *Welt 1*-Lebewesenspecies sind die hoch komplexe geistig-ätherisch „organischen" Steuerungselemente-Symbionten

---

natürlichen Feinde, (LP-Verlag) Berlin 2004; insb. S. 35 ff.: *Die soziobiologische Theorie und die Freiheits-&Kooperations-Hypothese*; S. 45 ff.: *Die Spieltheorie und das Schmarotzerdilemma*; S. 52 ff: *Die Nutzung einander widerstrebender Teileinwirkungen ist der Geniestreich der Evolution / Das Freiheits-Fortschrittsgesetz und das Kooperations-Fortschrittprinzip ...* ; sowie des MIT-Forschers Dr. Murray, Charles: Human Diversity. The Biology of Gender, Race und Class, (Twelve) New York 2020; Murray, Charles: Facing Reality, (Encounter) New Yorkt 2021.

des *Mems*, samt der Opportunitätsgebunden angeschalteten bzw. abgeschalteten *Mem*-Helix-Sequenzen darin, gemäß dem „Frühwald-Diktum“ typische „Organismen“, weil sie nach dem Quantitätsanhebungs&Qualitätsemergenz-Naturgrundgesetz (Q&Q) – wie die stofflich-physische Erbgut-Helix des *Gens* – als Organismus (!) ein signifikantes Mehr darstellen als die pure Anhäufung der Sequenz-Einzelteile.

Sowohl die *Gen*-Helix als auch die *Mem*-Helix kann man sich wie ein Symphonieorchester vorstellen, das mit allen nur denkbaren Instrumenten ständig präsent ist, obwohl im Konzert des Lebens dann immer nur Teile davon und einige gar nicht zum Einsatz kommen. Im konzertierten „interbreeding“ der koevoliv-competitiven Komplexitätsakzeptanz (Prof. Dr. Erns Mayr / Prof. Dr. Erich Hoppmann) generieren sie das essenzielle **Symbiose-Surplus**: jenen **Erfolgsmaßstab aller Lebewesens- wie Kultur- bzw. Gen- wie Mem-Evolution** schlechthin! ... Doch nur diejenigen Lebens- wie Kultur-Symbionten werden langfristig sein, die sich den ständig wechselnden Herausforderungen nachhaltig gewachsen erweisen und so ihre *Gene* wie *Meme* weiter entwickeln sowie über die Zeiten weitergeben können. Das erfolgt naturgegeben im Freiheits& Kooperations-Modus aus *Freiheit zu Variation* und *Freiheit zum Wettbewerb*, also gemäß dem general-evolutionären Evolutions-Axiom konsevativ-evolutionär aus sich heraus.

Die jeweilige *Gen*-Helix ist fertig, sobald sich die *Gen*-Halbsätze von „Mutter“ und „Vater“ zusammengefunden haben, um sich sodann per Organismus-Aufbau und -Bewährung ihrem Perpetuierungsauftrag zu stellen. ... Die *Mem*-Helix hingegen ist ständig da und evolviert unentwegt, um sich an den Herausforderungen zu messen. ... Das heißt freilich aber auch, der jeweilige *Genotyp* (in Gestalt der jeweiligen Lebewesen) bzw. *Memotyp* (in Gestalt der jeweiligen Kulturausformungen) ist nur die äußere Hülle, der sich die *Gen*- bzw. *Mem*-Evolution bedient!

Gen- und *Mem-***Manipulationen** wirken antievolutionär und sind daher á la longue dysfunktional. Günstigstenfalls wären sie Vorschläge im Evolutionsprozess, allerdings oft übel leidvolle, wie das „Idolatrische&Ideologische Jahrhundert“ (Prof. Dr. Elisabeth Noelle-Neumann) es uns auf äußerst dramatische Weise hat spüren lassen und gegenwärtig weiter spüren lässt – wenn z. T. auch etwas sanfter, wie's der Frankfurter Schule „cancel culture“-Repression mit ihrem gnadenlosen Idolatrie&Ideologie-Diktat samt böswilliger Verhöhnung von als „sekundär“ verteufelten Bürgertugenden vorführt. – Solche Systeme sind im Macht&Gewalt-Modus (M&G) fixiert. Sprich: Die M&G-Sequenzen ihrer *Gen-* wie *Mem-*Helix sind aktiviert.

Rationale Disziplin fällt schwer, ist aber richtig. Das irrational-emotionale Sich-Gehen-Lassen ist umso einfacher und verführerischer, verleitet die Menschen aber ins Falsche fehlgelenkter stofflich-physischer wie geistig-ätherischer Emanationen. Nicht „Gut“ und „Böse“ sollen unsere Parameter sein, sondern „Aufrichtig“ und „Nicht-Aufrichtig“ sowie „Sinnvoll“ und „Nicht-Sinnvoll“. Sinnvoll ist, was eigen- und zugleich gemeinnützig ist (so etwa der **offene** schöpferische Wettbewerb in Gesellschaft, Wirtschaft und Wissenschaft). – Solche Systeme sind auf den Freiheits&Kooperations-Modus (F&K) fokussiert. Sprich: Die F&K-Sequenzen ihrer *Gen-* wie *Mem-*Helix sind aktiviert!

Nicht sinnvoll ist entweder nur eigennützig oder nur gemeinnützig (so wie‘s etwa der radikale Kapitalismus vorführt, oder der borniert-verbohrte Marxismus/Kommunismus/Sozialismus im kollektivistischen wie hedonistischem Bevormundungs- und Fehlregulierungs-Wahn es schafft).[75]

75 Das große Verdienst, die Irrwege irreversibler idolatrischen wie ideologischer Versessenheit offengelegt zu haben kommt dem Platon-Verehrer und Kantianer Professor „for Psychological Sciences“ Dr. Roger Scruton (1944-2020) zu; s. z. B. Scuton, Roger: NARREN SCHWINDLER UNRUHESTIFTER – LINKE DENKER DES 20. JAHRHUNDERTS,

Solcher Systeme *Mem* ist stringent Idolatrie&Ideologie- also M&G-fokussiert und derart Realitäts-avers und Lern-resistent, dass sie in der Wirklichkeit nur ein Feind-Konstrukt erkennen können, das sie bekämpfen müssen: So wie ein Tollwutvirus erbarmungslos seine Weiterverbreitung unter gleichzeitiger Vernichtung des von ihm im Verheerungszug befallenen Wirtes betreibt. Das ist in den Feindbildfixierungen und Leviathanisierungs-, Golemisierungs- wie Zombisierungs-Auswirkungen aller Idolatrien&Ideologien manifest, etwa des Islam und der Sozialismus-Varianten. Deren System-Irreleitungen werden nämlich nach Niccolò Machiavellis „Il Prinzipe“-Prinzip immer wieder so gestaltet, dass das Volk mit irgendeinem Idealismus oder Moralismus **narzisstoid** verführt und ggfs. mit Weltuntergangs-Szenarien gegängelt wird.

„Bottom-up“-Dreizack des Idolatrie&Ideologie-Narrentanzes

So verfällt das Volk immer mehr der Irrelevanz. Und das nur um des Eigennutzes der mittels ihres Idolatrie&Ideologie-Narrentanzes an Macht&Gewalt Gekommenen sowie ihrer Apporteure und Lakaien der politischen wie medialen Macht&Gewalthabe-Nomenklatura von Partei-, Cliquen- und Regime- bzw. kleptokratischer bis mafioser sowie Clan-Strukturen Willen, wie es z. B. die Professoren Dres. Carl Brinkmann, Franz Oppenheimer, Gaetano Mosca, Alexander Rüstow, Roger Scruton und Charles Murray als Menetekel aller Kulturdevastation brandmarken.

(FBV FinanzBuch Verlag) München 2021, insb. S. 394 ff. Originalausgabe 2015 unter dem Titel „Fools, Frauds and Firebrands“.

... Solche M&G-Usurpationen blenden zu Beginn meist mit 'nem „machtstrategischen Kick", geraten dann aber ständig mehr in systemische Erstarrung, „autodestruktive Wesenszüge" werden manifest! Die idolatrisch&ideologisch fixierten islamischen und national- wie internationalsozialistischen *Mem*-Zombies lassen das deutlich werden ... so neuerdings unter dem Worte-Orwellinanismus wie „framing"-Clinch von Grün*Innen, Minderheiten-Weltbestimmer*Innen oder anderer *Mem*-Mutant*Innen am UN- und EU-Idolatrie&Ideologie Ängste&Affekte-Gängelband.

Seien wir nicht der „Sancta Stultitia" dumm, töricht, einfältig eitle Götzendiener: Der „Hagia Sophia" überwältigend großen Weisheit gelte unsere ganze heißbegehrende Liebe! Lassen wir aus der Orchestrierung unserer *Mem*-Helix nur das Kulturfähige und Konstruktive ertönen. Halten wir uns an unsre Trendsetzung der Halleschen und Kant'schen Schule, jene so perfekten Vorlagen für den sog. „Deutschen Idealismus" ... der hernach freilich bis zum Marxismus wie gegenwärtigen Neo-Marxismus von Frankfurter Schule et al. pervertierte!

Der Hallesche Pietismus gemahnt an Jesu Kulturgrundlage fürs gedeihliche Miteinander. Jesu Befreiungs-Philosophie wollte von den regulatorisch übermäßigen Beschränkungen fürs „auserwählte Volk" befreien und evolutionär offene Freiheit&Kooperation für alle, also „katholisch", sprich „für alle Welt" gültig machen. Des Befreiungs-Philosophen Jesus Kernsatz fürs fruchtbringende Miteinander aller Welt lautete mit aller Erlösungs- und Befreiungskonsequenz: *„Liebe deinen Nächsten wie dich selbst"*, in unseren heutigen Worten: ***„Achte deine Mitmenschen und hab auch Achtung vor dir selbst!"***

Das klappt natürlich nur, wenn alle sich daran halten und legte so die Spur bis zur Erkenntnis des Siegels abendländischer Aufklärung Professor Dr. Immanuel Kant in der Deutschordensgründung Königsberg i. Pr., zusammengefasst in der Freiheits&Kooperations-Konformitäts-Regel des **„Kategorischen Imperativs"**: **I.** *„Handle* *nur nach derjenigen Maxime, durch die du zugleich wollen kannst, dass sie ein allgemeines Gesetz werde"*. **II.** Alle **Rechte und Pflichten** gehören untrennbar miteinander verbunden. **III.** Alles Ansinnen und Handeln muss vom Ethos hoher **Achtung und Liebe** getragen sein. **IV.** Die *„reine Vernunft"* hat *„der* **letzte** ***Probierstein*** *der* ***Wahrheit*** *zu sein, ... was sie zum* ***höchsten Gut auf Erden*** *macht*"![76]-**...** [77]

Schöpferische Q&Q-Dreifaltigkeit (kulturfähig/konstruktiv, die F&K-Sequenzen der *Gen-* wie *Mem*-Helix sind aktiviert !)

Die **Kant'sche Aufklärung** gemahnt im Sinne von Jesu Befreiungs-Philosophie der **Halleschpietistischen Schule** ans *Welt 2*-individual- wie *Welt 3*-gemeinschaftsgedeihliche Nutzen von Vernunft und Verstand.[78]

---

76 Kant, Immanuel: Critik der reinen Vernunft, (Verlag Johann Friedrich Hartknoch) Riga 1781.

77 Zum „Probierstein der Wahrheit": Eine neue Hypothese, etwa die der Anthroposymbiosenbildung als Produkt des evolutionären *Freiheits&Kooperations*-Zwillings muss nach Popper zwei Grundvoraussetzungen erfüllen: 1. Sie sollte die Zusammenhänge mindestens genauso gut erklären und Probleme bzw. Fragestellungen mindestens genauso gut lösen, wie bisher bestehende; 2. sie sollte Schlussfolgerungen und Vorhersagen ermöglichen, die bisher so nicht möglich waren. Beide zusammen sichern die Rationalität des wissenschaftlichen Fortschritts und ermöglichen es, **Wissenschaft** von **Ideologie** zu unterscheiden. Vgl. Popper, Karl R. in: Popper, Karl R.; Eccles, John C.: Das Ich und sein Gehirn (Piper München Zürich) 1994, S. 189.

78 Die Lehre des *Immanuel Kant* (1724–1804) wie das gesamte preußische Verantwortungs- und Pflichtbewusstseinswesen unterliegen der Kultur-*Mem*-Helix-Prägungen der Halleschen Schule der Professoren Dr. Christian Thomasius (1655–1728), Dr. August Hermann Francke (1663–1727), Dr. Christian Wolff (1679–1754) auf Eigenständigkeit,

Sie gibt die Freiheits&Kooparations-Befähigung der Seele **und** des Verstandes, ermöglicht exquisite Seelen- **und** Verstandesbildung zugleich, schafft emotionale **und** rationale Intelligenz, macht kulturfähig **und** konstruktiv, talentiert zu nachhaltig klugem eigen- **und** -gemeinnützlichen Handeln.

Solcher Soziosysteme *Mem* ist auf Freiheit&Kooperation fokussiert und folglich zu Anthroposymbiose-Bildung qua *Mem*-Evolution in „koevolutiv competetiver Komplexitäts-Akzeptanz“.

(Prof. Dr. Erich Hoppmann) befähigt. ... Was dann die preußisch-deutsche Gründerzeithochkonjunktur samt der weltweit meisten Nobelpreisträger hervorbrachte und das „Deutsche Wirtschaftswunder“ der 1950/60er, wovon wir noch heute zehren.

Die Wirtschaftswunderphase ist ein ganz hervorragendes Beispiel für das gedeihliche Wirken eines starken F&K-*Mems* für Quantitätsanhebung&Qualitätsemergenz (Q&Q). ... Sie war in weiten Teilen die Renaissance der „Heiligen Weisheit“ i. S. Jesu Befreiungsphilosophie, wie Hallesch-pietistisch und Kantisch-aufklärerisch ausgeformt. ... Das heißt, es gilt, in der Entscheidungszentrale für soziale Kompetenz, dem sog. „Stirnhirn“ (gen. „orbifrontaler Cortex“ – OFC), die „Heard Skills“ der **Ratio**/des **Verstandes** und die „Soft Skills“ der **Emotio**/der **Seele** „top down“ (!) so zu

Pflichterfüllung, Pünktlichkeit, Selbstdisziplin, Verlässlichkeit, Eigenverantwortlichkeit, Nächstenliebe, Bescheidenheit und Wahrhaftigkeit, also jenen essenziell kulturfähig und konstruktiv machenden Bürgertugenden, die uns in Wirklichkeit bis heute tragen.

adjustieren, dass sie Ich/Wir-offen und F&K-kompetent sind und ihre *Mem*-Emanationen kulturfähig&konstruktiv![79]

So sei die F&K-Aktivierung das „top down"-Ultimat aller Menschen-Gemeinschaftsbildung im kohärenten subsidiär gestaffelten Gesamt der Anthrosposymbiosen-Entfaltung von der Familie, über's „anthroposymbiontic interacting" in Wirtschaft, Wissenschaft, Markt und Gesellschaft bis hinauf zu Staat und Staaten-Gemeinschaften

Im Anfang war das Logos, und das Logos war bei Gott und Gott war das Logos, formuliert's sich nach des Heidelberger Astrophysik-Professors Dr. Christof Wetterich Spruch. ... Und tatsächlich findet **alle** Evolution unter dem Ur-*Logos* des Quantitätsanhebungs&Qualitätsemergenz-Naturgrundgesetzes (Q&Q) statt, dessen Kern das Miteinanderstreben in „Freiheit&Kooperation" ist – so auch beim Freiheits-Fortschrittsgesetz und Kooperations-Fortschrittsprinzip der Kultur- wie *Mem*-Evolution!

> *„Nur menschliche Wesen gestalten ihr Verhalten im Wissen davon, was geschah, bevor sie geboren wurden, und in einem Vorgriff davon, was nach ihrem Tode geschehen wird: So finden nur menschliche Wesen ihren Weg mit Hilfe eines Lichts, das mehr erhellt, als den kleinen Platz, auf dem sie stehen."*
>
> (Nobelpreisträger Prof. Dr. Peter M. Medawar)

---

79 *„Erhard hat die Marktwirtschaft eingeführt, indem er („top down"!) im Volk die Bereitschaft geschaffen und es auch durchgesetzt hat, dass ein ‚plebiscite de tous les jours' stattgefunden hat. Eine ganze Bevölkerung hat jeden Tag aufs Neue über diese Wirtschaft abgestimmt, indem sie sich am Aufbau beteiligt hat. ... Als Missionar (der Freiheit&Kooperation!) ist Erhard durch seine seelische Globalsteuerung eine ‚levée en masse' in der Weise gelungen, dass Hunderte, Tausende und schließlich Hunderttausende einzelner Wirtschaftsbürger begonnen haben, ihre eigene wirtschaftliche Zukunft in die Hand zu nehmen und selber zu handeln (agere aude!). Diese Erhardsche ‚levée en masse' war überhaupt der erste große Akt demokratischer Spontaneität, den es in der deutschen Geschichte gegeben hat."* Gross, Johannes: Ansprache bei der Vorstellung der Festschrift zu Erhards hundertsten Geburtstag am 4. Februar 1997 in der Redoute in Bonn-Bad Godesberg, Redetext, S.7. ...

Lassen wir die folgenden Aussprüche Leuchte auf unserem Kultur-Entwicklungs-Weg sein!

„Wenn der Teufel die Menschheit in die Irre führen will, dann schickt er ihr einen Idealismus." ...

„Der Wille zur Macht muss unter dem Mantel der Moral daherkommen."

Niccolò Machiavelli (1469– 1527)

„Den Teufel spürt das Völkchen nie, selbst wenn er sie beim Kragen hätte."

Johann Wolfgang von Goethe (1749–1832)

„Es ist vordringlichste Aufgabe der Ethik, vor der (zum Fanatismus aufgeblasenen) Moral zu warnen."

Prof. Dr. Niklas Luhmann (1927–1998)

Gen&Mem:

Möge eine eigen- und zugleich global-gemeinnützig sinnvoll-gute körperliche wie geistig-seelische Erbsubstanz die Menschheit erfreu'n; sprich: nur die Freiheits&Kooperations-förderlichen Gen- wie Mem-Helix-Sequenzen sollen angeschaltet ... und der Menschheit in perfekter Seelen- wie Verstandes-Bildung ein Zivilisations-Plateau hoher sowie nachhaltiger Freiheits&Kooperations-Effizienz und -Effektivität sicher sein!

Prof. L.-W. Schleiter (*1938)

Wer sich schwer tut mit dem hier Erdachten, dem sei von Professor Dr. Wolfgang Frühwald dieser Trost mitgegeben:

„Eigentlich hat sich seit Adam und Eva und Kain und Abel nichts geändert: Die Barbarei ist ozeanisch ...aber doch mit Inselchen des Glücks darinnen!"

Von meiner Frankfurter Familie

Haus „Höhenblick" wie gekauft in 1974
... und bald nahmen unsere Kinder Petra und Andreas Besitz davon ...

... und so sah's 2020 aus

„Hoppel“ von Opa Rosenthal (also meinem Vater Wilhelm Schleiter) als geliebtes Schmusetier samt Hasenstall u. Kinderhaus (s. S. 628) ... der legendäre Onkel Walter aus der Darmstädter Verwandtschaft hat diese Kinderfreude auf die Mattscheibe gebannt

Petras wie Andreas' Kinderfreuden im „Höhenblick" ... ihre Jugendfreuden sollte später ums Haus „Zirbeli" in Sörenbergs Höchistraße mit alpinen Wander- und Skivergnügen Ergänzung finden ... und Silvias Eltern Opa und Oma Willy & Ilse (Krabusch) sowie meine Eltern Opa und Oma Wilhelm & Anna (Schleiter) waren überall immer wieder mit dabei

Großstädtische Erholungs-Oase
für Oma Silvia, Opa Ludwig-Wilhelm samt Kinder- und Enkelglück

Feier zu Ludwig-Wilhelms 80. Geburtstag und zur Goldenen Hochzeit von Ludwig-Wilhelm & Silvia am 7. Juli 2018 auf Gut Neuhof bei Frankfurt a. M.

Stehend: Petra, Silvia, Neffe Urich, Bruder Heinrich, Ludwig-Wilhelm, Andreas und Jule; davor: Anna, Jasper, Lukas und Jakob;

Das Jubelpaar. Silvia und Ludwig-Wilhelm Schleiter

Ludwig-Wilhelms 80. Geburtstag und Goldene Hochzeit
Ludwig-Wilhelm&Silvia am 7. Juli 2018 auf Gut Neuhof bei Frankfurt a. M.
Foto:Paula Bartels

Obere Reihe: Gisela Sp., Rommy und Dr. Hans-Günter M., Peter und Edeltraud U., Dr. Jochen Z., Prof. Dr. Jürgen Bö., Koonja und Friedbert S., Helga Wa., Kirsten Pohl., mein Bruder Heinrich Schleiter (seine Ingrid war OP-verhindert) und dessen Sohn Ulrich Schleiter, Dr. Hilger Sp., Prof. Dr. Jürgen und Dr. Karin Be., Lene Poc., Desiree Ed., Christel F., Heidi und Rolf Schw.

Mittlere Reihe: Ursula Z., Dr. Willy F., Renate Bö., Annelies Gro.,
Wulf Dieter Pohl., Silvia und Ludwig-Wilhelm Schleiter, Sibylle und Herwill K., Hartwig und Eva von Wa.

Vorne sitzend: Lukas und Anna Schleiter-Nielsen, Prof. Dr. Petra Schleiter, Andreas und Jule sowie Jasper und Jakob Schleiter, Sophia Edschmidt.

Nicht zum Foto erschienen: Dr. Horst und Elli C.

Der großartige Corpsbruder Fritz Wei. und Frau Elisabeth waren daran gehindert, der Einladung zu folgen.

Aus dem engeren Familienfeiernkreis waren Lennart Poll, Dr. Walter Gie. und Prof. Dr. Klaus Gro. nicht mehr unter den Lebenden.

Ostern 2022 zeigten wir unseren Enkeln den Ort beglückender Familienzeit bei Alpenwanderungen und Wintervergnügen wie tollkühner Skiabenteuer ihrer Eltern Petra und Andreas in des Rothorns Steilabfahrt.

Haus „Zirbeli" mit Blick auf's Brienzer Rothorn

Von links nach rechts: Andreas, Silvia, Petra, Anna, Lukas, Jasper und Andreas' Frau Jule, Jaspers Zwillingsburger Jakob war Coronabedingt leider nicht mit bei der Partie nach Luzern und Umgebung.

...und die Schrattenflue

Bleiben wir bei der von Natur vorgelegten „Heiligen Weisheit“: Schöpfung will aus sich heraus konservativ evolutionär in Freiheit&Kooperation für Quantitätsanhebungen&Qualitätsemergenzen geschehen, und zwar auf allen Ebenen von der Materie-Evolution über die Lebens-Evolution bis hin zur Kultur-Evolution!

Irgendwelcher **„Revolutionen“** bedarf es da nicht. Sie bedeuten schon vom Wortinhalt her „Rückdrehung“ ins Unzivilisierte, Kulturwidrige, Niedriginstinktive, Gewalttätige, Niederträchtige, Archaische, Destruktive ... und sind es ja auch immer gewesen ... sogar das *Geno-* wie *Memo*zitäre inklusive, wie gegenwärtig auch im Gefolge der „Kulturrevolution“ von '68, „Sozialpsychologischer amerikanischer Schule“ und „Frankfurter Schule“ in Multi&Diversity-Phantasmagorie samt naiv-törichter Islamo-Philie evident. – Was bedeutet der *Mem*-Austausch, der spätestens seit der „Out of Upper Class USA“- wie ‚68er-„Umerziehung“ manifest mit aller Agitprop-Macht&Gewalt

betrieben wird, eigentlich fürs Abendland? Ist es nicht so was Ähnliches wie beim *Genom* mit HIV-, Tollwut- plus Karzinom-Befall in einem?! Und ist das nicht bei jeder Idolatrie&Ideologie-Pandemie dasselbe?!! ... „Wenn wir schweigen, so werden die Steine schreien!!!" (nach Lk 19,40)

***

Wünschen wir der Menschheit nach Professor Dr. Wolfgang Frühwald immer mehr „Inselchen des Glücks" in Jesu „Heiliger Weisheit", so dass dieser „Ozean der Barbarei" irgendwann am Ende ausgetrocknet ist!

Dazu Bruder Heinrich für Selbst-Erlösung und -Befreiung:

„Es ist ein Glück, dass man Glück nicht kaufen kann.
Glück empfangen wir als Geschenk,
wir müssen nur bereit sein, es zu empfangen.
Glücklich sind wir, wenn es uns gelingt,
froh zu sein, auch wenn die Sonne nicht blinkt!"

Heinrich Schleiter *1934 †2023

In dankbarer Anerkennung all den vielen Menschen, die im Sinne der Vorstellungen dieses Buches unsere Leben wie auch das meine erfüllen und beglücken!

Es gilt die Devise:

Wer das Glück nicht versucht,
der kann auch keins haben;
mehr als schief gehen kann's doch gar nicht!
Dem „Geistes-Giganten"*) fürs Konstruktiv-
und Kulturfähig-Sein und großen Mitwirkenden
beim Fortschritt der Kulturrevolution Richtung

„Heilige Weisheit“ in Verstandes- plus Seelen-Aufklärung
zum „Gemeinsam“ von Freiheit&Kooperation,
Professor Dr. Immanuel Kant, gilt die Ehre!

*) Zit. Prof. Dr. Jost

Critik
der
reinen Vernunft

von
Immanuel Kant
Professor in Königsberg

Riga,
verlegts Johann Friedrich Hartknoch
1781.

Critik
der
practischen Vernunft

von
Immanuel Kant.

Riga,
bey Johann Friedrich Hartknoch
1788.

Titelblatt des Erstdruckes (1781)
© H.-P.Haack Leipzig, Wikimedia /
© https://www.wikiwand.com/de/Kritik_der_praktischen_Vernunft

»Der große Weltweise aus Königsberg, Immanuel Kant, wusste, was *„das Leben für einen Wert habe, wenn dieser bloß nach dem geschätzt wird, was man genießt: es sinkt unter Null. Es bleibt also* *wohl nichts übrig als der Wert, den wir unserem Leben selbst geben durch das, was wir tun"«*

Zit. nach Jörg Pekrul in *Preußen Kurier* Sonderausgabe 2021
„Die ehemalige Reichsstraße 1" S. 79

„Im Anfang war der Logos, und der Logos war bei Gott,
und Gott war der Logos."

nach Johannes 1.1

„Denn geschaffen hast Du uns zu Dir (dem Logos),
und ruhelos ist unser Herz bis es seine Ruhe hat in Dir."

Augustinus: Confessiones I,I,I

Und der „Logos" liegt im Generalevolution-Molekül Freiheit& Kooperation und soll auch des Menschdaseins wie der Kulturevolution Telos (Sinn und Ziel) sein: Die „Heilige Weisheit" i. S. von Jesu Befreiungsphilosophie, ausgeformt in der Halleschen sowie des Immanuel Kant Schule und der v. g. Thesen Seelen- und Verstandes-Aufklärung soll unser Vermächtnis sein!
So gelte auch der Trompete Hall sowie des Gesanges Schall der „Heiligen Weisheit":

So (Heilige Weisheit) nimm denn meine Hände
Und führe mich
Bis an mein selig Ende
Und ewiglich.
Ich mag allein nicht gehen,
Nicht einen Schritt;
Wo du wirst gehn und stehen,
Da nimm mich mit.

Text von Julie Hausmann, erstmals 1862 gedruckt;
Melodie von Friedrich Silcher
bereits 1843 mit einem anderen Text

Ich bete an die Macht der Liebe,
die sich in Jesus offenbart.
Ich geb mich hin dem freien Triebe,
womit ich Wurm geliebet ward.
Ich will, anstatt an mich zu denken,
ins Meer der Liebe mich versenken.

Gerhard Tersteegen (1697–1769)

In diesem Sinne soll auch Silvias und mein Vermächtnis für unsere Kinder und Kindeskinder auf immer und alle Zeiten gelten.

***